论侦德 并筑器件
致广大 而尽精微

白春礼

戊戌 善月

中国科学院科学出版基金资助出版

低维材料与器件丛书

成会明　总主编

功能化纳米材料在生化
分析中的应用

张书圣　毕　赛　宋昕玥　等　著

科 学 出 版 社

北　京

内 容 简 介

本书为"低维材料与器件丛书"之一。全书涵盖了纳米材料在生化分析应用中的方方面面；较为系统而全面地介绍了纳米材料在生化分析中的基本原理、检测技术、研究方法等，结合最新研究进展，详细阐述了新型分析检测手段并介绍了纳米材料在肿瘤标志物检测、生物成像、诊疗一体化等领域中的应用。

本书面向较为广泛的读者群体，涉及化学、生物学、生命科学、医学、纳米技术、材料科学等相关基础学科和技术领域，可作为分析化学、生物学、材料科学等相关专业的本科生或研究生教材，也可作为相关专业领域研究人员的参考书。

图书在版编目（CIP）数据

功能化纳米材料在生化分析中的应用 / 张书圣等著. —北京：科学出版社，2021.6

（低维材料与器件丛书 / 成会明总主编）

ISBN 978-7-03-068797-5

Ⅰ. ①功⋯　Ⅱ. ①张⋯　Ⅲ. ①功能材料－纳米材料－应用－生物化学－化学分析　Ⅳ. ①TB383　②Q503

中国版本图书馆 CIP 数据核字（2021）第 089157 号

责任编辑：翁靖一　孙静惠 / 责任校对：杨　赛
责任印制：师艳茹 / 封面设计：耕者设计工作室

科 学 出 版 社 出版

北京东黄城根北街 16 号
邮政编码：100717
http://www.sciencep.com

北京九天鸿程印刷有限责任公司 印刷

科学出版社发行　各地新华书店经销

*

2021 年 6 月第 一 版　开本：720×1000　1/16
2021 年 6 月第一次印刷　印张：33 1/2
字数：649 000

定价：268.00 元

（如有印装质量问题，我社负责调换）

总　序

　　人类社会的发展水平，多以材料作为主要标志。在我国近年来颁发的《国家创新驱动发展战略纲要》、《国家中长期科学和技术发展规划纲要（2006—2020年）》、《"十三五"国家科技创新规划》和《中国制造2025》中，材料都是重点发展的领域之一。

　　随着科学技术的不断进步和发展，人们对信息、显示和传感等各类器件的要求越来越高，包括高性能化、小型化、多功能、智能化、节能环保，甚至自驱动、柔性可穿戴、健康全时监/检测等。这些要求对材料和器件提出了巨大的挑战，各种新材料、新器件应运而生。特别是自20世纪80年代以来，科学家们发现和制备出一系列低维材料（如零维的量子点、一维的纳米管和纳米线、二维的石墨烯和石墨炔等新材料），它们具有独特的结构和优异的性质，有望满足未来社会对材料和器件多功能化的要求，因而相关基础研究和应用技术的发展受到了全世界各国政府、学术界、工业界的高度重视。其中富勒烯和石墨烯这两种低维碳材料的发现者还分别获得了1996年诺贝尔化学奖和2010年诺贝尔物理学奖。由此可见，在新材料中，低维材料占据了非常重要的地位，是当前材料科学的研究前沿，也是材料科学、软物质科学、物理、化学、工程等领域的重要交叉，其覆盖面广，包含了很多基础科学问题和关键技术问题，尤其在结构上的多样性、加工上的多尺度性、应用上的广泛性等使该领域具有很强的生命力，其研究和应用前景极为广阔。

　　我国是富勒烯、量子点、碳纳米管、石墨烯、纳米线、二维原子晶体等低维材料研究、生产和应用开发的大国，科研工作者众多，每年在这些领域发表的学术论文和授权专利的数量已经位居世界第一，相关器件应用的研究与开发也方兴未艾。在这种大背景和环境下，及时总结并编撰出版一套高水平、全面、系统地反映低维材料与器件这一国际学科前沿领域的基础科学原理、最新研究进展及未来发展和应用趋势的系列学术著作，对于形成新的完整知识体系，推动我国低维材料与器件的发展，实现优秀科技成果的传承与传播，推动其在新能源、信息、光电、生命健康、环保、航空航天等战略新兴领域的应用开发具有划时代的意义。

　　为此，我接受科学出版社的邀请，组织活跃在科研第一线的三十多位优秀科学家积极撰写"低维材料与器件丛书"，内容涵盖了量子点、纳米管、纳米线、石墨烯、石墨炔、二维原子晶体、拓扑绝缘体等低维材料的结构、物性及其制备方法，并全面探讨了低维材料在信息、光电、传感、生物医用、健康、新能源、环境保护等领域的应用，具有学术水平高、系统性强、涵盖面广、时效性高和引领性强等特点。本套丛书的特色鲜明，不仅全面、系统地总结和归纳了国内外在低维材料与器件领域的优秀科研成果，展示了该领域研究的主流和发展趋势，而且反映了编著者在各自研究领域多年形成的大量原始创新研究成果，将有利于提升我国在这一前沿领域的学术水平和国际地位、创造战略新兴产业，并为我国产业升级、提升国家核心竞争力提供学科基础。同时，这套丛书的成功出版将使更多的年轻研究人员和研究生获取更为系统、更前沿的知识，有利于低维材料与器件领域青年人才的培养。

历经一年半的时间，这套"低维材料与器件丛书"即将问世。在此，我衷心感谢李玉良院士、谢毅院士、俞书宏教授、谢素原教授、张跃教授、康飞宇教授、张锦教授等诸位专家学者积极热心的参与，正是在大家认真负责、无私奉献、齐心协力下才顺利完成了丛书各分册的撰写工作。最后，也要感谢科学出版社各级领导和编辑，特别是翁靖一编辑，为这套丛书的策划和出版所做出的一切努力。

材料科学创造了众多奇迹，并仍然在创造奇迹。相比于常见的基础材料，低维材料是高新技术产业和先进制造业的基础。我衷心地希望更多的科学家、工程师、企业家、研究生投身于低维材料与器件的研究、开发及应用行列，共同推动人类科技文明的进步！

成会明

中国科学院院士，发展中国家科学院院士
清华大学，清华-伯克利深圳学院，低维材料与器件实验室主任
中国科学院金属研究所，沈阳材料科学国家研究中心先进炭材料研究部主任
Energy Storage Materials 主编
SCIENCE CHINA Materials 副主编

前　　言

伴随着纳米技术的蓬勃发展，纳米材料由于其尺寸小、比表面积大、生物相容性好、信号转导效率高效等独特性质，为其在生化分析领域的发展提供了新的机遇。通过对纳米材料进行功能化修饰，可赋予其特异性识别、信号放大等性能，提高生化分析的特异性和灵敏度；进一步将其作为药物载体，构建多功能纳米探针，已广泛应用于药物可控释放、活体示踪、疾病诊疗与预后等诸多领域。本书围绕纳米材料在生化分析中的应用，全面系统地介绍了纳米材料在生物传感、生物成像、诊疗一体化等方面的基本原理、前沿技术和应用研究。

本书涵盖纳米材料在生化分析应用中的各个方面，包括纳米材料与生物传感、成像分析、肿瘤诊疗相结合，以及所建立的新原理、新方法和新技术；阐述了新型分析检测手段（如纳米孔传感技术和芯片技术）在肿瘤标志物检测中的应用；详细介绍了多种新兴功能纳米材料（如上转换纳米材料、微流控芯片制备的功能化微纳材料、碳纳米材料、纳米药物载体、siRNA 纳米递送体系等）在生物传感、生物成像和诊疗一体化中的应用。

本书共 10 章。第 1 章介绍了生物功能化纳米探针在光电化学生物传感与成像分析中的应用。第 2 章介绍了芯片表面传感技术包括表面增强拉曼光谱分析、表面等离子体共振传感分析和石英晶体微天平技术在生化分析中的最新研究进展。第 3 章详细介绍了上转换纳米材料的制备方法、特性及在肿瘤标志物检测和诊疗一体化中的应用。第 4 章和第 5 章分别介绍了纳米孔技术和芯片技术在肿瘤标志物检测及肿瘤诊疗中的最新研究进展。第 6 章和第 7 章介绍了生物功能化纳米探针在多模态成像分析、生物传感和成像及诊疗一体化中的应用。第 8 章至第 10 章详细介绍了纳米材料在肿瘤化学药物治疗、光热治疗和基因治疗中的应用。

本书力求体现科学性、准确性和系统性，各章大量引用近年的研究文献，突出相关领域的研究热点和前沿研究成果。希望本书的出版使不同类型的读者从中获得新的知识信息和思考启迪，培养对前沿科学技术发展的兴趣和创新能力，对我国纳米科技和教育事业的发展发挥促进作用。

本书在撰写过程中，得到了临沂大学、青岛大学、青岛科技大学和科学出版社各级领导和教师的大力支持、帮助和关心，在此一并致谢。

功能化纳米材料发展日新月异，新的知识和成果层出不穷，加之作者的水平有限，若书中有疏漏之处，恳请各位读者批评指正。

张书圣

2021 年 1 月 31 日

目 录

总序

前言

第1章　生物功能化纳米探针在光电化学生物传感与成像分析中的应用·········· 1

1.1　生物功能化纳米探针在电化学生物传感分析中的应用 ·················· 1

1.1.1　概述 ·· 2

1.1.2　贵金属纳米探针在电化学生物传感分析中的应用 ········ 6

1.1.3　金属氧化物纳米探针在电化学生物传感分析中的应用 ······ 9

1.1.4　碳纳米探针在电化学生物传感分析中的应用 ············· 12

1.1.5　二维过渡金属纳米探针在电化学生物传感分析中的应用 ···· 14

1.1.6　小结 ·· 19

1.2　生物功能化纳米探针在光致电化学 DNA 传感器中的应用 ············· 19

1.2.1　概述 ·· 19

1.2.2　基于 DNA 生物条形码纳米探针的光致电化学 DNA 传感器 ····22

1.2.3　基于 DNA 构象变化的光致电化学 DNA 传感器 ··········· 23

1.2.4　基于酶催化的光致电化学 DNA 传感器 ··················· 25

1.2.5　基于 DNA 循环放大技术的光致电化学 DNA 传感器 ······· 29

1.2.6　小结 ·· 33

1.3　生物纳米探针在电致化学发光传感分析中的应用 ·················· 33

1.3.1　概述 ·· 34

1.3.2　半导体纳米探针在电致化学发光传感分析中的应用 ········· 35

1.3.3　贵金属纳米探针在电致化学发光传感分析中的应用 ········· 41

1.3.4　高分子纳米材料在电致化学发光传感分析中的应用 ········· 45

1.3.5　金属有机框架材料在 ECL 传感器的应用 ················· 47

1.3.6　小结 ·· 48

1.4　生物功能化纳米探针在化学发光和生物发光传感与成像分析
中的应用 ·· 49

1.4.1　概述 ·· 49

1.4.2　生物功能化纳米探针在化学发光传感分析中的应用 ········· 50

1.4.3　生物功能化纳米探针在化学发光成像分析中的应用 ········· 53

1.4.4 生物功能化纳米探针在生物发光成像分析中的应用…………61
1.4.5 小结……………………………………………………………71
1.5 展望………………………………………………………………………71
参考文献…………………………………………………………………………72
第2章 芯片表面传感技术在生化分析中的应用………………………………94
2.1 生物功能化纳米材料在表面增强拉曼散射分析中的应用……………94
2.1.1 表面增强拉曼散射简介………………………………………95
2.1.2 表面增强拉曼传感器检测策略………………………………98
2.1.3 贵金属纳米材料在SERS传感器中的应用………………102
2.1.4 复合纳米材料在SERS传感器中的应用…………………107
2.1.5 展望…………………………………………………………111
2.2 生物功能化纳米材料在表面等离子体共振传感器信号放大
检测中的应用………………………………………………………112
2.2.1 表面等离子体共振传感器及其信号放大技术简介………112
2.2.2 贵金属纳米材料在表面等离子体共振传感器信号放大
检测中的应用…………………………………………………117
2.2.3 磁性纳米材料在表面等离子体共振传感器信号放大
检测中的应用…………………………………………………123
2.2.4 硅纳米材料在表面等离子体共振传感器信号放大
检测中的应用…………………………………………………124
2.2.5 碳基纳米材料在表面等离子体共振传感器信号放大
检测中的应用…………………………………………………126
2.2.6 展望…………………………………………………………133
2.3 石英晶体微天平在生化分析中的应用…………………………133
2.3.1 石英晶体微天平简介………………………………………133
2.3.2 基于生物分子偶联的信号放大技术在生化分析中的应用……137
2.3.3 基于金属纳米颗粒偶联的信号放大技术在生化分析中
的应用…………………………………………………………138
2.3.4 基于金属离子还原的信号放大技术在生化分析中的应用……142
2.3.5 基于生物催化生成沉淀的信号放大技术在生化分析中
的应用…………………………………………………………144
2.3.6 基于DNA杂交/复制的信号放大技术在生化分析中的应用……145
2.3.7 基于晶体原位生长的信号放大技术在生化分析中的应用……148
2.3.8 展望…………………………………………………………149
参考文献…………………………………………………………………………150

第 3 章　上转换纳米材料在生物分子检测、荧光成像分析及肿瘤诊疗
　　　　一体化中的应用研究 ································· 163
3.1　上转换纳米材料概述 ································· 163
3.2　上转换纳米材料的发光机制 ························· 164
3.3　上转换纳米材料的可控制备方法 ····················· 166
　　3.3.1　合成疏水性上转换纳米材料 ····················· 166
　　3.3.2　一步法合成亲水性上转换纳米材料 ················· 169
3.4　基于发光共振能量转移的上转换纳米荧光材料在生物分子
　　检测中的应用 ································· 170
　　3.4.1　改变上转换纳米材料和识别配体间的光谱重叠 ········· 170
　　3.4.2　改变上转换纳米材料和识别配体间能量转移距离 ········· 177
3.5　上转换纳米颗粒在活体荧光成像中的应用 ··············· 180
　　3.5.1　上转换纳米荧光探针实现活体肿瘤的靶向成像 ········· 180
　　3.5.2　上转换纳米荧光探针实现活体多色成像 ··············· 181
　　3.5.3　发展前景和挑战 ································· 182
3.6　上转换纳米颗粒在肿瘤诊疗一体化方面的应用 ············· 183
　　3.6.1　上转换纳米诊断试剂的构建 ····················· 183
　　3.6.2　化学药物治疗 ································· 188
　　3.6.3　光动力治疗 ································· 197
　　3.6.4　光热治疗 ································· 207
　　3.6.5　基因治疗 ································· 210
　　3.6.6　免疫治疗 ································· 211
　　3.6.7　联合治疗 ································· 213
3.7　展望 ································· 216
参考文献 ································· 217
第 4 章　纳米孔技术在生化分析中的应用 ··············· 233
4.1　生物纳米孔的种类及应用研究进展 ··············· 234
　　4.1.1　α-HL 纳米孔 ································· 234
　　4.1.2　aerolysin 纳米孔 ································· 234
　　4.1.3　MspA 纳米孔 ································· 235
　　4.1.4　噬菌体 phi29 DNA 包装马达 ····················· 235
　　4.1.5　生物纳米孔分析技术的应用与发展 ················· 235
4.2　固体纳米孔的种类及应用研究进展 ··············· 246
　　4.2.1　氮化硅 ································· 246
　　4.2.2　二维材料 ································· 249

4.2.3 氧化铝 ··· 251

4.2.4 聚合物薄膜 ··· 253

4.2.5 玻璃毛细管 ··· 254

4.3 展望 ·· 257

参考文献 ·· 258

第 5 章 基于微芯片构建的功能化微纳米材料在肿瘤标志物检测及
肿瘤诊疗中的应用 ·· 263

5.1 微流控技术 ·· 263

5.1.1 微流控技术概述 ·· 263

5.1.2 基于液滴的微流控技术 ·· 265

5.1.3 小结 ··· 270

5.2 基于微芯片的功能化微纳米界面的构建及其在肿瘤标志物活检
中的应用 ·· 270

5.2.1 基于微芯片的循环肿瘤细胞检测 ································ 272

5.2.2 基于微芯片的胞外囊泡检测 ···································· 281

5.2.3 小结 ··· 286

5.3 基于微芯片的功能化微纳米药物的构建及其在肿瘤诊疗中的应用··· 286

5.3.1 微胶囊 ·· 287

5.3.2 纳米乳液 ·· 291

5.3.3 纳米颗粒 ·· 294

5.4 展望 ·· 301

参考文献 ·· 302

第 6 章 生物功能化纳米探针在多模态成像分析中的应用 ··············· 310

6.1 活体成像方式简介 ·· 310

6.1.1 PET 成像 ·· 310

6.1.2 SPECT ·· 311

6.1.3 光学成像 ·· 311

6.1.4 磁共振成像 ·· 312

6.1.5 超声成像 ·· 313

6.1.6 光声成像 ·· 313

6.1.7 计算机断层成像 ·· 313

6.2 多模态成像 ·· 313

6.2.1 融合 PET 的双模态分子影像纳米探针 ························· 314

6.2.2 融合 FMI 的多模态成像纳米探针 ····························· 319

6.3 展望 ·· 324

参考文献 ……………………………………………………………… 324
第7章　生物功能化碳纳米材料在生物传感、生物成像及诊疗
　　　　一体化中的应用 ………………………………………… 328
　7.1　碳纳米材料与生物分子之间的作用 ……………………… 328
　　　7.1.1　碳纳米材料分类 …………………………………… 328
　　　7.1.2　碳纳米材料与核酸之间的作用 …………………… 330
　　　7.1.3　碳纳米材料与蛋白质之间的作用 ………………… 335
　　　7.1.4　碳纳米材料与其他生物分子之间的作用 ………… 338
　7.2　生物功能化碳纳米材料的制备与性质 …………………… 338
　　　7.2.1　生物功能化碳纳米材料的制备 …………………… 338
　　　7.2.2　生物功能化碳纳米材料的性质 …………………… 342
　7.3　生物传感 …………………………………………………… 345
　　　7.3.1　核酸检测 ………………………………………… 345
　　　7.3.2　蛋白质检测 ……………………………………… 348
　　　7.3.3　酶活性检测 ……………………………………… 349
　　　7.3.4　小分子检测 ……………………………………… 349
　　　7.3.5　细胞检测 ………………………………………… 350
　7.4　生物成像 …………………………………………………… 350
　　　7.4.1　细胞成像 ………………………………………… 350
　　　7.4.2　活体成像 ………………………………………… 353
　7.5　诊疗一体化 ………………………………………………… 355
　　　7.5.1　癌症治疗方法 …………………………………… 355
　　　7.5.2　碳基纳米诊疗试剂的构建 ……………………… 357
　7.6　展望 ………………………………………………………… 359
　参考文献 ………………………………………………………… 359
第8章　纳米药物载体在肿瘤诊疗一体化中的应用 …………… 367
　8.1　脂质体纳米药物载体 ……………………………………… 367
　　　8.1.1　概述 ……………………………………………… 367
　　　8.1.2　脂质体纳米药物载体的应用研究 ………………… 369
　　　8.1.3　商业化的脂质体纳米药物载体 …………………… 378
　　　8.1.4　小结 ……………………………………………… 378
　8.2　介孔硅纳米药物载体 ……………………………………… 379
　　　8.2.1　介孔硅纳米材料 …………………………………… 379
　　　8.2.2　介孔硅纳米材料在肿瘤诊断方面的应用 ………… 379
　　　8.2.3　介孔硅纳米材料在肿瘤治疗方面的应用 ………… 385

　　　 8.2.4　介孔硅纳米材料在诊疗一体化上的应用 ·······················389
　　　 8.2.5　小结 ·····················396
　 8.3　DNA 纳米药物载体 ·····················396
　　　 8.3.1　DNA 自组装纳米技术简介 ·····················397
　　　 8.3.2　DNA 纳米药物载体的种类及其在肿瘤诊疗一体化中的应用 ···398
　　　 8.3.3　小结 ·····················409
　 8.4　金属有机框架载体 ·····················410
　　　 8.4.1　金属有机框架概述 ·····················410
　　　 8.4.2　金属有机框架材料在肿瘤治疗中的应用 ·····················411
　　　 8.4.3　小结 ·····················425
　 8.5　展望 ·····················426
　 参考文献 ·····················426

第 9 章　光热纳米材料在肿瘤诊疗一体化中的应用 ·····················443
　 9.1　概述 ·····················443
　 9.2　贵金属纳米材料 ·····················447
　　　 9.2.1　金纳米材料 ·····················447
　　　 9.2.2　银、铂、钯纳米粒子 ·····················452
　 9.3　碳纳米材料 ·····················453
　　　 9.3.1　碳纳米管 ·····················454
　　　 9.3.2　石墨烯 ·····················456
　　　 9.3.3　类石墨烯纳米材料 ·····················457
　 9.4　过渡金属纳米材料 ·····················458
　　　 9.4.1　磁性纳米粒子 ·····················458
　　　 9.4.2　铜基半导体 ·····················460
　　　 9.4.3　钨基半导体 ·····················461
　 9.5　共轭聚合物 ·····················462
　　　 9.5.1　聚多巴胺 ·····················462
　　　 9.5.2　聚吡咯 ·····················464
　 9.6　复合光热材料 ·····················466
　 9.7　光热治疗与成像 ·····················469
　 9.8　展望 ·····················473
　 参考文献 ·····················474

第 10 章　siRNA 纳米递送体系在肿瘤基因治疗中的应用 ·····················482
　 10.1　概述 ·····················482
　　　 10.1.1　RNA 干扰机理 ·····················483

　　10.1.2　siRNA 纳米载体在肿瘤治疗中面临的挑战 ┈┈┈┈┈┈ 484

10.2　提高纳米载体的稳定性 ┈┈┈┈┈┈┈┈┈┈┈┈┈┈┈┈ 485

　　10.2.1　基于静电作用构建纳米载体 ┈┈┈┈┈┈┈┈┈┈┈ 485

　　10.2.2　基于"协同组装"策略构建纳米载体 ┈┈┈┈┈┈┈┈ 486

10.3　提高纳米载体的靶向性 ┈┈┈┈┈┈┈┈┈┈┈┈┈┈┈┈ 487

　　10.3.1　多肽修饰的纳米载体 ┈┈┈┈┈┈┈┈┈┈┈┈┈┈ 487

　　10.3.2　抗体修饰的纳米载体 ┈┈┈┈┈┈┈┈┈┈┈┈┈┈ 488

　　10.3.3　核酸适体修饰的纳米载体 ┈┈┈┈┈┈┈┈┈┈┈┈ 488

10.4　基于内源性刺激因素诱导释放 siRNA 的纳米载体设计策略 ┈┈ 489

　　10.4.1　氧化还原环境触发纳米载体释放 siRNA ┈┈┈┈┈┈ 490

　　10.4.2　酸性 pH 触发纳米载体释放 siRNA ┈┈┈┈┈┈┈┈ 492

　　10.4.3　酶触发纳米载体释放 siRNA ┈┈┈┈┈┈┈┈┈┈┈ 495

　　10.4.4　肿瘤细胞代谢物触发纳米载体释放 siRNA ┈┈┈┈┈ 497

10.5　基于外部刺激因素诱导释放 siRNA 的纳米载体设计策略 ┈┈┈ 498

　　10.5.1　光照触发纳米载体释放 siRNA ┈┈┈┈┈┈┈┈┈┈ 498

　　10.5.2　磁场或超声触发纳米载体释放 siRNA ┈┈┈┈┈┈┈ 502

10.6　展望 ┈┈┈┈┈┈┈┈┈┈┈┈┈┈┈┈┈┈┈┈┈┈┈┈┈ 504

参考文献 ┈┈┈┈┈┈┈┈┈┈┈┈┈┈┈┈┈┈┈┈┈┈┈┈┈┈┈ 505

关键词索引 ┈┈┈┈┈┈┈┈┈┈┈┈┈┈┈┈┈┈┈┈┈┈┈┈┈┈ 514

第1章

生物功能化纳米探针在光电化学
生物传感与成像分析中的应用

生命体中开始出现痕量、特定活性物质时，通常预示体系将要或正在发生重要变化。例如，早期肿瘤会产生痕量标志物，并进入血液循环；核酸碱基的突变可能会带来蛋白质或细胞功能的改变；痕量重金属会对蛋白质产生毒性作用，从而引起体内疾病。因此，对生命体中特定活性物质（如小分子、离子、核酸、蛋白质、细胞等）进行高灵敏、高选择性检测具有重要意义。随着纳米科技的发展，性能各异的纳米材料不断涌现，为制备用于生物传感与成像的功能化纳米探针奠定了坚实的基础。将生物功能化纳米探针与光电技术结合，通过研究信号转导机理和分子识别机制，已构筑一系列新型光电化学生物传感器，并用于生物成像分析。

本章讨论了生物功能化纳米探针在电化学、光致电化学、电致化学发光以及化学发光和生物发光传感与成像分析中的应用，并对未来的发展前景进行了展望。

1.1 生物功能化纳米探针在电化学生物传感分析中的应用

电化学分析方法具有灵敏度高、特异性好、分析快速、易于实现集成化和微型化等优点，符合便携式检测装置的基本要求[1-3]。因此，电化学生物传感器已成为特定靶标分析的重要检测技术之一。近年来，随着纳米技术的发展，已设计合成多种生物功能化纳米探针，为发展多功能电化学生物传感器提供了坚实的基础。目前，基于生物功能化纳米探针的电化学生物传感器已被广泛应用于环境监测、食品分析和临床疾病早期诊断等领域。生物传感分析技术对痕量活性物质进行高灵敏、高特异检测的需求日益增加，基于生物功能化纳米探针的电化学生物传感器在其中发挥重要作用[4-6]。

1.1.1 概述

1. 电化学生物传感器基本原理

将探针分子和靶标分子之间的反应转换为可定量测定电信号的装置，称为电化学生物传感器。其主要组成部分有感受器（分子识别探针）和换能器（能量转换探针）。分子识别探针通常用于定性和定量感知靶标分子；能量转换探针可以把电极界面上分子识别所产生的变化转换为可以定量测定的特征信号，如电势或电流等。通过对反应前后电信号的变化量进行分析，从而实现靶标分子的准确定量检测。具体来说，电化学生物传感分析过程主要包括：探针的固定、分子识别、识别指示和电化学检测。灵敏度是分析检测过程中的一个重要指标，而探针分子和靶标分子的相互作用情况决定了电化学生物传感器的灵敏度。因此，分子识别元件上探针与靶标分子之间的结合反应是传感分析过程中的重要环节[7]。

2. 电化学生物传感器分类

根据靶标分子加入前后电化学信号发生的变化，电化学生物传感器可以分为信号衰减型和信号增强型两类。在信号衰减型电化学生物传感器中，靶标与探针特异性结合后，会引起电化学信号衰减；反之，在信号增强型电化学生物传感器中，靶标与探针特异性结合后，会引起电化学信号增强。例如，Fan 等在 2003 年报道了一种信号衰减型电化学生物传感器［图 1.1（a）］，将具有电化学活性的亚甲基蓝（MB）修饰的发卡结构探针组装在金电极表面，靠近电极表面的 MB 可以产生强电化学信号[8]。如果体系中含有目标 DNA 分子，目标 DNA 会与发卡 DNA 识别并进行杂交。最后，打开发卡探针形成双链 DNA。双链 DNA 具有较强的刚性，可以使 MB 远离电极表面，降低电化学信号。Pelossof 等报道了一系列基于 G-四联体核酸探针的电化学生物传感器［图 1.1（b）］，用于检测蛋白质、核酸和生物活性小分子[9]。G-四联体可以与氯化血红素（hemin）特异性结合，产生的复合物具有类辣根过氧化物酶的催化性质，当体系中含有过氧化氢时，过氧化氢可以被催化分解产生水和氧气，从而增强电化学信号。

按照电化学信号响应分子的来源，电化学生物传感器一般分为免标记型和标记型两类。

在免标记型电化学生物传感器中，探针分子不会修饰电化学活性分子。一般将能够产生电化学信号的电活性探针分为三类：溶液扩散型、嵌入型和原位生成型。

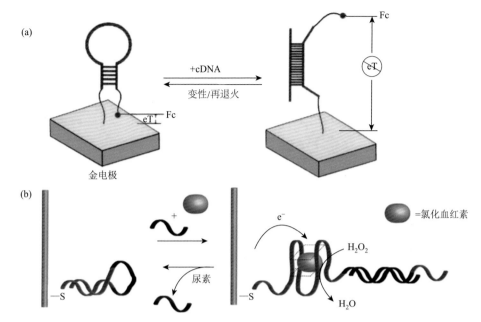

图 1.1　（a）信号衰减型电化学生物传感器[8]；（b）信号增强型电化学生物传感器[9]

cDNA：互补 DNA；Fc：二茂铁；eT：电子转移

　　习惯上将可以在溶液中形成自由扩散状态的氧化还原对称作溶液扩散型分子探针。铁氰化钾氧化还原对（$[Fe(CN)_6]^{3-/4-}$）是一种经典的负电荷溶液扩散型分子探针[10, 11]。如果电极表面修饰有负电荷的核酸探针，那么核酸探针会排斥溶液中的 $[Fe(CN)_6]^{3-/4-}$，限制其向电极表面扩散，可检测到较高的电化学阻抗值。如果向体系中加入带有正电荷的靶标分子，使其与负电荷的核酸探针进行识别，核酸的负电性大大降低，$[Fe(CN)_6]^{3-/4-}$ 能够自由扩散到传感器表面，在电化学信号上会呈现较低的电化学阻抗值。因此，利用电化学阻抗的变化可实现靶标分子的定量检测。如图 1.2 所示，Gao 等利用 pH 诱导 i-motif 核酸构象进行可逆转换，在酸性环境下胞嘧啶呈现半质子化状态，核酸趋向 i-motif 构象，分子正电性增强，$[Fe(CN)_6]^{3-/4-}$ 能够更好地在电极表面产生电子传递，利用电化学阻抗的信号变化实现了对葡萄糖和尿素的检测[10]。$[Ru(NH_3)_6]^{3+/2+}$ 是一种常用的正电荷溶液扩散型探针[11, 12]。在静电作用下，$[Ru(NH_3)_6]^{3+/2+}$ 倾向于与带负电荷的核酸相互作用，并且与双链核酸的作用力会显著高于单链核酸。对 $[Ru(NH_3)_6]^{3+/2+}$ 的电化学信号变化进行分析能够高效识别单链核酸和双链核酸[13, 14]。羟基自由基具有剪切 DNA 的作用，对 DNA 探针上 $[Ru(NH_3)_6]^{3+/2+}$ 的电化学信号进行定量分析，可以实现羟基自由基的灵敏检测。

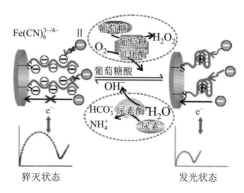

图 1.2 溶液扩散型[Fe(CN)$_6$]$^{3-/4-}$探针用于电化学检测葡萄糖和尿素[10]

嵌入型分子探针主要以非共价键的形式嵌入核酸骨架中，且单链核酸吸附探针分子的能力明显低于双链核酸。这类探针多以平面的多环芳香分子为主，如柔红霉素、亚甲基蓝等[15, 16]。吸附探针的量越大，产生的电化学信号越强，根据电化学信号的变化强度，可以实现单链与双链核酸的区分，也可以用于靶标分子的灵敏检测。例如，Tang 等将亚甲基蓝嵌入到 DNA 链中，利用电化学信号的变化实现了癌胚抗原[17]和核酸[18]的灵敏检测。Li 等发现氧化石墨烯（GO）与亚甲基蓝之间具有较强的静电吸附作用（图 1.3），GO 可以吸附大量的亚甲基蓝，从而使电化学信号增强。基于这种思路，他们提出了基于 GO 信号放大作用的免标记型高灵敏传感器用于腺苷三磷酸和凝血酶的电化学检测[19]。

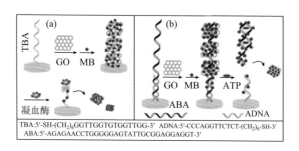

图 1.3 嵌入型亚甲基蓝（MB）探针用于电化学检测凝血酶和 ATP[19]

TBA：凝血酶的适配体；ABA：腺苷三磷酸的适配体；ADNA：锚定 DNA；ATP：腺苷三磷酸；
GO：氧化石墨烯

近几年兴起的贵金属纳米簇探针属于原位生成型分子探针[20-24]。具有多个连续胞嘧啶序列的核酸探针和硝酸银在还原剂（如硼氢化钠）作用下，可以形成具有光化学性质和电化学活性的银纳米簇。因此，原位生成纳米簇的方法已被广泛用于构筑高灵敏的光电化学生物传感器[25-32]。如图 1.4 所示，Zhang 等利用银纳米簇对 H$_2$O$_2$ 的电催化性质，首次提出将以 DNA 为模板合成的银纳米簇作为电活性探针构筑免标记型电化学生物传感器，成功实现了 miRNA 的高灵敏检测[33]。Tang 课题组利用滚环放大技术，结合银纳米簇的电催化性质，构筑了对甲胎蛋白高灵敏、特异性检测的电化学生物传感器，检测限低至 0.8 pg/mL[27]。

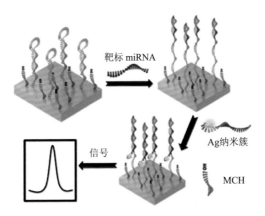

图 1.4　原位生成型银纳米簇探针用于检测 miRNA[33]

MCH：巯基己醇

　　标记型电化学生物传感器通常是将亚甲基蓝、二茂铁等电化学活性分子以共价键的形式修饰到核酸、蛋白质等生物分子上。通过精确设计，靶标分子与核酸探针结合后，探针的构象发生变化，从而改变电活性探针与电极界面间的距离，使相应的电化学信号强度也随之发生变化。通过测定电化学信号的变化值，可以实现对靶标分子的精确定量分析。例如，Ren 等提出了一种标记型 DNA 电化学生物传感器，利用靶标蛋白与 MB 标记的发卡探针的特异性结合，使 MB 脱离电极表面，根据电化学信号的降低实现靶标分子的高灵敏测定[34]。如图 1.5 所示，Gao

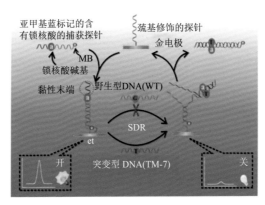

图 1.5　亚甲基蓝共价键标记的核酸探针用于检测 *p53* 基因单核苷酸多态性[35]

et：电子转移；SDR：链置换反应

等利用 MB 标记的 DNA 作为信号探针，结合 DNA 链置换反应，实现了可再生 DNA 电化学传感器对 *p53* 基因单核苷酸多态性的灵敏检测[35]。

1.1.2　贵金属纳米探针在电化学生物传感分析中的应用

贵金属纳米粒子通常是指金（Au）、银（Ag）、铂（Pt）、钯（Pd）等元素及其相应的双金属、三金属合金或核壳纳米粒子。由于其尺寸和形状可以根据需求进行调节，因此可以产生许多独特的物理化学性质[36]。基于贵金属纳米粒子构建生物功能化纳米探针，并结合信号放大技术，制备电化学生物传感器，可以极大改善检测的灵敏度和选择性。因此，设计低毒、安全的贵金属纳米探针在生化分析领域有广阔的应用前景[37]。

1. 金纳米探针

金纳米探针具有许多独特的性能，如精细可调的理化性质、比表面积大、稳定性好等。这些优越的性能为金纳米探针在电化学传感器领域的快速发展提供了有利条件[38-40]。生物功能化金纳米探针具有制备方法简单快速、稳定性好、生物相容性强、电化学性能好、电位范围宽、催化活性高等优点，是电分析领域最具发展前景的纳米材料之一。

由于金纳米粒子与多种药物、生物标志物具有较好的生物相容性，因此生物功能化金纳米探针在纳米医学领域得到了广泛的应用[39, 41, 42]。据报道，血浆 *S*-亚硝基硫醇衍生物（RSNOS）的浓度与炎症等疾病密切相关[43, 44]。Baldim 等提出利用金纳米探针构建传感检测平台，并将其成功应用于生物介质中 RSNOS 的灵敏检测，检测限可低至 100 nmol/L[43]。Taladriz-Blanco 等以金纳米探针为基础制备了用于检测 RSNOS 的电化学传感器，在含有游离硫醇的条件下，采用超微电极实现了对 RSNOS 的分解[44]。如图 1.6 所示，Wang 等利用静电吸附法，将金纳米粒子固定在金属-金属卟啉网络上，建立了基于 Au NPs/MMPF-6（Fe

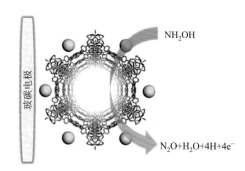

图 1.6　基于 Au NPs/MMPF-6（Fe）纳米探针的羟胺电化学传感器[45]

的高灵敏羟胺传感器[45]。金纳米粒子与 MMPF-6（Fe）结合，使催化性能位点和电化学活性位点增多，电导率增强。这种电化学传感器具有两个线性动态范围，检测限可低至 4.0 nmol/L（$S/N = 3$）。Zhang 课题组利用 DNA 功能化的金纳米粒子作为信号探针（图 1.7），靶标分子与探针上的 DNA 部分互补杂交，从而将金纳米探针固定在电极上，利用[Ru(NH$_3$)$_6$]$^{3+/2+}$的电化学信号变化，实现靶标浓度的定量分析[46]。

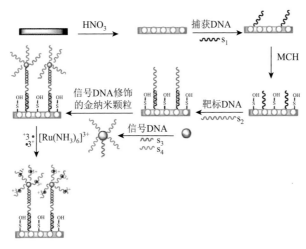

图 1.7　基于核酸功能化的金纳米探针用于电化学检测 DNA[46]

2. 银纳米探针

基于生物功能化银纳米探针构建的电化学生物传感器可以提高体系导电性、放大电化学信号和改善生物相容性，在生物分析领域产生了重要影响。近年来，科学家们一直致力于发展基于银纳米探针的电化学生物传感分析方法，以实现对疾病标志物和感染源的高灵敏检测[47-49]。例如，银纳米粒子可以与金属氧化物、硅酸盐、高分子聚合物、碳纳米材料、纤维材料等基质作用，构建纳米复合材料，提高生物传感性能。这种生物传感器的灵敏度和稳定性取决于银纳米粒子的分散性，单分散的探针可以提高检测的灵敏度和稳定性。

在小分子检测应用方面，Sheng 等利用掺杂镍的 Ag@C（Ni/Ag@C）纳米复合材料构建了检测过氧化氢（H$_2$O$_2$）的电化学传感器，其线性范围为 0.03～17.0 mmol/L，检测限为 0.01 mmol/L（$S/N = 3$）[50]。Fekry 采用银纳米粒子修饰的玻碳电极构建电化学生物传感器，对盐酸莫西沙星（MOXI）的检测限为 2.9 nmol/L，并成功实现了药片和人体尿液中 MOXI 的检测。通过将银纳米粒子均匀分散在还原氧化石墨烯（rGO）纳米片上构建 rGO-Ag 纳米复合材料，采用计时电流方法实现了对 NO 的电化学检测，检测限达 2.8 μmol/L[47]。

对于生物大分子的检测，He 等使用银纳米粒子增强电化学信号，用于前列腺特异性抗原（PSA）的高灵敏检测[51]。如图 1.8 所示，将 DSP@Au@SiO₂ 修饰的多肽固定在电极上，银纳米粒子沉积在 DSP@Au@SiO₂ 表面，从而增强电化学信号。PSA 作为待测物可以特异性识别并剪切多肽，使电极表面的 DSP@Au@SiO₂ 探针大大减少，电化学信号降低。通过对电化学信号的定量分析，该方法可以高灵敏检测 PSA，线性范围为 $0.001\sim30$ ng/mL，检测限低至 0.7 pg/mL。

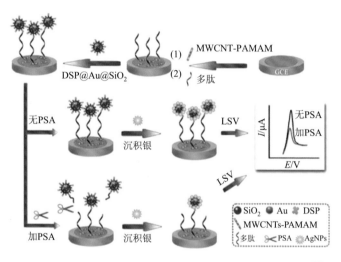

图 1.8　纳米银沉积增强电化学信号检测前列腺特异性抗原[51]

MWCNT-PAMAM：多壁碳纳米管-树枝状聚酰胺；DSP：3, 3′-二硫代二丙酸二（N-羟基丁二酰亚胺酯）；LSV：线性循环伏安法；PSA：前列腺特异性抗原

3. 铂纳米探针

铂生物功能化纳米探针由于其独特的电子传递和电催化特性，引起了广大电化学生物传感领域科研工作者的兴趣[15, 52-54]。由于铂纳米颗粒的电子传递过程易受材料组成、表面反应环境、晶面和取向等因素的影响，基于铂的生物功能化纳米探针可以拓展材料的新性能，有望用于发展可靠、快速和精确的生物分析方法，用于检测各种生物标记物，并实现疾病早期诊断[55-59]。

Luong 及其同事制备了直径为 $2\sim3$ nm 的铂纳米粒子，并将其与单壁碳纳米管（SWCNT）结合，构筑了高灵敏检测过氧化氢的电化学传感器[60]。该传感器可以在 3s 内快速响应，检测限达 0.5 μmol/L。Abellán-Llobregat 等开发了一种基于铂修饰石墨和葡萄糖氧化酶（GOD）的柔性电化学传感器，用于人体汗液中葡萄糖的定量检测[61]，该传感器的检测线性范围为 $0.01\sim0.9$ mmol/L，检测限为 0.01 mmol/L，并应用于人体汗液样本中葡萄糖的高效、无创检测。Fisher 课题组将铂纳米颗粒与多层石墨烯纳米片花瓣、葡萄糖氧化酶结合，构筑了生物功能化的复合纳米探针，并成功将其用于电化学检测葡萄糖（图 1.9）[62]。此电化学生物传感器可以在 1 个月内多次使用，检测范围为 0.01～50 mmol/L，检测限低至 0.3μmol/L。

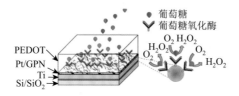

图 1.9　铂纳米粒子修饰的多层石墨烯纳米片花瓣用于电化学检测葡萄糖[62]

PEDOT：聚乙撑二氧噻吩；Pt/GPN：铂纳米粒子修饰的石墨烯纳米片花瓣

1.1.3　金属氧化物纳米探针在电化学生物传感分析中的应用

金属氧化物纳米探针广泛应用于电化学、软磁、催化、传感器等领域。由于尺寸小、比表面积大、德拜长度与其尺寸相当等优点，基于金属氧化物的生物功能化纳米探针可以显著提高检测灵敏度和选择性。此外，金属氧化物纳米材料廉价易得、具有较强的电催化活性和较高的有机捕获能力，已被用作电催化剂检测各种待测物质[63-67]。电化学传感过程中常用的金属氧化物纳米粒子包括二氧化铈（CeO_2）、氧化铜（CuO）、氧化镍（NiO）、氧化铁（Fe_2O_3）、氧化钴（Co_3O_4）、氧化锰（MnO_2）、氧化锌（ZnO）、氧化钛（TiO_2）、氧化锡（SnO_2）、氧化镉（CdO）等。

1. 二氧化铈纳米探针

二氧化铈（CeO_2）纳米材料是一种重要的稀土氧化物，由于其易在电极表面固定生物酶或蛋白质，并具有较强的催化活性，因此在生物传感领域引起人们的广泛关注。最近，Bracamonte 等开发了一种基于氧化单壁碳纳米角与 CeO_2 复合（Ox-SWCNHs@CeO_2）的电化学 H_2O_2 传感器[68]，该传感器对 H_2O_2 具有良好的检测性能，检测限为 0.1 mmol/L。这种基于 CeO_2 的电化学传感器在 2 周内仍表现出较高的稳定性和再现性。即使在复杂基质中（如牛奶和清洁液等样品中），对过氧化氢也具有显著的选择性。Li 等制备了一种基于 CeO_2 纳米复合物（Co_3O_4@CeO_2-Au@Pt）的高灵敏、高特异电化学免疫传感器用于检测鳞状细胞癌抗原（SCCA）[69]。如图 1.10 所示，Yuan 课题组制备了可以催化亚甲基蓝的 Fe_3O_4/CeO_2@Au 磁性复合纳米探针（Fe_3O_4/CeO_2@Au-MNPs），通过杂交链式反应进行信号放大，构筑了高灵敏检测 miRNA-21 的电化学生物传感器[70]。

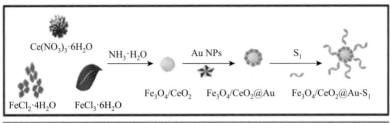

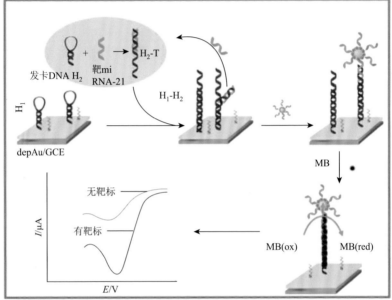

图 1.10 $Fe_3O_4/CeO_2@Au$ 磁性复合纳米探针（$Fe_3O_4/CeO_2@Au$-MNPs）用于检测 miRNA-21[70]

Au NPs：金纳米颗粒；S_1：单链 DNA S_1；H_1：发卡 DNA H_1；H_2：发卡 DNA H_2；depAu/GCE：沉积了金纳米颗粒的玻碳电极；H_2-T：DNA H_2 与靶 miRNA-21 的杂交双链；H_1-H_2：H_1 与 H_2 的杂交双链；MB：亚甲基蓝；MB(ox)：氧化态的亚甲基蓝；MB(red)：还原态的亚甲基蓝

2. 氧化铜纳米探针

氧化铜（CuO）纳米材料具有多价态、可调电子输运性、层状纳米结构、表面积大等优异性能，已应用于生物传感领域[71-73]。例如，Yang 等采用针状纳米 CuO 对 N 掺杂的 rGO(CuO/N-rGO)实现了对非酶葡萄糖的电化学传感检测[74]。CuO/N-rGO 三维纳米复合结构可以提高葡萄糖反应的活性位点，从而促进界面上的电子传递，实现对葡萄糖的快速响应，线性范围为 0.5～639.0 μmol/L，检测限为 0.01 μmol/L，并应用于人血清样品中葡萄糖的检测。如图 1.11 所示，Li 等构筑了一种金纳米粒子修饰的 $Cu_2O@CeO_2$ 核壳结构复合材料。该纳米复合材料具有优异的协同催化性能，对 H_2O_2 还原的电催化活性优于单纯的 Cu_2O、Au NPs

和 Cu₂O@CeO₂，将其用于构建电化学生物传感器，实现了对前列腺特异性抗原（PSA）的检测，线性范围为 0.1 pg/mL～100 ng/mL，检测限低至 0.03 pg/mL（$S/N=3$）[75]。

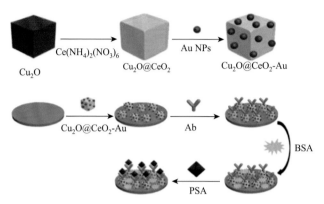

图 1.11 Cu₂O@CeO₂-Au 纳米复合探针用于检测 PSA[75]

Ab：前列腺特异性抗原抗体；PSA：前列腺特异性抗原；BSA：牛血清白蛋白

3. 磁性纳米探针

NiO、Fe₂O₃、Co₃O₄ 等磁性纳米材料具有较高的活性表面积和良好的电子传递性能，是制备电化学生物传感器的理想材料。多层多孔磁性纳米材料因具有受控的表面结构和尺寸而备受关注[76-79]。近年来，基于磁性纳米探针及其纳米复合探针构建的新型电化学生物传感器得到迅速发展，具有操作简便、响应快速、成本低廉等优点。生物酶功能化的磁性纳米探针为电化学传感器提供了生物相容的环境，可以通过调节电子转移效率增强检测灵敏度。例如，分层多孔 Co₃O₄/石墨烯（Co₃O₄/GR）纳米探针可用来构建无酶葡萄糖传感器[80]。将乙酰胆碱酯酶（AChE）和胆碱氧化酶（CHO）固定在 Fe₂O₃ 纳米颗粒表面，结合聚（3,4-亚乙基二氧噻吩）（PEDOT）-rGO 纳米复合物，构建电化学生物传感器检测乙酰胆碱，线性范围为 4.0 nmol/L～800.0 μmol/L，检测限为 4.0 nmol/L[81]。Han 等建立了一种基于 M13@MnO₂/GOD 纳米线的葡萄糖生物传感器[82]。该生物传感器对葡萄糖检测的线性范围为 5.0 μmol/L～2.0 mmol/L，检测限为 1.8 mmol/L。如图 1.12 所示，Zhang 课题组制备了核酸功能化的金纳米粒子、CdS 量子点和磁珠，利用溶出伏安法实现了对 Ramos 细胞的灵敏检测，检测限达 67 cell/mL[83]。

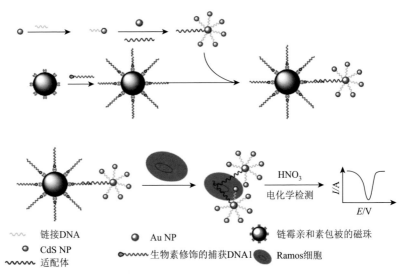

图 1.12　基于核酸适配体功能化的磁性纳米探针用于电化学检测 Ramos 细胞[83]

Au NP：金纳米颗粒；CdS NP：硫化镉纳米颗粒

1.1.4　碳纳米探针在电化学生物传感分析中的应用

碳纳米材料包括富勒烯、碳纳米管、石墨烯、石墨炔等，因具有独特的表面体积比、优异的导电性、化学耐久性和生物相容性好、强大的机械强度等性质，引起各领域的科研工作者的广泛关注[84-87]，为构建高效碳基生物功能化纳米探针提供了基础，为提高检测灵敏度和特异性创造了条件。例如，功能化碳纳米材料的形态具有多样性，因此具有许多独特的物理化学特性，有助于提高检测的灵敏度、选择性和稳定性[86, 88, 89]。活性表面官能团、边缘平面样位点和掺杂的元素也会对碳纳米材料的电催化和传感性能产生较大影响[89-91]。近年来，通过不断发展传感器集成制造技术，人们在基于碳纳米材料的电化学生物传感器领域取得了许多进展。

1. 碳纳米管纳米探针

碳纳米管（CNT）是由具有特殊长径比的石墨碳和 sp^2 杂化的碳组成的空心圆柱碳管，其结构、功能、形态和在杂化或复合材料中的适用性方面具有许多引人注目的特性[91, 93]。以石墨层的数量作为分类方法，碳纳米管主要分为单壁碳纳米管（SWCNT）、双壁碳纳米管（DWCNT）和多壁碳纳米管（MWCNT）。CNT 由于其独特的化学和物理特性，可以用来提高传感器的性能，利用功能化CNT 可以很容易地通过生物膜输送各种治疗剂，如药物、肽、蛋白质、基因、免疫调节剂等[88, 90, 91]。

生物功能化 CNT 具有很高的选择性、准确性和在复杂生理环境下的适应性。Venton 等发展了一种经 CNT 修饰的金属铌微电极,用于电化学检测体内多巴胺[92]。研究发现,碳纳米管包覆的铌微电极（CNT-Nb）比在其他金属上生长的碳纳米管具有更高的灵敏度,且 ΔE_p 值较低。该传感器对多巴胺的检测限低至（11±1）nmol/L,且具有较好的选择性。此外,该方法可被用于监测麻醉状态下大鼠释放的多巴胺,实现多巴胺在体内的快速定量检测。如图 1.13 所示,Zhang 等设计了一种用于检测抗坏血酸的电化学传感器,利用 CNT 阵列作为微传感器准确测量活体大脑中抗坏血酸的水平[93]。研究表明,正常情况下抗坏血酸在大脑皮层中的浓度为（259.0±6.0）μmol/L,纹状体中为（264.0±20.0）μmol/L,海马体中为（261.0±21.0）μmol/L。该传感器为构建检测神经递质的高性能电化学生物传感器提供了一种简单的方法,对脑医学的研究具有指导作用。

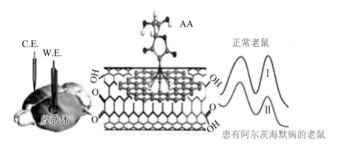

图 1.13　碳纳米管修饰的微电极用于检测活体大脑中的抗坏血酸浓度[93]

W. E.：工作电极；C. E.：对电极；AA：抗坏血酸

CNT 可以与各种贵金属或金属氧化物结合,构建多功能纳米复合探针,将其用作电催化剂可增强生物传感性能,以实现生物传感等相关领域的研究。Baskaya 等将单分散镍纳米粒子与多壁碳纳米管结合,形成 Ni@f-MWCNT 复合探针,构建了非酶电化学生物传感器,用于葡萄糖的高灵敏检测[94],对葡萄糖检测的线性范围为 0.05～12.0 mmol/L,检测限为 0.021 μmol/L。其独特的微纳结构和高比表面积增强了电化学传感性能和稳定性,检测能力在 10 周内几乎不变。Bai 等建立了一种基于 Au NPs/MWCNT-壳聚糖（CS）的电化学传感器,利用 CS 修饰提高碳纳米管的生物相容性,将其用于己烯雌酚（DES）的检测,检测限为 24.3 fg/mL[95]。Arvand 等建立了石墨烯量子点（GQDs）、Fe_3O_4 纳米粒子和 f-MWCNT（Fe_3O_4@GQD/f-MWCNT）的纳米复合探针,用于人血清中的孕酮（P4）的高灵敏、高选择性检测[96]。

2. 石墨烯纳米探针

石墨烯是一种无限延伸的二维（2D）碳网络,其六角形晶格类似于蜂窝结构,具有灵敏度高、选择性好、稳定性好、电位窗口宽、电性能优异、催化活性强等特点[86-88, 91]。基于石墨烯及其复合材料构建的纳米探针，通常具有比表面积大、透明度高、机械强度高、柔韧性好、双极电场效应强、导热性和导电性好、电子性能优异等特点。可采用生物小分子、蛋白质、金属和金属氧化物纳米粒子、聚合物等对石墨烯进行功能化，以提高探针的生物传感性能，促进其在生物、医学、化学、食品安全和环境等诸多领域的应用[97-99]。Adhikari 等利用电化学还原氧化石墨烯（ERG）构建电化学生物传感器，实现了药物配方和人体体液中乙酰氨基酚的灵敏检测[100]。ERG 具有良好的导电性、高的比表面积和富氧缺陷位点，使得对乙酰氨基酚检测的灵敏度和选择性得到提升。ERG 传感器的检出限为 2.13 nmol/L，线性范围为 5 nmol/L～800 μmol/L。石墨烯与金属纳米粒子的复合物具有较高的比表面积，可以提高载流子的运动特性和电子转移动力学。Govindhan 等利用 Au NPs/rGO 设计了一种无氧化还原介质的非酶电化学传感器用于检测还原型烟酰胺腺嘌呤二核苷酸（NADH）[101]。该 Au NPs/rGO 基传感器具有良好的电催化活性，在中性溶液中即可氧化 NADH，反应过程中产生了大量电子转移，从而提高导电性。此外，该传感器还用于检测人体尿液样本中的 NADH，具有实际应用前景。三维（3D）多孔石墨烯（GN）是近年来新开发的一种固定化载体，可提高酶的活性，从而检测生物物质。NiO、Co_3O_4、Fe_3O_4 等金属氧化物纳米材料具有类辣根过氧化物酶的催化活性。Wang 等用 Fe_3O_4 纳米粒子修饰 3D GN 制备电化学传感器，实现了对葡萄糖的检测，灵敏度达 0.8 μmol/L[102]。如图 1.14 所示，Qu 课题组利用氧化石墨烯将 AS1411 适配体修饰在电极上，成功用于捕获癌细胞。此传感器用去离子水清洗 30 s 即可重复使用，稳定性强，降低了检测成本[103]。

与碳纳米管、富勒烯、碳点、纳米金刚石等其他碳纳米材料相比，石墨烯具有锚定点丰富、表面积大、生物相容性好、生产成本低等显著优势。此外，通过机械混合、杂化、共沉积、共价或非共价相互作用等多种途径可实现石墨烯的功能化。因此基于石墨烯纳米材料构建的电化学传感器已广泛应用于生化分析、生物医学、临床诊断等领域。

1.1.5 二维过渡金属纳米探针在电化学生物传感分析中的应用

二维过渡金属纳米材料是一类新兴的类石墨烯片状结构纳米材料，水平尺寸一般大于 100 nm，但是其典型厚度一般小于 5 nm。由于电子被限制在二维的环境中，二维过渡金属纳米材料具有独特的化学、光学、电学等特性[104-107]。虽然二维过渡金属纳米材料与石墨烯类似，都具有二维片状结构，但是化学组分不同，因此呈现出独特的物理化学特性[106-109]。同时，这种类石墨烯的二维材料进一步丰富了生物功能化纳米探针的种类与应用。

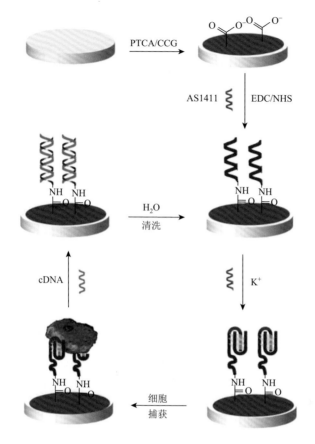

图 1.14　AS1411 适配体功能化的石墨烯电化学传感器用于检测癌细胞[106]

PTCA/CCG 芘四羧酸/化学转化石墨烯；EDC/NHS：1-(3-二甲氨基丙基)-3-乙基碳二亚胺盐酸盐/N-羟基琥珀酰亚胺；
AS1411：适配体 AS1411；cDNA：互补 DNA

1. 过渡金属二卤化物纳米探针

　　片状过渡金属二卤化物（TMDs）是二维材料家族中的重要成员，具有比表面积高、可调谐的电子和光学特性、低毒性、独特的片层状结构等特点。因此，过渡金属二卤化物纳米探针在生物传感领域中具有较高的应用价值。通常，在基于 TMDs 的生物传感器中加入贵金属纳米粒子会有助于实现电极和生物酶之间的电子直接转移。例如，辣根过氧化物酶（HRP）催化过氧化氢体系中[110]，由于 HRP 的活性中心深深嵌入蛋白质的外壳，在没有贵金属参与的情况下，HRP 的活性中心与电极之间的距离较大，无法实现有效的电子转移。加入贵金属后，可缩短活性中心和电极之间的距离，降低过氧化氢的过电位，从而避免 HRP-贵金属复合纳米探针共沉积造成的电极污染。

　　金纳米粒子（Au NPs）常用于修饰 TMDs 构建生物功能化纳米探针[111-113]。例如，将均匀分散的 MoS$_2$ 和 Au NPs 以及葡萄糖氧化酶（GOD）混合修饰在玻碳电极上，构建用于检测葡萄糖的电化学生物传感器[114]。循环伏安结果表明，Au NPs 与 MoS$_2$ 构建的复合纳米探针促进了 GOD 与电极之间的电子转移，从而提高了检测灵敏度。为了进一步提高电化学生物传感器的检测灵敏度，Wang 等在 MoS$_2$-Au NPs 复合材料中进一步引入了 Ag-GOD 探针，用于检测癌胚抗原（CEA）[115]。如图 1.15 所示，基于抗原-抗体特异性结合原理，CEA 浓度越高，Ag-GOD 探针含量越高。在葡萄糖存在下，GOD 催化葡萄糖产生的 H$_2$O$_2$ 越多，示差脉冲伏安（DPV）的电流越强。

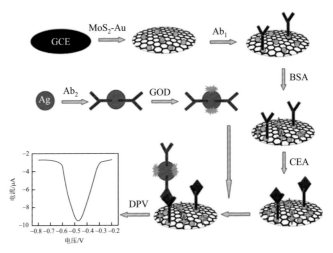

图 1.15　MoS$_2$-Au NPs 复合材料结合 Ag-GOD 探针用于检测癌胚抗原[115]

GCE：玻碳电极；Ab$_1$：一级抗体；Ab$_2$：二级抗体；BSA：牛血清白蛋白

随着研究的深入，人们发现三金属纳米花修饰的 MoS$_2$ 可用于原位电化学监测活的肿瘤细胞分泌的 H$_2$O$_2$[116]。相比于单相金属探针，不同金属元素加以组合赋予了 TMDs 纳米探针更强的催化性能。双金属和三金属的高度分枝和高分散的纳米结构，如纳米花[116]和树枝状结构[117]，有助于获得较高的催化活性，提高检测的灵敏度。

碳纳米材料由于其优异的导电性、机械强度和化学稳定性，已广泛用于 TMDs 纳米探针的改性。TMDs 和碳纳米材料之间的协同作用可显著增强电催化活性和稳定性。例如，基于 MoS$_2$/石墨烯纳米复合材料结合 HRP 构建的电化学生物传感器可以实现 H$_2$O$_2$ 的灵敏检测[118]。如图 1.16 所示，基于 MoSe$_2$/石墨烯纳米复合材料构建了一种生物酶传感器，实现了电化学检测血小板衍生生长因子 BB（PDGF-BB）。这种电化学生物传感器具有较高的比表面积、优异的导电性和独特的电化学性能，采用核酸外切酶辅助构建的信号放大方法可进一步提高 PDGF-BB

检测的灵敏度，检测限低至 20 fmol/L[119]。

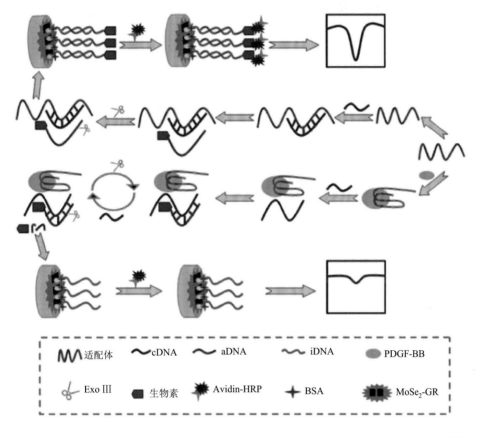

图 1.16　基于 MoSe$_2$/石墨烯构建电化学生物传感器用于检测血小板衍生生长因子 BB[119]

cDNA：互补 DNA；aDNA：单链信号 DNA；iDNA：锚定 DNA；PDGF-BB：血小板衍生生长因子 BB；Exo III：
核酸外切酶III；Avidin-HRP：亲和素标记辣根过氧化物酶；BSA：牛血清白蛋白；MoSe$_2$-GR：MoSe$_2$-石墨烯

在 TMDs 电化学生物传感器中导电聚合物可促进体系的电子转移。例如，采用自掺杂的聚苯胺（PANI）对 MoS$_2$ 改性，通过制备 MoS$_2$/PANI 纳米复合探针，实现了对氯霉素（CAP）的电化学检测。具有丰富苯环结构的负电荷聚苯胺会与共轭结构的 CAP 发生强烈的相互作用，增强电催化活性，从而提高 CAP 的检测效果，线性范围为 0.1～1000 μmol/L，检测限达 0.65 pmol/L[120]。

2. MXene 纳米探针

MXene 是指类石墨烯结构的二维过渡金属碳化物、氮化物或碳氮化物[121-123]。MXene 由于其独特的层状结构、高导电性、高比表面积、优异的亲水性、良好的热稳定性和环境友好等特点，在生物传感领域引起人们的广泛关注。

MXene 具有优异的生物相容性和酶固定化能力。Zheng 等[124]利用喷墨打印的方法制备了一种基于 Ti_3C_2-氧化石墨烯（Ti_3C_2-GO）的电化学传感器，实现了对 H_2O_2 的灵敏检测。Lorencova 等采用 $Ti_3C_2T_x$ 构建的电化学传感器可以用于检测 nmol/L 范围内的 H_2O_2，其信号响应速度快（约为 10 s），检测限低至 0.7 nmol/L[125]。Wang 等发现类石墨烯的 Ti_3C_2 具有平行的片状结构，可用于制备酶吸附的纳米探针（图 1.17）[126]。在该体系中，生物酶很容易被纳米层的表面官能团包埋，所构建的复合纳米探针表现出良好的电荷载体迁移率，使其成为蛋白质与 Ti_3C_2/血红蛋白/nafion 修饰的电极之间进行电子转移的良好介质。将该电化学生物传感器用于过氧化氢的检测，线性范围为 0.1～260 μmol/L，检测限为 20 nmol/L。Shi 课题组率先采用超薄导电 MXene 图案化场效应晶体管（FET）检测神经递质多巴胺[127]。Song 等利用 MnO_2/Mn_3O_4 和 Ti_3C_2/Au NPs 制备了一种新型复合纳米探针，通过酶抑制途径构建电化学生物传感器用于农药检测[128]，如图 1.18 所示。AChE-Chit/MXene/Au NPs/MnO_2/Mn_3O_4/GCE 传感器对甲胺磷高度敏感，线性范围为 10^{-12}～10^{-6}mol/L，检测限低至 1.34×10^{-13}mol/L。垂直排列、高度有序的 MnO_2/Mn_3O_4 纳米片和层状 Ti_3C_2/Au NPs 纳米片的协同效应提高了电极的电导率和比表面积，进而改善电化学性能。通过对新鲜水果样品中甲胺磷的检测，回收率为 95.2%～101.3%，相对标准偏差小于 5%，证明该传感器可用于复杂样品检测。

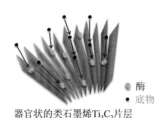

酶
底物

器官状的类石墨烯Ti_3C_2片层

图 1.17　MXene-Ti_3C_2 包覆生物酶构建生物酶功能化的复合探针[126]

AChE

电化学信号
（示差脉冲伏安）

ATCl

甲胺磷

图 1.18　AChE-Chit/MXene/Au NPs/MnO_2/Mn_3O_4/GCE 电化学生物传感器用于检测甲胺磷[131]

ATCl：氯化乙酰硫代胆碱；AChE：乙酰胆碱酯酶

1.1.6　小结

本节通过对纳米探针进行分类，概述了基于生物功能化纳米探针的电化学生物传感器在生化分析、环境监测、食品分析等领域中的应用。这类传感器具有可调控的电极/溶液界面，因此适用于体内和体外生物活性物质的检测。发展新型功能化纳米探针和分析技术是提高电化学生物传感器灵敏度、选择性、响应性和重现性发展的重要因素。此外，通过电极表面改性、微加工技术和纳米材料功能化可实现新型生物传感平台的构建，有望在疾病早期诊断、即时检测芯片等领域广泛应用。

1.2　生物功能化纳米探针在光致电化学 DNA 传感器中的应用

1.2.1　概述

在光照条件下，光电活性物质通过电子激发和电荷转移，发生光电转换的过程称为光致电化学（PEC），其本质是一种光伏转换[129-131]。光致电化学原理已被广泛应用于太阳能电池领域[132, 133]和生物传感器的研究[134-136]。在光电化学传感器中，光是激发光电活性物质的激发信号，电信号是检测信号。由于光照射和电化学检测分别有独立的工作区域，因此，PEC 检测具有高灵敏度和低背景信号的特点，受到人们的广泛关注。另外，与使用复杂且昂贵的光学检测仪器［如化学发光（CL）和电化学发光（ECL）等］相比，光致电化学分析使用更为简单的电化学检测装置，具有成本低廉的优点[137-139]。迄今光致电化学传感器已成功应用于多种目标物分析，如蛋白质、金属离子、细胞、生物小分子、核酸等[136, 140, 141]。

光致电化学进行分析检测的原理是基于目标物识别前后电极上电流或电压的变化。具体地说，加入一定浓度的待测物后，通过生物识别过程引起传感界面周围光电活性物质环境的变化。光照下，转换器会将光电活性物质的物理化学作用转换成电信号，从而建立待测物浓度与电信号之间的关系。其原理如图 1.19 所示[129]。

光电活性材料在一定波长的光激发下可以产生光电流。常用的光电活性材料包括有机小分子[142, 143]、金属配合物[140, 144]、无机半导体纳米材料[145, 146]、纳米复合物[136, 147]等。其中无机半导体纳米材料具有优异的光电响应性能。当半导体材料被大于其带隙的能量激发时，价带上的电子跃迁至导带，在价带上形成电子空穴。在外加电场的作用下，电子可以从价带跃迁到导带，再由导带跃迁到电

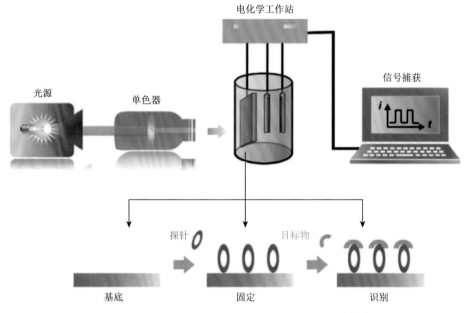

图 1.19　光致电化学生物传感器的检测原理示意图[129]

极上，同时由溶液中的电子供体提供电子填满价带上的空穴，产生阳极光电流
［图 1.20（a）］；此外，电子也可从价带跃迁至导带再转移到溶液中的电子受体
上，同时电极提供电子填满价带空穴，产生阴极光电流 ［图 1.20（b）］[148]。

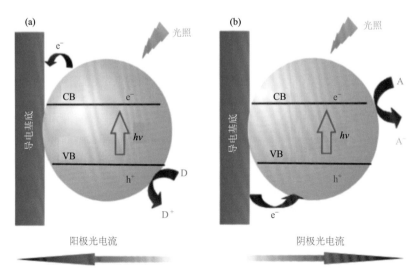

图 1.20　基于纳米半导体的光敏材料产生阳极光电流和阴极光电流的机理示意图[148]

　　具体来说，n 型半导体（如 TiO_2、ZnO、CdS 和 CdSe 等）利用电子作为载流子，电子从溶液的电子供体转移到电极上，产生阳极光电流。例如，Zhang 等[149]制备了 CdS 量子点（QDs）功能化的 TiO_2 纳米管电极，提出了一种采用碱性磷酸酶（ALP）和乙酰胆碱酯酶（AChE）双标记的 PEC 免疫分析方法。ALP 和 AChE通过夹心免疫结合方式整合到 PEC 系统中，特异性催化水解抗坏血酸-2-磷酸酯（AAP）或硫代乙酰胆碱（ATC），利用原位生成的抗坏血酸（AA）或硫代胆碱（TC）作为电子供体，产生阳极光电流（图 1.21）。

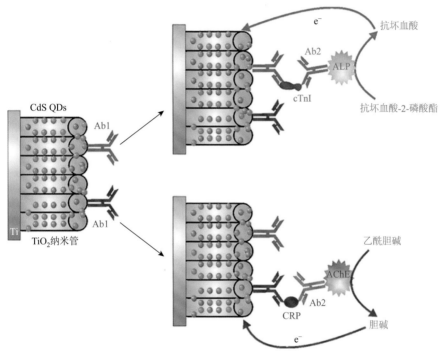

图 1.21　用 CdS QDs 功能化的 TiO_2 纳米管作为敏化材料，检测两种不同目标物的示意图[149]

　　然而在实际样品中含有各种还原性成分，如抗坏血酸、多巴胺、谷胱甘肽和烟酰胺腺嘌呤二核苷酸等，这些还原性成分在 n 型光阳极的吸附会不可避免地影响自身空穴的氧化反应，导致假阳性信号。而 p 型半导体（如 NiO、Cu_2O、PbS和 BiOI 等）是以空穴作为主要载体，电子快速转移到电解液中，形成阴极光电流。p 型半导体易与电子受体（如溶解氧）发生反应，因而对于电解液中的还原性成分具有抗干扰能力，更适合复杂生命体系的检测[150]。例如，Yan 等[151]通过引入 BiOI 和石墨烯复合材料作为阴极光敏材料，将土霉素的适体固定在复合材料修饰的电极上。当目标物土霉素存在时，该适体会将其限定在电极表面，阻挡了复合材料导带上的电子向氧气受体上的转移，减少阴极的光电流响应，以达到检测土霉素的目的（图 1.22）。

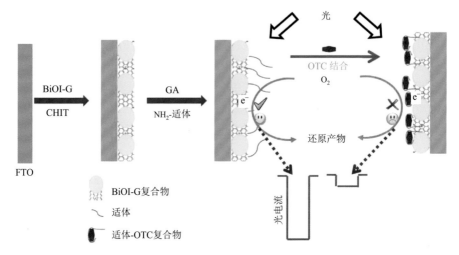

图 1.22　用 BiOI 和石墨烯复合材料作为阴极光敏材料，检测土霉素的示意图[151]

关于各种纳米材料的光电应用已有多篇文章进行了总结[129, 137, 148, 152, 153]，本部分重点介绍核酸技术在光致电化学传感器中的应用。近年来核酸技术快速发展，特别是各种核酸等温放大技术的不断完善，如链置换扩增（SDA）、杂交链式反应（HCR）、滚环扩增（RCA）和环介导等温扩增（LAMP）等，使核酸在传感器领域的应用已不仅限于 DNA/RNA 的检测，而是作为设计元素广泛应用于多种目标物的分析检测。

1.2.2　基于 DNA 生物条形码纳米探针的光致电化学 DNA 传感器

生物条形码（bio-barcode）是指同时结合了大量 DNA 片段和目标分析物识别探针的纳米粒子。纳米粒子比表面积大，能结合大量条形码 DNA，使检测灵敏度提高至少 2～3 个数量级。通过结合核酸适体技术，可进一步扩大 DNA 生物条形码纳米技术的应用范围[154, 155]。

Zhang 等合成了[Ru(bpy)$_2$dppz](BF$_4$)$_2$·2H$_2$O 作为光电活性物质，利用其对双链 DNA 的嵌插作用，结合生物条形码技术，实现了对 ATP 的检测[156]。如图 1.23 所示，ATP 适体通过酰胺键与羧基化的磁珠结合，同时将条形码 DNA（barcode DNA）与结合 DNA（binding DNA）组装于纳米金表面制备生物条形码探针（bio-barcode Au NPs）。适体修饰的磁珠与生物条形码修饰的纳米金探针杂交，得到磁珠/bio-barcode Au NPs 复合物。当加入目标 ATP 时，ATP 与其适体的结合能力大于双链杂交的能力，从而导致双链 DNA 解离。通过磁分离收集上清液，得到含有 bio-barcode Au NPs 的溶液。另外，将 ATP 适体固定在 ITO/SnO$_2$ 电极表面，再将修饰电极浸入上述 bio-barcode Au NPs 溶液中，通过 DNA 杂交将 bio-barcode Au NPs 引入电极表面。之后，加入互补 DNA 形成双链结构，再加入光电活性物质[Ru(bpy)$_2$dppz] (BF$_4$)$_2$·2H$_2$O 嵌插到双链 DNA 中，利用光电流信号的强度可间接测定 ATP 的含量。

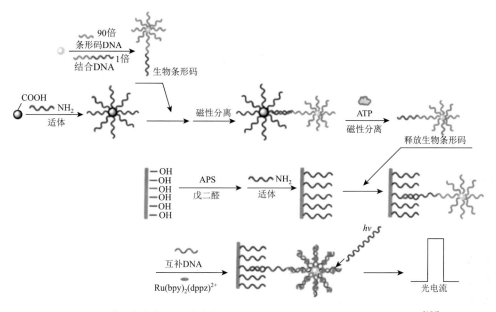

图 1.23　采用生物条形码放大技术的光致电化学检测 ATP 的原理示意图[156]

Wang 等制备了铂纳米粒子/G-四联体/氯化血红素（Pt NPs/hemin/G-quadruplex）生物条形码探针用于增强 PbS QDs 的阴极光电流信号，实现了对 DNA 的检测[157]。研究表明，Pt NPs/hemin/G-quadruplex 复合物具有过氧化氢模拟酶的性质，可以将 H$_2$O$_2$ 分解为水和氧气。在目标 DNA 的存在下，Pt NPs/hemin/G-quadruplex 复合物被捕获到 PbS QDs 修饰的电极表面。所产生的大量氧气可以作为电子受体增强阴极的光电流信号。通过简单的三明治结构即可实现对目标 DNA 浓度的检测，检出限为 0.08 pmol/L。

1.2.3　基于 DNA 构象变化的光致电化学 DNA 传感器

受到电化学 DNA 传感器的启发，Zhang 等将 DNA 构象变化转化为光电信号的变化，实现了光致电化学检测 DNA 片段[158]。该工作以钌配合物 Ru(bpy)$_2$（dcbpy）为光电活性物质，将其通过酰胺键连接于茎环 DNA 的一端，茎环 DNA 的另一端利用 Au—S 键组装于纳米金修饰的 ITO 电极表面。此时，光活性钌配合物靠近电极表面，产生较大的光电流。加入目标 DNA 后，茎环被打开形成刚性双链，光活性物质远离电极表面，引起光电流降低。此外，链置换 DNA 聚合反应可进一步提高传感器的灵敏度。Fan 等[159]通过引入 n 型半导体 TiO$_2$ 和 CdS：Mn 复合物作为阳极光敏材料，CdTe 作为电子转移体，通过 CdTe、TiO$_2$、CdS：Mn 复合材料的相互作用增强光电流响应。当加入目标 DNA 后，CdTe 远离 TiO$_2$和 CdS：Mn 复合材料的表面，使其相互作用减弱，光电流响应降低，从而实现对目标 DNA 的检测，实验原理如图 1.24 所示。

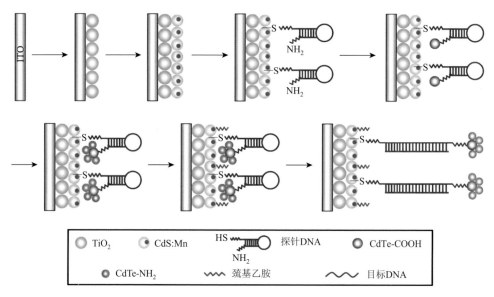

图 1.24 以 TiO$_2$ 和 CdS：Mn 作为光敏材料，利用 DNA 构象变化检测目标 DNA[159]

ITO：氧化铟锡电极

Ma 等报道了一种新型光致电化学传感器[160]，在辅助 DNA 和目标 miRNA 的作用下茎环 DNA 构型转变为三叉 Y 型结构。将碱性磷酸酶（ALP）引入体系，ALP 催化抗坏血酸磷酸酯（AAP）脱磷酸基变为抗坏血酸（AA），AA 将银离子还原为银，沉积在纳米金表面，由于 CdS 量子点和银纳米粒子间的等离激元-激子相互作用（EPI）导致光电流的衰减，通过光电流信号的降低，实现对目标 miRNA 的检测（图 1.25）。

Wang 等报道了一种阴极光致电化学传感器，如图 1.26 所示[161]。以 PbS 量子点（PbS QDs）作为光电活性材料固定在 ITO 玻璃表面，茎环 DNA 组装于 PbS QDs 上。当遇到目标 DNA 或目标蛋白凝血酶时，茎环 DNA 的构象发生改变，裸露出 hemin 的适体。当加入 hemin 时，hemin 的适体与其结合形成 G-四联体结

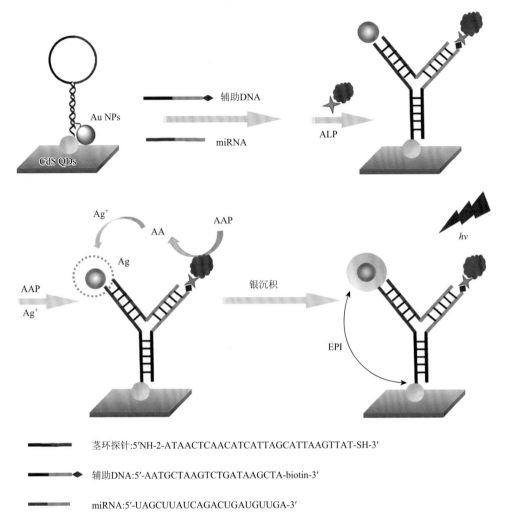

茎环探针:5′NH-2-ATAACTCAACATCATTAGCATTAAGTTAT-SH-3′

辅助DNA:5′-AATGCTAAGTCTGATAAGCTA-biotin-3′

miRNA:5′-UAGCUUAUCAGACUGAUGUUGA-3′

图 **1.25**　利用 DNA 构型变化将 CdS QDs-Au NPs 相互作用转化为 CdS QDs-Ag NPs 相互作用[160]

CdS QDs：硫化镉量子点；Au NPs：金纳米粒子；AA：抗坏血酸；AAP：抗坏血酸磷酸酯；ALP：碱性磷酸酶

构，将 hemin 引入电极表面，并与电极表面的 PbS QDs 发生光诱导电子转移，使得阴极光电流响应增强，从而达到检测靶 DNA 或凝血酶的目的。

1.2.4　基于酶催化的光致电化学 DNA 传感器

将酶或模拟酶催化体系引入光致电化学传感器中，利用酶的催化放大效应提高检测灵敏度。这里常用的酶包括碱性磷酸酶（ALP）和辣根过氧化物酶（HRP）。

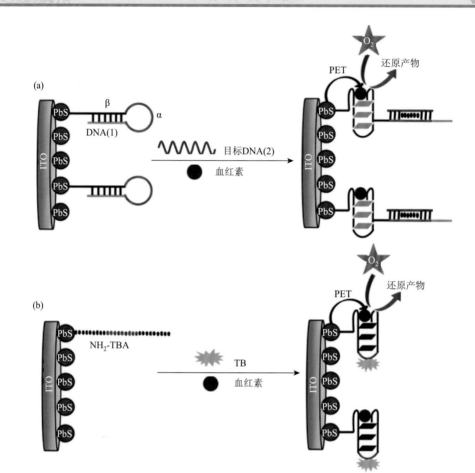

图 1.26 基于 G-四联体/hemin-PbS QDs 的光致电化学传感器检测 DNA（a）和凝血酶（b）[161]

TB：凝血酶；NH$_2$-TBA：氨基-凝血酶适体

ALP 可用于催化各种磷酸单酯的水解。例如，ALP 可以催化 AAP 水解为 AA，其可作为电子供体增加阳极光电流。基于此，Shen 等利用末端脱氧核苷酸转移酶（TdT）和 ALP 发展了双信号放大的光致电化学传感器[162]。如图 1.27 所示，将捕获 DNA 固定在电极表面用于捕获目标 DNA，目标 DNA 的 3′端被 TdT 催化延长，在此过程中连接上大量的 dUTP-生物素，并进一步结合 ALP 标记的亲和素。固定化 ALP 催化 AAP 在溶液中水解为 AA，AA 可用作电子供体增加 GR-CdS：Mn/ZnS 纳米复合物的光电流。除了 TdT 介导的链增长策略外，杂交链式反应也应用于构建光致电化学传感器，实现信号放大[163, 164]。

近年来，利用生物沉淀反应（BCP）在电极表面形成不溶物的方法，已被广泛应用于生物传感分析[165, 166]。Zhao 等将 CdS QDs 固定于电极表面作为光敏材料，通过三明治夹心法在电极表面组装一抗、抗原和 HRP 标记的二抗。HRP 催化 4-

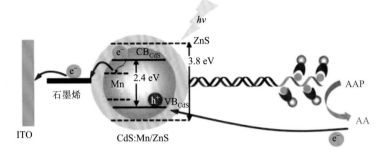

图 1.27　PEC 检测 HTLV-Ⅱ DNA 的原理示意图[162]

ITO：氧化铟锡电极；VB：价带；CB：导带；AAP：抗坏血酸磷酸酯；AA：抗坏血酸

氯-1-萘酚（4-CN）生成不溶性沉淀 4-氯萘醌，阻碍电极表面电子传递，通过检测降低的光电流实现免疫检测（图 1.28）[167]。

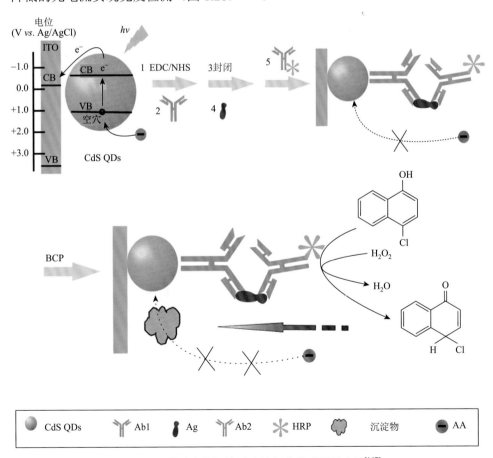

图 1.28　基于生物沉淀反应的免疫传感器示意图[167]

BCP：生物沉淀反应；AA：抗坏血酸

　　然而，天然酶常存在成本高、稳定性差等缺点。为克服这些缺点，一些研究尝试采用模拟酶代替天然酶。其中 HRP 模拟酶在光致电化学传感器中获得较好的应用。研究发现锰卟啉（MnPP）[168]、卤化银[166]和 hemin/G-quadruplex 复合物[169]都可作为 HRP 模拟酶。例如，Zhuang 等利用金纳米粒子修饰的 g-C₃N₄ 纳米片检测 T4 多聚核苷酸激酶（PNK）的活性。如图 1.29 所示，采用茎环 DNA 进行等温放大反应，在电极表面生成大量的 hemin/G-quadruplex 复合物，利用 DNA 酶催化 4-CN 氧化，在 Au NP/g-C₃N₄ 表面生成不溶性沉淀，通过对光电流的变化值进行分析，实现了对 PNK 的检测[169]。

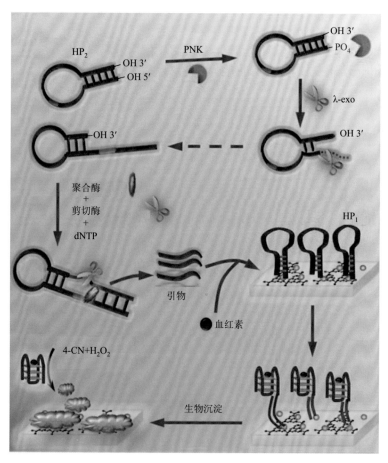

图 1.29　利用 Au NPs/g-C₃N₄ 纳米杂化物修饰电极结合等温放大和生物沉淀反应检测 PNK 的活性[169]

λ-exo：λ 外切酶

1.2.5　基于 DNA 循环放大技术的光致电化学 DNA 传感器

为了进一步提高检测灵敏度，可将 DNA 循环放大反应应用到光致电化学传感器中。按照循环放大的方式可分为两大类，即溶液中 DNA 循环放大和电极上循环放大。

溶液中 DNA 循环放大的设计思路是在溶液中对目标物进行识别，引发循环放大反应，进而释放大量 DNA 纳米探针或用于连接纳米探针的 DNA 链，使连接有光电活性材料的 DNA 探针被电极捕获，引起光电流的变化。DNA 在溶液中循环放大的优势在于均相反应，反应效率高，检测灵敏度也相应提高。例如，Li 等报道了一种信号衰减型的光致电化学传感器，用于 ATP 的超灵敏检测（图 1.30）[170]。该工作制备了 n 型纳米复合材料 C_{60}-Au $NPs@MoS_2$，将其作为光电活性物质固定于玻碳电极表面。p 型-PbS QDs 与 C_{60}-Au $NPs@MoS_2$ 竞争吸收光能，捕获电子供体，从而阻碍电子的转移。利用目标介导的适体酶循环放大，少量的 ATP 会释放大量 PbS QDs 标记的 S_1 链，通过 DNA 的互补杂交，将 PbS QDs 引入修饰电极表面，导致光电流信号的猝灭，从而实现对目标物 ATP 的检测。

采用类似思路，Li 等利用环金属化的铱配合物$[(C6)_2Ir(dcbpy)]^+ PF_6^-$（C6 代表香豆素 6，dcbpy 代表 2, 2′-联吡啶-4, 4′-二甲酸）制备了可见光诱导的光电传感界面（图 1.31）。将该配合物组装于纳米金表面，得到生物条形码探针。另外，目标物凝血酶和适体 DNA 结合后，由于外切酶Ⅲ诱导的循环放大作用释放大量 T-DNA，T-DNA 作为桥梁连接光电活性物质和电极，产生光电流[171]。

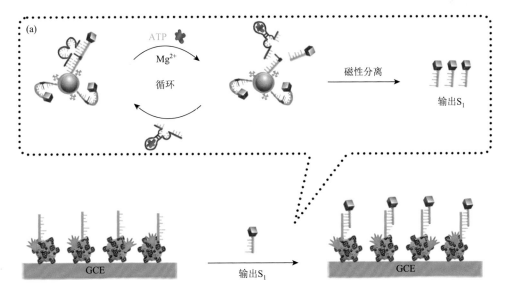

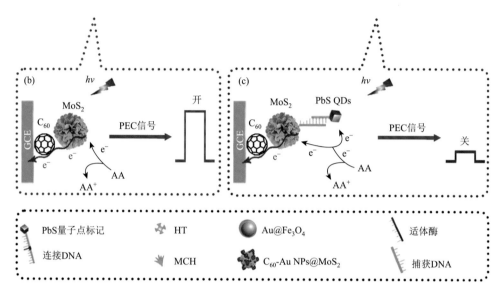

图 1.30 （a）ATP 介导的适体酶循环放大过程；（b）光电流产生机理；（c）光电流猝灭机理[170]

GCE：玻碳电极；HT：硫堇；MCH：巯基己醇；AA：抗坏血酸

Zeng 等发展了回文介导的光电化学 DNA 生物传感器（图 1.32）[172]。双链 DNA 回文序列无需引物即可实现分子内自杂交。该工作将抗生素识别区域、模板和回文序列组合在一条 DNA 链中。当加入目标物抗生素后，抗生素和适体结合，引发回文序列尾部分子内自杂交。进而在聚合酶和核酸内切酶的作用下触发循环扩增反应，产生大量短链 DNA。这些短链 DNA 可以作为桥梁将包埋谷胱甘肽的脂质体连接到磁珠表面。磁性分离后，用 1%Triton X-100 释放包埋的谷胱甘肽，增强以 In_2O_3-$ZnIn_2S_4$ 为光敏基底的光致电化学传感器的光电流信号。

在电极表面进行循环放大可以克服溶液反应相对体积较大，只能取部分滴涂于电极表面的缺点，从而有效提高检测的灵敏度。DNA walker 是指通过酶切、杂交、链置换等反应，使 DNA 链沿着预设的路径自动移动的一种 DNA 分子机器[173]。Lv 等设计了一种"Z"字形双光电体系，通过三维 DNA walker 实现了对前列腺特异性抗原（PSA）的检测[174]。如图 1.33 所示，在目标 PSA 存在下释放 DNA walker 链，使固定在 Au NPs@BiVO₄纳米杂化物上的茎环 DNA1 被打开。之后与 CdS QDs 标记的茎环 H2 发生链置换反应，释放 DNA walker，引发下一步反应。通过这种方式，可将大量的 CdS QDs-H2 复合物组装于 Au NPs@BiVO₄纳米杂化物表面，通过形成"Z"字形系统提高光电流。

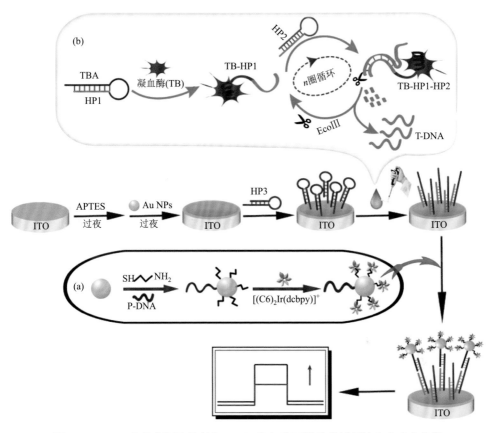

图 1.31　（a）金纳米探针的制备；（b）外切酶Ⅲ辅助的循环放大光致电化学
检测凝血酶原理示意图[171]

TBA：凝血酶适体

Ye 等将 Bi$_2$S$_3$@MoS$_2$ 纳米花修饰于电极表面，在可见光照射下产生光电流，实验原理如图 1.34 所示。将四面体 DNA 固定于电极表面，在目标 miRNA-141 的作用下，四面体上的茎环 DNA 被打开，引发 H1 和 H2 的杂交链式反应。H1 和 H2 端位修饰有二苯并环辛炔（DBCO）。DBCO 基团可与叠氮基修饰的多巴胺发生点击反应，将大量的多巴胺引入电极表面，使其作为电子供体增加光电流强度，从而实现对 miRNA-141 的检测[175]。此外，在溶液和电极上同时发生 DNA 循环放大反应可进一步提高检测灵敏度[176]。

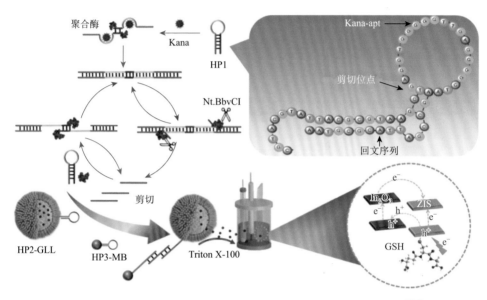

图 1.32　回文片段介导的单链循环放大用于光致电化学检测抗生素[172]

Kana：卡那霉素；Triton X-100：曲拉通 X-100；Kana-apt：卡那霉素适体

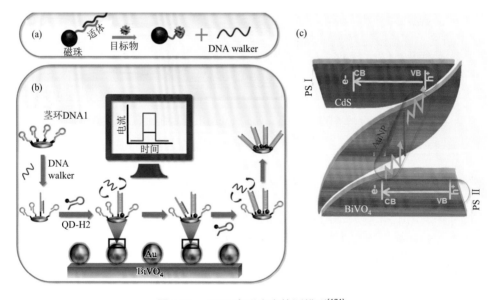

图 1.33　"Z"字形光电检测模型[174]

（a）目标 PSA 诱导的 DNA walker 链的释放；（b）电极上 DNA walker 过程；（c）"Z"字形双光电体系

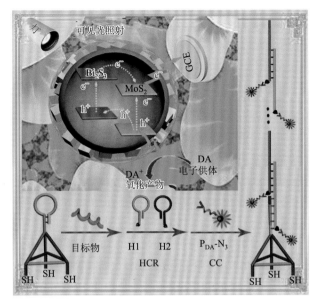

图 1.34　利用电极上的杂交链式反应及点击化学反应实现信号的放大[175]

GCE：玻碳电极；HCR：杂交链式反应；CC：点击化学反应

1.2.6　小结

本节介绍了目前常见的 DNA 光致电化学传感器，这里 DNA 不仅用于目标待测物，还可用于传感器的设计。通过生物条形码、模拟酶、核酸等温放大策略等实现对目标物的灵敏检测。随着新型光电材料的不断开发，以及 DNA 循环放大技术的发展，多学科的交叉研究必将进一步促进光致电化学生物传感器的发展。

1.3　生物纳米探针在电致化学发光传感分析中的应用

纳米材料因具有纳米级尺寸和特殊的纳米结构，衍生出许多不同于本体材料的性质，如优越的导电性、磁性、光学性质、反应活性等[177-179]。功能化纳米探针在光敏传感器的构建、发光材料的研究以及生物成像等领域得到广泛应用，实现了对生物分子的高灵敏生物分析、特异性多组分免疫检测以及活体检测等[180-182]。其中，基于功能化纳米探针的电致化学发光（ECL）技术结合电化学和光学等多方面优势，已成为当前传感分析的前沿研究领域。基于功能化纳米探针的 ECL 传感分析技术具有发光可调控、无光漂白以及稳定性好等优点[183, 184]，为发展新一代 ECL 传感器提供了广阔的前景，已广泛应用于生物传感和生化分析。本节重点介绍半导体纳米材料、贵金属纳米材料、高分子纳米材料以及金属有机框架（MOF）材料的性质与功能，并讨论功能化纳米材料在 ECL 传感分析中的应用与发展前景。

1.3.1 概述

1. 电致化学发光原理

ECL 来自于电氧化还原反应，通过发生高能电子传递，进而产生激发态。具体过程如图 1.35 所示，在一定电压下，ECL 活性物质由于氧化还原反应生成了活跃的中间过渡态，中间过渡态经历不同的反应过程生成激发态，当激发态跃迁回至基态时便辐射出光子发光，从而实现电能到辐射能的转换[184]。考虑到边缘轨道理论和固体能带理论在能级上的相似性以及电化学反应活性，一般 ECL 原理可以分为正负离子自由基湮灭途径和共反应剂途径。正负离子自由基湮灭途径主要是在氧化还原循环或差分脉冲下，半导体纳米晶（SNCs）的导带和价带分别接受电子注入得到 SNCs$^-$，或者给予电子得到 SNCs$^{\cdot+}$，通过歧化反应产生一对电化学可逆的阴阳离子自由基对。自由基通过碰撞重组产生高能激发态（SNCs$^{\cdot}$），激发态在跃迁回基态时，能量以辐射能的形式释放产生 ECL，如 CdTe、CdS、PbS 等 SNCs 的 ECL。该途径的优点在于只需要 ECL 活性物质、溶液和支持电解质即可产生 ECL 发光，但是需要较宽的电势窗，而水溶液的电势窗不允许发光物质同时被氧化和还原。因此，该体系只能在纯净的无水无氧体系中产生发光，如乙腈等有机溶液，这些缺点限制了其在生物传感领域的应用研究。

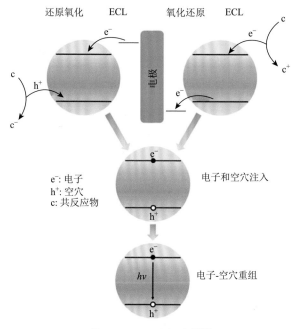

图 1.35　ECL 原理图[184]

共反应剂体系包括 ECL 发光体和共反应剂，这两种物质在氧化或还原的过程中产生活性中间体过渡态，两种中间体发生反应得到高能 ECL 激发态 M*。经过电化学氧化或还原的过程后，共反应剂产生具有强还原性或氧化性的物质，进而还原或者氧化 ECL 活性物质。因此，在共反应剂参加的 ECL 过程中，电子转移只需要在 ECL 活性物质和共反应剂之间进行。基于共反应剂途径的 ECL 体系包括四步机理：①电极表面的氧化还原反应；②同相化学反应；③形成激发态；④激发态跃迁到基态发射光。共反应剂途径的 ECL 辐射可发生在单方向的电位扫描，因此 ECL 动力学过程可以简单地分为阳极 ECL 的氧化-还原过程和阴极 ECL 的还原-氧化过程。综上所述，基于共反应剂的 ECL 可以在水溶液中进行，在生物传感领域具有广阔的应用前景。

2. 电致化学发光传感器分类

ECL 生物传感器作为生物分析技术的一个重要领域，结合分析化学、生命科学、信息科学和材料科学等交叉学科，可用于目标物质的实时、快速分析[185, 186]。ECL 生物传感器主要包括生物靶向识别元件和换能器两个部分，其中生物靶向识别元件可以是 DNA 适配体、酶、抗体等具有生物活性的物质。因此，按照靶向识别原件的不同，ECL 生物传感器可以进一步分为 DNA 传感器、酶传感器、免疫传感器、微生物传感器、细胞传感器等。此外，按照生物传感器与待测物之间作用机理的不同，可分为生物催化型和生物亲和型生物传感器。其中，生物催化型传感器主要包括酶传感器和微生物传感器等，生物亲和型传感器有 DNA 适配体传感器和免疫型传感器等。目前，ECL 生物传感技术已广泛应用于肿瘤标志物检测分析、临床疾病的早期检测、环境污染物监测、食品卫生安全以及生物制药等领域[187]。

1.3.2　半导体纳米探针在电致化学发光传感分析中的应用

1. 半导体纳米材料的特性

当半导体粒子尺寸小于相应物质块状材料激子的玻尔半径时，即为半导体纳米材料，一般称为半导体纳米晶（SNCs）。半导体纳米材料由于电子和空穴被量子限域，连续的能带结构变成具有分子特性的分立能级结构，出现新的跃迁规律，表现出量子尺寸效应、表面效应、介电限域效应、宏观量子隧道效应等特殊性质[188, 189]。SNCs 一般由ⅡB-ⅥA 族元素（CdS、CdTe、CdSe、ZnS 等）、ⅢA-ⅤA 族元素（InP、InAs、GaAs 等）、ⅣA-ⅥA 族元素（PbS、PbTe、PbSe 等）和ⅣA 族元素（Si、Ge 等）组成。同时还会有一些复合结构以及多层核壳结构，如 CdSe/CdS、CdS/HgS、CdS/HgS/CdS 等。SNCs 的粒径一般介于 2～20 nm 之间，SNCs 的尺寸决定了电子准分裂能级间的距离和动能增加的程度。粒径减小，能级间间距增大，能隙增大，出现光谱蓝移现象和动能的增加，其光吸收和发射能量也就升高。半导体纳米晶材料表面存在大量的量子陷阱，从而使其表面具有很好的活性，对量子点的光学、光化学、电学以及非线性光学性质都有重要影响。自从 2002 年 *Science* 报道了有关 Si 纳米粒子（Si NPs）的 ECL 现象后，SNCs 作为一种新的 ECL 纳米发光物质得以快速发展。与传统的 ECL 材料相比，SNCs 具有若干独特的优点，如尺寸/表面缺陷控制的发光、无光漂白、稳定性好等。因此，基于 SNCs 的 ECL 生物传感分析已得到广泛应用[190]。

2. 半导体纳米材料在核酸 ECL 传感器中的应用

DNA 是大量脱氧核糖核苷酸的聚合体，而脱氧核糖核苷酸由碱基、脱氧核糖和磷酸构成。对特定序列 DNA 的低浓度检测在临床基因诊断、环境质量检测、病菌探测及各种疾病的探索治疗等领域具有十分重要的作用[191, 192]。半导体纳米材料由于其优异的性质，在核酸 DNA-ECL 传感器中得到广泛应用。为了筛选新型无毒、生物相容的电化学发光材料，Zhang 等首次以 Zn-Ag-In-S/ZnS（ZAIS）NCs 为模型，研究了纳米多元晶体（NCs）的电化学发光性质[193]。水溶性 ZAIS NCs 以三正丙胺为共反应剂，可产生有效的 ECL 信号，同时在 ZAIS NCs 表面包覆一层 ZnS 壳，可减少 ZAIS NCs 的表面缺陷，与 ZAIS NCs 相比，ZAIS/ZnS NCs 的 ECL 信号增强了 6.7 倍，是 $CuInS_2$/ZnS NCs ECL 的 4.2 倍。采用 ZAIS/ZnS NCs 构建 ECL 传感器，实现了对 miRNA 的高灵敏、高选择性检测，线性范围为 0.1 fmol/L～20 pmol/L，检测限低至 50 amol/L（$S/N = 3$）。多元半导体纳米晶体为电化学发光活性物质的筛选以及纳米晶体的 ECL 调制提供了一种新方法。受双波长荧光比度法可以降低环境影响的启发，徐静娟课题组提出了一种新型双电位电化学发光比率传感器[194]。该工作采用 CdS 纳米晶和鲁米诺作为两种不同的 ECL 活性物质。在目标物存在时，玻碳电极上修饰的 CdS NCs 的 ECL 信号由于铂纳米粒子（Pt NPs）的靠近产生猝灭效应；而在 Pt NPs 存在时，鲁米诺与 H_2O_2 的共反应使 0.45 V 电压下的 ECL 信号增强。因此，CdS NCs ECL 信号的猝灭和鲁米诺 ECL 信号的增强同时指示一种检测物质浓度的变化。以 mp53DNA 为检测模型，通过测量两个激发电位下的 ECL 强度比率，可以灵敏地检测 5.0 fmol/L～1.0 pmol/L 浓度范围内的 mp53DNA。该方法首次将比率法引入 ECL 技术中，有效提高了复杂环境中检测的准确性，避免了假阳性或者假阴性结果。此外，袁若课题组以新型三维碲化镉量子点-DNA 纳米网络（CdTe QDs-DNA-NR）为信号探针，采用双足 DNA walker 放大策略，建立了一种新型 ECL 生物传感器用于检测肿瘤细胞内的 miRNA-21。如图 1.36 所示，该网状结构的三维发光半导体纳米材料可用于富集 CdTe QDs，同时利用氯化血红素/G-四联体的催化作用增强 ECL

强度。结合靶诱导的双足 DNA Walker 循环扩增策略，该方法实现了对 miRNA-21 的超灵敏检测，检测范围为 100 amol/L～100 pmol/L，检测限低至 34 amol/L。此外，该技术可扩展到其他生物分子的检测，为疾病诊断提供了新的检测途径[195]。

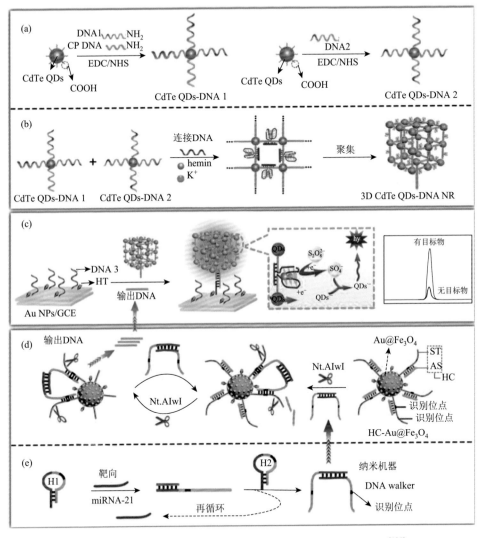

图 1.36　三维发光半导体纳米材料用于 miRNA-21 检测示意图[195]

DNA：脱氧核糖核酸；CdTe QDs：碲化镉量子点；EDC：1-（3-二甲氨基丙基）-3-乙基碳二亚胺盐酸盐；NHS：
N-羟基琥珀酰亚胺；AuNPs：金纳米粒子；GCE：玻碳电极

3. 半导体纳米材料在免疫 ECL 传感器中的应用

近年来，基于半导体纳米探针构建的 ECL 传感器在免疫分析研究领域得到快速发展。如图 1.37 所示，邹桂征课题组以 CdTe（$\lambda_{max} = 776\ nm$）和 CdSe（$\lambda_{max} = 550\ nm$）纳米晶为 ECL 活性物质，实现了同时检测癌胚抗原（CEA）和甲胎蛋白（AFP）的光谱分辨双色电化学发光免疫分析[196]。该技术分别采用 CEA 和 AFP 的抗体（Ab_2）标记 CdTe 和 CdSe NCs，通过夹心式免疫反应将其修饰在工作电极表面。加入共反应剂以后，CdTe 和 CdSe NCs 被电还原，在近红外和绿色区域同时产生单色 ECL。两种半导体纳米晶的 ECL 光谱分离良好，没有交叉能量转移作用，使得双色免疫分析对各自的目标分析物具有较高的选择性和敏感性。利用此方法可以同时检测 CEA 和 AFP，检测限分别为 1 pg/mL 和 10 fg/mL。与基于半导体纳米晶的荧光分析方法相比，该工作表现出更高的灵敏度和信噪比。

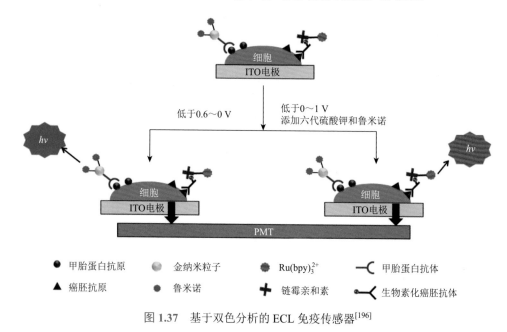

图 1.37　基于双色分析的 ECL 免疫传感器[196]

4. 半导体纳米材料用于酶的 ECL 检测

半导体纳米材料具有制备快速简便、价格低廉等优点，常用于构建生物传感器检测酶分子和酶活性。例如，中性条件下鲁米诺可以作为供体与作为受体的 CdSe@ZnS 量子点发生电致化学发光共振能量转移[197]。该工作采用 CdSe@ZnS 量子点修饰的玻碳电极催化鲁米诺氧化，促进无共反应物的阳极鲁米诺产生 ECL。在 CdSe@ZnS/GCE 上，阳极鲁米诺 ECL（0.60 V）的强度比在裸玻碳电极（GCE）

上提高了 1 个数量级。基于此电催化和 ECL 能量共振转移的协同效应构筑的免标记型 ECL 传感器对于凝血酶的检测线性范围为 10～100 fmol/L，检测限可达 1.4 fmol/L，具有灵敏度高、选择性好、线性范围宽的特点。

新型 Fe_3O_4@CdSe 复合量子点具有 ECL 信号强、磁性好、生物相容性好等特点，结合金纳米粒子（Au NPs）对复合量子点 ECL 的猝灭性质以及循环放大方法，提出了一种基于 ECL 猝灭的 DNA 扩增检测方法用于检测凝血酶[198]。该生物传感系统不仅表现出高灵敏度和特异性，且用于人体血清中凝血酶的检测，为发展基于磁量子点的信号放大 ECL 生物检测技术提供了可靠的基础。如图 1.38 所示，张书圣课题组报道了基于 CdS 量子点的 ECL 方法用于检测 DNA 甲基转移酶活性。该方法通过催化作用和 Au NPs 的能量转移有效增强 CdS 量子点的 ECL 信号，实现了对 DNA 甲基转移酶活性的检测[149]。具体地说，将 5′-CCGG-3′对称序列的双链 DNA（dsDNA）修饰到 CdS 量子点后，进一步修饰到玻碳电极上，加入 M. Sss I CpG MTase 催化特定 CpG 二核苷酸的甲基化。随后，用限制性内切酶 HPa II 对电极进行处理，该酶能识别并切断 5′-CCGG-3′序列。当 5′-CCGG-3′中的 CpG 位点甲基化后，HPa II 的识别功能被阻断。DNA 甲基转移酶活性使 Au NPs 固定在 dsDNA 上。金纳米粒子不仅能催化葡萄糖的氧化，产生葡萄糖酸盐和过氧化氢，作为硫化镉量子点的 ECL 共反应剂，而且能通过能量转移增强硫化镉量子点的 ECL，可用于监测甲基化酶活性相对应的甲基化反应。

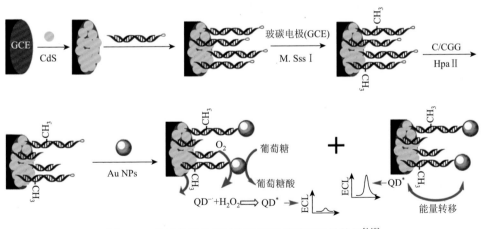

图 1.38 基于能量共振转移的甲基转移酶活性检测[149]

5. 半导体纳米材料用于肿瘤细胞的 ECL 检测

目前检测血液、尿液等多种体液中肿瘤细胞的技术有化学方法、免疫方法、分子生物学方法、蛋白组学方法等[199-202]。基于半导体纳米材料的 ECL 技术具有简易、准确、操作方便等特点，可以用来检测肿瘤细胞以及肿瘤标记物。例如，基于水溶性氧化钨（WO$_x$）量子点的超灵敏电化学发光传感策略可用于检测 PC12 细胞释放的多巴胺（DA），以实现定量检测 PC12 细胞[203]。通过水热法制备稳定性高、水溶性好的 WO$_x$ 量子点，并修饰在玻碳电极上。当过硫酸钾（K$_2$S$_2$O$_8$）作为共反应剂时，该 ECL 传感器显示出稳定的阴极 ECL 信号。但在多巴胺存在的情况下，该传感器的 ECL 响应信号迅速下降。因此，WO$_x$ 量子点的 ECL 信号随 DA 浓度的增加而线性下降，检测限低至 10^{-15}mol/L（$S/N = 3$）。该 ECL 传感器具有灵敏度高、特异性好和稳定性高的优点，已成功应用于 PC12 细胞释放 DA 的测定，为构建基于纳米复合材料的 ECL 高性能检测系统提供了新的途径。如图 1.39 所示，罗细亮课题组建立了以 CdTe 量子点和鲁米诺为双发光体的双峰电化学发光（ECL）系统[204]。采用癌细胞适体（CdTe-Apt 2）标记的 CdTe QDs 作为检测信号，鲁米诺分子作为内标。通过在电极表面电沉积聚苯胺导电高分子水凝胶（CPH）有效提高传感界面的生物相容性和导电性。此外，与溶液中的电子转移相比，鲁米诺和共反应剂过硫酸钾固定在 CPH 中有利于电子转移。癌细胞通过金纳米粒子连接的适体被捕获到电极表面。通过比较双峰 ECL 信号与目标分析物灵敏度的差异，采用内标法对癌细胞进行定量分析。通过两个发射光谱的自校正可以消除系统干扰，显著提高复杂生物介质中细胞检测的准确性和可靠性，在医疗监测和临床诊断中具有广阔的应用前景。

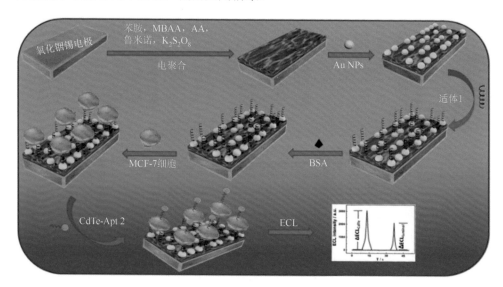

图 1.39 比率式 ECL 细胞传感器工作原理示意图[204]

MBAA：一溴乙酸；AA：氨基酸

半导体材料-ECL 传感体系通常以多种酶、抗体、DNA、微生物或者细胞作为生物识别元素。当与被测物发生生物识别反应后，换能器将与待测分析物浓度

（或活度）相关的信号转化为光信号，通过对信号变化进行分析，实现对待测物质的定量检测。近年来，半导体材料-ECL 传感器的发展迅速，随着对半导体材料研究的深入，半导体材料-ECL 传感器将在肿瘤细胞、肿瘤标志物检测等应用中得到更有意义的发展。

1.3.3　贵金属纳米探针在电致化学发光传感分析中的应用

1. 贵金属纳米探针概述

贵金属纳米粒子具有易修饰、尺寸小和比表面积大的特点，在电催化反应中具有重要作用，其催化效率与微粒的比表面积、微粒与反应剂间的相互作用有关。贵金属纳米材料除了具有纳米材料的特性外，还具有贵金属的特征。例如，铂的电子层结构中，其 5d 电子未充溢，易与一些电子给予体形成分子杂化轨道，这些使得贵金属纳米材料成为一种高效的化学反应催化剂，其良好的性能已使其成为生化分析传感器设计中的新宠[205-208]。

2. 基于 ECL 能量共振转移的贵金属纳米探针

由于金纳米粒子具有表面等离子体共振效应，在特定的 ECL 活性物质的刺激下，这种表面等离子体共振效应会对 ECL 强度产生影响，该影响随着距离和光谱重叠率等因素而变化。基于 ECL 能量共振转移，夏兴华课题组采用高量子产率的金纳米团簇（Au NCs）作为 ECL 探针，结合高效的 ECL 共振能量转移（ECL-RET）策略，构建了一种通用的高性能电化学发光酶联免疫分析法（ELISA）[209]。在可回收的 MnO$_2$/Au NCs 修饰的玻碳电极界面上，利用 Au NCs 探针与 MnO$_2$ 纳米材料（NMs）之间的 ECL-RET 猝灭 ECL 强度。基于碱性磷酸酶酶联免疫吸附反应对 MnO$_2$ NMs 蚀刻，实现 ECL 信号的恢复。由于该系统中酶联免疫吸附法和 ECL 检测是独立的过程，因此，ECL-ELISA 系统可以有效避免复杂生物样品的干扰，动态检测范围宽，检测限比传统 ELISA 低 2 个数量级。此外，该系统也适用于各种疾病相关蛋白的高灵敏检测，具有通用性强、操作简便、灵敏度高、可回收利用等优点，对复杂生物样品中微量生物标志物的检测具有重要意义，扩展了 ECL 传感器在生物检测和临床高通量诊断中的应用。

金纳米材料由于等离子体耦合效应表现出极强的电磁场。Song 课题组首次提出了一种基于氮掺杂氧氮化钼纳米管阵列的 ECL 细胞传感器[210]。该工作以 2-二丁基氨基乙醇（DBAE）为共反应剂，氧氮化钼纳米管表现出优异的阴极 ECL 行为。该 ECL 发射引起金表面等离子体共振（SPR），在 Au NPs 上产生的"热电子"阻碍 DBAE 产生电子，导致 ECL 猝灭。通过在 Au NPs 表面添加"屏障"，如抗体分子和细胞，这一过程受到阻碍，进而实现信号恢复。基于猝灭恢复机制，该课题组构建了一种简便、无标记的 ECL 细胞传感器。该传感器对 HepG2 细胞检测的线性范围为 50～13800 cells/mL，检出限为 47 cells/mL（$S/N = 3$）。由于在阳极可形成 Mo 金属基体，该 ECL 细胞传感器有望为临床应用提供一种稳定、简便的 ECL 细胞传感方法。

徐静娟课题组基于金纳米粒子的 ECL 共振能量转移（ECL-RET），提出了一种双波长电化学发光比率传感器，结合双特异性核酸酶（DSN）辅助的循环放大技术检测 miRNA[211]。由于光谱重叠，金纳米粒子-鲁米诺层状双氢氧化物（Au NPs-luminol-LDH）纳米复合材料与金纳米团簇（Au NCs）表现出优异的 ECL-RET 效应。Au NPs-luminol-LDH 供体在 440 nm 处表现出极强且稳定的 ECL 发射，而 Au NCs 受体在 620 nm 处有一个发射峰。在引入 DSN 和目标 miRNA 后，DNA-miRNA 特异性识别反应和核酸酶切割反应触发 Au NCs-DNA 从 Au NP-luminol-LDH 表面分离，使 Au NPs-luminol-LDH 的 ECL 信号增加，Au NCs 的荧光信号降低。通过测定 440 nm 和 620 nm 的光信号比，实现对目标 miRNA 的检测。如图 1.40 所示，Xu 课题组基于金纳米点（Au NDs）的局域表面等离子体共振（LSPR）效应增强 CdTe 纳米晶（CdTe NCs）的 ECL 强度，建立了一种 ECL 检测核酸的新方法[212]。该方法中，玻碳电极上的 CdTe NCs 薄膜作为 ECL 的发射阳极，Au NDs 作为等离子体增强剂。采用 DNA 四面体作为开关，在一端

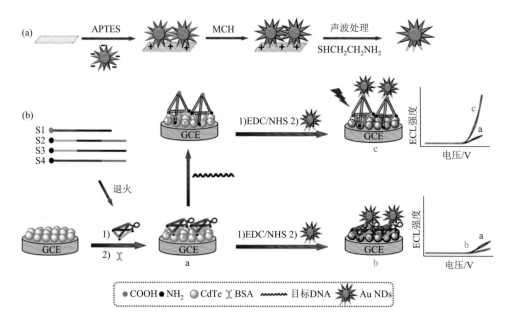

图 1.40　基于金纳米点的局域表面等离子体共振效应增强 CdTe 纳米晶的检测方法[212]

APTES：3-氨丙基三乙氧基硅烷；MCH：金属陶瓷发热体；BSA：牛血清白蛋白；GCE：玻碳电极

嵌入发夹结构 DNA，以调节 CdTe NCs 与 Au NDs 之间的距离。在初始状态下，发夹结构闭合，DNA 四面体在 CdTe NCs 膜上处于松弛状态。由于能量共振转移，CdTe NCs 的 ECL 发射被近距离的 Au NDs 猝灭，此为 "关闭" 模式。当与目标 DNA 互补杂交后，发夹结构转变为直线形棒状结构，CdTe NCs 与 Au NDs 的距离增大，Au NDs 的 LSPR 效应诱导 ECL 显著增强，此为 "开启" 模式，实现了对目标 DNA 的检测，具有稳定性高、重现性好等优点。

3. 基于循环放大的贵金属纳米探针

DNA 扩增策略是提高生物传感器灵敏度的重要手段[10, 213-215]。然而，在大多数 DNA 扩增策略中，反应物的自由扩散限制了 DNA 反应的速率，进一步影响检测灵敏度。基于此，Yuan 课题组设计了一种新型基于 DNA 纳米机器的局部 DNA 级联反应（LDCR）构建超灵敏 ECL 生物传感器用于 miRNA-21 的检测。与其他具有自由扩散反应物的 DNA 级联反应相比，该方法具有反应时间短、放大效率高、灵敏度高等优点，可用于痕量生物标志物的检测，提高相关疾病的检出率[216]。智能 DNA walker 已成为生物传感领域的一大热点，但局部 DNA 的浓度较低、腿部 DNA 易脱轨，使得 DNA walker 的行走效率受到限制。为了克服上述不足，该课题组提出了一种 Zn^{2+} 驱动的 DNA walker，并将其构建 ECL 生物传感器应用于肿瘤细胞内 miRNA-21 的快速、超灵敏检测[217]。朱俊杰课题组基于生物编码 Au NPs 和 DNA 酶的双信号放大策略，建立了一种 ECL 适配体传感器。该方法选择 CdSeTe@ZnS 量子点作为 ECL 信号探针，采用发夹 DNA 识别凝血酶。发夹 DNA 由两部分组成：DNA 催化酶序列和凝血酶适配体序列。只有在凝血酶存在的情况下，才能打开发夹 DNA，然后再由 DNA 酶对多余的底物进行循环裂解，以诱导第一步扩增。其中一部分碎片被捕获，以打开金电极上修饰的捕获 DNA，该 DNA 进一步与制备的生物条形码 Au NPs-CdSeTe@ZnS QDs 连接，以获得最终的双放大 ECL 信号。该方法对目标物的检出限为 0.28 fmol/L，在实际样品分析中具有良好的性能。该设计引入了生物条形码双信号放大的概念，并将 DNA 酶循环应用到 ECL 检测中，为各种目标生物分子的高灵敏检测提供了新方法[218]。如图 1.41 所示，Han 课题组利用多途径信号放大策略构建了一种灵敏、准确检测猪流行性腹泻病毒（PEDV）抗体的 ECL 传感器，对 PEDV 的防治具有现实意义[219]。该平台以金纳米粒子修饰的石墨烯纳米片（Au-GN）为底物，抗体-抗原反应为识别单元，通过滚环放大扩增（RCA）反应增强检测信号，采用组装的级联 Ru-DNA 作为信号探针，具有信号放大效率高、背景信号低、非特异性吸附少、稳定性好等优点。

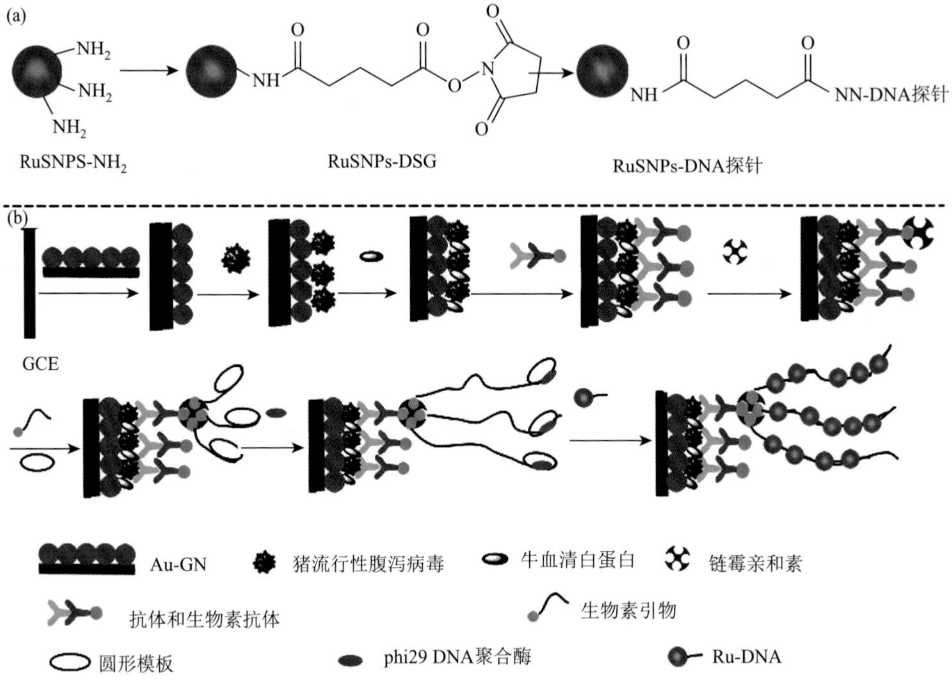

图 **1.41** 多途径信号放大的 ECL 方法用于 PEDV 抗体检测方法[219]

4. 基于富集放大的贵金属纳米探针

鲁米诺功能化纳米金具有优良的标记特性、发光活性、稳定性和放大效应，在免疫分析中是一种理想的标记物。由于其具有优异的物理化学性质和操作简单的特点，金纳米粒子负载的鲁米诺材料被广泛应用于 ECL 生物传感分析中[211, 220, 221]。例如，袁若课题组首次将具有良好催化性能的氧化锌纳米颗粒作为鲁米诺-O_2 体系的共作用加速器，构建了一种用于肿瘤细胞中 miRNA-21 超灵敏检测的 ECL 生物传感器。具体来说，氧化锌纳米颗粒可以加速溶解氧的还原，产生更多的活性氧（ROSs），从而极大地促进鲁米诺的 ECL 效率。因此，利用鲁米诺功能化的 Au NPs@ZnO（L-Au NPs@ZnO）纳米材料作为信号探针，实现了"信号开启"状态下的 ECL 发射。此外，在加入少量目标 miRNA-21 后，可通过杂交链式反应（HCR）触发 DNA 进行自组装形成树枝状分子，进而将大量二茂铁（Fc）固定在传感界面上。Fc 可以消耗溶解的氧气，使信号探针的 ECL 发射显著猝灭，从而达到"信号关闭"状态。在目标物浓度在 100 amol/L～100 pmol/L 之间时，该 ECL 生物传感器表现出良好的线性关系，检测限可达 18.6 amol/L[222]。

汪尔康课题组以表面具有二维超薄纳米片结构和良好导电性的碳化钼为纳米载体，成功捕获鲁米诺包裹的金纳米粒子（鲁米诺-Au NPs），设计了 ECL 载流子作为高效固体探针。由于发生了高效的电子转移过程，与单独的鲁米诺 Au NPs 相比，混合体中的鲁米诺-Au NPs（luminol-Au NPs@Mo$_2$C）的 ECL 性能显著增强（约 6 倍）。利用制备的 ECL 探针构建免标记 ECL 免疫传感器用于检测甲胎蛋白（AFP），表现出较高的选择性和灵敏度，线性范围为 0.1 pg/mL～30 ng/mL，检出限低至 0.03 pg/mL（$S/N = 3$）。此外，所制备的 ECL 免疫传感器在实际应用中表现出良好的性能。这种新的传感策略拓宽了碳化钼的应用范围，为检测生物分子提供了有效方法[223]。Xu 课题组利用双功能化的鲁米诺-金纳米粒子（L-Au NPs）检测肿瘤细胞中端粒酶的活性[224]。如图 1.42 所示，首先将 CdS 纳米晶（CdS NCs）和端粒酶引物 DNA 修饰在玻碳电极上，加入具有活性的端粒酶，引物 DNA 延长并引入 L-Au NPs，Au NPs 表面等离子体共振可以增强 CdS NCs 的 ECL 强度，且在 + 0.45 V 时产生鲁米诺的 ECL 信号。两种电位的信号均随端粒酶浓度的增大而增强。该方法中两个信号增量之比（$\Delta ECL_{luminol}/\Delta ECL_{CdS\ NCs}$），对于不同数量的细胞显示出很高的一致性，可用于验证该分析方法的可靠性，有效避免假阳性或假阴性结果。

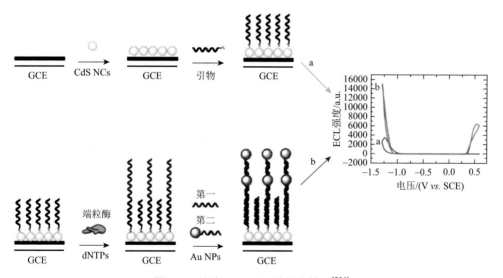

图 1.42　比率 ECL 用于端粒酶检测[224]

基于贵金属纳米材料的 ECL 传感器具有超灵敏、简单、快速等优点，在检测时可以避免复杂的溶出过程，克服纳米金合成复杂等缺点，可应用于多种生物分子的检测，在临床、药物检测、环境和食品安全等领域具有广阔的应用前景。

1.3.4　高分子纳米材料在电致化学发光传感分析中的应用

高分子纳米生物材料从亚微观结构上来看，有高分子纳米微粒、纳米微囊、纳米胶束、纳米纤维、纳米孔结构生物材料等。高分子纳米材料具有很大的比表面积，呈现一些新性质和新功能。目前，纳米高分子材料的应用涉及免疫分析、药物控制释放载体、疾病诊疗等诸多方面，对蛋白质、抗原、抗体乃至整个细胞的定量分析发挥着重要作用[225-228]。ECL 技术在免疫分析和分子诊断领域具有广泛的应用前景。然而，ECL 技术在实现痕量分析方面仍有很大的发展潜力。Zhou 课题组通过构建线性 $Ru(bpy)_3^{2+}$-聚合物进行聚合扩增 ECL 分析。这种新的聚合物材料弥补了单一 ECL 发光体强度相对较低的缺点，实现了稳定可控的标记过程，检测灵敏度达 100 amol，并应用于乙型肝炎病毒、癌胚抗原、16sRNA、凝血酶等的检测，有望为生物医学分析的发展提供新的契机[229]。鞠熀先课题组将 ECL 活性分子封装在纳米颗粒中进行单目标分子识别，显著提高 ECL 分析的灵敏度。该研究以发光共轭聚合物为载体，合成了掺杂 $Ru(bpy)_3^{2+}$ 的聚合物点（RuPdots）。以三丙胺为共反应剂，激发聚合物点向封装的 $Ru(bpy)_3^{2+}$ 发生共振能量转移。与 $Ru(bpy)_3^{2+}$ 相比，金电极的 ECL 发射量高出 15.7 倍。通过将该纳米结构的双增强 ECL 信号与特异性连接酶检测反应耦合，构建了一种用于单核苷酸多态性（SNPs）特异检测的 ECL 生物传感器。以突变的 *KRAS* 基因为目标分子，对单核苷酸多态性检测的线性范围为 1 fmol/L～1 nmol/L，检测限为 0.8 fmol/L[230]。杨秀荣课题组设计了一种双波长比率型 ECL 生物传感器，用于检测心肌肌钙蛋白 I（cTnI），其中（4, 4′-二羧酸-2, 2′-联吡啶）钌（Ⅱ）[$Ru(dcbpy)_3^{2+}$]和负载金纳米颗粒的氧化石墨烯/聚乙烯亚胺（GPRu-Au）纳米材料作为受体，金纳米颗粒修饰的石墨相碳氮化物纳米复合材料（Au-CNN）作为供体。Au-CNN 在 455 nm 处产生一个高稳定的 ECL 信号，与 GPRu-Au 的吸附相匹配，从而设计了一种高效 ECL-RET 传感策略。通过 Au—N 键将抗体固定在 Au NPs 上，高表面积的氧化石墨烯/聚乙烯亚胺可以负载大量 $Ru(dcbpy)_3^{2+}$，极大地放大了 ECL 信号。该传感平台对 cTNI 表现出优异的分析性能，检测限为 3.94 fg/mL（$S/N = 3$）。该比率 ECL 生物传感器具有可靠性高、选择性好、灵敏度高的特点，为生物分析提供了一个通用的传感方法[231]。如图 1.43 所示[232]，Zhao 课题组制备了一种新型三元 ECL 纳米球，其中含有鲁米诺（Lum）的发射极、聚乙烯亚胺（PEI）的共反应物以及氨基末端亚乙烯衍生物的共反应促进剂（PTC-NH$_2$）。由于自增强 PEI-Lum 的分子内反应和 PTC-NH$_2$ 到 Lum/H$_2$O$_2$ 体系的分子间共反应加速，其具有较强的 ECL 发射性能。将基于 Lum 的三元 ECL 纳米球与目标分子触发的链位移反应相结合，构建了一种高灵敏度的幽门螺杆菌 DNA 生物传感器。该方法具有线性范围宽的特点，对幽门螺杆菌 DNA 的检出限为 2.4 fmol/L，为胃病的临床分子诊断提供了一种无酶生物测定方法。

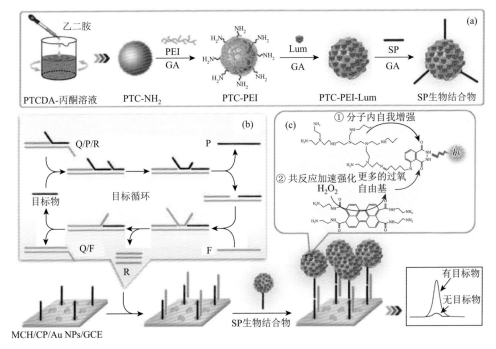

图 1.43　三元 ECL 纳米球用于生物分析[232]

1.3.5　金属有机框架材料在 ECL 传感器的应用

金属有机框架（MOF）材料是近年来迅速发展的一种配位聚合物，一般以金属离子为连接点，有机配体为支撑，构成空间三维延伸，是一类重要的新型多孔材料，在催化、载药和生化分析中广泛应用[233, 234]。例如，魏琴课题组提出了一种基于 $Ru(bpy)_3^{2+}$ 显色剂的双猝灭 ECL 策略，将其固定在三维草酸锌金属有机骨架[$Ru(bpy)_3^{2+}$ /草酸锌 MOFs]中，用于对 β-淀粉样蛋白（Aβ）的超灵敏检测[235]。草酸锌 MOFs 中三维发色团的连通性为 $Ru(bpy)_3^{2+}$ 单元间的快速激发态能量转移提供了有效网络，屏蔽了发色团与溶剂分子的接触，并产生高能 Ru 发射效率。此外，金纳米粒子和基于 NiFe 的纳米立方 MOFs 有助于降低发色团的 ECL 强度。电化学发光-功能化金属有机框架由于其多样性和可调的光学特性，在生物传感领域引起越来越多的关注。富羧基三(4, 4′-二羧酸-2, 2′-联吡啶)钌(Ⅱ)[$Ru(dcbpy)_3^{2+}$]作为 ECL 发光体，具有良好的水溶性和 ECL 性能，有望成为金属有机框架的有机配体。生物分子的快速、超灵敏检测是心肌梗死诊断的关键，尤其是 cTnI 的临床检测。Yan 等在水溶液中采用一锅法合成了骨架中含有大量 $Ru(dcbpy)_3^{2+}$ 的功能化 MOF 纳米片（RuMOFNSs）。实验以 $Ru(dcbpy)_3^{2+}$ 为有机配体，与来源于 $Zn(NO_3)_2$ 的 Zn^{2+} 配位，以聚乙烯吡咯烷酮（PVP）为结构导向剂，控制片状结构的形成。进一步构建了一种基于 RuMOFNSs 的"信号开启"型 ECL 免疫传感器，用于人血清样品中 cTnI 的检测[236]。如图 1.44 所示[237]，基于 Co^{2+} 的金属有机框架、沸石-咪唑盐框架（ZIF-67）和鲁米诺包裹的银纳米粒子，建立了一种提高鲁米诺系统 ECL 效率的有效方法，使鲁米诺 ECL 信号增强 115 倍。在此基础上，构建了一种无标记 ECL 免疫传感器，用于心肌梗死主要标志物 cTnI 的超敏检测，稳定性好，检测限可低至 0.58 fg/mL（$S/N = 3$）。

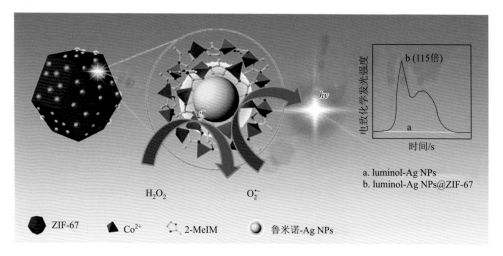

图 1.44　基于 MOF 材料的电化学发光传感器[237]

ZIF-67：沸石-咪唑盐框架；Ag NPs：银纳米粒子

MOF 材料本身具有不易受微生物侵蚀、良好的化学和机械稳定性等优点，在生物传感分析中具有广泛的应用前景。MOF 由于具有表面基团易于修饰性以及良好的生物相容性，可以很好地与生物分子结合，从而进一步实现生物分子的传感分析研究。此外，该材料具有较大的表面积，可以负载大量的 ECL 活性物质，增强 ECL 信号，从而大大提高 ECL 生物传感分析的灵敏度。基于以上优势，MOF 在 ECL 传感分析中具有重要作用，为实现高灵敏度、高特异性传感器的研发提供了优异的材料支持。

1.3.6　小结

本节概述了基于生物功能化纳米探针电致化学发光技术在生化传感分析中的应用，举例描述了利用该类探针对核酸、蛋白质以及离子分析检测方面的研究进展。纳米技术的研究发展，促使物理、生物、化学等科研领域发生了革命性的变化，引发了纳米电子学、纳米机械学、纳米材料学、纳米生物学等一系列新兴学科。ECL 作为生物传感分析的一个重要手段，与纳米材料、生命医学等领域进行交叉研究，可为超灵敏检测分析提供强有力的技术，有望解决生命科学领域中的重大问题，推动纳米生物技术的发展。

1.4 生物功能化纳米探针在化学发光和生物发光传感与成像分析中的应用

化学发光和生物发光由于不需要外部光源，可有效避免光漂白、背景光、自发光等干扰，已成为生化分析和生物医学领域重要的检测技术之一。化学发光检测技术具有信噪比高、灵敏度高的特点，已广泛应用于多种生物分子的检测。此外，通过采用荧光素酶和荧光蛋白作为报告基因，现已发展多种基于荧光素反应的生物发光体系，并用于细胞和活体内生物分子的实时监测和深层组织中蛋白质相互作用的动力学研究。本节总结了化学发光和生物发光传感与成像技术在体外和体内检测和疾病诊疗中的应用，深入解析了化学发光和生物发光技术的发展趋势和应用前景。

1.4.1　概述

化学发光作为一种分子发光技术，从 20 世纪 70 年代后期迅速发展。化学发光是化学反应中电子从激发态返回基态时发射光子的现象。与荧光检测技术相比，化学发光技术无需外部光源，可有效减少光散射，提高检测信噪比和灵敏度，扩展线性动态范围。从辣根过氧化物酶（HRP）催化 H_2O_2 氧化鲁米诺产生化学发光开始，化学发光体系不断发展。除鲁米诺外，现已开发出多种化学发光底物，如吖啶酯、过氧草酸酯、1, 2-二氧杂环丁烷及其衍生物等。随着光电倍增管和电荷耦合器件（CCD）等高分辨成像设备的发展，化学发光成像技术引起人们的广泛关注[238, 239]。为了获得更好的成像效果，目前多采用基于 CCD 的成像设备[240]。例如，慢扫描 CCD 检测器适用于检测具有高量子效应的稳态化学发光信号[241]。低温冷冻技术可以降低 CCD 的检测噪声，提高信噪比。此外，增强型 CCD 和光子成像探测器在化学发光检测中具有较高的灵敏度[242]。随着高灵敏、高分辨 CCD 器件的商业化开发，化学发光成像技术已广泛应用于生化分析领域，实现了多种分析物的检测，如核酸、蛋白质、酶分子、生物小分子以及细胞等[243, 244]。除体外化学发光检测外，现已开发高分辨化学发光成像技术，用于对细胞和动物模型的评估以及肿瘤生长、药物输送、病原体转移等生理和病理过程的实时监测[245, 246]。随着新型化学发光材料和光学检测技术的不断发展，其将进一步拓展化学发光成像的研究领域，克服目前存在的目标定位精度较差等问题。

鉴于体内化学发光成像的组织穿透力较弱、持续时间较短、无法监测较深层组织中的生理和病理过程等问题[247]，生物发光成像已发展成为一种有效的体内成像工具。在没有激发光源存在的情况下，生物发光反应通过酶促反应将化学能转化为光能，从而产生发光。在典型的生物发光反应中，荧光素酶催化底物（如荧光素）氧化产生生物发光。目前，已开发多种荧光素酶用于生物发光，并应用于深层细胞和组织成像[248]。例如，NanoLuc 用于生物发光成像，具有很好的稳定性，并且其尺寸小于萤火虫荧光素酶和海肾荧光素酶（Rluc）[249]。由于生物发光体系中荧光素酶-荧光素对的多样性，生物发光成像已广泛应用于多组分同时检测。为了获得更高的灵敏度，现已合成多种荧光素酶突变体和荧光素类似物[250]。此外，生物发光体系具有良好的生物相容性和持久性，已被用于监测基因表达、细胞和细胞内运动及细胞、组织和器官中蛋白质的相互作用等[251]。

本节主要介绍化学发光和生物发光技术的传感与成像应用。首先，从提高检测灵敏度的角度，总结了化学发光在传感和成像分析中的发展和应用。随后介绍了体内生物发光成像系统，包括用于生物发光成像的荧光素酶和荧光素酶突变体的原位形成机制，用于生物发光成像的荧光素和荧光素类似物的原位形成机制，以及生物发光共振能量转移（BRET）成像技术等。最后，总结了化学发光和生物发光传感与成像技术的局限性和发展前景。

1.4.2 生物功能化纳米探针在化学发光传感分析中的应用

化学发光已被用于检测多种分析物，如核酸、蛋白质、小分子、细胞等[252]。目前，化学发光传感分析面临的重大挑战之一是如何提高检测灵敏度。这一部分将从纳米探针用于化学发光信号放大传感分析、等温信号放大策略用于化学发光传感分析、化学发光集成装置等三个方面，介绍近期提高化学发光分析检测灵敏度的研究进展。

1. 纳米探针用于化学发光信号放大传感分析

为提高检测灵敏度，现已开发多种新型化学发光纳米探针并应用于化学发光传感分析[242, 253-255]。金纳米粒子（Au NPs）常用作信号放大探针[256-258]。通过将信号分子等结合到 Au NPs 的表面[259]，建立化学发光传感分析平台用于肿瘤标志物的高通量检测，提高癌症等疾病的筛查准确度[260-262]。例如，研究者进一步通过将 HRP 固定到 Au NPs 上，将其作为信号放大探针，实现了肿瘤细胞的化学发光分析检测，以及细胞表面聚糖表达的监测[263]。与 HRP 分子相比，G-四联体/hemin HRP 模拟酶具有化学稳定性好、成本低廉等优点[264, 265]。鞠熀先教授课题组通过采用多层 G-四联体/hemin 包覆的 Au NPs 作为信号放大探针，建立了一种超高灵敏的化学发光成像免疫分析法，实现了多种抗原的同时检测[260]。为进一步提高检测灵敏度，发展了 Au NPs 生物条形码纳米探针[266-268]。在生物条形码纳米探针中，采用条形码 DNA 和特异性识别单元（如抗体、适体）以 $n:1$ 的比例修饰 Au NPs，从而减少交叉反应，提高检测灵敏度[154]。张书圣教授课题组通过将 Au NPs 生物条形码纳米探针与化学发光阵列相结合，实现了对人淋巴瘤细胞的超灵敏检测，检测限低至 163 个细胞（图 1.45）[269]。

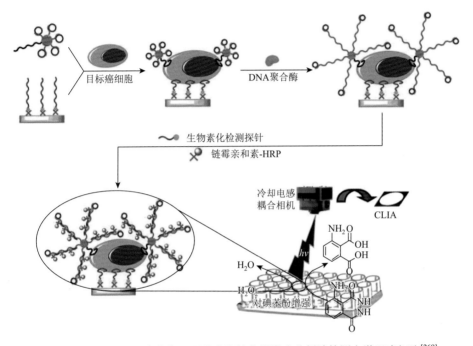

图 1.45　采用 Au NPs 生物条形码纳米探针化学发光分析法检测人淋巴瘤细胞[269]

HRP：辣根过氧化物酶；CLIA：化学发光免疫分析

现已发展多种具有高发光强度的无机发光纳米材料，将其作为新型纳米探针用于化学发光传感分析。例如，量子点（QDs）作为一类具有可调发射光谱和较长荧光寿命的半导体纳米材料，适用于构建化学发光传感分析探针。其中，具有良好光稳定性的氮掺杂石墨烯量子点（NGQDs）作为发光探针已用于铜离子催化的抗坏血酸成像检测[270]。

聚合物也被用作化学发光检测探针。通过采用分子印迹聚合物作为识别探针[271-273]，可显著提高化学发光分析的选择性，实现了对多种有机分子的灵敏、特异检测，如 2,4-二氯苯氧乙酸[274]、反式白藜芦醇[275]、双嘧达莫[276]、丹磺酰[277]等。最近，采用叶酸和 HRP 双功能半导体聚合物作为纳米探针，建立了一种化学发光分析法用于肿瘤细胞的检测和肿瘤的靶向光动力治疗[278]。

2. 等温信号放大策略用于化学发光传感分析

聚合酶链式反应（PCR）是一种常用的分子生物学扩增技术，由于其较高的扩增效率，现已发展多种基于 PCR 的化学发光分析法用于生物分子的检测[279-283]。然而，PCR 具有温度控制烦琐、非特异性扩增等问题。近年来，等温信号放大策略由于其恒温扩增的特性，已被广泛应用于核酸[284-287]、肿瘤细胞[269]、细菌[288]等的化学发光分析检测。等温信号放大技术大致可分为两大类，即工具酶辅助的等温信号放大[284, 285, 288, 289]和 toehold 介导的 DNA 链置换等温信号放大[290]。例如，Seidel 等开发了一种基于重组酶聚合酶扩增（RPA）的流式化学发光成像微阵列 MCR 3，用于病毒和细菌 DNA 的多组分测定[288]。该等温核酸扩增试验（iNAAT）在 39℃下恒温进行，通过生物素和链霉亲和素之间的特异性相互作用，将 HRP 分子固定在芯片上，催化鲁米诺-H_2O_2 的化学发光反应，通过 CCD 收集信号用于化学发光成像分析。

通过将工具酶辅助的聚合/剪切分子机器与 toehold 介导的 DNA 链置换反应相结合，构建了一种同时检测三种 miRNA 的高通量化学发光成像阵列（图 1.46）[291]。该体系将三种发夹探针固定在磁性粒子上，在 Klenow DNA 聚合酶和 Nb.BbvCI 切口酶的作用下，三种靶标 miRNA 分别触发聚合/剪切分子机器，置换 miRNA

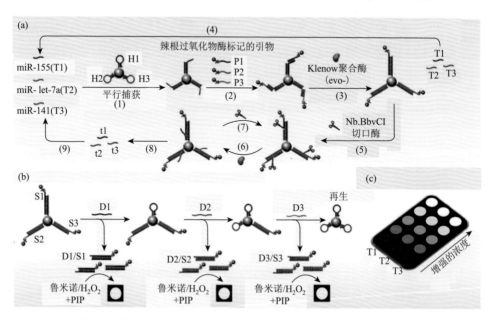

图 1.46　基于工具酶辅助分子机器和 toehold 介导的 DNA 链置换反应
化学发光分析法同时检测三种 miRNA[291]

（a）基于 DNA 机器的放大反应；（b）通过顺序进行 toehold 介导 DNA 链置换反应的磁分离；（c）化学发光成像
阵列；PIP：对碘苯酚

并产生大量单链 DNA 引发新的反应。进一步基于 toehold 介导的 DNA 链置换反应，依次将 HRP 标记的 DNA 探针从磁性粒子表面释放到溶液中，从而实现三种 miRNA（miR-155、miR-let-7a 和 miR-141）的同时检测，检测限低至 fmol/L 水平。

3. 化学发光集成装置

近年来，已开发多种小型化、一体化的化学发光装置用于生物分子检测，如布基微流控分析装置[292, 293]、微流控芯片[294]、侧流一次性装置[295]、3D 打印集成免疫分析装置[296]、毛细管等电聚焦免疫分析装置（图 1.47）[297]、纸基微流控传感器[298]等。随着成像设备和技术的不断发展，现已开发扫描化学发光显微镜（SCLM）[299, 300]。此外，扫描电化学显微镜（SECM）也与发光技术相结合[301]。例如，已构建 SECM/电化学发光（ECL）装置并应用于酶活性的测定[302]。这些装置的自动化特性大大缩短了操作时间并提高了检测灵敏度，有望在临床诊断中得到广泛应用。

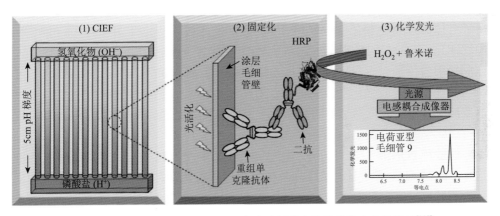

图 1.47　毛细管等电聚焦化学发光免疫分析单克隆抗体的电荷异质性[297]

CIEF：毛细管等电聚焦；HRP：辣根过氧化物酶

1.4.3　生物功能化纳米探针在化学发光成像分析中的应用

随着光学装置的不断发展，化学发光成像已应用于活体成像。为了解决化学发光成像过程中组织穿透性差、自吸收等问题，现已合成多种新型化学发光探针，如多功能聚合物纳米探针[303]、近红外（NIR）荧光染料[304-306]等。其中，由荧光染料产生的 NIR 荧光并不是直接化学发光，而是将非辐射能量从化学发光底物转移到荧光受体，进而在 NIR 区域发光。此外，通过采用荧光素、QDs、Au NPs、石墨烯和氧化石墨烯（GO）等作为能量受体增强化学发光，发展了一系列化学发光共振能量转移（CRET）体系，提高了体内化学发光成像的灵敏度和准确性[307-310]。

1. 基于过氧草酸酯化学发光聚合物的化学发光成像

与体外检测不同，组织自吸收和低穿透性限制了传统化学发光成像体系在体内成像中的应用。为克服这一缺点，已合成一系列新型探针用于体内化学发光成像。例如，通过采用过氧草酸酯和聚合物纳米粒子（PONPs）作为化学发光探针，建立了非酶促 POCL 体系，已广泛应用于体内化学发光成像分析。在此过程中，探针的氧化和高能态二噁烷二酮中间体的产生会激发荧光染料，从而实现化学发光成像。同时，通过改变 PONPs 中荧光染料的种类可以调节化学发光的发射波长和发光颜色。Lee 等首次采用 PONPs（最大发射波长为 630 nm）实现了对 H_2O_2 的成像检测，灵敏度低至 250 nmol/L，并成功应用于小鼠腿部外源性 H_2O_2 的成像[311]。为了减少组织的自吸收，Kim 课题组提出了一种具有 NIR 化学发光的 PONPs。该体系中，化学发光底物草酸双[2, 4, 5-三氯-6-（戊氧羰基）苯基]酯（CPPO）与 H_2O_2 反应生成的 1, 2-二噁烷二酮中间体激发 PONPs 中包封的 NIR 染料 Cy5，并在 701 nm 处有最大发射，具有较强的组织穿透性，实现了对体内葡萄糖和脂多糖（LPS）的化学发光成像测定 [图 1.48（a）][246]。最近，Kim 等通过改进 PONPs 提高了 H_2O_2 化学发光成像的强度和可调节性[312]。他们采用绿色发光染料 9, 10-二苯乙烯基蒽衍生物（DSA）合成 PONPs，通过 DSA/CPPO 聚集增强化学发光信号。当在 PONPs 合成过程中掺杂第二能量受体尼罗红时，通过能量转移可将化学发光从绿色变为红色，从而实现 H_2O_2 和炎症的可调化学发光成像。

通过在 PONPs 中包封药物，在化学发光成像的同时，还可以实现相关疾病的治疗。例如，Lee 等设计合成了一种抗氧化学发光胶束，在检测体内 H_2O_2 的同时，通过包封治疗药物实现了对 H_2O_2 相关炎症疾病的治疗[313]。他们将含有荧光染料和羟基苯甲醇的共聚草酸（HPOX）包封在两亲性嵌段共聚物 F127 中构成胶束，用于检测和治疗小鼠踝关节 LPS 引发的炎症。在该体系中，过量生成的 H_2O_2 参与 POCL 反应，对小鼠发炎踝关节中 H_2O_2 的检测灵敏度低至 100 nmol/L。该抗氧化胶束可以有效清除过量 H_2O_2，并释放具有治疗效果的抗氧化剂羟基苯甲醇，从而实现对 H_2O_2 相关炎症的治疗。刘斌等设计合成了一种多功能 PONPs 探针同时用于 H_2O_2 的化学发光成像和肿瘤治疗[314]。如图 1.48（b）所示，在制备过程中，CPPO 和聚集诱导发射光敏剂 TPE-BT-DC（TBD）通过沉淀作用共同包封在 F127 和豆油中。静脉注射后，由于增强的渗透性和滞留效应，合成的 C-TBD 纳米探针优先在肿瘤区域积聚，并在远/近红外区域发射出肉眼可见的红光，从而实现肿瘤示踪。同时，该 PONPs 探针中的 TBD 可有效产生 $^1O_2$，从而导致肿瘤细胞凋亡，实现准确、无创的肿瘤治疗。

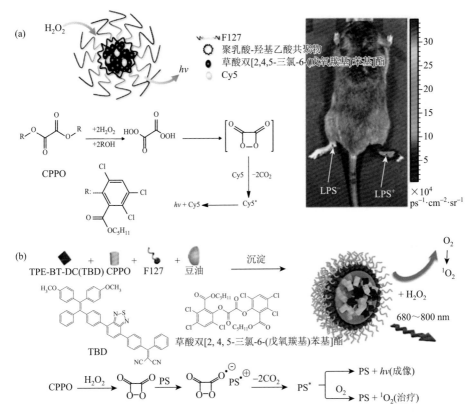

图 1.48　聚合物 PONPs 用于体内化学发光成像：（a）PONPs 中 CPPO 发生化学发光反应并用于葡萄糖和 LPS 的化学发光成像测定[246]；（b）含 CPPO 和 TBD 的 PONPs 同时用于 H_2O_2 的化学发光成像和肿瘤治疗[314]

聚合物 PONPs 中的晶内 CRET 或荧光共振能量转移（FRET）可使化学发光发生红移，从而提高对组织的穿透力。Shuhendler 等通过将 CRET 与 FRET 相结合，实现了活鼠肝脏中药物诱导 ROS 和 $ONOO^-/OCl$ 的同时监测［图 1.49（a）］[315]。该半导体聚合物 PONPs 由两种聚合物组成，用于实时监测体内由于降热药物乙酰氨基酚和抗结核药物异烟肼引起的 $ONOO^-$ 和 H_2O_2 的应力变化。在该 CRET-FRET-PONPs 的合成中，聚芴-二噻吩基苯并噻二唑同时作为 FRET 的供体和 CRET 的受体，CPPO 是 H_2O_2 的化学发光底物，花青染料则用于荧光发射。同时，在 PONPs 上修饰半乳糖基化接枝共聚物 PS-*g*-PEG-Gal，使 PONPs 可以靶向识别肝脏部位，并在数分钟内实现对肝毒性的成像，对 H_2O_2 化学发光成像的检测限达 5 nmol/L。为了提高体内 H_2O_2 监测的灵敏度，化学发光的强度、稳定性以及成像的可视化都得到了普遍提高。Zhen 等合成了一种半导体聚合物 PONPs，通过促进分子间的电子转移实现化学发光信号放大［图 1.49（b）］[316]。该体系通过将双（2,4,6-三氯苯基）草酸酯（TCPO）与 PEG-*b*-PPG-*b*-PEG 和不同的聚芴半导体聚合物共沉淀形成 PONPs。此外，将萘酞菁染料掺入该 PONPs 中，通过颗粒内化学发光底物和发光分子间的 CRET 产生 NIR 发光。结果表明，PONPs 的化学发光量子产率与体系能量差异有关，而化学发光效率与其荧光量子产率无关。在五种聚芴半导体聚合物中，基于 PFPV 合成的 PONPs 具有最高的荧光强度。该方法实现了与小鼠腹膜炎和神经炎症相关的 H_2O_2 的化学发光成像。最近的研究发现，聚对苯乙烯（PPV）在移去光照后具有持续的余辉发光。因此，通过纳米共沉淀的方法合成了一种基于 PPV 的半导体聚合物纳米探针，成功用于光热法治疗肿瘤，并通过余辉成像实现了对光热温度的实时监测[317]。

与用于 H_2O_2 成像的 POCL 探针类似，聚己内酯单丙烯酸酯（PCLA）作为一种优异的化学发光材料，基于 CRET 实现了对小鼠体内 O_2^- 的成像检测[318]。在该

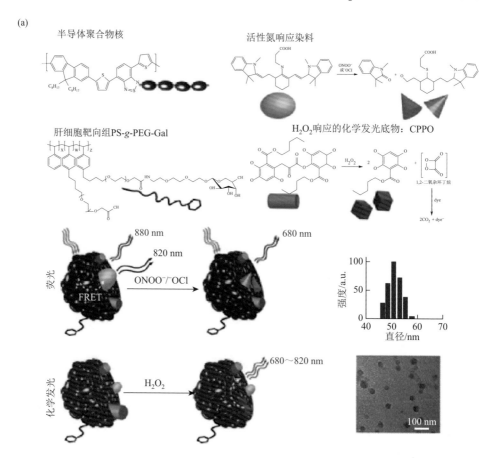

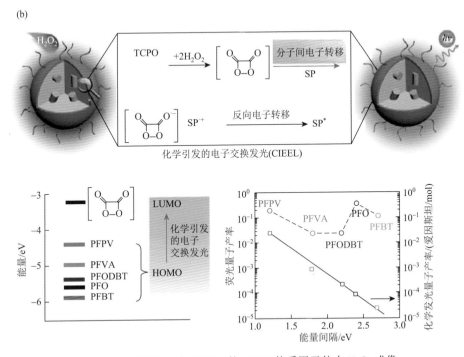

图 1.49　基于聚合物 PONPs 的 CRET 体系用于体内 H_2O_2 成像

（a）CRET-FRET-PONPs 的分子结构及其用于 H_2O_2 和 $ONOO^-/OCl$ 的同时监测[315]；

（b）PONPs 中的 CRET 机理以及 PFPV-PONPs 与其他 PONPs 的能量差和量子产率的对比[316]

PFODBT：聚[(2, 7-9, 9-二辛基芴基)-4, 7-双(噻吩-2-基)苯并-2, 1, 3-噻二唑]；PS-*g*-PEG-Gal：聚苯乙烯-聚乙二醇-半乳糖基接枝共聚物；CPPO：草酸双[2, 4, 5-三氯-6-(戊氧羰基)苯基]酯；TCPO：双(2, 4, 6-三氯苯基)草酸酯；PFPV：聚[(9, 9′-二辛基-2, 7-二乙烯撑-芴烯基)-[2-甲氧基-5-(2-乙基己氧基)-1, 4-亚苯基]；PFVA：聚[(9, 9′-二辛基-2, 7-二乙烯撑-芴烯基)-(9, 10-蒽)]；PFO：聚(9, 9′-二辛基-2, 7-二基)；PFBT：聚[(9, 9-二辛基芴基-2, 7-二基)-*alt*-(苯并[2, 1, 3]噻二唑-4, 8-二基)]；LUMO：最低未占分子轨道；HOMO：最高占据分子轨道

体系中，通过纳米沉淀法制备得到聚合物 PCLA-O_2^- 纳米探针。咪唑并吡嗪酮和共轭聚合物通过共价键连接，并分别作为能量供体和受体。加入 O_2^- 后，能量以无辐射的形式从咪唑并吡嗪酮转移到共轭聚合物（最大发射波长为 560 nm），产生放大的光信号。本体系通过采用 CRET 有效消除了化学发光在光学成像中存在的发射时间和波长较短的问题，实现了 pmol/L 水平 O_2^- 的高灵敏检测。此外，Contag 等研究发现腔肠素也是细胞内 O_2^- 灵敏的报告分子，通过对 O_2^- 的成像，实现了对 β 细胞功能的监测[319]。

2. 基于无机材料的化学发光成像

虽然 POCL 反应在体内化学发光成像中具有较高的灵敏度和选择性，但在合成 PONPs 时多使用疏水性试剂。魏为力等提出了一种基于 SiO_2 的亲水性 POCL 纳米探针，并将其应用于细胞内 H_2O_2 的化学发光成像，以及胰岛素增敏剂的高通量筛选[320]。该 POCL 体系如图 1.50（a）所示，将 CPPO 和荧光分子罗丹明 B（RhB）掺入介孔硅球中。通过静电作用将氧化酶吸附到硅球表面，一方面用于催化反应产生 H_2O_2，另一方面保护 CPPO 以防泄漏。采用该 POCL 纳米探针实现了对肝癌细胞 HepG2 中葡萄糖和其他氧化酶催化的生物标记物（如乳酸、尿酸、乙醇等）的准确成像。此外，通过将葡萄糖氧化酶（GOD）吸附到硅球表面，实现了对胰岛素增敏剂的识别筛选。

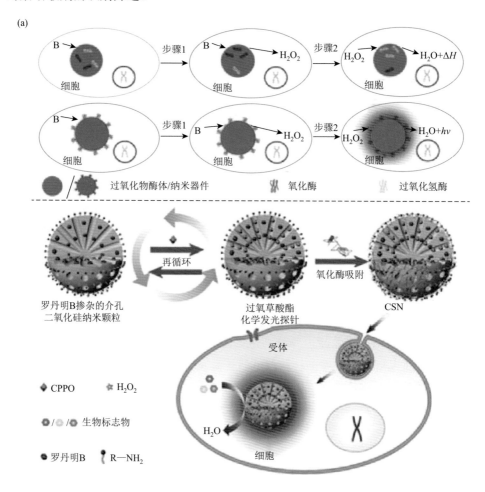

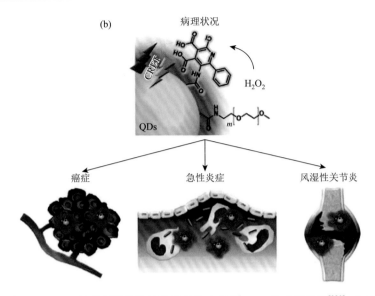

图 1.50　（a）POCL-SiO$_2$ 纳米探针的构建并用于体内多源 H$_2$O$_2$ 的成像分析[320]；（b）基于 CRET 的 PEG-QDs 复合物作为体内诊断剂[322]

CSN：化学发光二氧化硅纳米器件；CPPO：草酸双[2, 4, 5-三氯-6-(戊氧羰基)苯基]酯；CRET：化学发光共振能量转移；QDs：量子点

除上述硅基质的非酶 POCL 体系外，那娜等合成了一种含有 HRP 和萤火虫荧光素酶（FLuc）的双功能纳米探针用于体内 ATP 和 H$_2$O$_2$ 的原位成像[321]。在合成的 HRP-SiO$_2$@FLuc 纳米探针中，HRP 通过正硅酸乙酯（TEOS）的水解形成核部，并采用 3-氨基丙基三乙氧基硅烷对核的外部进行氨基修饰，进而共价连接 Fluc 作为壳部。在 ATP 存在时，发生 Fluc-D-荧光素酶促反应，并快速产生化学发光信号。在 pH 为 5.5 的情况下，HRP-SiO$_2$ 核部被破坏，释放 HRP 分子，加入鲁米诺后实现对 H$_2$O$_2$ 的化学发光成像。该 HRP-SiO$_2$@FLuc 纳米探针成功用于血清和 BALB/c 裸鼠中 ATP 和 H$_2$O$_2$ 的灵敏检测与成像。

虽然已开发多种有机染料和聚合物纳米粒子用于化学发光成像，但仍存在发光强度较低的问题。量子点具有较高的量子产率和良好的抗光漂白性质，可用于化学发光成像。为降低量子点的细胞毒性，提高其在体内成像中的生物相容性，Lee 等将聚合物覆盖在量子点表面，并采用聚乙二醇（PEG）对量子点进行修饰，得到 PEG-QDs 复合物［图 1.50（b）］[322]。为了实现体内 H$_2$O$_2$ 的成像，将鲁米诺衍生物 L012 修饰到 PEG-QDs 表面，通过 CRET 反应使能量从 L012-H$_2$O$_2$ 化学发光体系转移到受体 PEG-QDs，从而产生 NIR 发射。该 CRET 体系对 H$_2$O$_2$ 的检测限达 0.5 μmol/L，并用于检测小鼠体内 H$_2$O$_2$ 水平的异常升高。

3. 基于二氧杂环丁烷的化学发光成像

近年来，已开发多种含有 1, 2-二氧杂环丁烷单元的化学发光底物用于体内化学发光成像分析，如 3-(2-螺旋金刚烷)-4-甲氧基-4-(3-磷氧酰)-苯基-1, 2-二氧环乙烷二钠（AMPPD）[323]、CDP-Star[324]、双环二氧杂环丁烷[325]等。Sijbesma 课题组合成了一系列新型聚合物用于机械发光的研究[326]。如图 1.51（a）所示，该方法将双（金刚烷）-1, 2-二氧杂环丁烷单元作为机械发光基团引入聚合物链或网络中，超声处理后，二氧杂环丁烷交联剂发生断裂并产生可见的亮蓝色化学发光。该机械力激活化学发光体系，将能量转移到特定的受体，以改变发光颜色。通过断链过程中对化学发光的实时成像，实现了对聚合物形变、应力和破坏的高灵敏传感。

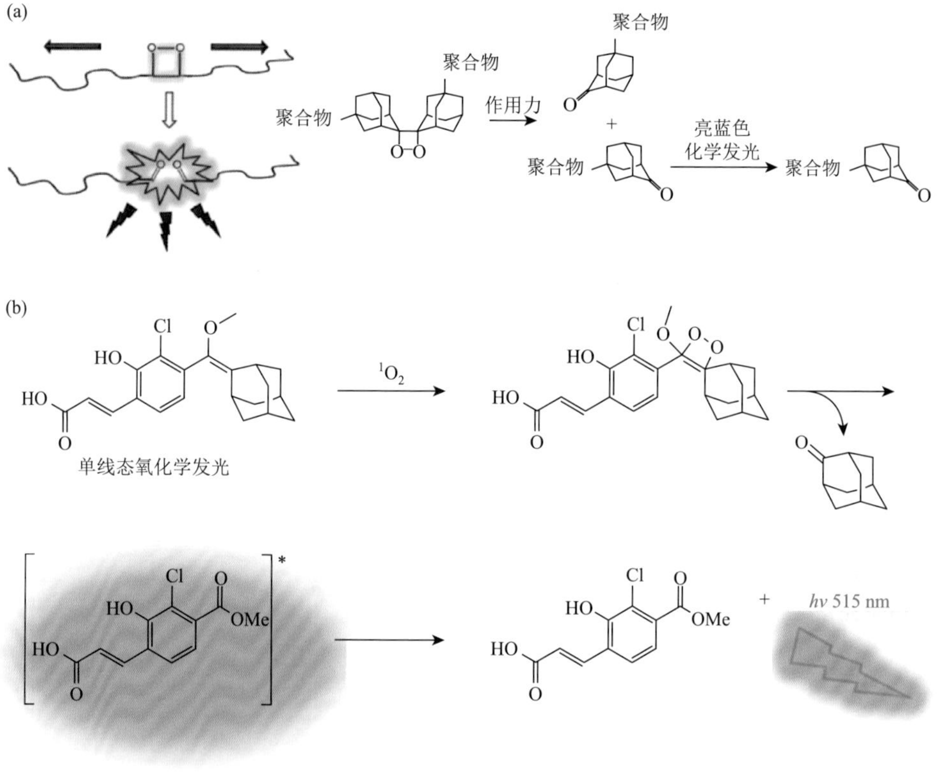

图 1.51　基于二氧杂环丁烷的化学发光反应用于体内成像

（a）机械诱导的双（金刚烷）-1, 2-二氧杂环丁烷化学发光机理[326]；
（b）官能化二氧杂环丁烷探针用于 $^1O_2$ 的灵敏成像[331]

组织氧合是肿瘤微环境的一个重要指标，缺氧通常会导致肿瘤细胞中硝基还原酶（NTR）含量的升高。为了实时监测体内的 NTR，Cao 等采用 1, 2-二氧杂环丁烷设计合成了一种氧依赖性还原探针，即缺氧化学发光探针 2（HyCL-2）用于体内 NTR 的实时监测[327]。首先在小鼠皮下种植肺癌肿瘤 H1299。在采用 HyCL-2 对其进行化学发光成像前，分别将肿瘤氧气量调节至 21% 和 100%。在向小鼠体内中注射 HyCL-2 和 Emerald II 增强剂溶液后发现，氧气量为 21% 的小鼠可观察到较强的化学发光，表明 HyCL-2 在肿瘤低氧条件下可增强化学发光信号。此外，由于 HyCL-2 的高稳定性和低背景值，与其他小分子还原剂相比，HyCL-2 的化学发光强度增强了约 170 倍。除了上述 Emerald-II 发光增强剂外，二氧杂环丁烷-荧光团共轭物也被发现对体内酶分子的成像具有显著增强效果。Hananya 等制备了三种连接荧光团的二氧杂环丁烷化学发光探针用于 β-半乳糖苷酶的成像[328]。该反应过程得到的酚盐可以发射出与荧光基团相对应的不同颜色的光。生理条件下，即使没有外部增强剂的作用，从激发态染料（荧光素或醌-菁）到过氧-二氧杂环丁烷键的能量转移使化学发光信号得到放大。因此，在皮下和腹膜内注射该化学发光探针后，仅利用化学发光显微镜即可实现 HEK293 细胞中过表达 β-半乳糖苷酶的灵敏成像检测。

为了提高生理条件下探针的稳定性，Shabat 课题组合成了一系列在水溶液中具有良好的热稳定性且增强化学发光的二氧杂环丁烷探针[329]。考虑到 Schaap 二氧杂环丁烷生成的激发态分子苯甲酸的量子产率较低，通过对苯酚邻位进行官能化，如将吸电子基团（如丙烯酸酯和丙烯腈）设计到苯酚供体上[330]，增强化学发光的发射强度。实验结果表明，所合成的发光体的发光强度比市售标准金刚烷基-二氧杂环丁烷探针高出三个数量级，进而实现了 β-半乳糖苷酶和细胞内 $^1O_2$ 的灵敏成像 [图 1.51（b）][331]。进一步将二氰基甲基色酮引入到苯酚对位上作为受体扩展 π 电子体系，得到了一种具有 NIR 发射的发光体，其最大发射波长为 690 nm。利用该发光体实现了体外 β-半乳糖苷酶和体内 H_2O_2 的化学发光成像[332]。此外，通过扩展 π 体系，并将吸电子基团引入到常规的 Schaap 金刚烷基-二氧杂环丁烷中，进一步增加化学发光强度[333]。采用马来酰亚胺作为连接剂将 CGKRK 多肽连接到该发光体上，从而提高其水溶性和细胞渗透性，首次实现了化学发光成像检测细胞内的组织蛋白酶 B。目前，已设计合成多种新型发光探针，如化学发光甲醛探针[334]、"turn-on" 型化学发光前药探针[335]、聚集诱导发光的余辉探针[336]等，并应用于体内生物成像和癌症治疗。

1.4.4　生物功能化纳米探针在生物发光成像分析中的应用

生物发光是生物体产生的一种发光现象，其能量来自酶促反应[337]。通过测序和克隆技术，已从甲虫和海洋发光动物中提取多种荧光素酶并用于生物发光成像[338,339]。体内生物发光成像技术将荧光素酶引入哺乳动物体内或将荧光素酶基因整合到细胞染色体中，进而催化底物荧光素产生生物发光[340]。生物发光过程无需外部激发光源，化学能转化为光能的效率接近 100%[341]。生物发光成像技术具有灵敏度高、及时和生物相容性好等优点，已被广泛用于肿瘤生长和转移[342]、细胞凋亡和追踪[343]、细菌和病毒感染[344]、蛋白质相互作用[345]、药物开发等诸多领域的研究。此外，重组荧光素酶和化学修饰底物进一步拓展了生物发光成像的应用范围[346, 347]。随着模块化微光显微镜等成像技术的发展，以及将上转换纳米粒子、量子点等新型纳米材料与传统的荧光素酶体系相结合，可进一步提高成像灵敏度，使生物发光成像技术越来越受欢迎[348-353]。

1. 原位生成荧光素酶用于生物发光成像

生物发光成像具有良好的生物相容性和较高的灵敏度，目前已广泛用于研究神经系统疾病的过程和途径，尤其是与大脑相关炎症和疾病的研究[354]。阿尔茨海默病是一种神经退行性疾病，与 Aβ 肽段的产生和沉积密切相关[355]。Watts 等开发了一种 Gfap-荧光素酶用于快速、无创生物发光成像监测转基因小鼠模型中 Aβ 的积累，对阿尔茨海默病的诊断与防治具有重要意义[356]。此外，动态生物发光成像技术实现了活鼠脑中康普瑞汀-A4P 对移植脑肿瘤影响的实时追踪[357]。为进一步提高生物发光成像的准确度，通过将原位生成荧光素酶与体内生物发光成像相结合，极大降低了成像背景。例如，通过 Fluc 氨基端（Nluc）和羧基端（Cluc）间的相互作用，释放 Fluc，用于监测 α-突触核蛋白（αSYN）寡聚体的形成。结果表明抑制剂 FK506 可有效降低 αSYN 的寡聚化[358]。

鞘氨醇-1-磷酸受体 1（S1P$_1$）是一种 G 蛋白偶联受体，其广泛分布于组织中，在神经和免疫系统中发挥重要作用。Kono 等在 U2OS 细胞中构建了一种遗传模型，其中 S1P$_1$ 和 β-抑制蛋白 2 抗体分别连接到 CLuc 和 NLuc 上（图 1.52）[359]。S1P$_1$ 的激活促进其与 β-抑制蛋白 2 抗体的相互作用，导致无活性荧光素酶片段的结合，并产生具有活性的酶复合物 S1P$_1$-CLuc/NLuc-β-抑制蛋白 2 抗体。在 ATP 和 D-荧光素存在时，发生生物发光反应并进行成像分析。进一步优化模型后，实现了对脂多糖引起小鼠脑炎的实时生物发光成像。

2. 荧光素酶突变体用于生物发光成像

荧光素酶的选择在生物发光成像中至关重要。常用的荧光素酶（如 Fluc 和 GLuc）在深层组织和细胞追踪成像中通常会受到自吸收和穿透率低的限制。即使是新兴的 NanoLuc 也因蓝光发射而在使用上受到限制。因此，发展新型荧光素酶基因和突变体备受人们的关注。通过基因工程和功能基团转化，现已开发多种新型荧光素酶用于构建生物发光体系。其中，Taylor 等设计了一种具有热稳定性的红移荧光素酶 PpyRE9H（最大发射波长为 617 nm），用于研究深层组织中寄生虫的感染[360]。该体系中，*PpyRE9H* 基因的 5′端表面糖蛋白和 3′端微管蛋白非翻译区发生突变，使最大发射波长红移，提高了生物发光成像的灵敏度。此外，PLG2 荧光素酶可替代 *luc2* 基因

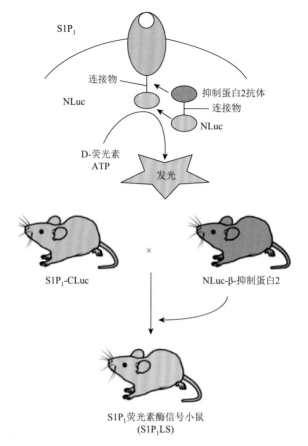

图 1.52　原位生成荧光素酶以及 S1P$_1$ 荧光素酶信号转导小鼠的交配方案[359]

S1P$_1$：鞘氨醇-1-磷酸受体 1；CLuc：荧光素酶羧基端；NLuc：荧光素酶氨基端；ATP：腺苷三磷酸

与甲虫荧光素结合用于 ATP 成像，表现出增强的热稳定性和 pH 稳定性[361]。为提高底物的选择性，Adams 等合成了一系列具有突变活性位点的荧光素酶和氨基荧光素底物[362]。其中，通过采用氨基荧光素 CycLuc2-酰胺使亮氨酸 342 发生突变，生成荧光素酶 L342A，产生生物发光信号，从而实现预期的底物选择性。

　　Maguire 等通过采用包含 FLuc、GLuc 和海萤荧光素酶的三重生物发光成像系统对细胞追踪、细胞间通信等过程进行了系统研究[363]。此外，Takaku 等通过将荧光素酶基因整合进细胞中，实现了对细胞振荡动力学和细胞机制的研究[364, 365]。但是，由于荧光素酶对底物的选择性较差，因此细胞的多组分成像仍然受到限制。Jones 等通过空间改性得到一系列正交荧光素酶-荧光素对，实现了细胞类型的分化[341]。如图 1.53（a）所示，首先对残基 218、249～251 和 314～316 进行诱变，然后将突变的荧光素酶与空间改性的荧光素孵育。基于荧光素酶与荧光素 C7′、C4′间的接近程度，精确筛选出功能突变体，并进一步应用于其他突变体和类似物的正交性筛选。筛选得到的正交组合具有不同的光发射，成功用于不同细胞的生物发光成像，为探索新型生物发光探针提供了一种有效的方法。最近，Iwano 等通过迭代筛选得到了新型荧光素酶 Akaluc［图 1.53（b）］[343]。通过采用 AkaLumine 作为底物，生物发光强度显著增强，从而实现致瘤性细胞的体外和体内成像。此外，该体系的 NIR 生物发光使其容易穿透体壁，实现了对小鼠深层组织中单细胞的生物发光成像。

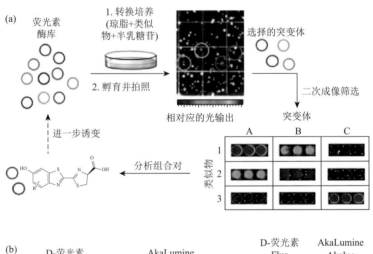

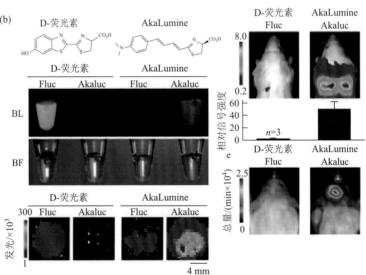

图 1.53　（a）通过空间改性筛选特异性的荧光素酶-荧光素对并用于不同细胞的生物发光成像[341]；（b）迭代筛选得到新型 AkaLumine-Akaluc 并用于细胞和体内生物发光成像[343]

双色成像可进一步提高生物发光成像的灵敏度[366]。Yasunaga 等采用绿色荧光素酶和红色荧光素酶作为报告分子，同时实现了亚细胞定位和基因表达的追踪[367]。红色和绿色的双色系统也被用于疟疾的研究，实现了单细胞成像以及阶段性药效对寄生虫影响的探究[368]。Daniel 等通过将 CBRluc 和 CBGluc 与双色生物发光成像策略相结合，实现了对植物乳杆菌和乳酸乳球菌在肠道环境中持久性的监测[369]。Jathoul 等通过将甲虫荧光素类似物与不同的重组萤火虫荧光素酶相结合，开发了一系列从远红外到近红外发光的生物发光体系[370]。

3. 原位生成荧光素用于生物发光成像

荧光素的原位释放与靶标触发荧光素酶的原位形成具有同样的效果。目前，已报道多种基于荧光素的偶联物用于体内生物发光成像。其中，Feny 等设计了一种含有硝基的"turn-on"型生物发光探针，用于观察活细胞和小鼠中的内源性 NTR[371]。该研究将生物发光探针与 NTR 和辅因子 NADH 混合，发生选择性还原反应，探针中的硝基转化为氨基。裂解反应释放出游离的萤火虫荧光素，进而激活荧光素酶的催化反应产生光子。使用该探针可实现 1 ng/mL NTR 的生物发光成像分析。

基于荧光素的生物发光成像探针也被用于体内金属离子的检测。例如，Aron 等合成了一种内过氧化物-荧光素偶联物铁笼闭的荧光素 1（ICL-1），用于纵向监测小鼠体内不稳定的铁含量[372]。如图 1.54（a）所示，体内 Fe^{2+} 的存在引起偶联物的裂解，并释放 D-氨基荧光素，从而产生增强的生物发光信号，其信号强度与 Fe^{2+} 的含量相关。最近，Ke 等通过荧光素偶联物的分裂实现了对 Co^{2+} 积累的生物发光成像[373]。该 Co^{2+} 生物发光探针 1（CBP-1）由 N_3O 配体和 C—O 苄基醚键反应形成，其中四齿配体 N_3O 是 Co^{2+} 的触发因子。只有在 Co^{2+} 存在时，CBP-1 中的 C—O 键断裂，释放出 D-荧光素底物，进而产生生物发光现象。采用 CBP-1 探针实现了小鼠模型中 Co^{2+} 积累和波动以及体内 ATP 和荧光素酶的高灵敏实时监测。

除金属离子外，卢建忠等基于烯丙基-荧光素探针的 Tsuji-Trost 反应，采用生物发光成像技术实现了对活细胞和小鼠中 CO 的监测[374]。首先，合成不发光的烯丙基-荧光素复合物，并将其作为生物发光探针，与含 $PdCl_2$ 的脂质体一起注射到腹腔和肿瘤内，同时注射[Ru(CO)$_3$Cl-(甘氨酸)]以产生外源 CO。随后，CO 将 $PdCl_2$ 还原为 Pd^0 并发生 Pd^0 介导的 Tsuji-Trost 反应，生成 D-荧光素，从而实现 CO 的实时生物发光成像。该"turn-on"型探针对外源和内源 CO 均表现出较高的灵敏度和选择性。此外，梁高林教授等设计了另一种"turn-on"型生物发光探针丙烯酸酯荧光素，用于体外和体内半胱氨酸（Cys）的成像检测[375]。该探针通过采用丙烯酸酯笼闭 D-荧光素上的羟基形成。半胱氨酸与探针上的丙烯酸酯发生共轭加成，原位释放 D-荧光素，从而产生生物发光。该生物发光探针可选择性检测体外半胱氨酸，检测限为 88 nmol/L，并实现了对小鼠中半胱氨酸的灵敏分析。

除基于荧光素的偶联物外，互补前体原位形成荧光素的策略也被用于生物发光成像[376]。van de Bittner 等基于两种互补前体形成荧光素，提出了一种 AND 型逻辑门，用于同时检测 H_2O_2 和半胱氨酸蛋白酶 8 的活性[377]。如图 1.54（b）所示，

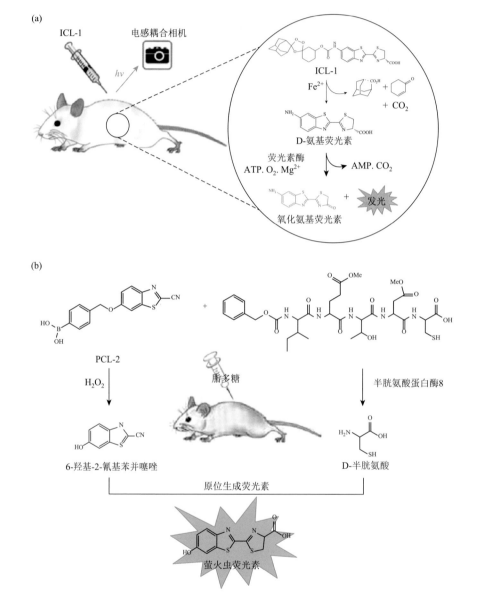

图 1.54 原位生成荧光素用于体内生物发光成像

（a）Fe^{2+} 诱导偶联物的裂解和 D-氨基荧光素的释放[372]；（b）互补前体原位形成荧光素策略用于 H_2O_2 和半胱氨酸蛋白酶 8 活性的同时检测[377]

ICL-1：铁笼闭的荧光素 1；ATP：腺苷三磷酸；AMP：腺苷一磷酸

分别用荧光素前体合成过氧化物笼闭的荧光素 2（PCL-2）和 z-Ile-Glu-ThrAsp-D-Cys 探针。在注射脂多糖使小鼠发生炎症后，产生的 H_2O_2 诱导 PCL-2 生成 6-羟基-2-氰基苯并噻唑（HCBT），同时生成的半胱氨酸蛋白酶 8 通过生物化学切割反应释放 D-半胱氨酸。随后通过 HCBT 和 D-半胱氨酸间的环化反应原位形成萤火虫荧光素，在萤火虫荧光素酶存在时进行生物发光成像，实现了 H_2O_2 和半胱氨酸蛋白酶 8 活性的同时检测。此外，通过融合荧光素片段的氨基端和羧基端，实现了半胱氨酸蛋白酶 3 的高灵敏生物发光成像[245, 378]。

4. 荧光素类似物用于生物发光成像

D-荧光素是最常用的酶底物之一，其可进入细胞、组织甚至整个生物体中进行成像。因此，设计简单有效的方法合成 D-荧光素对生物发光成像具有重要意义。Mccutcheon 等提出了一种合成 D-荧光素和一系列含氮类似物的快速方法[379]。在合成过程中，二噻唑氯化物用于生成芳香杂环支架，并筛选出两种具有强烈发射的苯并咪唑类似物用于活细胞生物发光成像。该合成方法扩展了荧光素的类型，提高了快速筛选新型荧光素底物的能力。

为满足多色成像、生物相容性好和深层组织穿透等需求，现已合成多种远红外到近红外发光的化学修饰荧光素和相应的荧光素类似物。目前，已有基于 D-荧光素及其类似物的相关报道[380]。通过重组生物发光技术改变 D-荧光素的羟基和硫原子，已设计合成基于 D-荧光素的氨基荧光素、烷基氨基荧光素和其他类似物用于体内深层生物发光成像[381, 382]。此外，基于氨基荧光素设计合成了一系列 N-环烷基氨基荧光素和新型 N-环丁基氨基荧光素［图 1.55（a）］，其中 N-环丁基氨基荧光素的发光强度是传统 D-荧光素和氨基荧光素的 20 倍，已被用于小鼠脑成像[383]。

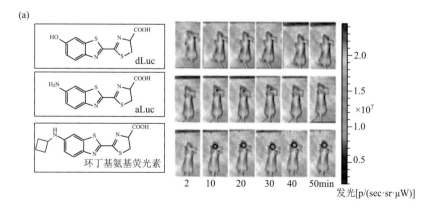

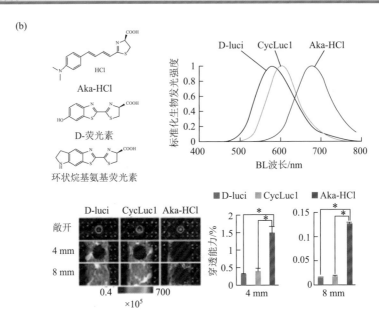

图 1.55 （a）重组生物发光技术合成 N-环烷基氨基荧光素和新型 N-环丁基氨基荧光素并用于小鼠脑成像[383]；（b）新型荧光素类似物 Aka-HCl 的结构与近红外生物发光成像应用[385]

dLuc：D-荧光素；aLuc：氨基荧光素

通过烷基化或酰化作用改变 D-荧光素的 6′位置是制备荧光素类似物的一种有效方法。为了提高体内生物发光成像的灵敏度，Evans 等合成了一种新型荧光素类似物环状烷基氨基荧光素（CycLuc1）[384]。通过与现有的萤火虫荧光素酶相结合，CycLuc1 显示出比 D-荧光素更高的发光强度和更好的光持久性，并用于 4T1 乳腺癌细胞和小鼠体内的灵敏成像。尽管 CycLuc1 作为一种新型荧光素具有比 D-荧光素更高的灵敏度，但其在深层组织中的发射强度（最大发射波长为 604 nm）仍然很弱甚至观察不到。为了实现更强的穿透力和更低的组织吸收，Kuchimaru 等合成了一种荧光素类似物 AkaLumine-HCl（Aka-HCl）。Aka-HCl 具有 NIR 发射（最大发射波长为 677 nm），使其在深层组织中的灵敏度显著提高 [图 1.55（b）][385]。在 4 mm 和 8 mm 厚的组织切片中，Aka-HCl 的穿透效率比 D-荧光素分别提高了 5 倍和 8.3 倍，比 CycLuc1 分别提高了 3.7 倍和 6.7 倍，在癌症早期诊断中具有巨大的应用潜力。类似地，基于 5′-氟代荧光素和其他具有生物发光性质的荧光素衍生物[386]，Steinhardt 等采用 C—H 活化方法成功合成了基于 D-荧光素的 5′-炔烃衍生物[387]。该炔烃荧光素的发射相对红移，其光谱与氨基荧光素相似，与 HEK293 细胞孵育后表现出良好的细胞渗透性。

生物发光成像的另一个挑战是发光的持久性。只有在体内或细胞内长时间实时成像才能揭示复杂的分子动力学过程。例如，脂肪酸酰胺水解酶（FAAH）的过表达与神经系统疾病密切相关。然而，目前化学发光成像检测 FAAH 只能持续 5 h[388]。为了更好地解释 FAAH 的致病机理，梁高林教授课题组设计了一种基于 D-荧光素的生物发光探针(D-Cys-赖氨酸-2-氨基-6-氰基苯并噻唑)₂[(D-Cys-Lys-CBT)₂]，并用于细胞内生物发光成像[389]。当该探针通过胞吞作用进入细胞后，谷胱甘肽触发细胞内的还原反应，形成环状 D-荧光素。环加成作用促进(D-Cys-Lys-CBT)₂ 二聚体的形成，随后通过二聚体自组装形成(D-Cys-Lys-CBT)₂ 纳米粒子。水解前，(D-Cys-Lys-CBT)₂ 纳米粒子可稳定地潜伏在细胞内。当 FAAH 存在时，其诱导纳米探针水解，导致 D-荧光素或其类似物缓慢释放，从而确保了生物发光的持久性和体内 FAAH 的长时间追踪。研究表明，在小鼠肿瘤内注射该探针后，生物发光强度在 24 h 达到峰值并且成像信号可持续至少 2.5 天，成像时间显著长于其他氨基荧光素及相应类似物。

5. 生物发光共振能量转移成像

通过将受体发色团引入生物发光体系，荧光素酶催化产生的光辐射将通过生物发光共振能量转移（BRET）的方式转移到受体发色团。通过这种方式，生物发光成像体系的发光强度和最大发射波长会发生变化，从而提高生物发光成像的检测灵敏度[390]。由于 BRET 的信号是一个比率而不是绝对数值，因此可以消除由细胞数量、细胞类型和其他变量所产生的数据变量。BRET 中的最大发射峰发生红移，因此可用于蛋白质相互作用和细胞内分子动力学的研究[391]。例如，熊丽琴等合成了一种具有高强度 NIR 发射的自发光 BRET-FRET 聚合物纳米探针，用于淋巴结造影和肿瘤成像，有效避免了体内短波长自发荧光的影响（图 1.56）[392]。此外，Chu 等将 BRET 与增强的发光强度相结合，通过改造橙红色荧光蛋白合成了一种新型荧光蛋白 CyOFP1[393]。通过采用 CyOFP1 作为受体、NanoLuc 作为供体合成了发红光的 Antares，并用于 BRET 成像。与萤火虫荧光素酶和其他生物发光蛋白酶相比，Antares 在深层组织中产生的发光信号显著增强。最近，Yeh 等成功合成并筛选出腔肠素的类似物 DTZ 和 STZ[394]。该工作发现了一种 NanoLuc 突变体 NanoLuc-D19S/D85N/C164H（teLuc），其可使 DTZ 的发射强度增强 5.7 倍。随后 Antares 中的 NanoLuc 被替换为 teLuc，形成基于 BRET 的 Antares2 报告基因。与 Antares 和 FLuc-D-荧光素相比，Antares2-DTZ 对具有明显的红移发射，并在小鼠成像中表现出较高的组织穿透效率。

除成像外，BRET 也成功用于光动力治疗。例如，王树教授等采用阳离子低聚对苯撑乙烯（OPV）吸收鲁米诺发射的化学发光，通过 BRET 产生 ROS 杀死体内相邻的癌细胞和致病细菌[395]。与其他光动力治疗方法不同，该分子诱导体系采用 OPV 作为光敏剂，无需外部光源的激发即可实现基于 BRET 的光动力治疗。

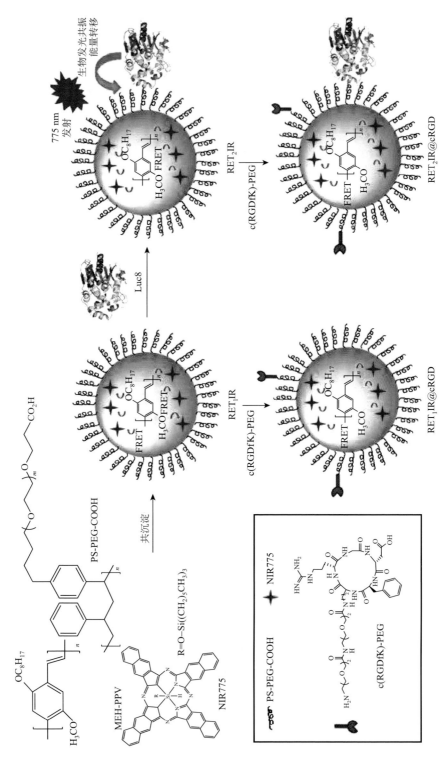

图 1.56　BRET-FRET 聚合物纳米探针的制备及其自发光机理[392]

MEH-PPV：聚{2-甲氧基-5-(2-乙基-己氧基)-1,4-苯撑乙烯撑；PS-PEG-COOH：聚苯乙烯-聚乙二醇-羧基；NIR775：2,3-萘酞菁双（三己基硅氧基）硅烷

1.4.5　小结

化学发光和生物发光技术由于其信噪比高、线性动态范围宽、实时成像等优点，为体外和体内检测提供了强有力的工具。随着新型发光材料的出现，以及与ELISA、分子印迹聚合物等技术相结合，化学发光和生物发光检测的灵敏度和选择性均得到显著提高。然而，化学发光和生物发光仍然面临一些挑战。首先，大多数化学发光体系的反应时间较短（一般在几秒内完成），数据采集相对困难。为了解决这一问题，现已开发多种慢发光反应体系，如 POCL 体系等[270]。此外，通过探索新型发光剂也可降低发光反应和信号采集之间的延迟。近年来，具有长时间发光能力的余辉发光已发展成为一种新型的光学检测方式，可有效避免自发荧光，降低检测背景值，用于生物成像、疾病治疗等[396, 397]。化学发光和生物发光检测技术的另一个挑战是对仪器的要求。为拓展化学发光和生物发光传感与成像的应用范围，需要开发具有高分辨率、高灵敏度、抗干扰能力强的检测设备。此外，在体内应用中，组织吸收、较弱的光强度和多组分分析都对化学发光和生物发光传感与成像技术提出了更高的要求。随着纳米技术、检测设备的不断发展，化学发光和生物发光技术将在生化分析、疾病诊断和治疗、环境监测等领域发挥重要作用。

1.5　展望

本章主要讲述了基于生物功能化纳米材料在光电化学生物传感器的构建及其生化分析检测和成像中的应用。随着纳米材料的日益发展，该领域在生命化学、环境保护、食品健康领域的应用越来越广泛。虽然部分成果已取得实际应用，但尚有一些方向值得在未来继续发展，如用于快速、灵敏、特异、稳定、廉价和高通量检测体内分子的电化学生物传感器尚未发展成熟。将高性能光电化学生物传感器与多功能纳米探针结合起来有望实现这方面的应用。具体地说：①通过调整探针尺寸和形状，调控纳米材料的光电化学活性位点；②对具有特殊催化性能的双金属或三金属纳米材料进行优化来建立高灵敏度和特异性纳米探针；③使用适当的有机或生物分子使纳米材料生物功能化，提高传感器的生物相容性；④设计高导电性、高荧光寿命和化学稳定性的基底材料，构筑高表面体积比的纳米复合探针，以加速电子传递和增强光电化学性能；⑤将原位光电化学方法与生理技术相结合；⑥开发微型或纳米级电极或电极阵列，以实现高通量检测。总之，利用光电化学传感器对生物分子进行在线体内监测仍然是一项具有挑战性的任务。我们相信，功能性纳米探针的进一步发展必将提升光电化学生物传感器的各项性能，以实现其在化学、环境、生物、医学等多学科研究中的应用。

高中锋　张怀荣　张晓茹　毕　赛　孙召梅

参 考 文 献

[1] Drummond T G，Hill M G，Barton J K. Electrochemical DNA sensors. Nature Biotechnology，2003，21（10）：1192-1199.

[2] Odenthal K J, Gooding J J. An introduction to electrochemical DNA biosensors. Analyst，2007，132（7）：603-610.

[3] 樊春海. 纳米生物传感器. 世界科学，2008，11：21-22.

[4] Pinyou P，Blay V，Muresan L M，et al. Enzyme-modified electrodes for biosensors and biofuel cells. Materials Horizons，2019，6（7）：1336-1358.

[5] Zhou H, Liu J, Xu J J, et al. Optical nano-biosensing interface via nucleic acid amplification strategy: construction and application. Chemical Society Reviews，2018，47（6）：1996-2019.

[6] 魏于全. 纳米生物医学——纳米技术打开生物医学新视野. 科技导报，2018，36（22）：1.

[7] 高中锋. DNA 电化学生物传感器的构建及其生化分析新方法研究. 重庆：西南大学博士学位论文，2016.

[8] Fan C，Plaxco K W，Heeger A J. Electrochemical interrogation of conformational changes as a reagentless method for the sequence-specific detection of DNA. Proceedings of the National Academy of Sciences，2003，100（16）：9134-9137.

[9] Pelossof G，Tel-Vered R，Elbaz J，et al. Amplified biosensing using the horseradish peroxidase-mimicking DNAzyme as an electrocatalyst. Analytical Chemistry，2010，82（11）：4396-4402.

[10] Gao Z F，Gao J B，Zhou L Y，et al. Rapid assembly of ssDNA on gold electrode surfaces at low pH and high salt concentration conditions. RSC Advances，2013，3（30）：12334-12340.

[11] Zhang Y，Wang L，Luo F，et al. An electrochemiluminescence biosensor for Kras mutations based on locked nucleic acid functionalized DNA walkers and hyperbranched rolling circle amplification. Chemical Communications，2017，53（20）：2910-2913.

[12] Plaxco K W，Soh H T. Switch-based biosensors：a new approach towards real-time，*in vivo* molecular detection. Trends in Biotechnology，2011，29（1）：1-5.

[13] Yu H Z，Luo C Y，Sankar C G，et al. Voltammetric procedure for examining DNA-modified surfaces：quantitation，cationic binding activity，and electron-transfer kinetics. Analytical Chemistry，2003，75（15）：3902-3907.

[14] Rodriguez M C，Kawde A N，Wang J. Aptamer biosensor for label-free impedance spectroscopy detection of proteins based on recognition-induced switching of the surface charge. Chemical Communications，2005，34：4267-4269.

[15] Chen A，Chatterjee S. Nanomaterials based electrochemical sensors for biomedical applications. Chemical Society Reviews，2013，42（12）：5425-5438.

[16] Ronkainen N J，Halsall H B，Heineman W R. Electrochemical biosensors. Chemical Society Reviews，2010，39（5）：1747-1763.

[17] Zhou J，Lai W，Zhuang J，et al. Nanogold-functionalized DNAzyme concatamers with redox-active intercalators for quadruple signal amplification of electrochemical immunoassay. ACS Applied Materials & Interfaces，2013，5（7）：2773-2781.

[18] Xu M，Zhuang J，Chen X，et al. A difunctional DNA-AuNP dendrimer coupling DNAzyme with intercalators for femtomolar detection of nucleic acids. Chemical Communications，2013，49（66）：7304-7306.

[19] Chen J R，Jiao X X，Luo H Q，et al. Probe-label-free electrochemical aptasensor based on methylene blue-anchored graphene oxide amplification. Journal of Materials Chemistry B，2013，1（6）：861-864.

[20] Wang Z，Si L，Bao J，et al. A reusable microRNA sensor based on the electrocatalytic property of heteroduplex-templated copper nanoclusters. Chemical Communications，2015，51（29）：6305-6307.

[21] Orbach R，Guo W，Wang F，et al. Self-assembly of luminescent Ag nanocluster-functionalized nanowires. Langmuir，2013，29（42）：13066-13071.

[22] Zhang L，Zhu J，Zhou Z，et al. A new approach to light up DNA/Ag nanocluster-based beacons for bioanalysis. Chemical Science，2013，4（10）：4004-4010.

[23] Xie J，Zheng Y，Ying J Y. Highly selective and ultrasensitive detection of Hg^{2+} based on fluorescence quenching of Au nanoclusters by Hg^{2+}-Au^+ interactions. Chemical Communications，2010，46（6）：961-963.

[24] Liu X，Wang F，Aizen R，et al. Graphene oxide/nucleic-acid-stabilized silver nanoclusters：functional hybrid materials for optical aptamer sensing and multiplexed analysis of pathogenic DNAs. Journal of the American Chemical Society，2013，135（32）：11832-11839.

[25] Guo Q，Li X，Shen C，et al. Electrochemical immunoassay for the protein biomarker mucin 1 and for MCF-7 cancer cells based on signal enhancement by silver nanoclusters. Microchimica Acta，2015，182：1483-1489.

[26] Yang C，Shi K，Dou B，et al. *In situ* DNA-templated synthesis of silver nanoclusters for ultrasensitive and label-free electrochemical detection of microRNA. ACS Applied Materials & Interfaces，2015，7（2）：1188-1193.

[27] Zhang B，Liu B，Zhou J，et al. Additional molecular biological amplification strategy for enhanced sensitivity of monitoring low-abundance protein with dual nanotags. ACS Applied Materials & Interfaces，2013，5（10）：4479-4485.

[28] Ge S，Yan M，Lu J，et al. Electrochemical biosensor based on graphene oxide-Au nanoclusters composites for L-cysteine analysis. Biosensors and Bioelectronics，2012，31（1）：49-54.

[29] Zhou Z，Dong S. Protein-DNA interactions：a novel approach to improve the fluorescence stability of DNA/Ag nanoclusters. Nanoscale，2015，7（4）：1296-1300.

[30] Deng L，Zhou Z，Li J，et al. Fluorescent silver nanoclusters in hybridized DNA duplexes for the turn-on detection of Hg^{2+} ions. Chemical Communications，2011，47（39）：11065-11067.

[31] Kang X，Zhu M. Tailoring the photoluminescence of atomically precise nanoclusters. Chemical Society Reviews，2019，48（8）：2422-2457.

[32] Tao Y，Li M，Ren J，et al. Metal nanoclusters：novel probes for diagnostic and therapeutic applications. Chemical Society Reviews，2015，44（23）：8636-8663.

[33] Dong H，Jin S，Ju H，et al. Trace and label-free microRNA detection using oligonucleotide encapsulated silver nanoclusters as probes. Analytical Chemistry，2012，84（20）：8670-8674.

[34] Ren K，Wu J，Ju H，et al. Target-driven triple-binder assembly of MNAzyme for amplified electrochemical immunosensing of protein biomarker. Analytical Chemistry，2015，87（3）：1694-1700.

[35] Gao Z F，Ling Y，Lu L，et al. Detection of single-nucleotide polymorphisms using an ON-OFF switching of regenerated biosensor based on a locked nucleic acid-integrated and toehold-mediated strand displacement reaction. Analytical Chemistry，2014，86（5）：2543-2548.

[36] Smith B R，Gambhir S S. Nanomaterials for *in vivo* imaging. Chemical Reviews，2017，117（3）：901-986.

[37] Chen G，Roy I，Yang C，et al. Nanochemistry and nanomedicine for nanoparticle-based diagnostics and therapy.

Chemical Reviews，2016，116（5）：2826-2885.

[38] Rackus D G，Shamsi M H，Wheeler A R. Electrochemistry，biosensors and microfluidics：a convergence of fields. Chemical Society Reviews，2015，44（15）：5320-5340.

[39] Dreaden E C，Alkilany A M，Huang X，et al. The golden age：gold nanoparticles for biomedicine. Chemical Society Reviews，2012，41（7）：2740-2779.

[40] Masitas R A，Allen S L，Zamborini F P. Size-dependent electrophoretic deposition of catalytic gold nanoparticles. Journal of the American Chemical Society，2016，138（47）：15295-15298.

[41] Qin Z，Bischof J C. Thermophysical and biological responses of gold nanoparticle laser heating. Chemical Society Reviews，2012，41（3）：1191-1217.

[42] Su S，Sun H，Cao W，et al. Dual-target electrochemical biosensing based on DNA structural switching on gold nanoparticle-decorated MoS_2 nanosheets. ACS Applied Materials & Interfaces，2016，8（11）：6826-6833.

[43] Baldim V，Ismail A，Taladriz-Blanco P，et al. Amperometric quantification of *S*-nitrosoglutathione using gold nanoparticles：a step toward determination of *S*-nitrosothiols in plasma. Analytical Chemistry，2016，88（6）：3115-3120.

[44] Taladriz-Blanco P，Pastoriza-Santos V，Pérez-Juste J，et al. Controllable nitric oxide release in the presence of gold nanoparticles. Langmuir，2013，29（25）：8061-8069.

[45] Wang Y，Wang L，Chen H，et al. Fabrication of highly sensitive and stable hydroxylamine electrochemical sensor based on gold nanoparticles and metal-metalloporphyrin framework modified electrode. ACS Applied Materials & Interfaces，2016，8（28）：18173-18181.

[46] Hu K，Lan D，Li X，et al. Electrochemical DNA biosensor based on nanoporous gold electrode and multifunctional encoded DNA-Au bio bar codes. Analytical Chemistry，2008，80（23）：9124-9130.

[47] Fekry A M. A new simple electrochemical Moxifloxacin Hydrochloride sensor built on carbon paste modified with silver nanoparticles. Biosensors and Bioelectronics，2017，87：1065-1070.

[48] Kumar-Krishnan S，Hernandez-Rangel A，Pal U，et al. Surface functionalized halloysite nanotubes decorated with silver nanoparticles for enzyme immobilization and biosensing. Journal of Materials Chemistry B，2016，4（15）：2553-2560.

[49] Godfrey I J，Dent A J，Parkin I P，et al. Structure of gold-silver nanoparticles. Journal of Physical Chemistry C，2017，121（3）：1957-1963.

[50] Sheng Q，Shen Y，Zhang J，et al. Ni doped Ag@C core-shell nanomaterials and their application in electrochemical H_2O_2 sensing. Analytical Methods，2017，9（1）：163-169.

[51] He Y，Xie S，Yang X，et al. Electrochemical peptide biosensor based on in situ silver deposition for detection of prostate specific antigen. ACS Applied Materials & Interfaces，2015，7（24）：13360-13366.

[52] Liu Z，Forsyth H，Khaper N，et al. Sensitive electrochemical detection of nitric oxide based on AuPt and reduced graphene oxide nanocomposites. Analyst，2016，141（13）：4074-4083.

[53] Dang X，Hu H，Wang S，et al. Nanomaterials-based electrochemical sensors for nitric oxide. Microchimica Acta，2015，182：455-467.

[54] Yan Y，Zhang J，Ren L，et al. Metal-containing and related polymers for biomedical applications. Chemical Society Reviews，2016，45（19）：5232-5263.

[55] Zhang L，Wang J，Tian Y. Electrochemical *in-vivo* sensors using nanomaterials made from carbon species，noble metals，or semiconductors. Microchimica Acta，2014，181：1471-1484.

[56] Imani S，Bandodkar A J，Mohan A V，et al. A wearable chemical-electrophysiological hybrid biosensing system for

real-time health and fitness monitoring. Nature Communications，2016，7：11650.

[57]　Rao D，Sheng Q，Zheng J. Novel nanocomposite of chitosan-protected platinum nanoparticles immobilized on nickel hydroxide：facile synthesis and application as glucose electrochemical sensor. Journal of Chemical Sciences，2016，128：1367-1375.

[58]　Zhu C，Yang G，Li H，et al. Electrochemical sensors and biosensors based on nanomaterials and nanostructures. Analytical Chemistry，2015，87（1）：230-249.

[59]　Singh V V，Kaufmann K，de Ávila B E F，et al. Molybdenum disulfide-based tubular microengines：toward biomedical applications. Advanced Functional Materials，2016，26（34）：6270-6278.

[60]　Hrapovic S，Liu Y，Male K B，et al. Electrochemical biosensing platforms using platinum nanoparticles and carbon nanotubes. Analytical Chemistry，2004，76（4）：1083-1088.

[61]　Abellán-Llobregat A，Jeerapan I，Bandodkar A，et al. A stretchable and screen-printed electrochemical sensor for glucose determination in human perspiration. Biosensors and Bioelectronics，2017，91：885-891.

[62]　Claussen J C，Kumar A，Jaroch D B，et al. Nanostructuring platinum nanoparticles on multilayered graphene petal nanosheets for electrochemical biosensing. Advanced Functional Materials，2012，22（16）：3399-3405.

[63]　Gormley P T，Callaghan N I，MacCormack T J，et al. Assessment of the toxic potential of engineered metal oxide nanomaterials using an acellular model：citrated rat blood plasma. Toxicology Mechanisms and Methods，2016，26（8）：601-610.

[64]　Jahanbani S，Benvidi A. Comparison of two fabricated aptasensors based on modified carbon paste/oleic acid and magnetic bar carbon paste/Fe₃O₄@oleic acid nanoparticle electrodes for tetracycline detection. Biosensors and Bioelectronics，2016，85：553-562.

[65]　Kannan P，Maiyalagan T，Marsili E，et al. Hierarchical 3-dimensional nickel-iron nanosheet arrays on carbon fiber paper as a novel electrode for non-enzymatic glucose sensing. Nanoscale，2016，8（2）：843-855.

[66]　Lan L，Yao Y，Ping J，et al. Recent advances in nanomaterial-based biosensors for antibiotics detection. Biosensors and Bioelectronics，2017，91：504-514.

[67]　Leung K C，Xuan S. Noble metal-iron oxide hybrid nanomaterials：emerging applications. The Chemical Record，2016，16（1）：458-472.

[68]　Bracamonte M V，Melchionna M，Giuliani A，et al. H₂O₂ sensing enhancement by mutual integration of single walled carbon nanohorns with metal oxide catalysts：the CeO₂ case. Sensors and Actuators B：Chemical，2017，239：923-932.

[69]　Li Y，Zhang Y，Li F，et al. Ultrasensitive electrochemical immunosensor for quantitative detection of SCCA using Co₃O₄@CeO₂-Au@Pt nanocomposite as enzyme-mimetic labels. Biosensors and Bioelectronics，2017，92：33-39.

[70]　Liu S，Yang Z，Chang Y，et al. An enzyme-free electrochemical biosensor combining target recycling with Fe₃O₄/CeO₂@Au nanocatalysts for microRNA-21 detection. Biosensors and Bioelectronics，2018，119：170-175.

[71]　Hsu Y W，Hsu T K，Sun C L，et al. Synthesis of CuO/graphene nanocomposites for nonenzymatic electrochemical glucose biosensor applications. Electrochimica Acta，2012，82：152-157.

[72]　Ahmad R，Vaseem M，Tripathy N，et al. Wide linear-range detecting nonenzymatic glucose biosensor based on CuO nanoparticles inkjet-printed on electrodes. Analytical Chemistry，2013，85（21）：10448-10454.

[73]　Song J，Xu L，Zhou C，et al. Synthesis of graphene oxide based CuO nanoparticles composite electrode for highly enhanced nonenzymatic glucose detection. ACS Applied Materials & Interfaces，2013，5（24）：12928-12934.

[74]　Yang S，Li G，Wang D，et al. Synthesis of nanoneedle-like copper oxide on N-doped reduced graphene oxide：a three-dimensional hybrid for nonenzymatic glucose sensor. Sensors and Actuators B：Chemical，2017，238：

588-595.

[75] Li F, Li Y, Feng J, et al. Ultrasensitive amperometric immunosensor for PSA detection based on Cu$_2$O@CeO$_2$-Au nanocomposites as integrated triple signal amplification strategy. Biosensors and Bioelectronics, 2017, 87: 630-637.

[76] Hasanzadeh M, Shadjou N, de la Guardia M. Iron and iron-oxide magnetic nanoparticles as signal-amplification elements in electrochemical biosensing. TrAC Trends in Analytical Chemistry, 2015, 72: 1-9.

[77] Zhuo Y, Yuan P X, Yuan R, et al. Bienzyme functionalized three-layer composite magnetic nanoparticles for electrochemical immunosensors. Biomaterials, 2009, 30 (12): 2284-2290.

[78] Liu Z, Wang J, Xie D, et al. Polyaniline-coated Fe$_3$O$_4$ nanoparticle-carbon-nanotube composite and its application in electrochemical biosensing. Small, 2008, 4 (4): 462-466.

[79] Teymourian H, Salimi A, Khezrian S. Fe$_3$O$_4$ magnetic nanoparticles/reduced graphene oxide nanosheets as a novel electrochemical and bioeletrochemical sensing platform. Biosensors and Bioelectronics, 2013, 49: 1-8.

[80] Yang M, Jeong J M, Lee K G, et al. Hierarchical porous microspheres of the Co$_3$O$_4$@graphene with enhanced electrocatalytic performance for electrochemical biosensors. Biosensors and Bioelectronics, 2017, 89: 612-619.

[81] Chauhan N, Chawla S, Pundir C S, et al. An electrochemical sensor for detection of neurotransmitter-acetylcholine using metal nanoparticles, 2D material and conducting polymer modified electrode. Biosensors and Bioelectronics, 2017, 89: 377-383.

[82] Han L, Shao C, Liang B, et al. Genetically engineered phage-templated MnO$_2$ nanowires: synthesis and their application in electrochemical glucose biosensor operated at neutral pH condition. ACS Applied Materials & Interfaces, 2016, 8 (22): 13768-13776.

[83] Ding C, Ge Y, Zhang S. Electrochemical and electrochemiluminescence determination of cancer cells based on aptamers and magnetic beads. Chemistry-A European Journal, 2010, 16 (35): 10707-10714.

[84] Zhang A, Lieber C M. Nano-bioelectronics. Chemical Reviews, 2016, 116 (1): 215-257.

[85] Kim M, Jang J, Cha C. Carbon nanomaterials as versatile platforms for theranostic applications. Drug Discovery Today, 2017, 22 (9): 1430-1437.

[86] Wang Y, Li Z, Wang J, et al. Graphene and graphene oxide: biofunctionalization and applications in biotechnology. Trends in Biotechnology, 2011, 29 (5): 205-212.

[87] Teradal N L, Jelinek R. Carbon nanomaterials in biological studies and biomedicine. Advanced Healthcare Materials, 2017, 6 (17): 1700574.

[88] Jariwala D, Sangwan V K, Lauhon L J, et al. Carbon nanomaterials for electronics, optoelectronics, photovoltaics, and sensing. Chemical Society Reviews, 2013, 42 (7): 2824-2860.

[89] Marmisollé W A, Azzaroni O. Recent developments in the layer-by-layer assembly of polyaniline and carbon nanomaterials for energy storage and sensing applications. From synthetic aspects to structural and functional characterization. Nanoscale, 2016, 8 (19): 9890-9918.

[90] Wang J. Carbon-nanotube based electrochemical biosensors: a review. Electroanalysis, 2010, 17 (1): 7-14.

[91] Pumera M. Graphene in biosensing. Materials Today, 2011, 14 (7-8): 308-315.

[92] Yang C, Jacobs C B, Nguyen M D, et al. Carbon nanotubes grown on metal microelectrodes for the detection of dopamine. Analytical Chemistry, 2016, 88 (1): 645-652.

[93] Zhang L, Liu F, Sun X, et al. Engineering carbon nanotube fiber for real-time quantification of ascorbic acid levels in a live rat model of Alzheimer's disease. Analytical Chemistry, 2017, 89 (3), 1831-1837.

[94] Baskaya G, Yildiz Y, Savk A, et al. Rapid, sensitive, and reusable detection of glucose by highly monodisperse

nickel nanoparticles decorated functionalized multi-walled carbon nanotubes. Biosensors and Bioelectronics，2017，91：728-733.

[95] Bai J，Zhang X，Peng Y，et al. Ultrasensitive sensing of diethylstilbestrol based on AuNPs/MWCNTs-CS composites coupling with sol-gel molecularly imprinted polymer as a recognition element of an electrochemical sensor. Sensors and Actuators B：Chemical，2017，238：420-426.

[96] Arvand M，Hemmati S. Magnetic nanoparticles embedded with graphene quantum dots and multiwalled carbon nanotubes as a sensing platform for electrochemical detection of progesterone. Sensors and Actuators B：Chemical，2017，238：346-356.

[97] Yu X，Zhang W，Zhang P，et al. Fabrication technologies and sensing applications of graphene-based composite films：advances and challenges. Biosensors and Bioelectronics，2017，89：72-84.

[98] Zhang R，Chen W. Recent advances in graphene-based nanomaterials for fabricating electrochemical hydrogen peroxide sensors. Biosensors and Bioelectronics，2016，89：249-268.

[99] Zhu C，Du D，Lin Y. Graphene-like 2D nanomaterial-based biointerfaces for biosensing applications. Biosensors and Bioelectronics，2017，89：43-55.

[100] Adhikari B R，Govindhan M，Chen A. Sensitive detection of acetaminophen with graphene-based electrochemical sensor. Electrochimica Acta，2015，162：198-204.

[101] Govindhan M，Amiri M，Chen A. Au nanoparticle/graphene nanocomposite as a platform for the sensitive detection of NADH in human urine. Biosensors and Bioelectronics，2015，66：474-480.

[102] Wang Q，Zhang X，Huang L，et al. One-pot synthesis of Fe_3O_4 nanoparticle loaded 3D porous graphene nanocomposites with enhanced nanozyme activity for glucose detection. ACS Applied Materials & Interfaces，2017，9（8）：7465-7471.

[103] Feng L，Chen Y，Ren J，et al. A graphene functionalized electrochemical aptasensor for selective label-free detection of cancer cells. Biomaterials，2011，32（11）：2930-2937.

[104] Hu H，Zavabeti A，Quan H，et al. Recent advances in two-dimensional transition metal dichalcogenides for biological sensing. Biosensors and Bioelectronics，2019，142：111573.

[105] Hu Z，Wu Z，Han C，et al. Two-dimensional transition metal dichalcogenides：interface and defect engineering. Chemical Society Reviews，2018，47（9）：3100-3128.

[106] Pasquier D，Yazyev O V. Crystal field，ligand field，and interorbital effects in two-dimensional transition metal dichalcogenides across the periodic table. 2D Materials，2019，6：025015.

[107] Han J H，Kwak M，Kim Y，et al. Recent advances in the solution-based preparation of two-dimensional layered transition metal chalcogenide nanostructures. Chemical Reviews，2018，118（3）：6151-6188.

[108] Huang K，Li Z，Lin J，et al. Two-dimensional transition metal carbides and nitrides（MXenes）for biomedical applications. Chemical Society Reviews，2018，47（14）：5109-5124.

[109] Mojtabavi M，Vahidmohammadi A，Liang W，et al. Single-molecule sensing using nanopores in two-dimensional transition metal carbide（MXene）membranes. ACS Nano，2019，13（3）：3042-3053.

[110] Bollella P，Fusco G，Tortolini C，et al. Beyond graphene：electrochemical sensors and biosensors for biomarkers detection. Biosensors and Bioelectronics，2017，89：152-166.

[111] Huang K J，Liu Y J，Zhang J Z，et al. A novel aptamer sensor based on layered tungsten disulfide nanosheets and Au nanoparticles amplification for 17β-estradiol detection. Analytical Methods，2014，6（19）：8011-8017.

[112] Huang K J，Zhang J Z，Liu Y J，et al. Novel electrochemical sensing platform based on molybdenum disulfide nanosheets-polyaniline composites and Au nanoparticles. Sensors and Actuators B：Chemical，2014，194：303-310.

[113] Su S, Sun H, Xu F, et al. Highly sensitive and selective determination of dopamine in the presence of ascorbic acid using gold nanoparticles-decorated MoS_2 nanosheets modified electrode. Electroanalysis, 2013, 25 (11): 2523-2529.

[114] Su S, Sun H, Xu F, et al. Direct electrochemistry of glucose oxidase and a biosensor for glucose based on a glass carbon electrode modified with MoS_2 nanosheets decorated with gold nanoparticles. Microchimica Acta, 2014, 181: 1497-1503.

[115] Wang X, Chu C, Shen L, et al. An ultrasensitive electrochemical immunosensor based on the catalytical activity of MoS_2-Au composite using Ag nanospheres as labels. Sensors and Actuators B: Chemical, 2015, 206: 30-36.

[116] Dou B, Yang J, Yuan R, et al. Trimetallic hybrid nanoflower-decorated MoS_2 nanosheet sensor for direct *in situ* monitoring of H_2O_2 secreted from live cancer cells. Analytical Chemistry, 2018, 90 (9): 5945-5950.

[117] Naveen M H, Gurudatt N G, Noh H B, et al. Dealloyed AuNi dendrite anchored on a functionalized conducting polymer for improved catalytic oxygen reduction and hydrogen peroxide sensing in living cells. Advanced Functional Materials, 2016, 26 (10): 1590-1601.

[118] Song H, Ni Y, Kokot S. Investigations of an electrochemical platform based on the layered MoS_2-graphene and horseradish peroxidase nanocomposite for direct electrochemistry and electrocatalysis. Biosensors and Bioelectronics, 2014, 56: 137-143.

[119] Huang K J, Shuai H L, Zhang J Z. Ultrasensitive sensing platform for platelet-derived growth factor BB detection based on layered molybdenum selenide-graphene composites and exonuclease III assisted signal amplification. Biosensors and Bioelectronics, 2016, 77: 69-75.

[120] Yang R, Zhao J, Chen M, et al. Electrocatalytic determination of chloramphenicol based on molybdenum disulfide nanosheets and self-doped polyaniline. Talanta, 2015, 131: 619-623.

[121] Jun B M, Kim S, Heo J, et al. Review of MXenes as new nanomaterials for energy storage/delivery and selected environmental applications. Nano Research, 2019, 12: 471-487.

[122] Kalambate P K, Gadhari N S, Li X, et al. Recent advances in MXene-based electrochemical sensors and biosensors. TrAC Trends in Analytical Chemistry, 2019, 120: 115643.

[123] Lee E, Vahidmohammadi A, Yoon Y S, et al. Two-dimensional vanadium carbide MXene for gas sensors with ultrahigh sensitivity toward nonpolar gases. ACS Sensors, 2019, 4 (6): 1603-1611.

[124] Zheng J, Diao J, Jin Y, et al. An inkjet printed Ti_3C_2-GO electrode for the electrochemical sensing of hydrogen peroxide. Journal of the Electrochemical Society, 2018, 165: B227-B231.

[125] Lorencova L, Bertok T, Dosekova E, et al. Electrochemical performance of $Ti_3C_2T_x$ MXene in aqueous media: towards ultrasensitive H_2O_2 sensing. Electrochimica Acta, 2017, 235: 471-479.

[126] Wang F, Yang C, Duan C, et al. An organ-like titanium carbide material (MXene) with multilayer structure encapsulating hemoglobin for a mediator-free biosensor. Journal of the Electrochemical Society, 2015, 162: B16-B21.

[127] Xu B, Zhu M, Zhang W, et al. Ultrathin MXene-micropattern-based field-effect transistor for probing neural activity. Advanced Materials, 2016, 28 (17): 3333-3339.

[128] Song D, Jiang X, Li Y, et al. Metal-organic frameworks-derived MnO_2/Mn_3O_4 microcuboids with hierarchically ordered nanosheets and Ti_3C_2 MXene/Au NPs composites for electrochemical pesticide detection. Journal of Hazardous Materials, 2019, 373: 367-376.

[129] Zhao W W, Xu J J, Chen H Y. Photoelectrochemical bioanalysis: the state of the art. Chemical Society Reviews, 2015, 44 (3): 729-741.

[130] Hagfeldt A, Boschloo G, Sun L, et al. Dye-sensitized solar cells. Chemical Reviews, 2010, 110（11）: 6595-6663.

[131] Qu Y, Duan X. Progress, challenge and perspective of heterogeneous photocatalysts. Chemical Society Reviews, 2013, 42（7）: 2568-2580.

[132] Arias A C, Mackenzie J D, Mcculloch I, et al. Materials and applications for large area electronics: solution-based approaches. Chemical Reviews, 2010, 110（1）: 3-24.

[133] Youngblood W J, Lee S H, Kobayashi Y, et al. Photoassisted overall water splitting in a visible light-absorbing dye-sensitized photoelectrochemical cell. Journal of the American Chemical Society, 2009, 131（3）: 926-927.

[134] Yu X, Wang Y, Chen X, et al. White-light-exciting, layer-by-layer-assembled ZnCdHgSe quantum dots/polymerized ionic liquid hybrid film for highly sensitive photoelectrochemical immunosensing of neuron specific enolase. Analytical Chemistry, 2015, 87（8）: 4237-4244.

[135] Li Y, Chen F, Luan Z, et al. A versatile cathodic "signal-on" photoelectrochemical platform based on a dual-signal amplification strategy. Biosensors and Bioelectronics, 2018, 119: 63-69.

[136] Zhang X, Li S, Jin X, et al. A new photoelectrochemical aptasensor for the detection of thrombin based on functionalized graphene and CdSe nanoparticles multilayers. Chemical Communications, 2011, 47（17）: 4929-4931.

[137] Zhang X, Guo Y, Liu M, et al. Photoelectrochemically active species and photoelectrochemical biosensors. RSC Advances, 2013, 3: 2846-2857.

[138] Zhang N, Zhang L, Ruan Y F, et al. Quantum-dots-based photoelectrochemical bioanalysis highlighted with recent examples. Biosensors and Bioelectronics, 2017, 94: 207-218.

[139] Bettazzi F, Palchetti I. Photoelectrochemical genosensors for the determination of nucleic acid cancer biomarkers. Current Opinion in Electrochemistry, 2018, 12: 51-59.

[140] Haddour N, Chauvin J, Gondran C, et al. Photoelectrochemical immunosensor for label-free detection and quantification of anti-cholera toxin antibody. Journal of the American Chemical Society, 2006, 128（30）: 9693-9698.

[141] Hojeij M, Su B, Tan S, et al. Nanoporous photocathode and photoanode made by multilayer assembly of quantum dots. ACS Nano, 2008, 2（5）: 984-992.

[142] Okamoto A, Kamei T, Tanaka K, et al. Photostimulated hole transport through a DNA duplex immobilized on a gold electrode. Journal of the American Chemical Society, 2004, 126（45）: 14732-14733.

[143] Yamada H, Tanabe K, Nishimoto S. Photocurrent response after enzymatic treatment of DNA duplexes immobilized on gold electrodes: electrochemical discrimination of 5-methylcytosine modification in DNA. Organic & Biomolecular Chemistry, 2008, 6（2）: 272-277.

[144] Liang M, Guo L H. Photoelectrochemical DNA sensor for the rapid detection of DNA damage induced by styrene oxide and the fenton reaction. Environmental Science & Technology, 2007, 41（2）: 658-664.

[145] Yildiz H B, Freeman R, Gill R, et al. Electrochemical, photoelectrochemical, and piezoelectric analysis of tyrosinase activity by functionalized nanoparticles. Analytical Chemistry, 2008, 80（8）: 2811-2816.

[146] Pardo-Yissar V, Katz E, Wasserman J, et al. Acetylcholine esterase-labeled CdS nanoparticles on electrodes: photoelectrochemical sensing of the enzyme inhibitors. Journal of the American Chemical Society, 2003, 125（3）: 622-623.

[147] Zhao W W, Shan S, Ma Z Y et al. Acetylcholine esterase antibodies on BiOI nanoflakes/TiO$_2$ nanoparticles electrode: a case of application for general photoelectrochemical enzymatic analysis. Analytical Chemistry, 2013, 85（24）: 11686-11690.

[148] Zhao W W，Xu J J，Chen H Y. Photoelectrochemical DNA biosensors. Chemical Reviews，2014，114（15）：7421-7441.

[149] Zhang N，Ma Z Y，Ruan Y F，et al. Simultaneous photoelectrochemical immunoassay of dual cardiac markers using specific enzyme tags: a proof of principle for multiplexed bioanalysis. Analytical Chemistry，2016，88（4）：1990-1994.

[150] Xu Y T，Yu S Y，Zhu Y C，et al. Cathodic photoelectrochemical bioanalysis. TrAC Trends in Analytical Chemistry，2019，114：81-88.

[151] Yan K，Liu Y，Yang Y，et al. A cathodic "signal-off" photoelectrochemical aptasensor for ultrasensitive and selective detection of oxytetracycline. Analytical Chemistry，2015，87（24）：12215-12220.

[152] Zhao W W，Xu J J，Chen H Y. Photoelectrochemical aptasensing. TrAC Trends in Analytical Chemistry，2016，82：307-315.

[153] Zhou H，Liu J，Zhang S. Quantum dot-based photoelectric conversion for biosensing applications. TrAC Trends in Analytical Chemistry，2015，67：56-73.

[154] Nam J M，Thaxton C S，Mirkin C A. Nanoparticle-based bio-bar codes for the ultrasensitive detection of proteins. Science，2003，301（5641）：1884-1886.

[155] Nam J M，Stoeva S I，Mirkin C A. Bio-bar-code-based DNA detection with PCR-like sensitivity. Journal of the American Chemical Society，2004，126（19）：5932-5933.

[156] Zhang X，Zhao Y，Li S，et al. Photoelectrochemical biosensor for detection of of adenosine triphosphate in the extracts of cancer cells. Chemical Communications，2010，46（48）：9173-9175.

[157] Wang G L，Liu K L，Shu J X，et al. A novel photoelectrochemical sensor based on photocathode of PbS quantum dots utilizing catalase mimetics of bio-bar-coded platinum nanoparticles/G-quadruplex/hemin for signal amplification. Biosensors and Bioelectronics，2015，69：106-112.

[158] Zhang X，Xu Y，Zhao Y，et al. A new photoelectrochemical biosensors based on DNA conformational changes and isothermal circular strand-displacement polymerization reaction. Biosensors and Bioelectronics，2013，39（1）：338-341.

[159] Fan G C，Han L，Zhang J R，et al. Enhanced photoelectrochemical strategy for ultrasensitive DNA detection based on two different sizes of CdTe quantum dots cosensitized TiO_2/CdS: Mn hybrid structure. Analytical Chemistry，2014，86（21）：10877-10884.

[160] Ma Z Y，Xu F，Qin Y，et al. Invoking direct exciton-plasmon interactions by catalytic Ag deposition on Au nanoparticles: photoelectrochemical bioanalysis with high efficiency. Analytical Chemistry，2016，88（8）：4183-4187.

[161] Wang G L，Shu J X，Dong Y M，et al. Using G-quadruplex/hemin to "switch-on" the cathodic photocurrent of p-type PbS quantum dots: toward a versatile platform for photoelectrochemical aptasensing. Analytical Chemistry，2015，87（5）：2892-2900.

[162] Shen Q，Han L，Fan G，et al. "Signal-on" photoelectrochemical biosensor for sensitive detection of human T-Cell lymphotropic virus type Ⅱ DNA: dual signal amplification strategy integrating enzymatic amplification with terminal deoxynucleotidyl transferase-mediated extension. Analytical Chemistry，2015，87（9）：4949-4956.

[163] Shi X M，Fan G C，Tang X，et al. Ultrasensitive photoelectrochemical biosensor for the detection of HTLV-I DNA: a cascade signal amplification strategy integrating λ-exonuclease aided target recycling with hybridization chain reaction and enzyme catalysis. Biosensors and Bioelectronics，2018，109：190-196.

[164] Xiong E，Yan X，Zhang X，et al. A new photoelectrochemical biosensor for ultrasensitive determination of nucleic

acids based on a three-stage cascade signal amplification strategy. Analyst，2018，143（12）：2799-2806.

[165] Zhang X，Chen J，Liu H，et al. Quartz crystal microbalance detection of protein amplified by nicked circling, rolling circle amplification and biocatalytic precipitation. Biosensors and Bioelectronics，2015，65：341-345.

[166] Gong L，Dai H，Zhang S，et al. Silver iodide-chitosan nanotag induced biocatalytic precipitation for self-enhanced ultrasensitive photocathodic immunosensor. Analytical Chemistry，2016，88（11）：5775-5782.

[167] Zhao W W，Ma Z Y，Yu P P，et al. Highly sensitive photoelectrochemical immunoassay with enhanced amplification using horseradish peroxidase induced biocatalytic precipitation on a CdS quantum dots multilayer electrode. Analytical Chemistry，2012，84（2）：917-923.

[168] Huang L，Zhang L，Yang L，et al. Manganese porphyrin decorated on DNA networks as quencher and mimicking enzyme for construction of ultrasensitive photoelectrochemistry aptasensor. Biosensors and Bioelectronics，2018，104：21-26.

[169] Zhuang J，Lai W，Xu M，et al. Plasmonic AuNP/g-C$_3$N$_4$ nanohybrid-based photoelectrochemical sensing platform for ultrasensitive monitoring of polynucleotide kinase activity accompanying DNAzyme-catalyzed precipitation amplification. ACS Applied Materials & Interfaces，2015，7（15）：8330-8338.

[170] Li M J，Zheng Y N，Liang W B，et al. Using p-type PbS quantum dots to quench photocurrent of fullerene-Au NP@MoS$_2$ composite structure for ultrasensitive photoelectrochemical detection of ATP. ACS Applied Materials & Interfaces，2017，9（48）：42111-42120.

[171] Li C，Lu W，Zhu M，et al. Development of visible-light induced photoelectrochemical platform based on cyclometalated iridium（Ⅲ）complex for bioanalysis. Analytical Chemistry，2017，89（20）：11098-11106.

[172] Zeng R，Zhang L，Luo Z，et al. Palindromic fragment-mediated single-chain amplification: an innovative mode for photoelectrochemical bioassay. Analytical Chemistry，2019，91（12）：7835-7841.

[173] Cha T G，Pan J，Chen H，et al. Design principles of DNA enzyme-based walkers: translocation kinetics and photoregulation. Journal of the American Chemical Society，2015，137（29）：9429-9437.

[174] Lv S，Zhang K，Zeng Y，et al. Double photosystems-based "Z-scheme" photoelectrochemical sensing mode for ultrasensitive detection of disease biomarker accompanying three-dimensional DNA walker. Analytical Chemistry，2018，90（11）：7086-7093.

[175] Ye C，Wang M Q，Gao Z F，et al. Ligating dopamine as signal trigger onto the substrate via metal-catalyst-free click chemistry for "signal-on" photoelectrochemical sensing of ultralow microRNA levels. Analytical Chemistry，2016，88（23）：11444-11449.

[176] Lan F，Liang L，Zhang Y，et al. Internal light source-driven photoelectrochemical 3D-rGO/cellulose device based on cascade DNA amplification strategy integrating target analog chain and DNA mimic enzyme. ACS Applied Materials & Interfaces，2017，9（43）：37839-37847.

[177] Poizot P，Laruelle S，Grugeon S，et al. Nano-sized transition-metal oxides as negative-electrode materials for lithium-ion batteries. Nature，2000，407（6803）：496-499.

[178] Koppens F H L，Mueller T，Avouris P，et al. Photodetectors based on graphene, other two-dimensional materials and hybrid systems. Nature Nanotechnology，2014，9（10）：780-793.

[179] Fan W，Yung B，Huang P，et al. Nanotechnology for multimodal synergistic cancer therapy. Chemical Reviews，2017，117（22）：13566-13638.

[180] Surdo N C，Berrera M，Koschinski A，et al. FRET biosensor uncovers cAMP nano-domains at β-adrenergic targets that dictate precise tuning of cardiac contractility. Nature Communications，2017，8：15031.

[181] Deng Y，Liu K，Liu Y，et al. An novel acetylcholinesterase biosensor based on nano-porous pseudo carbon paste

electrode modified with gold nanoparticles for detection of methyl parathion. Journal of Nanoscience and Nanotechnology，2016，16（9）：9460-9467.

[182] Lee J H，Lee T，Choi J W. Nano-biosensor for monitoring the neural differentiation of stem cells. Nanomaterials，2016，6（12）：224.

[183] Miao W. Electrogenerated chemiluminescence and its biorelated applications. Chemical Reviews，2008，108（7）：2506-2553.

[184] Wu P，Hou X D，Xu J J，et al. Electrochemically-generated versus photo excited luminescence from semiconductor nanomaterials：bridging the valley between two worlds. Chemical Reviews，2014，114（21）：11027-11059.

[185] Zhang H，Li B，Sun Z，et al. Integration of intracellular telomerase monitoring by electrochemiluminescence technology and targeted cancer therapy by reactive oxygen species. Chemical Science，2017，8（12）：8025-8029.

[186] Guo Y，Jia X，Zhang S. DNA cycle amplification device on magnetic microbeads for determination of thrombin based on graphene oxide enhancing signal-on electrochemiluminescence. Chemical Communications，2011，47（2）：725-727.

[187] Fortunato E，Barquinha P，Martins R. Oxide semiconductor thin-film transistors：a review of recent advances. Advanced Materials，2012，24（22）：2945-2986.

[188] Hildebrandt N，Spillmann C M，Algar W R，et al. Energy transfer with semiconductor quantum dot bioconjugates：a versatile platform for biosensing，energy harvesting，and other developing applications. Chemical Reviews，2017，117（2）：536-711.

[189] Dai P P，Yu T，Shi H W，et al. General strategy for enhancing electrochemiluminescence of semiconductor nanocrystals by hydrogen peroxide and potassium persulfate as dual coreactants. Analytical Chemistry，2015，87（24）：12372-12379.

[190] Benoit L，Choi J P. Electrogenerated chemiluminescence of semiconductor nanoparticles and their applications in biosensors. ChemElectroChem，2017，4（7）：1573-1586.

[191] Hu Q，Li H，Wang L，et al. DNA nanotechnology-enabled drug delivery systems. Chemical Reviews，2019，119（10）：6459-6506.

[192] Jaffe A E，Irizarry R A. Accounting for cellular heterogeneity is critical in epigenome-wide association studies. Genome Biology，2014，15：R31.

[193] Zhang B，Zhang F，Zhang P，et al. Ultrasensitive electrochemiluminescent sensor for microRNA with multinary Zn-Ag-In-S/ZnS nanocrystals as tags. Analytical Chemistry，2019，91（5）：3754-3758.

[194] Zhang H R，Xu J J，Chen H Y. Electrochemiluminescence ratiometry：a new approach to DNA biosensing. Analytical Chemistry，2013，85（11）：5321-5325.

[195] Sun M F，Liu J L，Chai Y Q，et al. Three-dimensional cadmium telluride quantum dots-DNA nanoreticulation as a highly efficient electrochemiluminescent emitter for ultrasensitive detection of microRNA from cancer cells. Analytical Chemistry，2019，91（12）：7765-7773.

[196] Zou G，Tan X，Long X，et al. Spectrum-resolved dual-color electrochemiluminescence immunoassay for simultaneous detection of two targets with nanocrystals as tags. Analytical Chemistry，2017，89（23）：13024-13029.

[197] Dong Y P，Gao T T，Zhou Y，et al. Electrogenerated chemiluminescence resonance energy transfer between luminol and CdSe@ZnS quantum dots and its sensing application in the determination of thrombin. Analytical Chemistry，2014，86（22）：11373-11379.

[198] Jie G，Yuan J. Novel magnetic Fe₃O₄@CdSe composite quantum dot-based electrochemiluminescence detection of thrombin by a multiple DNA cycle amplification strategy. Analytical Chemistry，2012，84（6）：2811-2817.

[199] Han K，Wang S B，Lei Q，et al. Ratiometric biosensor for aggregation-induced emission-guided precise photodynamic therapy. ACS Nano，2015，9（10）：10268-10277.

[200] Xu R，Wang Y，Duan X，et al. Nanoscale metal-organic frameworks for ratiometric oxygen sensing in live cells. Journal of the American Chemical Society，2016，138（7）：2158-2161.

[201] Mcgranahan N，Swanton C. Clonal heterogeneity and tumor evolution: past，present，and the future. Cell，2017，168（4）：613-628.

[202] Aravanis A M，Lee M，Klausner R D. Next-generation sequencing of circulating tumor DNA for early cancer detection. Cell，2017，168（4）：571-574.

[203] Peng H，Liu P，Wu W，et al. Facile electrochemiluminescence sensing platform based on water-soluble tungsten oxide quantum dots for ultrasensitive detection of dopamine released by cells. Analytica Chimica Acta，2019，1065：21-28.

[204] Ding C，Li Y，Wang L，et al. Ratiometric electrogenerated chemiluminescence cytosensor based on conducting polymer hydrogel loaded with internal standard molecules. Analytical Chemistry，2019，91（1）：983-989.

[205] Huang X，El-Sayed I H，Qian W，et al. Cancer cell imaging and photothermal therapy in the near-infrared region by using gold nanorods. Journal of the American Chemical Society，2006，128（6）：2115-2120.

[206] Linic S，Christopher P，Ingram D B. Plasmonic-metal nanostructures for efficient conversion of solar to chemical energy. Nature Materials，2011，10（12）：911-921.

[207] Zou X，Zhang Y. Noble metal-free hydrogen evolution catalysts for water splitting. Chemical Society Reviews，2015，44（15）：5148-5180.

[208] Wang H，Lee H W，Deng Y，et al. Bifunctional non-noble metal oxide nanoparticle electrocatalysts through lithium-induced conversion for overall water splitting. Nature Communications，2015，6：7261.

[209] Peng H，Huang Z，Wu W，et al. Versatile high-performance electrochemiluminescence ELISA platform based on a gold nanocluster probe. ACS Applied Materials & Interfaces，2019，11（27）：24812-24819.

[210] Wang L，Liu D，Sun Y，et al. Signal-on electrochemiluminescence of self-ordered molybdenum oxynitride nanotube arrays for label-free cytosensing. Analytical Chemistry，2018，90（18）：10858-10864.

[211] Huo X L，Zhang N，Yang H，et al. Electrochemiluminescence resonance energy transfer system for dual-wavelength ratiometric miRNA detection. Analytical Chemistry，2018，90（22）：13723-13728.

[212] Li M X，Feng Q M，Zhou Z，et al. Plasmon-enhanced electrochemiluminescence for nucleic acid detection based on gold nanodendrites. Analytical Chemistry，2018，90（2）：1340-1347.

[213] Ali M M，Li F，Zhang Z，et al. Rolling circle amplification: a versatile tool for chemical biology，materials science and medicine. Chemical Society Reviews，2014，43（10）：3324-3341.

[214] Zhao Y，Chen F，Li Q，et al. Isothermal amplification of nucleic acids. Chemical Reviews，2015，115（22）：12491-12545.

[215] Mi X N，Li H，Tan R，et al. Dual-modular aptasensor for detection of cardiac troponin I based on mesoporous silica films by electrochemiluminescence/electrochemical impedance spectroscopy. Anal Chem，2020，92（21）：14640-14647.

[216] Jiang X，Wang H，Chai Y，et al. DNA cascade reaction with high-efficiency target conversion for ultrasensitive electrochemiluminescence microRNA detection. Analytical Chemistry，2019，91（15）：10258-10265.

[217] Xu Z，Chang Y，Chai Y，et al. Ultrasensitive electrochemiluminescence biosensor for speedy detection of microRNA based on a DNA rolling machine and target recycling. Analytical Chemistry，2019，91（7）：4883-4888.

[218] Xia H，Li L，Yin Z，et al. Biobar-coded gold nanoparticles and DNAzyme-based dual signal amplification

strategy for ultrasensitive detection of protein by electrochemiluminescence. ACS Applied Materials & Interfaces, 2015, 7（1）: 696-703.

[219] Ma J, Wu L, Li Z, et al. Versatile electrochemiluminescence assays for PEDV antibody based on rolling circle amplification and Ru-DNA nanotags. Analytical Chemistry, 2018, 90（12）: 7415-7421.

[220] Wang C, Han Q, Mo F J, et al. Novel luminescent nanostructured coordination polymer: facile fabrication and application in electrochemiluminescence biosensor for microRNA-141 detection. Anal Chem, 2020, 92（18）: 12145-12151.

[221] Khoshfetrat S M, Bagheri H, Mehrgardi M A. Visual electrochemiluminescence biosensing of aflatoxin M1 based on luminol-functionalized, silver nanoparticle-decorated graphene oxide. Biosensors and Bioelectronics, 2018, 100: 382-388.

[222] Zhang X, Li W, Zhou Y, et al. An ultrasensitive electrochemiluminescence biosensor for MicroRNA detection based on luminol-functionalized Au NPs@ZnO nanomaterials as signal probe and dissolved O_2 as coreactant. Biosensors and Bioelectronics, 2019, 135: 8-13.

[223] Zhu X, Zhai Q, Gu W, et al. High-sensitivity electrochemiluminescence probe with molybdenum carbides as nanocarriers for α-fetoprotein sensing. Analytical Chemistry, 2017, 89（22）: 12108-12114.

[224] Zhang H R, Wu M S, Xu J J, et al. Signal-on dual-potential electrochemiluminescence based on luminol-gold bifunctional nanoparticles for telomerase detection. Analytical Chemistry, 2014, 86（8）: 3834-3840.

[225] You C C, Miranda O R, Gider B, et al. Detection and identification of proteins using nanoparticle-fluorescent polymer'chemical nose'sensors. Nature Nanotechnology, 2007, 2（5）: 318-323.

[226] Ding W, Li L, Xiong K, et al. Shape fixing via salt recrystallization: a morphology-controlled approach to convert nanostructured polymer to carbon nanomaterial as a highly active catalyst for oxygen reduction reaction. Journal of the American Chemical Society, 2015, 137（16）: 5414-5420.

[227] König T A, Ledin P A, Kerszulis J, et al. Electrically tunable plasmonic behavior of nanocube-polymer nanomaterials induced by a redox-active electrochromic polymer. ACS Nano, 2014, 8（6）: 6182-6192.

[228] Qiu A, Li P, Yang Z, et al. A path beyond metal and silicon: polymer/nanomaterial composites for stretchable strain sensors. Advanced Functional Materials, 2019, 29（17）: 1806306.

[229] Liao Y, Zhou X, Fu Y, et al. Linear Ru(bpy)$_3^{2+}$-polymer as a universal probe for sensitive detection of biomarkers with controllable electrochemiluminescence signal-amplifying ratio. Analytical Chemistry, 2017, 89（23）: 13016-13023.

[230] Feng Y, Sun F, Wang N, et al. Ru(bpy)$_3^{2+}$ incorporated luminescent polymer dots: double-enhanced electrochemiluminescence for detection of single-nucleotide polymorphism. Analytical Chemistry, 2017, 89（14）: 7659-7666.

[231] Ye J, Zhu L, Yan M, et al. Dual-wavelength ratiometric electrochemiluminescence immunosensor for cardiac troponin I detection. Analytical Chemistry, 2019, 91（2）: 1524-1531.

[232] Tang H, Chen W, Li D, et al. Luminol-based ternary electrochemiluminescence nanospheres as signal tags and target-triggered strand displacement reaction as signal amplification for highly sensitive detection of Helicobacter pylori DNA. Sensors and Actuators B: Chemical, 2019, 293: 304-311.

[233] Lee J, Farha O K, Roberts J, et al. Metal-organic framework materials as catalysts. Chemical Society Reviews, 2009, 38（5）: 1450-1459.

[234] Zhang F M, Dong L Z, Qin J S, et al. Effect of imidazole arrangements on proton-conductivity in metal-organic frameworks. Journal of the American Chemical Society, 2017, 139（17）: 6183-6189.

[235] Zhao G，Wang Y，Li X，et al. Dual-quenching electrochemiluminescence strategy based on three-dimensional metal-organic frameworks for ultrasensitive detection of amyloid-β. Analytical Chemistry，2019，91（3）：1989-1996.

[236] Yan M，Ye J，Zhu Q，et al. Ultrasensitive immunosensor for cardiac troponin I detection based on the electrochemiluminescence of 2D Ru-MOF nanosheets. Analytical Chemistry，2019，91（15）：10156-10163.

[237] Wang S，Zhao Y，Wang M，et al. Enhancing luminol electrochemiluminescence by combined use of cobalt-based metal organic frameworks and silver nanoparticles and its application in ultrasensitive detection of cardiac troponin I. Analytical Chemistry，2019，91（4）：3048-3054.

[238] Roda A，Guardigli M，Pasini P，et al. Bio-and chemiluminescence imaging in analytical chemistry. Analytica Chimica Acta，2005，541（1-2）：25-36.

[239] Jansen E H J M，Buskens C A F，van den Berg R H. A sensitive CCD image system for detection of chemiluminescent reactions. Journal of Bioluminescence and Chemiluminescence，1989，3（2）：53-57.

[240] Créton R，Jaffe L F. Chemiluminescence microscopy as a tool in biomedical research. BioTechniques，2001，31（5）：1098-1100，1102-1105.

[241] Momeni N，Ramanathan K，Larsson P O，et al. CCD-camera based capillary chemiluminescent detection of retinol binding protein. Analytica Chimica Acta，1999，387（1）：21-27.

[242] Yang M，Kostov Y，Bruck H A，et al. Carbon nanotubes with enhanced chemiluminescence immunoassay for CCD-based detection of staphylococcal enterotoxin B in food. Analytical Chemistry，2008，80（22）：8532-8537.

[243] Suzuki K，Nagai T. Recent progress in expanding the chemiluminescent toolbox for bioimaging. Current Opinion in Biotechnology，2017，48：135-141.

[244] Hananya N，Shabat D. A glowing trajectory between bio-and chemiluminescence：from luciferin-based probes to triggerable dioxetanes. Angewandte Chemie-International Edition，2017，56（52）：16454-16463.

[245] Niu G，Zhu L，Ho D N，et al. Longitudinal bioluminescence imaging of the dynamics of Doxorubicin induced apoptosis. Theranostics，2013，3（3）：190-200.

[246] Lim C K，Lee Y D，Na J，et al. Chemiluminescence-generating nanoreactor formulation for near-infrared imaging of hydrogen peroxide and glucose level in vivo. Advanced Functional Materials，2010，20（16）：2644-2648.

[247] Pu K，Chattopadhyay N，Rao J. Recent advances of semiconducting polymer nanoparticles in *in vivo* molecular imaging. Journal of Controlled Release，2016，240：312-322.

[248] Kaskova Z M，Tsarkova A S，Yampolsky I V. 1001 lights：luciferins，luciferases，their mechanisms of action and applications in chemical analysis，biology and medicine. Chemical Society Reviews，2016，45（21）：6048-6077.

[249] England C G，Ehlerding E B，Cai W. NanoLuc：a small luciferase is brightening up the field of bioluminescence. Bioconjugate Chemistry，2016，27（5）：1175-1187.

[250] Yao Z，Zhang B S，Prescher J A. Advances in bioluminescence imaging：new probes from old recipes. Current Opinion in Chemical Biology，2018，45：148-156.

[251] de Almeida P E，van Rappard J R M，Wu J C. *In vivo* bioluminescence for tracking cell fate and function. American Journal of Physiology-Heart and Circulatory Physiology，2011，301（3）：H663-H671.

[252] Dodeigne C，Thunus L，Lejeune R. Chemiluminescence as diagnostic tool. A review. Talanta，2000，51（3）：415-439.

[253] Luo L，Zhang Z，Ma L. Determination of recombinant human tumor necrosis factor-α in serum by chemiluminescence imaging. Analytica Chimica Acta，2005，539（1-2）：277-282.

[254] Chouhan R S，Vivek Babu K，Kumar M A，et al. Detection of methyl parathion using immuno-chemiluminescence

based image analysis using charge coupled device. Biosensors and Bioelectronics，2006，21（7）: 1264-1271.

[255] Bi S，Zhou H，Zhang S. Multilayers enzyme-coated carbon nanotubes as biolabel for ultrasensitive chemiluminescence immunoassay of cancer biomarker. Biosensors and Bioelectronics，2009，24（10）: 2961-2966.

[256] Jans H，Huo Q. Gold nanoparticle-enabled biological and chemical detection and analysis. Chemical Society Reviews，2012，41（7）: 2849-2866.

[257] Hutter E，Maysinger D. Gold-nanoparticle-based biosensors for detection of enzyme activity. Trends in Pharmacological Sciences，2013，34（9）: 497-507.

[258] Bi S，Yan Y，Yang X，et al. Gold nanolabels for new enhanced chemiluminescence immunoassay of alpha-fetoprotein based on magnetic beads. Chemistry-A European Journal，2009，15（18）: 4704-4709.

[259] Zong C，Wu J，Wang C，et al. Chemiluminescence imaging immunoassay of multiple tumor markers for cancer screening. Analytical Chemistry，2012，84（5）: 2410-2415.

[260] Zong C，Wu J，Xu J，et al. Multilayer hemin/G-quadruplex wrapped gold nanoparticles as tag for ultrasensitive multiplex immunoassay by chemiluminescence imaging. Biosensors and Bioelectronics，2013，43: 372-378.

[261] Chen Y，Sun J，Xianyu Y，et al. A dual-readout chemiluminescent-gold lateral flow test for multiplex and ultrasensitive detection of disease biomarkers in real samples. Nanoscale，2016，8（33）: 15205-15212.

[262] Pang J，Zhao Y，Liu H L，et al. A single nanoparticle-based real-time monitoring of biocatalytic progress and detection of hydrogen peroxide. Talanta，2018，185: 581-585.

[263] Han E，Ding L，Qian R，et al. Sensitive chemiluminescent imaging for chemoselective analysis of glycan expression on living cells using a multifunctional nanoprobe. Analytical Chemistry，2012，84（3）: 1452-1458.

[264] Gao Y，Li B. Exonuclease III-assisted cascade signal amplification strategy for label-free and ultrasensitive chemiluminescence detection of DNA. Analytical Chemistry，2014，86（17）: 8881-8887.

[265] Gao Y，Li B. G-quadruplex DNAzyme-based chemiluminescence biosensing strategy for ultrasensitive DNA detection: combination of exonuclease III-assisted signal amplification and carbon nanotubes-assisted background reducing. Analytical Chemistry，2013，85（23）: 11494-11500.

[266] Bi S，Zhou H，Zhang S. Bio-bar-code functionalized magnetic nanoparticle label for ultrasensitive flow injection chemiluminescence detection of DNA hybridization. Chemical Communications，2009，（37）: 5567-5569.

[267] Bi S，Hao S，Li L，et al. Bio-bar-code dendrimer-like DNA as signal amplifier for cancerous cells assay using ruthenium nanoparticle-based ultrasensitive chemiluminescence detection. Chemical Communications，2010，46（33）: 6093-6095.

[268] Bi S，Zhou H，Zhang S S. A novel synergistic enhanced chemiluminescence achieved by a multiplex nanoprobe for biological applications combined with dual-amplification of magnetic nanoparticles. Chemical Science，2010，1（6）: 681-687.

[269] Bi S，Ji B，Zhang Z，et al. A chemiluminescence imaging array for the detection of cancer cells by dual-aptamer recognition and bio-bar-code nanoprobe-based rolling circle amplification. Chemical Communications，2013，49（33）: 3452-3454.

[270] Chen H，Wang Q，Shen Q，et al. Nitrogen doped graphene quantum dots based long-persistent chemiluminescence system for ascorbic acid imaging. Biosensors and Bioelectronics，2017，91: 878-884.

[271] Vlatakis G，Andersson L I，Muller R，et al. Drug assay using antibody mimics made by molecular imprinting. Nature，1993，361（6413）: 645-647.

[272] Haupt K，Mosbach K. Molecularly imprinted polymers and their use in biomimetic sensors. Chemical Reviews，2000，100（7）: 2495-2504.

[273] Wulff G. Enzyme-like catalysis by molecularly imprinted polymers. Chemical Reviews, 2002, 102 (1): 1-27.

[274] Surugiu I, Danielsson B, Ye L, et al. Chemiluminescence imaging ELISA using an imprinted polymer as the recognition element instead of an antibody. Analytical Chemistry, 2001, 73 (3): 487-491.

[275] Wang L, Zhang Z. Molecular imprinted polymer-based chemiluminescence imaging sensor for the detection of trans-resveratrol. Analytica Chimica Acta, 2007, 592 (2): 115-120.

[276] Wang L, Zhang Z. Chemiluminescence imaging assay dipyridamole based on molecular imprinted polymer as recognition material. Sensors and Actuators B: Chemical, 2008, 133 (1): 40-45.

[277] Wang L, Zhang Z, Huang L. Molecularly imprinted polymer based on chemiluminescence imaging for the chiral recognition of dansyl-phenylalanine. Analytical and Bioanalytical Chemistry, 2008, 390 (5): 1431-1436.

[278] Zhang Y, Pang L, Ma C, et al. Small molecule-initiated light-activated semiconducting polymer dots: an integrated nanoplatform for targeted photodynamic therapy and imaging of cancer cells. Analytical Chemistry, 2014, 86 (6): 3092-3099.

[279] Liu F, Zhang C. A novel paper-based microfluidic enhanced chemiluminescence biosensor for facile, reliable and highly-sensitive gene detection of Listeria monocytogenes. Sensors and Actuators B: Chemical, 2015, 209: 399-406.

[280] Zhang Y, Liu Q, Zhou B, et al. Ultra-sensitive chemiluminescence imaging DNA hybridization method in the detection of mosquito-borne viruses and parasites. Parasites & Vectors, 2017, 10: 44.

[281] Zhang Y, Liu Q, Wang D, et al. Genotyping and detection of common avian and human origin-influenza viruses using a portable chemiluminescence imaging microarray. SpringerPlus, 2016, 5 (1): 1871.

[282] Wang C, Xiao R, Dong P, et al. Ultra-sensitive, high-throughput detection of infectious diarrheal diseases by portable chemiluminescence imaging. Biosensors and Bioelectronics, 2014, 57: 36-40.

[283] Donhauser S C, Niessner R, Seidel M. Sensitive quantification of *Escherichia coli* O157: H7, salmonella enterica, and campylobacter jejuni by combining stopped polymerase chain reaction with chemiluminescence flow-through DNA microarray analysis. Analytical Chemistry, 2011, 83 (8): 3153-3160.

[284] Bi S, Zhang Z, Dong Y, et al. Chemiluminescence resonance energy transfer imaging on magnetic particles for single-nucleotide polymorphism detection based on ligation chain reaction. Biosensors and Bioelectronics, 2015, 65: 139-144.

[285] Yan Y, Yue S, Zhao T, et al. Exonuclease-assisted target recycling amplification for label-free chemiluminescence assay and molecular logic operations. Chemical Communications, 2017, 53 (90): 12201-12204.

[286] Xu Y, Luo J, Wu M, et al. Ultrasensitive and specific imaging of circulating microRNA based on split probe, exponential amplification, and topological guanine nanowires. Sensors and Actuators B: Chemical, 2018, 269: 158-163.

[287] Xu Y, Bian X, Sang Y, et al. Bis-three-way junction nanostructure and DNA machineries for ultrasensitive and specific detection of BCR/ABL fusion gene by chemiluminescence imaging. Scientific Reports, 2016, 6: 32370.

[288] Kunze A, Dilcher M, Abd El Wahed A, et al. On-chip isothermal nucleic acid amplification on flow-based chemiluminescence microarray analysis platform for the detection of viruses and bacteria. Analytical Chemistry, 2016, 88 (1): 898-905.

[289] Xu Y, Li D, Cheng W, et al. Chemiluminescence imaging for microRNA detection based on cascade exponential isothermal amplification machinery. Analytica Chimica Acta, 2016, 936: 229-235.

[290] Bai S, Xiu B, Ye J, et al. Target-catalyzed DNA four-way junctions for CRET imaging of microRNA, concatenated logic operations, and self-assembly of DNA nanohydrogels for targeted drug delivery. ACS Applied Materials &

Interfaces，2015，7（41）：23310-23319.

[291] Yue S Z, Zhao T, Bi S, et al. Programmable strand displacement-based magnetic separation for simultaneous amplified detection of multiplex microRNAs by chemiluminescence imaging array. Biosensors and Bioelectronics，2017，98：234-239.

[292] Guan W，Zhang C，Liu F，et al. Chemiluminescence detection for microfluidic cloth-based analytical devices （μCADs）. Biosensors and Bioelectronics，2015，72：114-120.

[293] Li H，Liu C，Wang D，et al. Chemiluminescence cloth-based glucose test sensors（CCGTSs）: a new class of chemiluminescence glucose sensors. Biosensors and Bioelectronics，2017，91：268-275.

[294] Roda A，Mirasoli M，Dolci L S，et al. Portable device based on chemiluminescence lensless imaging for personalized diagnostics through multiplex bioanalysis. Analytical Chemistry，2011，83（8）：3178-3185.

[295] Zangheri M，Di Nardo F，Mirasoli M，et al. Chemiluminescence lateral flow immunoassay cartridge with integrated amorphous silicon photosensors array for human serum albumin detection in urine samples. Analytical and Bioanalytical Chemistry，2016，408（30）：8869-8879.

[296] Tang C K，Vaze A，Rusling J F. Automated 3D-printed unibody immunoarray for chemiluminescence detection of cancer biomarker proteins. Lab Chip，2017，17（3）：484-489.

[297] Michels D A，Tu A W，Mcelroy W，et al. Charge heterogeneity of monoclonal antibodies by multiplexed imaged capillary isoelectric focusing immunoassay with chemiluminescence detection. Analytical Chemistry，2012，84（12）：5380-5386.

[298] Delaney J L，Hogan C F，Tian J，et al. Electrogenerated chemiluminescence detection in paper-based microfluidic sensors. Analytical Chemistry，2011，83（4）：1300-1306.

[299] Zhou H，Kasai S，Matsue T. Imaging localized horseradish peroxidase on a glass surface with scanning electrochemical/chemiluminescence microscopy. Analytical Biochemistry，2001，290（1）：83-88.

[300] Hirano Y，Mitsumori Y，Oyamatsu D，et al. Imaging of immobilized enzyme spots by scanning chemiluminescence microscopy with electrophoretic injection. Biosensors and Bioelectronics，2003，18（5-6）：587-590.

[301] Zhai Y，Zhu Z，Zhou S，et al. Recent advances in spectroelectrochemistry. Nanoscale，2018，10（7）：3089-3111.

[302] Lei R，Stratmann L，Schäfer D，et al. Imaging biocatalytic activity of enzyme-polymer spots by means of combined scanning electrochemical microscopy/electrogenerated chemiluminescence. Analytical Chemistry，2009，81（12）：5070-5074.

[303] Zhu B，Tang W，Ren Y，et al. Chemiluminescence of conjugated-polymer nanoparticles by direct oxidation with hypochlorite. Analytical Chemistry，2018，90（22）：13714-13722.

[304] Liu M，Wu J，Yang K，et al. Proximity hybridization-regulated chemiluminescence resonance energy transfer for homogeneous immunoassay. Talanta，2016，154：455-460.

[305] Freeman R，Girsh J，Jou A F J，et al. Optical aptasensors for the analysis of the vascular endothelial growth factor （VEGF）. Analytical Chemistry，2012，84（14）：6192-6198.

[306] Zheng X，Qiao W，Wang Z Y. Broad-spectrum chemiluminescence covering a 400-1400 nm spectral region and its use as a white-near infrared light source for imaging. RSC Advances，2015，5（122）：100736-100742.

[307] Liu Y，Han S. A chemiluminescence resonance energy transfer for the determination of indolyl acetic acid using luminescent nitrogen-doped carbon dots as acceptors. New Journal of Chemistry，2018，42（1）：388-394.

[308] Yao J，Li L，Li P，et al. Quantum dots: from fluorescence to chemiluminescence，bioluminescence，electrochemiluminescence，and electrochemistry. Nanoscale，2017，9（36）：13364-13383.

[309] Yue S，Zhao T，Qi H，et al. Cross-catalytic hairpin assembly-based exponential signal amplification for CRET

assay with low background noise. Biosensors and Bioelectronics，2017，94：671-676.

[310] Lyu Y，Pu K. Recent advances of activatable molecular probes based on semiconducting polymer nanoparticles in sensing and imaging. Advanced Science，2017，4（6）：1600481.

[311] Lee D，Khaja S，Velasquez-Castano J C，et al. *In vivo* imaging of hydrogen peroxide with chemiluminescent nanoparticles. Nature Materials，2007，6（10）：765-769.

[312] Lee Y D，Lim C K，Singh A，et al. Dye/peroxalate aggregated nanoparticles with enhanced and tunable chemiluminescence for biomedical imaging of hydrogen peroxide. ACS Nano，2012，6（8）：6759-6766.

[313] Cho S，Hwang O，Lee I，et al. Chemiluminescent and antioxidant micelles as theranostic agents for hydrogen peroxide associated-inflammatory diseases. Advanced Functional Materials，2012，22（19）：4038-4043.

[314] Mao D，Wu W，Ji S，et al. Chemiluminescence-guided cancer therapy using a chemiexcited photosensitizer. Chem，2017，3（6）：991-1007.

[315] Shuhendler A J，Pu K，Cui L，et al. Real-time imaging of oxidative and nitrosative stress in the liver of live animals for drug-toxicity testing. Nature Biotechnology，2014，32（4）：373-380.

[316] Zhen X，Zhang C W，Xie C，et al. Intraparticle energy level alignment of semiconducting polymer nanoparticles to amplify chemiluminescence for ultrasensitive in vivo imaging of reactive oxygen species. ACS Nano，2016，10（6）：6400-6409.

[317] Zhen X，Xie C，Pu K. Temperature-correlated afterglow of a semiconducting polymer nanococktail for imaging-guided photothermal therapy. Angewandte Chemie-International Edition，2018，57（15）：3938-3942.

[318] Li P，Liu L，Xiao H，et al. A new polymer nanoprobe based on chemiluminescence resonance energy transfer for ultrasensitive imaging of intrinsic superoxide anion in mice. Journal of the American Chemical Society，2016，138（9）：2893-2896.

[319] Bronsart L L，Stokes C，Contag C H. Chemiluminescence imaging of superoxide anion detects beta-cell function and mass. Plos One，2016，11（1）：e0146601.

[320] Jie X，Yang H，Wang M，et al. A peroxisome-inspired chemiluminescent silica nanodevice for the intracellular detection of biomarkers and its application to insulin-sensitizer screening. Angewandte Chemie-International Edition，2017，56（46）：14596-14601.

[321] Ren H，Long Z，Cui M，et al. Dual-functional nanoparticles for in situ sequential detection and imaging of ATP and H_2O_2. Small，2016，12（29）：3920-3924.

[322] Lee E S，Deepagan V G，You D G，et al. Nanoparticles based on quantum dots and a luminol derivative：implications for in vivo imaging of hydrogen peroxide by chemiluminescence resonance energy transfer. Chemical Communications，2016，52（22）：4132-4135.

[323] Hai Z，Li J，Wu J，et al. Alkaline phosphatase-triggered simultaneous hydrogelation and chemiluminescence. Journal of the American Chemical Society，2017，139（3）：1041-1044.

[324] Selvakumar L S，Thakur M S. Dipstick based immunochemiluminescence biosensor for the analysis of vitamin B_{12} in energy drinks：a novel approach. Analytica Chimica Acta，2012，722：107-113.

[325] Vacher M，Fdez Galván I，Ding B W，et al. Chemi-and bioluminescence of cyclic peroxides. Chemical Reviews，2018，118（15）：6927-6974.

[326] Chen Y，Spiering A J H，Karthikeyan S，et al. Mechanically induced chemiluminescence from polymers incorporating a 1，2-dioxetane unit in the main chain. Nature Chemistry，2012，4（7）：559-562.

[327] Cao J，Campbell J，Liu L，et al. *In vivo* chemiluminescent imaging agents for nitroreductase and tissue oxygenation. Analytical Chemistry，2016，88（9）：4995-5002.

[328] Hananya N, Eldar Boock A, Bauer C R, et al. Remarkable enhancement of chemiluminescent signal by dioxetane-fluorophore conjugates: turn-on chemiluminescence probes with color modulation for sensing and imaging. Journal of the American Chemical Society, 2016, 138 (40): 13438-13446.

[329] Gnaim S, Green O, Shabat D. The emergence of aqueous chemiluminescence: new promising class of phenoxy 1, 2-dioxetane luminophores. Chemical Communications, 2018, 54 (17): 2073-2085.

[330] Green O, Eilon T, Hananya N, et al. Opening a gateway for chemiluminescence cell imaging: distinctive methodology for design of bright chemiluminescent dioxetane probes. ACS Central Science, 2017, 3(4): 349-358.

[331] Hananya N, Green O, Blau R, et al. A highly efficient chemiluminescence probe for the detection of singlet oxygen in living cells. Angewandte Chemie-International Edition, 2017, 56 (39): 11793-11796.

[332] Green O, Gnaim S, Blau R, et al. Near-infrared dioxetane luminophores with direct chemiluminescence emission mode. Journal of the American Chemical Society, 2017, 139 (37): 13243-13248.

[333] Roth-Konforti M E, Bauer C R, Shabat D. Unprecedented sensitivity in a probe for monitoring Cathepsin B: chemiluminescence microscopy cell-imaging of a natively expressed enzyme. Angewandte Chemie-International Edition, 2017, 56 (49): 15633-15638.

[334] Bruemmer K J, Green O, Su T A, et al. Chemiluminescent probes for activity-based sensing of formaldehyde released from folate degradation in living mice. Angewandte Chemie-International Edition, 2018, 57 (25): 7508-7512.

[335] Gnaim S, Scomparin A, Das S, et al. Direct real-time monitoring of prodrug activation by chemiluminescence. Angewandte Chemie-International Edition, 2018, 57 (29): 9033-9037.

[336] Ni X, Zhang X, Duan X, et al. Near-infrared afterglow luminescent aggregation-induced emission dots with ultrahigh tumor-to-liver signal ratio for promoted image-guided cancer surgery. Nano Letters, 2019, 19 (1): 318-330.

[337] Wilson T, Hastings J W. Bioluminescence. Annual Review of Cell and Developmental Biology, 1998, 14: 197-230.

[338] de Wet J R, Wood K V, Deluca M, et al. Firefly luciferase gene: structure and expression in mammalian cells. Molecular and Cellular Biology, 1987, 7 (2): 725-737.

[339] Sun M L, Fu Z, Wang T, et al. A high-throughput *in vivo* selection method for luciferase variants. Sensors and Actuators B: Chemical, 2018, 273: 191-197.

[340] Godinat A, Bazhin A A, Goun E A. Bioorthogonal chemistry in bioluminescence imaging. Drug Discovery Today, 2018, 23 (9): 1584-1590.

[341] Jones K A, Porterfield W B, Rathbun C M, et al. Orthogonal luciferase-luciferin pairs for bioluminescence imaging. Journal of the American Chemical Society, 2017, 139 (6): 2351-2358.

[342] Zou Y, Zhou Y, Jin Y, et al. Synergistically enhanced antimetastasis effects by honokiol-loaded pH-sensitive polymer-doxorubicin conjugate micelles. ACS Applied Materials & Interfaces, 2018, 10 (22): 18585-18600.

[343] Iwano S, Sugiyama M, Hama H, et al. Single-cell bioluminescence imaging of deep tissue in freely moving animals. Science, 2018, 359 (6378): 935-939.

[344] Mehle A. Fiat luc: bioluminescence imaging reveals *in vivo* viral replication dynamics. PLoS Pathogens, 2015, 11 (9): e1005081.

[345] Hall M P, Woodroofe C C, Wood M G, et al. Click beetle luciferase mutant and near infrared naphthyl-luciferins for improved bioluminescence imaging. Nature Communications, 2018, 9 (1): 132.

[346] Wu N, Rathnayaka T, Kuroda Y. Bacterial expression and re-engineering of Gaussia princeps luciferase and its use as a reporter protein. Biochimica et Biophysica Acta, 2015, 1854 (10 Pt A): 1392-1399.

[347] Kim D S，Choi J R，Ko J A，et al. Re-engineering of bacterial luciferase: for new aspects of bioluminescence. Current Protein and Peptide Science，2018，19（1）：16-21.

[348] Yang Y，Shao Q，Deng R，et al. *In vitro* and *in vivo* uncaging and bioluminescence imaging by using photocaged upconversion nanoparticles. Angewandte Chemie-International Edition，2012，51（13）：3125-3129.

[349] Kamkaew A，Sun H，England C G，et al. Quantum dot-nanoluc bioluminescence resonance energy transfer enables tumor imaging and lymph node mapping *in vivo*. Chemical Communications，2016，52（43）：6997-7000.

[350] Feugang J M，Youngblood R C，Greene J M，et al. Self-illuminating quantum dots for non-invasive bioluminescence imaging of mammalian gametes. Journal of Nanobiotechnology，2015，13：38.

[351] Hattori M，Kawamura G，Kojima R，et al. Confocal bioluminescence imaging for living tissues with a caged substrate of luciferin. Analytical Chemistry，2016，88（12）：6231-6238.

[352] Kim T J，Turkcan S，Pratx G. Modular low-light microscope for imaging cellular bioluminescence and radioluminescence. Nature Protocols，2017，12（5）：1055-1076.

[353] Kuruppu D，Brownell A L，Shah K，et al. Molecular Imaging with bioluminescence and PET reveals viral oncolysis kinetics and tumor viability. Cancer Research，2014，74（15）：4111-4121.

[354] Hochgräfe K，Mandelkow E M. Making the brain glow：*in vivo* bioluminescence imaging to study neurodegeneration. Molecular Neurobiology，2013，47：868-882.

[355] Hardy J，Selkoe D J. The amyloid hypothesis of Alzheimer's disease：progress and problems on the road to therapeutics. Science，2002，297（5580）：353-356.

[356] Watts J C，Giles K，Grillo S K，et al. Bioluminescence imaging of Aβ deposition in bigenic mouse models of Alzheimer's disease. Proceedings of the National Academy of Sciences of the United States of America，2011，108（6）：2528-2533.

[357] Liu L，Mason R P，Gimi B. Dynamic bioluminescence and fluorescence imaging of the effects of the antivascular agent Combretastatin-A4P（CA4P）on brain tumor xenografts. Cancer Letters，2015，356（2 Pt B）：462-469.

[358] Aelvoet S A，Ibrahimi A，Macchi F，et al. Noninvasive bioluminescence imaging of α-synuclein oligomerization in mouse brain using split firefly luciferase reporters. Journal of Neuroscience，2014，34（49）：16518-16532.

[359] Kono M，Conlon E G，Lux S Y，et al. Bioluminescence imaging of G protein-coupled receptor activation in living mice. Nature Communications，2017，8（1）：1163.

[360] Taylor M C，Kelly J M. Optimizing bioluminescence imaging to study protozoan parasite infections. Trends in Parasitology，2014，30（4）：161-162.

[361] Branchini B R，Southworth T L，Fontaine D M，et al. An enhanced chimeric firefly luciferase-inspired enzyme for ATP detection and bioluminescence reporter and imaging applications. Analytical Biochemistry，2015，484：148-153.

[362] Adams S T Jr，Mofford D M，Reddy G S，et al. Firefly luciferase mutants allow substrate-selective bioluminescence imaging in the mouse brain. Angewandte Chemie-International Edition，2016，55（16）：4943-4946.

[363] Maguire C A，Bovenberg M S，Crommentuijn M H，et al. Triple bioluminescence imaging for *in vivo* monitoring of cellular processes. Molecular Therapy-Nucleic Acids，2013，2：e99.

[364] Takaku Y，Murai K，Ukai T，et al. *In vivo* cell tracking by bioluminescence imaging after transplantation of bioengineered cell sheets to the knee joint. Biomaterials，2014，35（7）：2199-2206.

[365] Isomura A，Ogushi F，Kori H，et al. Optogenetic perturbation and bioluminescence imaging to analyze cell-to-cell transfer of oscillatory information. Genes & Development，2017，31（5）：524-535.

[366] Merritt J, Senpuku H, Kreth J. Let there be bioluminescence: development of a biophotonic imaging platform for in situ analyses of oral biofilms in animal models. Environmental Microbiology, 2016, 18 (1): 174-190.

[367] Yasunaga M, Nakajima Y, Ohmiya Y. Dual-color bioluminescence imaging assay using green-and red-emitting beetle luciferases at subcellular resolution. Analytical and Bioanalytical Chemistry, 2014, 406 (23): 5735-5742.

[368] Cevenini L, Camarda G, Michelini E, et al. Multicolor bioluminescence boosts malaria research: quantitative dual-color assay and single-cell imaging in Plasmodium falciparum parasites. Analytical Chemistry, 2014, 86 (17): 8814-8821.

[369] Daniel C, Poiret S, Dennin V, et al. Bioluminescence imaging study of spatial and temporal persistence of lactobacillus plantarum and lactococcus lactis in living mice. Applied and Environmental Microbiology, 2013, 79: 1086-1094.

[370] Jathoul A P, Grounds H, Anderson J C, et al. A dual-color far-red to near-infrared firefly luciferin analogue designed for multiparametric bioluminescence imaging. Angewandte Chemie-International Edition, 2014, 53 (48): 13059-13063.

[371] Feng P, Zhang H, Deng Q, et al. Real-time bioluminescence imaging of nitroreductase in mouse model. Analytical Chemistry, 2016, 88 (11): 5610-5614.

[372] Aron A T, Heffern M C, Lonergan Z R, et al. *In vivo* bioluminescence imaging of labile iron accumulation in a murine model of Acinetobacter baumannii infection. Proceedings of the National Academy of Sciences of the United States of America, 2017, 114 (48): 12669-12674.

[373] Ke B, Ma L, Kang T, et al. *In vivo* bioluminescence imaging of cobalt accumulation in a mouse model. Analytical Chemistry, 2018, 90 (8): 4946-4950.

[374] Tian X, Liu X, Wang A, et al. Bioluminescence imaging of carbon monoxide in living cells and nude mice based on Pd^0-mediated tsuji-trost reaction. Analytical Chemistry, 2018, 90 (9): 5951-5958.

[375] Zhang M, Wang L, Zhao Y, et al. Using bioluminescence turn-on to detect cysteine *in vitro* and *in vivo*. Analytical Chemistry, 2018, 90 (8): 4951-4954.

[376] Yuan Y, Liang G. A biocompatible, highly efficient click reaction and its applications. Organic & Biomolecular Chemistry, 2014, 12 (6): 865-871.

[377] van de Bittner G C, Bertozzi C R, Chang C J. Strategy for dual-analyte luciferin imaging: in vivo bioluminescence detection of hydrogen peroxide and caspase activity in a murine model of acute inflammation. Journal of the American Chemical Society, 2013, 135 (5): 1783-1795.

[378] Fu Q, Duan X, Yan S, et al. Bioluminescence imaging of caspase-3 activity in mouse liver. Apoptosis, 2013, 18 (8): 998-1007.

[379] Mccutcheon D C, Paley M A, Steinhardt R C, et al. Expedient synthesis of electronically modified luciferins for bioluminescence imaging. Journal of the American Chemical Society, 2012, 134 (18): 7604-7607.

[380] Sun Y Q, Liu J, Wang P, et al. D-luciferin analogues: a multicolor toolbox for bioluminescence imaging. Angewandte Chemie-International Edition, 2012, 51 (34): 8428-8430.

[381] Mezzanotte L, van't Root M, Karatas H, et al. *In vivo* molecular bioluminescence imaging: new tools and applications. Trends in Biotechnology, 2017, 35 (7): 640-652.

[382] Adams S T Jr, Miller S C. Beyond D-luciferin: expanding the scope of bioluminescence imaging *in vivo*. Current Opinion in Chemical Biology, 2014, 21: 112-120.

[383] Wu W, Su J, Tang C, et al. cybLuc: an effective aminoluciferin derivative for deep bioluminescence imaging. Analytical Chemistry, 2017, 89 (9): 4808-4816.

[384] Evans M S，Chaurette J P，Adams S T，et al. A synthetic luciferin improves bioluminescence imaging in live mice. Nature Methods，2014，11（4）：393-395.

[385] Kuchimaru T，Iwano S，Kiyama M，et al. A luciferin analogue generating near-infrared bioluminescence achieves highly sensitive deep-tissue imaging. Nature Communications，2016，7：11856.

[386] Takakura H，Kojima R，Ozawa T，et al. Development of 5'-and 7'-substituted luciferin analogues as acid-tolerant substrates of firefly luciferase. ChemBioChem，2012，13（10）：1424-1427.

[387] Steinhardt R C，O'Neill J M，Rathbun C M，et al. Design and synthesis of an alkynyl luciferin analogue for bioluminescence imaging. Chemistry-A European Journal，2016，22（11）：3671-3675.

[388] Mofford D M，Adams S T，Reddy G S，et al. Luciferin amides enable *in vivo* bioluminescence detection of endogenous fatty acid amide hydrolase activity. Journal of the American Chemical Society，2015，137（27）：8684-8687.

[389] Yuan Y，Wang F，Tang W，et al. Intracellular self-assembly of cyclic D-luciferin nanoparticles for persistent bioluminescence imaging of fatty acid amide hydrolase. ACS Nano，2016，10（7）：7147-7153.

[390] Lohse M J，Nuber S，Hoffmann C. Fluorescence/bioluminescence resonance energy transfer techniques to study G-protein-coupled receptor activation and signaling. Pharmacological Reviews，2012，64（2）：299-336.

[391] Dragulescu-Andrasi A，Chan C T，De A，et al. Bioluminescence resonance energy transfer（BRET）imaging of protein-protein interactions within deep tissues of living subjects. Proceedings of the National Academy of Sciences of the United States of America，2011，108（29）：12060-12065.

[392] Xiong L，Shuhendler A J，Rao J. Self-luminescing BRET-FRET near-infrared dots for in vivo lymph-node mapping and tumour imaging. Nature Communications，2012，3：1193.

[393] Chu J，Oh Y，Sens A，et al. A bright cyan-excitable orange fluorescent protein facilitates dual-emission microscopy and enhances bioluminescence imaging *in vivo*. Nature Biotechnology，2016，34（7）：760-767.

[394] Yeh H W，Karmach O，Ji A，et al. Red-shifted luciferase-luciferin pairs for enhanced bioluminescence imaging. Nature Methods，2017，14（10）：971-974.

[395] Yuan H，Chong H，Wang B，et al. Chemical molecule-induced light-activated system for anticancer and antifungal activities. Journal of the American Chemical Society，2012，134（32）：13184-13187.

[396] Lécuyer T，Teston E，Ramirez-Garcia G，et al. Chemically engineered persistent luminescence nanoprobes for bioimaging. Theranostics，2016，6（13）：2488-2524.

[397] Liu J，Lécuyer T，Seguin J，et al. Imaging and therapeutic applications of persistent luminescence nanomaterials. Advanced Drug Delivery Reviews，2019，138：193-210.

第2章

芯片表面传感技术在生化
分析中的应用

　　基于表面增强拉曼散射（surface-enhanced raman scattering，SERS）、表面等离子体共振（surface plasmon resonance，SPR）、石英晶体微天平（quartz crystal microbalance，QCM）等技术构建的新型芯片表面传感分析技术，具有实时、原位、免标记等优点，已被广泛应用于环境监测、食品安全、药物筛选、生物检测等领域的研究。但传统的直接检测方法很难灵敏地检测样品中的小分子或痕量物质，限制了其在超灵敏检测中的应用。各种信号放大策略被应用于 SERS、SPR、QCM 检测技术，如各种功能化纳米材料放大、核酸放大、酶催化放大、金属离子还原、原位结晶放大等策略。其中，生物功能化纳米材料以其信号放大效率高、可修饰性强、易操控等特点而被广泛应用于构建芯片传感器的信号放大，大大提高了检测灵敏度，并展示出生物功能化纳米材料重要的应用价值。在此，本章综合介绍 SERS、SPR、QCM 三种芯片表面传感技术在肿瘤标志物检测中的应用，以及为提高检测灵敏度开发的各种信号放大方法，并对该领域今后的发展方向以及面临的挑战进行讨论。

2.1 　生物功能化纳米材料在表面增强拉曼散射分析中的应用

　　表面增强拉曼散射（SERS），是在纳米结构的金属基底材料上表现出来的特殊表面增强光学现象。SERS 由于具有不需要超真空条件，以非破坏性的光子为探针等优点成为一种重要的表面分析方法。SERS 在表面科学、生物科学、分析化学、材料科学等领域有广泛的应用，且取得了众多的研究成果。纳米材料具有优越的生物相容性、独特的物化性质及表面易于生物功能化等特点。纳米材料（如贵金属纳米材料、石墨烯、复合纳米材料等）进行生物功能化修饰后，可用于构建具有特殊性能的生物传感器，实现对生物分子的高特异性、高灵敏检测。生物功能化纳米材料已广泛应用于生物检测、传感和成像等诸多领域。因此，将 SERS 与生物功能化的纳米材料相结合，可以实现对肿瘤标志物的高灵敏识别、检测与成像分析，具有重要的科学意义和临床价值。

2.1.1　表面增强拉曼散射简介

C. V. Raman 在 1928 年发现拉曼光谱以后，随着高相干激光源和探测微弱信号技术的出现，拉曼的机理研究也得到充分的发展。最终，拉曼光谱作为一种定性定量分析物质结构和浓度的方法，广泛应用于各个领域[1]。

1. 拉曼光谱的原理

当一束光照射到介质上时，一部分光透过介质，一部分光被介质吸收，剩下的一部分发生散射。光通过介质时，由于入射光（hv_L）与分子或原子运动相互作用而引起部分能量转移，会发生能量变化的散射。其原理如图 2.1（a）所示，在能量转移过程中，若光子的部分能量传给分子而使散射光子的能量降低，这对应于频率减小的拉曼散射斯托克斯（Stokes，hv_s）线，反之，分子能量传给光子而使光子能量增加，这对应于频率增加的拉曼散射的反斯托克斯（anti-Stokes，hv_{as}）线，统称为拉曼散射效应[2]。通常情况下拉曼光谱是选择斯托克斯散射部分，如图 2.1（b）所示，该光谱的三大要素为峰位（频率）、强度和波形（半高宽），峰位是指谱图上峰的位置，代表原子之间的振动对入射频率的改变，单位为 cm^{-1}（波数）；强度指的是峰的高度，代表的是 CCD 接受的光量子数，一般说接受的光量子数越多，则强度越高；波形是指峰的半高宽（FWHM），代表的是寿命的长短。由于每个分子各自产生的光谱谱带数目的多少、谱带强度、位移大小以及形状都与分子的振动与转动有直接关系，所以拉曼光谱属于分子的振动与转动光谱，简称分子光谱。峰位、强度和波形可以反映有关分子的结构、构象以及分子间相互作用等多方面的信息[3]。由于拉曼光谱能给出表面分子的结构信息，又有很高的灵敏度，能够检测吸附金属表面的单分子层和亚单分子层的分子，SERS 已经发展成为一种重要表面分析手段，对基础和应用研究产生了深远影响。

2. SERS 的增强机理

为了解释 SERS 效应的增强机理，人们开展了大量的研究工作，建立了许多不同的理论模型，主要分为两大类：电磁场增强机理（EM）和化学增强机理（CT）。如图 2.2 所示，电磁场增强机理认为当粗糙化的金属基体表面受到光照射时，金属表面的等离子体能被激发后与光波的电场耦合并发生共振，使金属表面的电场

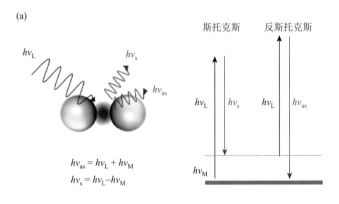

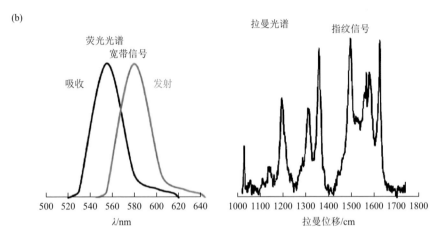

图 **2.1** 拉曼散射的原理[2]

（a）斯托克斯位移和反斯托克斯位移；（b）典型的荧光光谱和拉曼光谱

增强，产生增强的拉曼散射[4]。化学增强机理则认为分子与金属的成键作用或形成络合物导致非共振增强，或者激发光对分子-金属体系的光诱导电荷转移的类共振增强，SERS 效应的强弱与分子极化率的变化有关[5]。

电磁增强是最常见的增强机理，在贵金属纳米结构的间隙小于 2 nm 的时候，能够产生很大的电磁增强效应。当探针分子靠近纳米尺度的贵金属纳米结构时（间隙达到 10 nm 以下），探针分子的拉曼强度能够增强 6～10 个数量级，其原因在于拉曼散射的强度正比于局域电磁场强度的平方[6]。等离子体共振频率和纳米颗粒的物理性质高度相关，当粒子的共振波长（λ_{SP}）介于激发波长（λ_{exc}）和拉曼信号波长（λ_{RS}）之间时可以实现更高的表面增强效果，理论计算和实验验证表明当 $\lambda_{SP} = 1/2$（$\lambda_{exc+}\lambda_{RS}$）时可以获得最高的增强因子。此外，影响增强因子大小的因素还包括：信号分子与基底的距离、基底种类（胶体或固相）和团聚状态等[7]。基于以上原理，研究人员设计表面增强拉曼传感的主要思路是将功能化纳米材料与

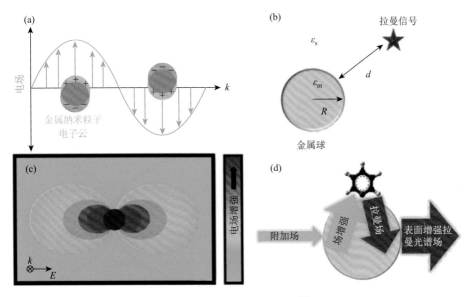

图 2.2　SERS 的增强机制[4]

（a）电子云共振示意图，对于粒径小于光波长的粒子来讲向电场分布的反方向运动；
（b）参数定义；（c）光激发下的粒子偶极子；（d）电磁增强机制

表面增强拉曼技术结合，利用纳米材料构建等离子体共振系统，通过调节纳米材料的粒径、形貌或分布来获取更好的增强效果[8]，实现靶标的高灵敏检测。

3. SERS 的发展和应用

1973 年，科学家在粗糙的银电极上检测吡啶时首次观察到表面增强拉曼现象，随后得到正确的机理解释，表面增强拉曼信号强度也被提高到与正常荧光检测信号相当的程度，自此表面增强拉曼技术在分析测试中具有了实际意义[9, 10]。作为一种原位实时检测技术，拉曼散射技术中样本处理简单，适用于生物样品的研究。但拉曼散射的散射截面极小，效率极低，因此常规拉曼检测在应用上往往受到很大的限制。在随后的二十年里，随着拉曼仪器的改进，表面增强拉曼信号得到进一步提高。现在，SERS 已经成为了一种常见的高灵敏分析手段，被广泛应用于化学、物理、材料、生命科学等领域[11-13]。

肿瘤标志物的检测及原位成像已经成为生化分析领域关注的热点。灵敏、准确、直观地获取肿瘤标志物信息，对肿瘤的产生、发展和治疗效果进行动态实时跟踪，为临床诊断提供依据，具有重要的临床意义[14-16]。SERS 技术具有灵敏度高、对样品没有损坏等优点，并且可以提供分子的指纹图谱，对精细结构实现更有效的区分[17-19]，在分子识别领域具有独特的优势。此外，纯水的拉曼信号非常小，几乎没有背景信号，因此 SERS 技术非常适合水相生物样品的分析[20-22]。基

于这些优点，将 SERS 技术与生物功能化的纳米材料相结合，可以在肿瘤标志物
检测领域获得广泛的应用[23-26]。

2.1.2　表面增强拉曼传感器检测策略

拉曼信号分子和基底的距离与 SERS 信号强度密切相关。如果把信号分子和
纳米材料简化为一个震荡偶极子模型，定义分子中心与纳米材料中心的距离为
R，可以计算出 SERS 信号强度与 R 之间有 R^{-12} 的相关性。所以通过改变信号分
子与纳米材料的距离，即使仅有微小的改变，也可以引起 SERS 信号的显著变化
（图 2.3）[27]。

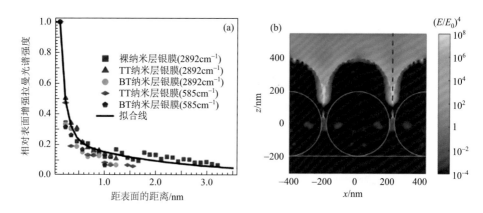

图 2.3　SERS 的距离相关性[27]

（a）SERS 特征峰 C—H（2892cm^{-1}）和 Al—CH$_3$（585cm^{-1}）的距离函数；

（b）纳米层银膜（Ag FON）表面电场径向分布；TT：甲苯硫醇；BT：苯硫酚

1. 基于纳米粒子距离变化的 SERS 检测

通过设计适配体或发卡 DNA 等核酸分子有效地建立目标分子与距离的相关
性，可以实现对目标分子的高灵敏识别。早期的 SERS 生物传感界面通过目标物
加入并反应后，使信号分子在处于基底表面和远离基底表面这两种状态之间切换，
从而实现信号"打开-关闭"的转化。随着核酸反应策略的蓬勃发展，SERS 检测
策略得到很好的发展，分子的识别过程可以发生在距离纳米颗粒表面仅几纳米的
范围内[28]。利用适配体或发卡 DNA 等核酸分子调整目标分子与基底的距离，从
而完成对目标分子的高灵敏识别[29]。例如发卡 DNA，可以在目标分子加入后引起
发卡的打开或关闭，从而使修饰在 DNA 链末端的拉曼分子的信号产生变化。此
外，Y 型 DNA、四面体 DNA 等，会随着目标分子的出现而产生构象变化，从而
引起 SERS 信号的变化[30, 31]。

Graham 小组设计了一系列标记拉曼分子的基因探针用于癌症基因检测[32, 33]。

其原理如图 2.4 所示，将拉曼活性物分子修饰在特定序列的 DNA 上构建信号探针[33]。信号探针单链 DNA 的碱基能够与银纳米粒子通过静电引力作用吸附，拉曼活性分子的 SERS 信号强度很高。当检测探针与靶 DNA 链杂交后，得到的双链 DNA 无法吸附在银纳米粒子表面，SERS 强度将大大降低。这种信号的变化在一定范围内和靶 DNA 的浓度有线性相关的关系，因此可以用来构建 DNA 传感器。目前，距离变化引起信号改变是设计 SERS 传感器的首选方法，此外，如何让信号更稳定、更均一以及如何让检测深入细胞或活体内部都是现在研究要解决的问题。目标物分子的构象和尺寸变化会影响距离型检测策略的检测效果，所以针对不同肿瘤标志物的检测策略不具有普适性，往往需要对核酸探针进行一定的优化。

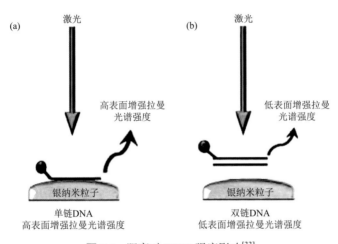

图 2.4　距离对 SERS 强度影响[33]

（a）单链 DNA 被强吸附到银纳米粒子表面产生较高的 SERS 强度；
（b）双链 DNA 离纳米颗粒更远表面产生低 SERS 强度

　　SERS 信号的强度取决于信号分子附近的等离子体共振场强度，而纳米颗粒在团聚后产生的等离子体共振作用较单个纳米颗粒显著增强。研究发现，当拉曼分子处于多个共振场叠加状态时，其增强效果呈现指数级增长。因此，当目标分子引发纳米颗粒团聚会产生极强的 SERS 信号，可实现对目标分子的高灵敏检测，这一现象被广泛应用于生化分析中[34-36]。例如，Morla-Folch 课题组[37]在纳米粒子表面修饰单链 DNA，当加入互补链发生杂交反应后，会引发纳米颗粒团聚，达到增强 SERS 信号的效果。除了 DNA 互补引起团聚，通过目标物的引入导致体系的 pH、离子强度等因素的变化也可以引起纳米颗粒团聚，可被用于生物分子的传感分析中。距离增加型 SERS 传感器通过增加信号分子与基底距离来降低 SERS 信号强度，团聚反应是通过缩短纳米颗粒之间的距离增强 SERS 信号强度，无论基于何种原理，其本质都是改变信号分子所处的等离子体增强场[38,39]，使每个目标分子的 SERS 信号强度产生强烈的改变,这是 SERS 传感器的理论基础。Duan 课题组报道了一种新的开关 SERS 传感器,如图 2.5 所示,利用在 Cd^{2+}-选择性纳米粒子自聚集过程中产生的粒子间等离子体耦合,对 Cd^{2+} 进行敏感和选择性检测[40]。SERS 活性纳米颗粒由金纳米粒子组成,可以在单个粒子状态时保持光谱静默,Cd^{2+} 的添加会导致颗粒间自聚集,并实现了 90 倍的 SERS 信号增强。该传感器对 Cd^{2+} 具有高的选择性,常见的金属离子无法诱导粒子间的自聚集和 SERS 信号开启。

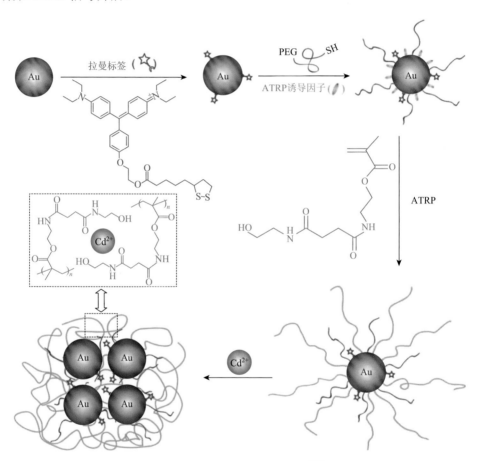

图 2.5　团聚型 SERS 检测模型[40]

ATRP:1-(邻苯二甲酰亚氨基甲基)2-溴丁酸酯

2. 基于信号放大策略的 SERS 检测

核酸放大策略可以在短时间内将靶分子扩增数百万倍以提高检测灵敏度,因此将核酸放大策略和 SERS 技术结合,可以实现对核酸、蛋白质、酶等靶标高效灵敏检测。常见的核酸放大技术包括滚环放大技术、外酶切循环技术、DNA 酶放大技术等[41-44]。滚环放大扩增（rolling-circle amplification，RCA）是一种简单高效的核酸放大技术，通过滚环复制可以产生大量的目标序列。在 DNA 聚合酶作用下，引物会沿环形模板进行复制生成一条长的单链 DNA，其序列是与环形模板链互补的重复序列。线性 RCA 可以产生约 1000 倍放大，如果有共反应的 DNA 或蛋白，放大倍数还可以进一步提高[45]。RCA 策略可以与 SERS 检测相结合获得极高的检测灵敏度，如图 2.6 所示，Hu 课题组在金电极上修饰了捕获探针，可以与目标 DNA 互补配对后以三明治结构再捕获引物链，随后引物链在聚合酶作用下引发 RCA 复制获得重复序列的 DNA 长链，达到增强 SERS 信号的效果，提高检测灵敏度[46]。

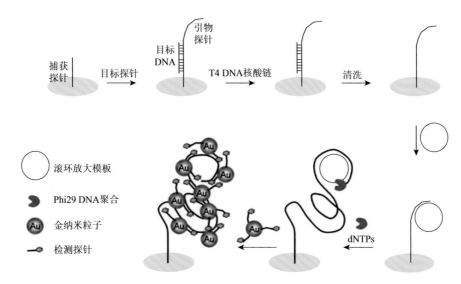

图 2.6　聚合酶辅助 RCA 放大策略用于 DNA 检测[46]

Li 课题组设计了具有三明治结构的拉曼探针[47]，内核是纳米金颗粒，拉曼信号分子处于中间层，外壳包裹二氧化硅。在磁珠表面修饰凝血酶适配体，当靶标存在时，释放适配体链，留下的互补链引发 RCA 复制，生成长链可结合大量的 SERS 探针，凝血酶检测限低至 fmol/L 数量级。Yuan 课题组设计了一种特殊的循环，命名为 P-ERCA。如图 2.7 所示，使用 mi-155 引发 RCA 获得一条长链，在剪切酶辅助下被剪切为两个短链，其中一条短链引发新的滚环反应获得更多的 tDNA，而该产物链可以与拉曼信号分子标记的发卡 DNA 结合，从而获得 SERS 信号，实现对 miRNA 的高灵敏检测[48]。

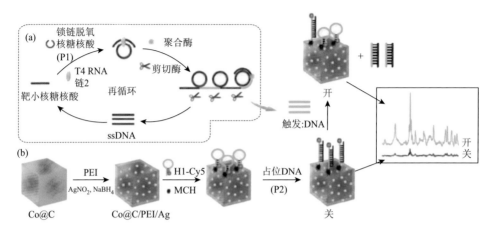

图 2.7　P-ERCA 策略用于 miRNA 检测[48]

　　限制性内切酶可以识别特定序列并完成对 DNA 的切割，具有高度的特异性。由于内切酶的切割作用是针对互补双链中的一条单链，通过合理设计可以形成链取代循环产生大量目标序列[49, 50]。例如，Li 课题组结合了两种放大策略，在限制性内切酶存在的情况下，引发链可以进入两个耦合的循环中，从而产生更多的目标链[51]。核酸外切酶Ⅲ（Exo Ⅲ）是一种应用广泛的核酸酶，它可以将具有 3′平末端或者 3′凹陷末端的 DNA 中的单链沿 3′到 5′方向逐步水解，而对单链 DNA 或具有 3′突出末端的双链 DNA 没有催化活性。图 2.8 展示了一种基于核酸外切酶Ⅲ辅助循环放大策略，结合 SERS 检测 DNA，靶 DNA 与茎环 DNA 杂交形成双链，被核酸外切酶Ⅲ酶解后，释放靶标分子继续参与循环，可实现对目标 DNA 的灵敏检测[52]。

　　DNA 酶是近些年发展起来的一项具有广阔前景的分子工具，它的催化活性可以特异性地被辅因子激活，这一性能让 DNA 酶同时具有分子识别和信号放大两种功能。把 DNA 酶与纳米材料结合用于 SERS 检测，可以巧妙地利用这一现象获得高灵敏的检测结果[53, 54]。如图 2.9 所示，Gao 课题组设计了一种 DNA 酶辅助的循环，凝血酶与发卡 DNA 结合之后形成的 DNA 酶可以被锌离子激活切割，残留部分可以引发 RCA 循环，循环产物可以与拉曼信号分子标记的银纳米颗粒结合，增强 SERS 信号以实现高灵敏的凝血酶检测[55]。

2.1.3　贵金属纳米材料在 SERS 传感器中的应用

1. 金纳米材料在 SERS 传感器中的应用

　　纳米金是最常用的 SERS 增强材料，因为其合成过程简单、比表面积大、尺寸均一以及性质稳定。更难得的是纳米金有很宽的荧光猝灭区间，使 SERS 信

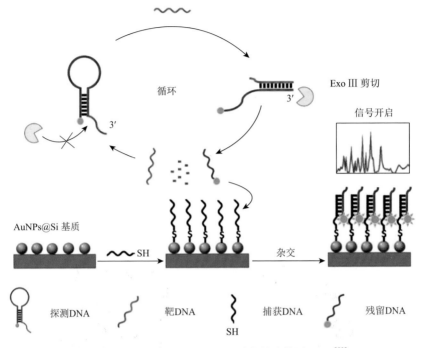

图 2.8　核酸外切酶Ⅲ辅助循环放大策略检测 DNA[53]

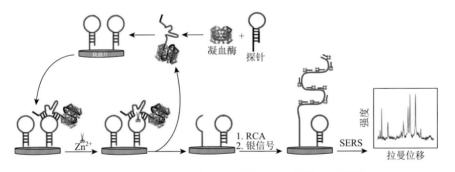

图 2.9　DNA 酶辅助的 RCA 过程 SERS 检测示意图[55]

号分子在纳米金表面不容易产生荧光干扰。而随着纳米材料合成技术的发展，通过调控浓度、pH 值、温度等反应条件，可获得各种形状的金属纳米粒子胶体溶液，包括纳米星、纳米片、纳米棱柱及各类复合金属纳米粒子等[56-58]。如图 2.10 所示，人们发现了很多特殊形貌的纳米金具有更强的 SERS 效果[59]，Kundu 课题组通过调节合成参数获得不同尺寸和形貌的纳米金材料，发现 SERS 信号强度从纳米球、纳米棒、纳米线到纳米棱镜逐渐升高，证明形貌和尺寸效应对于纳米金材料有较大影响[60]。Yao 课题组使用链霉亲和素修饰纳米金，然后用修饰了生物素的引物链引发 RCA 循环，生成的长链可以大量结合纳米金，获得低至 10 zeptomolar 的检测限[61]。此外，通过在 PMMA 薄膜自组装修饰的纳米金以及在便携纸基底上纸纤维碳化合成的三维纳米金，实现了对肿瘤标志物的高灵敏检测[62, 63]。

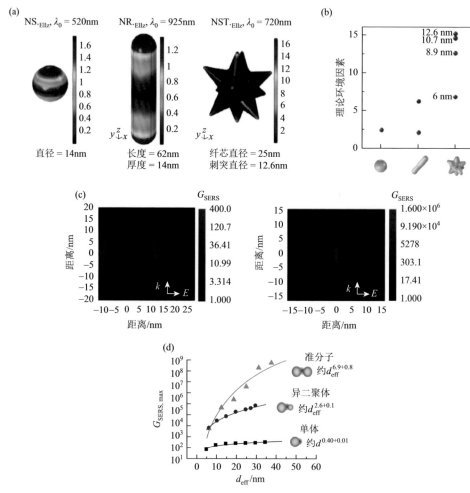

图 2.10　几种不同形貌的纳米金颗粒的 SERS 强度示意图[59]

NS.Ellz: 纳米局部场；NR.Ellz: 纳米棒局部场；NST.Ellz: 纳米星局部场

　　Chang 课题组利用金纳米粒子 AuNPs 与适配体（Apt）和 4-巯基苯甲酸（MBA）结合作为识别探针[64]（图 2.11）。Apt/MBA-Au NPs 通过 Apt 与血小板衍生因子（PDGF）的特定作用结合血小板衍生生长因子，得到的复合物与 Au 纳米管（Au PNNs）形成聚集体，从而增强了 4-MBA 的拉曼信号。该方法可检测低至 0.5 pmol/L 的 PDGF，且 4-MBA 拉曼信号与 PDGF 的浓度线性关系范围超过 1~50 pmol/L。该方法具有灵敏度高和重现性好的优点，可以进一步应用于尿样中 PDGF 浓度的测定，显示出其在生物样品中对靶蛋白进行超灵敏分析的巨大潜力。

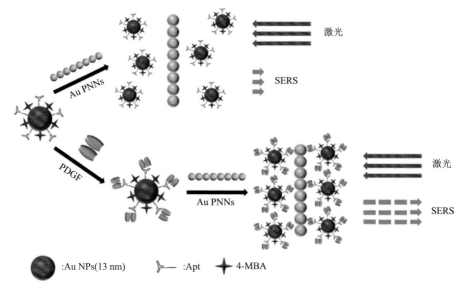

图 2.11　基于金纳米粒子的 SERS 传感器用于 PDGFs 检测[64]

Au PNNs：金纳米管；PDGF：血小板衍生因子；Au NPs：金纳米粒子；Apt：适配体；4-MBA：4-巯基苯甲酸

2. 银纳米材料在 SERS 传感器中的应用

相比于其他纳米颗粒，纳米银具有更窄的共振频带以及独特的物理化学性质，有利于产生更强的 SERS 信号，实现更好的检测效果[65, 66]。目前，基于银纳米粒子构建的 SERS 传感器广泛应用在重金属检测、细菌检测、肿瘤标志物检测中。例如，Chen 课题组利用纳米银与精胺的 Ag—N 键作用诱发纳米银颗粒的团聚，产生强 SERS 信号。Hg^{2+} 的存在可以降低团聚作用，从而降低 SERS 信号，实现了针对 Hg^{2+} 的特异性检测[67]。Zhou 课题组使用纳米银检测饮用水中的细菌数量。他们发现细胞壁的 zeta 电位可以显著影响纳米银的 SERS 信号强度，从而实现高灵敏的细菌检出，而不需要对细菌进行标记或识别[68]。Wang 课题组合成了一种特殊形貌的纳米银，增强了尺寸效应，产生了极高的 SERS 增强效果[69]。Shaikh 课题组在玻璃基底上大规模合成了不同尺寸的纳米银颗粒，获得了对 R6G 的 SERS 信号的最高增强效果，并研究了合成条件对 SERS 信号的影响[70]。呼吸病毒的快速和早期诊断是防止疾病传播和指导治疗的关键[71]。如图 2.12 所示，Wang 课题组开发了一个灵敏并可以定量的免疫试纸条[72]。通过使用 Fe_3O_4@Ag 纳米颗粒作为磁性 SERS 纳米标签用于同时检测甲型 H1N1 流感病毒和人腺病毒

（HAdV）。新型 Fe$_3$O$_4$@Ag 磁性标签与双层拉曼染料分子和目标病毒捕获抗体结合后，溶液中目标病毒被特异性识别和磁富集。基于此策略，磁性 SERS 试纸条可直接用于检测真实的生物样品，无需任何样品预处理步骤。H1N1 和 HAdV 的检出限分别为 50pfu/mL 和 10pfu/mL，比标准胶体金试纸法灵敏度高 2000 倍。而且该试纸条易于操作，快速，稳定，并且可以实现高通量检测，对于及早发现病毒感染是一种潜在的检测工具。

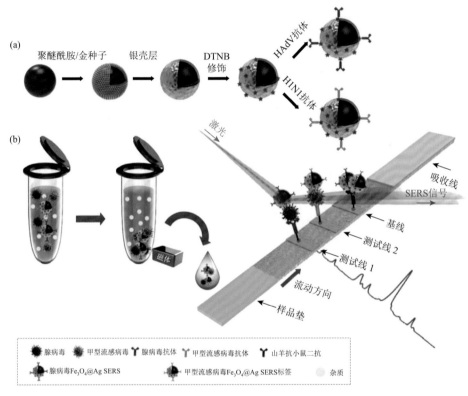

图 2.12　Fe$_3$O$_4$@Ag 用于构建检测两种呼吸道病毒的 SERS 试纸条[72]

　　Jelinek 课题组制备了独特的 SERS 活性柔性薄膜（图 2.13），由聚二甲基硅氧烷（PDMS）嵌入碳点（C-dots），并包覆银纳米粒子（Ag NPs）而制成[73]。聚合物相关的银纳米颗粒和碳点密切影响彼此的物理性质。研究发现，SERS 的灵敏度与聚合物薄膜中碳点形成以及碳点和银纳米粒子之间的物理接近度有关，表明银纳米粒子的等离子体场与碳点激子之间的耦合构成了影响 SERS 性质的一个突出因素。该 SERS 活性柔性薄膜可被用于 SERS 传感器的开发并用于多样靶标分子的检测。

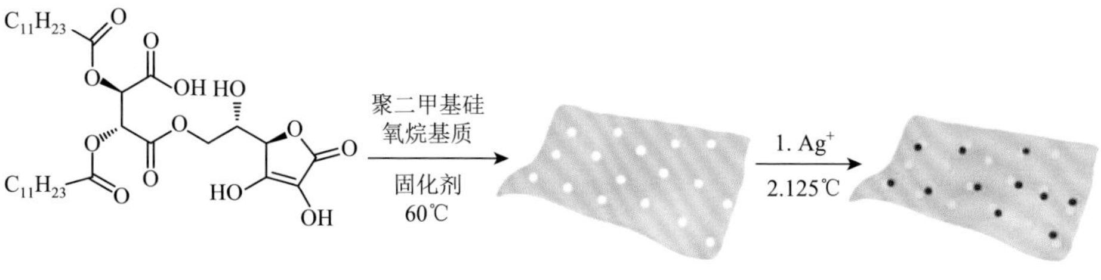

图 2.13　C-dot-Ag-NP-PDMS 膜的合成方案[73]

2.1.4　复合纳米材料在 SERS 传感器中的应用

1. 贵金属复合纳米材料在 SERS 传感器中的应用

研究发现，不同的纳米材料由于有其独特的物理化学性能，如催化、成键作用等，以复合纳米材料为 SERS 增强基底可以将不同材料的化学性能融合在一起，实现更巧妙的检测[74]。例如，纳米金和纳米银合成的贵金属复合纳米材料是 SERS 技术中最常见的一种材料。在单个银纳米线水平上构建铂-银复合纳米材料可以获得更高的可控性和催化活性，对 SERS 信号强度也有很大改善[75]。Xie 课题组设计了金-铂-金三层球状结构，用于铂催化反应的 SERS 检测中[76]。Lu 课题组设计了金-铂的核壳结构，也可以把铂的催化活性与金的 SERS 效应很好地结合[77]。早期癌症生物标志物的鉴定和检测是癌症治疗的重要问题。然而，传感器检测的灵敏性和特异性依然有待提高[78]。如图 2.14 所示，Zhao 课题组制备了一种新型的等离子体核壳纳米结构（Au@Ag@SiO$_2$-AuNP），由具有银涂层核的金纳米球（Au@Ag）、超薄连续二氧化硅（SiO$_2$）壳层和金纳米球（Au NP）组成[79]。Au@Ag 核是一个 SERS 平台，薄的 SiO$_2$ 层在 Au@Ag 核与 Au NP 之间表现出远距离等离子体耦合，从而进一步增强拉曼散射。同时，外层 Au NP 具有很高的生物相容性和长期的稳定性。为了特异性检测甲胎蛋白（AFP），利用经 AFP 抗体修饰的 SERS 活性壳纳米结构作为免疫探针。为了提高检测性能，进一步系统地优化了参数，包括 Au@Ag 核的银涂层厚度以及卫星 Au NPs 的密度和大小。在优化的条件下，基于 SERS 的夹心免疫分析法检测限可以低至 0.3 fg/mL，进一步提高早期肿瘤标志物的高灵敏检测水平。

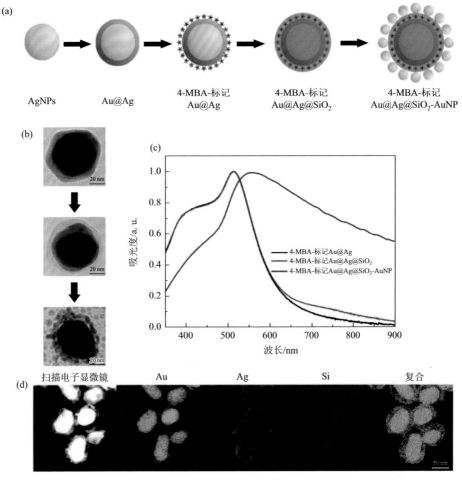

图 2.14 MBA 标记的 Au@Ag@SiO$_2$-Au NP 纳米材料用于 SERS 检测[79]

2. 半导体材料在 SERS 传感器中的应用

纳米硅作为半导体纳米材料，相比于其他金属纳米材料有更高的稳定性和可控性，因此在 SERS 检测中可以带来更好的均一性而有利于定量检测。首先，纳米硅可以作为基底材料，用于负载其他等离子体共振纳米颗粒，如纳米金、纳米银等。硅材料作为基底控制纳米金负载，形成针尖增强拉曼效应，可以有更大的增强因子[80]。例如，Rouhbakhs 课题组合成了硅纳米线，具有良好的 SERS 性能，而硅纳米线负载纳米银之后信号得到了极大的提高[81]。Zhong 课题组合成的多孔硅晶体负载了纳米银颗粒，有效提高了纳米银的负载量，对苦味酸（PA）和罗丹明 6G（R6G）实现了更灵敏的检测[82]。Wang 等在单个硅纳米线上可控负载纳米银，实现了单分子水平的检测[83]。如图 2.15 所示，Zhang 课题组利用介孔硅作为纳米载体和放大器制备了介孔硅-表面增强拉曼探针（MSN-SERS），并用于 DNA 甲基化酶的高灵敏度、高选择性检测[84]。在介孔硅中负载 DNA 后用 DNA 1/2 作为生物门封孔，发夹 DNA 经 Dam 甲基化酶甲基化后，被 DpnⅠ酶剪切，释放触发 DNA，触发 DNA 与生物门 DNA 1/2 两端杂交，提供 Nb.BbvCI 剪切位点，DNA 1/2 被剪切后打开介孔释放负载 DNA。同时触发 DNA 被释放，循环打开更多生物门释放的负载 DNA 连接 SERS 探针和磁珠，经磁分离后检测 SERS 信号，该传感器可实现 DNA 甲基化酶检测限低至 0.02 U/mL。

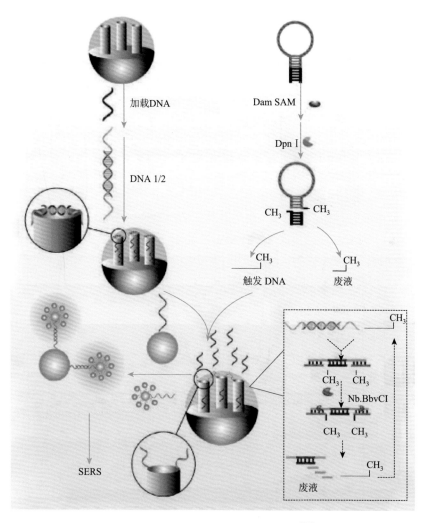

图 2.15　基于介孔硅的拉曼检测模型[84]

Zhang 课题组利用超薄 HfO_2 壳覆盖 Ag 纳米棒（Ag NRs@HfO_2）得到了通用

且易于回收的表面增强拉曼散射（SERS）基底[85]。该基底具有非凡的热稳定性和 SERS 活性，可以用作制备重复使用且成本低的 SERS 检测器（图 2.16）。在 SERS 检测之后，通过在几秒内对基底进行热处理来实现 Ag NRs @ HfO₂ 的重复利用。

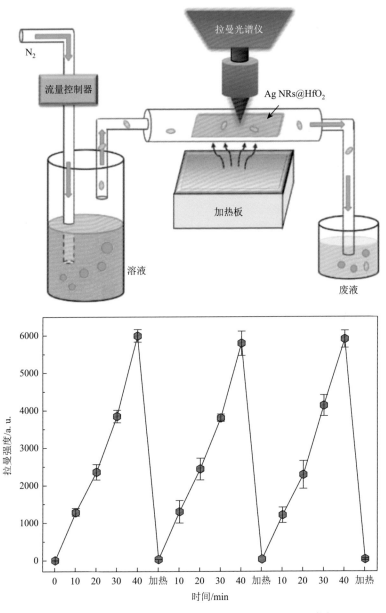

图 2.16　基于 Ag NRs@HfO₂ 的可回收 SERS 传感器[85]

该程序通过加热释放吸附分子，为下一步的检测提供了崭新的基底。Ag NRs@

HfO_2 基底在多次"检测-加热"循环实验中保持了良好的 SERS 效率，从而证实该材料的稳定性和可回收性。此外，为了验证 Ag NRs@HfO_2 在液相中检测的可能性，对超低浓度气相样品进行了实时监测并得到理想结果。该可再生 SERS 传感器，具有高灵敏度、稳定性、成本效益和易于操作的优点，可以用于液态和气态分析物检测，在环境、工业和国土安全检测领域都有一定的应用价值。

2.1.5　展望

　　作为高灵敏检测的工具，SERS 技术在迅速发展，但基于 SERS 的功能化纳米材料应用仍面临着诸多挑战。首先是纳米颗粒的分布问题，无论是溶液相还是固定在界面上，纳米颗粒的分布会受到诸多因素的影响而导致不均一，这会影响拉曼信号的分布，不利于定量检测。此外，拉曼检测往往涉及纳米颗粒的距离变化，在检测过程中使纳米颗粒保持均匀分布是更大的难题，多聚体和核酸框架结构有潜力为拉曼检测提供一些新思路。其次是荧光信号对 SERS 的干扰，这一点对于目前常用的几种拉曼信号分子如 CY5、R6G 等来讲是普遍存在的，纳米颗粒能否猝灭荧光背景对于检测效果至关重要，而对拉曼信号分子的探索目前并没有像拉曼传感器一样快速发展，商品化的信号分子仍然停留在非常有限的几种，SERS 检测需要大量性能更好的拉曼信号分子。再次，拉曼仪器限制了 SERS 检测的应用环境，目前虽然已经有手持式拉曼等仪器被报道，但主流的拉曼检测仍然限定于实验室的大型设备，采样和检测之间存在时空差异，而拉曼检测的成本也是需要重点考虑的因素。即时检测技术强调在采样现场完成样品收集和初步分析，并对有后续检测价值的样本进行保留，这一理念有望对 SERS 分析带来新的发展方向。最后，纳米材料的生物相容性问题也是至关重要的，纳米材料的毒性问题已经引起了科研工作者的广泛关注，尤其是应用于活体检测和成像的纳米材料。在肿瘤标志物检测和成像分析中，深入细胞和组织的原位分析更具有临床意义，这就要求纳米材料具有极佳的生物相容性，才不至于对实验动物和潜在的临床对象产生毒害作用。对纳米材料毒性的考察是一项庞大而重要的工程，只有在充分验证了安全性的基础上才能真正将纳米材料的 SERS 检测推向实际应用中，并且考察范围不应局限于短期急性毒性，长期的、慢性的、隐性的毒性都应在考察范围内，尤其需要重点关注的是代谢毒性和遗传毒性，这两个问题在常规的科学研究中经常被忽略，但在临床领域具有很大的潜在风险。当前，纳米科技正处于前所未有的高速发展中，纳米材料也在逐渐从科研领域进入日常生活的各个领域中，并与每个人的生活息息相关。SERS 检测技术随着纳米科技的进步，也处于蓬勃发展阶段，必将在生物、化学、医疗和能源等领域发挥越来越大的作用。

2.2 生物功能化纳米材料在表面等离子体共振传感器信号放大检测中的应用

随着纳米技术的发展，越来越多的生物功能化纳米材料被应用到表面等离子体共振（SPR）传感器的信号放大检测中。表面等离子体共振生物传感分析技术具有实时、原位、免标记、高通量、高灵敏度、高特异性、低样品需求量以及方便、快速等优点，已被广泛应用于生物分子的相互作用研究。SPR 技术除了在生物学领域得到广泛的研究和应用之外，在早期临床诊断、药物筛选、环境监测、食品安全等领域也具有很好的应用前景。传统的 SPR 传感器无法灵敏地检测样品中的小分子或痕量物质，阻碍了其在超灵敏检测中的应用。目前已有多种信号放大策略被应用于 SPR 检测技术，如纳米材料放大、酶催化沉淀放大、核酸放大等。生物功能化纳米材料以其信号放大效率高、可修饰性强、易操控等特点而被广泛应用于构建 SPR 传感器，大大提高了 SPR 传感器的灵敏度。基于纳米材料放大 SPR 信号的传感检测技术极具应用价值，成为近几年研究的热点。本节重点阐述生物功能化纳米材料在SPR传感器的构建及其在信号放大检测中的应用以及相关的发展方向和面临的挑战。

2.2.1 表面等离子体共振传感器及其信号放大技术简介

SPR 传感器是一种基于界面的表面等离子体共振现象的光学传感器，能够在无标记的条件下，快速高效地实时动态监测生物分子的相互作用过程。自 20 世纪 90 年代首次推出以来，SPR 技术已成为检测生物大分子相互作用的特异性、亲和性及其相互作用的动力学过程的强有力工具之一，从根本上改变了生物分子识别科学，其检测范围包括蛋白-蛋白[86]、蛋白-DNA[87]、酶-底物[88]、酶-抑制剂[89]、药物-受体[90]、蛋白-糖[91]、蛋白-细胞[92]、蛋白-病毒[93]等。SPR 技术所涉及的研究领域包括免疫学、蛋白组学、核酸研究、生化分析和生物医学等[94]。目前，基于 SPR 技术的生物传感器已被广泛应用于科学研究[95]、食品检测[96]、临床诊断[97]、环境检测[98]、新药筛选[99]和国土安全[100]等领域。

SPR 传感器主要包括三部分：感受单元、能量转化单元和信号处理单元。SPR 传感器通过测量传感芯片表面折射率的变化来实时监测溶液中待测物和传感表面已修饰特异性识别分子的相互作用。通常，在进行相互作用检测时首先将捕获媒介（如抗体、酶、多肽、DNA 或者适配体等）固定在传感芯片表面，然后使待检测样品流过传感芯片表面，样品中的待测物结合到芯片表面引起传感芯片表面折射率的变化，从而被 SPR 传感器检测到。其检测原理是基于一种特殊的光学现象：

当入射光按某一角度照在金属与电介质的界面处时，一部分光能会激发金属表面的自由电子发生共振，称为表面等离子体激元。等离子体激元吸收入射光能量，使反射光强度急剧减弱，出现衰减全反射现象，在反射光谱上出现共振吸收峰（即反射强度最低值），这时的入射角称为 SPR 共振角。SPR 对传感芯片表面的介质折射率非常敏感，当表面介质折射率发生极细微的改变时（如生物大分子吸附或者配体/受体结合或者解离时），SPR 共振角会发生相应的变化，而这一变化又和结合在芯片表面的分子质量成正比，因此，SPR 传感技术可同时实现定性和定量检测分子之间相互作用的动力学和热力学参数。此外，等离子体激元会在其周围形成一个穿透深度为几百纳米的呈指数衰减的光波电场（渐逝场）。该渐逝场对周围介质的折射率变化非常灵敏。由于不同的物质折射率不同，待检测分子结合到芯片表面后引起渐逝场内的折射率变化，从而引起反射光强度的变化。因此，SPR 技术通过检测反射光强度或 SPR 共振角的变化来实时、动态、无标记地检测生物分子相互作用的结合和解离过程。生物学领域传统检测生物分子相互作用的方法是酶联免疫吸附测定（ELISA）法，这种检测方法需要荧光或者放射性元素标记、需要多步反应且数据的后处理较复杂，而且该检测方法灵敏度受分析物的自发荧光和各步反应孵育时间的影响。由两种方法比较可知 SPR 生物传感技术具有诸多优势，有望发展成为生物分析检测领域的主流检测手段。

SPR 传感器主要有两种类型：局域 SPR（LSPR）[101]和传播型 SPR（PSPR）（图 2.17）[102]。PSPR 通常是利用连续的金属薄膜与棱镜或光栅耦合，表面等离子能够沿着金属与电介质的界面传播几百微米的距离。而 LSPR 是在纳米金属材料表面产生的非传播性表面等离子，LSPR 受金属材料的尺寸、形状和组成影响。尽管 LSPR 具有较好的光谱学特性，但是其灵敏度比 PSPR 低很多。无论是 PSPR 传感器还是 LSPR 传感器均不能直接检测超低浓度待测物（低于 1 pmol/L）和低分子质量待测物（低于 8kDa）。

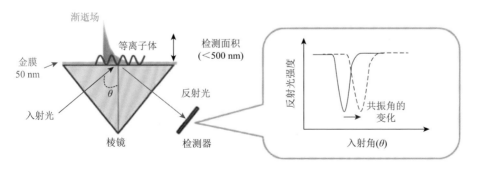

图 2.17 PSPR 检测原理图[102]

尽管 SPR 传感检测技术已被广泛应用于蛋白质、核酸和小分子等的检测，但在实际检测应用中，对于小分子而言，其与捕获媒介结合所引起的折射率的变化非常小，SPR 信号非常弱；同样，当待测物含量极低时，用传统 SPR 传感器直接进行检测，信号响应也较弱。传统的 SPR 传感器无法检测极小的折射率变化，对小分子物质以及待测样品中的痕量目标物（浓度范围 pmol～amol）的检测非常困难，阻碍了其在超灵敏检测中的应用。为了解决这一问题，多种多样的信号放大技术被应用于 SPR 检测，如酶催化沉淀放大、核酸放大、纳米材料放大等。

辣根过氧化物酶能够催化多种化合物形成沉淀，该性质可用于 SPR 信号的放大。Farka 等[103]利用酶催化沉淀的方法对 SPR 传感器的检测信号进行增强放大，对奶制品中的沙门氏菌进行检测。如图 2.18 所示，将特异性捕获抗体固定到 SPR 芯片表面直接检测沙门氏菌，其检测限为 10^4 CFU/mL，检测时间为 10 min。然而，如果利用辣根过氧化物酶标记的抗体结合到所捕获的细菌上，通过催化 4-氯-1-萘酚形成不溶的苯并-4-氯环己二烯酮沉淀，使 SPR 信号增强 40 倍，检测限低至 100 CFU/mL，而检测时间仅仅增加到 60 min。

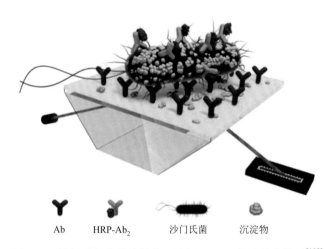

图 2.18　辣根过氧化物酶催化沉淀用于 SPR 信号放大检测[103]

Ab：抗体；HRP-Ab₂：辣根过氧化物酶标记的抗体

hemin/G-四联体是一种具有类辣根过氧化物酶（HRP）性质的 DNAzyme，能够催化苯胺聚合形成聚苯胺。聚苯胺具有较好的电学、电化学、氧化还原以及 SPR 信号增强特性。Li 等[104]利用类 HRP DNAzyme 在 SPR 芯片表面原位催化苯胺形成聚苯胺沉淀对 SPR 信号进行放大，检测博来霉素（BLM）的检测限达 0.35 pmol/L（图 2.19）。

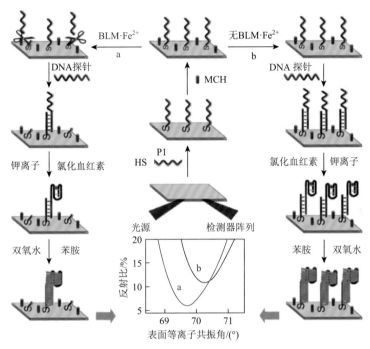

图 2.19　类 HRP DNAzyme 催化沉淀用于 SPR 信号放大检测[104]

BLM：博来霉素；MCH：巯基己醇；P1：巯基 DNA 探针

近几年，核酸放大技术被广泛应用于检测痕量分析物。核酸信号放大技术包括基于核酸酶和无核酸酶两种形式。基于核酸酶的信号放大技术包括：环介导等温扩增（LAMP）、滚环放大扩增（RCA）、链置换扩增（SDA）、指数扩增反应（EXPAR）、聚合酶链反应（PCR）、重叠延伸聚合酶链反应（GE-PER）和连接酶链反应（LCR）。无核酸酶的信号放大技术包括：杂交链式反应（HCR）、催化发夹组装（CHA）。核酸放大策略以其灵活性强、放大效率高、操作简单等优越性而被广泛应用于 SPR 技术的信号放大检测分析。例如，Li 等[105]报道了利用杂交链式反应对 SPR 信号进行放大高灵敏检测 ATP 的研究。如图 2.20 所示，磁珠上的 ATP 适配体与 HCR 引发链互补配对。当有 ATP 存在时，ATP 与磁珠上的适配体结合使 HCR 引发链被释放。释放的 HCR 引发链被 SPR 芯片表面的捕获 DNA 捕获。当进样两端带有 Fc 的发夹 H1 和 H2 时，H1 和 H2 在芯片表面发生杂交链式反应，引起 SPR 信号的变化。

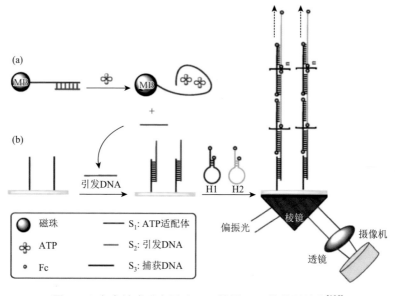

图 2.20 杂交链式反应用于 SPR 检测 ATP 的信号放大[105]

ATP：腺苷三磷酸；Fc：二茂铁

纳米材料因其纳米尺度的侧向尺寸或粒径以及特殊的纳米结构和形貌而赋予其优异的光、电、磁、热、声、力等理化性能，是材料领域的研究热点。纳米材料在 SPR 传感器信号放大检测中主要有两方面的优势：一方面纳米材料可增强小分子在界面上的结合量，另一方面纳米材料可放大 SPR 响应信号变化。纳米材料依据其形态分为片状、线状、棒状、点状、球形等，纳米材料的形貌在检测灵敏度的提高中起着关键作用。在 SPR 传感器中应用比较多的纳米材料包括金属纳米材料（如 Au 或 Ag 的球形纳米颗粒、纳米点、纳米棒、纳米管、纳米阵列或者杂化纳米材料等）、磁性纳米材料（如 Fe_3O_4 纳米颗粒）、碳基纳米材料（如石墨烯、氧化石墨烯、碳纳米管）、乳胶纳米颗粒以及脂质体纳米颗粒（图 2.21）[106]。

乳胶纳米颗粒是用于增强 SPR 传感检测信号的第一代纳米材料[107]。基于乳胶纳米粒子的 SPR 信号放大主要是由于乳胶纳米粒子较小的粒径、较大的比表面积和分子量会导致 SPR 传感体系较大的折射率变化。乳胶纳米颗粒主要是通过聚苯乙烯等无定型聚合物制备的，与金属纳米颗粒相比，乳胶纳米颗粒与 SPR 芯片传感膜的表面等离子波不会发生电场耦合。据报道基于乳胶纳米粒子的 SPR 信号放大强度通常显著低于基于 Au NPs 的 SPR 信号放大强度。

脂质体纳米颗粒是一种直径大于 100 nm 的人工磷脂囊泡，是一种有效的药物载体。与乳胶纳米颗粒类似，由于脂质体纳米颗粒具有大尺寸和高折射率的

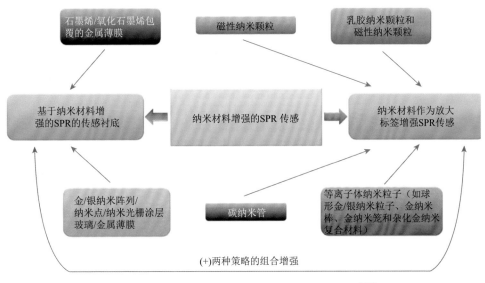

图 2.21 纳米材料用于 SPR 传感器信号放大检测[106]

特性，当脂质体纳米颗粒与 SPR 传感表面结合，会对已激发的渐逝场产生大的扰动，导致 SPR 传感信号发生较大变化。Wink 等[108]首次证明了脂质体纳米颗粒（约 150 nm）可以作为 SPR 传感器的信号放大标签检测 16kDa 的炎性因子 γ 干扰素，检测极限为 100 pg/mL，与未用脂质体纳米颗粒作放大标签的传统 SPR 检测相比，灵敏度提高了 4 个数量级。

2.2.2 贵金属纳米材料在表面等离子体共振传感器信号放大检测中的应用

在众多的纳米材料中，贵金属纳米材料如金纳米粒子（AuNPs），是 SPR 信号放大检测中最常用的纳米材料[109-111]，因为 AuNPs 除具有纳米材料的共性外，还具有优异的生物相容性、容易制备及容易修饰等特点。这些纳米粒子在可见和近红外区域有很强的吸收，由于 LSPR 的作用在其表面产生很强的电场，这些纳米粒子也被称为等离子纳米粒子。研究发现，SPR 的灵敏度与芯片表面所激发的电场密切相关：激发电场越大，SPR 传感器越灵敏[109]。将 LSPR 与传统的 PSPR 芯片表面所形成的表面等离子波耦合能够增大芯片表面的电场范围，从而大大提高 SPR 检测的灵敏度。也就是说，纳米颗粒的局域表面等离子体和金膜表面（传感芯片表面电镀的金膜）等离子体波之间的电场耦合效应可以大大增强 SPR 信号，据此构建的纳米颗粒增强的 SPR 传感器可以实现对小分子和痕量待测物的超灵敏检测。AuNPs 的 LSPR 受其吸收和散射效率的影响[112]，而不同尺寸的 AuNPs 的吸收和散射效率对 LSPR 的影响不同，因此不同尺寸的 AuNPs 对 SPR 信号增强的效果也不尽相同。Zeng 等[111]研究了不同尺寸的 AuNPs 对 SPR 信号增强的影响。

研究发现，直径为 40 nm 的 AuNPs 具有最好的 SPR 信号增强效果，且随着 AuNPs 直径的增大，AuNPs 对 SPR 的信号增强效果逐渐减弱。这可能是由于当 AuNPs 的直径大于 40 nm 以后，散射对 LSPR 的影响大于吸收对 LSPR 的影响。

1. 金纳米颗粒

利用 AuNPs 进行信号放大主要有两种途径：作为信号放大标签和传感表面增强，AuNPs 可以作为 SPR 传感器的信号传感和增强元件。纳米粒子作为信号放大标签主要是利用纳米粒子增加待检测分子的富集质量，从而使 SPR 传感表面的折射率发生较大的变化。Choi 等[113]将抗体修饰到 AuNPs 上，通过双抗夹心法对 PSA 进行检测（图 2.22），检测限达 300 fmol/L。

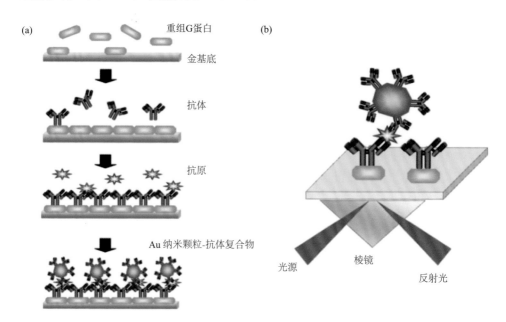

图 2.22　AuNPs 作为放大标签来进行信号放大[113]

除了将生物功能化的 AuNPs 作为放大标签来进行信号放大以外，还可以直接将 AuNPs 修饰在 SPR 芯片表面作为基底，利用 AuNPs 的局域表面等离子与金膜表面的等离子波的耦合作用，同样能够对 SPR 信号具有放大效果。Pelossof 等[44]将 AuNPs 通过对二硫酚修饰到 SPR 金芯片表面，发夹 DNA 通过硫金键作用修饰到 AuNPs 上，发夹 DNA 双链茎部区域的 G-rich 序列被发夹结构封闭，其单链环区域含有 DNA 识别序列。当目标 DNA 序列存在时，发夹 DNA 被打开，其茎部的 G-rich 序列形成 G-四联体结构，引起芯片表面折射率的变化，从而被检测。与直接检测相比，通过与 AuNPs 的局域表面等离子体共振耦合，其对 DNA 检测的

灵敏度提高了 10^3 倍[116]。Pelossof 等[114]还利用此方法对 Hg^{2+} 和 Pb^{2+} 进行了检测，均得到了较好的放大效果。

2. 金纳米棒

金纳米材料作为应用于 SPR 超灵敏检测最广泛的纳米材料之一，不仅上述提到的金纳米粒子尺寸大小对 SPR 信号放大有影响，不同形态结构的金纳米材料（金纳米星、金纳米柱和金纳米双锥）对 SPR 信号强度也有着不同的影响[41]，如图 2.23 所示。将金纳粒子的形态从球形改变成棒状，SPR 的最大吸收峰会相应地从可见光区（Vis）红移到近红外光区（NIR）（图 2.24）[115]。金纳米棒（GNR 或 AuNRs）的光谱表现出横向和纵向两个不同的 SPR 峰，其中横向 SPR 峰在可见光区（520 nm），纵向 SPR 峰在近红外光区（820 nm），纵向 SPR 峰位置主要依赖于金纳米棒的长径比，纵向 SPR 峰随金纳米棒长径比的增加而红移，增加金纳米棒长径比可以提高 SPR 传感器的灵敏度，降低检测极限[115]。Chen 等[116]

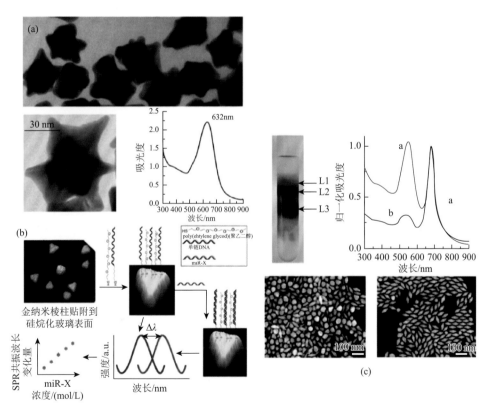

图 2.23　不同形态结构的金纳米粒子用于构建 SPR 信号放大传感器[41]

（a）金纳米星；（b）金纳米棱柱；（c）金纳米双锥

利用生物素功能化的长径比为 5.2 的金纳米棒构建 SPR 信号放大传感器，检测溶液中链霉亲和素的含量，检测灵敏度为 366 nm/RIU（折射率单位），与球形金纳米粒子相比，灵敏度提高了 5 倍。Fathi 等[117]将镀有金膜的芯片表面修饰生物素化的 CD144 抗体（鼠抗人 VE-钙黏素），然后通过生物素和链霉亲和素的特异性相互作用进一步修饰链霉亲和素功能化的长径比为 3.7 的金纳米棒（streptavidin-GNRs）构建金纳米棒放大的 SPR 传感器实时检测人脐静脉内皮细胞（HUVECs）膜表面 VE-钙黏素的表达（图 2.25）。与传统的免疫细胞化学法（immunocytochemistry）、流式细胞术（flow cytometry）和蛋白质印迹法（western blotting）相比，基于金纳米棒的 SPR 信号放大传感检测具有实时、快速、无标记、高特异性和超灵敏的优势。

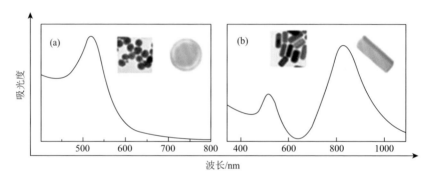

图 2.24　球形和棒状金纳米粒子及其 UV 吸收光谱[115]

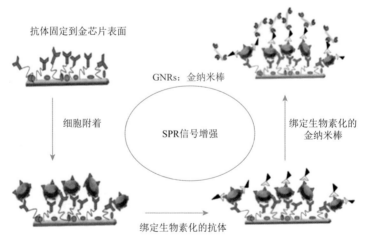

图 2.25　金纳米棒增强 SPR 信号用于 HUVECs 膜表面 VE-钙黏素的检测[117]

3. 金纳米星

金纳米星（GNSs 或 AuNSs）是一种具有多个锋利的分支尖端的星形金纳米材料，尖端具有很小的曲率半径和较大的比表面积。与各向同性的球形的金纳米粒子相比，金纳米星具有各向异性结构，这种具有避雷针效应的特殊结构使得电荷密度集中在锋利的尖端处，可显著增强局域电磁场和电子耦合效应。金纳米星在近红外光区有显著的吸收峰，基于金纳米星的 SPR 信号放大的光学特性与锋利尖端的大小以及金纳米星中心核与尖端之间的等离子体共振杂交产物均有关。Wu 等[118]构建了基于羧基化氧化石墨烯（cGO）的金纳米星增强的 SPR 传感器用于免疫检测，以羧基化氧化石墨烯为传感衬底，以金纳米星或者金纳米球偶联的抗原作为信号放大标签（图 2.26）。结果表明，基于 cGO/AuNSs 增强的 SPR 传感器的检测极限为 0.0375mg/mL，与 cGO/AuNPs 增强的 SPR 传感器相比，检测极限为其的 1/4，与未经 AuNSs 增强的 cGO SPR 传感器相比检测极限为其的 1/16。与球形金纳米粒子相比，各向异性结构的金纳米星是一种更有效的 SPR 信号放大标签。

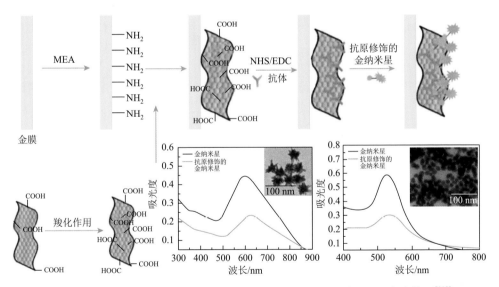

图 2.26　基于羧基化氧化石墨烯的金纳米星增强的 SPR 传感器用于免疫检测[118]

MEA：乙醇胺；NHS：N-羟基琥珀酰亚胺；EDC：1-(3-二甲氨基丙基)-3-乙基碳二亚胺盐酸盐

4. 金纳米笼

金纳米笼（GNCs 或 AuNCs）是一种中空、多孔的立方纳米粒子，侧向尺寸 10～150 nm，通过对金纳米笼尺寸和开孔率的精确调制，其 SPR 峰可以从可见光区到近红外区位移，其 SPR 峰在 800 nm 左右，具有优异的 SPR 特性。金纳米笼的 SPR 峰对周围环境（如溶剂、吸附物质等）介电性质的变化较金纳米颗粒更为敏感，可作为更具潜力的基于局域 SPR 峰变化的生物分子检测平台。如图 2.27 所示，Kwon 等[119]构建了粒径为 40～50 nm 的纳米笼、纳米棒和纳米球增强的 SPR 传感器，通过类似三明治的方法检测缓冲溶液中的凝血酶，检测极限分别为 1 fmol/L、10 amol/L 和 1 amol/L，而传统的 SPR 传感器对凝血酶的检测极限大于 0.5 nmol/L。

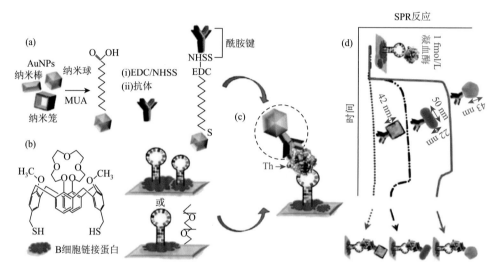

图 2.27　不同形态金纳米粒子增强的 SPR 传感器的构建及其对凝血酶的检测[119]

AuNPs：金纳米粒子；MUA：11-巯基十一烷酸；NHS：N-羟基琥珀酰亚胺；
EDC：1-(3-二甲氨基丙基)-3-乙基碳二亚胺盐酸盐

5. 银纳米颗粒

目前，关于贵金属纳米颗粒用于构建信号放大 SPR 传感体系主要集中在 AuNPs 上，关于 AgNPs 构建信号放大 SPR 传感体系的报道相对较少，这主要是由于 AgNPs 活性高、化学稳定性差。然而，与 AuNPs 相比，AgNPs 具有独特的光学和电学特性，因为其 SPR 能量已从带间跃迁中去除，导致 SPR 窄带；随着局部介电常数的增加，与 AuNPs 的位移相比，AgNPs 的 SPR 窄带显示出更强的位移。AgNPs 组装体理论上可以实现 SPR 特性在整个可见-近红外范围内的调控。Chu 等[120]制备了一种"山药豆"样 AgNPs，用于构建信号放大 LSPR DNA 传感检测体系，检测浓度范围为 10^{-19}～10^{-14}mol/L 的溶液中 ssDNA 的含量，检测极限为 4.3×10^{-20}mol/L，与其他纳米材料相比，这种特殊结构的 AgNPs 明显地提高了 LSPR 的检测灵敏度（图 2.28）。

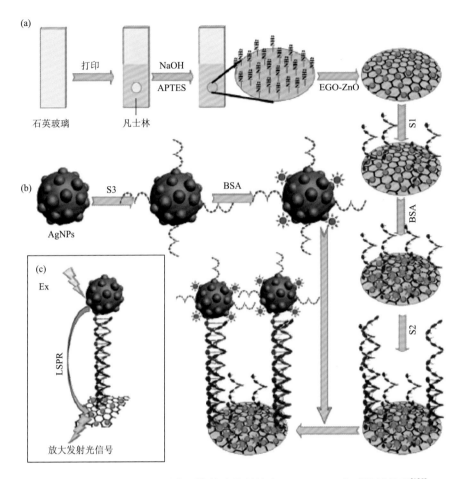

图 2.28　"山药豆"样银纳米颗粒构建信号放大 LSPR DNA 传感检测体系[120]

APTES：3-氨丙基三乙氧基硅烷；EGO-ZnO：剥离氧化石墨烯修饰的氧化锌量子点；BSA：牛血清白蛋白；
AgNPs：银纳米颗粒；Ex：激发光；LSPR：局域表面等离子体共振

2.2.3　磁性纳米材料在表面等离子体共振传感器信号放大检测中的应用

磁性纳米粒子在生物分离中的应用已有几十年的历史，但在生化分析检测中的应用才刚刚起步。与贵金属纳米粒子相比，磁性纳米粒子更加经济，且在修饰等操作过程中可通过磁分离方便快速地分离，功能化的磁性纳米粒子也被用于 SPR 的信号放大检测。超顺磁氧化铁纳米粒子（SPIONs）在分散和聚集状态会表现出不同的磁特性，该特性被广泛地应用于多种生物分子的检测。Krishnan 等[121]将前列腺癌标志物 PSA 抗体修饰到直径为 1μm 的超顺磁微球上，利用超顺磁纳米粒子在 SPR 芯片表面的聚集作用，超灵敏地检测血清中的 PSA 抗原，检测限达到了 300 amol/L（图 2.29）。

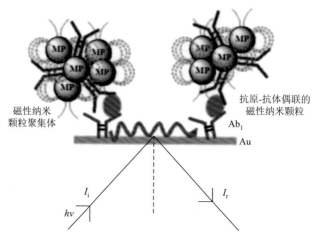

图 2.29　通过超顺磁纳米粒子的聚集对 SPR 信号进行放大[121]

Ab₁: 抗体

通常在 SPR 分析检测过程中首先需要将配体修饰到芯片表面来捕获待检测分子，而 SPR 芯片表面的修饰往往需要复杂的修饰步骤以及烦琐的条件优化过程。针对于此，Lee 等[122]报道了一种新颖的利用超顺磁氧化铁纳米粒子的组装聚集进行检测的方法。该方法不需要对芯片表面进行修饰，待检测目标物链霉亲和素引起生物素修饰的超顺磁氧化铁纳米粒子的聚集，然后在外加磁场的作用下，聚集的超顺磁氧化铁纳米粒子被吸到 SPR 金片表面，从而引起 SPR 信号的变化（图 2.30）。由于该方法不需要对芯片表面进行修饰，所以芯片可以重复使用，从而使 SPR 检测更加经济高效。

2.2.4　硅纳米材料在表面等离子体共振传感器信号放大检测中的应用

与金属纳米颗粒不同的是二氧化硅纳米颗粒（SiNPs）的折射率是固定不变的，且在近红外区、可见光区和紫外光区都没有吸收。SiNPs 的 SPR 信号放大策略与波长无关，仅与 SiNPs 的粒径大小和形貌结构有关。Zhou 等[50]据此特性构建了 SiNPs 增强的表面等离子体共振相位成像（SPR-PI）同时检测两种短链 38-mer ssDNA 寡核苷酸，检测极限为 25 fmol/L，灵敏度提高了约 20 倍，与其他纳米材料增强的表面等离子体共振成像（SPRI）相比。芯片表面吸附的 SiNPs 使得界面处的折射率增加，生物亲和吸附后相位移增加，从而提高了 SPR-PI 的灵敏度。

二氧化硅纳米颗粒除了单独用于 SPR 传感信号放大检测外，还可与其他材料复合增强 SPR 传感信号。Yuan 等[123]将 SiNPs 与硅泡沫（SiMCFs）复合，然后将葡萄糖氧化酶（GOD）固定到复合材料表面，最后将 SiNPs、SiMCFs 以及 GOD 三者形成的复合材料镶嵌到聚乙烯醇（PVA）凝胶中，构建一种高灵敏度的葡萄糖传

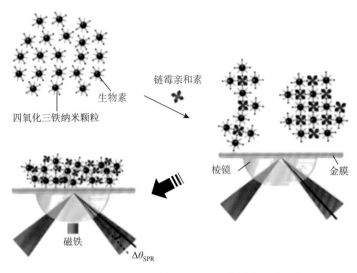

图 2.30　利用外加磁场对 SPR 信号进行放大[122]

SPR：表面等离子体共振

感膜。将该传感膜覆盖到 SPR 芯片表面构建超灵敏 SPR 传感器检测 PBS 中葡萄糖的含量（图 2.31）。研究发现，当 SiMCFs 与 SiNPs 质量比为 3∶7 时，传感器的共振角从 68.57°降到 63.36°，在葡萄糖浓度为 0～200 mg/dL 时，检测灵敏度为 0.026°·dL/mg；当 SiMCFs 与 SiNPs 质量比为 5∶5 时，传感器的共振角从 67.93°降到 63.50°，在葡萄糖浓度为 0～160 mg/dL 时，检测灵敏度为 0.028°·dL/mg。研

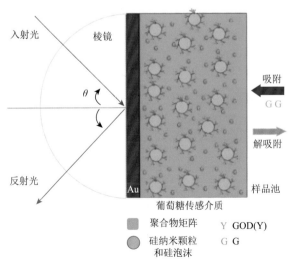

图 2.31　SiNPs 与 SiMCFs 复合后修饰 GOD 镶嵌到 PVA 水凝胶中构建葡萄糖传感器[123]

GOD（Y）：葡萄糖氧化酶；G：葡萄糖

究表明，二氧化硅纳米颗粒的掺入显著提高了 SPR 传感器的灵敏度，而且该 SPR 传感器具有较宽的检测限。

二氧化硅作为壳层与磁性纳米粒子以及金纳米粒子复合形成核壳型纳米粒子也被广泛应用于构建 SPR 信号放大传感器。Sendroiu 等[124]制备了二氧化硅作壳、金纳米棒作核的核壳型纳米复合材料（AuNR@SiO₂），进一步通过化学键合将 ssDNA 修饰到该核壳型复合材料的表面，构建 SPR 信号放大传感器用于超灵敏检测 DNA（图 2.32）。二氧化硅壳层的形成能够提高金纳米棒胶体的稳定性和金纳米棒形态的稳定性，有利于金纳米棒的进一步功能化修饰。Zhai 等[125]通过生物功能化修饰 Fe₃O₄@SiO₂ 核壳型磁性纳米粒子构建 SPR 传感表面用于超灵敏检测一种人脱嘌呤/脱嘧啶核酸内切酶/氧化还原因子-I（APEI）与亲和素（avidin）的特异性相互作用。研究表明，二氧化硅修饰的磁性纳米粒子构建的 SPR 传感器具有非常高的灵敏度和特异性。

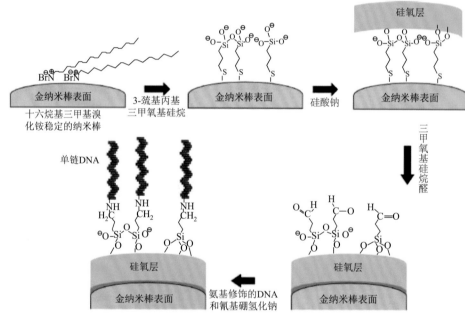

图 2.32　ssDNA 功能化 AuNR@SiO₂ 复合材料的制备[124]

2.2.5　碳基纳米材料在表面等离子体共振传感器信号放大检测中的应用

石墨烯、氧化石墨烯、碳纳米管等碳基纳米材料用于 SPR 传感器的信号放大是近几年的研究热点。碳基纳米材料功能化构建 SPR 传感器，能够将分子检测灵敏度提高到 fmol～amol 水平。自石墨烯首次被报道以来，大量关于石墨烯在生物分子检测分析中的应用被报道。石墨烯是一种特殊的二维材料，具有 sp²

杂化结构和单原子层厚度，具有优异的电学、光学、力学和热传导性能。石墨烯在室温下就具有很好的电子传递速率，能同时作为传感衬底和放大标签，同时石墨烯及其衍生物具有较高的比表面积和 π-π 堆垛效应，且易于进行氨基、羧基等官能团修饰，从而有利于高效负载固定蛋白及抗体等用于 SPR 信号放大检测（图 2.33）[126]。

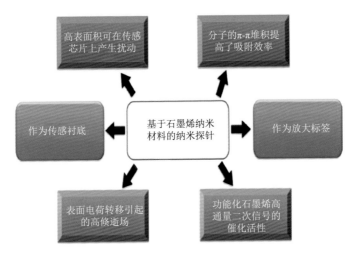

图 2.33　基于石墨烯的纳米探针用作 SPR 传感信号放大[126]

　　Wu 等[127]将多层石墨烯覆盖到 SPR 芯片表面，从石墨烯表面到金膜表面高效的电子传递使传感芯片表面的电场增强，从而提高了 SPR 传感器的灵敏度（图 2.34）。当芯片表面覆盖 10 层石墨烯时，SPR 信号增强了 25%。为了得到更好的放大效果，研究者通过各种巧妙设计将各种各样的纳米材料应用到 SPR 传感器信号放大检测中，如氧化石墨烯-金纳米棒-抗体复合物[128]、氧化石墨烯-金纳米球复合物[129]、氧化石墨烯-银纳米颗粒、多层石墨烯、碳纳米管等。当两层或者三层石墨烯片沉积到银衬底表面时，石墨烯的包裹可以保护银衬底不被氧化，从而提高了基于银质芯片的 SPR 传感器的灵敏度，这种基于石墨烯/银衬底的 SPR 传感器灵敏度是传统金衬底 SPR 传感器灵敏度的 3 倍，因此非常薄的几层石墨烯片层包覆银质芯片，即可显著提高 SPR 传感器的灵敏度[126]。例如，Lee 等[130]将多克隆抗体修饰到碳纳米管上通过夹心法检测红细胞生成素（EPO）和粒细胞巨噬细胞集落刺激因子（GM-CSF）（图 2.35），与直接通过抗体检测相比，通过碳纳米管进行检测对信号放大了 30 倍。与这几种碳基纳米材料相关的 SPR 传感检测的研究和应用中，以石墨烯及其衍生物相关的传感应用研究最为广泛。

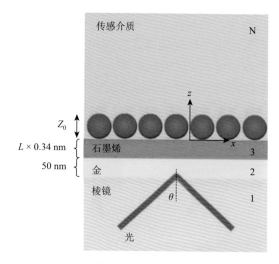

图 2.34　石墨烯涂层用于 SPR 信号增强[127]

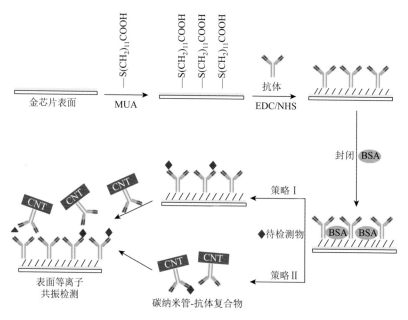

图 2.35　通过碳纳米管对 SPR 信号进行放大[130]

MUA：巯基十一烷酸；NHS：*N*-羟基琥珀酰亚胺；EDC：1-（3-二甲氨基丙基）-3-乙基碳二亚胺盐酸盐；BSA：牛血清白蛋白；CNT：碳纳米管

　　石墨烯基纳米材料（石墨烯、氧化石墨烯以及还原氧化石墨烯）在 SPR 传感检测分析中的应用主要包括：疾病的生物标志物传感检测，DNA、RAN、寡核苷酸的传感检测以及免疫传感检测。

1. 碳基纳米材料增强 SPR 信号用于生物标志物传感检测

开发一种用于实时检测疾病生物标志物的精准传感器是目前 SPR 领域的研究热点，其具有广泛的临床应用前景。对疾病生物标志物的检测分析，已成为当前研究特定疾病发生和发展过程关键手段之一，也是肿瘤早期诊断最为有效的方法之一，因此开发用于疾病标志物检测分析的 SPR 传感器具有重要的研究意义。生物标志物可以作为指标客观测量和评估治疗干预后的正常生物进程、致病过程和药理反应等。目前已有大量关于临床领域生物 SPR 传感的研究，其目标是研制先进、可靠、方便、快速、低成本、高效益的精准传感器件对肿瘤和慢性病进行早期诊断和日常监测。例如，高效检测血清或者尿液中的溶菌酶（白血病和肾病的标志物）的含量水平配合其他医疗检测可以对白血病或者肾病进行早期诊断及其治疗。

氧化石墨烯增强 SPR 信号用于生物标志物检测的相关研究越来越受到重视，如在芯片上通过电化学沉积一定厚度的还原氧化石墨烯（rGO）（条件：150V，15 min）制备 rGO-SPR 芯片，然后利用还原氧化石墨烯的 π-π 堆垛效应将抗溶菌酶的 DNA 适配体吸附到芯片表面，构建 rGO-DNA aptamer-SPR 生物传感器，其检测极限为 0.5 nmol/L[126]。基于还原氧化石墨烯的 SPR 芯片与其他技术联用，可用于即时高效检测血清中的叶酸蛋白（FAP）。叶酸是肿瘤细胞表面高表达蛋白，将叶酸受体通过 π-π 堆垛效应吸附到还原氧化石墨烯表面构建 rGO-FA 功能化的 SPR 传感器，特异性检测血清中 FAP 待测物，这种基于 rGO 的 SPR 传感器可检测血清中的 FAP 蛋白的浓度为 5～500 fmol/L，检测极限是 5 fmol/L[126]。除此之外，镍掺杂的石墨烯构建 SPR 信号放大传感器，用于早期检测神经退化疾病的生物标志物 3-硝基酪氨酸(3-NT)，这种传感器的灵敏度范围是 0.5 pg/mL～1 ng/mL，检测极限是 0.13 pg/mL[131]。

以上关于 SPR 传感芯片的修饰都是通过物理吸附的方法基于石墨烯或者还原氧化石墨烯的 π-π 堆垛效应将捕获媒介（抗体、蛋白质等）吸附固定到石墨烯基芯片表面，实现 SPR 信号放大检测。氧化石墨烯含有丰富的羧基、羟基以及环氧基等官能团，因此也可以通过化学接枝的方法将捕获媒介（抗体、蛋白质或者其他分子）修饰到石墨烯基 SPR 芯片表面，实现 SPR 信号放大检测。Chiu 等[132]首先构建羧基化修饰的氧化石墨烯（GO）-SPR 传感芯片，然后利用 EDC/NHS 将肺癌标志物细胞角蛋白-19（CK-19）的抗体（anti-CK-19）通过化学键合的方法固定到 GO-SPR 芯片表面，检测人血浆中 CK-19 蛋白的含量，与传统的 SPR 芯片相比，GO 功能化修饰 SPR 芯片构建的传感器件在高度稀释的血浆中展示出较高的灵敏度和较低的检测极限（检测极限为 0.05 pg/mL）（图 2.36）。

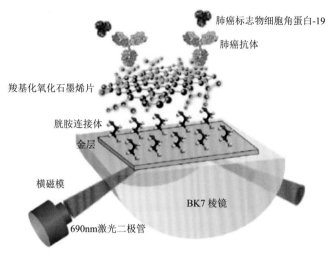

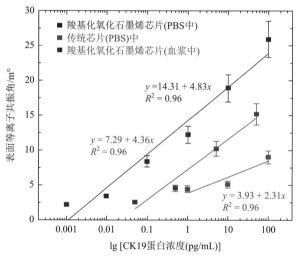

图 2.36　羧基化 GO 修饰的 SPR 传感器用于人血浆中肺癌标志物检测[132]

2. 碳基纳米材料增强 SPR 信号用于 DNA、RAN 以及寡核苷酸传感检测

快速检测 DNA/RNA 的表达和序列的改变是临床诊断遗传疾病和功能紊乱性疾病的必要手段。开发快速、灵敏、可靠的传感器定量检测 DNA/RNA 的表达和序列的改变是近年来的重要研究课题。传统的 SPR 传感器检测 DNA 的绑定已有众多报道，但是缺乏超灵敏 SPR 传感技术定量检测 DNA/RNA 的表达及其序列的改变。由于 DNA/RNA 在体内的表达水平非常低，因此基于 SPR 传感技术定量检测 DNA/RNA，需要构建超灵敏（$10^{-15} \sim 10^{-8}$mol 水平）SPR 传感器。研究表明，石墨烯以及氧化石墨烯功能化修饰传感芯片构建 SPR 传感器可实现 DNA/RNA 超

灵敏检测。如图 2.37 所示，Wang 等[133]用氧化石墨烯修饰金纳米颗粒构建 GO/AuNPs SPR 传感体系检测高度同源且基因序列相近的四株癌细胞中 mi-RNA 141 的表达水平的差异。实时荧光定量 PCR（qRT-PCR）技术和传统的 SPR 传感技术均不能检测出这四株癌细胞中 mi-RNA 141 的表达差异，GO/AuNPs SPR 传感体系可以快速且超灵敏检测出 mi-RNA 141 在高度同源的四株癌细胞中的表达差异，灵敏度为 1 fmol/L，比 Au SPR（1 pmol/L）传感体系低三个数量级。Xue 等[134]将 GO 纳米片自组装到金传感芯片表面构建 SPR 传感器，使得其表面等离子信号增强，从而高灵敏度、高特异性地检测单链 DNA（ssDNA）和双链 DNA（dsDNA）的杂交，并进一步利用 GO-SAM/AuNPs SPR 传感器结合间接竞争抑制法检测 ssDNA 的特定序列，灵敏度达 10 fmol/L。ssDNA 主要是通过 ssDNA 与 GO 之间的氢键作用以及 GO 自身的 π-π 堆垛效应吸附到 GO 表面实现 ssDNA 在 SPR 传感芯片表面的高效负载，但是 GO 对于 dsDNA 的吸附作用较小，所以对于 dsDNA 在 GO 功能化 SPR 芯片表面的负载主要是通过共价修饰。

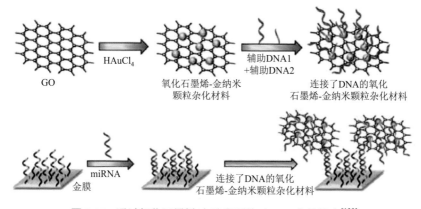

图 2.37　通过氧化石墨烯/金纳米颗粒对 SPR 信号放大[133]

GO：氧化石墨烯；HAuCl$_4$：四氯金酸

3. 碳基纳米材料增强 SPR 信号用于免疫传感检测

免疫检测分析对于众多疾病的诊断非常重要，而 SPR 在免疫分析中起着重要作用。由石墨烯基纳米复合材料构建的生物传感器对于生物相互作用（如抗原-抗体的绑定作用）的检测显示了较高的灵敏度。在免疫传感检测分析中抗体的高效负载和生物活性与检测范围及灵敏度直接相关。石墨烯基纳米复合材料由于其较大的比表面积和 π-π 堆垛效应以及较好的生物相容性，有利于抗体的吸附和抗体结构稳定性的维持，同时石墨烯具有非常好的光、电、磁等物理性能，以上因素使得石墨烯基纳米复合材料可用于 SPR 信号放大免疫传感检测。

　　Miyazaki 等[135]用半胱氨酸（Cys）/氧化石墨烯（GO）通过自组装（SA）法功能化修饰 SPR 传感表面并进一步负载前列腺癌特异性抗体（anti-PSA）。研究发现，与传统的巯基功能化表面修饰相比，通过自组装法制备的半胱胺酸/氧化石墨烯（Cys-GO$_{SA}$）功能化传感表面具有非常高的前列腺癌特异性抗体负载量（7.66×10^{-12} mol/cm^2 *vs.* 1.29×10^{-11} mol/cm^2），其负载原理是氧化石墨烯自身的 π-π 堆垛效应。同时发现，半胱氨酸/氧化石墨烯（Cys-GO$_{SA}$）功能化 SPR 传感器高灵敏地检测出了待测液中的 PSA 抗原，检测极限为 4.0 ng/mL，比传统巯基功能化 SPR 传感器的检测极限提高了 125%。Wang 等[136]将 GO 和 Ag 包覆到聚合物喷镀的光纤表面，然后通过共价修饰葡萄球菌蛋白 A（SPA）到 GO 表面，通过 SPA 与羊抗人 lgG 抗体的非特异性结合，将羊抗人 lgG 抗体固定到光纤上，构建 SPR lgG 免疫检测传感器，检测不同浓度的溶液中人源 lgG 抗体含量（图 2.38）。这种 SPR 光纤免疫传感器具有较高的灵敏度[0.4985 nm/(μg/mL)]和极低的检测极限

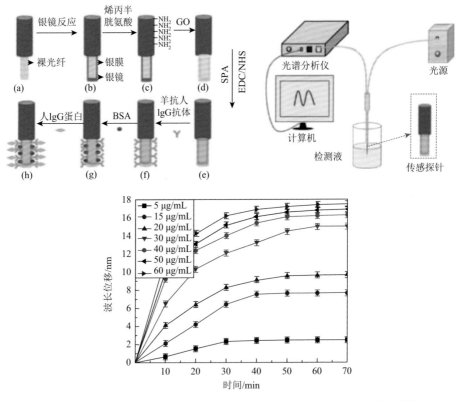

图 2.38　超灵敏 GO/Ag SPR 光纤传感器的构建及其 lgG 免疫传感检测[136]

GO：氧化石墨烯；SPA：葡萄球菌蛋白 A；NHS：*N*-羟基琥珀酰亚胺；EDC：1-(3-二甲氨基丙基)-3-乙基碳二亚胺盐酸盐；BSA：牛血清白蛋白

（0.04 μg/mL）。GO 除了高效负载羊抗人 lgG 抗体之外，还可以增强传感层周围受限电场的强度，当光纤材料的折射率（RI）在 1.3334～1.3731 区域内，GO/Ag SPR 光纤传感器的灵敏度可以达到 3311 nm/RIU，较纯 Ag SPR 光纤传感器的灵敏度 2875 nm/RIU（当光纤材料的折射率在 1.3328～1.3739 区域内）提高了 15%。

2.2.6　展望

生物样品中小分子和痕量目标物的高灵敏检测是各种生化分析检测中的重要内容，而目前大多数传感器的灵敏度都难以满足实际检测中的需求。SPR 传感检测已成为实时、原位、无标记检测生物分子相互作用的有力方法之一。尽管可以通过提高 SPR 仪器内部各种元件的灵敏度来提高 SPR 的灵敏度，但这面临着较大的技术难度和较高的仪器成本。随着纳米技术的飞速发展，各种各样的基于生物功能化纳米材料的 SPR 信号放大策略被应用到多种生物和化学样品的高灵敏检测中。传感表面的修饰和放大标签的使用仍然是最方便和高效的 SPR 信号放大手段。随着越来越多的新型纳米材料、新型高效的核酸放大策略以及新的修饰手段不断被开发，将会有更多的生物功能化纳米材料被应用到 SPR 传感器的信号放大检测中，进一步提高 SPR 传感器的灵敏度。

2.3　石英晶体微天平在生化分析中的应用

石英晶体微天平（quartz crystal microbalance，QCM）是一种质量敏感型传感器，在生化分析、环境监测和电化学等领域有广泛的应用。肿瘤标志物的检测有助于肿瘤的早期诊断，有效降低致死率。在肿瘤标志物的检测与分析中 QCM 应用广泛，为了进一步提高检测灵敏度，扩大应用范围，多种 QCM 信号放大策略得以开发。本节综合介绍了 QCM 在肿瘤标志物检测中的应用，以及用于提高检测灵敏度的 QCM 信号放大方法，涉及对核酸、特异蛋白以及肿瘤细胞的检测。QCM 的信号放大策略主要是基于质量放大的原理。根据不同的质量放大原理，QCM 信号放大策略主要包括生物分子偶联、纳米颗粒偶联、生物催化产生沉淀、金属离子还原、DNA 复制/杂交、晶体原位生长等方法。质量放大子的设计和使用大大降低了 QCM 对肿瘤标志物的检测限，增强了检测灵敏度，拓宽了应用范围。

2.3.1　石英晶体微天平简介

石英晶体又称水晶，其化学成分为 SiO_2，是重要的压电材料，石英晶片常用的切割模式有 AT 和 BT 两种。石英晶体微天平由沿 AT 方向剪切的石英晶片和两侧的金电极构成。石英晶体微天平利用了石英晶体材料的压电性质，工作时，由一定的交流电加载在石英晶体两侧的金电极上，石英电极则以一定的频率振动。理想状态下，石英晶体微天平电极的谐振频率变化与电极表面的质量变化成正比，根据 Sauerbrey 方程谐振频率的变化可以反映待测物的质量变化，能检测到纳克级别的质量变化。

Sauerbrey 方程如下：

$$\Delta f_m = \frac{-2f_0^2}{A\sqrt{\mu_q \rho_q}} \Delta m$$

其中，Δf_m 是由于质量为 Δm 的待测物在晶片表面的附着导致的谐振频率的变化；f_0 是晶片的基本频率；A 是表面积；ρ_q 是石英晶片的密度（2.648 g/cm^2）；μ_q 是石英晶片的剪切模量（2.947×10^{11}dyn/cm^2，1dyn = 10^{-5}N）。

石英晶体微天平由于具有结构简单、免标记、实时检测、操作简便等优点，近年来得到了非常广泛的应用[137, 138]。基于石英晶体微天平的新型传感器在多个领域迅速发展，如环境污染检测[139]、手性识别[140]、动力学过程分析[141]、构象研究[142]、适配体/药物筛选[143, 144]、生物标志物检测[145]等。近年来石英晶体微天平广泛用于生化分析，包括检测特定序列的 DNA/RNA、蛋白以及肿瘤细胞的检测[146-150]。

通过对 QCM 电极的表面修饰捕获分子，如互补探针、抗体、适配体和高分子等，QCM 可以对在电极表面捕获到的待测物进行直接检测[151-153]。甲胎蛋白（AFP）是一种糖蛋白，它在成人血清中的高表达被认为是肝癌的早期指征。Chou 等使用单克隆抗体修饰的 QCM 电极直接检测了血清中甲胎蛋白，QCM 的下降频率与 AFP 浓度呈线性关系，线性检测范围是 0.1～100 μg/L[154]。表皮生长因子受体（Epidermal growth factor receptor，EGFR）在包括非小细胞肺癌、乳腺癌、胃癌、结肠癌等在内的多种肿瘤细胞中高表达，是一种重要的诊断标志物。Chen 等基于 G 蛋白特异位点固定方法把 EGFR 抗体固定在 QCM 电极表面，直接使用抗体捕获 EGFR 之后，没有经过信号放大，可以检测到 EGFR，线性检测范围为 0.01～10 μg/mL[155]。

叶酸受体是一种细胞表面受体，在正常组织中表达量很少，但是在乳腺癌、肺癌、子宫癌和肾肿瘤细胞里都过量表达[156]。Zhang 等在 QCM 电极表面修饰壳聚糖-叶酸分子，通过叶酸分子与肿瘤细胞表面叶酸受体选择性识别，实现在电极表面捕获 MCF-7 细胞（乳腺癌细胞），达到检测肿瘤细胞的目的。使用药物刺激 MCF-7 细胞，导致细胞发生机械性能变化，利用 QCM 可以检测到细胞黏弹性能的变化，同时叶酸受体的表达量也有所变化，通过 QCM 的频率变化和耗散因子的分析，可以筛选有效抑制叶酸受体表达的抗癌药物[157]，如图 2.39 所示。壳聚糖是自然界广泛存在的一种无毒可降解的生物大分子，Zhang 等在 QCM 电极表

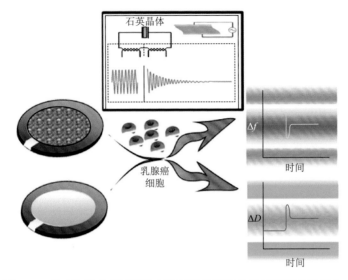

图 2.39　肿瘤细胞在受到药物刺激后发生明显的机械黏弹性能变化，

可以通过耗散因子被 QCM 检测到[162]

Δf：频率变化；ΔD：阻抗变化

面修饰壳聚糖，使其具有良好的生物相容性，进一步与叶酸偶联，特异性地靶向肿瘤细胞表面过量的叶酸受体，捕获并检测 MCF 肿瘤细胞[158]，如图 2.40 所示，线性检测范围为 $4.5\times10^2\sim1\times10^5$ cells/mL，检测限为 430 cells/mL。Xiao 等制备了一种无线磁致弹性装置，也可以快速地检测到 MCF-7 细胞，检测限为 1.2×10^4 cells/mL[159]。

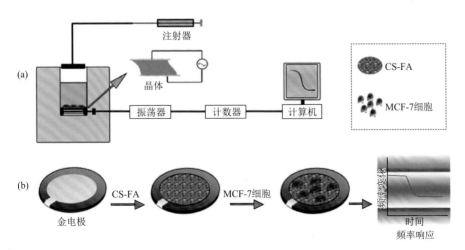

图 2.40　（a）实验装置图；（b）在线检测 MCF-7 肿瘤细胞[163]

CS-FA：壳聚糖-叶酸

蛋白激酶在细胞信号传导过程中起着非常重要的调控作用，传统检测方法耗时较长。多肽激酶抑制物 IP$_{20}$（适配体多肽）可以选择性地识别靶标激酶，Xu 等利用 QCM 实现了对蛋白激酶 A（protein kinase A，PKA）的活性检测[160]，如图 2.41 所示。传统方法检测蛋白激酶 A 的活性需耗时 1 h 以上，利用 QCM 方法可以在 10 min 之内快速实现检测。首先将适配体多肽修饰在电极的金表面，直接捕获蛋白激酶 A，检测限达到 0.061mU/μL，线性检测范围为 0.64～22.33mU/μL。细胞凋亡在细胞分裂和生长的各个阶段普遍存在，诱导细胞凋亡可以作为一种有效的方法治疗肿瘤。细胞凋亡过程中存在细胞脱壁、收缩、线粒体释放细胞色素 C 到细胞质等阶段，在凋亡早期阶段，细胞膜失去不对称性，原来位于细胞膜内侧的丝氨酸重新分布于细胞表面。外翻的丝氨酸可以与膜联蛋白 V 特异结合，Pan 等利用对 QCM 电极适配体多肽进行膜联蛋白 V 的修饰，成功检测了早期凋亡阶段的细胞[161]。

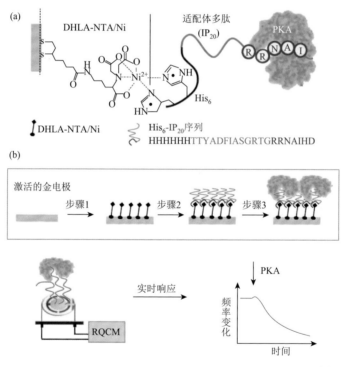

图 2.41 QCM 通过适配体多肽修饰的电极直接检测蛋白激酶[160]

PKA：蛋白激酶 A；DHLA-NTA/Ni：二氢硫辛酸-氨基三乙酸/镍；His：组氨酸；RQCM：研究型石英晶体微天平

与抗体相比，制备核酸适配体不需要免疫动物，有可化学合成、稳定性好等优势。Tiwari 等在 QCM 电极表面修饰羧基（—COOH），利用共价键方式将氨基

（—NH$_2$）标记的 TLS11a 适配体修饰到 QCM 电极表面，用于特异捕获肝癌 HepG2 细胞，如图 2.42 所示。通过与其他多种细胞对比，发现得到的电极对 HepG2 细胞有较高的特异性，并且检测限达到 2 cells/mL，线性检测范围为 $1 \times 10^2 \sim 1 \times 10^6$ cells/mL[162]。

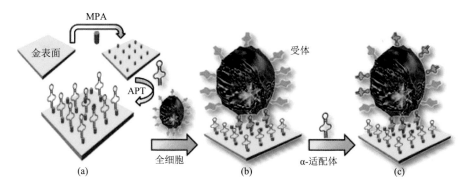

图 2.42　QCM 通过适配体修饰的电极直接检测 HepG2 肿瘤细胞[162]

MPA：巯基丙酸

　　通过适配体、抗体等修饰电极的表面，QCM 可以对捕获的靶标待测物进行直接检测，但是未经放大的信号强度相对较弱，检测灵敏度有待提高。生化检测要求对于极小浓度的靶标进行灵敏检测，于是各种信号放大技术得以开发[163]。本节主要介绍基于 QCM 技术检测肿瘤标志物的方法，归纳了为提高检测灵敏度而设计的各种信号增强方法。其中有基于生物分子偶联、纳米颗粒偶联、DNA 复制/杂交、金属离子还原、生物催化产生沉淀、晶体原位生长等技术的信号增强方法。通过设计信号放大过程，使得电极表面捕获质量增大，频率变化幅度提高，实现高灵敏度检测。

2.3.2　基于生物分子偶联的信号放大技术在生化分析中的应用

　　DNA 序列的变化与多种癌症的发病密切相关，对 DNA 基因突变的检测可用于临床诊断。Bardea 等检测家族黑蒙性白痴相关的基因突变，首先把识别序列修饰到电极的金表面，再捕获靶标序列，序列的浓度为 0.6 µg/mL，只能引起约 2Hz 的频率变化，达到了仪器的检测极限，进一步使用特异抗体结合双链 DNA 引发频率下降约 14Hz，成功地对 DNA 序列的检测进行了信号放大[164]。

　　链霉亲和素有四个位点结合生物素，解离常数约为 10^{-14}mol/L，且稳定性好，使得链霉亲和素-生物素系统在生物检测中应用广泛[165]。Liu 等通过碱基互补配对的原则，把使用亲和素修饰的核酸序列层层组装成了 DNA-亲和素树枝状大分子，设计了一种灵敏的核酸序列检测技术，如图 2.43 所示，对 *P53* 基因进行了检测，检测限达到了 23 pmol/L[166]。亚甲基四氢叶酸还原酶（MTHFR）可以调节叶酸的代谢，其单碱基多态性（SNP）与多种肿瘤的发生相关[167]。Wang 等检测 *MTHFR* 基因 C677T 位点的突变时，使用链霉亲和素-生物素偶联子作为质量放大子修饰识别序列，识别序列与固定在晶片表面的捕获探针杂交。利用链置换反应，突变序列与识别序列的杂交使得二者与质量放大子同时从晶片表面脱落，导致频率上升。此方法有很好的再生性质，成功检测到了 1～75 nmol/L 浓度范围内的 SNP，检测限为 0.8 nmol/L[168]。

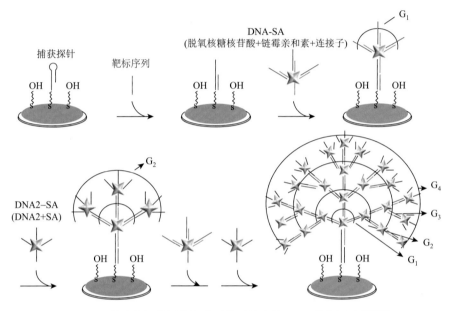

图 2.43　基于自组装树枝状分子信号放大的 QCM 检测示意图[165]

SA：链霉亲和素；G_n：n 级树枝状分子

Patolsky 等使用脂质体修饰探针序列，放大对 DNA 序列的响应，如图 2.44 所示。靶标序列浓度为 5 μmol/L 时导致频率下降 17Hz。进一步杂交了修饰有脂质体的探针序列后，导致频率下降 120Hz。当 DNA 序列浓度降低到 5 nmol/L，不能引起明显的响应信号，但脂质体对靶标序列的放大使检测浓度降低为之前的 1/1000（5 pmol/L）。脂质体放大方法进一步结合了生物素/亲和素生物放大系统后，进一步将检测限降低到 100 fmol/L[169]。另外该课题组还使用脂质体作为质量放大子对霍乱毒素进行了检测[170]。

2.3.3　基于金属纳米颗粒偶联的信号放大技术在生化分析中的应用

金属纳米颗粒在 SERS、上转换、药物递送系统等多个领域应用广泛，基于其较大的分子质量，金属纳米颗粒作为一种质量放大子用来构建 QCM 检测方法

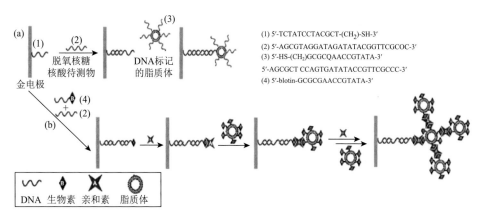

图 2.44　基于生物素-亲和素，脂质体偶联信号放大的 QCM 检测示意图[169]

的信号放大策略[171, 172]。金属纳米颗粒可以通过金硫键标记核酸序列，进而与蛋白质、细胞等偶联。金属纳米颗粒标记的多寡、信号放大的程度又可以通过其偶联序列的比例来调整，如生物条形码。

　　Hao 等利用纳米金颗粒修饰的探针序列对靶标 DNA 放大，实现了对炭疽杆菌基因片段的检测，如图 2.45 所示，检测限达到 3.5×10^2 CFU/mL[173]。He 等结合滚环扩增技术和生物条形码修饰的金纳米颗粒，设计同时含有适配体序列和滚环扩增引物的序列与环状探针杂交，加入聚合酶之后得到大量产物序列，作为质量放大子来灵敏检测凝血酶[174]。凝血酶是肿瘤转移过程中静脉血栓形成的标志物[175, 176]，凝血酶被修饰在晶片金表面的适配体捕获后，与滚环产物一端的适配体序列结合，把包含大量重复序列的滚环产物固定到晶片表面。制备的生物条形码修饰的金纳米颗粒上有与重复单元互补的识别序列，大量金纳米颗粒可以被捕获到晶片表面，如图 2.46 所示。这两种放大方法相结合实现了对凝血酶的灵敏检测，检测范围达到 1 amol/L～0.1 pmol/L，检测限达到 0.8 amol/L。

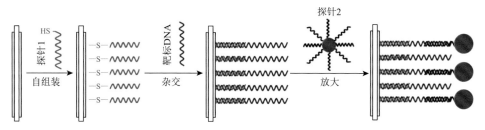

图 2.45　基于金纳米颗粒修饰信号序列进行信号放大示意图[173]

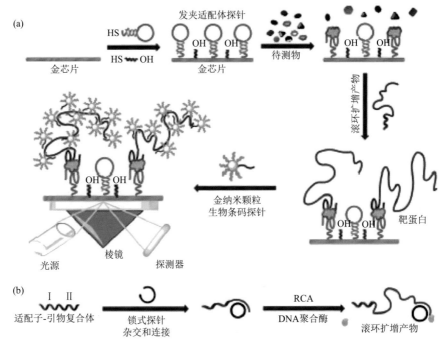

图 2.46 基于 DNA 滚环扩增和生物条形码信号放大的 QCM 检测方法示意图[174]

RCA：滚环放大扩增

乳腺癌基因（*BRCA1*）是肿瘤抑制基因，有助于修复受损 DNA，*BRCA1* 变异的检测被用于乳腺癌的诊断。Rasheed 等使用三明治结构，在金纳米颗粒表面标记探针序列，与捕获到 QCM 电极上的靶标杂交，实现对核酸的检测，检测限为 100 amol/L，线性检测范围为 100 amol/L～1 nmol/L[177]。Mo 课题组为了避免序列在晶片表面杂交过程中的空间位阻、耗时长等弊端，事先在溶液中把巯基修饰的捕获序列和纳米颗粒修饰的探针序列与目标序列杂交，然后再利用金硫键将复合物捕获到 QCM 晶片表面，该方法耗时短，避免了 QCM 仪器的不稳定因素，检测到了 0.1～100 fmol/L 的 DNA，并且将检测限降低到了 74 amol/L[178]。

肿瘤组织的细胞外腺苷三磷酸（ATP）浓度比正常组织高一千倍以上[179]，Song 等开发了基于 QCM 检测 ATP 的方法。利用聚合酶和剪切酶的作用，在 ATP 存在时释放大量寡核苷酸链，使纳米金标记的探针从磁珠上脱离，通过磁分离作用，脱离下来的纳米金标记探针与修饰在电极上的捕获序列杂交，大量金纳米颗粒结合在 QCM 电极表面，产生显著的频率响应，对 ATP 的检测限达到 1.3 nmol/L[180]。

凝血调节蛋白（thrombomodulin）是一种与内皮细胞损伤相关的蛋白，

Luo 等通过牛血清白蛋白-金纳米颗粒-抗体纳米复合体，实现对凝血调节蛋白的质量放大。纳米复合体与电极表面修饰的凝血调节蛋白抗体结合导致频率下降，但凝血调节蛋白阻碍了复合体与抗体之间的结合，从而导致频率下降的幅度变小。二者之间的相对频率下降幅度与凝血调节蛋白的浓度相关，检测限达到 ng/mL 级别[181]。Chen 等利用适配体捕获凝血酶，未经信号放大的检测限是 10 nmol/L，进一步使用偶联有金纳米颗粒的适配体与捕获的凝血酶形成三明治结构，达到信号放大 100 倍的效果，把凝血酶的检测限降低到 0.1 nmol/L[182]。

前列腺特异性抗原（PSA）是前列腺分泌的一种糖蛋白，也是一种丝氨酸蛋白酶，在血液中以自由形式存在，或者与α1-胰凝乳蛋白酶抑制剂（α1-antichymotrypsin）形成复合物，PSA 在血液中的浓度超过 4 ng/mL 被认为是前列腺肿瘤的指征[183]。Uludag 等用抗体修饰的电极检测血清中的前列腺特异性抗原，利用偶联的金纳米颗粒作为信号放大手段，如图 2.47 所示，使用 SPR 和 QCM 同时检测了血液中的 PSA 总量，检测限达到 8.5 pmol/L（0.29 ng/mL）[145]。磁性纳米颗粒有超顺磁性、易分离、可实现选择性收集等优点，在无磁场存在时，具有超顺磁性的纳米颗粒不会因为磁性相互作用而发生团聚，经表面修饰后，被广泛应用于靶标分离、药物递送等方面。当外加磁场时，由于磁力的作用，磁性颗粒可以起到信号放大的作用。

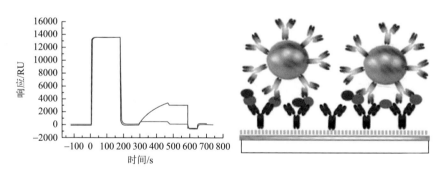

图 2.47　基于纳米颗粒偶联信号放大的检测示意图[145]

Pan 等利用修饰有 sgc8c 适配体的磁珠对复杂体系中的白血病 CCRF-CEM 肿瘤细胞进行选择性的富集和分选，并在垂直的 QCM 检测池后方施加磁场，使得捕获到的肿瘤细胞作用于 QCM 晶片表面，如图 2.48 所示。磁场与富集了靶向细胞的磁性纳米颗粒的相互作用，实现了对肿瘤细胞的检测，线性检测范围为 $1\times10^{4}\sim1.5\times10^{5}$ cells/mL，检测限为 8×10^{3} cells/mL[184]。

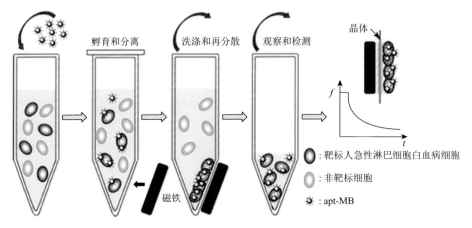

图 2.48 基于银沉积信号放大的 QCM 检测示意图[184]

apt-MB：修饰有适配体的磁珠

2.3.4 基于金属离子还原的信号放大技术在生化分析中的应用

溶解状态的金属离子在遇到还原剂之后，可以在电极表面还原成金属单质作为质量放大子对 QCM 的检测信号进行放大。

DNA 骨架对金属离子有很强的亲和力，可作为模板引发金属纳米颗粒生长，此特性在导电纳米管的制备和功能性线圈的构建方面得到应用[185]。Zhou 等利用 Ag^+ 与 Na^+ 的置换作用把 Ag^+ 附着在靶标 DNA 链的骨架上，QCM 电极捕获靶标后，在对苯二酚的作用下，探针上的 Ag^+ 被还原成 Ag 纳米簇，如图 2.49 所示。银纳

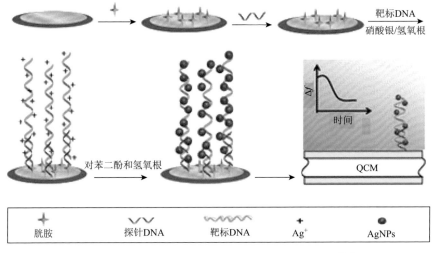

图 2.49 基于银沉积信号放大的 QCM 检测示意图[186]

Ag^+：银离子；AgNPs：银纳米颗粒

米簇的沉积实现了对 QCM 频率下降放大 87 倍的效果，对 DNA 的线性检测范围为 0.6～130 nmol/L，检测限达 0.1 nmol/L[186]。此外，DNA 引发的银沉积在基于电化学和拉曼光谱的信号放大方面也被广泛应用[187, 188]。

　　一种质量增强方法起到的信号放大作用往往是有限的，多种信号放大方法相结合可以达到信号增强多倍的效果。Willner 等在使用金纳米颗粒偶联放大的基础上，又使用了纳米金催化的金离子原位沉积，如图 2.50 所示。该方法提高了检测灵敏度，对 DNA 序列的检测限达到 fmol/L 级别[189, 190]。相对于单独使用金纳米颗粒耦合的方法，检测灵敏度得到了大幅提高。

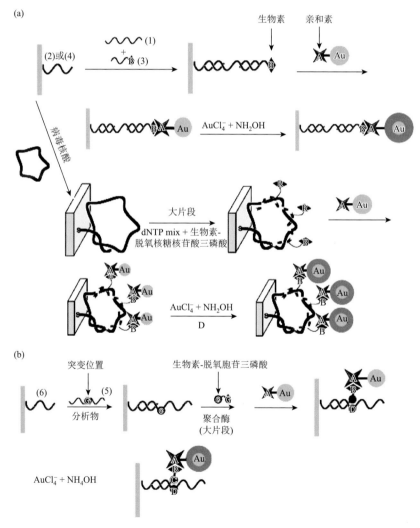

图 2.50　金纳米颗粒与亲和素偶联后催化金离子的原位还原实现 QCM 的信号放大[190]

A：亲和素；B：生物素；C：dCTP；G：突变位置

2.3.5 基于生物催化生成沉淀的信号放大技术在生化分析中的应用

在分析化学领域利用生物酶的催化反应应用广泛。基于产生不溶性沉淀的生物催化反应作为质量放大手段可用于放大 QCM 检测信号。Patolsky 等使用酶催化的放大方法检测单碱基突变，当序列含突变碱基时，才能与生物素修饰的 CTP 互补，进而利用亲和素引入碱性磷酸酶。接着催化磷酸盐氧化水解生成不溶物，不溶物沉积到电极表面引起 QCM 信号放大，如图 2.51 所示。3 nmol/L 的突变序列结合了生物素标记的 CTP 以及结合了亲和素标记的碱性磷酸酶之后，只引发了频率下降 47Hz，而进一步的酶催化产生不溶物导致了频率下降 70Hz，实现了信号放大[191]。端粒酶是一种蛋白逆转录酶，能增强细胞的增殖能力，一旦端粒酶被激活，则会激发细胞的无限分裂甚至引发癌症。Pavlov 等对 Hela 细胞提取物中的端粒酶进行了检测，将生物素修饰的端粒重复序列与端粒酶反应产物杂交，然后结

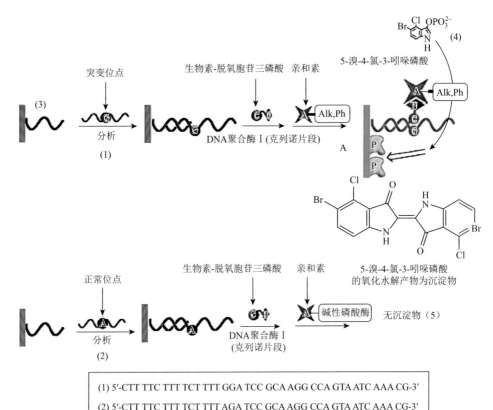

(1) 5′-CTT TTC TTT TCT TTT GGA TCC GCA AGG CCA GTA ATC AAA CG-3′

(2) 5′-CTT TTC TTT TCT TTT AGA TCC GCA AGG CCA GTA ATC AAA CG-3′

(3) 5′-HS-(CH₂)₆-CGT TTG ATT ACT GGC CTT GCG CAT C-3′

图 2.51　基于生物催化生成沉淀信号放大的 QCM 检测示意图[191]

P：沉淀物；A：亲和素；B：生物素；C：dCTP；G：突变位置

合亲和素标记的探针序列修饰碱性磷酸酶，催化磷酸盐的氧化水解，得到的不溶产物引发 QCM 频率下降，对端粒酶的活性进行了定量，可以检测到 1000 个 Hela 细胞提取物中的端粒酶活性[192]。

Patolsky 等还开发了一种过氧化氢酶催化产生沉淀的信号放大方法检测 DNA。首先在金电极表面修饰捕获 DNA，在靶标序列存在时，阿霉素能特异嵌插到捕获了靶标序列后形成的双链中。阿霉素的电化学还原使得 O_2 还原成 H_2O_2，在过氧化氢酶的催化下，H_2O_2 还原氯萘酚生成不溶物，沉淀到电极上起到质量放大的作用[193]。Alfonta 等联合脂质体偶联与酶催化生成沉淀的方法对靶标进行双重放大，实现了对霍乱毒素的灵敏检测，如图 2.52 所示，检测限达 1.0×10^{-13}mol/L[170]。

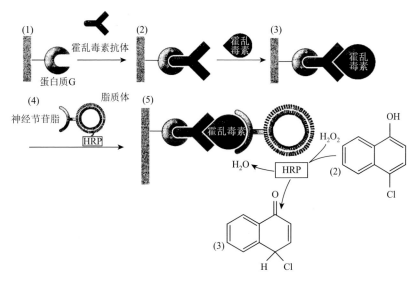

图 2.52　脂质体偶联与酶催化生成沉淀结合对霍乱毒素进行检测[170]

HRP：辣根过氧化物酶；（1）：G 蛋白共价连接在金载体上；（2）：霍乱毒素抗体通过其 Fc 片段与 G 蛋白连接；（3）：霍乱毒素与霍乱毒素抗体连接；（4）：包含 HRP 的脂质体通过神经节苷脂与霍乱毒素连接；（5）：在 HRP 与过氧化氢的作用下 4-chloro-1-naphthol（2）氧化水解产生沉淀物（3），进行检测

2.3.6　基于 DNA 杂交/复制的信号放大技术在生化分析中的应用

DNA 在聚合酶的帮助下可以实现大量复制，实现尺寸和质量的放大，并可以通过结晶的方法制备尺寸为几百纳米的纳米花[194-196]。大量杂交/复制的 DNA 本身就可以作为质量放大子对 QCM 的检测信号进行放大。杂交链式反应（HCR）中有两个自身稳定的核酸颈环探针在特定序列存在时杂交，自组装形成 DNA 纳米线，过程中不需要酶的参与，广泛应用于多种检测手段的信号放大。

Tang 等设计了一条特殊的捕获探针，靶标序列打开颈环结构后仍有空余位点进行后续杂交反应。在电极表面捕获靶标序列后，进行杂交链式反应，如图 2.53

所示。以与肿瘤抑制相关的 *p53* 基因片段为例，在捕获 *p53* 基因片段后，捕获序列上设计的空余段裸露出来，为后续的杂交链式反应提供结合位点，随后两个发卡结构的探针交替杂交在电极表面，使得 QCM 的检测信号大幅增强。未使用放大技术之前，最低只能检测到 20 nmol/L 的 *p53* 基因片段，使用杂交链式反应进行信号放大之后，检测灵敏度提高了 200 倍。检测限达 0.1 nmol/L，线性检测范围为 0.5～25 nmol/L[197]。

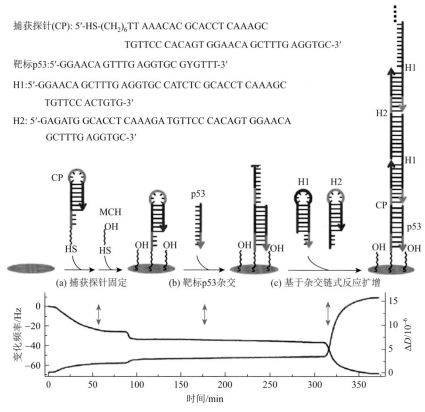

图 2.53 基于 DNA 杂交信号放大的 QCM 检测方法示意图[197]

MCH：巯基己醇；CP：捕获探针

Song 等开发了一种靶标触发的串联多循环扩增方法，用于灵敏检测痕量 DNA，该方法主要依赖于外切酶Ⅲ辅助的信号放大和杂交链式反应[198]。链霉亲和素包覆的金纳米颗粒在杂交链式反应的产物上自组装作为识别单元。一旦识别靶标 DNA，双螺旋 DNA 探针就会触发外切酶Ⅲ的剪切，如图 2.54 所示，伴随着新的靶标序列 DNA 的产生和释放并且参与循环反应，进一步实现信号放大，最终检测限为 0.7fmol/L。

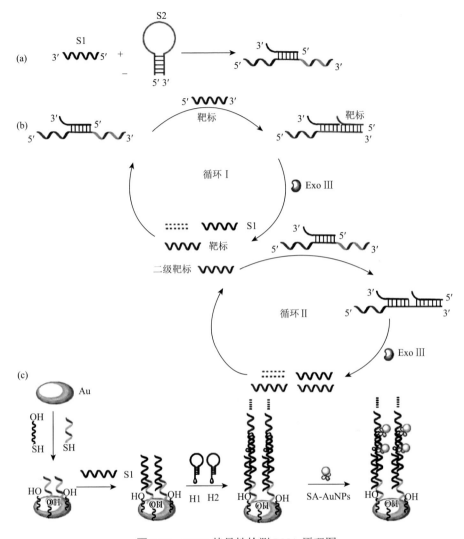

图 2.54　QCM 特异性检测 DNA 原理图

（a）S1-S2 复合物形成；（b）Exo III 辅助的循环放大过程；（c）Au-NPs 增强的杂交链式反应[197]

SA-AuNPs：链霉亲和素修饰金纳米颗粒；Exo III：外切酶III

滚环放大扩增（RCA）使用环形 DNA 模板进行复制，是一种恒温、粗犷的 DNA 扩增技术，得到的扩增产物包含上千个重复单元，可以作为质量放大子来增强信号。血小板源生长因子（PDFG）调节细胞的生长和分化，在血管的形成过程中起重要作用，与多种肿瘤的预后相关。Zhou 等利用 RCA 和银沉积的方法检测到了 10 fmol/L 的 PDFG[199]。Zhang 和 Sun 等利用过氧化氢酶催化产生不溶物与滚环扩增技术结合的方法检测了溶菌酶和 DNA，检测限达 amol/L 级别[200, 201]。

肿瘤抑制基因启动子区域 CpG 岛的甲基化会激活肿瘤基因，DNA 的甲基化可以调节肿瘤发展过程中基因的表达、分化，在肿瘤的早期诊断中 DNA 甲基化的检测应用广泛[202, 203]。Wang 等使用甲基化位点敏感的限制性内切酶 Hpa Ⅱ 来降解 DNA，它会剪切未甲基化的序列，却不影响甲基化的序列，因此甲基化的序列会作为模板加入聚合酶链式反应进行扩增，大量复制产物与晶片表面修饰的巯基探针杂交引起 QCM 信号响应，能检测到 20 nmol/L～1 μmol/L 范围内的甲基化 DNA 序列，实现了对细胞中 p16 和 GALR2 甲基化基因的检测[204]。

miRNA 是真核生物中广泛存在的一种长约 21～23 个核苷酸的 RNA 分子，可调节其他基因的表达，可用于癌症预测。Guo 等发展了一种综合酶扩增和纳米金放大的 RNA 检测方法，检测限达到 1 pmol/L，线性检测范围为 10 pmol/L～1 nmol/L，并成功检测到了 MCF-7 细胞中的 miroRNA-203，检测结果与利用商业化的 qRT-PCR 方法所得结果相当[205]。

2.3.7　基于晶体原位生长的信号放大技术在生化分析中的应用

结晶是自然发生或者人工控制的一个自组装产生固相的、结构高度规律的晶体的过程，可以通过冷却或者在溶液中沉淀实现，少数情况也可以从气相直接结晶成固相。结晶过程被工业领域用于分离纯化，利用各种官能团不同的表面性质，结晶过程也可以通过表面修饰，实现表面选择性结晶。

Liu 等研究结晶过程的各种参数时发现 QCM 晶片表面的结晶过程可以引发较强的质量响应，导致明显的 QCM 频率下降[206-208]。Liu 等将结晶引发的这种显著的质量响应效果应用到了 QCM 的信号放大策略中。首先利用晶体在不同官能团表面可以选择性结晶的性质，设计了一种利用晶体原位生长作为质量增强方式的信号放大手段。基于 CaCO₃ 晶体在不同官能团表面生长的性质，为了减少电极表面非特异的晶体生长，使用三甲胺官能团对其表面进行钝化。QCM 晶片捕获靶标 DNA 序列后，引入—COOH 修饰的探针序列引发 CaCO₃ 晶体在靶标位点原位结晶，如图 2.55 所示。—COOH 可以吸附 Ca^{2+} 在靶标位点聚集从而为促进后续的晶体生长提供位点，保证了检测信号的特异性。该放大方法有效增强了 QCM 对 DNA 的信号响应，检测限降低到 2 amol/L，引入适配体后成功将该方法转化为对肿瘤细胞的检测，并成功检测到 5 个 Ramos 细胞[209]。

研究表明，在活细胞内也可以实现结晶，Schonherr 等在细胞内清晰地观察到荧光素酶、组织蛋白酶 B、绿色荧光蛋白-禽呼肠孤病毒蛋白复合物的结晶[210]，如图 2.56 所示。作为一个相变过程，细胞内结晶应该可以通过 QCM 的谐振频率或者阻抗变化检测出来，因此，细胞内结晶有望成为一种新型的 QCM 信号放大手段。

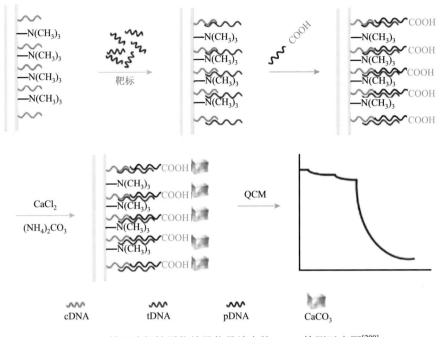

图 2.55　基于选择性原位结晶信号放大的 QCM 检测示意图[209]

cDNA：捕获 DNA；pDNA：探针 DNA；tDNA：靶标 DNA

2.3.8　展望

　　本节总结了近年来石英晶体微天平在生化分析中的应用，包括 DNA/RNA、蛋白质、病毒和细胞的检测等。未经放大的直接检测方法受到仪器本身灵敏度的限制，通过质量增强放大信号响应的信号放大方法，在提高石英晶体微天平检测灵敏度的同时，拓展了其应用范围。在生化分析领域的应用中，石英晶体微天平的信号放大方法有生物分子偶联、纳米颗粒偶联、金属离子还原、生物催化产生沉淀、DNA 杂交/复制、晶体原位生长等方法，信号放大策略的应用，显著降低了石英晶体微天平对分析物的检测限，显著提高了检测灵敏度。

　　基于石英晶体微天平的检测方法具有操作简单、灵敏度高、在线检测等优点，不仅在生物标志物的定量检测中应用广泛，而且对分子间相互作用、结构变化、黏弹性、动力学分析等领域也表现出很大潜力。在定量检测方面除了发展更多新的靶标外，趋向开发新的适合在石英晶体微天平电极表面发生的界面反应进行质量放大，发展原理更简单、检测限更低的信号放大技术。石英晶体微天平检测技术还可以与多种平台联用，如电化学工作站、电镜等，同时提供多通道的检测信息，挑战细胞内生化反应的检测。随着信号放大技

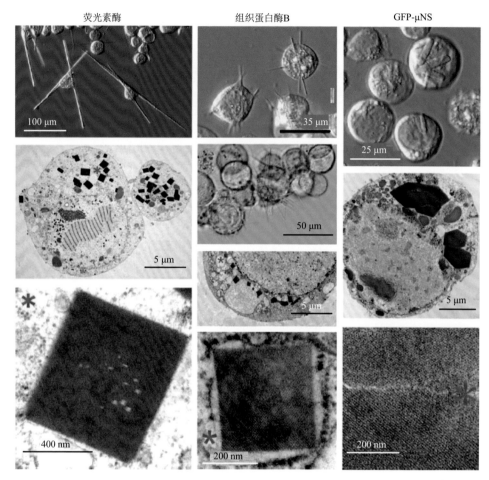

图 2.56　荧光素酶、组织蛋白酶 B、绿色荧光蛋白-禽呼肠孤病毒蛋白
复合物在细胞中的结晶现象[210]

GFP-μNS：绿色荧光蛋白-禽呼肠孤病毒蛋白复合物

术的开发和联用技术的发展，石英晶体微天平检测技术将会在多个领域获得
更广泛的应用。

张怀荣　刘丽赏　黄　训　滕万清　胡善文　李学明

参 考 文 献

[1] McNay G, Eustace D, Smith W E, et al. Surface-enhanced Raman scattering（SERS）and surface-enhanced resonance Raman scattering（SERRS）: a review of applications. Applied Spectroscopy, 2011, 65（8）: 825-837.

[2] Lee C W, Tseng F G. Surface enhanced Raman scattering（SERS）based biomicrofluidics systems for trace protein

analysis. Biomicrofluidics，2018，12（1）：011502.

[3]　Campion A，Kambhampat P. Surface-enhanced Raman scattering. Chemical Society Reviews，1998，27（4）：241-250.

[4]　Lane L A，Qian X，Nie S. SERS nanoparticles in medicine：from label-free detection to spectroscopic tagging. Chemical Reviews，2015，115（19）：10489-10529.

[5]　Kahraman M，Mullen E R，Korkmaz A，et al. Fundamentals and applications of SERS-based bioanalytical sensing. Nanophotonics，2017，6（5）：831-852.

[6]　Amendola V，Pilot R，Frasconi M，et al. Surface plasmon resonance in gold nanoparticles：a review. Journal of Physics：Condensed Matter，2017，29（20）：203002.

[7]　Kneipp K，Kneipp H，Itzkan I，et al. Ultrasensitive chemical analysis by Raman spectroscopy. Chemical Reviews，1999，99（10）：2957-2976.

[8]　Chen L，Qi N，Wang X，et al. Ultrasensitive surface-enhanced Raman scattering nanosensor for mercury ion detection based on functionalized silver nanoparticles. RSC Advances，2014，4（29）：15055-15060.

[9]　Campion A，Kambhampati P. Surface-enhanced Raman scattering. Chemical Society Reviews，1998，27（4）：241-250.

[10]　Laing S，Jamieson L E，Faulds K，et al. Surface-enhanced Raman spectroscopy for *in vivo* biosensing. Nature Reviews Chemistry，2017，1（8）：1-19.

[11]　Bantz K C，Meyer A F，Wittenberg N J，et al. Recent progress in SERS biosensing. Physical Chemistry Chemical Physics，2011，13（24）：11551-11567.

[12]　Wei W，Li S，Millstone J E，et al. Surprisingly long-range surface-enhanced Raman scattering（SERS）on Au-Ni multisegmented nanowires. Angewandte Chemie International Edition，2009，48（23）：4210-4212.

[13]　Zhang Q，Large N，Nordlander P，et al. Porous Au nanoparticles with tunable plasmon resonances and intense field enhancements for single-particle SERS. The Journal of Physical Chemistry Letters，2014，5（2）：370-374.

[14]　Cao Y W C，Jin R，Mirkin C A. Nanoparticles with Raman spectroscopic fingerprints for DNA and RNA detection. Science，2002，297（5586）：1536-1540.

[15]　Qin X，Si Y，Wang D，et al. Nanoconjugates of Ag/Au/carbon nanotube for alkyne-mediated ratiometric SERS imaging of hypoxia in hepatic ischemia. Analytical Chemistry，2019，91（7）：4529-4536.

[16]　Qiu Y，Lin M，Chen G，et al. Photodegradable CuS SERS probes for intraoperative residual tumor detection，ablation，and self-clearance. ACS Applied Materials & Interfaces，2019，11（26）：23436-23444.

[17]　Ma Y，Promthaveepong K，Li N. Chemical sensing on a single SERS particle. ACS Sens，2017，2，（1）：135-139.

[18]　Stranahan M A，Willets K A. super-resolution optical imaging of single-molecule sers hot spots. Nano Lett，2010，10，（9）：3777-3784.

[19]　Lee C J，Jung J W，Hee J. Fully integrated optofluidic SERS platform for real-time and continuous characterization of airborne microorganisms. Biosen Bioelectron，2020，169：112611.

[20]　Zhao P，Li H X，Li D W，et al. A SERS nano-tag-based magnetic-separation strategy for highly sensitive immunoassay in unprocessed whole blood. TALANTA，2019，198：527-533.

[21]　Cialla-May D，Zheng X S，Weber K，et al. Recent progress in surface-enhanced Raman spectroscopy for biological and biomedical applications：from cells to clinics. Chemical Society Reviews，2017，46（13）：3945-3961.

[22]　Ding S Y，You E M，Tian Z Q，et al. Electromagnetic theories of surface-enhanced Raman spectroscopy. Chemical Society Reviews，2017，46（13）：4042-4076.

[23] Stepula E, Wang X P, Srivastav S. 6-color/1-target immuno-SERS microscopy on the same single cancer cell. ACS Appl Mater Interfaces, 2020, 12, (29): 32321-32327.

[24] Wang H, Han X, Ou X, et al. Silicon nanowire based single-molecule SERS sensor. Nanoscale, 2013, 5 (17): 8172-8176.

[25] Gao X, Zhang H, Fan X, et al. Toward the highly sensitive SERS detection of bio-molecules: the formation of a 3D self-assembled structure with a uniform GO mesh between Ag nanoparticles and Au nanoparticles. Optics Express, 2019, 27 (18): 25091-25106.

[26] Zou W, Wang X, Yang Y, et al. Porous alumina aerogel with tunable pore structure for facile, ultrasensitive, and reproducible SERS platform. Journal of Raman Spectroscopy, 2019, 50 (10): 1429-1437.

[27] Masango S S, Hackler R A, Large N, et al. High-resolution distance dependence study of surface-enhanced raman scattering enabled by atomic layer deposition. Nano Letters, 2016, 16 (7): 4251-4259.

[28] Yan J, Su S, He S, et al. Nano rolling-circle amplification for enhanced SERS hot spots in protein microarray analysis. Analytical Chemistry, 2012, 84 (21): 9139-9145.

[29] Zhao Y, Yang Y X, Luo Y D. Double detection of mycotoxins based on SERS labels embedded Ag@Au core-shell nanoparticles. ACS Appl Mater Interfaces, 2015, 7, (39): 21780-21786.

[30] Guven B, Boyaci I H, Tamer U, et al. Development of rolling circle amplification based surface-enhanced Raman spectroscopy method for 35S promoter gene detection. Talanta, 2015, 136: 68-74.

[31] Wang Z Y, Zong S F, Wu L. SERS-activated platforms for immunoassay: probes, encoding methods, and applications. Chem Rev, 2017, 117, (12): 7910-7963.

[32] Stokes R J, Macaskill A, Lundahl P J, et al. Quantitative enhanced Raman scattering of labeled DNA from gold and silver nanoparticles. Small, 2007, 3 (9): 1593-1601.

[33] Faulds K, Smith W E, Graham D. DNA detection by surface enhanced resonance Raman scattering (SERRS). Analyst, 2005, 130 (8): 1125-1131.

[34] Zhang Z, Wang Y, Zheng F, et al. Ultrasensitive SERS assay of lysozyme using a novel and unique four-way helical junction molecule probe for signal amplification. Chemical Communications, 2015, 51 (5): 907-910.

[35] Guerrini L, Graham D. Molecularly-mediated assemblies of plasmonic nanoparticles for Surface-Enhanced Raman Spectroscopy applications. Chemical Society Reviews, 2012, 41 (21): 7085-7107.

[36] Atar N, Eren T, Yola M L. A molecular imprinted SPR biosensor for sensitive determination of citrinin in red yeast rice. Food chemistry, 2015, 184: 7-11.

[37] Morla-Folch J, Xie H, Gisbert-Quilis P, et al. Ultrasensitive direct quantification of nucleobase modifications in DNA by surface-enhanced Raman scattering: the case of cytosine. Angewandte Chemie International Edition, 2015, 54 (46): 13650-13654.

[38] Altintas Z, France B, Ortiz J O, et al. Computationally modelled receptors for drug monitoring using an optical based biomimetic SPR sensor. Sensors and Actuators B: Chemical, 2016, 224: 726-737.

[39] Kamaruddin N H, Bakar A A A, Yaacob M H, et al. Enhancement of chitosan-graphene oxide spr sensor with a multi-metallic layers of Au-Ag-Au nanostructure for lead (ii) ion detection. Applied Surface Science, 2016, 361: 177-184.

[40] Yin J, Wu T, Song J, et al. SERS-active nanoparticles for sensitive and selective detection of cadmium ion (Cd^{2+}). Chemistry of Materials, 2011, 23 (21): 4756-4764.

[41] Zhou C, Zou H, Sun C, et al. Signal amplification strategies for DNA-based surface plasmon resonance biosensors. Biosensors and Bioelectronics, 2018, 117: 678-689.

[42] Ye S，Mao Y，Guo Y，et al. Enzyme-based signal amplification of surface-enhanced Raman scattering in cancer-biomarker detection. TrAC Trends in Analytical Chemistry，2014，55：43-54.

[43] Li Y，Qi X，Lei C，et al. Simultaneous SERS detection and imaging of two biomarkers on the cancer cell surface by self-assembly of branched DNA-gold nanoaggregates. Chemical Communications，2014，50（69）：9907-9909.

[44] Pelossof G，Tel-Vered R，Liu X Q，et al. Amplified surface plasmon resonance based DNA biosensors，aptasensors，and Hg^{2+} sensors using hemin/G-quadruplexes and Au Nanoparticles. Chemistry-A European Journal，2011，17（32）：8904-8912.

[45] Ali M M，Li F，Zhang Z，et al. Rolling circle amplification：a versatile tool for chemical biology，materials science and medicine. Chemical Society Reviews，2014，43（10）：3324-3341.

[46] Hu J，Zhang C. Sensitive detection of nucleic acids with rolling circle amplification and surface-enhanced Raman scattering spectroscopy. Analytical Chemistry，2010，82（21）：8991-8997.

[47] Li X，Wang L，Li C. Rolling-Circle Amplification Detection of Thrombin Using Surface-Enhanced Raman Spectroscopy with Core-Shell Nanoparticle Probe. Chemistry-A European Journal，2015，21（18）：6817-6822.

[48] He Y，Yang X，Yuan R，et al. "Off" to "On" surface-enhanced Raman spectroscopy platform with padlock probe-based exponential rolling circle amplification for ultrasensitive detection of microRNA 155. Analytical Chemistry，2017，89（5）：2866-2872.

[49] Li Y，Zeng Y，Mao Y，et al. Proximity-dependent isothermal cycle amplification for small-molecule detection based on surface enhanced Raman scattering. Biosensors and Bioelectronics，2014，51：304-309.

[50] Zhou W J，Halpern A R，Seefeld T H，et al. Near infrared surface plasmon resonance phase imaging and nanoparticle-enhanced surface plasmon resonance phase imaging for ultrasensitive protein and DNA biosensing with oligonucleotide and aptamer microarrays. Analytical Chemistry，2012，84（1）：440-445.

[51] Li Y，Yu C，Han H，et al. Sensitive SERS detection of DNA methyltransferase by target triggering primer generation-based multiple signal amplification strategy. Biosensors and Bioelectronics，2016，81：111-116.

[52] Li Y，Zhao Q，Wang Y，et al. Ultrasensitive signal-on detection of nucleic acids with surface-enhanced Raman scattering and exonuclease III-assisted probe amplification. Analytical Chemistry，2016，88（23）：11684-11690.

[53] Gong L，Zhao Z，Lv Y F，et al. DNAzyme-based biosensors and nanodevices. Chemical Communications，2015，51（6）：979-995.

[54] Tian A，Liu Y，Gao J. Sensitive SERS detection of lead ions via DNAzyme based quadratic signal amplification. Talanta，2017，171：185-189.

[55] Gao F，Du L，Tang D，et al. A cascade signal amplification strategy for surface enhanced Raman spectroscopy detection of thrombin based on DNAzyme assistant DNA recycling and rolling circle amplification. Biosensors and Bioelectronics，2015，66：423-430.

[56] Wang X Y，Niu C G，Guo L J，et al. A fluorescence sensor for lead（Ⅱ）ions determination based on label-free gold nanoparticles（GNPs）-DNAzyme using time-gated mode in aqueous solution. Journal of Fluorescence，2017，27（2）：643-649.

[57] Su Q，Ma X，Dong J，et al. A reproducible SERS substrate based on electrostatically assisted APTES-functionalized surface-assembly of gold nanostars. ACS Applied Materials & Interfaces，2011，3（6）：1873-1879.

[58] dos Santos Jr D S，Alvarez-Puebla R A，Oliveira Jr O N，et al. Controlling the size and shape of gold nanoparticles in fulvic acid colloidal solutions and their optical characterization using SERS. Journal of Materials Chemistry，2005，15（29）：3045-3049.

[59] Amendola V，Pilot R，Frasconi M，et al. Surface plasmon resonance in gold nanoparticles：a review. Journal of

Physics Condensed Matter An Institute of Physics Journal，2017，29（20）：203002.

[60] Kundu S. A new route for the formation of Au nanowires and application of shape-selective Au nanoparticles in SERS studies. Journal of Materials Chemistry C，2013，1（4）：831-842.

[61] Yao L，Ye Y，Teng J，et al. *In vitro* isothermal nucleic acid amplification assisted surface-enhanced Raman spectroscopic for ultrasensitive detection of vibrio parahaemolyticus. Analytical Chemistry，2017，89（18）：9775-9780.

[62] Zhong L B，Yin J，Zheng Y M，et al. Self-assembly of Au nanoparticles on PMMA template as flexible，transparent，and highly active SERS substrates. Analytical Chemistry，2014，86（13）：6262-6267.

[63] Hu S W，Qiao S，Pan J B，et al. A paper-based SERS test strip for quantitative detection of Mucin-1 in whole blood. Talanta，2018，179：9-14.

[64] Wang C W，Chang H T. Sensitive detection of platelet-derived growth factor through surface-enhanced Raman scattering. Analytical Chemistry，2014，86（15）：7606-7611.

[65] Du J，Jing C. Preparation of $Fe_3O_4@$ Ag SERS substrate and its application in environmental Cr（Ⅵ）analysis. Journal of Colloid and Interface Science，2011，358（1）：54-61.

[66] McLellan J M，Li Z Y，Siekkinen A R，et al. The SERS activity of a supported Ag nanocube strongly depends on its orientation relative to laser polarization. Nano Letters，2007，7（4）：1013-1017.

[67] Chen L，Qi N，Wang X，et al. Ultrasensitive surface-enhanced Raman scattering nanosensor for mercury ion detection based on functionalized silver nanoparticles. RSC Advances，2014，4（29）：15055-15060.

[68] Zhou H，Yang D，Ivleva N P，et al. SERS detection of bacteria in water by in situ coating with Ag nanoparticles. Analytical Chemistry，2014，86（3）：1525-1533.

[69] Wang L，Li H，Tian J，et al. Monodisperse，micrometer-scale，highly crystalline，nanotextured Ag dendrites：rapid，large-scale，wet-chemical synthesis and their application as SERS substrates. ACS Applied Materials & Interfaces，2010，2（11）：2987-2991.

[70] Shaikh I M，Sartale S D. SILAR grown Ag nanoparticles as an efficient large area SERS substrate. Journal of Raman Spectroscopy，2018，49（8）：1274-1287.

[71] Shanmukh S，Jones L，Driskell J，et al. Rapid and sensitive detection of respiratory virus molecular signatures using a silver nanorod array SERS substrate. Nano Letters，2006，6（11）：2630-2636.

[72] Wang C，Wang C，Wang X，et al. Magnetic SERS strip for sensitive and simultaneous detection of respiratory viruses[J]. ACS Applied Materials & Interfaces，2019，11（21）：19495-19505.

[73] Bhunia S K，Zeiri L，Manna J，et al. Carbon-dot/silver-nanoparticle flexible SERS-active films. ACS Applied Materials & Interfaces，2016，8（38）：25637-25643.

[74] He P，Zhang Y，Liu L，et al. Ultrasensitive SERS detection of lysozyme by a target-triggering multiple cycle amplification strategy based on a gold substrate. Chemistry-A European Journal，2013，19（23）：7452-7460.

[75] Wang D，Hua H，Liu Y，et al. Single Ag nanowire electrodes and single Pt@ Ag nanowire electrodes：fabrication，electrocatalysis，and surface-enhanced Raman scattering applications. Analytical Chemistry，2019，91（7）：4291-4295.

[76] Xie W，Herrmann C，Kömpe K，et al. Synthesis of bifunctional Au/Pt/Au core/shell nanoraspberries for in situ SERS monitoring of platinum-catalyzed reactions. Journal of the American Chemical Society，2011，133（48）：19302-19305.

[77] Lu L，Sun G，Zhang H，et al. Fabrication of core-shell Au-Pt nanoparticle film and its potential application as catalysis and SERS substrate. Journal of Materials Chemistry，2004，14（6）：1005-1009.

[78] He P，Qiao W，Liu L，et al. A highly sensitive surface plasmon resonance sensor for the detection of DNA and cancer cells by a target-triggered multiple signal amplification strategy. Chemical Communications，2014，50（73）：10718-10721.

[79] Yang Y，Zhu J，Zhao J，et al. Growth of spherical gold satellites on the surface of Au@ Ag@ SiO$_2$ core-shell nanostructures used for an ultrasensitive SERS immunoassay of alpha-fetoprotein. ACS Applied Materials & Interfaces，2019，11（3）：3617-3626.

[80] Moeinian A，Gür F N，Gonzalez-Torres J，et al. Highly localized SERS measurements using single silicon nanowires decorated with DNA origami-based SERS probe. Nano Letters，2019，19（2）：1061-1066.

[81] Rouhbakhsh H，Farkhari N，Ahmadi-kandjani S，et al. A low-cost stable SERS substrate based on modified silicon nanowires. Plasmonics，2019，14（4）：869-874.

[82] Zhong F，Wu Z，Guo J，et al. Porous silicon photonic crystals coated with Ag nanoparticles as efficient substrates for detecting trace explosives using SERS. Nanomaterials，2018，8（11）：872.

[83] Wang Y，Zhang X，Gao P，et al. Air heating approach for multilayer etching and roll-to-roll transfer of silicon nanowire arrays as SERS substrates for high sensitivity molecule detection. ACS Applied Materials & Interfaces，2014，6（2）：977-984.

[84] Wang X，Cui M，Zhou H，et al. DNA-hybrid-gated functional mesoporous silica for sensitive DNA methyltransferase SERS detection. Chemical Communications，2015，51（73）：13983-13985.

[85] Ma L W，Wu H，Huang Y，Zou S M. et al. High-performance real-time SERS detection with recyclable Ag nanorods@HfO$_2$ substrates. ACS Applied Materials & Interfaces，2016，8，27162-27168.

[86] Kim M，Park K，Jeong E J，et al. Surface plasmon resonance imaging analysis of protein-protein interactions using on-chip-expressed capture protein. Analytical Biochemistry，2006，351（2）：298-304.

[87] Huey Fang T，Peh W Y X，Xiaodi S，et al. Characterization of protein--DNA interactions using surface plasmon resonance spectroscopy with various assay schemes. Biochemistry，2007，46（8）：2127-2135.

[88] Fong C C，Lai W P，Leung Y C，et al. Study of substrate-enzyme interaction between immobilized pyridoxamine and recombinant porcine pyridoxal kinase using surface plasmon resonance biosensor. Biochimica et Biophysica Acta，2002，1596（1）：95-107.

[89] Matthis G，U Helena D. Studies of substrate-induced conformational changes in human cytomegalovirus protease using optical biosensor technology. Analytical Biochemistry，2004，332（2）：203-214.

[90] Rich R L，Hoth L R，Geoghegan K F，et al. Kinetic analysis of estrogen receptor/ligand interactions. Proceedings of the National Academy of Sciences of the United States of America，2002，99（13）：8562-8567.

[91] Beccati D，Halkes K M，Batema G D，et al. SPR studies of carbohydrate-protein interactions：signal enhancement of low-molecular-mass analytes by organoplatinum（II）-labeling. ChemBioChem，2005，6（7）：1196-203.

[92] Zhang H，Yang L，Zhou B，et al. Investigation of biological cell-protein interactions using SPR sensor through laser scanning confocal imaging-surface plasmon resonance system. Spectrochimica Acta. Part A：Molecular and Biomolecular Spectroscopy，2014，121：381-386.

[93] Miyoshi H，Suehiro N，Tomoo K，et al. Binding analyses for the interaction between plant virus genome-linked protein（VPg）and plant translational initiation factors. Biochimie，2006，88（3-4）：329-40.

[94] Wang D，Loo J F C，Chen J，et al. Recent advances in surface plasmon resonance imaging sensors. Sensors，2019，19（6）：1266（1-26）.

[95] Wang Q，Liu R，Yang X，et al. Surface plasmon resonance biosensor for enzyme-free amplified microRNA detection based on gold nanoparticles and DNA supersandwich. Sensors and Actuators B：Chemical，2016，223：

613-620.

[96] Man Souri M, Fathi F, Jalili R, et al. SPR enhanced DNA biosensor for Sensitive detection of donkey meat adulteration. Food Chemistry, 2020, 331: 127163.

[97] Eletxigerra U, Martinez-Perdiguero J, Barderas R, et al. Surface plasmon resonance immunosensor for ErbB2 breast cancer biomarker determination in human serum and raw cancer cell lysates. Analytica Chimica Acta, 2016, 905: 156-162.

[98] Sing H S, Halder A, Sinha O, et al. Nanoparticle-based 'turn-on' Scattering and past-sample fluore scence for ultra sensitive deteltion of water pollution in wider window. PloS One, 2020, 15 (1): 1-15.

[99] Salehabadi H, Khajeh K, Dabirmanesh B, et al. Surface plasmon resonance based biosensor for discovery of new matrix metalloproteinase-9 inhibitors. Sensors and Actuators B: Chemical, 2018, 263: 143-150.

[100] Li M, Cushing S K, Wu N. Plasmon-enhanced optical sensors: a review. Analyst, 2015, 140 (2): 386-406.

[101] Stewart M E, Anderton C R, Thompson L B, et al. Nanostructured plasmonic sensors. Chemical Reviews, 2008, 108 (2): 494-521.

[102] Yanase Y, Hiragun T, Ishii K, et al. Surface plasmon resonance for cell-based clinical diagnosis. Sensors, 2014, 14 (3): 4948-4959.

[103] Farka Z K, Juřík T S, Pastucha M J, et al. Enzymatic precipitation enhanced surface plasmon resonance immunosensor for the detection of salmonella in powdered milk. Analytical Chemistry, 2016, 88 (23): 11830-11836.

[104] Li H, Chang J, Hou T, et al. HRP-mimicking DNAzyme-catalyzed in situ generation of polyaniline to assist signal amplification for ultrasensitive surface plasmon resonance biosensing. Analytical Chemistry, 2016, 89 (1): 673-680.

[105] Li X, Wang Y, Wang L, et al. A surface plasmon resonance assay coupled with a hybridization chain reaction for amplified detection of DNA and small molecules. Chemical Communications, 2014, 50 (39): 5049-5052.

[106] Zeng S, Baillargeat D, Ho H P, et al. Nanomaterials enhanced surface plasmon resonance for biological and chemical sensing applications. Chemical Society Reviews, 2014, 43 (10): 3426-3452.

[107] Severs A, Schasfoort R. Enhanced surface plasmon resonance inhibition test (ESPRIT) using latex particles. Biosensors and Bioelectronics, 1993, 8 (7-8): 365-370.

[108] Wink T, van Zuilen S J, Bult A, et al. Liposome-mediated enhancement of the sensitivity in immunoassays of proteins and peptides in surface plasmon resonance spectrometry. Analytical Chemistry, 1998, 70 (5): 827-832.

[109] Kabashin A, Evans P, Pastkovsky S, et al. Plasmonic nanorod metamaterials for biosensing. Nature Materials, 2009, 8 (11): 867.

[110] Law W C, Yong K T, Baev A, et al. Sensitivity improved surface plasmon resonance biosensor for cancer biomarker detection based on plasmonic enhancement. ACS Nano, 2011, 5 (6): 4858-4864.

[111] Zeng S, Yu X, Law W C, et al. Size dependence of Au NP-enhanced surface plasmon resonance based on differential phase measurement. Sensors and Actuators B: Chemical, 2013, 176: 1128-1133.

[112] Jain P K, Lee K S, El-Sayed I H, et al. Calculated absorption and scattering properties of gold nanoparticles of different size, shape, and composition: applications in biological imaging and biomedicine. The Journal of Physical Chemistry B, 2006, 110 (14): 7238-7248.

[113] Choi J W, Kang D Y, Jang Y H, et al. Ultra-sensitive surface plasmon resonance based immunosensor for prostate-specific antigen using gold nanoparticle-antibody complex. Colloids and Surfaces A: Physicochemical and Engineering Aspects, 2008, 313: 655-659.

[114] Pelossof G, Tel-Vered R, Willner I. Amplified surface plasmon resonance and electrochemical detection of Pb^{2+} ions using the Pb^{2+}-dependent DNAzyme and hemin/G-quadruplex as a label. Analytical Chemistry, 2012, 84 (8): 3703-3709.

[115] Fathi F, Rashidi M R, Omidi Y. Ultra-sensitive detection by metal nanoparticles-mediated enhanced SPR biosensors. Talanta, 2019, 192: 118-127.

[116] Chen C D, Cheng S F, Chau L K, et al. Sensing capability of the localized surface plasmon resonance of gold nanorods. Biosensors and Bioelectronics, 2007, 22 (6): 926-932.

[117] Fathi F, Jalili R, Amjadi M, et al. SPR signals enhancement by gold nanorods for cell surface marker detection. BioImpacts, 2019, 9 (2): 71.

[118] Wu Q, Sun Y, Ma P, et al. Gold nanostar-enhanced surface plasmon resonance biosensor based on carboxyl-functionalized graphene oxide. Analytica Chimica Acta, 2016, 913: 137-144.

[119] Kwon M J, Lee J, Wark A W, et al. Nanoparticle-enhanced surface plasmon resonance detection of proteins at attomolar concentrations: comparing different nanoparticle shapes and sizes. Analytical Chemistry, 2012, 84 (3): 1702-1707.

[120] Chu C, Shen L, Ge S, et al. Using "dioscorea batatas bean" -like silver nanoparticles based localized surface plasmon resonance to enhance the fluorescent signal of zinc oxide quantum dots in a DNA sensor. Biosensors and Bioelectronics, 2014, 61: 344-350.

[121] Krishnan S, Mani V, Wasalathanthri D, et al. Attomolar detection of a cancer biomarker protein in serum by surface plasmon resonance using superparamagnetic particle labels. Angewandte Chemie International Edition, 2011, 50 (5): 1175-1178.

[122] Lee K S, Lee M, Byun K M, et al. Surface plasmon resonance biosensing based on target-responsive mobility switch of magnetic nanoparticles under magnetic fields. Journal of Materials Chemistry, 2011, 21 (13): 5156-5162.

[123] Yuan Y, Yuan N, Gong D, et al. A high-sensitivity and broad-range SPR glucose sensor based on improved glucose sensitive membranes. Photonic Sensors, 2019, 25: 1-8.

[124] Sendroiu I E, Warner M E, Corn R M. Fabrication of silica-coated gold nanorods functionalized with DNA for enhanced surface plasmon resonance imaging biosensing applications. Langmuir, 2009, 25 (19): 11282-11284.

[125] Zhai J, Liu Y, Huang S, et al. A specific DNA-nanoprobe for tracking the activities of human apurinic/apyrimidinic endonuclease 1 in living cells. Nucleic Acids Research, 2017, 45 (6): e45.

[126] Patil P O, Pandey G R, Patil A G, et al. Graphene-based nanocomposites for sensitivity enhancement of surface plasmon resonance sensor for biological and chemical sensing: A review. Biosensors and Bioelectronics, 2019, 139: 111324.

[127] Wu L, Chu H, Koh W, et al. Highly sensitive graphene biosensors based on surface plasmon resonance. Optics Express, 2010, 18 (14): 14395-14400.

[128] Zhang J, Sun Y, Xu B, et al. A novel surface plasmon resonance biosensor based on graphene oxide decorated with gold nanorod-antibody conjugates for determination of transferrin. Biosensors and Bioelectronics, 2013, 45: 230-236.

[129] Cittadini M, Bersani M, Perrozzi F, et al. Graphene oxide coupled with gold nanoparticles for localized surface plasmon resonance based gas sensor. Carbon, 2014, 69: 452-459.

[130] Lee E G, Park K M, Jeong J Y, et al. Carbon nanotube-assisted enhancement of surface plasmon resonance signal. Analytical Biochemistry, 2011, 408 (2): 206-211.

[131] Ng S P, Qiu G, Ding N, et al. Label-free detection of 3-nitro-L-tyrosine with nickel-doped graphene localized surface plasmon resonance biosensor. Biosensors and Bioelectronics, 2017, 89: 468-476.

[132] Chiu N F, Lin T L, Kuo C T. Highly sensitive carboxyl-graphene oxide-based surface plasmon resonance immunosensor for the detection of lung cancer for cytokeratin 19 biomarker in human plasma. Sensors and Actuators B: Chemical, 2018, 265: 264-272.

[133] Wang Q, Li Q, Yang X, et al. Graphene oxide-gold nanoparticles hybrids-based surface plasmon resonance for sensitive detection of microRNA. Biosensors and Bioelectronics, 2016, 77: 1001-1007.

[134] Xue T, Cui X, Guan W, et al. Surface plasmon resonance technique for directly probing the interaction of DNA and graphene oxide and ultra-sensitive biosensing. Biosensors and Bioelectronics, 2014, 58: 374-379.

[135] Miyazaki C M, Camilo D E, Shimizu F M, et al. Improved antibody loading on self-assembled graphene oxide films for using in surface plasmon resonance immunosensors. Applied Surface Science, 2019, 490: 502-509.

[136] Wang Q, Wang B T. Surface plasmon resonance biosensor based on graphene oxide/silver coated polymer cladding silica fiber. Sensors and Actuators B: Chemical, 2018, 275: 332-338.

[137] Liu L. Nucleic acid amplification strategies based on QCM//Zhang S, Bi S, Song X. Nucleic Acid Amplification Strategies for Biosensing, Bioimaging and Biomedicine. Singapore: Springer, 2019: 197-209.

[138] Cooper M A, Singleton V T. A survey of the 2001 to 2005 quartz crystal microbalance biosensor literature: applications of acoustic physics to the analysis of biomolecular interactions. Journal of Molecular Recognition, 2007, 20: 154-184.

[139] Snyder E G, Watkins T H, Solomon P A, et al. The changing paradigm of air pollution monitoring. Environmental Science & Technology, 2013, 47: 11369-11377.

[140] Guo H S, Kim J M, Pham X H, et al. Predicting the enantioseparation efficiency of chiral mandelic acid in diastereomeric crystallization using a quartz crystal microbalance. Crystal Growth & Design, 2011, 11: 53-58.

[141] Kearney L T, Howarter J A. QCM-Based measurement of chlorine-induced polymer degradation kinetics. Langmuir, 2014, 30: 8923-8930.

[142] Osypova A, Thakar D, Dejeu J, et al. Sensor based on aptamer folding to detect low-molecular weight analytes. Analytical Chemistry, 2015, 87: 7566-7574.

[143] Wang L, Wang R, Chen F, et al. QCM-based aptamer selection and detection of Salmonella typhimurium. Food Chemistry, 2017, 221: 776-782.

[144] Liu Y, Tang X, Liu F, et al. Selection of ligands for affinity chromatography using quartz crystal biosensor. Analytical Chemistry, 2005, 77: 4248-4256.

[145] Uludag Y, Tothill I E. Cancer biomarker detection in serum samples using surface plasmon resonance and quartz crystal microbalance sensors with nanoparticle signal amplification. Analytical Chemistry, 2012, 84: 5898-5904.

[146] Ho G F. Progress of cancer research in developing countries. Advances in Modern Oncology Research, 2017, 3: 41-43.

[147] Becker B, Cooper M A. A survey of the 2006-2009 quartz crystal microbalance biosensor literature. Journal of Molecular Recognition, 2011, 24: 754-787.

[148] Speight R E, Cooper M A. A Survey of the 2010 quartz crystal microbalance literature. Journal of Molecular Recognition, 2012, 25: 451-473.

[149] He J A, Fu L, Huang M, et al. Advances in quartz crystal microbalance. Scientia Sinica Chimica, 2011, 41: 1679-1698.

[150] Matsuguchi M, Kadowaki Y, Tanaka M. A QCM-based NO_2 gas detector using morpholine-functional cross-linked

copolymer coatings. Sensors and Actuators B：Chemical，2005，108：572-575.

[151] Rahman NA A A，Ma'Radzi A H，Zakaria A. Determination of non-invasive lung cancer biomarker by quartz crystal microbalance coated with pegylated lipopolymer. IOP Conference Series：Materials Science and Engineering，2018，458：012020.

[152] Kuitio C，Choowongkomon K，Lieberzeit P A. Aptamer-based QCM-sensor for rapid detection of PRRS Virus. Proceedings，2018，2：1038.

[153] Rahman NA A A，Ma'Radzi H A，Zakaria A. Fabrication of quartz crystal microbalance with pegylated lipopolymer for detection of non-invasive lung cancer biomarker. Materials Today: Proceedings，2019，7：632-637.

[154] Chou S F，Hsu W L，Hwang J M，et al. Determination of α-fetoprotein in human serum by a quartz crystal microbalance-based immunosensor. Clinical Chemistry，2002，48：913-918.

[155] Chen J C，Sadhasivam S，Lin F H. Label free gravimetric detection of epidermal growth factor receptor by antibody immobilization on quartz crystal microbalance. Process Biochemistry，2011，46：543-550.

[156] Polyák A，Hajdu I，Bodnár M，et al. Folate receptor targeted self-assembled chitosan-based nanoparticles for SPECT/CT imaging：demonstrating a preclinical proof of concept. International Journal of Pharmaceutics，2014，474：91-94.

[157] Zhang S，Bai H，Pi J，et al. Label-free quartz crystal microbalance with dissipation monitoring of resveratrol effect on mechanical changes and folate receptor expression levels of living MCF-7 cells: a model for screening of drugs. Analytical Chemistry，2015，87：4797-4805.

[158] Zhang S，Bai H，Luo J，et al. A recyclable chitosan-based QCM biosensor for sensitive and selective detection of breast cancer cells in real time. Analyst，2014，139：6259-6265.

[159] Xiao X，Guo M，Li Q，et al. In-situ monitoring of breast cancer cell(MCF-7)growth and quantification of the cytotoxicity of anticancer drugs fluorouracil and cisplatin. Biosensors & Bioelectronics 2008，24：247-252.

[160] Xu X，Zhou J，Liu X，et al. Aptameric peptide for one-step detection of protein kinase. Analytical Chemistry，2012，84：4746-4753.

[161] Pan Y，Shan W，Fang H，et al. Annexin-V modified QCM sensor for the label-free and sensitive detection of early stage apoptosis. Analyst，2013，138：6287-6290.

[162] Kashefi-Kheyrabadi L，Mehrgardi M A，Wiechec E，et al. Ultrasensitive detection of Human liver hepatocellular carcinoma cells using a label-free aptasensor. Analytical Chemistry，2014，86：4956-4960.

[163] 刘丽赏，姜耀，李雪梅，等. 基于石英晶体微天平的信号放大技术在肿瘤标志物检测中的应用. 中国科学：化学，2019，49：276.

[164] Bardea A，Dagan A，Ben-Dov I，et al. Amplified microgravimetric quartz-crystal-microbalance analyses of oligonucleotide complexes：a route to a Tay-Sachs biosensor device. Chemical Communications，1998，7：839-840.

[165] Dundas C M，Demonte D，Park S. Streptavidin-biotin technology：improvements and innovations in chemical and biological applications. Applied Microbiology and Biotechnology，2013，97：9343-9353.

[166] Zhao Y，Wang H，Tang W，et al. An in situ assembly of a DNA-streptavidin dendrimer nanostructure：a new amplified quartz crystal microbalance platform for nucleic acid sensing. Chemical Communications，2015，51：10660-10663.

[167] Le Marchand L，Wilkens L R，Kolonel L N，et al. The MTHFR C677T Polymorphism and colorectal cancer：the multiethnic cohort study. Cancer Epidemiology Biomarkers & Prevention，2005，14：1198-1203.

[168] Wang D，Chen G，Wang H，et al. A reusable quartz crystal microbalance biosensor for highly specific detection of

single-base DNA mutation. Biosensors and Bioelectronics，2013，48：276-280.

[169] Patolsky F，Lichtenstein A，Willner I. Amplified microgravimetric quartz-crystal-microbalance assay of DNA using oligonucleotide-functionalized liposomes or biotinylated liposomes. Journal of the American Chemical Society，2000，122：418-419.

[170] Alfonta L，Willner I，Throckmorton D J，et al. Electrochemical and quartz crystal microbalance detection of the cholera toxin employing horseradish peroxidase and GM1-functionalized liposomes. Analytical Chemistry，2001，73：5287-5295.

[171] Zhou X C，O'Shea S J，Li S F Y. Amplified microgravimetric gene sensor using Au nanoparticle modified oligonucleotides. Chemical Communications，2000，11：953-954.

[172] Pang L L，Li J S，Jiang J H，et al. A novel detection method for DNA point mutation using QCM based on Fe_3O_4/Au core/shell nanoparticle and DNA ligase reaction. Sensors and Actuators B：Chemical，2007，127：311-316.

[173] Hao R Z，Song H B，Zuo G M，et al. DNA probe functionalized QCM biosensor based on gold nanoparticle amplification for Bacillus anthracis detection. Biosensors and Bioelectronics，2011，26：3398-3404.

[174] He P，Liu L，Qiao W，et al. Ultrasensitive detection of thrombin using surface plasmon resonance and quartz crystal microbalance sensors by aptamer-based rolling circle amplification and nanoparticle signal enhancement. Chemical Communications，2014，50：1481-1484.

[175] Falanga A，Marchetti M，Verzeroli C，et al Measurement of thrombin generation is a positive predictive biomarker of Venous thromboembolism（VTE）in metastatic cancer patients enrolled in the hypercan study. Blood，2015，126：654-654.

[176] Hao T，Wu X，Xu L，et al. Ultrasensitive detection of prostate-specific antigen and thrombin based on gold-upconversion nanoparticle assembled pyramids. Small，2017，13：1603944.

[177] Rasheed P A，Sandhyarani N. Attomolar detection of BRCA1 gene based on gold nanoparticle assisted signal amplification. Biosensors and Bioelectronics，2015，65：333-340.

[178] Mo Z，Wang H，Liang Y，et al. Highly reproducible hybridization assay of zeptomole DNA based on adsorption of nanoparticle-bioconjugate. Analyst，2005，130：1589-1594.

[179] Qian Y，Wang X，Li Y，et al. Extracellular ATP a new player in cancer metabolism：NSCLC cells internalize ATP in vitro and in vivo using multiple endocytic mechanisms. Molecular Cancer Research，2016，14：1087-1096.

[180] Song W，Zhu Z，Mao Y，et al. A sensitive quartz crystal microbalance assay of adenosine triphosphate via DNAzyme-activated and aptamer-based target-triggering circular amplification. Biosensors and Bioelectronics，2014，53：288-294.

[181] Luo Y，Liu T，Zhu J，et al. Label-free and sensitive detection of thrombomodulin，a marker of endothelial cell injury，using quartz crystal microbalance. Analytical Chemistry，2015，87：11277-11284.

[182] Chen Q，Tang W，Wang D，et al. Amplified QCM-D biosensor for protein based on aptamer-functionalized gold nanoparticles. Biosensors and Bioelectronics，2010，26：575-579.

[183] Chatterjee S K，Zetter B R. Cancer biomarkers：knowing the present and predicting the future. Future Oncology，2005，1：37-50.

[184] Pan Y，Guo M，Nie Z，et al. Selective collection and detection of leukemia cells on a magnet-quartz crystal microbalance system using aptamer-conjugated magnetic beads. Biosensors & Bioelectronics，2010，25：1609-1614.

[185] Yan H，Park S H，Finkelstein G，et al. DNA-templated self-assembly of protein arrays and highly conductive

nanowires. Science，2003，301：1882-1884.

[186] Zhou L，Lu P，Zhu M，et al. Silver nanocluster based sensitivity amplification of a quartz crystal microbalance gene sensor. Microchimica Acta，2016，183：881-887.

[187] Gao F，Lei J，Ju H. Label-free surface-enhanced raman spectroscopy for sensitive DNA detection by DNA-mediated silver nanoparticle growth. Analytical Chemistry，2013，85：11788-11793.

[188] Wu L，Wang J，Ren J，et al. Ultrasensitive telomerase activity detection in circulating tumor cells based on DNA metallization and sharp solid-state electrochemical techniques. Advanced Functional Materials，2014，24：2727-2733.

[189] Weizmann Y，Patolsky F，Willner I. Amplified detection of DNA and analysis of single-base mismatches by the catalyzed deposition of gold on Au-nanoparticles. Analyst，2001，126：1502-1504.

[190] Willner I，Patolsky F，Weizmann Y，et al. Amplified detection of single-base mismatches in DNA using microgravimetric quartz-crystal-microbalance transduction. Talanta，2002，56：847-856.

[191] Patolsky F，Lichtenstein A，Willner I. Detection of single-base DNA mutations by enzyme-amplified electronic transduction. Nature Biotechnology，2001，19：253.

[192] Pavlov V，Willner I，Dishon A，et al. Amplified detection of telomerase activity using electrochemical and quartz crystal microbalance measurements. Biosensors and Bioelectronics，2004，20：1011-1021.

[193] Patolsky F，Katz E，Willner I. Amplified DNA detection by electrogenerated biochemiluminescence and by the catalyzed precipitation of an insoluble product on electrodes in the presence of the doxorubicin intercalator. Angewandte Chemie. International Edition in English，2002，41：3398-3402.

[194] Hu R，Zhang X，Zhao Z，et al. DNA Nanoflowers for multiplexed cellular imaging and traceable targeted drug delivery. Angewandte Chemie International Edition，2014，53：5821-5826.

[195] Mei L，Zhu G，Qiu L，et al. Self-assembled multifunctional DNA nanoflowers for the circumvention of multidrug resistance in targeted anticancer drug delivery. Nano Research，2015，8：3447-3460.

[196] Lv Y，Hu R，Zhu G，et al. Preparation and biomedical applications of programmable and multifunctional DNA nanoflowers. Nature Protocols，2015，10：1508-1524.

[197] Tang W，Wang D，Xu Y，et al. A self-assembled DNA nanostructure-amplified quartz crystal microbalance with dissipation biosensing platform for nucleic acids. Chemical Communications，2012，48：6678-6680.

[198] Song W，Guo X，Sun W，et al. Target-triggering multiple-cycle signal amplification strategy for ultrasensitive detection of DNA based on QCM and SPR. Analytical Biochemistry，2018，553：57-61.

[199] Zhou L，Ou L J，Chu X，et al. Aptamer-based rolling circle amplification：a platform for electrochemical detection of protein. Analytical Chemistry，2007，79：7492-7500.

[200] Zhang X，Chen J，Liu H，et al. Quartz crystal microbalance detection of protein amplified by nicked circling，rolling circle amplification and biocatalytic precipitation. Biosensors and Bioelectronics，2015，65：341-345.

[201] Sun W，Song W，Guo X，et al. Ultrasensitive detection of nucleic acids and proteins using quartz crystal microbalance and surface plasmon resonance sensors based on target-triggering multiple signal amplification strategy. Analytica Chimica Acta，2017，978：42-47.

[202] Shivapurkar N，Gazdar A F. DNA methylation based biomarkers in non-invasive cancer screening. Current Molecular Medicine，2010，10：123-132.

[203] Mikeska T，Craig J M. DNA methylation biomarkers：cancer and beyond. Genes，2014，5：821-864.

[204] Wang J，Zhu Z，Ma H. Label-free real-time detection of DNA methylation based on quartz crystal microbalance measurement. Analytical Chemistry，2013，85：2096-2101.

[205] Guo Y，Wang Y，Yang G，et al. MicroRNA-mediated signal amplification coupled with GNP/dendrimers on a mass-sensitive biosensor and its applications in intracellular microRNA quantification. Biosensors and Bioelectronics，2016，85：897-902.

[206] Liu L S，Kim J，Chang S M，et al. Quartz crystal microbalance technique for analysis of cooling crystallization. Analytical Chemistry，2013，85：4790-4796.

[207] Liu L S，Kim J M，Kim W S. Simple and reliable quartz crystal microbalance technique for determination of solubility by cooling and heating solution. Analytical Chemistry，2015，87：3329-3335.

[208] Liu L S，Kim J M，Kim W S. Quartz crystal microbalance technique for in situ analysis of supersaturation in cooling crystallization. Analytical Chemistry，2016，88：5718-5724.

[209] Liu L S，Wu C，Zhang S. Ultrasensitive detection of DNA and ramos cell using *in situ* selective crystallization based quartz crystal microbalance. Analytical Chemistry，2017，89：4309-4313.

[210] Schonherr R，Rudolph J M，Redecke L. Protein crystallization in living cells. Biological Chemistry，2018，399：751-772.

第3章

上转换纳米材料在生物分子检测、荧光成像分析及肿瘤诊疗一体化中的应用研究

癌症起病隐匿，进展迅速，迫使人们不断努力探索更为有效的肿瘤诊疗策略。目前，临床治疗癌症方法有手术切除、放疗、化疗，或综合上述疗法杀死癌细胞，但治疗效果有待提高。基于材料学、生物学、化学和医学等多学科交叉诞生的癌症纳米诊疗体系，通过集成多功能的结构组合设计，实现了对癌症的成像诊断、药物靶向运输和刺激响应的按需治疗，成为未来医药发展的必然趋势。上转换纳米材料凭借其独特的物理化学性质，与二氧化硅、聚合物等相结合构建纳米诊疗体系，能够实现对生物分子的高特异性检测、活体高灵敏荧光成像分析、抗癌化学药物和基因的靶向运输与刺激性释放。此外，上转换纳米材料能够将具有穿透深层组织能力的近红外光转换为紫外/可见光，实现光控药物释放以及光诱导的光动力治疗和光热治疗。因此上转换纳米材料在癌症的诊疗一体化方面具有广阔的发展前景。本章讨论了上转换纳米材料的发光机制、合成方法及其在生物分子检测、活体荧光成像分析及肿瘤诊疗一体化中的应用研究，并对其未来发展前景进行了展望。

3.1 上转换纳米材料概述

稀土元素是由钇、钪以及镧系（从镧到镥）的 17 种元素组成。除了 La^{3+} 与 Lu^{3+} 外，其他镧系离子由于 $4f^n$ 电子层内壳构象产生丰富而独特的能级结构，发生 4f 电子内部或者 4f-5d 的跃迁，表现出特殊的荧光特性[1, 2]。上转换纳米颗粒（upconversion nanoparticles，UCNPs）主要由氧化物、氟化物和卤氧化物等基质掺杂三价稀土离子构成[3, 4]，经上转换发光过程，可在长波长的近红外光激发下发射短波长的紫外-可见光，具有发射带宽窄、发光寿命长、发射光谱可调、光稳定性好、生物组织损伤小、组织穿透能力强、背景荧光噪声小、成像灵敏度高、光漂白效应弱等优点。

UCNPs 在生物医学领域的广泛应用主要得益于其四大优点：①UCNPs 激发波长（常用 808 nm 和 980 nm）正好位于"光学透明窗口"（660～1100 nm）[5]，具有理想的生物组织穿透深度和较低的生物组织损伤。近红外光还具有较低的自体荧光背景、较高的信噪比和检测灵敏度[6-10]。②在近红外光的激发下，通过改变基质种类或者掺杂离子浓度可以精确调节 UCNPs 的发射谱带，这对多色生物荧光成像及生物分子检测具有重要的应用价值[11-13]。③基于 Gd^{3+} 掺杂的 UCNPs 表现出协同的磁学及光学特性，可制备上转换荧光成像与磁共振成像协同的多模式成像探针[14-16]；引入放射性元素如 ^{18}F 等，可以实现正电子发射型计算机断层成像。④体外和体内毒性研究表明 UCNPs 具有良好的生物相容性，没有明显的细胞及活体生物毒性[16-20]。因此，基于稀土离子掺杂的上转换纳米材料已发展成为一种具有生物分子检测、多模式生物成像及药物/基因传递等多功能的生物纳米探针。随着纳米技术的进一步发展，相对单一的成像模式以及非特异的载药释放已经不能满足纳米生物医学中"诊断治疗学"的要求。因此，通过优化 UCNPs 的结构，采用修饰、整合、组装等方式在一种杂化纳米体系中实现疾病诊断、治疗与监控等多重目的，已成为生物医学领域的研究热点[21-23]。

3.2　上转换纳米材料的发光机制

UCNPs 通过吸收两个或多个低能光子辐射出一个高能光子，这种现象称为上转换发光（upconversion luminescence，UCL）。其最大的特点是材料吸收的光子能量低于其发射出的光子能量，因此被称为上转换材料。这一过程违背斯托克斯（Stokes）定律，因此又被称为反斯托克斯（anti-Stokes）发光[24-26]。上转换过程主要有三种机制：激发态吸收（excited state absorption，ESA）、能量传递上转换（energy transfer upconversion，ETU）和光子雪崩（photon avalanche，PA）（图 3.1）。ESA 是单个离子的多光子吸收过程，离子先吸收一个低能量光子从基态跃迁至中间亚稳态能级，然后再次吸收另一个光子被激发至更高能级，最后发生辐射跃迁。ETU 是两个离子共同参与的协同多光子吸收过程。两个相邻的激发态离子能量匹配，发生能量转移，其中一个离子返回基态或较低的中间能级，另一个离子则被激发至更高能级，然后发生辐射跃迁。PA 是激发态吸收和能量传递相结合的过程，只在同种离子间发生能量传输[27, 28]。

UCNPs 通常由无机基体、敏化剂和激发剂组成。上转换过程可以发生在多种纳米基体中，如氟化物、氧化物、重卤化物（氯化物、溴化物和碘化物）、氧硫化物、磷酸盐和钒酸盐。目前，$NaYF_4$，$NaGdF_4$，$NaLaF_4$，LaF_3，GdF_3，$GdOF$，La_2O_3，Lu_2O_3，Y_2O_3，Y_2O_2S 等无机材料都可以作为 UCNPs 的基体。理想的基体材料需要具有低的晶格声子能量，满足最小化非辐射损失和最大化辐射发射的要求。氟化物通常具有较低的声子能量（约 $350cm^{-1}$）和较高的化学稳定性，成为应用最广的基体材料。掺杂离子 Er^{3+}、Tm^{3+} 和 Ho^{3+} 的能级呈阶梯状排列，在近红外激发过程中常被用作激发剂（activator）产生 UCL。激发剂的含量相对较低（通常摩尔分数 <2%），以最大限度地减少交叉弛豫的能量损失。Yb^{3+} 在 980 nm 处的吸收截面比其他镧系离子大，通常与 Er^{3+}、Tm^{3+} 和 Ho^{3+} 共掺杂，作为敏化剂来提高 UCL 效率（图 3.2）[10, 29-31]。

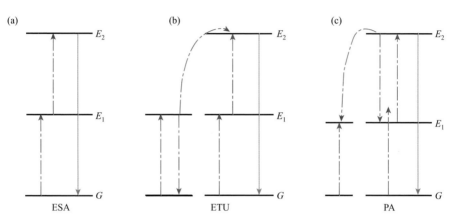

图 3.1　镧系上转换纳米颗粒的上转换发光过程[30]

（a）激发态吸收；（b）能量传递；（c）光子雪崩；虚线表示光子激发和能量转移过程，实线表示辐射跃迁过程

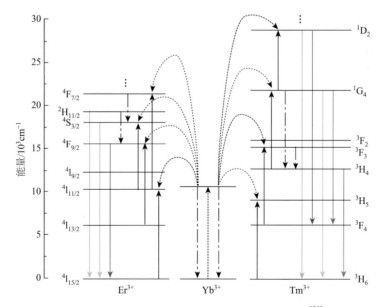

图 3.2　Yb，Er/Tm 共掺杂的 UCNPs 的发光机制[29]

3.3　上转换纳米材料的可控制备方法

镧系上转换发光纳米颗粒的合成方法有很多种，包括水热（溶剂热）合成法、高温热解法、共沉淀法、溶胶-凝胶法以及燃烧合成法等。研究者通过不断优化合成步骤中的条件和参数来调控上转换发光材料的晶型、粒径、形貌和发光特性等。下面简单介绍几种合成方法。

3.3.1　合成疏水性上转换纳米材料

疏水性有机配体如油酸、十八胺、1-金刚烷乙酸作为表面活性剂可以合成多种不同形态的上转换纳米材料，如纳米球、纳米棒、纳米盘等。水热法和高温热解法是合成疏水性纳米材料最为常用方法。

1. 水热法

水热法是一种高效便捷制备多种可控结构纳米材料的常用方法。通常水热法是在反应釜等密闭容器中，采用水溶液作为反应体系，加入稀土前驱体和含氟前驱体后加热，使体系达到一定温度和压力，发生化学反应合成稀土纳米材料[32]。该方法通常在高温高压下进行，此时水处于超临界状态，其物理和化学性质都发生改变，反应活性提高。稀土离子的硝酸盐、氯化盐和氧化盐通常用作稀土元素的前驱体。HF、NH_4F 或者 NH_4HF_2 通常作为含氟前驱体用于合成 LnF_3 和 $MLnF_4$（M 包括 Na，K）[33]。通常在水热法中，带有特定官能团的有机化合物或表面活性剂如油酸、聚乙二胺、乙二胺四乙酸或十六烷基溴化铵和反应前驱体一起控制纳米材料的晶相、大小、形态和表面官能团[30]。

乙二胺四乙酸（ethylenediamine tetraacetic acid，EDTA）是水热法合成上转换纳米材料最常见的配体。在水、乙酸以及乙醇体系中，利用 EDTA 作为配体，CTAB 作为表面活性剂，可以制备稳定性好、分散性好和大小可控的 β-$NaYF_4$ 上转换纳米颗粒。当在乙酸和乙醇的混合体系中仅使用 CTAB 时得到的纳米晶大多呈纳米棒；当加入 EDTA 后，在乙酸和乙醇体系中得到球形纳米颗粒。EDTA/Ln^{3+} 越小，越有利于大粒径纳米颗粒的形成[34]。

Li 教授组利用反应过程中水相、固相和溶液相的界面中相转移和分离机理合成了一系列稀土纳米材料。在水热法中，反应参数如反应剂浓度、掺杂剂的类型和浓度、水热反应的温度和时间以及反应体系的 pH 都会影响纳米材料的合成[35-39]。Liu 教授课题组[40]通过在反应过程中掺杂 Gd^{3+} 控制 $NaYF_4$：Yb，Er 纳米晶体的晶相、大小和发光强度。

水热法反应条件较为温和，反应温度一般在 160～220℃之间，合成的纳米颗粒分散性好、结晶度较高、颗粒形状清晰、颗粒大小可以控制，是目前一种比较理想的 UCNPs 的合成方法。同时，研究者进行了不断的尝试，发现可代替水的反应溶剂，弥补了水热合成的一些劣势，极大地扩大了其应用范围。

尽管水热法已得到广泛的应用，但仍存在许多亟待解决的问题，如大多数水热合成反应需要较长的反应时间和较高的反应温度，这使得实验具有一定的危险性；水热法制备的材料多数为微米级晶体；上转换材料的水热反应机理还存在一些困惑，需要进一步研究。

2. 高温热解法

高温热解法是利用金属有机化合物作为反应前驱体在高沸点溶剂如油酸（oleic acid，OA）、油胺、1-十八烯（1-octadecene，1-ODE）中经加热分解得到粒径均一、形状大小可控的纳米颗粒的方法。常用的前驱体有三氟乙酸盐、油酸盐、醋酸盐等，其中报道最多的为高温热解三氟乙酸盐法[34, 41]。

以油胺为溶剂，330℃高温下热分解 CF_3COONa、$(CF_3COO)_3Y$、$(CF_3COO)_3Yb$ 以及 $(CF_3COO)_3Er/(CF_3COO)_3Tm$，可以合成 Yb^{3+}/Er^{3+} 和 Yb^{3+}/Tm^{3+} 共掺杂的六方相 $NaYF_4$ 纳米晶体，粒径约为 10 nm。为了得到六方晶型的晶体，温度必须控制在 330℃以上，但此温度非常接近油胺的沸点，因此在温度控制上具有一定难度[34]。

通过热解三氟乙酸盐的方式可以合成立方晶型的 α-NaREF$_4$（RE：Pr～Lu，Y）和六方晶型的 β-NaREF$_4$（RE：Pr～Lu，Y）纳米晶体，通过调节溶剂类型、反应时间和温度以及 Na/RE 物质的量比等条件可以调控纳米晶体的晶相、粒径和形貌[41, 42]。实验发现立方相和六方相 NaREF$_4$ 晶体的生长动力学均满足 LaMer 机理，其生长可概括为以下四个过程。

（1）缓慢生成核的过程。

（2）纳米颗粒通过单分子层生长的过程。

（3）通过溶出作用进行尺寸收缩的过程。

（4）颗粒逐渐聚集的过程。

高温热解三氟乙酸盐可以制备粒径均一、大小可控的单分散纳米颗粒。该合成方法虽然具有很多优点，但仍旧存在一些不足，如通常需要较高的反应温度（250～330℃）、有机溶剂以及惰性气体的保护，另外，合成的大部分纳米材料很难直接用于生物应用，还需要进一步的表面改性。

3. 种子生长调节法

武汉大学的刘志洪教授利用层层种子生长调节法合成三明治式的上转换纳米材料。稀土油酸盐如 Y(oleate)$_3$ 在高温下形成晶格，然后加入含有发光离子的稀土油酸盐 Ln(oleate)$_3$，在其表面生长出晶壳，再加入惰性稀土油酸盐如 Y(oleate)$_3$ 保护发光壳层。该三明治结构将发光层限制在薄的中间层中，有效地拉近了与外表面配体间的能量转移距离，提高了发光共振能量转移效率，降低了荧光背景，能够高效灵敏地检测细胞内羟基自由基和钙离子[43, 44]。

4. 共沉淀法

共沉淀法是通过将沉淀剂加入到准备好的阳离子盐溶液中，使得反应物中的离子形成不同形式的沉淀物，然后析出、过滤、洗涤、干燥、焙烧和热分解获得产物[45, 46]。与其他制备方法相比，该方法不需要昂贵的设备、严格的反应条件及烦琐的实验过程，且反应时间一般较短，但反应过程中存在副反应及未清晰的反应机理等缺点。

目前，多种表面功能化策略可用于将合成的疏水性上转换纳米材料具有一定的亲水性，如配体交换（ligand exchange）、无有机配体合成（organic ligand-free synthesis）、阳离子辅助配体组装（cation-assisted ligand assembly）、配体氧化反应（ligand oxidation reaction）、层层组装法（layer-by-layer method）、主客体相互作用（host-guest-interaction）和硅烷化（silanization）等。李富友教授组详细介绍了这些表面功能化策略的合成方法和研究进展（图3.3）[29]。

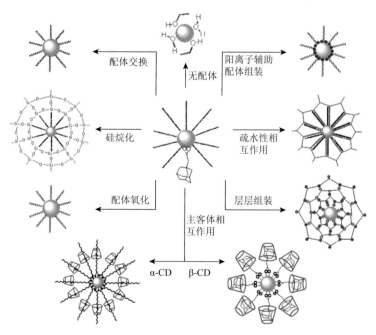

图3.3　表面功能化策略使疏水性上转换纳米材料具有一定的亲水性[29]

α-CD：α-环糊精；β-CD：β-环糊精

3.3.2　一步法合成亲水性上转换纳米材料

目前，多种一步法如多羟基化合物过程（polyol process）、亲水配体辅助一步合成（hydrophilic ligands assisted synthesis）法、水热微乳合成（hydrothermal microemulsion synthesis）和基于离子液体的合成（ionic liquid-based synthesis）可以用于合成亲水性上转换纳米材料[29]。

1. 多羟基化合物过程

多羟基化合物可以作为反应媒介和表面配体用于增加纳米颗粒在水相溶液中的稳定性，并调控纳米颗粒的生长。Chen 等分别利用乙二醇、二甘醇、甘油制备 $NaYF_4$：Yb，Er/Tm[47] 和 LaF_3：Yb/Er[48]。Li 利用含有羧基的多功能配体如 11-氨基十一酸、聚乙二醇二羧酸[poly（ethyleneglycol）bis（carboxymethyl）ether，PEGBA] 和叶酸合成了含有氨基、羧基、叶酸修饰的 $NaYF_4$：Yb，Er 纳米颗粒[49]。Ocaña 课题组[50]在乙二醇/水混合液中合成了 $NaYF_4$：Yb，Er 纳米颗粒。

2. 亲水配体辅助一步合成法

基于水热法和共沉积法，研究者利用亲水性配体一步合成了亲水性上转换纳米材料。目前，柠檬酸根、EDTA、聚乙烯吡咯烷酮（PVP）、聚乙二醇（PEG）、聚丙烯酸（PAA）、聚醚酰亚胺（PEI）、3-巯基丙酸（3-mercaptopropionic acid，3MA）和 6-氨基己酸（6-aminohexanoic acid，6AA）等都可以作为亲水性配体[29]。Li 课题组报道了利用水热法，在 EDTA 和 CTAB 辅助下合成 $NaYF_4$：Yb，Er 纳米颗粒[51, 52]。2006 年，Wang 课题组[53]采用一步法合成了 PEI 包覆的水溶性 $NaYF_4$：Yb，Er/Tm 纳米颗粒。2011 年，Hao 课题组[54]利用 3MA、6AA 和 PEG 采用水热法合成了表面功能化的亲水性上转换纳米材料。

3. 水热微乳合成法

利用传统的微乳液合成法通常得到疏水性上转换纳米颗粒。Li 教授课题组[55]利用改进的水热微乳合成法，在琥珀酸二（2-乙基己基）酯磺酸钠[sodium bis（2-ethylhexyl）sulfosuccinate，AOT]和 6AA 辅助下，一步合成氨基功能化的水溶性 $NaYF_4$：Yb，Er 纳米颗粒。

4. 基于离子液体的合成方法

离子液体具有良好的化学稳定性、较低的毒性和蒸气压等优点，作为绿色溶剂用于合成多种纳米材料。研究者利用离子液体 1-丁基-3-甲基咪唑四氟硼酸盐作为共溶剂、模板剂和反应剂，成功合成了 $NaYF_4$：Yb，Er/Tm[56] 和 LaF_3：Er 纳米颗粒[57]。

3.4　基于发光共振能量转移的上转换纳米荧光材料在生物分子检测中的应用

　　上转换传感系统通常是由 UCNPs 作为能量供体与有机小分子、生物分子、金属-有机络合物等能量受体组成。发光共振能量转移（luminescene resonance energy transfer，LRET）通常是由激发能从能量供体（UCNPs）转移到能量受体（识别配体）中。根据 Förster 理论，一个有效的上转换 LRET 过程必须满足以下基本条件：①能量供体的发射光谱和能量受体的吸收光谱有相当大的光谱重叠；②能量供体和能量受体必须在一定的能量转移距离内。通常，有效的 LRET 过程发生在 10 nm 内。如图 3.4 所示，基于 LRET 的 UCNPs 荧光探针主要通过两种形式对目标物进行检测：①控制光谱重叠，被检测物通过改变识别配体与 UCNPs 间的光谱匹配，抑制 LRET 过程，恢复被猝灭的 UCL，通过建立恢复的 UCL 荧光强度或寿命与目标物之间的相关关系，对目标物进行检测、成像和追踪；②控制 UCNPs 和识别配体间距离，利用被检测物改变识别配体与 UCNPs 间 LRET 距离，改变能量转移效率，从而改变 UCL 荧光强度。在图 3.4（b）中，被检测物拉近识别配体与 UCNPs 间 LRET 距离，能量转移效率增加，UCL 荧光强度减小[58]。

3.4.1　改变上转换纳米材料和识别配体间的光谱重叠

1. 活性氧和活性氮的检测

　　活性氧（reactive oxygen species，ROSs）和活性氮（reactive nitrogen species，RNSs）是一种重要的肿瘤标志物。研究者发展了多种基于 LRET 的 ROSs 和 RNSs

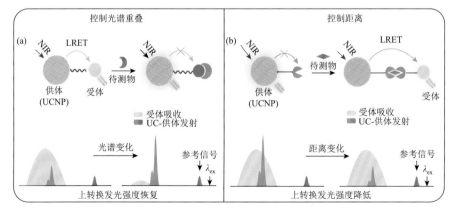

图 3.4　基于 LRET 的上转换纳米探针制备的主要策略示意图[58]

NIR：近红外光；LRET：发光共振能量转移

的 UCNPs 荧光检测探针。Zhou 教授课题组[59]合成了过氧化氢（H_2O_2）特异性识别配体 CYD1。CYD1 在 650 nm 处有高的摩尔吸光系数，能够有效猝灭 UCNPs 的红色荧光。在 H_2O_2 存在下，CYD1 被氧化为 CYD1-Ox，在 650 nm 处吸光度迅速降低，进而对 UCNPs 的红色荧光猝灭率降低，所以 UCNPs 的红色荧光恢复。基于此，构建 H_2O_2 的特异性"turn-on"上转换荧光检测探针。由于 980 nm 激光易造成生物样品的过热效应，Wang 教授课题组[60]研制了一种基于 LRET 的 Nd^{3+} 敏化上转换纳米荧光探针，其激发波长为 808 nm，对生物样品损伤较小（图 3.5）。在 808 nm 光激发下，UCNPs 在 540 nm 的发射峰与 DCM-H_2O_2（二氰基甲基-4*H*-吡喃）的紫外吸收光谱很好地重叠，发生 LRET。UCNPs 的红色发射峰（660 nm）与 DCM-H_2O_2 紫外吸收峰几乎没有重叠，其发光强度几乎不受影响。在 H_2O_2 存在下，DCM-H_2O_2 被氧化为 DCM-OH，所以对 UCNPs 在 540 nm 处的发射峰猝灭率降低。利用恢复的比率式上转换发光（$I_{540\,nm}/I_{660\,nm}$）信号对 H_2O_2 进行可视化监测，检测限为 0.168 μmol/L，可以实现细胞和组织内 H_2O_2 的荧光成像和检测。

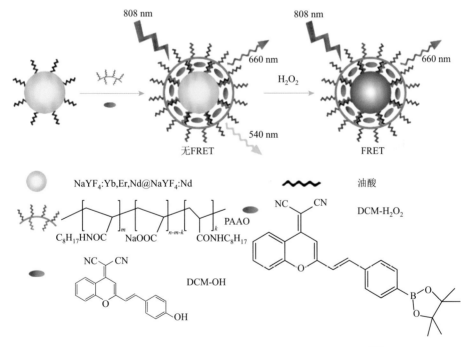

图 3.5　上转换纳米探针的合成及 H_2O_2 响应过程示意图[60]

FRET：荧光共振能量转移

Peng 教授组[61]设计了一种新型"turn-on"模式的上转换纳米荧光探针，用于快速、灵敏地检测 ONOO⁻（图 3.6）。以核壳结构的 NaYF₄：Yb，Tm@NaYF₄ 纳米颗粒为能量供体，以对 ONOO⁻响应的近红外染料 Cy7 为能量受体。在 ONOO⁻存在下，Cy7 染料分裂为两部分，在 800 nm 处的吸光度降低，从而抑制 LRET 过程。该体系对 ONOO⁻具有较高的检测灵敏度和快速的反应速率，能够检测对乙酰氨基酚（N-acetyl-p-aminophenol，APAP）诱导肝毒性的活体动物模型中活性氮的水平。

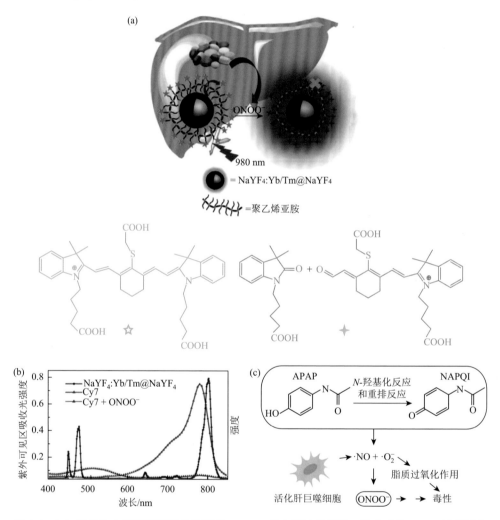

图 3.6 （a）用于体内亚硝基肝毒性检测的 UCNPs 荧光探针的设计，发光受体 Cy7（以绿星为标志）经 ONOO⁻或 ClO⁻氧化后降解；（b）在有和无 ONOO⁻存在下测得的发色团紫外/可见光谱以及 UCNPs 的上转换发射光谱；（c）APAP 肝毒性的反应机理[61]

Abs：紫外可见区吸收光强度

除了有机小分子作为 H_2O_2 的识别配体，无机材料如二氧化锰（MnO_2）也可以作为 UCNPs 的能量受体和 H_2O_2 的识别配体。MnO_2 具有一个很宽的紫外-可见吸收光谱，能够有效地猝灭 UCL。在酸性条件下，MnO_2 和 H_2O_2 发生氧化还原反应，生成 Mn^{2+} 和 O_2，降低对 UCL 的猝灭，实现 H_2O_2 响应的荧光成像[62, 63]。生成的 Mn^{2+} 可以实现磁共振成像，同时 O_2 可以有效地改善肿瘤的乏氧环境，提高化学治疗和氧气依赖型治疗方法的疗效。二硫化钼（MoS_2）也可以与活性氧发生化学反应，降低其对 UCNPs 的荧光猝灭率。基于此，Wang 教授组[64]构建了 UCNPs-MoS_2 纳米聚集体用于活细胞和斑马鱼中活性氧的生物荧光成像。

LRET 效率和 UCNPs 的发光猝灭率会极大地影响检测灵敏度。近乎 100% 的荧光猝灭率会得到"零"背景信号，有利于提高检测灵敏度。LRET 效率极大地受限于能量供体和受体间的发光共振能量转移距离，缩短两者间的能量转移距离会有效地增加 LRET 效率，提高检测灵敏度。通常有效的能量转移距离发生在 10 nm 间，而制备的 UCNPs 尺寸一般为几十纳米，因此只有在纳米颗粒表面的发光离子才处于有效的能量转移范围内。相当大一部分的发光离子超出了能量传输距离，不能猝灭 UCL，产生一定的背景荧光。而尺寸 10 nm 大小的 UCNPs，其荧光易受环境猝灭。刘志洪教授组[65]合成了三明治式 UCNPs（NaYF$_4$@NaYF$_4$：Yb, Tm@NaYF$_4$），将发光层控制在超薄中间层中（厚度约为 2.0 nm），表面包覆 NaYF$_4$ 薄外壳（厚度也约为 2.0 nm）（图 3.7）。三明治式 UCNPs（sandwich-structured UCNPs，SWUCNPs）作为能量供体，羟基自由基（·OH）的特异性识别配体偶氮染料（mOG）作为能量受体。基于良好的光谱匹配和缩短的能量转移距离，UCNPs 的 UCL 的荧光猝灭率高达 90%，得到低荧光背景和信噪比。·OH 氧化 mOG，切断偶氮双键，改变 mOG 的紫外吸收波长，UCNPs 的 UCL 荧光恢复，恢复的 UCL 可以追踪和检测·OH。该组构建的 UCNPs 检测探针对·OH 的检测灵敏度为 1.2 fmol/L，首次实现活体组织内·OH 的荧光成像。

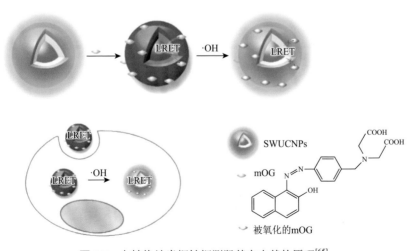

图 3.7 上转换纳米探针探测羟基自由基的原理[65]

2. 硫化氢和生物硫醇的检测

硫化氢（H₂S）是一种重要的气体信号分子，在许多生理和病理过程中起着重要的调控作用，然而缺乏有效的监测方法。Liu 教授组[66]合成了介孔硅修饰的上转换纳米材料 UCNPs@mSiO₂，物理负载特异性识别 H₂S 的部花青类荧光染料（图 3.8）。该染料 MC 在 548 nm 处具有较高的摩尔吸光度，能够与 UCNPs 形成高效的基于 LRET 的荧光检测探针。在 H₂S 存在下，MC 被还原为 MCSH，其在548 nm 处吸光度明显降低。该课题组利用 UCNPs 在 800 nm 处的荧光强度作为参比值，构建了 H₂S 比率型荧光探针，检测限为 0.58 μmol/L。

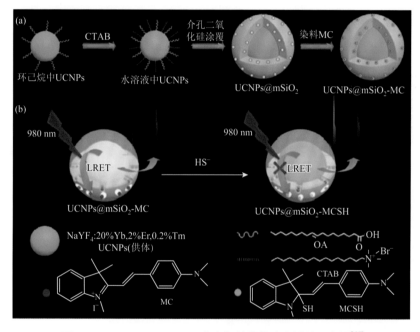

图 3.8 UCNPs@mSiO₂/MC 荧光探针的构建和设计示意图[66]

Peng 教授组[67]基于 LRET 过程设计了通用性 H₂S 荧光检测探针，其荧光可以从紫外区到近红外区。该体系分别利用三种高灵敏度、高选择性和快速响应（5s）的 H₂S 响应发色团作为能量受体，NaYF₄: Yb/Er/Tm 和 NaYF₄: Yb/Mn/Er 分别作为能量供体。H₂S 能够特异性漂白发色团，改变其吸光度，恢复的 UCL 可以检测 H₂S 在体外、细胞和血清中的浓度。2014 年，Zhou 课题组[68]合成了另一种特异性识别 H₂S 的香豆素-半花菁类荧光染料 CHCl，其能够与 UCNPs 构建基于LRET 的荧光检测探针。2019 年，Wang 课题组[69]合成了特异性识别 H₂S 的近红外荧光染料 Cy7-Cl，与 UCNPs 构建荧光探针，实现了 H₂S 的高灵敏检测，检测限为 500 nmol/L。

Zhao 教授组[70]以 NaLuF$_4$：Yb，Er，Tm 为能量供体，8-OxO-8H-乙酰萘[1, 2-b]吡咯-9-碳腈（ANP）为能量受体，开发了一种上转换复合材料，基于 LRET 原理检测半胱氨酸/同型半胱氨酸（Cys/HCY），Cys 的检出限可达 28.5 µm。此外，该方法还可以通过将 ANP 替换为 CN$^-$响应性 Ir（III）络合物用于 CN$^-$检测。此外，基于带正电的 NaYF$_4$：Yb，Tm 与带负电的 Ag 纳米颗粒间共振能量转移，Ag 纳米颗粒通过形成 Ag—S 键抑制 LRET 过程，也可以用于检测 Cys[71]。

最近，刘志洪教授组[72]利用聚乙烯亚胺（PEI）包裹的 NaYF$_4$：Yb，Tm 纳米颗粒作为能量供体和带负电荷的银纳米团簇（Ag clusters）作为有效能量受体通过静电作用构建检测生物硫醇的上转换纳米荧光探针（图 3.9）。银纳米团簇与硫醇间化学作用，能够改变银纳米团簇的吸收光谱，减弱 UCNPs 向银纳米团簇能量转移效率，从而构建生物硫醇的上转换纳米荧光探针。

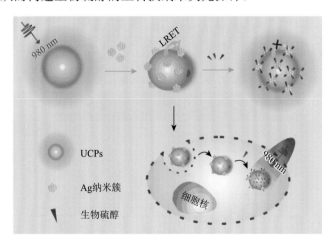

图 3.9　以银纳米团簇为能量受体的上转换纳米探针用于生物硫醇的检测[72]

3. pH 值的检测

2009 年，Sun 课题组[73]首次利用 UCNPs 构建了 pH 响应荧光探针。自此，研究者构建了多种灵活的上转换 pH 荧光探针。Esipova 等[74]设计了一种比率型 pH 纳米荧光探针，卟啉衍生物（P-Glu4）作为 pH 的特异性识别配体。通过上转换红/绿发光强度的变化，可以成功地追踪 pH 的变化。最近，Radunz 组[75]设计并制备了基于多色 UCNPs 和可调 pK_a 的 pH 敏感硼二吡咯亚甲基染料（4-bora-3a, 4a-diaza-s-indacenes，BODIPYS）的比率型二元检测探针（图 3.10）。在酸性条件下，发光团质子化，抑制光诱导的电子转移（photoinduced electron transfer，PET），因此，在 980 nm 激发下，UCNPs（NaYF$_4$：Yb^{3+}，Tm^{3+}）的上转换蓝色发光与

pH 敏感 BODIPY 染料[76]的吸收区域重叠，激发染料发射绿色荧光，而不受 pH 变化影响的红色荧光染料发光强度作为参比，基于此，设计的上转换荧光探针用于研究大肠杆菌代谢 *N*-葡萄糖的动力学关系。此外，其他染料如二甲酚橙（xylenol orange）[77]、异硫氰酸荧光素（fluorescein isothiocyanate，FITC）[78]、半菁染料（hemicyanine dyes）[79]等也可以与 UCNPs 构建 pH 荧光检测探针。

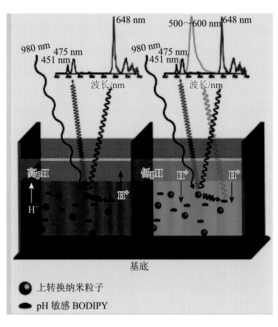

图 3.10　比率型 UCNPs 荧光探针追踪 pH 变化示意图[75]

2016 年，Näreoja 课题组发现 UCNPs 在溶液中容易聚集，影响检测。因此，他们利用水溶性聚合物 PEI 修饰 UCNPs 表面，然后利用共价键连接 pH 响应染料 pHrodo™ red[75]。聚合物 PEI 的引入可以增加探针的稳定性，提高 pHrodo™ red 染料的负载量（67 nmol/mg）和改善细胞相容性。此外，PAA 聚合物修饰的 UCNPs 也可以与半菁染料构建 pH 响应的上转换荧光探针[78]。

通过掺杂多种发光离子，UCNPs 可以发射多种互不干扰的荧光。基于此，多色 UNCPs 可以与不同的特异性识别配体发生多元 LRET 过程，实现多种目标物的同时检测。作者所在课题组[80]利用同时掺杂两种发光离子 Er^{3+} 和 Tm^{3+} 制备了发射三种不同荧光的 UCNPs，然后分别与钙离子和氢离子的特异性识别配体 Fluo-4 和 SNARF-4F 构建二元的 LRET 过程，实现钙离子和氢离子的同时检测，并追踪两者间的相关关系。

此外，无机纳米粒子如硫化银 Ag_2S 也可以与 UCNPs 构建比率型 pH 荧光检测探针。Ding 课题组[81]利用配体交换作用将谷胱甘肽和巯基丙酸修饰到 Ag$_2$S 纳米点表面，制备对 pH 4.0～9.0 有良好荧光响应的纳米点探针，然后共价修饰到 UCNPs 表面。基于 LRET 过程，在 980 nm 激发下，UCNPs 的荧光能够有效地激发 Ag$_2$S 纳米点，发射 pH 敏感的近红外光 795 nm，同时利用 UCNPs 在 540 nm 处的发光作为参比荧光，构建比率型 pH 检测荧光探针（图 3.11）。

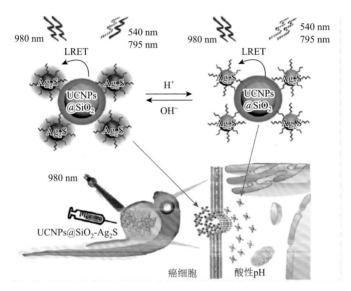

图 3.11 基于 LRET 构建 pH 比率型荧光检测探针；pH 响应的 Ag$_2$S 纳米点作为能量受体，UCNPs 作为能量供体[81]

3.4.2 改变上转换纳米材料和识别配体间能量转移距离

UCNPs 和受体间能量转移距离的改变可以影响 LRET 过程。基于改变能量转移距离，研究者构建了检测活性氧、DNA/RNA、酶等生物物质的上转换纳米荧光探针。

1. 活性氧的检测

Qu 教授组[82]设计了一种比率型上转换纳米荧光探针（图 3.12）。该探针利用荧光标记的透明质酸（hyaluronic acid，HA）修饰的 NaYF$_4$：Yb，Er 纳米颗粒对 ROSs 进行检测。HA 具有良好的水溶性和生物相容性以及对 ROSs 具有高特异性识别能力。在 ROSs 存在下，HA 主链断裂，生色团远离 UCNPs 表面，抑制 LRET 过程，得到的比率型 UCL 作为 ROSs 的检测信号。该荧光探针能够实现细胞和活体小鼠中 ROSs 的特异性生物成像。

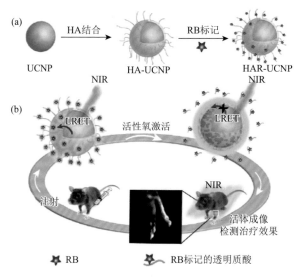

图 3.12 HAR-UCNPs 荧光探针用于 ROSs 成像和类风湿性关节炎诊断[82]

2. DNA/RNA 检测

研究者设计了多种基于 UCNPs 的 DNA 传感器。2009 年，Kumar 课题组[83]利用相同的策略构建了 DNA 的荧光检测探针，检测限降低至 120 fmol/L。Krull 工作组[84]设计了一种上转换传感器，利用寡聚核苷酸修饰的 NaYF$_4$：Yb，Tm@NaYF$_4$ 纳米颗粒作为能量供体，报告 DNA 修饰的 QD 作为能量受体。靶向核苷酸用于桥联 DNA 探针和报告 DNA，改变能量转移距离。基于 LRET 的核酸杂交策略能够有效地在 90%的血清样品中检测到 HPRT1，其检测限为 24 fmol/L。

Wang 教授组[85]制备了核-壳-壳纳米结构的 UCNPs，能够在 808 nm 激光的激发下发射红色荧光（最大发射峰 660 nm），并进一步利用三明治模式构建 DNA 的上转换荧光检测探针，对目标 DNA 的检测限为 5.4 nmol/L。最近，Kuang 教授组[86]报告了一种利用 AuNPs 和 UCNPs 自组装的手性纳米金字塔对活细胞中的 miRNA 进行超灵敏检测方法（图 3.13）。在 miRNA 存在下，它将与金字塔中识别序列互补，导致 DNA 框架的完全分离。随后，金字塔中的 AuNPs 和 UCNPs 相互分离，从而恢复 UCL。

3. 酶的检测

酶在细胞的几乎所有生物过程中都起着至关重要的作用，如信号通路、代谢和基因表达等。Wang 教授组[87]报道了一种凝血酶纳米探针。聚丙烯酸修饰的 UCNPs 共价修饰上凝血酶的适体链，然后进一步通过 π-π 堆积作用连接碳纳米颗

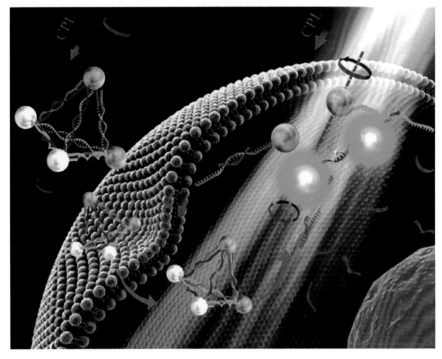

图 3.13　用于 miRNA 检测的 Au-UCNP 金字塔示意图[86]

粒（carbon nanoparticles，CNPs）（图 3.14）。基于缩短的能量转移距离，对 UCL 的猝灭效率达 89%。在凝血酶的存在下，适体链与凝血酶形成四联体结构，减弱与 CNPs 间 π-π 堆积作用，使 CNPs 与 UCNPs 分离，抑制 LRET 过程。构建的探针对水溶液和血清样品中凝血酶的检测限分别为 0.18 nmol/L 和 0.25 nmol/L。

　　Fang 课题组[88]构建了检测乙酰胆碱酯酶（AchE）活性和 Cd^{2+} 的双功能纳米平台。通过谷胱甘肽调节 UCNPs 和 AuNPs 间能量转移，实现对 AChE 和 Cd^{2+} 的灵敏检测，检测限分别为 0.015 mU/mL 和 0.2 μmol/L。乙酰胆碱在 AChE（acetylthiocholine，ATC）催化下水解为硫代胆碱，进而与 AuNPs 形成 S-Au 复合物，导致 AuNPs 的聚集和 UCNPs 荧光的改变。因此，通过样品溶液颜色的变化和 UCNPs 荧光恢复可以追踪 AChE 活性。GSH 能够保护 AuNPs 免于聚集，并且增加 AuNPs 和 UCNPs 颗粒间距离。当 Cd^{2+} 加入到 AuNPs、GSH 和 AChE/ATC 混合液中，Cd^{2+} 能够与 GSH 反应生成球状的(GSH)₄Cd 复合物，进而降低游离 GSH 的浓度，减弱 AuNPs 的稳定性，导致 AuNPs 的聚集。聚集的 AuNPs 脱离 UCNPs 表面，导致 UCL 恢复。因此，基于 UCNPs/AuNPs 的多功能平台可以构建简单、无需标记的"turn-on"荧光检测探针。

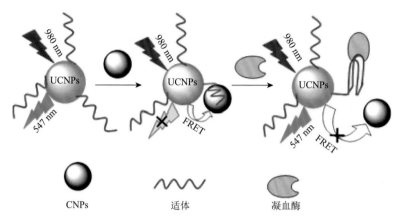

CNPs　　　　　　　适体　　　　　　　凝血酶

图 3.14　基于 LRET 的上转换荧光纳米探针实现对凝血酶的灵敏检测示意图[87]

3.5　上转换纳米颗粒在活体荧光成像中的应用

相对于传统的有机染料，稀土上转换纳米材料是以近红外光（通常是 808 nm/980 nm 连续波激光）为激发光源，具有很强的穿透能力（能深入到组织内几厘米）[14]，对组织的损伤较小、无自发荧光、光稳定性好和抗漂白性等优点，在细胞和活体成像中发挥着重要的应用价值[22, 89-93]。

1999 年，Zijlmans 课题组[15]首次将 UCNPs 应用于生物细胞成像。通过细胞的内吞作用，上转换发光纳米颗粒可标记不同类型的细胞，使用激光激发时，细胞没有自发荧光产生。上转换荧光纳米颗粒标记的细胞和组织在 4℃保存 6 个月后强度并没有明显减弱，因此，上转换发光纳米材料可望作为细胞长时间标记的一种荧光材料。2008 年，Zhang 教授组[22]首次证明了 UCNPs 可以成功应用于活体内荧光成像，并且具有比量子点等更深的组织穿透能力。自此，人们对上转换荧光纳米颗粒的研究兴趣迅速增加，合成了一系列的上转换荧光纳米颗粒[15-19]。

3.5.1　上转换纳米荧光探针实现活体肿瘤的靶向成像

实现肿瘤的靶向成像对于肿瘤的诊断和治疗具有重要意义。目前，通过在 UCNPs 表面修饰叶酸、抗体和多肽等配体的策略可以实现靶向肿瘤成像。

1. 叶酸修饰的上转换纳米荧光探针实现肿瘤的靶向成像

细胞表面存在一些过表达的特异性受体。借助受体介导的内吞作用和配体-受体间高度结合能力，可将纳米探针靶向转运到肿瘤细胞中，实现靶向成像和肿瘤示踪[20-23]。基于叶酸和叶酸受体间的相互作用，多种叶酸修饰的 UCNPs 被应用于活体靶向肿瘤成像[22, 55, 94, 95]。Xiong 课题组利用 6AA-NaYF4: Yb，Er 纳米材料共价修饰羧基活化的叶酸。当向载瘤小鼠中静脉注射叶酸修饰的 UCNPs 24 h 后，在肿瘤部位观察到显著的 UCL 信号（波长为 $600\sim700$ nm），然而注射氨基化修饰的 UCNPs 在小鼠肿瘤部位没有观察到信号（图 3.15）[55]。

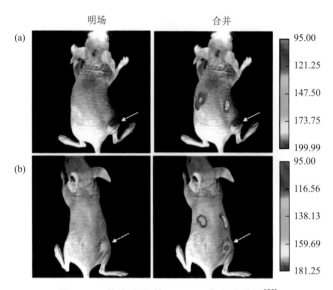

图 3.15　载瘤小鼠的 UCNPs 荧光成像图[55]

（a）UCNPs-NH$_2$ 纳米颗粒；（b）静脉注射 UCNPs-FA 纳米颗粒

2. 多肽标记的上转换纳米荧光探针实现肿瘤的靶向成像

多肽如精氨酸-甘氨酸-天冬氨酸（RGD）能够特异性结合肿瘤细胞表面过表达的 $\alpha_v\beta_3$ 亲和素受体，实现肿瘤的靶向和定位[26, 96, 97]。Xiong 组[98]制备了环肽 c（RGDFK）修饰的 NaYF$_4$：Yb，Er，Tm 纳米颗粒实现负载 $\alpha_v\beta_3$ 过表达肿瘤（人类恶性胶质瘤 U87MG）的活体靶向成像。实验结果表明，利用 800 nm UCL 能够实现肿瘤和正常组织的高对比（图 3.16）。

3. 抗体标记的上转换纳米荧光探针实现肿瘤的靶向成像

抗原-抗体间的相互作用是实现肿瘤靶向成像非常有效的策略。修饰 CEA8 抗体的 NaYF$_4$：Yb^{3+}/Er^{3+} 和 NaYbF$_4$：Er^{3+}/Tm^{3+}/Ho^{3+} 的 UCNPs 能够与 HeLa 细胞膜表面的癌胚抗原（CEA）结合，实现 HeLa 细胞成像[23]。

3.5.2　上转换纳米荧光探针实现活体多色成像

多元成像能够实现不同器官和组织的同时成像。UCNPs 通过调整敏化元素和发光元素的种类和用量等参数可以发射不同荧光。Cheng 组[99]将三种发射不同

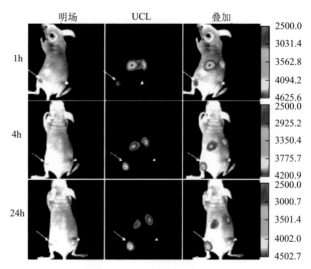

图 3.16　载瘤小鼠静脉注射 UCNPs-RGD 24 h 后活体成像图[98]

左腿注射 U87MG 肿瘤细胞，右腿注射 MCF-7 肿瘤细胞

UCL 的 PEG 修饰 UCNPs 同时注入小鼠中实现多色 UCL 成像。Yu 组[100]利用 NaYF$_4$：Yb，Er/La 纳米棒实现活体深层多色成像。Jeong 组利用 UCNPs 和 QDs 通过调节激发波长实现多元成像。

3.5.3　发展前景和挑战

目前，提高 UCNPs 在生物组织的穿透深度、提高其成像灵敏度和分辨率是实现高灵敏活体肿瘤成像的重要挑战。Zhao 组制备了发射单红色荧光的 Mn 掺杂 NaYF$_4$：Yb/Er UCNPs，能够实现穿透深度达到 15 mm 的活体荧光成像[101]。Li 教授组[90]制备了 10 nm 大小的六角形 NaLuF$_4$：Yb，Tm UCNPs，穿透深度达到近 2cm。在改善 UCNPs 生物成像的灵敏度和分辨率方面，Hao 教授组通过提高 UCL 强度实现肿瘤的高灵敏成像。Mg^{2+} 掺杂的 NaYF$_4$：Yb/Er UCNPs 能够显著提高 UCNPs 的荧光强度，实现了肿瘤的高灵敏检测[102]。Jin 组通过提高发光离子的浓度（8%Tm^{3+}，摩尔分数）获得高发光强度的 UCNPs[103]。实验结果表明，提高激发光强度、增加发光离子强度、掺杂其他金属离子和加快敏化剂与发光离子间的能量转移等策略可以提高 UCNPs 的发光强度。

尽管 UCNPs 在细胞和活体成像中应用广泛，但仍具有一些发展空间。首先，UCNPs 的最佳激发波长（约 980 nm）与水的吸收带重叠，因此即使在低激发强度下，也可能造成对组织的损害和过热效应[49]。Zhan 教授组利用 915 nm 代替 980 nm 激光激发 UCNPs，降低过热效应。然而，915 nm 的激光激发效率较低，不利于其进一步的生物成像[96]。水在 808 nm 的吸收比是 980 nm 处的 1/20，因此，808 nm 激发的 UCNPs 能够有效地减小过热效应，在生物成像方面应用越来越广泛[104-110]。

UCNPs 的发光效率较低，因此，需要通过引入其他掺杂离子改变其晶格结构，或者引入光敏染料增加对激光的吸收率[51-53]。

然而，荧光成像研究热点从 NIR-Ⅰ区转移到 NIR-Ⅱ区（1000～1700 nm）。NIR-Ⅱ光散射和自发荧光降低，能够获得更好的图像对比度和更高的空间分辨率[54, 55]。目前，NIR-Ⅱ区荧光探针主要有量子点、碳纳米管、下转换镧系元素掺杂的纳米晶体[17, 56]。上转换纳米材料在发射荧光的同时也能够发射 NIR-Ⅱ荧光，因此，研究镧系元素掺杂的纳米材料的 NIR-Ⅱ荧光性质和在活体成像方面的应用也将是热点之一。

3.6　上转换纳米颗粒在肿瘤诊疗一体化方面的应用

UCNPs 结合二氧化硅、聚合物和贵金属等材料可以用作载体运输有效的治疗物如光敏剂、抗癌药物、治疗肽、蛋白质和基因等。基于上转换纳米材料的药物传递系统能够实时、简单和有效地监测药物为作用路径，评估活体系统中药物释放的效率。目前，UCNPs 肿瘤诊疗一体化研究主要集中在生物成像指导的化学药物治疗、光动力治疗、光热治疗、联合治疗、基因治疗和免疫治疗及体外诊断等方面。

3.6.1　上转换纳米诊断试剂的构建

纳米抗肿瘤体系通过多功能一体化的结构组合设计可以实现药物靶向运输、成像诊断以及刺激响应的按需治疗，是未来纳米医药发展的必然趋势。基于 UCNPs 的治疗诊断纳米体系通过将多功能纳米材料与 UCNPs 整合成单一纳米平台来实现多功能化，如诊断、治疗、跟踪生物分布和监测治疗进展等。通常治疗诊断剂由四种组分组成，即成像剂（UCNPs）、治疗剂［抗癌化学药物、光热剂、光敏剂（PS）、小干扰 RNA（siRNA）等］、载体（聚合物、二氧化硅、石墨烯等）和表面改性剂（PEG、靶分子、刺激响应分子阀等）。本小节将重点讲述 UCNPs 与载体的结合方法。

1. 二氧化硅

二氧化硅材料凭借其表面丰富的硅羟基而具有良好的生物相容性、大的比表面积、易连接功能基团和可调控的介孔孔道等优点。因此二氧化硅包覆上转换纳米复合材料（UCNPs@SiO$_2$）在纳米医学领域展现了巨大的应用前景，受到越来越多的关注。二氧化硅包覆包括以下两种类型：一种是实心二氧化硅包覆，可以改善 UCNPs 的水分散性、生物相容性以及功能化修饰；另一种是介孔二氧化硅包覆，除了拥有实心硅包覆的优点外，其介孔孔道可以负载治疗试剂，并将其输送到病灶部位。

目前主要有两种方法实现二氧化硅包覆的 UCNPs：第一种是经典的 Stöber 法，基于溶胶-凝胶化学包覆亲水性的 UCNPs，然后利用硅源的水解-缩聚反应形成三维网状结构实现包覆；第二种方法是反胶束微乳液法，通常利用表面活性剂 IgCO-520 在有机相中形成微型反应器，与 UCNPs 表面的油酸根发生配体交换后，将 UCNPs 转移到微反应器中心，在碱催化下硅源发生水解聚合完成包覆。研究者在探索更多包覆方法的同时，利用以上两种包覆方法设计了多种灵活结构的二氧化硅包裹的 UCNPs 纳米诊疗体系。

1）介孔二氧化硅包覆的 UCNPs 纳米诊疗体系（UCNPs@mSiO$_2$）

施建林教授组[111]利用阳离子表面活性剂十六烷基三甲基溴化铵（hexadecyl-trimethyl ammonium bromide，CTAB）作为相转移剂和有机模板剂成功在疏水性 UCNPs 表面修饰介孔二氧化硅层（图 3.17）。实验结果表明，在合成过程中适当超声可以有效避免 UCNPs 的聚集，增加 UCNPs@mSiO$_2$ 纳米材料的单分散性。介孔二氧化硅具有可调的粒径、可变的介孔尺寸和易功能化修饰的表面结构，因此可以与多种功能分子组装设计刺激响应阀门以构建智能药物控释体系。目前常用的内部刺激为乏氧、微酸环境、氧化还原电势和过表达的特异性酶等；常用的外部刺激包括光、超声、磁场、温度等。

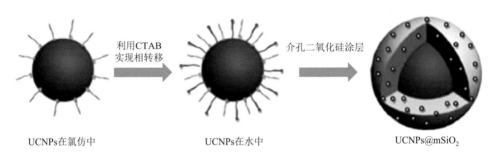

利用CTAB实现相转移　　　　　介孔二氧化硅涂层

UCNPs在氯仿中　　　　　UCNPs在水中　　　　　UCNPs@mSiO$_2$

图 3.17　利用 CTAB 合成 UCNPs@mSiO$_2$ 纳米材料的流程图[111]

2）核壳式二氧化硅包覆的 UCNPs 纳米诊疗体系（UCNPs@dSiO$_2$@mSiO$_2$）

在早期工作中，Zhang 课题组[112]首次利用煅烧法成功制备了 NaYF$_4$：Yb/Er@dSiO$_2$@mSiO$_2$ 纳米颗粒，并在介孔孔道中负载光敏剂锌酞菁（ZnPc），用于 980 nm 近红外光激发下产生单线态氧 ^{1}O$_2$ 杀伤肿瘤细胞。TEM 表征结果表明合成的 NaYF$_4$：Yb/Er@SiO$_2$@mSiO$_2$ 纳米颗粒形貌均匀，呈单分散状态，具有蠕虫状的介孔结构。该课题组[93]再次利用该核-壳结构纳米颗粒负载两种光敏剂，与多色上转换纳米颗粒发生两个 LRET 过程，实现二元光动力治疗，提高了光动力治疗疗效。

利用煅烧法制备核-壳结构的 UCNPs/mSiO$_2$ 尽管可以得到良好的介孔结构，但需要高温去除表面活性剂形成介孔结构，易造成纳米颗粒的团聚和生物相容性的弱化。因此，研究者发展了有机模板法解决煅烧法存在的问题。有机模板法利用表面活性剂［通常为 CTAB 或十六烷基三甲基氯化铵（hexadecyl trimethyl ammonium chloride，CTAC）］将疏水的 UCNPs 从有机相转移到水相中，在这个过程中 CTAB 或 CTAC 可以作为相转移剂和介孔生成的模板分子，然后利用 Stöber 法在含有模板的 UCNP 表面包覆一层硅壳；最后，利用离子交换法除去模板分子形成介孔。2012 年，Cichos 和 Karbowiak[113]利用 CATB 作为模板在疏水的 NaGdF$_4$ 纳米颗粒表面可控包覆薄层介孔硅外壳；Shi 课题组[111]系统地研究了影响介孔硅层包覆的一系列因素如 CTAB 的使用量、反应温度及超声处理等，通过对这些影响因素的精确控制可制备出尺寸均匀、单分散、无杂质并且粒径可控的 NaYF$_4$：Tm/Yb/Gd@mSiO$_2$ 纳米颗粒用于荧光成像和磁共振双模式成像。Lin 等[114]通过改性 Stöber 法以两步溶胶凝胶过程合成了核-壳结构 Gd$_2$O$_3$：Er@SiO$_2$@mSiO$_2$ 纳米颗粒，他们先在 UCNPs 表面包覆一层 SiO$_2$ 壳得到 Gd$_2$O$_3$：Er@SiO$_2$。利用 Gd$_2$O$_3$：Er@SiO$_2$ 表面带负电的硅羟基与带正电荷的 CTAB 模板通过静电作用组装形成 Gd$_2$O$_3$：Er@SiO$_2$@CTAB，然后通过硅源缩聚形成硅壳，脱除模板后就得到介孔结构的 Gd$_2$O$_3$：Er@mSiO$_2$。然后 Lin 课题组[115, 116]以这种方法制备了一系列核-壳结构纳米颗粒，如 Fe$_3$O$_4$@SiO$_2$@mSiO$_2$、NaYF$_4$：Yb/Er@SiO$_2$@mSiO$_2$ 和 NaYF$_4$：Yb/Er@NaGdF$_4$：Yb/Er@mSiO$_2$ 等用于药物递送及成像。

3）蛋黄-蛋壳结构的 UCNPs 纳米诊疗体系（UCNPs@cavity@mSiO$_2$）

蛋黄-蛋壳结构是在 UCNPs 和 mSiO$_2$ 间有一个空腔，形成蛋黄-蛋壳结构，能够比 mSiO$_2$ 外壳有更高的负载量。目前，主要是利用表面保护刻蚀法制备蛋黄-蛋壳结构 UCNPs@cavity@mSiO$_2$。该方法的主要原理是将表面保护剂包覆在纳米颗粒表面，然后使用刻蚀剂进行刻蚀，保护剂会保护表面免受刻蚀，因此仅能刻蚀纳米颗粒内部形成蛋黄-蛋壳结构。常用的表面保护剂有聚乙烯吡咯烷酮、聚乙烯亚胺以及聚二甲基二烯丙基氯化铵等，而常用的刻蚀剂包括热水、氢氟酸、氧化钠和碳酸钠等。Yin 课题组[117]首次使用表面保护刻蚀法成功制备蛋黄-蛋壳结构的纳米颗粒。Wang 课题组[118]提出了一种通用的制备蛋黄-蛋壳结构纳米颗粒的方法，先以有机模板法制备核-壳结构的 Fe$_3$O$_4$@mSiO$_2$ 纳米颗粒，然后以聚乙烯亚胺作为表面保护剂覆盖在 Fe$_3$O$_4$@mSiO$_2$ 表面，再用热水作为刻蚀剂在 50℃刻蚀，即可得到蛋黄-蛋壳结构。通过在纳米颗粒表面修饰上荧光靶向功能分子及在空腔中负载药物后，可以实现靶向荧光成像及磁场导向下的药物递送。利用这种方法可以制备蛋黄-蛋壳结构的 UCNPs/mSiO$_2$ 和纳米金棒/介孔二氧化硅纳米颗粒。施建林教授组[119]发展了一种新型的制备蛋黄-蛋壳结构的 UCNPs 载体的方法。他们在 UCNPs 表面连续包覆两层 SiO_2，然后将表面保护剂聚乙烯吡咯烷酮 PVP 覆盖在 $UCNP@d1\text{-}SiO_2@d2\text{-}SiO_2$ 表面，利用热水刻蚀得到蛋黄-蛋壳结构纳米颗粒。2014年施建林教授组[120]对这种方法加以改进，先用反向胶束微乳液法在 UCNPs 表面包覆 SiO_2，然后以有机模板法包覆 $mSiO_2$ 得到 $UCNPs@SiO_2@mSiO_2$，最后以 PVP 作为表面保护剂，热水作为刻蚀剂得到蛋黄-蛋壳结构。

2. UCNPs@聚合物治疗纳米剂

基于 UCNPs 的诊断纳米剂必须具有一定的水相稳定性、良好的生物相容性和易功能化。然而，通常合成的 UCNPs 具有一定的疏水性。有机聚合物可使疏水性 UCNPs 具有一定的水相分散性，提供活性化学基团以便于功能化[121]，改善纳米颗粒在血液中的循环时间，并减少网状内皮系统中细胞的非特异性摄取[122]。目前多种聚合物已经广泛用于修饰 UCNPs 如聚丙烯酸（PAA）[123-126]、聚乙烯亚胺（PEI）[127, 128]、聚烯丙胺（PAAm）[129]、聚乙二醇（PEG）-接枝的两亲聚合物[130, 131]、PEG-磷脂[96, 132, 133]、聚多巴胺（PDA）[134]、Tween[135, 136]等。

根据聚合物的性质，探索了不同的策略来构建 UCNPs@聚合物治疗纳米剂。采用配体交换方法将具有多齿配体的亲水性聚合物包裹在疏水性 UCNPs 的表面上。Lin 课题组[128]利用配体交换法将 PEI 作为表面改性剂，不仅将 UCNPs 转移到水相中，还提供游离的功能基团——氨基，用于键合反式铂（Ⅳ）前药。构建的 UCNPs 纳米诊疗体系可以实现 UCL/CT/MRI 三模式成像引导近红外光引发的铂前药释放。两亲性聚合物附着策略是另一种广泛使用的方法，通过两亲性聚合物的疏水性链段和 UCNPs 上的疏水性配体之间的范德华相互作用吸附在 UCNPs 表面，暴露的亲水链使 UCNPs 很好地分散在水中。Liu 课题组[130]合成了两亲性聚合物 $C_{18}PMH\text{-}PEG$，并将其包覆在油酸根修饰的 UCNPs 表面获得具有"疏水口袋"和亲水表面的聚乙二醇化 UCNPs，用于物理负载抗癌药物阿霉素（DOX），并通过 pH 调节 DOX 的释放［图 3.18（a）］。这种策略既简单又灵活，可用于负载其他抗癌药物[131]。相比于配体交换法，两亲聚合物附着策略方法能够防止水分子进入发光中心，更能保持 UCNPs 的特性。

基于静电吸引的层层组装（LBL）技术能够赋予 UCNPs 良好的亲水性，且具有可控涂层厚度。Liu 课题组[137]利用 LBL 技术构建了一种基于 pH 敏感光动力疗法的 UCNPs 诊疗纳米剂［图 3.18（b）］。Mn^{2+}掺杂的 UCNPs 在近红外光的激发下发射红色荧光，可用于 UCL 荧光成像和激活光敏剂二氢卟吩 e6（Ce6），已实现光动力治疗。聚合物功能化的 Ce6（PAH-Ce6-SA）通过静电吸附沉积在聚烯丙基胺盐酸盐［poly（allylamine hydrochloride），PAH］功能化的 UCNPs 表面。光

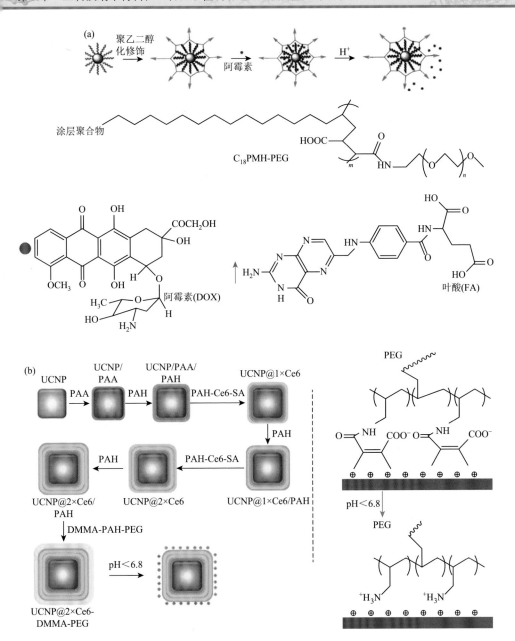

图 3.18 UCNPs@聚合物治疗纳米剂的合成程序示意图

（a）两亲性聚合物 C$_{18}$PMH-PEG 封端在 UCNPs 上[130]；（b）基于 LBL 策略的 UCNPs 诊疗体系的设计[137]

DMMA：二甲基马来酸酐；PEG：聚乙二醇；PAA：聚丙烯酸；Ce6：二氢卟吩 e6；PAH：聚烯丙基胺盐酸盐

敏剂的负载量可以通过调节 PAH/PAH-Ce6-SA 层的数量来控制。通过 pH 敏感聚合物（DMMA-PAH-PEG）实现 pH 敏感的光动力疗法。这种灵活的设计策略和简便的制备方法激发了人们对开发新的治疗诊断纳米平台的极大兴趣。

3. UCNPs@贵金属（Au 或 Ag）治疗纳米剂

局域表面等离子共振（localized surface plasmon resonance，LSPR）可以提高 UCNPs 的发光效率[138-140]。由于 Au/Ag 纳米颗粒具有强近红外光吸收，UCNPs@贵金属（Au 或 Ag）纳米复合材料已被应用于癌症治疗[95, 141, 142]。为了构建 UCNPs@贵金属纳米复合材料，通常对 UCNPs 表面进行改性以使其具有良好的亲水性并携带正电荷或配体以吸引带负电的金属纳米颗粒。Song 课题组[141]设计了核壳结构 $NaYF_4$：Yb，Er@Ag 纳米复合材料用于 UCL 荧光成像和光热治疗。在实验中，他们利用巯基乙酸（thioglycolic acid，TGA）将 UCNPs 转移到水相中并通过硫醇基吸引 Ag^+。通过调整银层的厚度，LSPR 的波长调整为 980 nm。与 Ag 壳相比，Au 壳具有更好的 NIR 吸收。Liu 课题组将 Au 壳涂覆在 UCNPs 的表面上[142]，显示出高的肿瘤富集性和良好的光热治疗效果。

4. 基于混合结构 UCNPs 的治疗诊断纳米剂的合成

二氧化硅具有各种活性官能团（如—COOH，—NH$_2$，—SH 等），因此 UCNPs 可以借助二氧化硅与活性物质如生物分子相互作用，得到功能化纳米颗粒组合。例如，靶向基团如叶酸可以灵活地修饰到氨基官能化的 UCNPs@SiO_2 纳米复合物表面实现靶向诊疗[143]；无机纳米颗粒如 CuS 可以负载在 UCNPs@SiO_2-NH$_2$ 纳米颗粒表面，用于增强放疗和光热协同治疗[144]。在 SiO_2 壳的辅助下，Au 纳米颗粒也与 UCNPs 结合，用于计算机断层扫描成像、光热治疗、基因治疗和生物传感[144-148]。Tian 课题组[149]通过共价接枝方法构建了一种新型 ZnO 官能化 UCNPs@SiO_2 纳米复合材料，可用于多模态生物成像和特定 pH 刺激的按需药物释放。

3.6.2 化学药物治疗

化学治疗在治疗癌症方面具有独到的优势，但其对病灶部位缺乏精确选择性，副作用大。患者在口服或静脉注射抗癌药后，仅仅少量药物能循环到肿瘤组织，药物的利用率低，且需要频繁给药。其一方面会促使肿瘤细胞形成耐药性，另一方面因药物缺乏选择性会杀伤正常细胞，造成严重的全身毒副作用[150, 151]。针对化疗的各种缺点，科研人员设计了纳米药物缓释体系，将药物负载于纳米载体中，这样会保护药物活性，纳米载体穿越细胞间隙被细胞组织吸收，药物缓慢释放出来，但这种方法无法避免生理条件下药物分子的泄漏[152]。随后，科研人员设计了可控的药物释放体系，通过在纳米载体表面选择性修饰功能基团后再安装纳米阀门，并利用外界刺激操纵纳米阀门的"打开"或"闭合"状态，使药物在肿瘤组织可控释放，这不仅可以避免药物在正常组织泄漏，还可以对药物释放进行控制，实现可控的化疗[153-155]。稀土上转换发光材料在设计与构建刺激释放药物体系中发挥了重要角色。本小节将重点阐述各种肿瘤微环境刺激的药物释放和光控药物释放体系。

1. 基于 UCNP 的 pH 响应性治疗诊断

pH 响应利用肿瘤部位的微酸环境打开阀门，是利用最为广泛的控释手段之一。肿瘤组织处于微酸环境中。正常组织和血液的 pH 约为 7.4，而肿瘤微环境的 pH 值为 6.0～7.0 之间。在亚细胞水平，内涵体和溶酶体表现出更低的 pH 值，范围为 4.5～5.5。这种梯度使得 pH 响应性治疗诊断成为可能，可以在肿瘤部位实现"开启"式成像和治疗，改善治疗结果并减轻毒副作用。近年来研究者已经探索了许多基于 UCNPs 的 pH 响应性治疗诊断，包括 pH 响应性药物递送系统和 pH 驱动的 PDT 肿瘤靶向。

一种重要的 pH 响应性药物递送系统是在 UCNPs 表面引入电性可变聚合物，其在中性和弱碱性条件下含有负电荷，但在微酸性环境中转为带正电荷，如聚丙烯酸（PAA）[156, 157]、2, 3-二甲基马来酸酐（DMMA）[137]、天然改性的非离子藻酸盐基聚合物[158]、羧基柱[5]芳烃（WP5）[159]和聚乳酸-羟基乙酸［poly (lactic-co-glycolic acid)，PLGA］共聚物。例如，Lin 课题组成功制备了一系列 PAA 修饰的 UCNPs 作为 pH 响应性药物传递系统，包括 PAA@GdVO$_4$：Ln^{3+}，UCNPs@PAA 和 UCNPs-CuS@PAA。以 Nd^{3+} 敏化的 UCNPs 为例，核壳结构的 UCNPs 经 PAA 功能化后，获得了 pH 响应纳米载体，其载药量和对照药物释放能力均优于 UCNP@mSiO$_2$。超高的药物储存能力和敏感的 pH 响应药物释放特性使 UCNPs@PAA 有望成为 pH 依赖性药物传递系统用于化疗[160]。

一些酸性可分解的无机材料也可以作为控制药物释放的开关。Wang 课题组[149] 构建了一种多功能纳米治疗剂，以 UCNPs 为核心，mSiO$_2$ 为外壳，ZnO 作为 pH 引发药物递送的"把关系统"（UCNPs@mSiO$_2$-ZnO，图 3.19）。该纳米诊疗剂内吞到 HeLa 细胞后，ZnO 可以在酸性细胞器中快速有效地溶解，加速 DOX 从 mSiO$_2$ 壳中释放。ZnO 对正常组织无毒，但溶解后释放的过量 Zn^{2+} 对肿瘤具有细胞毒性，增强了抗癌作用。

pH 敏感性连接键如缩醛键、肼键、腙键和酯键等也可以用于构建基于 UCNPs 的 pH 响应性药物递送系统。最近，Mura 课题组[161]报道了基于超小 BaGdF$_5$：Yb/Tm@BaGdF$_5$：YbUCNPs（低于 10 nm）的 pH 响应性药物递送系统，其中 DOX 通过腙键与 UCNPs 表面缀合。在中性 pH 下，连接物保持完整并抑制 DOX 释放，导致化学治疗剂对正常组织的副作用低，而在酸性环境中腙键的裂解允许 DOX 的释放，实现 pH 引发的药物释放。

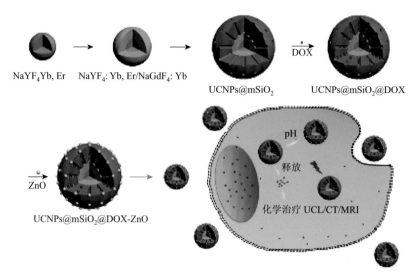

图 3.19 UCNPs@mSiO₂@DOX-ZnO 的合成以及用于多模式生物成像引导的 pH 响应化学治疗[149]

2. 基于 UCNPs 的谷胱甘肽响应性诊疗体系

谷胱甘肽（GSH）在细胞外液（20～40 μmol/L）和细胞内微环境（0.5～10 mmol/L）中具有较高的浓度差异，因此谷胱甘肽可以作为药物释放的刺激因素。迄今研究者已经基于二硫键的裂解、硫醇交换反应等策略构建谷胱甘肽响应性的 UCNPs 诊疗体系。

利用谷胱甘肽切断二硫键控制药物释放是一种常用的策略。Wu 课题组[162]报道了一种新型两亲嵌段共聚物乙基二硫烷基-3, 5-双（三氟甲基）苯甲酸乙酯（MESEF），并通过与疏水性 UCNPs 和 DOX 自组装构建杂化纳米团簇，表现出良好的 pH 值/氧化还原的双响应可控药物释放行为，通过 GSH 裂解二硫键和酸性环境对氨基的质子化来控制药物释放。Du 课题组[163]利用 GSH 裂解二硫键，在介孔上转换纳米颗粒(mUCNPs)表面上接枝了 CuS，并用靶向分子透明质酸(hyaluronic acid, HA) 功能化，得到 mUCNPs@DOX/CuS/HA，用于 UCL/MRI/PA 引导化疗和光热治疗（PTT）。在 HA 的靶向作用下，98%的纳米颗粒被癌细胞摄取。在肿瘤微环境中，71%的 DOX 从纳米颗粒中释放出来，而在没有 GSH 情况下，仅释放了约 21%的 DOX。

GSH 介导的硫醇交换反应是开发 GSH 响应性纳米诊断剂的另一种策略。Liu 课题组[164]报道了一种 GSH 反应性多前体药物囊泡。通过连续可逆加成-断裂链转移聚合合成两亲性多聚前药——聚（N, N-二甲基丙烯酰胺-co-EoS)-b-PCPTM，然后在疏水性油酸根存在下自组装成杂化囊泡。UCNPs 和光敏剂间的能量转移过程产生单线态氧（$^1O_2$）。$^1O_2$ 分子不仅可以杀死癌细胞，还可以破坏溶酶体膜，从而促进纳米囊泡从溶酶体中逃逸并进入胞质溶胶，导致 GSH 触发的喜树碱在细胞质中释放。实验结果表明将光动力模块引入到 GSH 响应性纳米探针中提高治疗效果是可行的。在肿瘤微环境中，GSH 可以使锰离子掺杂二氧化硅纳米壳生物降解，产生 GSH 刺激响应的诊疗体系。Lin 课题组[165]合成了以 UCNPs 为核心，Mn 掺杂的二氧化硅为壳的蛋黄结构上转换纳米胶囊（Mn-UCNCs）。这种在肿瘤微酸环境和高浓度 GSH 条件下降解不仅促进了肿瘤位置的 DOX 释放，而且还允许纳米颗粒更快扩散和肿瘤穿透更深，从而实现有效的颗粒分布和改善化学疗法。同时，释放的 Mn^{2+} 赋予 Mn-UCNCs 磁共振成像功能。

3. 基于 UCNPs 的 ROSs 响应性治疗诊断

生物系统中的 ROSs 如单线态氧 $^1O_2$、过氧化氢 H_2O_2、羟基自由基·OH、超氧化物 O_2^-、次氯酸 HOCl 和过氧亚硝酸盐 $ONOO^-$，对细胞信号传导、稳态、增殖和衰老等多种生物事件有重要影响[166]。由于癌细胞中 ROSs 的浓度高于正常细胞，因此 ROSs 可以作为构建刺激响应诊疗体系的有效刺激。ROSs 中应用较多的为 $^1O_2$ 分子，它们不仅可以杀死癌细胞，还可以切割硫缩酮以构建 ROSs 响应性治疗诊断。Cui 课题组[167]在 UCNPs 表面上负载 mPEG-COOH、光敏分子和 ROSs 可裂解的硫代缩酮共轭喜树碱，构建了一种新的多功能 UCNPs 治疗系统 [图 3.20 (a)]。在 980 nm 激光照射下，Ce6 可以被 UCL 活化并产生 $^1O_2$，进一步切断硫代缩酮键释放喜树碱用于化学治疗。Qu 课题组[168]在核壳结构的 $NaYF_4$：Yb，Er@$NaYF_4$ 纳米颗粒表面包覆 $mSiO_2$ 后，负载光敏分子 Ce6 和抗癌药物 DOX，然后通过简单的硅烷偶联反应将硫缩酮连接物包覆在纳米复合材料的表面，防止药物过早释放。在 NIR 照射后，UCNPs 的荧光激发 Ce6 产生的 ROSs 不仅对癌组织产生不可逆的损伤以实现 PDT，而且还破坏了"门"即硫缩酮连接物，以控制药物释放 [图 3.20 (b)]。因此，将 PDT 模型引入基于 UCNPs 的 ROSs 响应性治疗诊断中，可以同时实现可控化疗和 PDT，提高抗癌疗效[168]。

4. 基于 UCNPs 的酶敏感治疗诊断

酶是一种重要的生物催化剂，参与细胞中几乎所有的生物过程。由于其高特异性和选择性，酶成为设计和构建响应性治疗诊断的有效触发因素。

组织蛋白酶 B 作为溶酶体蛋白酶家族的一员，在多种癌症如乳腺癌和胰腺癌中过表达，被认为是一种潜在的生物标志物[169]。此外，组织蛋白酶 B 能够选择性切割特定序列肽即 Gly-Phe-Leu-Gly 或 Arg-Arg-Lys，因此组织蛋白酶被广泛用

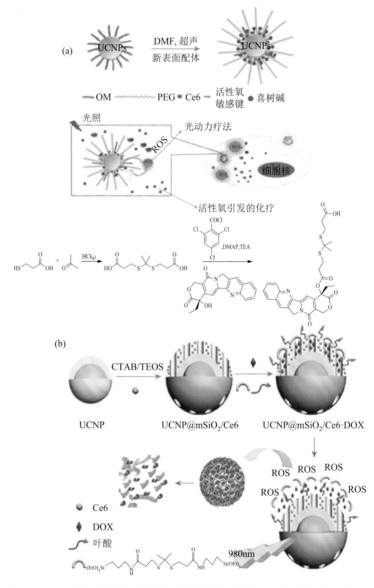

图 3.20 （a）Ce6-CPT-UCNPs 的制备示意图和光调节的 ROSs 活化 Ce6-CPT-UCNP 的概念[167]；（b）合成和控释过程的示意图[167, 168]

作肿瘤部位成像和刺激药物释放的触发因素。Zhang 课题组[170]设计了一种组织蛋白酶 B 响应型 UCNPs 纳米结构用于药物释放和光动力治疗（图 3.21）。他们首先合成了介孔硅包覆的 UCNPs 用于负载光敏剂 Ce6 和抗癌药物 DOX，然后利用硅烷反应将特定的肽链 SGFLG 修饰到材料表面用于封装抗癌药物。为了增加对肿瘤的靶向作用，转铁蛋白被修饰于材料表面。当制备的 UCNPs 诊疗探针被胞饮或吞噬到细胞内部后，高浓度的组织蛋白酶 B 切断肽链 SGFLG，诱导抗癌药物释放。

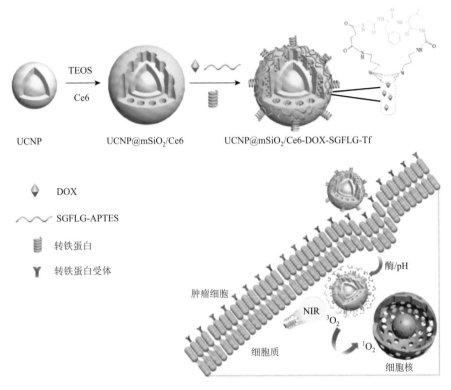

图 3.21　组织蛋白酶 B 诱导的药物释放过程[170]

5. 基于 UCNPs 的温度响应性治疗诊断

由于癌细胞的快速增殖和有氧糖酵解，肿瘤部位的温度略高于正常组织[171]。基于肿瘤部位和正常组织部位的温度差异，开发温度敏感的诊疗体系越来越受到关注。其中，温度敏感聚合物已被广泛用于控制抗癌药物释放[172-174]。Dai 利用 pH 和温度敏感的聚合物——聚（N-异丙基丙烯酰胺）-co-甲基丙烯酸 (poly[(N-isopropylacrylamide)-co-(methacrylic acid)]，P(NIPAM-co-MAA))，修饰 UCNPs 并负载抗癌药物 DOX。实验结果表明，抗癌药物的释放呈现出 pH 刺激/温度敏感特征（图 3.22）。在肿瘤的微酸环境和稍高温度下，P（NIPAM-co-MAA）聚合物收缩，释放抗癌药物[175]。2016 年，Yan 课题组[176]合成了一种新型的温度敏感型两亲聚合物。该聚合物由亲水性甲基丙烯酸低聚乙二醇甲醚（oligo ethylene glycol methyl ether methacrylate）和疏水性含偶氮苯的甲基丙烯酸（azobenzene-containing methacrylate）组成。2015 年，Yang 课题组[173]引入 Au 纳米颗粒，在

NIR 照射下其具有良好的光热效应而有助于温度响应性药物递送。实验结果表明光热治疗和化学治疗的协同作用有利于提高抗癌治疗效果。

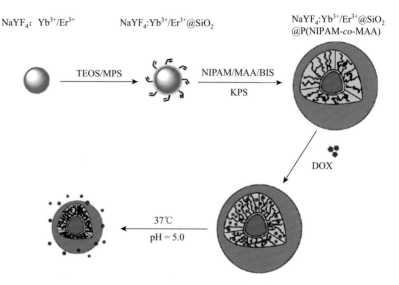

图 3.22　UCNPs@SiO$_2$@P(NIPAM-*co*-MAA)复合物的制备方法和控制药物释放过程示意图[175]

6. 光控药物释放

与 pH、温度或酶等相比，光控释放药物具有独特的优势如远程激发、灵敏性高，可通过光波长、功率及光照时间等条件精确调控药物释放量，因此备受青睐[177, 178]。但紫外或可见光在生物体外进行调控时，由于组织穿透力差，同时还会对皮肤等造成伤害，它们的实际应用受到限制。近红外光因为具有较深的生物组织穿透能力与极低的生物光照损伤，特别适合构建光控放药体系[179-181]。利用 UCNPs 优异的光学性质，近年来产生了多种模式的光控药物释放。本部分主要阐述以下实验工作：

1）NIR 光诱导的光致异构化

光异构化反应是光敏物质如偶氮苯（Azo）、螺吡喃（SP）、香豆素（coumarin）及二芳基乙烯（dithienylethene）等在激发光作用下分子结构或者构象发生可逆性的转变[182, 183]。迄今研究者已成功开发出多种基于光致异构化的 UCNPs 药物递送系统。Shi 课题组[179]报道了一种基于 UCNPs@mSiO$_2$ 的近红外光触发抗癌药物传递系统（图 3.23）。他们将作为"搅拌器"的偶氮苯基团修饰到 mSiO$_2$ 壳的通道中。在 980 nm 激光照射下，UCNPs 发射紫外光（UV）和可见光（Vis）诱导偶氮苯发生反式和顺式异构体之间的可逆转化，导致连续介孔二氧化硅孔道内旋转-反转运动以加速 DOX 的释放。

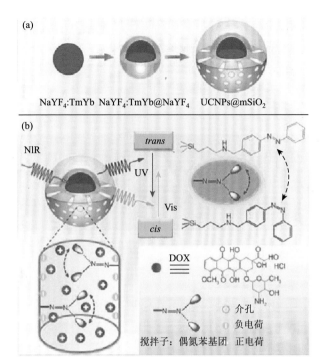

图 3.23　光控偶氮苯异构化控制药物释放用于肿瘤的化学治疗[179]

　　最近，Zhao 课题组[184]通过逐层共组装策略构建基于偶氮苯官能化聚合物和上/下转换纳米颗粒（U/DCNPs）的纳米胶囊。U/DCNPs 发射的紫外/可见光可以引发偶氮苯基团的光异构化，使得约 180 nm 的纳米胶囊分解为约 20 nm 的小U/DCNPs，并在 980 nm 近红外光照射下释放药物。该策略为在空间和时间上控制药物释放奠定了坚实的基础。Zhao 课题组[193]也构建了基于光致异构化的药物释放体系。他们合成了 Janus 介孔二氧化硅纳米复合材料（UCNP@SiO$_2$@mSiO$_2$&PMO）。Janus 纳米复合材料具有独特的双独立中孔，具有负载疏水性抗癌药物紫杉醇（PTX）和亲水性药物阿霉素（DOX）的能力。热敏化合物（1-十四醇）和光敏化合物（偶氮化合物）均作为开关堵塞介孔以防止药物泄漏。在 980 nm 近红外光照下，温度的升高导致 1-十四醇溶化释放出 PTX，而上转换紫外与可见光诱导偶氮键异构化引起 DOX 释放。体外细胞实验表明，双响应下释放的药物可以杀死 50%细胞，远高于单响应释放。这项工作为上转换纳米载体用于多种药物递送和联合治疗提供了新的概念和架构。

　　2）光致相变放药

　　某些相变材料也可以用于构建纳米阀门控制药物释放，它们在温度升高或者光热作用下发生相变，打开孔道释放药物[172, 173, 185-187]。如图 3.24 所示，Li 教授组[185]

将易相变材料 P（NIPAM-*co*-MAA）修饰于 UCNPs@mSiO₂ 的表面与介孔孔壁，因为 P（NIPAM-*co*-MAA）的舒展作用阻止药物泄漏，施加 980 nm NIR 光照时，水对光源的吸收引起肿瘤部位温度小幅度升高，导致 P（NIPAM-*co*-MAA）由舒展的状态变为收缩状态，同时肿瘤细胞的酸性环境也会导致 P（NIPAM-*co*-MAA）发生相变，使得药物释放出来。

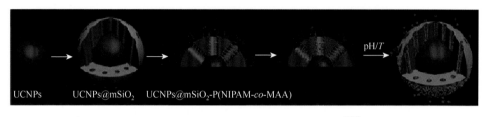

图 3.24　NIR 光热与 pH 控释药物用于化疗[185]

3）NIR 光诱导的光解

　　基于光解策略，生物活性分子通过光不稳定基团与光解材料结合，然后加载到基于 UCNPs 的纳米载体上。UCNPs 将 NIR 光转换为特定波长的光触发光解材料的光解，从而在目标位置释放和激活生物活性分子。在最近一年中，研究者已经成功构建了基于光解反应的 UCNPs 药物递送系统释放多种生物活性分子，如 D-荧光素[188]、一氧化氮（NO）[189, 190]、DOX[191, 192]、siRNA[193]、Pt 类前药[194, 195] 和细胞黏附分子[196]。

　　Liu 课题组[197]构建了 UCNPs 药物递送系统。利用光不稳定分子，邻硝基苄基（o-nitrobenzyl，NB）封闭 mSiO₂ 孔以控制 DOX 释放。基于 NB 的紫外吸收谱与 UCNPs 的发射谱具有很好的光谱匹配，UCNPs 的发射光能够诱导 NB 的光解，导致 DOX 释放到癌细胞中。

　　Li 课题组[198]设计了另一个光控药物释放体系。他们利用蛋黄结构的上转换纳米材料作为内核，mSiO₂ 作为外壳。抗癌药物苯丁酸氮芥，通过共价键与光敏氨基香豆素衍生物结合，负载到介孔中。通过连续的 980 nm 光激发实现药物的可控释放。同时，该课题组首次实现了活体中光控药物的释放，为临床应用提供了理论参考和技术支持。

　　除了以上列举的有机发色团，某些无机金属络合物也可以用于构建光控放药体系。例如，Wu 教授组[199]等通过掺杂 Ca²⁺ 制备了超小型超亮 Nd³⁺ 敏化 NaGdF₄：Yb，Tm，Ca@NaYbF₄：Ca@NaNdF₄：Gd，Ca UCNPs。在 UCNPs 表面上涂覆 mSiO₂ 后，将作为分子阀的钌（Ru）通过配位作用接枝在 UCNPs 的表面上，实现对药物封堵，以防止 DOX 在到达肿瘤之前释放。在 980 nm 近红外光照下，UCNPs 发射的可见光可以断裂 Ru 络合物与纳米颗粒之间的配位键，导致抗癌药物的释放。这种 NIR 光控药物释放可以在超低的功率（$0.35\sim0.64$ W/cm^2）下实现。与共价键相比，配位键相对较弱，因此能在相对较低的光照强度下断裂，在实际应用中可以避免因大功率激光照射引起的损伤，但是这些无机金属络合物的制备需要复杂的合成过程，其应用受到限制。

另外，Pt（IV）络合物可以在紫外光作用下还原为 Pt（II）抗癌药，因此也被广泛应用于光控放药体系。Pt（II）类抗癌药包括顺铂、卡铂和奥沙利铂等，Pt（II）络合物已成功应用于治疗各种类型的癌症。但是严重的毒副作用和耐药性妨碍了它们在临床实践中的进一步应用。为了克服这些问题，Pt（IV）络合物由于其良好的化学惰性，对正常组织的低细胞毒性和氧化还原性质，作为 Pt（II）前药引起了研究者的兴趣。此外，UV 光可以有效地活化 Pt（IV）络合物，以释放细胞毒性 Pt（II）类药物。近年来，人们致力于构建 UCNPs 纳米载体用于输送铂类前药，并利用近红外光控制释放细胞毒性 Pt（II）类药物。例如，Xing 课题组[200]报道了基于二氧化硅修饰的 NaYF$_4$：Yb，Tm UCNPs 负载 Pt（IV）前药和细胞凋亡感应肽。为了实时观察和验证细胞凋亡，在细胞凋亡感应肽修饰红色荧光染料 Cy5 和荧光猝灭剂 Qsy21 构建 FRET 探针。在近红外光照射下 UCNPs 的 UCL 可以活化 Pt（IV）前药，诱导肿瘤细胞的凋亡，激活相应的 caspase 酶，打破细胞凋亡感应肽的 FRET 过程，实现荧光成像。该方法不仅可以远程调控肿瘤部Pt（IV）前药释放，而且可以在细胞水平评价治疗效果。Dai 等进一步研究了体内光控 Pt（IV）前药的应用（图 3.25）[128]。核-壳结构的 NaYF$_4$：Yb^{3+}/Tm^{3+}@NaGdF$_4$：Yb^{3+} UCNPs 用作纳米载体，并在其表面上修饰 Pt（IV）前药。UCNPs 可以在近红外光照射下激活前药杀死癌细胞并抑制动物模型中的肿瘤生长。同时，该探针可以实现 UCL/MRI/CT 三模态成像，提供完整的成像信息。这项工作首次验证了在体内利用 UCNPs 活化 Pt（IV）前药的可行性，这为光活化 Pt（IV）前药的实际应用铺平了道路。

3.6.3　光动力治疗

光动力疗法（photodynamic therapy，PDT）是利用光敏剂（photossensitizer，PS）吸收特定波长的激发光后，电子从基态跃迁到激发态，处在激发态的电子一部分通过辐射跃迁回基态发射荧光，另一部分电子则到达三重态与周围环境中的氧分子或水分子发生能量传递，产生具有生物毒性的 ROSs，达到杀死肿瘤细胞的目的。光动力过程中包括 3 个基本要素：特定波长的光、光敏剂和组织周围的氧分子或水分子[201]。与临床化疗和放疗相比，光动力治疗具有一些独特的优点如选择性高、成本效益好、治愈率高、术后对机体组织的创伤小等[201, 202]，被成功应用于皮肤、头颈部、食管、胰腺和膀胱等浅层及脏器的肿瘤治疗中。目前光动力治疗通常基于紫外-可见光照射组织，然而受生物组织的光吸收和散射，紫外-可见光穿透组织能力差，限制治疗肿瘤的能力。UCNPs 作为光敏剂的载体为解决这一问题提供了新的策略。UCNPs 的 NIR 激发光具有更深的组织穿透能力，能够有效地激发 PSs，产生活性强的 ROSs，同时改善 PSs 体内递送困难、靶向性低等问题，实现直接杀死癌细胞或摧毁肿瘤部位血管及激活宿主免疫系统等目的[112, 203-205]。

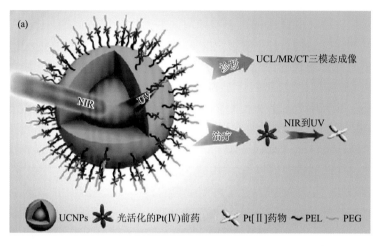

图 3.25　UCNPs 用于光控 Pt（Ⅳ）前药和 UCL/MR/CT[128]

2007 年，Zhang 教授组[43]首次提出上转换光动力治疗概念，并通过人类乳癌细胞验证了光动力治疗效果。2013 年，Liu 教授组[131]首次在活体水平证实基于上转换纳米颗粒构建的光动力治疗体系能有效抑制肿瘤生长。因此，上转换光动力诊疗体系引起了研究者广泛的研究兴趣，其研究的热点集中于改进光敏剂和改善肿瘤的乏氧条件上。

PS 的种类和负载方式对于上转换光动力诊疗体系的性能非常重要。UCNPs 通过发光共振能量转移过程激发 PS。因此，必须满足 UCNPs 的发射光与 PS 的吸收光具有良好的光谱匹配，同时两者间的距离尽可能短。目前，常用的光敏剂包含两类：①有机光敏剂，包括锌酞菁（zinc phthalocyanine，ZnPc）、部花青 540、四苯基卟啉（5, 10, 15, 20-tetraphenylporphyrin，TPP）、亚甲基蓝（methylene blue，MB）、玫瑰红（rose bengal，RB）、二氢卟吩 e6（chlorin e6，Ce6）、三（联吡啶）钌（Ⅱ）、铝酞菁（aluminum phthalocyanine chloride）、二羟基硅酞菁（silicon phthalocyanine dihydroxide，SPCD）等；②半导体无机材料如二氧化钛（TiO_2）、石墨碳氮化物（g-C_3N_4）、ZnO、黑磷和富勒烯等。在特定波长的光激发下，光敏剂通过类型Ⅰ（typeⅠ）和类型Ⅱ（typeⅡ）产生活性氧。半导体无机材料主要发生类型Ⅰ-光动力过程。在特定波长激光的激发下，半导体无机材料产生电子-空穴对，与周围的生物物质如水分子反应，产生自由基和自由基离子，进一步与氧气反应，产生超氧阴离子、羟基自由基和过氧化氢等 ROSs；有机光敏剂主要通过类型Ⅱ参与 PDT 过程。在激发光的激发下，有机光敏剂与周围的氧气发生反应产生单线态氧，引起细胞凋亡和（或）死亡。

1）有机光敏剂

光敏剂的负载方式对光动力治疗效率有重要影响。研究前期光敏剂大多通过物理吸附的方式负载于纳米载体上。Zhang 教授组[112]利用 UCNPs@mSiO$_2$ 纳米颗粒介孔孔道负载光敏剂 ZnPc，基于 UCNPs 660 nm 荧光激发 ZnPc 产生 $^1O_2$，有效杀死肿瘤细胞。然而，物理吸附方式易导致负载的光敏剂泄漏，引起 FRET 效率和光动力治疗效果降低，同时容易导致全身毒副作用。因此，基于共价键方式的上转换光动力治疗体系可以有效地实现光敏剂的零泄漏。Yan 教授组[205]将光敏剂血卟啉或二羟基硅酞菁通过化学键修饰于介孔二氧化硅孔壁上，这种方式可有效地避免光敏剂的泄漏与团聚。细胞实验表明该体系能有效地实现光动力治疗，同时具有上转换荧光与磁共振双模式成像功能。Zhang 教授组[143]将光敏剂玫瑰红（RB）以化学键方式负载于 UCNPs 表面，考察了 RB 负载量对 $^1O_2$ 产量的影响。实验结果表明光敏剂的负载量有一最佳值，过量负载时由于光敏剂间自猝灭作用导致 $^1O_2$ 产量下降，这对于构建与设计光动力治疗体系具有重要指导意义。相较于物理负载方式，共价键负载能够有效解决光敏剂泄漏的问题，但需要光敏剂具有特殊化学基团，且负载工艺较为烦琐、耗时。

最近，金属有机框架（metal-organic frameworks，MOFs）材料可通过选择性各向异性成功地生长在 UCNPs 表面[206]。基于 UCNPs 到 MOFs 间直接共振能量转移，具有异质结构的 UCNPs@MOFs 能够在 NIR 光照射下产生 ROSs。此外，MOF 的多孔通道可有效地负载化学药物，实现化疗和 NIR 诱导的 PDT 协同作用的癌症治疗体系。

2）无机光敏剂

与有机 PS 相比，无机光敏剂在生物体内的作用时间更长，更稳定。Lin 教授组[207]用 NaYF$_4$：Yb，Tm@NaGdF$_4$：Yb UCNPs 核和 TiO$_2$ 结晶壳制备核-壳结构复合材料，得到的 UCNPs@TiO$_2$ 纳米材料可在 980 nm NIR 激发下产生 ROSs，诱导癌细胞凋亡并抑制肿瘤生长。该方法将 TiO$_2$ 壳直接涂覆在 UCNPs 的表面上，确保从 UCNPs 到 TiO$_2$ 的最大能量转移，以促进 ROSs 的产生和释放。为了解决 980 nm 激发穿透深度有限和过热问题，该课题组设计了一种基于 808 nm 激发的 UCNPs@TiO$_2$ 纳米探针，基于 808 nm 更高的组织穿透深度，该体系表现出更高的抗肿瘤效力[208]。由于相对窄的带隙（2.7eV），g-C$_3$N$_4$ 可以对紫外-可见区的光响应并激活分子氧以产生更多的活性自由基。2016 年，Feng 教授组[209]通过模板蚀刻工艺制备 808 nm 激活的光动力诊疗体系 UCNPs@g-C$_3$N$_4$-PEG（图 3.26）。UCNPs，NaGdF$_4$：Yb/Tm@NaGdF$_4$：Yb@NaNdF$_4$：Yb，在 808 nm 激发光下发射的紫外可见光能够有效地激发 g-C$_3$N$_4$ 产生大量的 ROSs 用于 PDT。UCNPs 中 Nd^{3+} 能够引起 PTT 效应，结合 PDT 协同对肿瘤具有显著的抑制作用。最近，g-C$_3$N$_4$ 量子点通过阳性聚合物聚 L-赖氨酸，修饰到 NaYF$_4$：Yb^{3+}/Tm^{3+} UCNPs 表面，构建光动力诊疗体系[210]。g-C$_3$N$_4$ 量子点不仅作为 NIR 光介导的 PDT 中无机光敏剂，还可以实现荧光成像。

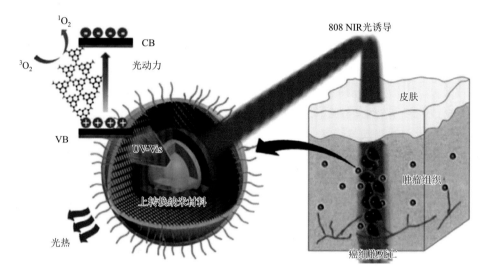

图 3.26　在 808 nm 光激发下 UCNPs@g-C$_3$N$_4$-PEG 纳米颗粒电荷转移和活性氧产生情况[209]

除了上面提出的无机纳米颗粒，黑磷片（BPS）也可以作为无机光敏剂用于构建光动力诊疗体系[211]。超薄 BPS 修饰 PEG-NH$_2$ 后，通过静电相互作用吸附于 UCNPs NaGdF$_4$：Yb，Er@Yb@Nd@Yb 表面。在 808 nm NIR 光照射下，构建的 UCNPs-BPS 纳米颗粒显示出良好的肿瘤抑制效果（图 3.27）。

3）两种类型的光敏剂

将两种类型的 PS 分子整合到单个纳米平台中可以提高 PDT 的治疗效果[212]。Idris 教授组[213]首次将两种有机光敏剂 ZnPc 和 MC540 负载到一个纳米诊疗剂中。在 980 nm NIR 照射下，UCNPs 发射的两种独立荧光能够分别激发两种光敏剂，充分利用上转换能量，与单 PS 负载的光动力诊疗体系相比，产生更多的 ^{1}O$_2$，表现出更高的 PDT 效率，在动物模型中观察到黑素瘤肿瘤显著消退。之后，Lin 教授组[214]制备近红外染料 IR-808 敏化的 UCNPs，NaGdF$_4$：Yb，Er@NaGdF$_4$：Nd，Yb，其表面涂覆 mSiO$_2$，通过共价键和静电相互作用负载有机光敏剂 Ce6 和 MC540。在 808 nm 激发下，UCNPs 发射的红色和绿色荧光能够分别激活相应的光敏剂产生细胞毒性 ROSs。

图 3.27   UCNPs-BPS 纳米颗粒用于构建 808 nm 激发光动力治疗的示意图[211]

　　为了增加光动力治疗效果，缩短上转换纳米材料与光敏剂间的能量共振距离，我们课题组创新性地制备了超薄硅层包覆的上转换纳米材料，负载光敏剂的硅层厚度控制在 7.5～9.0 nm 间，极大地缩短了能量供体（上转换纳米材料）和能量受体（光敏剂，MB）间的能量转移距离，提高了光动力治疗的疗效[215]。为了进一步缩短 LRET 的距离，我们组合成了三明治式的多色上转换纳米材料，将两种发光离子 Tm^{3+} 和 Ho^{3+} 控制在厚度约为 2.0 nm 的中间层中，表面包覆厚度为 8.5～10.6 nm 的硅层，进一步缩短发光层与光敏剂间的 LRET 距离。同时多色 UCNPs 可以同时激发两种光敏剂 MB 和 RB，增加 ROSs 的产生。在线粒体靶向基团的驱动下，制备的 UCNPs 光动力诊疗探针可以选择性地富集于线粒体中，在近红外光的刺激下，在线粒体中原位产生 ROSs，引起癌细胞线粒体调节的细胞凋亡（图 3.28）。制备的 UCNPs 光动力诊疗探针可以极大地诱导癌细胞凋亡（凋亡率高达 79%），抑制肿瘤组织的生长（肿瘤体积减小至 36%）[216]。

　　光动力治疗的疗效很大程度上依赖于肿瘤部位的氧气含量，肿瘤部位的乏氧环境极大地限制了 PDT 的疗效。因此，迫切需要开发特异性 O_2 递送系统以克服肿瘤缺氧，改善治疗效果。最近，Zhang 教授组[217]制备了具有核-多壳结构的 UCNPs。并进一步在其表面修饰位点特异性缺氧探针（HP）和光敏剂 RB，然后利用生物素-链霉亲和素的特异性相互作用吸附于红细胞（RBC）表面以获得 RBC 微载体。在 980 nm NIR 激发下，非活性 HP 可以特异性转化为活性状态，以在低氧条件下触发氧合血红蛋白释放 O_2。O_2 含量的增加可以有效增加 PDT 效率（图 3.29）。

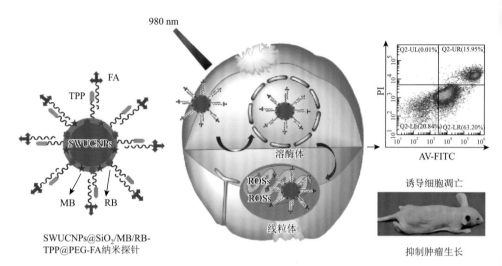

图 3.28　三明治式 UCNPs 同时负载两种光敏剂 MB 和 RB 靶向肿瘤细胞线粒体实现 PDT，
诱导细胞凋亡并抑制肿瘤生长[216]

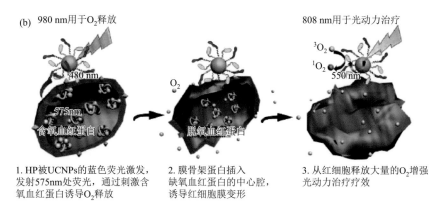

1. HP被UCNPs的蓝色荧光激发，发射575nm处荧光，通过刺激含氧血红蛋白诱导O_2释放

2. 膜骨架蛋白插入缺氧血红蛋白的中心腔，诱导红细胞膜变形

3. 从红细胞释放大量的O_2增强光动力治疗疗效

图 3.29 （a）RBC 微载体的合成示意图；（b）在 980 nm 激发下，非活性 HP 可以特异性转化为活性状态，以在低氧条件下触发氧合血红蛋白释放 O_2，增加 PDT 效率的示意图[217]

biotin：生物素

最近，一些催化剂已被用于催化和分解 H_2O_2 产生 O_2，以增强 PDT 对缺氧实体瘤的影响，如二氧化锰（MnO_2）纳米片[218, 219]和过氧化氢酶[220]。Zhang 教授组[218]构建了多功能 UCNPs@TiO_2@MnO_2 纳米复合材料（UTMs）用于自补充 O_2 和 ROSs 循环扩增的 PDT（图 3.30）。MnO_2 纳米片可以在肿瘤的微酸和过量的 H_2O_2 的微环境中产生 O_2 克服肿瘤缺氧，获得优异的 PDT 疗效。MnO_2 分解产生的 Mn^{2+} 还可以

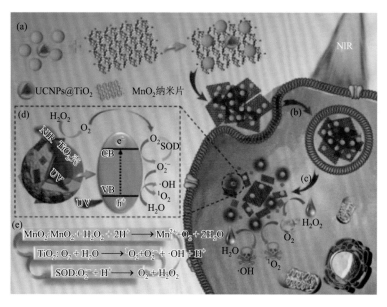

图 3.30 UCNPs@TiO_2@MnO_2 纳米复合材料（UTMs）用于自产氧和 ROSs 循环增强 PDT 的示意图[218]

实现刺激增强的 T_1 加权 MRI。此外，该探针通过催化细胞内超氧化物歧化酶再生 H_2O_2 和 O_2，循环放大 ROSs 的产生，具有显著增强的 PDT 结果。

为了进一步增加 PDT 的靶向性，减小其毒副作用，研究者设计了刺激响应的光动力诊疗体系。Tang 教授组[221]通过修饰 UCNPs 表面上不同长度的两种 DNA 序列，构建 pH 刺激响应的 DNA/上转换纳米复合物（UCNPs@PAA-DNA），提出了肿瘤精确靶向和刺激响应的 PDT 预保护策略（图 3.31）。较短 DNA 序列上的叶酸分子（FA），在正常组织中受到较长 DNA 序列的保护，避免了纳米颗粒在正常组织的聚集。当到达肿瘤区域，UCNPs@PAA-DNA 纳米复合物中较长的 DNA 在酸性肿瘤微环境中折叠，暴露短 DNA 序列上的 FA 分子以实现癌细胞的靶向。折叠的长链 DNA 上光敏剂 Ce6 接近 UCNPs 表面，改善了 PDT 的治疗效果。这种预防保护策略为精确定位和高效癌症治疗提供了新的思路。其他 pH 响应性靶向分子也用于构建 pH 刺激的肿瘤靶向上转换光动力诊疗体系。低 pH 插入肽（pH low insertion peptides，pHLIPs）是一种可以靶向细胞外微酸环境的多肽载体，这种载体可将负载物以低 pH 依赖方式选择性转运至病变细胞。Wang 教授组[222]利用低 pH 插入肽修饰 Nd^{3+} 敏化 UCNPs，以实现精确定位和有效的 PDT。

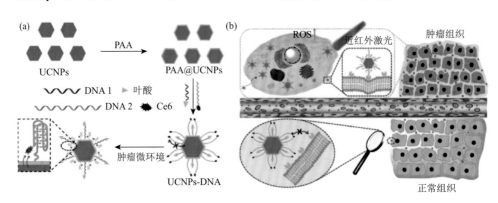

图 3.31 （a）UCNPs@PAA-DNA 的合成过程[221]；（b）制备的 UCNPs@PAA-DNA 精准靶向肿瘤和光动力治疗示意图[222]

2016 年，Xing 课题组[223]构建了组织蛋白酶 B 刺激的 UCNPs 诊疗体系，实现了高效的肿瘤靶向性和有效的治疗（图 3.32）。他们合成了 Nd^{3+} 掺杂的 UCNPs，利用 Stöber 法在其表面包覆一层致密硅，用于负载光敏剂 Ce6，然后修饰上短肽 C（stbu）-K-F 和 2-氰基苯并噻唑（CBT）。肿瘤中过表达的组织蛋白酶 B 特异性识别并切断 UCNPs 表面的短肽 C（stbu）-K-F，暴露出的半胱氨酸与相邻 UCNPs 表面的 2-氰基苯并噻唑共价交联，引起 UCNPs 在肿瘤部位的高效积累。在近红外光的激发下，聚集的 UCNPs 激发光敏剂 Ce6，产生增强的光动力治疗疗效。实验结果表明，该策略可以实现肿瘤部位的特异性荧光成像和增强的光动力治疗。

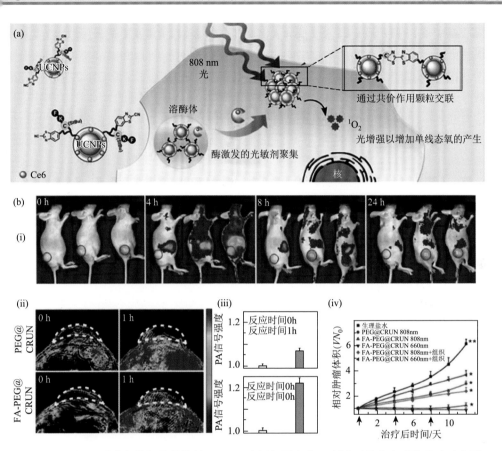

图 3.32　（a）用于肿瘤部位短肽修饰的 UCNPs 在组织蛋白酶 B 刺激下共价交联的策略示意图；（b）（i）注射探针后在不同时间间隔内小鼠中肿瘤部位（蓝色圆圈）的荧光成像；（ii）静脉内注射探针后不同时间间隔内肿瘤区域的 PA 成像信号；（iii）静脉内注射探针后不同时间间隔内肿瘤区域的相对 PA 成像信号强度；（iv）在不同探针处理下肿瘤体积随时间的变化曲线[223]

半胱天冬酶与细胞凋亡有关，因此半胱天冬酶响应性纳米颗粒可以监测肿瘤治疗过程。最近，Hu 课题组构建靶向天冬氨酸刺激响应的 UCNPs 诊疗体系[224]。该体系能够实现近红外光刺激光敏剂以产生 ROSs，引起光动力损伤以及胱天蛋白酶-3 激活，随后实现抗癌药物刺激性释放和级联化学治疗。该策略能够通过对邻近肿瘤组织的凋亡激活来增强治疗效率，为构建新型级联肿瘤治疗策略提供一定的参考，有利于克服肿瘤治疗中的耐药性。

近期，化学动力治疗（chemical dynamic therapy，CDT）作为新型的基于 ROSs 的癌症治疗策略引起了研究者的极大兴趣。CDT 利用芬顿反应将细胞内 H_2O_2 转化为具有细胞毒性的羟基自由基（·OH）。但是，铁离子参与的芬顿反应需要严格的反应条件如低 pH 值（pH = 3~4），因此其在肿瘤微环境中（pH 约 6.5）芬顿反应效率较低。紫外线照射可以诱导光芬顿反应。然而，其低穿透深度和潜在组织损伤限制了紫外光在肿瘤治疗中的进一步应用。UCNPs 可以将具有更深组织穿透的 NIR 转换成 UV 光，充当 UV 源以辅助芬顿反应，从而改善·OH 的产生。Shi 教授组[225]报道了基于 NIR 激发的肿瘤特异性芬顿反应的光化学治疗试剂（UCSRF）。在该体系中，UCNPs 作为核将 NIR 光转换为紫外可见光激发光芬顿反应，介孔硅作为芬顿试剂（Fe^{2+}）的载体，Ru^{2+}复合物修饰到介孔硅表面用于结合线粒体 DNA。在 NIR 照射下，UCSRF 聚集于肿瘤细胞线粒体内，与 H_2O_2 反应，产生·OH，引起线粒体 DNA 损伤。由于 ROSs 靶向线粒体 DNA，因此，该探针显示出增强的特异性治疗肿瘤效果（图 3.33）。

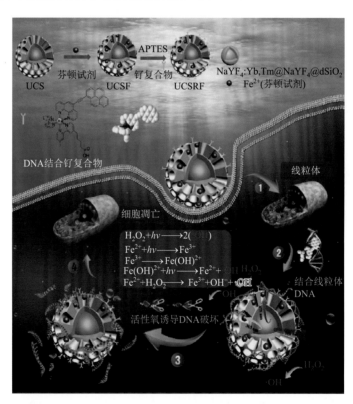

图 3.33 UCSRF 的合成和基于光芬顿反应的线粒体 DNA 靶向光化学治疗的示意图[225]

UCS：核壳型介孔硅修饰的上转换纳米材料；UCSF：含芬顿试剂的核壳型介孔硅修饰的上转换纳米材料；APTES：3-氨丙基三乙氧基硅烷；UCSFR：负载钌复合物的上转换纳米材料

最近，Yang 教授组[226]构建了一种基于 $ZnFe_2O_4$ 功能化 UCNPs 的多功能纳米平台（UCPZ）。该平台结合了 NIR 激发的 PDT 和 CDT。其中，$ZnFe_2O_4$ 纳米颗粒不仅可以作为 PDT 的光敏剂，还可以与癌细胞中过量的 H_2O_2 反应，诱发 CDT，产生·OH。此外，桥联的 Pt（Ⅳ）前药可以在癌细胞谷胱甘肽中还原为高细胞毒性的 Pt（Ⅱ），得到肿瘤组织协同治疗的疗效。

3.6.4　光热治疗

光热疗法（photothermal therapy，PTT）是一种新型肿瘤治疗方法，主要利用具备较高光热转换效率的材料作为光热剂，在 NIR 光照射下吸收光能并转化为热能，可以对肿瘤细胞或组织进行选择性地局部加热。肿瘤组织中血管形态异常，脆弱易破，受到高温的袭击时容易破裂，造成局部血流量减少，进而导致局部的缺氧及散热困难，从而杀死肿瘤细胞。与传统的治疗方法相比，PTT 具有对组织穿透深，对正常组织损伤小，可重复治疗，毒副作用相对小等优点。PTT 的有效性主要取决于光热剂的光热转换效率。应用于光热疗法的理想金属纳米材料应该具有强且可调的表面等离子体共振吸收效应、易传输、毒性低以及容易与肿瘤细胞结合等优点，如金、银纳米颗粒[227]。具有固定近红外吸收带的 $CuS^{[228]}$、$Cu_9S_5^{[229]}$ 和 $LaB_6^{[230]}$ 纳米颗粒也是一类新型光热剂，可用于 PTT。Qian 课题组[231]合成了 $NaYF_4$：Yb，$Er@NaYF_4@SiO_2@Au$ 纳米颗粒（70～80 nm），其中金纳米颗粒（约 6 nm）沉积在 SiO_2 表面，有效提高了光热转换效率。实验发现，该纳米材料能有效地破坏人神经母细胞瘤细胞，具有很好的抗肿瘤疗效。本小节将重点阐述基于 UCNPs-PTT 的各种光敏剂。

1. 碳纳米材料

最近，碳纳米材料如石墨烯[232]、碳点[233]和碳壳[234]由于其固有的高 NIR 吸光度而被应用于构建 UCNPs-PTT 诊疗体系。Lin 教授组[233]设计并构建了负载抗癌药物 DOX 和光敏剂 ZnPc 的多功能 GdOF：$Ln@SiO_2$ 介孔胶囊，并在 SiO_2 壳表面附着碳点。碳点不仅可以作为 PTT 的光热剂，还可以防止在递送过程中释放 DOX（图 3.34）。该结构的智能设计使得纳米复合材料可用作多模态成像（CT，MRI，UCL 和光热成像）和多种抗癌疗法（PDT，PTT 和化学疗法）的药物载体。

2. 金纳米结构

不同结构的 Au 纳米材料如纳米壳[168]、纳米棒[235, 236]和纳米团簇[237]凭借其优异的表面等离子体共振（surface plasmon resonance，SPR）效应被广泛用作光热剂。例如，Liu 教授组[236]通过静电吸附法将 UCNPs 组装到金纳米棒表面，制备了一种等离子体上转换纳米结构（AuNR@UCNPs）。在 808 nm NIR 光照射下，由于表面等离子体共振峰与 UCNPs 发射峰匹配，上转换发射不仅可以通过控制 AuNRs 的纵横比来触发 AuNRs 为 PTT 产生热量，也激发了在介孔二氧化硅层中封装的光敏剂以产生用于 PDT 的 ROSs。该纳米复合材料是新一代治疗平台，可应用于

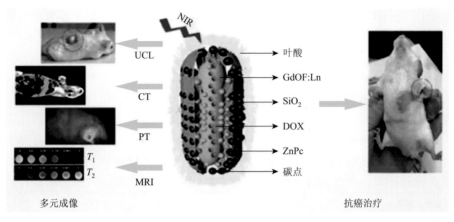

图 3.34　合成的 GdOF：Ln@SiO$_2$-ZnPc-CDs 纳米胶囊用于多模式成像和抗肿瘤治疗[233]

单个 808 nm 近红外激光照射下成像、PTT 和 PDT 的结合。Au 纳米团簇（Au25）作为新的光热剂吸附在 UCNPs@mSiO$_2$ 表面[237]。在 808 nm 光的照射下，Au25 壳显示出相当大的光热效应产生 $^1O_2$，表现出优异的肿瘤生长抑制率。

3. 金属硫属元素化物

具有高光热转换效率和良好热稳定性的金属硫属元素化物如 CuS 和 Cu$_{2-x}$S 被认为是 PTT 的潜在高效光热剂[144, 238]。Shi 教授组[239]开发了一种新型的多功能纳米疗法，以二氧化硅涂层的 UCNPs（NaYbF$_4$：2%Er^{3+}/20%Gd^{3+}@SiO$_2$-NH$_2$）为核心，超小的 CuS 纳米颗粒作为协同放射治疗和 PTT 的试剂（CSNT，图 3.35）。在 980 nm NIR 照射后，CSNT 溶液的温度显著增加，表明 NIR 激光已经被 CSNTs 转化为热。此外，CSNTs 中 Yb，Gd 和 Er 可导致纳米颗粒周围的局部辐射强度增强，证明 CSNTs 也可用作放射增敏剂，在动物模型中表现出优异的肿瘤抑制作用。

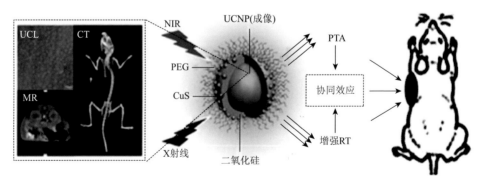

图 3.35　CSNT 用于 UCL/MR/CT 三模式成像介导的辐射治疗/光热治疗协同治疗示意图[239]

PTA：光热消融；RT：辐射治疗

MoS₂ 纳米片也可以作为 PTT 试剂[240]。IR-808 染料敏化的 UCNPs 负载 Ce6 后吸附在 MoS₂ 纳米片上，因此将 PTT 和 PDT 两种治疗方法组合在由 808 nm NIR 激光触发的一个纳米系统中（图 3.36）。由于 NIR 染料的吸收系数较高，核壳结构的 UCNPs-IR808 在低 808 nm 光激发下表现出超亮可见光发射，可激发 Ce6 产生有效的 PDT。同时，在 808 nm 激光照射下，MoS₂ 纳米片不仅可以产生局部热疗以抑制肿瘤生长，还可以协同改善 PDT。

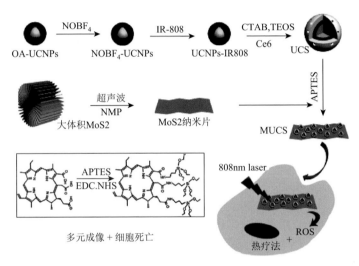

图 3.36　IR-808 染料敏化的 UCNPs 负载 Ce6 后吸附在 MoS₂ 纳米片上，
用于癌细胞的 PDT 和 PTT 协同治疗[240]

4. 有机分子和聚合物

尽管上述无机 PTT 试剂具有良好的光热性能，但这些试剂不可生物降解，具有一定的长期安全性问题，严重妨碍了其临床应用。为了克服这个问题，一些具有强 NIR 光吸收的有机光热试剂引起了人们的极大兴趣，如聚多巴胺（polymer dopamine，PDA）[134, 241]、聚合物聚吡咯（polypyrrole，PPy）[242] 和吲哚菁绿（indocyanine green，ICG）[243, 244]。其中，PDA 不仅具有良好的生物降解性和无长期毒性，而且比前期报告的光热试剂拥有更高的光热转换效率（40%）。Zhang 教授组[184]开发了一种新型多功能纳米治疗探针（PDA@UCNPs）。该探针以 PDA 为核心，以核-壳-壳结构 Nd³⁺敏化的 UCNPs 作为外壳，用于体内荧光成像指导光热疗法。核-壳-壳结构设计赋予 UCNPs 突出的上转换发光特性和强 X 射线衰减，从而使该纳米诊断试剂可实现 UCL/CT 双模态成像。除了 PDA，ICG 是另一个美国食品和药物管理局（FDA）批准的药物，它可以通过 808 nm 辐射产生光热效应，并产生具有细胞毒性的 ROSs[243]。Lin 教授组制备了 PDA 包覆的 NaYF₄：Yb,

Er@NaYF₄：Yb UCNPs，并通过静电吸附、疏水相互作用和 π-π 堆积作用将 ICG 加载到 PDA 表面。这种纳米复合材料（UPI）可以通过 808 nm 照射有效地消融癌细胞，具有构建 NIR 介导的荧光成像和双模式治疗平台的巨大潜力。

3.6.5 基因治疗

Zhang 教授组[245]设计了一种 UCNPs 纳米胶囊用于 siRNA 的传递和可控释放，并提出了近红外控制的高效基因治疗策略。细胞内产生的 ROSs 不仅有助于 siRNA 的体内逃逸，提高基因治疗效率，而且破坏细胞器，促进细胞凋亡（图 3.37）。Xing

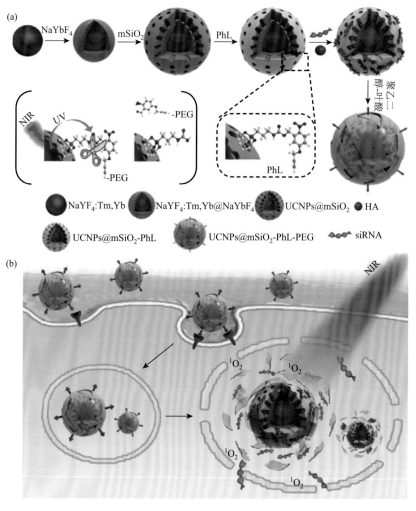

图 3.37 （a）UCNPs 纳米胶囊的合成示意图；（b）叶酸受体介导的细胞摄取和近红外调节的细胞内 siRNA 传递和治疗[245]

课题组[193]开发出了利用光控二氧化硅包覆 UCNPs 作为纳米载体的靶向 siRNA 递送的有效策略。纳米探针通过表面阳离子可以很容易负载带负电荷的 siRNA。阳离子功能化的纳米探针经细胞摄取后，在 980 nm 激光照射下可发出紫外光，有效地触发 UCNPs 平台的 siRNA 释放。实验结果表明近红外辐射释放的细胞内 siRNA 在 RNA 干扰通路中保持良好的生物活性。2013 年，He 课题组利用阳离子聚合物包覆的 UCNPs 作为基因的运输平台[246]；2014 年，该课题组利用阳离子聚合物包覆的 UCNPs 作为光敏剂和 siRNA 的运输平台，实现了光动力治疗和基因治疗（图 3.38）[247]。

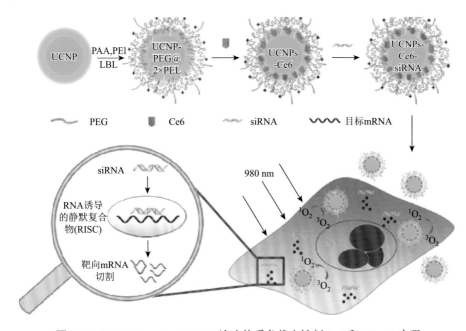

图 3.38　UCNPs@PEG@2×PEI 诊疗体系负载光敏剂 Ce6 和 siRNA 实现
光动力治疗和基因治疗示意图[247]

2017 年 Duan 课题组[248]首次尝试将表面功能化的 UCNPs 作为一个有效的基因传递平台，同时将 MDR1-siRNA 传递给紫杉醇耐药的卵巢癌细胞，并追踪其在细胞内活性。研究结果表明，该纳米复合物能够有效地抑制紫杉醇耐药卵巢癌细胞的基因沉默。UCNPs 和标记的 MDR1-siRNA 之间的 FRET 为其在活细胞中附着和释放 siRNA 提供了实时证据。

3.6.6　免疫治疗

2015 年，Liu 课题组[249]首次将 UCNPs 应用于可追踪的免疫治疗，设计的诊疗探针具有体内追踪灵敏度高、抗原特异性免疫反应高的特点。一方面，双聚合物涂层的 UCNPs（UCNP-PEG-PEI，UPP）可作为有效的纳米载体，显著提高树突细胞（dendritic cell，DC）中鸡卵清蛋白（ovalbumin，OVA）的摄取，并进一步诱导 DC 成熟和细胞因子释放。另一方面，利用 UCNPs 优异的光学特性来追踪高灵敏度的 DCs 体内转移。此外，经 UPP@OVA 脉冲处理的树突状细胞可作为一种有效的树突状细胞疫苗，并可激发免疫小鼠的强抗原特异性免疫反应，包括T 细胞增殖增强、IFN-γ 分泌以及 CTL 介导的免疫反应，显示出显著的改善作用。2017 年，Liu 课题组[250]进一步设计了一种基于 UCNPs 的多功能纳米颗粒，通过近红外诱导 PDT 来触发癌症免疫治疗，直接破坏肿瘤细胞，通过触发 DCs 成熟和细胞因子分泌来刺激免疫反应（图 3.39）。结合临床上批准的 CTLA-4 检查点阻断疗法来抑制调节 T 细胞的活性，这种基于 UCNP-Ce6-R837 的 PDT 能够利用强大的抗肿瘤免疫反应，有效地清除直接暴露于 PDT 的原发肿瘤，抑制 PDT后遗留的远处肿瘤。该实验证明了将 UCNP 为基础的 PDT 与肿瘤免疫治疗相结合，在消除原发性肿瘤、抑制远处肿瘤、预防肿瘤复发方面具有显著的协同治疗效果。

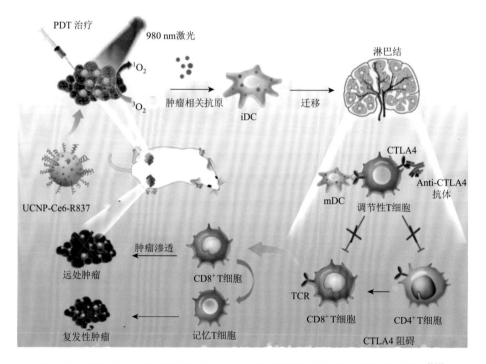

图 3.39　近红外介导的 PDT 和 CTLA-4 检查点阻断治疗肿瘤免疫治疗的机制[250]

2018 年，Lin 教授课题组[251]以 3, 3′, 5, 5′-四甲基联苯胺（3, 3′, 5, 5′-tetramethy lbenzidin，TMB）为溶胀剂，采用硅溶胶-凝胶反应，成功制备了单分散二氧化硅包覆的 UCNPs，通过连续加载 MC540 和 OVA 获得 UCMSS-MC540-OVA，在 980 nm 近红外光照射下表现出最佳的协同免疫增强作用（图 3.40）。此外，与单纯 PDT 或免疫治疗相比，纳米疫苗 UCMSS-MC540-TF 作为抗原加载于 UCMSS-MC540，能更有效地抑制 CT26 荷瘤小鼠的肿瘤生长，延长其寿命。多功能 UCMSS 免疫佐剂的成功构建，不仅表明 UCMSS 在增强肿瘤免疫治疗方面具有巨大潜力，而且为开发先进的癌症治疗疫苗递送系统提供了范例。

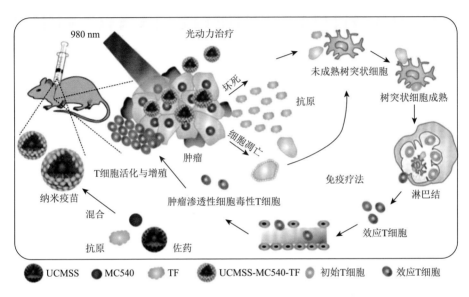

图 3.40　光动力学免疫治疗用 UCMSS-MC540-TF 纳米疫苗的制备和机制[251]

3.6.7　联合治疗

随着纳米医学的发展，基于上转换/介孔硅纳米颗粒的化疗与光动力治疗体系不断涌现和不断优化。然而这些单一的治疗模式依然存在固有的缺点，例如，化疗过程中为了在肿瘤组织累积足够的药物浓度，需要使用较大的注射剂量，这就可能会对正常组织造成毒性；频繁地使用单一化疗药物进行处理，易造成肿瘤细胞的耐药性，达不到理想的治疗效果。而光动力治疗由于对组织中氧的依赖也不能完全根除肿瘤等[252]。近年来，将两种或两种以上的治疗模式结合于一体，实现疗效互补、协同作用以增强抗肿瘤疗效，正引起科研人员的注意。协同治疗就是将两种或两种以上的治疗试剂共同负载于一个纳米载体，实现不同的治疗功能[253]。其优势在于能够产生大于单模式治疗效果的累加结果的协同效应，即"1＋1＞2"。因此，科研人员对上转换材料的研究也逐渐从单模式治疗转移到协同治疗。在协同模式治疗中，光动力治疗与化疗结合（光动力/化疗），是近来被广泛研究的一类体系。实验结果表明，经过化疗处理的肿瘤细胞对 ROSs 更加敏感。Zhao 教授组[254]首次将光敏剂 Ce6 和抗癌药 DOX 通过疏水作用共负载于环糊精改性的上转换纳米颗粒表面。在肿瘤组织的弱酸性环境下，抗癌药 DOX 释放，实现化疗功能，同时，当在 980 nm NIR 光照下，Ce6 被激活产生 $^1O_2$ 也可以杀死肿瘤细胞。体外细胞实验表明，化疗与光动力治疗结合时杀死的肿瘤细胞率明显高于它们分别单独作用时杀死的肿瘤细胞。这项工作为拓展上转换材料协同治疗体系打开了大门。通过光同时调控 PDT 和药物释放，将会更方便和高效。Yang教授组[255]将长烷基链 C_{18} 和光敏剂 Ce6 共同修饰到 UCNP@mSiO$_2$ 纳米粒表面，负载抗癌药 DOX 后，将两亲性嵌段聚合物的疏水片段与 C_{18} 组装完成对药物的包封。在 980 nm NIR 光照下，上转换纳米材料的红色荧光激发 Ce6 产生 $^1O_2$ 用于光动力治疗，同时 $^1O_2$ 还会断裂聚合物的疏水片段使其瓦解，导致药物释放出来，实现化疗（图 3.41）。活体实验结果表明，相比于单模式治疗，光动力/化疗协同治疗时肿瘤几乎消失。

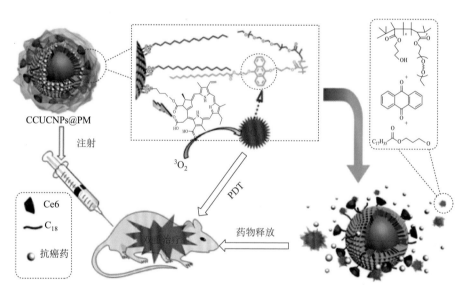

图 3.41　NIR 光控放药和单线态产生用于光动力/化疗协同治疗[255]

为了实现可激活的光敏剂-化学药物的联合治疗，Liu 课题组[256]首次利用UCNPs 负载光敏剂和化疗前药构建双重前药，实现药物在病灶部位的精准治疗。丝裂霉素 C（mitomycin C，MMC）是一种含有醌结构的广谱 DNA 交联抗癌药物，可作为光致电子转移（photoinduced electron transfer，PET）荧光猝灭剂[65]。通过二硫键连接 MMC 与光敏剂乙烯基吡啶鎓取代的四苯基乙烯 TPEPY，形成光敏剂和化学前药的双前体药物 TPEPY-S-S-MMC。其中，TPEPY 在聚集状态下能够产生强荧光并生成大量 ROSs[256]；而化学前体药物 MMC 具有醌结构，作为 $^1O_2$ 猝灭剂，可以阻断光敏剂（TPEPY-SH）的光敏活性，即 TPEPY-S-S-MMC 不发出荧光也不能产生 ROSs。同时，MMC 的氮原子处的吸电子酰基能够降低 TPEPY-S-S-MMC 的系统毒性。在谷胱甘肽存在下，二硫键断裂，TPEPY-S-S-MMC 被激活成具有光动力活性的 TPEPY-SH 和化学药物 MMC，从而发挥联合抗肿瘤效果。

将化疗与光热治疗结合（化疗/光热）能显著增强抗肿瘤效果。较高温度可以促进抗癌药物释放并增强药物在高温下的毒性。同时，热效应还可以减少 P-gp 蛋白表达，增加多重耐药性细胞对抗癌药的敏感度[134, 257-259]。如图 3.42 所示，Wang 教授组[134]将光热材料聚多巴胺包覆在 UCNPs 表面，并进一步吸附抗癌药物 DOX。在 800 nm 光照下，聚多巴胺的光热效应可以杀死肿瘤细胞，并促进纳米颗粒表面 DOX 的快速释放。活体实验结果表明，相比单模式治疗，构建的化疗/光热协同诊疗体系能够将肿瘤组织几乎完全消除，充分证明化疗和光热治疗结合具有明显的协同作用，可以提高治疗效果。

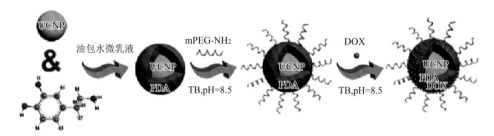

图 3.42　pH 和 NIR 光热效应控制药物释放用于化疗/光热协同治疗[134]

PDA：聚多巴胺

为了提高载药量，Yang 教授组[260]制备了介孔硅包覆的 Y_2O_3：Yb/Er 纳米颗粒，负载抗癌药物 DOX，并进一步在其表面修饰 Cu_xS 光热材料。在 980 nm NIR 光照下，Cu_xS 的光热效应会杀死肿瘤细胞，并促进 DOX 的释放，实现化疗效果。活体实验证明，化疗/光热协同作用会几乎消除全部的肿瘤。因此，将上转换材料与光热材料结合发展化疗/光热协同抗肿瘤体系，在改进抗肿瘤效果方面具有巨大的潜力。

Shi 教授组[261]利用蛋黄-蛋壳结构的上转换/介孔二氧化硅 $UCNPs@mSiO_2$ 共负载具有双功能的血卟啉（hematoporphyrin，HP，光敏剂和放射疗法药物）与双功能的多烯紫杉醇（docetaxel，Dtxl，化疗药物和放射疗法药物），首次制备了集化疗、放射治疗和光动力治疗于一体（化疗/放射/光动力）的纳米载体 UCMNNs-HP-Dtxl（图 3.43）。纳米载体跨越细胞膜进入细胞时，负载的疏水抗癌药可以在细胞膜内释放，然后分别使用980 nm NIR激光和X射线照射，实现化疗/放射/光动力三模式协同抗肿瘤作用。体外抗癌研究发现，三模式协同作用时，仅需双模式治疗时药物剂量的5%，即能实现对肿瘤细胞的同等杀伤力，因此将多种单一治疗模式整合与于一体，可以极大地提升抗肿瘤效果。这项研究为设计与制备多模式协同抗肿瘤体系打开了大门。

此外，其他科研人员在最近也相继报道了黑磷[262]、纳米金[263]及WS$_2$[264]等纳米复合物用于多模式协同抗肿瘤，这些工作均证明，将多种治疗模式整合于一体可以实现"超加和"的抗肿瘤效果，能在超低的药物剂量下引起肿瘤细胞严重的死亡。

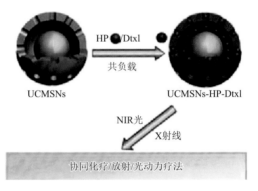

图3.43　蛋黄-蛋壳结构的上转换/介孔二氧化硅 UCNPs@mSiO$_2$ 实现化疗/放射/光动力协同治疗[261]

协同治疗在改进抗肿瘤疗效方面的巨大优势与潜能，吸引科研工作者将目光迅速投入到设计与构建双模式协同治疗体系中[168, 265-267]，取得一定的研究进展。然而，基于简单的核或核-壳结构的协同治疗体系，通过化学键和物理吸附作用负载抗癌药或光敏剂，容易造成光敏剂和化疗药物的泄漏、负载量低以及仅能负载具有特殊结构的光敏剂或化疗药物等问题，限制协同治疗效果。因此，利用结构设计，整合不同治疗模式于一体，既实现"1＋1＞2"的治疗效果，又能对大多数抗癌药与光敏剂提供通用负载模式，满足不同类型肿瘤针对性用药需求，是摆在科研人员面前的难题。

3.7 ▷ 展望

目前，上转换纳米材料凭借其优异的光学性质和易修饰的表面结构在生物分子的检测、活体荧光成像和肿瘤诊疗一体化方面发挥着重要的作用。通过与特异性识别配体间的发光共振能量转移过程，可利用上转换纳米颗粒构建活性氧、活性氮、活性酶等生物分子的高效、特异、灵敏的荧光探针。研究者利用上转换纳米材料荧光、磁性和易修饰等特点，发展了多种活体荧光成像技术。在肿瘤诊疗一体化方面，通过上转换纳米材料表面修饰硅层、聚合物及贵金属构建药物输送系统，并构建多种基于肿瘤微环境和光控药物释放体系，实现了药物的可控、精准释放。上转换纳米材料作为光敏剂的激发剂可以实现肿瘤的光动力治疗和光热治疗。此外，作为基因和抗原运输载体，上转换纳米材料还可以实现基因治疗和免疫治疗。目前，基于上转换纳米材料的多模式协同抗肿瘤体系尚处于起步阶段，对这一领域的研究仍有许多问题亟待解决。肿瘤的治疗如果与诊断结合，可以准确确定疾病类型和病变位点，然后针对性给药并确定最佳治疗时间，将有望减少给药次数和极大地提高抗肿瘤效果。因此，设计与构建结构简单、功能多元的多重诊疗体系，将具有重要临床应用前景。

宋昕玥

参 考 文 献

[1] Chang H J, Xie J, Zhao B Z, et al. Rare earth ion-doped upconversion nanocrystals: synthesis and surface modification. Nanomaterials, 2015, 5（1）: 1-25.

[2] Lin M, Zhao Y, Wang S Q, et al. Recent advances in synthesis and surface modification of lanthanide-doped upconversion nanoparticles for biomedical applications. Biotechnology Advances, 2012, 30（6）: 1551-1561.

[3] Chen G Y, Qiu H L, Prasad P N, et al. Upconversion nanoparticles: design, nanochemistry, and applications in theranostics. Chemical Reviews, 2014, 114（10）: 5161-5214.

[4] Yong I P, Kang T L, Suh Y D, et al. Upconverting nanoparticles: a versatile platform for wide-field two-photon microscopy and multi-modal *in vivo* imaging. Chemical Society Reviews, 2015, 44（6）: 1302-1317.

[5] Yi G S, Peng Y F, Gao Z Q. Strong red-emitting near-infrared-to-visible upconversion fluorescent nanoparticles. Chemistry of Materials, 2011, 23（11）: 2729-2734.

[6] Auzel F. Upconversion and anti-stokes processes with f and d ions in solids. Chemical Reviews, 2004, 104（1）: 139-174.

[7] Auzel F E. Materials and devices using double-pumped-phosphors with energy transfer. Proceedings of the IEEE, 1973, 61（6）: 758-786.

[8] Diestler D J, Fong F K, Freed K F, et al. Radiationless processes in molecules and condensed phases. Topics in Applied Physics. Berlin: Springer-Verlag, New York: Heidelberg, 1976.

[9] Hilderbrand S A, Weissleder R, Near-infrared fluorescence: application to *in vivo* molecular imaging. Current Opinion in Chemical Biology, 2010, 14: 71-79.

[10] Hilderbrand S A, Weissleder R. Near-infrared fluorescence: application to *in vivo* molecular imaging. Current Opinion in Chemical Biology, 2010, 14: 71-79.

[11] Mai H X, Zhang Y W, Si R, et al. High-quality sodium rare-earth fluoride nanocrystals: controlled synthesis and optical properties. Journal of the American Chemical Society, 2006, 128（19）: 6426-6436.

[12] Yi G S, Chow G M. Synthesis of hexagonal-phase NaYF₄: Yb, Er and NaYF₄: Yb, Tm nanocrystals with efficient

up-conversion fluorescence. Advanced Functional Materials，2006，16（18）：2324-2329.

[13] Liu C，Wang H，Li X，et al. Monodisperse，size-tunable and highly efficient β-NaYF$_4$: Yb，Er（Tm）up-conversion luminescent nanospheres: controllable synthesis and their surface modifications. Journal of Materials Chemistry，2009，19（21）：3546.

[14] Wang M，Abbineni G，Clevenger A，et al. Upconversion nanoparticles: synthesis，surface modification and biological applications. Nanomedicine: Nanotechnology，Biology and Medicine，2011，7（6）：710-729.

[15] Zijlmans H J M A A，Bonnet J，Burton J，et al. Detection of cell and tissue surface antigens using up-converting phosphors: a new reporter technology. Analytical Biochemistry，1999，267（1）：30-36.

[16] Wu S W，Han G，Milliron D J，et al. Non-blinking and photostable upconverted luminescence from single lanthanide-doped nanocrystals. Proceedings of the National Academy of Sciences of the United States of America，2009，106（27）：10917-10921.

[17] Chen C，Sun L D，Li Z X，et al. Ionic liquid-based route to spherical NaYF$_4$ nanoclusters with the assistance of microwave radiation and their multicolor upconversion luminescence. Langmuir: the ACS Journal of Surfaces and Colloids，2010，26（11）：8797-8803.

[18] Jiang G，Pichaandi J，Johnson N J J，et al. An effective polymer cross-linking strategy to obtain stable dispersions of upconverting NaYF$_4$ nanoparticles in buffers and biological growth media for biolabeling applications. Langmuir，2012，28（6）：3239-3247.

[19] Priyam A，Idris N，Zhang Y. Gold nanoshell coated NaYF$_4$ nanoparticles for simultaneously enhanced upconversion fluorescence and darkfield imaging. Journal of Materials Chemistry，2012，22（3）：960-965.

[20] Yu M X，Li F Y，Chen Z G，et al. Laser scanning up-conversion luminescence microscopy for imaging cells labeled with rare-earth nanophosphors. Analytical Chemistry，2009，81（3）：930-935.

[21] Ang L Y，Lim M E，Ong L C，et al. Applications of upconversion nanoparticles in imaging，detection and therapy. Nanomedicine（London，England），2011，6（7）：1273-1288.

[22] Chatterjee D K，Rufaihah A J，Zhang Y. Upconversion fluorescence imaging of cells and small animals using lanthanide doped nanocrystals. Biomaterials，2008，29（7）：937-943.

[23] Wang M，Mi C C，Wang W X，et al. Immunolabeling and NIR-Excited fluorescent imaging of HeLa cells by using NaYF$_4$: Yb，Er upconversion nanoparticles. ACS Nano，2009，3（6）：1580-1586.

[24] Liu J，Liu Y，Liu Q，et al. Iridium（Ⅲ）complex-coated nanosystem for ratiometric upconversion luminescence bioimaging of cyanide anions. Journal of the American Chemical Society，2011，133（39）：15276-15279.

[25] Park Y I，Kim J H，Lee K T，et al. Nonblinking and nonbleaching upconverting nanoparticles as an optical imaging nanoprobe and T1 magnetic resonance imaging contrast agent. Advanced Materials，2009，21（44）：4467-4471.

[26] Kumar R，Nyk M，Ohulchanskyy T Y，et al. Combined optical and MR bioimaging using rare earth ion doped NaYF$_4$ nanocrystals. Advanced Functional Materials，2009，19（6）：853-859.

[27] Huang X Y，Han S Y，Huang W，et al. Enhancing solar cell efficiency: the search for luminescent materials as spectral converters. Chemical Society Reviews，2013，42：173-201.

[28] Wang F，Deng R R，Wang J，et al. Tuning upconversion through energy migration in core-shell nanoparticles. Nature Materials，2011，10：968-973.

[29] Zhou J，Liu Z，Li F Y. Upconversion nanophosphors for small-animal imaging. Chemical Society Reviews，2012，41（3）：1323-1349.

[30] Wang F，Liu X G. Recent advances in the chemistry of lanthanide-doped upconversion nanocrystals. Chemical Society Reviews，2009，38（4）：976-989.

[31] Haase M, Schäfer H. Upconverting nanoparticles. Angewandte Chemie International Edition, 2011, 50 (26): 5808-5829.

[32] Wang L Y, Li Y D. Controlled synthesis and luminescence of lanthanide doped NaYF$_4$ nanocrystals. Chemistry Materials, 2007, 19: 727-734.

[33] Liu Y S, Tu D T, Zhu H M, et al. Lanthanide-doped luminescent nanoprobes: controlled synthesis, optical spectroscopy, and bioapplications. Chemical Society Reviews, 2013, 42 (16): 6924-6958.

[34] Xia A, Gao Y, Zhou J, et al. Core–shell NaYF$_4$: Yb^{3+}, Tm^{3+}@Fe$_x$O$_y$ nanocrystals for dual-modality T$_2$-enhanced magnetic resonance and NIR-to-NIR upconversion luminescent imaging of small-animal lymphatic node. Biomaterials, 2011, 32 (29): 7200-7208.

[35] Zhang F, Wan Y, Yu T, et al. Uniform nanostructured arrays of sodium rare-earth fluorides for highly efficient multicolor upconversion luminescence. Angewandte Chemie International Edition, 2007, 46 (42): 7976-7979.

[36] Zhang F, Li J, Shan J, et al. Shape, size, and phase-controlled rare-earth fluoride nanocrystals with optical up-conversion properties. Chemistry-A European Journal, 2009, 15 (41): 11010-11019.

[37] Huang X Y, Han S Y, Huang W, et al. Enhancing solar cell efficiency: the search for luminescent materials as spectral converters, Chemical Society Reviews, 2013, 42: 173-201.

[38] Xu Z H, Li C X, Yang P P, et al. Rare earth fluorides nanowires/nanorods derived from hydroxides: hydrothermal synthesis and luminescence properties. Crystal Growth & Design, 2009, 9 (11): 4752-4758.

[39] Yang L W, Han H L, Zhang Y Y, et al. White emission by frequency up-conversion in Yb^{3+}-Ho^{3+}-Tm^{3+} triply doped hexagonal NaYF$_4$ nanorods. Journal of Physical Chemistry C, 2009, 113 (44): 18995-18999.

[40] Wang F, Han Y, Lim C S, et al. Simultaneous phase and size control of upconversion nanocrystals through lanthanide doping. Nature, 2010, 463 (7284): 1061-1065.

[41] Zhou J, Yu M, Sun Y, et al. Fluorine-18-labeled Gd^{3+}/Yb^{3+}/Er^{3+} co-doped NaYF$_4$ nanophosphors for multimodality PET/MR/UCL imaging. Biomaterials, 2011, 32 (4): 1148-1156.

[42] Xing H, Bu W, Zhang S, et al. Multifunctional nanoprobes for upconversion fluorescence, MR and CT trimodal imaging. Biomaterials, 2010, 33 (4): 1079-1089.

[43] Zhang P, Steelant W, Kumar M, et al. Versatile photosensitizers for photodynamic therapy at infrared excitation. Journal of the American Chemical Society, 2007, 129 (15): 4526-4527.

[44] Chatterjee D K, Yong Z. Upconverting nanoparticles as nanotransducers for photodynamic therapy in cancer cells. Nanomedicine, 2008, 3 (1): 73-82.

[45] Cobley C M, Au L, Chen J, et al. Targeting gold nanocages to cancer cells for photothermal destruction and drug delivery. Expert Opinion on Drug Delivery, 2010, 7 (5): 577-587.

[46] Chen J Y, Glaus C, Laforest R, et al. Gold Nanocages as photothermal transducers for cancer treatment. Small, 2010, 6 (7): 811-817.

[47] Wei Y, Lu F Q, Zhang X R, et al. Polyol-mediated synthesis and luminescence of lanthanide-doped NaYF$_4$ nanocrystal upconversion phosphors. Journal of Alloys and Compounds, 2008, 455 (1-2): 376-384.

[48] Wei Y, Lu F Q, Zhang X R, et al. Polyol-mediated synthesis of water-soluble LaF$_3$: Yb, Er upconversion fluorescent nanocrystals. Materials Letters, 2007, 61 (6): 1337-1340.

[49] Zhou J, Yao L M, Li C Y, et al. A versatile fabrication of upconversion nanophosphors with functional-surface tunable ligands. Journal of Materials Chemistry, 2010, 20 (37): 8078-8085.

[50] Nuñez N O, Miguez H, Quintanilla M, et al. Synthesis of spherical down-and up-conversion NaYF$_4$-Based nanophosphors with tunable size in ethylene glycol without surfactants or capping additives. European Journal of

Inorganic Chemistry，2008，（29）：4483-4488.

[51] Zeng J H，Su J，Li Z H，et al. Synthesis and upconversion luminescence of hexagonal-phase NaYF$_4$：Yb，Er^{3+}，phosphors of controlled size and morphology. Advanced Materials，2005，17（17）：2119-2123.

[52] Zeng J H，Li Z H，Su J，et al. Synthesis of complex rare earth fluoride nanocrystal phosphors. Nanotechnology，2006，17（14）：3549-3555.

[53] Wang F，Chatterjee D K，Li Z Q，et al. Synthesis of polyethylenimine/NaYF$_4$ nanoparticles with upconversion fluorescence. Nanotechnology，2006，17（23）：5786-5791.

[54] Wang Z L，Hao J H，Chan H L W，et al. Simultaneous synthesis and functionalization of water-soluble up-conversion nanoparticles for *in-vitro* cell and nude mouse imaging. Nanoscale，2011，3（5）：2175-2181.

[55] Xiong L Q，Chen Z G，Yu M X，et al. Synthesis，characterization，and in vivo targeted imaging of amine-functionalized rare-earth up-converting nanophosphors. Biomaterials，2009，30（29）：5592-5600.

[56] Liu X M，Zhao J W，Sun Y J，et al. Ionothermal synthesis of hexagonal-phase NaYF$_4$：Yb^{3+}，Er^{3+}/Tm^{3+} upconversion nanophosphors. Chemical Communications，2009，21（43）：6628-6630.

[57] Zhang T，Guo H，Qiao Y M. Facile synthesis，structural and optical characterization of LnF（$_3$）：Re nanocrystals by ionic liquid-based hydrothermal process. Journal of Luminescence，2009，129（8）：861-866.

[58] Su Q Q，Feng W，Yang D P，et al. Resonance energy transfer in upconversion nanoplatforms for selective biodetection. Accounts of Chemical Research，2017，50（1）：32-40.

[59] Zhou Y，Pei W B，Zhang X，et al. A cyanine-modified upconversion nanoprobe for NIR-excited imaging of endogenous hydrogen peroxide signaling *in vivo*. Biomaterials，2015，54：34-43.

[60] Wang H，Li Y K，Yang M，et al. FRET based upconversion nanoprobe sensitized by Nd^{3+} for the ratiometric detection of hydrogen peroxide in vivo. ACS Applied Materials & Interfaces，2019，11（7）：7441-7449.

[61] Peng J J，Samanta A，Zeng X，et al. Real-time *in vivo* hepatotoxicity monitoring through chromophore-conjugated photon-upconverting nanoprobes. Angewandte Chemie International Edition，2017，56（15）：4165-4169.

[62] Fan W，Bu W，Bo S，et al. Intelligent MnO$_2$ nanosheets anchored with upconversion nanoprobes for concurrent pH-/H$_2$O$_2$-responsive UCL imaging and oxygen-elevated synergetic therapy. Advanced Materials，2015，27（28）：4155-4161.

[63] Yuan J，Cen Y，Kong X J，et al. MnO$_2$-Nanosheet-modified upconversion nanosystem for sensitive turn-on fluorescence detection of H$_2$O$_2$ and glucose in blood. ACS Applied Materials & Interfaces，2015，7（19）：10548-10555.

[64] Wang F F，Qu X T，Liu D X，et al. Upconversion nanoparticles-MoS$_2$ nanoassembly as a fluorescent turn-on probe for bioimaging of reactive oxygen species in living cells and zebrafish. Sensors and Actuators B-Chemical，2018，274（20）：180-187.

[65] Li Z，Liang T，Lv S W，et al. A rationally designed upconversion nanoprobe for *in vivo* detection of hydroxyl radical. Journal of the American Chemical Society，2015，137（34）：11179-11185.

[66] Liu S，Zhang L，Yang T，et al. Development of upconversion luminescent probe for ratiometric sensing and bioimaging of hydrogen sulfide. ACS Applied Materials & Interfaces，2014，6（14）：11013-11017.

[67] Peng J J，Teoh C L，Zeng X，Sensors: development of a highly selective，sensitive，and fast response upconversion luminescent platform for hydrogen sulfide detection. Advanced Functional Materials，2016，26（2）：311.

[68] Zhou Y，Chen W，Zhu J，et al. Inorganic-organic hybrid nanoprobe for NIR-excited imaging of hydrogen sulfide in cell cultures and inflammation in a mouse model. Small，2014，10（23）：4874-4885.

[69] Wang F F，Zhang C L，Qu X T，et al. Cationic cyanine chromophore-assembled upconversion nanoparticles for

sensing and imaging H$_2$S in living cells and zebrafish. Biosensors and Bioelectronics，2019，126：96-101.

[70]　Zhao L Z，Peng J J，Chen M，et al. Yolk-shell upconversion nanocomposites for LRET sensing of cysteine/ homocysteine. ACS Applied Materials & Interfaces，2014，6（14）：11190-11197.

[71]　Si B，Wang Y，Lu S，et al. Upconversion luminescence nanoprobe based on luminescence resonance energy transfer from NaYF$_4$：Yb，Tm to ag nanodisks. RSC Advances，2016，6（84）：92428-92433.

[72]　Xiao Y，Zeng L Y，Xia T，et al. Construction of an upconversion nanoprobe with few-atom silver nanoclusters as the energy acceptor. Angewandle Chemie，2015，54（18）：5323-5327.

[73]　Sun L N，Peng H S，Stich M I J，et al. pH sensor based on upconverting luminescent lanthanide nanorods. Chemical Communications，2009，（33）：5000-5002.

[74]　Esipova T V，Ye X，Collins J E，et al. Dendritic upconverting nanoparticles enable in vivo multiphoton microscopy with low-power continuous wave sources. Proceedings of the National Academy of Sciences，2012，109（51）：20826-20831.

[75]　Radunz S，Andresen E，Wurth C，et al. Simple self-referenced luminescent pH sensors based on upconversion nanocrystals and pH-sensitive fluorescent BODIPY dyes. Analytical Chemistry，2019，91（12）：7756-7764.

[76]　Radunz S，Andresen E，Wurth C，et al. Simple self-referenced luminescent pH sensors based on upconversion nanocrystals and pH-sensitive fluorescent BODIPY dyes. Analytical Chemistry，2019，91（12）：7756-7764.

[77]　Ma T C，Ma Y，Liu S J，et al. Dye-conjugated upconversion nanoparticles for ratiometric imaging of intracellular pH values. Journal Of Materials Chemistry C，2015，3（26）：6616-6620.

[78]　Li C X，Zuo J，Zhang L，et al. Accurate quantitative sensing of intracellular pH based on self-ratiometric upconversion luminescent nanoprobe. Scientific Reports，2016，6（1）：38617.

[79]　Li H X，Dong H，Yu M M，et al. NIR ratiometric luminescence detection of pH fluctuation in living cells with hemicyanine derivative-assembled upconversion nanophosphors. Analytical Chemistry，2017，89（17）：8863-8869.

[80]　Song X Y，Yue Z H，Zhang J Y，et al. Multicolor upconversion nanoprobe based on dual luminescence resonance energy transfer assay for simultaneous detection and bioimaging of [Ca^{2+}]$_i$ and pH$_i$ in living cells. Chemistry A European Journal，2018，24（24）：6458-6463.

[81]　Ding C P，Cheng S S，Zhang C L，et al. Ratiometric upconversion luminescence nanoprobe with near-infrared Ag$_2$S nanodots as the energy acceptor for sensing and imaging of pH in vivo. Analytical Chemistry，2019，91（11）：7181-7188.

[82]　Chen Z W，Liu Z，Li Z H，et al. Upconversion nanoprobes for efficiently in vitro imaging reactive oxygen species and *in vivo* diagnosing rheumatoid arthritis. Biomaterials，2015，39：15-22.

[83]　Kumar M，Guo Y Y，Zhang P. Highly sensitive and selective oligonucleotide sensor for sickle cell disease gene using photon upconverting nanoparticles. Biosensors and Bioelectronics，2009，24（5）：1522-1526.

[84]　Doughan S，Uddayasankar U，Krull U J. A paper-based resonance energy transfer nucleic acid hybridization assay using upconversion nanoparticles as donors and quantum dots as acceptors. Analytica Chimica Acta，2015，878（9）：1-8.

[85]　Ju Q，Chen X，Ai F J，et al. An upconversion nanoprobe operating in the first biological window. Journal of Materials Chemistry B，2015，3（17）：3548-3555.

[86]　Li S，Xu L G，Ma W，et al. Dual-mode ultrasensitive quantification of microRNA in living cells by chiroplasmonic nanopyramids self-assembled from gold and upconversion nanoparticles. Journal of the American Chemical Society，2016，138（1）：306-312.

[87]　Wang Y H，Bao L，Liu Z H，et al. Aptamer biosensor based on fluorescence resonance energy transfer from

upconverting phosphors to carbon nanoparticles for thrombin detection in human plasma. Analytical Chemistry，2011，83（21）：8130-8137.

[88] Fang A J，Chen H Y，Li H T，et al. Glutathione regulation-based dual-functional upconversion sensing-platform for acetylcholinesterase activity and cadmium ions. Biosensors and Bioelectronics，2017，87：545-551.

[89] Yu L，Lu Y，Man N，et al. Rare earth oxide nanocrystals induce autophagy in HeLa cells. Small，2009，5（24）：2784-2787.

[90] Yang T S，Sun Y，Liu Q，et al. Cubic sub-20 nm NaLuF₄-based upconversion nanophosphors for high-contrast bioimaging in different animal species. Biomaterials，2012，33（14）：3733-3742.

[91] Bai Y F，Wang Y X，Yang K，et al. Enhanced upconverted photoluminescence in Er^{3+} and Yb^{3+} codoped ZnO nanocrystals with and without Li^{+} ions. Optics Communications，2008，281（21）：5448-5452.

[92] Hu H，Yu M X，Li F Y，et al. Facile epoxidation strategy for producing amphiphilic up-converting rare-earth nanophosphors as biological labels. Chemistry of Materials，2008，20（22）：7003-7009.

[93] Dong N N，Pedroni M，Piccinelli F，et al. NIR-to-NIR two-photon excited CaF_2: Tm^{3+}, Yb^{3+} nanoparticles: multifunctional nanoprobes for highly penetrating fluorescence bio-imaging. ACS Nano, 2011, 5(11): 8665-8671.

[94] Cao T Y，Yang Y，Gao Y A，et al. High-quality water-soluble and surface-functionalized upconversion nanocrystals as luminescent probes for bioimaging. Biomaterials，2011，32（11）：2959-2968.

[95] Cheng L，Yang K，Li Y G，et al. Facile preparation of multifunctional upconversion nanoprobes for multimodal imaging and dual-targeted photothermal therapy. Angewandte Chemie International Edition，2011，50（32）：7385-7390.

[96] Zhan Q Q，Qian J，Liang H J，et al. Using 915 nm laser excited $Tm^{3+}/Er^{3+}/Ho^{3+}$-doped $NaYbF_4$ upconversion nanoparticles for *in vitro* and deeper *in vivo* bioimaging without overheating irradiation. ACS Nano，2011，5（5）：3744-3757.

[97] Jiang S，Zhang Y，Lim K M，et al. NIR-to-visible upconversion nanoparticles for fluorescent labeling and targeted delivery of siRNA. Nanotechnology，2009，20（15）：155101.

[98] Xiong L Q，Chen Z G，Tian Q W，et al. High contrast upconversion luminescence targeted imaging *in vivo* using peptide-labeled nanophosphors. Analytical Chemistry，2009，81（21）：8687-8694.

[99] Cheng L，Yang K，Zhang S A，et al. Highly-sensitive multiplexed *in vivo* imaging using PEGylated upconversion nanoparticles. Nano Research，2010，3（10）：722-732.

[100] Yu X F，Li M，Xie M Y，et al. Dopant-controlled synthesis of water-soluble hexagonal $NaYF_4$ nanorods with efficient upconversion fluorescence for multicolor bioimaging. Nano Research，2010，3（1）：51-60.

[101] Tian G，Gu Z J，Zhou L，et al. Mn^{2+} dopant-controlled synthesis of $NaYF_4$: Yb/Er upconversion nanoparticles for *in vivo* imaging and drug delivery. Advanced Materials，2012，24（9）：1226-1231.

[102] Li Y，Li X，Xue Z，et al. M^{2+} doping induced simultaneous phase/size control and remarkable enhanced upconversion luminescence of $NaLnF_4$ probes for optical-guided tiny tumor diagnosis. Advanced Healthcare Materials，2017，6（10）：1601231.

[103] Zhao J B，Jin D Y，Schartner E P，et al. Single-nanocrystal sensitivity achieved by enhanced upconversion luminescence. Nature Nanotechnology，2013，8（10）：729-734.

[104] Xie X，Gao N，Deng R，et al. Mechanistic investigation of photon upconversion in Nd^{3+}-sensitized core–shell nanoparticles. Journal of the American Chemical Society，2013，135（34）：12608-12611.

[105] Wang Y F，Liu G Y，Sun L D，et al. Nd^{3+}-sensitized upconversion nanophosphors：efficient *in vivo* bioimaging probes with minimized heating effect. ACS Nano，2013，7（8）：7200-7206.

[106] Shen J，Chen G Y，Vu A M，et al. Engineering the upconversion nanoparticle excitation wavelength：cascade

sensitization of tri-doped upconversion colloidal nanoparticles at 800 nm. Advanced Optical Materials，2013，1（9）：644-650.

[107] Jayakumar M K G，Idris N M，Huang K，et al. A paradigm shift in the excitation wavelength of upconversion nanoparticles. Nanoscale，2014，6（15）：8441-8443.

[108] He F，Li C，Zhang X，et al. Optimization of upconversion luminescence of Nd^{3+}-sensitized $BaGdF_5$-based nanostructures and their application in dual-modality imaging and drug delivery. Dalton Transactions，2016，45（4）：1708-1716.

[109] Bagheri A，Arandiyan H，Boyer C，et al. Lanthanide-doped upconversion nanoparticles：emerging intelligent light-activated drug delivery systems. Advanced Science，2016，3（7）：1500437.

[110] Zhong Y T，Tian G，Gu Z H，et al. Elimination of photon quenching by a transition layer to fabricate a quenching-shield sandwich structure for 800 nm excited upconversion luminescence of Nd^{3+}-sensitized nanoparticles. Advanced Materials，2014，26（18）：2831-2837.

[111] Liu J N，Bu W，Zhang S J，et al. Controlled synthesis of uniform and monodisperse upconversion core/mesoporous silica shell nanocomposites for bimodal imaging. Chemistry-A European Journal，2012，18（8）：2335-2341.

[112] Qian H S，Guo H C，Ho P C L，et al. Mesoporous-silica-coated up-conversion fluorescent nanoparticles for photodynamic therapy. Small，2009，5（20）：2285-2290.

[113] Cichos J，Karbowiak M. A general and versatile procedure for coating of hydrophobic nanocrystals with a thin silica layer enabling facile biofunctionalization and dye incorporation. Journal of Materials Chemistry B，2014，2（5）：556-568.

[114] Xu Z H，Li C，Ma P A，et al. Facile synthesis of an up-conversion luminescent and mesoporous Gd_2O_3：Er^{3+}@$nSiO_2$@$mSiO_2$ nanocomposite as a drug carrier. Nanoscale，2011，3（2）：661-667.

[115] Gai S L，Yang P P，Li C X，et al. Synthesis of magnetic，up-conversion luminescent，and mesoporous core-shell-structured nanocomposites as drug carriers. Advanced Functional Materials，2010，20（7）：1166-1172.

[116] Kang X J，Cheng Z Y，Li C X，et al. Core-shell structured up-conversion luminescent and mesoporous $NaYF_4$：Yb^{3+}/Er^{3+}@$nSiO_2$@$mSiO_2$ nanospheres as carriers for drug delivery. The Journal of Physical Chemistry C，2011，115（32）：15801-15811.

[117] Zhang Q，Zhang T，Ge J，et al. Permeable silica shell through surface-protected etching. Nano Letters，2008，8（9）：2867-2871.

[118] Zhang L Y，Wang T T，Yang L，et al. General route to multifunctional uniform yolk/mesoporous silica shell nanocapsules：a platform for simultaneous cancer-targeted imaging and magnetically guided drug delivery. Chemistry-A European Journal，2012，18（39）：12512-12521.

[119] Fan W P，Shen B，Bu W，et al. Rattle-structured multifunctional nanotheranostics for synergetic chemo-/radiotherapy and simultaneous magnetic/luminescent dual-mode imaging. Journal of the American Chemical Society，2013，135（17）：6494-6503.

[120] Liu J N，Bu J W，Bu W B，et al. Real-time in vivo quantitative monitoring of drug release by dual-mode magnetic resonance and upconverted luminescence imaging. Angewandte Chemie，2014，126（18）：4551-4555.

[121] Cheng Z Y，Lin J. Synthesis and application of nanohybrids based on upconverting nanoparticles and polymers. Macromolecular Rapid Communications，2015，36（9）：790-827.

[122] Pegaz B，Debefve E，Ballini J P，et al. Effect of nanoparticle size on the extravasation and the photothrombic activity of meso（*p*-tetracarboxyphenyl）porphyrin. Journal of Photochemistry & Photobiology B Biology，2006，85（3）：216-222.

[123] Naccache R，Vetrone F，Mahalingam V，et al. Controlled synthesis and water dispersibility of hexagonal phase NaGdF$_4$：Ho^{3+}/Yb^{3+}nanoparticles. Chemistry of Materials，2009，21（4）：717-723.

[124] Chen Q，Wang C，Cheng L，et al. Protein modified upconversion nanoparticles for imaging-guided combined photothermal and photodynamic therapy. Biomaterials，2014，35（9）：2915-2923.

[125] Wang J，Wei T，Li X Y，et al. Near-infrared-light-mediated imaging of latent fingerprints based on molecular recognition. Angewandte Chemie International Edition，2014，53（6）：1709-1709.

[126] Chen G，Ohulchanskyy T Y，Law W C，et al. Monodisperse NaYbF$_4$：Tm^{3+}/NaGdF$_4$ core/shell nanocrystals with near-infrared to near-infrared upconversion photoluminescence and magnetic resonance properties. Nanoscale，2011，3（5）：2003-2008.

[127] Jin J F，Gu Y J，Man C W Y，et al. Polymer-coated NaYF$_4$：Yb^{3+}，Er^{3+}upconversion nanoparticles for charge-dependent cellular imaging. ACS Nano，2011，5（10）：7838-7847.

[128] Dai Y L，Xiao H H，Liu J H，et al. *In vivo* multimodality imaging and cancer therapy by near-infrared light-triggered trans-platinum pro-drug-conjugated upconverison nanoparticles. Journal of the American Chemical Society，2013，135（50）：18920-18929.

[129] Xia L，Kong X G，Liu X M，et al. An upconversion nanoparticle-Zinc phthalocyanine based nanophotosensitizer for photodynamic therapy. Biomaterials，2014，35（13）：4146-4156.

[130] Chao W，Cheng L，Liu Z. Drug delivery with upconversion nanoparticles for multi-functional targeted cancer cell imaging and therapy. Biomaterials，2011，32（4）：1110-1120.

[131] Wang C，Tao H Q，Cheng L，et al. Near-infrared light induced *in vivo* photodynamic therapy of cancer based on upconversion nanoparticles. Biomaterials，32（26）：6145-6154.

[132] Liu Y L，Ai K L，Liu J H，et al. A high-performance ytterbium-based nanoparticulate contrast agent for *in vivo* X-ray computed tomography imaging. Angewandte Chemie International Edition，2012，51（6）：1437-1442.

[133] Li L L，Zhang R B，Yin L L，et al. Biomimetic surface engineering of lanthanide-doped upconversion nanoparticles as versatile bioprobes. Angewandte Chemie，2012，51（25）：6121-6125.

[134] Liu F Y，He X X，Lei Z，et al. Facile preparation of doxorubicin-loaded upconversion@polydopamine nanoplatforms for simultaneous in vivo multimodality imaging and chemophotothermal synergistic therapy. Advanced Healthcare Materials，2014，4（4）：559-568.

[135] Tian G，Yin W Y，Jin J J，et al. Engineered design of theranostic upconversion nanoparticles for tri-modal upconversion luminescence/magnetic resonance/X-ray computed tomography imaging and targeted delivery of combined anticancer drugs. Journal of Materials Chemistry B，2014，2（10）：1379-1389.

[136] Ren W L，Tian G，Jian S，et al. Tween coated NaYF$_4$：Yb，Er/NaYF$_4$ core/shell upconversion nanoparticles for bioimaging and drug delivery. RSC Advances，2012，2（18）：7037-7041.

[137] Wang C，Cheng L，Liu Y M，et al. Imaging-guided pH-sensitive photodynamic therapy using charge reversible upconversion nanoparticles under near-infrared light. Advanced Functional Materials，2013，23（24）：3077-3086.

[138] Xu W，Chen X，Song H W. Upconversion manipulation by local electromagnetic field. Nano Today，2017，17：54-78.

[139] Ge W，Zhang X R，Liu M，et al. Distance dependence of gold-enhanced upconversion luminescence in Au/SiO$_2$/Y$_2$O$_3$：Yb^{3+}，Er^{3+} nanoparticles. Theranostics，2013，3（4）：282-288.

[140] Schietinger S，Aichele T，Wang H Q，et al. Plasmon-enhanced upconversion in single NaYF$_4$：Yb^{3+}/Er^{3+}codoped nanocrystals. Nano Letters，2010，10（1）：134-138.

[141] Dong B，Xu S，Sun J，et al. Multifunctional NaYF4：Yb^{3+}，Er^{3+}@Ag core/shell nanocomposites：integration

of upconversion imaging and photothermal therapy. Journal of Materials Chemistry，2011，21（17）：6193-6200.

[142] Cheng L，Yang K，Li Y G，et al. Multifunctional nanoparticles for upconversion luminescence/MR multimodal imaging and magnetically targeted photothermal therapy. Biomaterials，2012，33（7）：2215-2222.

[143] Lu S，Tu D T，Chen Z，et al. Multifunctional nano-bioprobes based on rattle-structured upconverting luminescent nanoparticles. Angewandte Chemie，2015，127（27）：8026-8030.

[144] Xiao Q F，Zheng X P，Bu W B，et al. A core/satellite multifunctional nanotheranostic for *in vivo* imaging and tumor eradication by radiation/photothermal synergistic therapy. Journal of the American Chemical Society，2013，135（35）：13041-13048.

[145] Song L Z，Zhao N N，Xu F J. Hydroxyl-rich polycation brushed multifunctional rare-earth-gold core-shell nanorods for versatile therapy platforms. Advanced Functional Materials，2017，27（32）：1701255.

[146] Li L L，Wu P W，Hwang K，et al. An exceptionally simple strategy for DNA-functionalized up-conversion nanoparticles as biocompatible agents for nanoassembly，DNA delivery，and imaging. Journal of the American Chemical Society，2013，135（7）：2411-2414.

[147] Zhou H P，Xu C H，Sun W，et al. Clean and flexible modification strategy for carboxyl/aldehyde-functionalized upconversion nanoparticles and their optical applications. Advanced Functional Materials，2009，19（24）：3892-3900.

[148] Liu N，Qin W P，Qin G S，et al. Highly plasmon-enhanced upconversion emissions from Au@β-NaYF$_4$：Yb，Tm hybrid nanostructures. Chemical Communications，2011，47（27）：7671-7673.

[149] Wang Y H，Song S Y，Liu J H，et al. ZnO-functionalized upconverting nanotheranostic agent：multi-modality imaging-guided chemotherapy with on-demand drug release triggered by pH. Angewandte Chemie International Edition，2015，54（2）：536-540.

[150] Li L L，Tang F Q，Liu H Y，et al. *In vivo* delivery of silica nanorattle encapsulated docetaxel for liver cancer therapy with low toxicity and high efficacy. ACS Nano，2010，4（11）：6874-6882.

[151] Wang L M，Lin X Y，Wang J，et al. Novel insights into combating cancer chemotherapy resistance using a plasmonic nanocarrier：enhancing drug sensitiveness and accumulation simultaneously with localized mild photothermal stimulus of femtosecond pulsed laser. Advanced Functional Materials，2014，24（27）：4229-4239.

[152] Yang P P，Gai S L，Lin J. Functionalized mesoporous silica materials for controlled drug delivery. Chemical Society Reviews，2012，41（9）：3679.

[153] Bansal A，Zhang Y. Photocontrolled nanoparticle delivery systems for biomedical applications. Accounts of Chemical Research，2014，47（10）：3052-3060.

[154] Wong P T，Choi S K. Mechanisms of drug release in nanotherapeutic delivery systems. Chemical Reviews，2015，115（9）：3388-3432.

[155] Abouelmagd S A，Hyun H，Yeo Y. Extracellularly activatable nanocarriers for drug delivery to tumors. Expert Opinion on Drug Delivery，2014，11（10）：1601-1618.

[156] Li L，Liu C，Zhang L Y，et al. Multifunctional magnetic-fluorescent eccentric-（concentric-Fe$_3$O$_4$@SiO$_2$）@polyacrylic acid core-shell nanocomposites for cell imaging and pH-responsive drug delivery. Nanoscale，2013，5（6）：2249.

[157] Qiao H，Cui Z W，Yang S B，et al. Targeting osteocytes to attenuate early breast cancer bone metastasis by theranostic upconversion nanoparticles with responsive plumbagin release. ACS Nano，2017，11（7）：7259-7273.

[158] Tawfik S M，Sharipov M，Huy B T，et al. Naturally modified nonionic alginate functionalized upconversion nanoparticles for the highly efficient targeted pH-responsive drug delivery and enhancement of NIR-imaging.

Journal of Industrial and Engineering Chemistry，2018，57：424-435.

[159] Li H H，Wei R Y，Yan G H，et al. Smart self-assembled nanosystem based on water-soluble pillararene and rare-earth-doped upconversion nanoparticles for pH-responsive drug delivery. ACS Applied Materials Interfaces，2018，10（5）：4910-4920.

[160] Liu B，Chen Y Y，Li C X，et al. Poly（acrylic acid）modification of Nd^{3+}-sensitized upconversion nanophosphors for highly efficient UCL imaging and pH-responsive drug delivery. Advanced Functional Materials，2015，25（29）：4717-4729.

[161] Yang D M，Dai Y L，Liu J H，et al. Ultra-small $BaGdF_5$-based upconversion nanoparticles as drug carriers and multimodal imaging probes. Biomaterials，2014，35（6）：2011-2023.

[162] Kai Y，Yu J N，Zhang B B，et al. Novel fluorinated polymer-mediated upconversion nanoclusters for pH/Redox triggered anticancer drug release and intracellular imaging. Macromolecular Chemistry & Physics，2017，218（11）：1700090.

[163] Su X J，Zhao F F，Wang Y H，et al. CuS as a gatekeeper of mesoporous upconversion nanoparticles-based drug controlled release system for tumor-targeted multimodal imaging and synergetic chemo-thermotherapy. Nanomedicine：Nanotechnology，Biology and Medicine，2017，13（5）：1761-1772.

[164] Zhu K，Liu G，Hu J，et al. Near-infrared light-activated photochemical internalization of reduction-responsive polyprodrug vesicles for synergistic photodynamic therapy and chemotherapy. Biomacromolecules，2017，18（8）：2571-2582.

[165] Xu J，He F，Cheng Z，et al. Yolk-structured upconversion nanoparticles with biodegradable silica shell for FRET sensing of drug release and imaging-guided chemotherapy. Chemistry of Materials，2017，29（17）：7615-7628.

[166] Dickinson B C，Chang C J. Chemistry and biology of reactive oxygen species in signaling or stress responses. Nature Chemical Biology，2011，7（8）：504-511.

[167] Yue C X，Zhang C L，Alfranca G，et al. Near-infrared light triggered ROS-activated theranostic platform based on Ce6-CPT-UCNPs for simultaneous fluorescence imaging and chemo-photodynamic combined therapy. Theranostics，2016，6（4）：456-469.

[168] Zhang T，Lin H M，Cui L R，et al. Near infrared light triggered reactive oxygen species responsive upconversion nanoplatform for drug delivery and photodynamic therapy. European Journal of Inorganic Chemistry，2016，2016（8）：1206-1213.

[169] Lee G Y，Qian W P，Wang L Y，et al. Theranostic nanoparticles with controlled release of gemcitabine for targeted therapy and MRI of pancreatic cancer. ACS Nano，2013，7（3）：2078-2089.

[170] Zhang T，Huang S Y，Lin H M，et al. Enzyme and pH-responsive nanovehicles for intracellular drug release and photodynamic therapy. New Journal of Chemistry，2017，41（6）：2468-2478.

[171] Parrott M C，Finniss M，Luft J C，et al. Incorporation and controlled release of silyl ether prodrugs from PRINT nanoparticles. Journal of the American Chemical Society，2012，134（18）：7978-7982.

[172] Kubo T，Tachibana K，Naito T，et al. Magnetic field stimuli-sensitive drug release using a magnetic thermal seed coated with thermal-responsive molecularly imprinted polymer. ACS Biomaterials Science & Engineering，2019，5（2）：759-767.

[173] Lv R，Yang P，He F，et al. An imaging-guided platform for synergistic photodynamic/photothermal/chemo-therapy with pH/temperature-responsive drug release. Biomaterials，2015，63：115-127.

[174] Liras M，González-Béjar M，Peinado E，et al. Thin amphiphilic polymer-capped upconversion nanoparticles：enhanced emission and thermoresponsive properties. Chemistry of Materials，2014，26（13）：4014-4022.

[175]　Dai Y L，Ma P A，Cheng Z Y，et al. Up-conversion cell imaging and pH-induced thermally controlled drug release from NaYF$_4$：Yb^{3+}/Er^{3+}@hydrogel core-shell hybrid microspheres. ACS Nano，2012，6（4）：3327-3338.

[176]　Wu L L，Kai Y，Min C，et al. Self-assembly of upconversion nanoclusters with amphiphilic copolymer for near-infrared-and temperature-triggered drug release. RSC Advances，2016，6（88）：85293-85302.

[177]　Son S Y，Shin E，Kim B S. Light-responsive micelles of spiropyran initiated hyperbranched polyglycerol for smart drug delivery. Biomacromolecules，2014，15（2）：628-634.

[178]　Wu X M，Sun X R，Guo Z Q，et al. In vivo and in situ tracking cancer chemotherapy by highly photostable NIR fluorescent theranostic prodrug. Journal of the American Chemical Society，2014，136（9）：3579-3588.

[179]　Liu J N，Bu W B，Pan L M，et al. NIR-triggered anticancer drug delivery by upconverting nanoparticles with integrated azobenzene-modified mesoporous silica. Angewandte Chemie，2013，125（16）：4471-4475.

[180]　Yang X J，Liu Z，Li Z H，et al. Near-infrared-controlled，targeted hydrophobic drug-delivery system for synergistic cancer therapy. Chemistry-A European Journal，2013，19（31）：10388-10394.

[181]　Zhang Z J，Wang J，Chen C Y. Near-infrared light-mediated nanoplatforms for cancer thermo-chemotherapy and optical imaging. Advanced Materials，2013，25（28）：3869-3880.

[182]　Chen Z W，Zhou L，Bing W，et al. Light controlled reversible inversion of nanophosphor-stabilized Pickering emulsions for biphasic enantioselective biocatalysis. Journal of the American Chemical Society，2014，136（20）：7498-7504.

[183]　Chen Z J，Sun W，Butt H J，et al. Upconverting-nanoparticle-assisted photochemistry induced by low-intensity near-infrared light：how low can we go？.Chemistry-A European Journal，2015，21（25）：9165-9170.

[184]　Zhao D Y，Zhao T C，Wang P Y，et al. Near-infrared triggered decomposition of nanocapsules with high tumor accumulation and stimuli responsive fast elimination. Angewandte Chemie International Edition，2018，57（10）：2611-2615.

[185]　Zhang X，Yang P P，Dai Y L，et al. Multifunctional up-converting nanocomposites with smart polymer brushes gated mesopores for cell imaging and thermo/pH dual-responsive drug controlled release. Advanced Functional Materials，2013，23（33）：4067-4078.

[186]　Liu J，Detrembleur C，Grignard B，et al. Gold nanorods with phase-changing polymer corona for remotely near-infrared-triggered drug release. Chemistry-An Asian Journal，2013，9（1）：275-288.

[187]　Liu J，Detrembleur C，De Pauw-Gillet M C，et al. Gold nanorods coated with mesoporous silica shell as drug delivery system for remote near infrared light-activated release and potential phototherapy. Small，2015，11（19）：2323-2332.

[188]　Niu N，He F，Ma P A，et al. Up-conversion nanoparticle assembled mesoporous silica composites：synthesis，plasmon-enhanced luminescence，and near-infrared light triggered drug release. ACS Applied Materials&Interfaces，2014，6（5）：3250-3262.

[189]　Garcia J V，Yang J P，Shen D K，et al. NIR-triggered release of caged nitric oxide using upconverting nanostructured materials. Small，2012，8（24）：3800-3805.

[190]　Burks P T，Garcia J V，Gonzalezirias R，et al. Nitric oxide releasing materials triggered by near-infrared excitation through tissue filters. Journal of the American Chemical Society，2013，135（48）：18145-18152.

[191]　Han S H，Hur M S，Kim M J，et al. Preliminary study of histamine H$_4$ receptor expressed on human CD4$^+$T cells and its immunomodulatory potency in the IL-17 pathway of psoriasis. Journal of Dermatological Science，2017，88（1）：29-35.

[192]　Chien Y H，Chou Y L，Wang S W，et al. Near-infrared light photocontrolled targeting，bioimaging，and

chemotherapy with caged upconversion nanoparticles *in vitro* and *in vivo*. ACS Nano，2013，7（10）：8516-8528.

[193] Yang Y，Liu F，Liu X，et al. NIR light controlled photorelease of siRNA and its targeted intracellular delivery based on upconversion nanoparticles. Nanoscale，2013，5（1）：231-238.

[194] Perfahl S，Natile M M，Mohamad H S，et al. Photoactivation of diiodido-Pt（Ⅳ）complexes coupled to upconverting nanoparticles. Molecular Pharmaceutics，2016，13（7）：2346-2362.

[195] Deng X R，Dai Y L，Liu J H，et al. Multifunctional hollow CaF_2：$Yb^{3+}/Er^{3+}/Mn^{2+}$-poly（2-Aminoethyl methacrylate）microspheres for Pt（Ⅳ）pro-drug delivery and tri-modal imaging. Biomaterials，2015，50：154-163.

[196] Li W，Wang J S，Ren J S，et al. Near-infrared upconversion controls photocaged cell adhesion. Journal of the American Chemical Society，2014，136（6）：2248-2251.

[197] Yang Y M，Velmurugan B，Liu X G，et al. NIR photoresponsive crosslinked upconverting nanocarriers toward selective intracellular drug release. Small，2013，9（17）：2937-2944.

[198] Zhao L，Peng J，Huang Q，et al. Near-infrared photoregulated drug release in living tumor tissue via yolk-shell upconversion nanocages. Advanced Functional Materials，2013，24（3）：363-371.

[199] Zhang Y，Yu Z Z，Li J Q，et al. Ultrasmall-superbright neodymium-upconversion nanoparticles via energy migration manipulation and lattice modification：808 nm-activated drug release. ACS Nano，2017，11（3）：2846-2857.

[200] Min Y Z，Li J M，Liu F，et al. Near-infrared light-mediated photoactivation of a platinum antitumor prodrug and simultaneous cellular apoptosis imaging by upconversion-luminescent nanoparticles. Angewandte Chemie，2014，126（4）：1030-1034.

[201] 王玉凤，李隆敏，许桐瑛，等. 上转换纳米材料在光动力疗法中的研究进展. 现代肿瘤医学，2017，25（9）：1489-1492.

[202] 潘育松，丁洁. 上转换纳米材料在肿瘤治疗中的应用. 广州化工，2016，44（12）：33-34.

[203] Feng L L，He F，Dai Y L，et al. Multifunctional $UCNPs@MnSiO_3@g-C_3N_4$ nanoplatform：improved ROS generation and reduced glutathione levels for highly efficient photodynamic therapy. Biomaterials Science，2017，5（12）：2456-2467.

[204] 焦体峰，黄欣欣，张乐欣，等. 光热剂/光敏剂纳米材料合成及应用研究进展. 燕山大学学报，2017，41（3）：189-203.

[205] Liu K，Liu X M，Zeng Q H，et al. Covalently assembled NIR nanoplatform for simultaneous fluorescence imaging and photodynamic therapy of cancer cells. ACS Nano，2012，6（5）：4054-4062.

[206] Li Y F，Di Z H，Gao J H，et al. Heterodimers made of upconversion nanoparticles and metal-organic frameworks. Journal of the American Chemical Society，2017，139（39）：13804-13810.

[207] Hou Z Y，Zhang Y X，Deng K R，et al. UV-emitting upconversion-based TiO_2 photosensitizing nanoplatform：near-infrared light mediated in vivo photodynamic therapy via mitochondria-involved apoptosis pathway. ACS Nano，2015，9（3）：2584-2599.

[208] Yang G X，Yang D，Yang P P，et al. A single 808 nm near-infrared light-mediated multiple imaging and photodynamic therapy based on titania coupled upconversion nanoparticles. Chemistry of Materials，2015，27（23）：7957-7968.

[209] Feng L L，He F，Liu B，et al. $g-C_3N_4$ coated upconversion nanoparticles for 808 nm near-infrared light triggered phototherapy and multiple imaging. Chemistry of Materials，2016，28（21）：7935-7946.

[210] Chan M H，Chen C W，Lee I J，et al. Near-infrared light-mediated photodynamic therapy nanoplatform by the electrostatic assembly of upconversion nanoparticles with graphitic carbon nitride quantum dots. Inorganic

Chemistry，2016，55（20）：10267-10277.

[211] Lv R C，Yang D，Yang P P，et al. Integration of upconversion nanoparticles and ultrathin black phosphorus for efficient photodynamic theranostics under 808 nm near-infrared light irradiation. Chemistry of Materials，2016，28（13）：4724-4734.

[212] Yu Z，Pan W，Li N，et al. A nuclear targeted dual-photosensitizer for drug-resistant cancer therapy with NIR activated multiple ROS. Chemical Science，2016，7（7）：4237-4244.

[213] Idris N M，Gnanasammandhan M K，Zhang J，et al. In vivo photodynamic therapy using upconversion nanoparticles as remote-controlled nanotransducers. Nature Medicine，2012，18（10）：1580-1585.

[214] Xu J T，Yang P P，Sun M D，et al. Highly emissive dye-sensitized upconversion nanostructure for dual-photosensitizer photodynamic therapy and bioimaging. ACS Nano，2017，11（4）：4133-4144.

[215] Yue Z H，Hong T T，Song X Y，et al. Construction of a targeted photodynamic nanotheranostic agent using upconversion nanoparticles coated with an ultrathin silica layer. Chemical Communications，2018，54，10618-10621.

[216] Song X Y，Yue Z H，Hong T T，et al. Sandwich-structured upconversion nanoprobes coated with a thin silica layer for mitochondria-targeted cooperative photodynamic therapy for solid malignant tumors. Analytical Chemistry，2019，91（13）：8549-8557.

[217] Wang P Y，Li X M，Yao C，et al. Orthogonal near-infrared upconversion co-regulated site-specific O_2 delivery and photodynamic therapy for hypoxia tumor by using red blood cell microcarriers. Biomaterials，2017，125：90-100.

[218] Zhang C，Chen W H，Liu L H，et al. An O_2 self-supplementing and reactive-oxygen-species-circulating amplified nanoplatform via H_2O/H_2O_2 splitting for tumor imaging and photodynamic therapy. Advanced Functional Materials，2017，27（43）：1700626.

[219] Gu T，Cheng L，Gong F，et al. Upconversion composite nanoparticles for tumor hypoxia modulation and enhanced near-infrared-triggered photodynamic therapy. ACS Applied Materials & Interfaces，2018，10（18）：15494-15503.

[220] Cai H J，Shen T T，Zhang J，et al. A core-shell metal-organic-framework（MOF）-based smart nanocomposite for efficient NIR/H_2O_2-responsive photodynamic therapy against hypoxic tumor cells. Journal of Materials Chemistry B，2017，5（13）：2390-2394.

[221] Yu Z Z，Ge Y G，Sun Q Q，et al. A pre-protective strategy for precise tumor targeting and efficient photodynamic therapy with a switchable DNA/upconversion nanocomposite. Chemical Science，2018，9（14）：3563-3569.

[222] Ai F J，Wang N，Zhang X M，et al. An upconversion nanoplatform with extracellular pH-driven tumor-targeting ability for improved photodynamic therapy. Nanoscale，2018，10（9）：4432-4441.

[223] Ai X Z，Ho C J H，Aw J X，et al. In vivo covalent cross-linking of photon-converted rare-earth nanostructures for tumour localization and theranostics. Nature Communications，2016，7：10432.

[224] Zhao N，Wu B Y，Hu X L，et al. NIR-triggered high-efficient photodynamic and chemo-cascade therapy using caspase-3 responsive functionalized upconversion nanoparticles. Biomaterials，2017，141：40-49.

[225] Hu P，Wu T，Fan W P，et al. Near infrared-assisted Fenton reaction for tumor-specific and mitochondrial DNA-targeted photochemotherapy. Biomaterials，2017，141：86-95.

[226] Bi H T，Dai Y L，Yang P P，et al. Glutathione mediated size-tunable UCNPs-Pt（IV）-ZnFe_2O_4 nanocomposite for multiple bioimaging guided synergetic therapy. Small，2018，14（13）：1703809.

[227] 张金中，Nadejda R. 基于金属纳米材料的癌症光热切除疗法. 中国科学（B 辑：化学），2019，10：1285-1285.

[228] Tian Q W，Tang M H，Sun Y G，et al. Hydrophilic flower-like CuS superstructures as an efficient 980 nm laser-driven photothermal agent for ablation of cancer cells. Advanced Materials，2011，23（31）：3542-3547.

[229] Tian Q W，Jiang F R，Zou R J，et al. Hydrophilic Cu$_9$S$_5$ nanocrystals：a photothermal agent with a 25.7% heat conversion efficiency for photothermal ablation of cancer cells *in vivo*. ACS Nano，2011，5（12）：9761-9771.

[230] Chen C J，Chen D H. Preparation of LaB$_6$ nanoparticles as a novel and effective near-infrared photothermal conversion material. Chemical Engineering Journal，2012，180（15）：337-342.

[231] Qian L P，Zhou L H，Too H P，et al. Gold decorated NaYF$_4$: Yb, Er/NaYF$_4$/silica（core/shell/shell）upconversion nanoparticles for photothermal destruction of BE（2）-C neuroblastoma cells. Journal of Nanoparticle Research，2010，13（2）：499-510.

[232] Wang Y H，Wang H G，Liu D P，et al. Graphene oxide covalently grafted upconversion nanoparticles for combined NIR mediated imaging and photothermal/photodynamic cancer therapy. Biomaterials，2013，34（31）：7715-7724.

[233] Lv R C，Yang P P，He F，et al. A Yolk-like multifunctional platform for multimodal imaging and synergistic therapy triggered by a single near-infrared light. ACS Nano，2015，9（2）：1630-1647.

[234] Zhu X J，Feng W，Chang J，et al. Temperature-feedback upconversion nanocomposite for accurate photothermal therapy at facile temperature. Nature Communications，2016，7：10437.

[235] Wang C，Xu L G，Xu J T，et al. Multimodal imaging and photothermal therapy were simultaneously achieved in the core-shell UCNR structure by using single near-infrared light. Dalton Transactions，2017，46（36）：12147-12157.

[236] Chan M H，Chen S P，Chen C W，et al. Single 808 nm laser treatment comprising photothermal and photodynamic therapies by using gold nanorods hybrid upconversion particles. The Journal of Physical Chemistry C，2018，122（4）：2402-2412.

[237] He F，Yang G，Yang P，et al. A new single 808 nm NIR light-induced imaging-guided multifunctional cancer therapy platform. Advanced Functional Materials，2015，25：3966-3976.

[238] Yang G，Lv R，He F，et al. A core/shell/satellite anticancer platform for 808 NIR light-driven multimodal imaging and combined chemo-/photothermal therapy. Nanoscale，2015，7（32）：13747-13758.

[239] Xiao Q F，Zheng X P，Bu W B，et al. A core/satellite multifunctional nanotheranostic for *in vivo* imaging and tumor eradication by radiation/photothermal synergistic therapy，Journal of the American Chemical Society，2013，135（35）：13041-13048.

[240] Xu J，Gulzar A，Liu Y，et al. Integration of IR-808 sensitized upconversion nanostructure and MoS$_2$ nanosheet for 808 nm NIR light triggered phototherapy and bioimaging. Small，2017，13（36）：1701841.

[241] Liu T，Li S，Liu Y，et al. Mn-complex modified NaDyF$_4$: Yb@NaLuF$_4$: Yb, Er@polydopamine core-shell nanocomposites for multifunctional imaging-guided photothermal therapy. Journal of Materials Chemistry B，2016，4（15）：2697-2705.

[242] Huang X J，Li B，Peng C，et al. NaYF4: Yb/Er@PPy core–shell nanoplates：an imaging-guided multimodal platform for photothermal therapy of cancers. Nanoscale，2016，8（2）：1040-1048.

[243] Liu B，Li C X，Xing B G，et al. Multifunctional UCNPs@PDA-ICG nanocomposites for upconversion imaging and combined photothermal/photodynamic therapy with enhanced antitumor efficacy. Journal of Materials Chemistry B，2016，4（28）：4884-4894.

[244] Lu F，Yang L，Ding Y J，et al. Highly emissive Nd^{3+}-sensitized multilayered upconversion nanoparticles for efficient 795 nm operated photodynamic therapy. Advanced Functional Materials，2016，26：4778-4785.

[245] Zhang Y，Ren K W，Zhang X B，et al. Photo-tearable tape close-wrapped upconversion nanocapsules for near-infrared modulated efficient siRNA delivery and therapy. Biomaterials，2018，163，55-66.

[246] Cheng Z，Chai R，Ma P，et al. Multiwalled carbon nanotubes and NaYF$_4$: Yb^{3+}/Er^{3+}nanoparticle-doped bilayer

hydrogel for concurrent NIR-triggered drug release and up-conversion luminescence tagging. Langmuir，2013，29（30）：9573-9580.

[247] Wang X，Liu K，Yang G B，et al. Near-infrared light triggered photodynamic therapy in combination with gene therapy using upconversion nanoparticles for effective cancer cell killing. Nanoscale，2014，6（15）：9198-9205.

[248] Lin M，Gao Y，Diefenbach T J，et al. Facial layer-by-layer engineering of upconversion nanoparticles for gene delivery：NIR initiated FRET tracking and overcoming drug resistance in ovarian cancer. ACS Applied Materials & Interfaces，2017，9：7941-7949.

[249] Xiang J，Xu L G，Gong H，et al. Antigen-loaded upconversion nanoparticles for dendritic cell stimulation，tracking，and vaccination in dendritic cell-based immunotherapy. ACS Nano，2015，9（6）：6401-6411.

[250] Xu J，Xu L G，Wang C Y，et al. Near-infrared-triggered photodynamic therapy with multitasking upconversion nanoparticles in combination with checkpoint blockade for immunotherapy of colorectal cancer. ACS Nano，2017，11（5）：4463-4474.

[251] Ding B B，Shao S，Yu C，et al. Large-pore mesoporous-silica-coated upconversion nanoparticles as multifunctional immunoadjuvants with ultrahigh photosensitizer and antigen loading efficiency for improved cancer photodynamic immunotherapy. Advanced Materials，2018，30（52）：1802479.

[252] Zheng D W，Li B，Li C X，et al. Carbon-dot-decorated carbon nitride nanoparticles for enhanced photodynamic therapy against hypoxic tumor via water splitting. ACS Nano，2016，10（9）：8715.

[253] Fan W P，Bu W B，Shi J L. On the latest three-stage development of nanomedicines based on upconversion nanoparticles. Advanced Materials，2016，28（21）：3987-4011.

[254] Tian G，Ren W L，Yan L，et al. Red-emitting upconverting nanoparticles for photodynamic therapy in cancer cells under near-infrared excitation. Small，2013，9（11）：1929-1938.

[255] Yang S，Li N J，Liu Z，et al. Amphiphilic copolymer coated upconversion nanoparticles for near-infrared light-triggered dual anticancer treatment. Nanoscale，2014，6（24）：14903-14910.

[256] Hu F，Yuan Y Y，Mao D，et al. Smart activatable and traceable dual-prodrug for image-guided combination photodynamic and chemo-therapy. Biomaterials，2017，144：53-59.

[257] Zhang L，Su H，Cai J，et al. A multifunctional platform for tumor angiogenesis-targeted chemo/thermal therapy using polydopamine-coated gold nanorods. ACS Nano，2016，10（11）：10404-10417.

[258] Zhang R P，Cheng K，Antaris A L，et al. Hybrid anisotropic nanostructures for dual-modal cancer imaging and image-guided chemo-thermo therapies. Biomaterials，2016，103：265-277.

[259] Zhou Z，Hu K，Ma R，et al. Dendritic platinum-copper alloy nanoparticles as theranostic agents for multimodal imaging and combined chemophotothermal therapy. Advanced Functional Materials，2016，26（33）：5971-5978.

[260] Yang D，Yang G，Wang X，et al. Y$_2$O$_3$：Yb，Er@mSiO$_2$-Cu（x）S double-shelled hollow spheres for enhanced chemo-/photothermal anti-cancer therapy and dual-modal imaging. Nanoscale，2015，7（28）：12180-12191.

[261] Fan W P，Shen B，Bu W B，et al. A smart upconversion-based mesoporous silica nanotheranostic system for synergetic chemo-/radio-/photodynamic therapy and simultaneous MR/UCL imaging. Biomaterials，35（32）：8992-9002.

[262] Chen W S，Ouyang J，Liu H，et al. Black phosphorus nanosheet-based drug delivery system for synergistic photodynamic/photothermal/chemotherapy of cancer. Advanced Materials，2016，29（5）：1603864.

[263] Luo G F，Chen W H，Lei Q，et al. A triple-collaborative strategy for high-performance tumor therapy by multifunctional mesoporous silica-coated gold nanorods. Advanced Functional Materials，2016，26（24）：4339-4350.

[264] Wang J，Pang X，Tan X，et al. A triple-synergistic strategy for combinational photo/radiotherapy and multi-modality imaging based on hyaluronic acid-hybridized polyaniline-coated WS$_2$ nanodots. Nanoscale，2017，9（17）：5551-5564.

[265] Zeng L Y，Pan Y W，Tian Y，et al. Doxorubicin-loaded NaYF$_4$：Yb/Tm-TiO$_2$ inorganic photosensitizers for NIR-triggered photodynamic therapy and enhanced chemotherapy in drug-resistant breast cancers. Biomaterials，2015，57：93-106.

[266] Ai F J，Sun T Y，Xu Z F，et al. An upconversion nanoplatform for simultaneous photodynamic therapy and Pt chemotherapy to combat cisplatin resistance. Dalton Transactions，2016，45（33）：13052-13060.

[267] Chen G J，Jaskula-Sztul R，Esquibel C R，et al. Neuroendocrine tumor-targeted upconversion nanoparticle-based micelles for simultaneous NIR-controlled combination chemotherapy and photodynamic therapy，and fluorescence imaging. Advanced Functional Materials，2017，27（8）：1604671.

第4章 纳米孔技术在生化分析中的应用

    纳米孔技术是 20 世纪 90 年代中期发展起来的一种新兴的单分子分析手段，近年来凭借低成本、快速、无需荧光标记等优点，在生命科学、化学、物理学等诸多研究领域得以广泛应用[1]。纳米孔技术的工作原理是利用电场力驱动单个分子穿过纳米尺寸的孔道，通过监测电解液流经纳米孔时的微弱电流信号变化，包括幅度、时间、频率和指纹性信号等，读出分子的尺寸、组成、电荷、浓度和结构特征等信息（图 4.1）[2]。根据组成材料不同，纳米孔主要分为两类：一类是生物源的蛋白质纳米孔家族，包括金黄色葡萄球菌 α-溶血素（α-hemolysin，α-HL）、气菌溶胞蛋白（aerolysin）、噬菌体 phi29 连接器马达蛋白等；另一类是人工材料制备的固态纳米孔，包括氮化硅及石墨烯等二维材料、有机高分子薄膜、玻璃纳米管等制备的纳米孔。目前，纳米孔技术主要应用于 DNA 测序研究，并在单分子检测领域取得了令人瞩目的成就。本章主要总结了近年来常用的生物孔和固体孔的种类及其在生化分析中的应用研究进展。

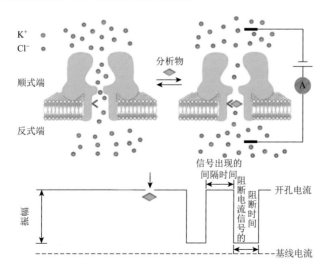

图 4.1　纳米孔单分子检测原理示意图[1]

4.1 生物纳米孔的种类及应用研究进展

生物纳米孔是天然的生物纳米器件，具有特定的孔径结构、生物活性以及插入磷脂双分子层膜的能力，由于其易于化学、生物修饰，因此得到研究者的青睐。1996 年，Kasianowicz 等首次提出利用 α-HL 蛋白获得单链 DNA 和 RNA 分子的阻断电流信号[1]，开启了生物纳米孔研究的时代。随后，采用气菌溶胞蛋白（aerolysin，AeL）[3]、耻垢分枝杆菌霉素蛋白（*Mycobacterium smegmatis* porin A，MspA）[4]、噬菌体 phi29 连接器（Bacteriophage phi29 connector）[5]、超稳定蛋白 1（stable protein 1，SP1）[6]等构建生物纳米孔传感分析平台，用于生物分子的检测（图 4.2），极大地拓宽了纳米孔单分子分析技术的应用范围。

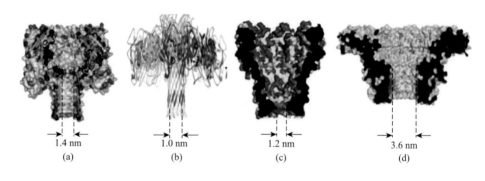

图 4.2　纳米孔结构示意图

（a）α-HL[7]；（b）aerolysin[8]；（c）MspA[4]；（d）phi29 连接器[5]

4.1.1　α-HL 纳米孔

α-HL 是金黄色葡萄球菌分泌的多肽毒素，由七个单体自组装形成蘑菇状纳米通道［图 4.2（a）］。该通道由膜外前庭和 β-桶状结构的跨膜颈部组成[9]，各组成部分的直径从 1.4 nm 到 4.6 nm 不等：*cis* 端前庭入口处直径约为 2.6 nm，前庭内腔直径约为 4.6 nm，最窄处（即 β-桶区与前庭连接处）约为 1.4 nm，β-桶状结构的直径约为 2 nm，*trans* 端入口处直径约为 2.1 nm。α-HL 纳米孔道易于自组装且结构稳定，内壁易于进行改造或修饰，将其用于单分子检测，具有重复性强的优点，且通道最窄处限制了多个分子的进入，确保单分子的研究。

4.1.2　aerolysin 纳米孔

aerolysin 是嗜水气单胞菌分泌的跨膜蛋白，在水溶液中 aerolysin 单体能够自发地形成具有蘑菇状外形的七聚体结构 [图 4.2（b）]，宽度约为 15 nm，高度约为 7 nm，形成的孔道直径约为 1.0～1.7 nm，其形状与 α-HL 类似，但在 *cis* 端缺少前庭结构[10]。2006 年，aerolysin 纳米孔蛋白首次作为纳米孔用于分析 α-螺旋的胶原蛋白结构，随后被用于研究蛋白质折叠和去折叠的动力学过程[11]、多肽[12]和蛋白质结构[13]等。2016 年，Long 课题组首次将 aerolysin 纳米孔用于寡核苷酸的研究，完成了对仅有单个碱基差异的 DNA 分子的超灵敏识别，并实现了核酸外切酶"分步降解"单链 DNA 过程的实时监测，表明 aerolysin 纳米孔在寡聚核苷酸检测中具有超强的时间和空间分辨力。

4.1.3　MspA 纳米孔

2008 年，华盛顿大学的 Gundlach 等首次将 MspA 蛋白作为纳米孔道蛋白，并系统探究了其生物物理性质[4]。MspA 是耻垢分枝杆菌细胞外膜的主要成分，所形成的纳米孔为八聚体孔蛋白，呈烟囱状，最窄处约为 1.2 nm，长度仅约为 0.6 nm [图 4.2（c）][14]。极小的孔径和极短的 β-桶使得不同核苷酸链穿过通道时能够产生易于分辨的特征性阻断电流。

4.1.4　噬菌体 phi29 DNA 包装马达

噬菌体 phi29 DNA 包装马达（phi29 DNA-packaging motor）包括由 12 个亚基组成的连接器，6 个与 ATP 结合的 DNA 包装 RNA，以及提供 DNA 转运所需能量的 ATP 酶蛋白 gp16[5]。连接器由 12 个 gp10 亚基组成，形成一个中央通道，宽端开口直径约为 6 nm，窄端约为 3.6 nm [图 4.2（d）][15]。phi29 连接器马达通道最大的优势是孔道直径较大，可允许双链 DNA（dsDNA）通过。

4.1.5　生物纳米孔分析技术的应用与发展

1. 核酸分析

1996 年，Deamer、Branton 和 Kasianowicz 等首次报道了利用 α-HL 生物通道蛋白获得单链 DNA（ssDNA）和 RNA 分子的阻断电流信号。在电压驱动下，ssDNA 和 RNA 分子穿过 α-HL 纳米孔，分子的过孔行为导致电流的瞬时改变，过孔事件的频率与分析物的浓度相关，阻断电流信号的持续时间与核酸分子的长度成正比。这项开创性的工作打开了纳米孔传感技术的大门，为进一步研究奠定了坚实的基础。

最近，Bayley 课题组[16]通过改造得到桶区缩短的突变 α-HL 纳米孔 TBM，并在缩短的孔内嵌入适配体分子，实现了对核苷酸的传感分析（图 4.3）。野生

型 α-HL 纳米孔的 β 桶长度为 5 nm,与之相比,TBM 的 β 桶缩短,可提高核苷酸区分的分辨率。利用该突变的纳米孔,同时修饰环糊精的适配体,实现了四种单核苷酸的识别。与其他生物纳米孔相比,噬菌体 phi29 马达由于具有较大的直径(约 3.6 nm),能够允许 dsDNA、ssDNA 和 RNA 等核酸分子直接穿过。目前已有多个采用该纳米孔进行基因工程修饰的报道,通过调节纳米孔的功能,以适应特定的应用。例如,将 phi29 的通道尺寸缩小后,可实现对 ssDNA 和 RNA 的区分。

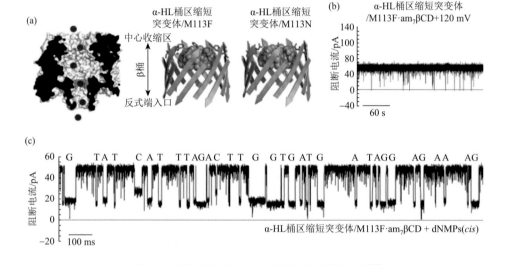

图 4.3　环糊精修饰短 α-HL 纳米孔识别核酸酶[16]

M113F:桶区未缩短突变体;am₇βCD:β-环糊精适配体;dNMPs:脱氧核糖核苷单磷酸盐

最近,Long 课题组首次证明 aerolysin 纳米孔在寡聚核苷酸检测方面表现出超乎寻常的时间和空间分辨能力(图 4.4)。研究结果表明,利用野生型 aerolysin 纳米孔可以将单链 DNA 的过孔速度降低三个数量级(2.0 ms/碱基),从而极大地提高了电流检测的灵敏度。利用超低电流检测装置,达到了对仅有单个核苷酸差异 DNA 分子的超灵敏识别,并实现了混合复杂体系的超灵敏检测和核酸外切酶"步步降解"单链 DNA 过程的实时观测[17]。此外,该研究还通过改变检测体系的酸碱度,调节了 aerolysin 孔道内腔的电荷分布,同时结合单链 DNA 在孔内有效电荷数的计算,获得了纳米孔表/界面上电荷的分布信息,促进了对 DNA 与 aerolysin 孔道内腔表面氨基酸残基相互作用的深入理解。

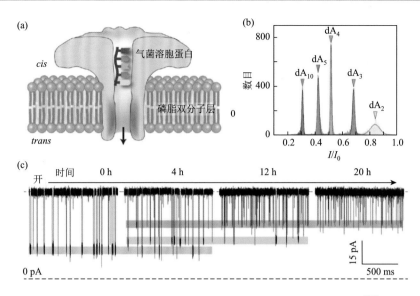

图 4.4　aerolysin 纳米孔区分不同长度的腺嘌呤寡聚脱氧核苷酸[17]

dA$_n$：不同长度腺嘌呤寡聚脱氧核苷酸

对于 dsDNA 而言，由于其直径大于 α-HL 的最窄处，无法直接穿过 α-HL 纳米孔。然而，电压驱动下，含有前导寡聚核苷酸链的 dsDNA 的前导链可以率先进入 α-HL 纳米孔的前庭，随后进入 β-桶区，引导 dsDNA 分子进入 α-HL 的前庭并最终导致双链的解链，以 ssDNA 形式穿过纳米孔道[18, 19]。研究表明，由于杂交双链的稳定性不同，含有碱基错配的 dsDNA 穿过纳米孔道所需时间小于完全互补配对的 dsDNA。据此，可以利用 α-HL 纳米孔进行单碱基错配的识别和检测。例如，Gu 等针对肺癌相关的 microRNA（miRNA）设计了特异性寡核苷酸探针，探针与 miRNA 的杂交物穿过 α-HL 纳米孔时能够产生特征性阻断电流信号，特征信号的频率与靶 miRNA 的浓度呈正相关，可用于血液样品中 miRNA 的检测，并根据阻断时间的差异区分 miRNA 单碱基差异，首次实现了 α-HL 纳米孔在实际复杂样品分析中的应用（图 4.5）[20]。Xi 等[21]基于 α-HL 纳米孔的特征，设计了核酸类似物——锁核酸（locked nucleic acid，LNA）修饰的寡核苷酸探针（图 4.6），当 LNA 探针与靶 miRNA let-7b 的杂交产物进行 α-HL 纳米孔检测时，产生超乎寻常的长阻断电流信号，而与含碱基错配的 miRNA 杂交、穿越纳米孔时，阻断信号的时间则非常短，因而从视觉上即可将靶 miRNA 和含有单碱基错配的其他 miRNA 进行精确区分[21]，极大地提高了 miRNA 检测的特异性。最近，Gu 等将纳米孔技术与双向电泳原理相结合，利用聚阳离子纳米载体选择性结合目标 RNA 或 DNA，而非目标分子在电压作用下反方向远离纳米孔，从而实现了核酸的抗干扰检测[22]。

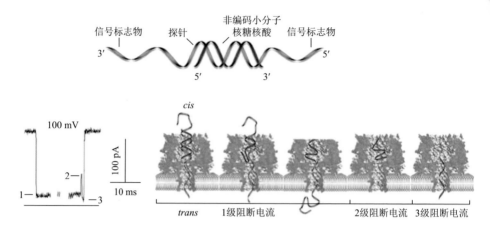

图 4.5 利用 α-HL 纳米孔检测 miRNA[20]

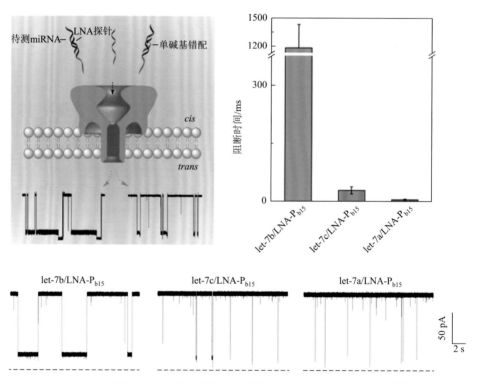

图 4.6 基于 α-HL 纳米孔利用 LNA 探针区分 miRNA 单碱基错配[21]

2. 蛋白质及多肽分析

利用纳米孔技术对蛋白质和多肽的分析也引起了很多研究者的关注。与核酸分子相比，蛋白质和多肽的结构更为复杂，存在大量的二级和三级结构，疏水性和带电性相当多变。由于多肽的电荷分布及复杂的结构，其进入 α-HL 纳米孔的能量壁垒较高[23]，通过在 α-HL 孔的 β-区两侧进行氨基酸的定点突变，从而改变 α-HL 的电荷分布，能够调控 α-HL 对多肽的捕获能力[24, 25]。Long 课题组利用 α-HL 实时观测阿兹海默症致病蛋白（Aβ42）结构的变化，获得 Aβ42 单体及其寡聚物在纳米孔中的结构变化信息[26]。Aβ42 单体自聚集形成的寡聚物可被纳米孔捕获，产生较大的阻断电流信号；加入小分子药物刚果红进行调控后，Aβ42 的聚集被抑制，形成结构较小的单体，单体穿过纳米孔时产生较小的阻断电流；而 β-环糊精的加入能够促进 Aβ42 的快速聚集，形成体积较大的聚集物，无法进入纳米孔（图 4.7）。另外，利用 α-HL 纳米孔还可在单分子水平实现对帕金森病致病蛋白 α-synuclein 的纤维化行为的研究[27]。这一系列研究为疾病的诊断和治疗提供了一种全新的分析方法，对于蛋白质和药物的相互作用机理研究具有重要的指导意义。

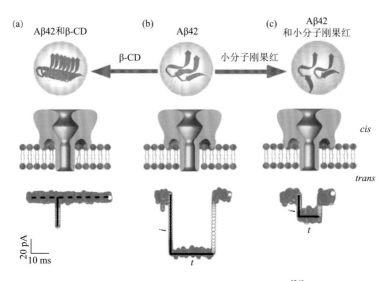

图 4.7 α-HL 纳米孔检测 Aβ42 结构变化[26]

Aβ42：阿兹海默症致病蛋白；β-CD：β-环糊精；*cis*：顺式端；*trans*：反式端

某些蛋白质在牵引链的作用下能够自发解折叠穿过纳米孔道，有些蛋白质则需要更强的作用力使其变性并穿过纳米孔。Bayley 课题组以硫氧还蛋白为分析对象，其上连接的寡核苷酸作为先导链牵引蛋白质打开折叠结构并穿过 α-HL 纳米孔道，由此提出四步穿越机制（图 4.8）[28]。进一步，Rosen 等利用 α-HL 纳米孔实现了硫氧还蛋白的不同磷酸化亚型的区分[29]，向单分子水平的蛋白质分析又迈进了一步。另外，Soskine 等通过基因改造获得了更大尺寸的 ClyA 纳米孔，能够允许折叠蛋白质或结构域进入，以便分析不同蛋白质之间以及蛋白质与药物或底物的相互作用[30]。目前纳米孔技术还很难将蛋白质的氨基酸序列进行解析，但是能够通过识别结构域等特定的特征识别蛋白质，分析蛋白质所处的状态或评估蛋白质之间的相互作用关系。我们期待纳米孔技术能够早日成为单分子水平研究蛋白质的有力工具[31, 32]。

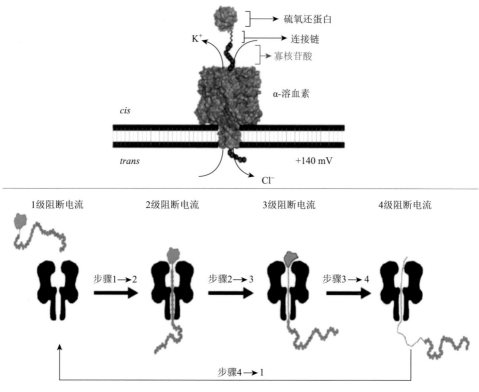

图 4.8 蛋白质解折叠穿过纳米孔的过程[28]

近年来，生物纳米孔技术在蛋白质的定量分析方面也表现出极大的优势。由于蛋白质的尺寸通常大于生物孔的直径，无法直接进入纳米孔，因此如何将其转换成核酸是解决问题的关键。Li 课题组通过靶标结合诱导的链置换反应，利用 α-HL 纳米孔实现了对血小板衍生生长因子（PDGF-BB）的检测，检测限达 500 fmol/L[33]。Li 等设计了修饰二茂铁-葫芦脲[7]（CB[7]）复合物的 DNA 探针，待测分子存在时与其适配体特异性识别并结合，导致探针-适配体复合物的解离，释放的 DNA 穿过 α-HL 纳米孔时产生高度特征性的阻断电流信号，从而实现了血管内皮生长因子 VEGF 和凝血酶的高灵敏检测（图 4.9）[34]。这一方法克服了生物纳米孔技术在检测蛋白质等较大生物分子方面的局限，进一步拓宽了纳米孔技术的应用范围。

噬菌体 phi29 DNA 包装马达通道是检测蛋白质最有效的方法，因为它有较大的尺寸，能够允许蛋白质直接通过。在最近的一项研究中，对三种不同的肽和一种未折叠的肽进行了 phi29 连接器马达通道易位实验（图 4.10）[35]。实验结果表明，三种多肽显示出不同的阻断电流信号，与普通电流信号相比，三种多肽产生的阻断电流值更大，可以作为每种多肽的特征性阻断信号，用于鉴别蛋白质。此外，噬菌体 phi29 DNA 包装马达已被用来探测特定的抗体。

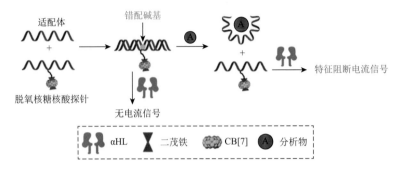

图 4.9　基于适配体的通用型纳米孔检测策略[34]

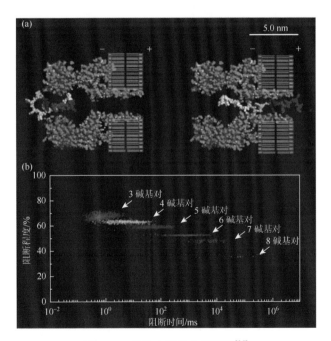

图 4.10　易位实验的分子模型[35]

3. 酶活性检测

纳米孔技术在蛋白酶的活性分析中同样表现不俗。在肿瘤发生及恶化的一系列过程中，蛋白酶由于对肿瘤的血管生成、入侵及转移等过程起到至关重要的作用而被单独列为一类标志物用于肿瘤的早期诊断。除此之外，肿瘤组织的酸性微环境也常被作为关键指标用于指示癌症的发生。尽管目前已有很多方法手段可以检测蛋白酶的浓度、活性以及肿瘤组织微环境的酸碱度，然而至今仍鲜有可同时检测这两种指标的有力手段。最近，Wu 课题组发现单链 DNA 末端修饰 N-末端苯丙氨酸的小肽后，苯丙氨酸可与葫芦脲[7]发生主客体作用而形成 DNA 探针。该探针穿越 α-HL 能够产生两种特征性的电流信号，并且这两种信号的比率具有 pH 依赖性。基于此原理，他们设计了具有双重响应功能的 DNA 探针用于同时检测蛋白酶的活性和肿瘤组织酸碱度（图 4.11）[36]。

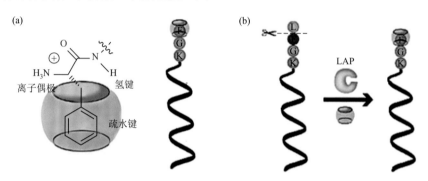

图 4.11　双响应 DNA 探针同时检测酶活性和 pH 值[36]

F：苯丙氨酸；G：甘氨酸；K：赖氨酸；L：亮氨酸；LAP：亮氨酸氨肽酶

　　Shang 等利用生物纳米孔实现了对 DNA 糖基化酶活性的高灵敏检测（图 4.12）[37]。基于 hOGG1 对损伤碱基 8-氧鸟嘌呤（8-oxoG）的特异性识别和切割，设计双链 DNA 底物探针，底物由两条局部互补配对的 DNA 杂交形成，其中一条链含有损伤碱基 8-氧鸟嘌呤（8-oxoG），3′端修饰生物素分子，通过生物素-链霉亲和素作用将该双链 DNA 固定在链霉亲和素磁珠表面，形成的双链 DNA-磁珠复合物作

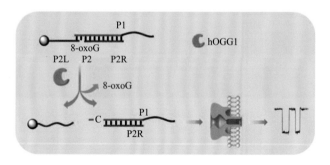

图 4.12　DNA 糖基化酶 hOGG1 活性的纳米孔检测[37]

P1、P2：寡核苷酸序列；P2L：双链 DNA 底物探针；P2R：输出 DNA 杂交链；8-oxoG：损伤碱基 8-氧鸟嘌呤；hOGG1：人-8 羟基鸟嘌呤 DNA 糖基化酶

为探针；DNA 糖基化酶 hOGG1 能够特异性识别并切除双链 DNA 底物中的 8-oxoG，从而切断 DNA 骨架，释放缩短的自由杂交链；利用 α-HL 纳米孔检测该杂交链，从而对 hOGG1 活性进行定量分析，进一步可用于检测肿瘤细胞内源 DNA 糖基化酶的活性。该方法无需标记和信号扩增就能实现 DNA 糖基化酶活性的高灵敏检测，同时该检测原理和方法能够用于对其他修复酶、糖基化酶的分析。

在 Zhou 等的研究中[38]，间接检测胰蛋白酶也是通过检测蛋白水解产物的特征阻断电流信号实现的（图 4.13）。胰蛋白酶催化裂解多肽在带有正电荷的氨基酸残基上直接发生。没有胰蛋白酶的情况下，肽底物易位产生一个特征阻断电流信号。胰蛋白酶存在时，能够导致肽底物分解成两个片段。因此，加入胰蛋白酶会产生两种新的阻断事件，阻断时间更短，信号的频率更小。新产生的信号频率随测量时间的延长和胰蛋白酶浓度的增大而增加（图 4.13）。在另一项研究中，采用类似的方法检测了肾素蛋白酶水解产物在血清蛋白基质中的活性[39]。通过观察蛋白酶水解产物在 α-HL 纳米孔中易位时产生的阻断电流信号，实现了对蛋白酶活性的测定（图 4.14）。

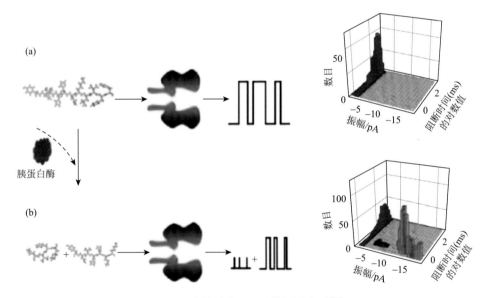

图 4.13　生物纳米孔用于检测蛋白质[38]

4. 金属离子检测

由于金属离子的尺寸远远小于纳米孔的内径，无法直接进行纳米孔检测。但是通过改造纳米孔或设计特异性的探针，可实现离子的纳米孔传感分析。2000 年，Braha 课题组通过基因工程手段在 α-HL 纳米孔内部引入四个组氨酸突变，组氨酸侧链的咪唑基可与多种二价金属离子如锌离子 Zn（Ⅱ）、镉离子 Cd（Ⅱ）、钴离子 Co（Ⅱ）等发生作用，由于咪唑基与不同离子的络合能力不同，因而进行纳米孔实验时能够产生不同的特征性阻断电流信号，从而首次实现了多种金属离子的同时检测[40]。2011 年，Wen 等设计了富含胸腺嘧啶（T）的特定序列 DNA 作为分子探针，当二价汞离子（Hg^{2+}）存在时，DNA 探针由于 $T\text{-}Hg^{2+}\text{-}T$ 的键合作用可形成发夹结构，该结构穿过 α-HL 纳米孔时产生特殊的阻断电流信号，其阻断时间明显长于单链 DNA 的阻断时间（图 4.15），利用该差别即可实现对 Hg^{2+} 的快速分析检测[41]。采用类似的策略，铅离子（Pb^{2+}）可与富含鸟嘌呤（G）的 DNA 形成稳定的 G-四联体，钡离子（Ba^{2+}）也有类似效应，但与 G-四联体所形成络合物的稳定性比铅离子络合物差，因此两种络合物穿越 α-HL 纳米孔的阻断时间不同，基于此即可实现两种金属离子的同时检测[42]。这种基于金属离子与碱基相互作用的纳米孔分析方法，可拓展到其他任何与 DNA 有相互作用的分子和离子的研究中。

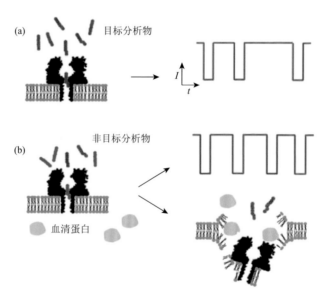

图 4.14　酶解产物的活性检测[39]

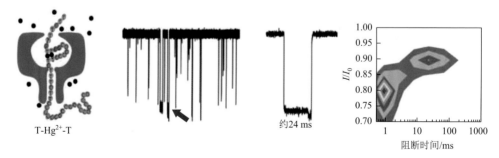

图 4.15　利用 α-HL 纳米孔检测 Hg^{2+}[41]

T：胸腺嘧啶；I/I_0：阻断程度

Liu 等利用 α-HL 纳米孔实现了二价铜离子（Cu^{2+}）的灵敏、简单、快速检测（图 4.16）[43]。作者设计了两条单链 DNA（ssDNAs）作为底物探针，在其中一条 DNA 的中间修饰叠氮，在另外一条链的末端修饰炔基。Cu^{2+} 和抗坏血酸钠存在时催化叠氮和炔基发生点击反应，从而使两条 DNA 连接形成具有分支结构的 DNA。该 DNA 进入 α-HL 纳米孔后，由于分支结构的存在，能够产生高度特征性的阻断电流信号，电流信号的频率与 Cu^{2+} 的浓度呈正相关，从而实现对 Cu^{2+} 的检测。不仅如此，基于纳米孔平台和设计的 DNA 底物探针，还可在单分子水平实现对点击反应的实时监测。

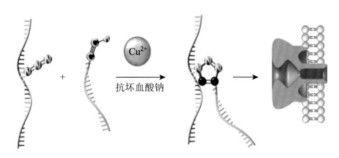

图 4.16　基于纳米孔的 Cu^{2+} 检测[43]

5. 有机小分子检测

生物纳米孔的直径与有机小分子的尺寸不匹配，因此利用生物孔直接检测有机小分子具有较大的挑战性。针对这一问题，研究者通过在纳米孔道中引入分子适配器，利用适配器与分子之间的特异性相互作用，使有机小分子的检测成为可能。适配器通常为环状分子，可在纳米孔的内部与孔壁以非共价键方式连接，成为纳米孔与小分子之间相互作用的媒介。1999 年，Bayley 课题组首次利用 α-HL 纳米孔实现了对金刚烷的检测[44]，作者引入与纳米孔直径相匹配的分子适配器 β-环糊精，β-环糊精在纳米孔内的停留长达数十毫秒，为监测金刚烷与环糊精的相互作用提供了合适的空间和足够的时间。除 β-环糊精外，其他一些环状分子如葫芦脲也可用作适配器。最近一项研究中，用葫芦脲[6]作为载体而不是适配器检测有机小分子。与 β-环糊精类似，通过适配器与分子之间的特异性相互作用实现有机分子的检测[45]。

6. 光学纳米孔成像

纳米孔分析技术通过单分子水平的电流信号提供分子的大小、结构、电荷等信息，而光谱技术能够实时监测分子的结构信息，为纳米孔数据提供强有力的信息支持。目前单个纳米孔测序的效率并不高，为满足高速纳米孔测序的要求，发展一个超高通量的纳米孔测序阵列将具有重要的意义。目前基于膜片钳的电测量手段在成本和技术等方面还难以实现高通量测量。最近 Huang 课题组开发了具有通量优势的光学纳米孔成像技术[46]，并成功用于核酸的识别（图 4.17）。该纳米孔阵列具有每平方毫米 10^4 个纳米孔的密度，能够达到等效于 pA 级别的检测精度，可以实现 DNA 和 miRNA 序列的定性识别。不仅如此，该阵列还可做成具有 2500 个磷脂膜的纳米孔检测芯片，实现多种复杂生物样品的高通量、高速、多样品的单分子纳米孔测量。

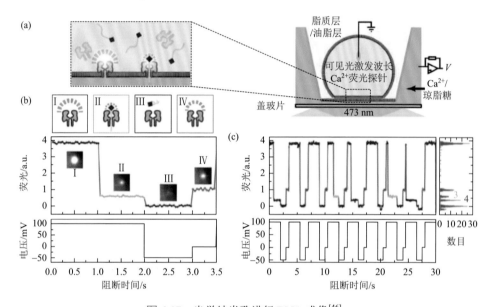

图 4.17　光学纳米孔进行 DNA 成像[46]

（c）图中的 3 和 4 代表两种不同序列的 DNA 混合在纳米孔中荧光成像。数字 3：青色，设计的序列命名 X5，3 级阻断电流直方图。数字 4：蓝色，代表序列 C40，4 级阻断电流直方图（4 处有重合的迹象，但 4 突出了一部分）

4.2　固体纳米孔的种类及应用研究进展

固体纳米孔因其尺寸可控、耐受性好、稳定性高、易于修饰等优点，已被广泛用于 DNA 测序以及生物分子的传感分析领域。根据制备材料的不同，固体孔主要分为以下几种。

4.2.1　氮化硅

2001 年，Li 等研究人员第一次利用离子束雕刻法在氮化硅（Si_3N_4）薄膜上制备出单个直径约为 1.8 nm 的固体纳米孔道[47]，并应用于 DNA 分子检测，打开了固体纳米孔技术的大门。氮化硅纳米孔因具有化学稳定性好、结构致密、介电常数大、呈疏水性等优良特性，已被广泛用于 DNA[48]和 miRNA 识别[49, 50]、修饰碱基区分[51]、蛋白质过孔行为分析[52]、蛋白质-DNA 复合物过孔动力学研究[53]以及核小体亚结构分析[54]。最近，Lin 等可控制备了直径小于 2 nm 的 SiN_x 纳米孔道，并研究了 DNA 发夹结构在纳米孔道中的特征性解链信号[55]，发现该固体孔的灵敏度可与 α-溶血素媲美。Dekker 课题组利用 SiN 纳米孔进行了 DNA 易位的动力学研究[56]，将已知位置带有标记（即短寡核苷酸突出）的线性 dsDNA 分子进行了易位实验，通过监测 DNA 穿过纳米孔时标记的相对位置，可以确定 DNA 的易位速度（图 4.18）。

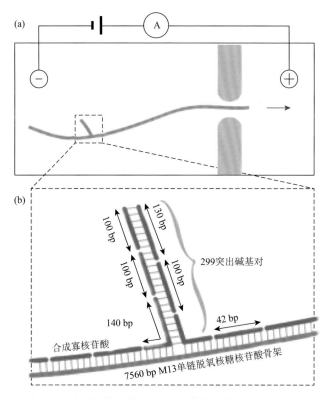

图 4.18　（a）合成的 DNA 穿过固体孔的示意图，其中包含突出部分；（b）突出部分的放大示意图[56]

bp：碱基对

2016 年，Dekker 课题组[57]利用制备的 SiN 纳米孔道进行 DNA 拓扑结构的研究，根据 DNA 穿过纳米孔时产生的阻断电流信号的特征，识别任意长度的线性或环状 DNA 内部的节点，实现了普通 ssDNA 和打结 ssDNA、环状 DNA 和打结环状 DNA 的高灵敏分辨，为研究长链复杂 DNA 的拓扑结构开拓了新思路（图 4.19）。Hall 等利用固体孔实现了修饰的短 dsDNA 分子的精确区分和定量，证明事件频率与 DNA-蛋白质复合物的浓度直接相关，并且可以进行分子定量[58]。用高亲和性的单价链霉亲和素蛋白（MS）作为标签标记生物素化的含有 90 个碱基对的 dsDNA（bio90），分别进行 MS、bio90、MS 和 bio90 混合物的易位实验。仅 MS 或 bio90 存在时，易位频率相对较低。当两者结合形成复合物时，由于 MS-bio90 复合物的转运速度降低，事件频率显著增加。利用这种方法可以通过分析易位频率获得生物素化 DNA 和未修饰的 DNA 混合物中的生物素化 DNA 的浓度（图 4.20）。

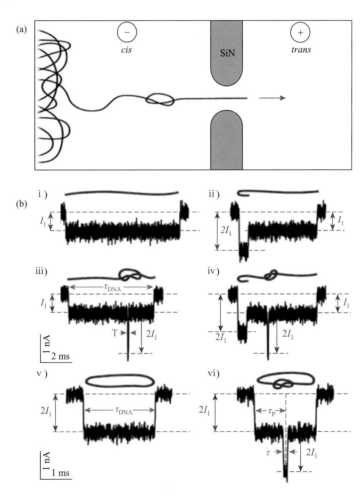

图 4.19　(a) 固体孔检测带结点的 DNA 分子的原理图；(b) 六种结构的 λDNA 穿过 10 nm 固体孔的阻断电流信号[57]

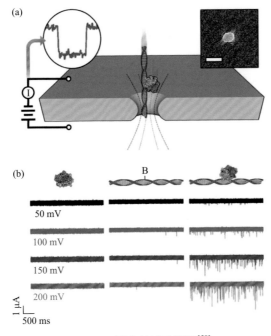

图 4.20　固态纳米孔测量[58]

（a）实验示意图；（b）单独的 MS（左），单独的 bio90（中）以及 MS 和 bio90 的
混合物（8∶1）（右）在一定电压范围内的电流轨迹图

4.2.2　二维材料

　　二维纳米材料不仅厚度小，而且机械强度高，是制备固态纳米孔的理想材料。典型的二维材料主要包括石墨烯、二硫化钼、氮化硼等。石墨烯是一种由碳原子构成的单层片状结构材料[59, 60]，单层石墨烯的厚度仅为 0.335 nm，与 ssDNA 相邻碱基间的距离（0.32～0.52 nm）相当，因此成为纳米孔测序技术的热点材料。2010 年，Garaj 等[61]首次实现了石墨烯纳米孔对 DNA 分子的检测。随后 Dekker 课题组[62]和 Drndic 课题组[63]相继进行了 DNA 分子通过石墨烯纳米孔的实验，发现通过石墨烯纳米孔的离子电流基底噪声较大，使用原子层沉积技术在石墨烯纳米孔表面沉积氧化钛能够有效地提高检测的信噪比。前期研究中发现，DNA 在纳米孔内的移位速度太快，高达 10～100 个碱基/μs[64]，导致碱基识别的不准确性大大增加。为了降低 DNA 的迁移速度，许多研究组做出了大量有意义的工作，如增加溶液的黏度系数或降低温度[65]、改变溶剂的黏度[65]或离子类型[66]、改变石墨烯纳米孔表面的电荷性质[67]等，这些工作为石墨烯纳米孔测序打下了坚实的基础。

　　除了降低 DNA 在石墨烯纳米孔内的迁移速度，很多研究者另辟蹊径，探索纳米孔测序的新途径。最近，Heerema 等制备出短而窄的石墨烯纳米带（30 nm×30 nm），纳米带上包含一直径 5 nm 的纳米孔，作者通过分析 DNA 分子在纳米孔中产生的平面电流信号（非传统的离子电流），对 DNA 穿过石墨烯纳米孔的行为进行研究（图 4.21）[68]。基于平面电流信号的分析能够获得较大范围的电流信号，促进高带宽检测的实现，从而克服传统方法中因带宽过低而难以捕捉到电流信号的弊端。

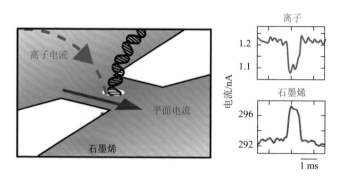

图 4.21　基于石墨烯纳米孔的平面电流信号研究 DNA 的过孔行为[68]

Wei 课题组通过石墨烯纳米孔对离子电流的测量研究了蛋白质的折叠状态[69]。全原子分子动力学（MD）模拟表明，蛋白质的展开会降低纳米孔的离子电流，这种作用源于蛋白质附近离子迁移率的降低。理论模型表明，尽管蛋白质折叠和未折叠状的方向和构象存在异质性，但是折叠和未折叠的转变产生的离子电流变化是可检测的。通过分析毫秒级的多个蛋白质转变的全原子 MD 模拟，纳米孔离子电流记录可以实时检测折叠和未折叠的转变，并报告折叠中间体的结构（图 4.22）。

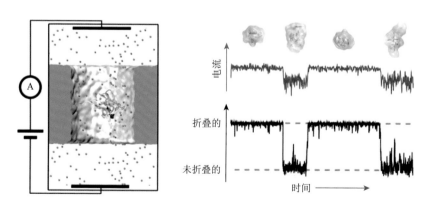

图 4.22　纳米孔检测蛋白质折叠状态的原理图[69]

另外，氮化硼和二硫化钼等新兴二维材料也相继被开发。Yu 课题组[70]首先使用聚焦电子束在氮化硼薄膜上制备出直径 5 nm 的纳米孔，并用于富含二级结构的 λDNA 的检测，表现出比 SiN 纳米孔更高的灵敏度，空间分辨率甚至可以与石墨烯纳米孔相媲美。Liu 等在二硫化钼薄膜上制备出直径 5 nm 的纳米孔，并用于分析多种类型不同长度和构象的 dsDNA 分子，表现出比传统 SiN_x 纳米孔（厚度数十纳米）更高的灵敏度[71]。进一步，Feng 等在具有原子级厚度的单层二硫化钼薄膜上制备出直径 2.8 nm 的纳米孔，利用基于室温离子液体的黏度梯度系统控制 DNA 在纳米孔内的迁移速度，从而实现了对 4 种核苷酸 poly(dA)$_{30}$、poly(dC)$_{30}$、poly(dG)$_{30}$ 和 poly(dT)$_{30}$ 的识别和区分（图 4.23）[72]。这些二维材料在生物分子识别方面表现出相当高的检测精度。

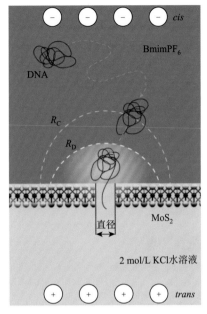

图 4.23　二硫化钼纳米孔识别不同核苷酸[72]

BmimPF$_6$: 1-丁基-3-甲基咪唑六氟磷酸盐；
R_C: 捕获半径；R_D: 牵引半径

4.2.3　氧化铝

对铝基材料进行阳极氧化处理，即将铝片置于酸性电解液中，控制一定的电流、电压条件使其电解，可在表面形成氧化铝多孔薄膜。通过改变电解液的种类、温度、浓度、氧化时间及电压等条件，可以调节多孔氧化铝通道的直径。具有纳米孔道阵列的氧化铝可通过修饰功能分子模拟生物系统，用于小分子、有机大分子、核酸和蛋白质等的检测[73-75]。Gao 等以阳极氧化铝（AAO）为模板，在限域空间下微纳米孔道内修饰了分散的金纳米颗粒，功能化的金纳米颗粒表面与其未覆盖的孔道表面形成了两个性质迥异的界面，产生"双面神"结构环，利用该结构环成功实现了对链状 DNA 分子的单碱基错配的区分[76]。最近，Xia 课题组利用电子束蒸发技术在阳极氧化铝纳米孔上喷镀金和钛，进行区域化（孔道内壁、孔道表面、孔道内壁与表面）组装 DNA 功能分子，构建了 ATP 响应性的纳米孔道，通过测量跨膜离子电流和电解电流信号，系统研究了不同区域功能分子对离子门控的贡献（图 4.24）[77]，结果表明，孔道内壁的功能分子是门控效应的主导者，表面功能分子可以产生协同增强的门控效应，这为利用纳米孔道开展跨膜离子传输及限阈空间电化学等研究提供了新思路。

(a)

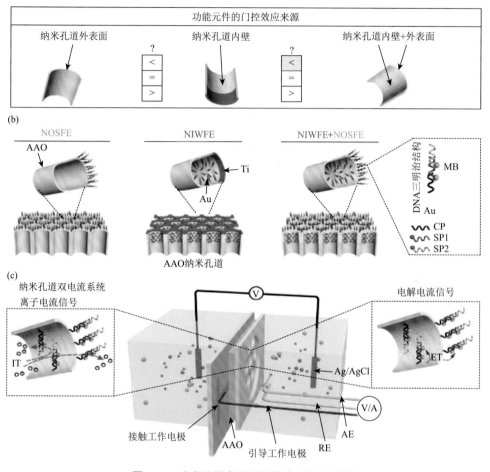

图 4.24 纳米孔道离子门控效应研究示意图

（a）与离子门控效率相关的纳米孔道功能区域图解；（b）DNA 功能化元件组装于 AAO 纳米孔道的不同区域；
（c）纳米孔道的双电流检测示意图[77]

NIWFE：纳米孔道内壁功能元件；AAO：阳极氧化铝；MB：磁珠；CP：捕获探针；SP：信号探针；IT：离子传
输；ET：电子传输；AE：参比电极；RE：辅助电极；NOSFE：纳米孔道外表面功能元件

另外，通过调整纳米孔的表面性质，能够增强蛋白质分子与孔壁之间的相互作用，从而实现蛋白质的检测。Wang 等报道了利用 Al_2O_3 修饰的纳米孔检测牛血清白蛋白（BSA）[78]。在 PET 锥形纳米孔表面沉积 Al_2O_3 原子层可以缩小孔径并使纳米孔表面带正电荷。由于羧酸基团的存在，裸 PET 膜表面带负电荷。另一方面，Al_2O_3 表面在中性 pH 条件下带正电，因此 Al_2O_3 包覆的纳米孔壁表面带正电荷，对带负电荷的 BSA 分子吸引力较弱。这种微弱的静电引力有效降低了 BSA 分子的易位速度，并观察到 BSA 易位时清晰可辨的时间信号（图 4.25）。

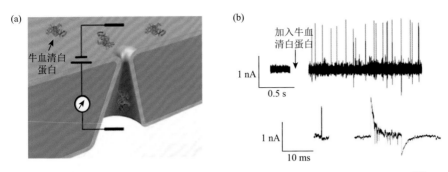

图 4.25　纳米孔检测牛血清白蛋白：（a）BSA 通过涂有 Al_2O_3 的锥形纳米通道[78]；
（b）在锥形纳米通道尖端加入 BSA 前后的电流轨迹图

4.2.4　聚合物薄膜

　　聚合物纳米孔道不仅具有良好的机械性能、化学稳定性、生物兼容性，并且易于修饰响应性介质，因此常被用来构建各种离子整流器件和生物传感器。常用的聚合物材料包括聚对苯二甲酸乙二醇酯（PET）、聚酰亚胺（PI）和聚碳酸酯（PC）。径迹刻蚀技术适用于多种聚合物材质，是一种经典的制备纳米孔道的技术。首先利用高能重离子辐照穿透聚合物膜产生潜在径迹，即局部受损的区域，然后经过化学刻蚀，在潜在径迹处即可得到纳米孔，纳米孔的几何形貌受刻蚀条件的控制，通过控制实验条件，可得到圆柱形、锥形和双锥形等不同形状的纳米孔[79]。

　　Jiang 课题组通过调整腐蚀液与阻蚀液的比例、离子轰击强度以及引导电流和刻蚀温度、刻蚀时间等条件，在 PI 和 PET 等高分子薄膜上制备出形貌不同的多种纳米孔道[80]，进一步进行功能化修饰，建立了钾离子[81]、锌离子[82]、汞离子[83]等多种金属离子驱动的仿生人工智能纳米通道平台。Ali 等将铁-三联吡啶配合物共价修饰于 PET 纳米孔道的内表面，基于金属离子和乳清蛋白之间的特异性相互作用，实现了对乳铁蛋白的高特异、高灵敏检测（图 4.26）[84]。Xia 课题组设计

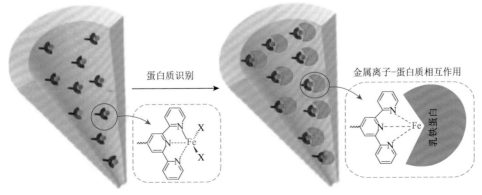

图 4.26　聚合物纳米孔内修饰铁-三联吡啶配合物用于生物分子的检测[84]

制备了具有信号放大机制的 DNA 超级三明治结构，并将其修饰于 PET 纳米孔道内部，构筑了可以同时检测核酸和小分子的双检测平台，目标 DNA 的检测限达 10 fmol/L，小分子 ATP 的检测限达 1 nmol/L（图 4.27），而且能够满足多组分混合物和复杂生物样本的检测需求[85]。

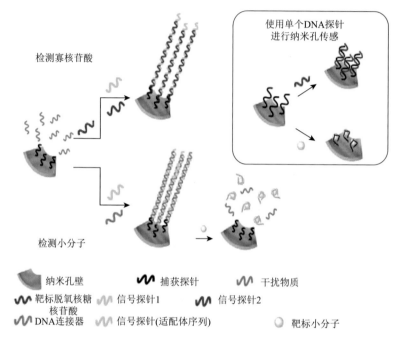

图 4.27　基于 DNA 超级三明治结构的固体纳米孔传感器用于 DNA 和 ATP 的同时检测[85]

4.2.5　玻璃毛细管

以玻璃毛细管为固体基质，利用激光拉制技术可以加工出直径介于几纳米到几百纳米的纳米孔道，通过改变加热温度、时间、拉力等参数能够调控孔道直径。2010 年 Keyser 课题组首次制备出直径 45 nm 的玻璃毛细管，并以天然 λDNA 为模型研究了 dsDNA 在玻璃纳米孔道内的折叠状态[86]。随后该课题组又利用玻璃纳米孔实现了多种未标记的蛋白质（14～465 kDa）的检测（图 4.28），如溶菌酶、抗生物素蛋白、免疫球蛋白、牛血清白蛋白等[87]，并首次展示了哺乳动物朊蛋白的固体纳米孔检测结果。Chen 等在长链 DNA 内部的特定位置标记链霉亲和素，使得 DNA 分子穿过玻璃纳米孔时能够产生特征性的阻断电流信号，从而确定 DNA 内部的特定序列元件的位置[88]。Edel 课题组制备了直径约 16 nm 的玻璃纳米孔道，基于天然 λDNA 的特殊结构引入核酸适配体从而形成 DNA 载体探针，实现了人血清中三种蛋白质的同时检测[89]。Tiwari 等在玻璃纳米孔内壁修饰带负电的神经球蛋白（hNgb），hNgb 能够与带正电的细胞色素 c 发生反应引起电流的变化，从而研究蛋白质间的相互作用[90]。Kong 等[91]利用 DNA 适配体和玻璃纳米孔进行特异性生物传感，通过利用特定 DNA 适配体的两步测定法（图 4.29），扩展了基于纳米孔-DNA 载体的方法的适用范围。信号转换步骤允许在纳米孔测量之前在生理条件下结合靶标。使用蛋白质编码的 DNA 载体，证明可以同时检测分子量跨越几个数量级的三个靶标。

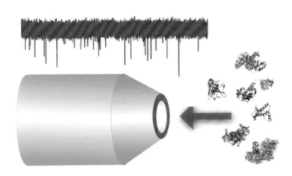

图 4.28　玻璃纳米孔检测蛋白质[87]

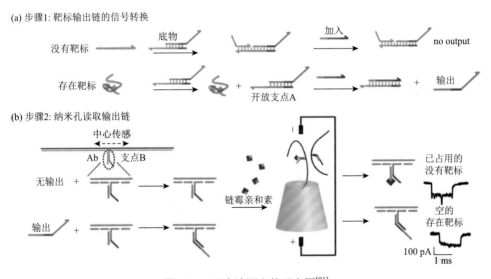

图 4.29　两步法测定的示意图[91]

　　最近，Long 课题组突破纳米孔道的传统概念，利用锥形石英纳米孔进行了一系列开创性的研究工作。将"电荷传递过程"限域在单个纳米孔道内，构建了单个"双极电活性纳米孔道界面"[92]。发展了"电化学-化学"制备策略，简单快速地制备 30～200 nm 尺寸可控的限域纳米孔电极（图 4.30），实现了在混合纳米颗粒溶液中测量单个纳米颗粒的动态相互作用信息[93]。进一步将电活性基团引入纳米孔电极的尖端，建立了纳米孔电极孔尖离子流增强机制，将细胞内还原型辅酶

Ⅰ（NADH）电子传递过程的微弱法拉第电流转化为纳米孔道孔尖电荷密度的实时变化过程，获得了极易分辨的离子流增强时序信号，从而增强纳米电化学测量的灵敏度及空间分辨能力（图 4.31）[94]，为在单细胞水平揭示单个氧化还原代谢分子及信号分子的作用机制提供了新方法。

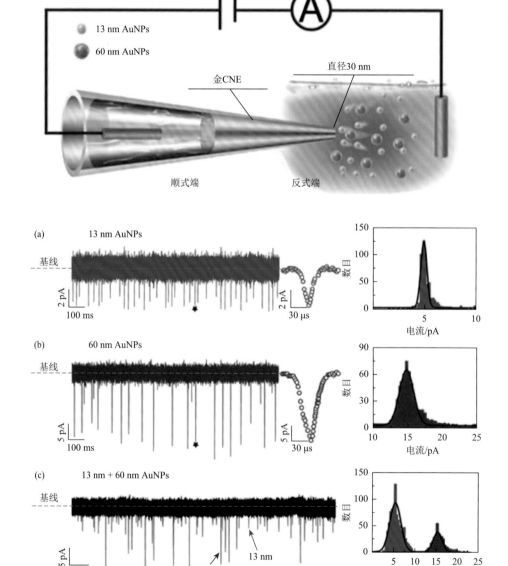

图 4.30　基于锥形固体孔构建无线限域纳米孔电极[93]

AuNPs：金纳米颗粒；gold CNE：无线限域纳米孔金电极

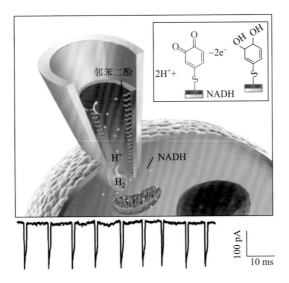

图 **4.31**　不对称纳米孔电极监测活细胞内的电荷传递过程[94]

NADH：还原型辅酶Ⅰ

4.3　展望

纳米孔分析技术已广泛应用于 DNA 测序及单分子水平传感分析，且应用领域正在不断拓宽。然而，目前该技术仍然主要用于体外分析，将其用于细胞内的研究才刚刚起步。随着孔道材料的快速发展、仪器设备的不断改进以及数据处理程序的不断优化，纳米孔将在细胞内甚至活体的原位研究中发挥重要的作用。这不仅将推动基础研究的深入发展，还有望用于重大疾病预警与诊断以及个性化医疗等领域。

纳米孔与其他技术的交叉融合已经出现并发挥出明显优势。将纳米孔电化学分析技术与光谱技术相结合，可同时获取电化学和光谱信号，纳米孔数据能够揭示待分析物的尺寸、结构、电荷等信息，光学信号可以反映待测物的理化性质，二者相互补充，为分析物的研究提供更强有力的工具。目前，纳米孔与单分子荧光相结合、纳米孔与暗场显微成像相结合的工作已有报道，相信未来会有更多的技术进入纳米孔领域，以构建更加完善的单分子检测平台，获得多重单分子行为信息，从而实现多层次、多角度地对待测物进行实时、动态、原位分析研究。

郝冬梅　郑向江

参 考 文 献

[1] Kasianowicz J J，Brandin E，Branton D，et al. Characterization of individual polynucleotide molecules using a membrane channel. Proc Natl Acad Sci U S A，1996，93（24）：13770-13773.

[2] Branton D，Deamer D W，Marziali A，et al. The potential and challenges of nanopore sequencing. Nat Biotechnol，2008，26（10）：1146-1153.

[3] Stefureac R，Long Y T，Kraatz H B，et al. Transport of alpha-helical peptides through alpha-hemolysin and aerolysin pores. Biochemistry，2006，45（30）：9172-9179.

[4] Butler T Z，Pavlenok M，Derrington I M，et al. Single-molecule DNA detection with an engineered MspA protein nanopore. Proc Natl Acad Sci U S A，2008，105（52）：20647-20652.

[5] Wendell D，Jing P，Geng J，et al. Translocation of double-stranded DNA through membrane-adapted phi29 motor protein nanopores. Nat Nanotechnol，2009，4（11）：765-772.

[6] Dgany O，Gonzalez A，Sofer O，et al. The structural basis of the thermostability of SP1，a novel plant（Populus tremula）boiling stable protein. J Biol Chem，2004，279（49）：51516-51523.

[7] Wang H Y，Ying Y L，Li Y，et al. Peering into biological nanopore：a practical technology to single-molecule analysis. Chem Asian J，2010，5（9）：1952-1961.

[8] Iacovache I，Paumard P，Scheib H，et al. A rivet model for channel formation by aerolysin-like pore-forming toxins. EMBO J，2006，25（3）：457-466.

[9] Song L，Hobaugh M R，Shustak C，et al. Structure of staphylococcal alpha-hemolysin，a heptameric transmembrane pore. Science，1996，274（5294）：1859-1866.

[10] Degiacomi M T，Iacovache I，Pernot L，et al. Molecular assembly of the aerolysin pore reveals a swirling membrane-insertion mechanism. Nat Chem Biol，2013，9（10）：623-629.

[11] Pastoriza-Gallego M，Rabah L，Gibrat G，et al. Dynamics of unfolded protein transport through an aerolysin pore. J Am Chem Soc，2011，133（9）：2923-2931.

[12] Merstorf C，Cressiot B，Pastoriza-Gallego M，et al. Wild type，mutant protein unfolding and phase transition detected by single-nanopore recording. ACS Chem Biol，2012，7（4）：652-658.

[13] Cressiot B，Braselmann E，Oukhaled A，et al. Dynamics and energy contributions for transport of unfolded pertactin through a protein nanopore. ACS Nano，2015，9（9）：9050-9061.

[14] Derrington I M，Butler T Z，Collins M D，et al. Nanopore DNA sequencing with MspA. Proc Natl Acad Sci U S A，2010，107（37）：16060-16065.

[15] Guasch A，Pous J，Ibarra B，et al. Detailed architecture of a DNA translocating machine：the high-resolution structure of the bacteriophage phi29 connector particle. J Mol Biol，2002，315（4）：663-676.

[16] Ayub M，Stoddart D，Bayley H. Nucleobase recognition by truncated alpha-hemolysin pores. ACS Nano，2015，9（8）：7895-7903.

[17] Cao C，Ying Y L，Hu Z L，et al. Discrimination of oligonucleotides of different lengths with a wild-type aerolysin nanopore. Nat Nanotechnol，2016，11：713-718.

[18] Sauer-Budge A F，Nyamwanda J A，Lubensky D K，et al. Unzipping kinetics of double-stranded DNA in a nanopore. Phys Rev Lett，2003，90（23）：238101.

[19] Bates M，Burns M，Meller A. Dynamics of DNA molecules in a membrane channel probed by active control techniques. Biophys J，2003，84（4）：2366-2372.

[20] Wang Y，Zheng D，Tan Q，et al. Nanopore-based detection of circulating microRNAs in lung cancer patients. Nat

Nanotechnol，2011，6（10）：668-674.

[21] Xi D，Shang J，Fan E，et al. Nanopore-based selective discrimination of microRNAs with single-nucleotide difference using locked nucleic acid-modified probes. Anal Chem，2016，88（21）：10540-10546.

[22] Tian K，Decker K，Aksimentiev A，et al. Interference-free detection of genetic biomarkers using synthetic dipole-facilitated nanopore dielectrophoresis. ACS Nano，2017，11（2）：1204-1213.

[23] Movileanu L，Schmittschmitt J P，Scholtz J M，et al. Interactions of peptides with a protein pore. Biophys J，2005，89（2）：1030-1045.

[24] Mohammad M M，Prakash S，Matouschek A，et al. Controlling a single protein in a nanopore through electrostatic traps. J Am Chem Soc，2008，130（12）：4081-4088.

[25] Wolfe A J，Mohammad M M，Cheley S，et al. Catalyzing the translocation of polypeptides through attractive interactions. J Am Chem Soc，2007，129（45）：14034-14041.

[26] Wang H Y，Ying Y L，Li Y，et al. Nanopore analysis of beta-amyloid peptide aggregation transition induced by small molecules. Anal Chem，2011，83（5）：1746-1752.

[27] Wang H Y，Gu Z，Cao C，et al. Analysis of a single alpha-synuclein fibrillation by the interaction with a protein nanopore. Anal Chem，2013，85（17）：8254-8261.

[28] Rodriguez-Larrea D，Bayley H. Multistep protein unfolding during nanopore translocation. Nat Nanotechnol，2013，8（4）：288-295.

[29] Rosen C B，Rodriguez-Larrea D，Bayley H. Single-molecule site-specific detection of protein phosphorylation with a nanopore. Nat Biotechnol，2014，32（2）：179-181.

[30] Soskine M，Biesemans A，De Maeyer M，et al. Tuning the size and properties of ClyA nanopores assisted by directed evolution. J Am Chem Soc，2013，135（36）：13456-13463.

[31] Fahie M，Chisholm C，Chen M. Resolved single-molecule detection of individual species within a mixture of anti-biotin antibodies using an engineered monomeric nanopore. ACS Nano，2015，9（2）：1089-1098.

[32] Zhang X，Xu X，Yang Z，et al. Mimicking ribosomal unfolding of RNA pseudoknot in a protein channel. J Am Chem Soc，2015，137（50）：15742-15752.

[33] Zhang L，Zhang K，Liu G，et al. Label-free nanopore proximity bioassay for platelet-derived growth factor detection. Anal Chem，2015，87（11）：5677-5682.

[34] Li T，Liu L，Li Y，et al. A universal strategy for aptamer-based nanopore sensing through host-guest interactions inside alpha-hemolysin. Angew Chem Int Ed Engl，2015，54（26）：7568-7571.

[35] Rhee M，Burns M A. Nanopore sequencing technology：research trends and applications. Trends Biotechnol，2006，24（12）：580-586.

[36] Liu L，You Y，Zhou K，et al. A dual-response DNA probe for simultaneously monitoring enzymatic activity and environmental pH using a nanopore. Angew Chem Int Ed Engl，2019，58（42）：14929-14934.

[37] Shang J，Li Z，Liu L，et al. Label-free sensing of human 8-oxoguanine DNA glycosylase activity with a nanopore. ACS Sens，2018，3（2）：512-518.

[38] Zhou S，Wang L，Chen X，et al. Label-free nanopore single-molecule measurement of trypsin activity. ACS Sens，2016，1（5）：607-613.

[39] Kukwikila M，Howorka S. Nanopore-based electrical and label-free sensing of enzyme activity in blood serum. Anal Chem，2015，87（18）：9149-9154.

[40] Braha O，Gu L Q，Zhou L，et al. Simultaneous stochastic sensing of divalent metal ions. Nat Biotechnol，2000，18（9）：1005-1007.

[41] Wen S，Zeng T，Liu L，et al. Highly sensitive and selective DNA-based detection of mercury（Ⅱ）with alpha-hemolysin nanopore. J Am Chem Soc，2011，133（45）：18312-18317.

[42] Yang C，Liu L，Zeng T，et al. Highly sensitive simultaneous detection of lead（Ⅱ）and barium（Ⅱ）with G-quadruplex DNA in alpha-hemolysin nanopore. Anal Chem，2013，85（15）：7302-7307.

[43] Liu L，Fang Z，Zheng X，et al. Nanopore-based strategy for sensing of copper（Ⅱ）ion and real-time monitoring of a click reaction. ACS Sens，2019，4（5）：1323-1328.

[44] Gu L Q，Braha O，Conlan S，et al. Stochastic sensing of organic analytes by a pore-forming protein containing a molecular adapter. Nature，1999，398（6729）：686-690.

[45] Braha O，Webb J，Gu L Q，et al. Carriers versus adapters in stochastic sensing. Chemphyschem，2005，6（5）：889-892.

[46] Huang S，Romero-Ruiz M，Castell O K，et al. High-throughput optical sensing of nucleic acids in a nanopore array. Nat Nanotechnol，2015，10（11）：986-991.

[47] Li J，Stein D，Mcmullan C，et al. Ion-beam sculpting at nanometre length scales. Nature，2001，412（6843）：166-169.

[48] Hyun C，Kaur H，Rollings R，et al. Threading immobilized DNA molecules through a solid-state nanopore at ＞ 100 mus per base rate. ACS Nano，2013，7（7）：5892-5900.

[49] Li J，Gershow M，Stein D，et al. DNA molecules and configurations in a solid-state nanopore microscope. Nat Mater，2003，2（9）：611-615.

[50] Zahid O K，Wang F，Ruzicka J A，et al. Sequence-specific recognition of microRNAs and other short nucleic acids with solid-state nanopores. Nano Lett，2016，16（3）：2033-2039.

[51] Wang F，Zahid O K，Swain B E，et al. Solid-state nanopore analysis of diverse DNA base modifications using a modular enzymatic labeling process. Nano Lett，2017，17（11）：7110-7116.

[52] Plesa C，Kowalczyk S W，Zinsmeester R，et al. Fast translocation of proteins through solid state nanopores. Nano Lett，2013，13（2）：658-663.

[53] Spiering A，Getfert S，Sischka A，et al. Nanopore translocation dynamics of a single DNA-bound protein. Nano Lett，2011，11（7）：2978-2982.

[54] Soni G V，Dekker C. Detection of nucleosomal substructures using solid-state nanopores. Nano Lett，2012，12（6）：3180-3186.

[55] Lin Y，Shi X，Liu S C，et al. Characterization of DNA duplex unzipping through a sub-2 nm solid-state nanopore. Chem Commun（Camb），2017，53（25）：3539-3542.

[56] Plesa C，Van Loo N，Ketterer P，et al. Velocity of DNA during translocation through a solid-state nanopore. Nano Lett，2015，15（1）：732-737.

[57] Plesa C，Verschueren D，Pud S，et al. Direct observation of DNA knots using a solid-state nanopore. Nat Nanotechnol，2016，11（12）：1093-1097.

[58] Carlsen A T，Zahid O K，Ruzicka J A，et al. Selective detection and quantification of modified DNA with solid-state nanopores. Nano Lett，2014，14（10）：5488-5492.

[59] Novoselov K S，Geim A K，Morozov S V，et al. Electric field effect in atomically thin carbon films. Science，2004，306（5696）：666-669.

[60] Novoselov K S，Jiang D，Schedin F，et al. Two-dimensional atomic crystals. Proc Natl Acad Sci U S A，2005，102（30）：10451-10453.

[61] Garaj S，Hubbard W，Reina A，et al. Graphene as a subnanometre trans-electrode membrane. Nature，2010，

467（7312）：190-193.

[62] Schneider G F，Kowalczyk S W，Calado V E，et al. DNA translocation through graphene nanopores. Nano Lett，2010，10（8）：3163-3167.

[63] Merchant C A，Healy K，Wanunu M，et al. DNA translocation through graphene nanopores. Nano Lett，2010，10（8）：2915-2921.

[64] Heerema S J，Dekker C. Graphene nanodevices for DNA sequencing. Nat Nanotechnol，2016，11（2）：127-136.

[65] Fologea D，Uplinger J，Thomas B，et al. Slowing DNA translocation in a solid-state nanopore. Nano Lett，2005，5（9）：1734-1737.

[66] Kowalczyk S W，Wells D B，Aksimentiev A，et al. Slowing down DNA translocation through a nanopore in lithium chloride. Nano Lett，2012，12（2）：1038-1044.

[67] Fiori N D，Squires A，Bar D，et al. Optoelectronic control of surface charge and translocation dynamics in solid-state nanopores. Nature Nanotechnology，8（12）：946-951.

[68] Heerema S J，Vicarelli L，Pud S，et al. Probing DNA translocations with inplane current signals in a graphene nanoribbon with a nanopore. ACS Nano，2018，12（3）：2623-2633.

[69] Si W，Aksimentiev A. Nanopore sensing of protein folding. ACS Nano，2017，11（7）：7091-7100.

[70] Liu S，Lu B，Zhao Q，et al. Boron nitride nanopores: highly sensitive DNA single-molecule detectors. Adv Mater，2013，25（33）：4549-4554.

[71] Liu K，Feng J，Kis A，et al. Atomically thin molybdenum disulfide nanopores with high sensitivity for DNA translocation. ACS Nano，2014，8（3）：2504-2511.

[72] Feng J，Liu K，Bulushev R D，et al. Identification of single nucleotides in MoS$_2$ nanopores. Nat Nanotechnol，2015，10（12）：1070-1076.

[73] Venkatesan B M，Dorvel B，Yemenicioglu S，et al. Highly sensitive，mechanically stable nanopore sensors for DNA analysis. Adv Mater，2009，21（27）：2771.

[74] Espinoza-Castaneda M，De La Escosura-Muniz A，Chamorro A，et al. Nanochannel array device operating through Prussian blue nanoparticles for sensitive label-free immunodetection of a cancer biomarker. Biosens Bioelectron，2015，67：107-114.

[75] Venkatesan B M，Shah A B，Zuo J M，et al. DNA sensing using nano-crystalline surface enhanced Al$_2$O$_3$ nanopore sensors. Adv Funct Mater，2010，20（8）：1266-1275.

[76] Gao P，Hu L，Liu N，et al. Functional "Janus" annulus in confined channels. Adv Mater，2016，28（3）：460-465.

[77] Li X，Zhai T，Gao P，et al. Role of outer surface probes for regulating ion gating of nanochannels. Nat Commun，2018，9（1）：40.

[78] Wang C，Fu Q，Wang X，et al. Atomic layer deposition modified track-etched conical nanochannels for protein sensing. Anal Chem，2015，87（16）：8227-8233.

[79] Long Z，Zhan S，Gao P，et al. Recent advances in solid nanopore/channel analysis. Anal Chem，2018，90（1）：577-588.

[80] Hou X，Zhang H，Jiang L. Building bio-inspired artificial functional nanochannels: from symmetric to asymmetric modification. Angew Chem Int Ed Engl，2012，51（22）：5296-5307.

[81] Hou X，Guo W，Xia F，et al. A biomimetic potassium responsive nanochannel: G-quadruplex DNA conformational switching in a synthetic nanopore. J Am Chem Soc，2009，131（22）：7800-7805.

[82] Tian Y，Hou X，Wen L，et al. A biomimetic zinc activated ion channel. Chem Commun（Camb），2010，46（10）：1682-1684.

[83] Tian Y，Zhang Z，Wen L，et al. A biomimetic mercury（Ⅱ）-gated single nanochannel. Chem Commun（Camb），2013，49（91）：10679-10681.

[84] Ali M，Nasir S，Nguyen Q H，et al. Metal ion affinity-based biomolecular recognition and conjugation inside synthetic polymer nanopores modified with iron-terpyridine complexes. J Am Chem Soc，2011，133（43）：17307-17314.

[85] Liu N，Jiang Y，Zhou Y，et al. Two-way nanopore sensing of sequence-specific oligonucleotides and small-molecule targets in complex matrices using integrated DNA supersandwich structures. Angew Chem Int Ed Engl，2013，52（7）：2007-2011.

[86] Steinbock L J，Otto O，Chimerel C，et al. Detecting DNA folding with nanocapillaries. Nano Lett，2010，10（7）：2493-2497.

[87] Li W，Bell N A，Hernandez-Ainsa S，et al. Single protein molecule detection by glass nanopores. ACS Nano，2013，7（5）：4129-4134.

[88] Chen K，Juhasz M，Gularek F，et al. Ionic current-based mapping of short sequence motifs in single DNA molecules using solid-state nanopores. Nano Lett，2017，17（9）：5199-5205.

[89] Sze J Y Y，Ivanov A P，Cass A E G，et al. Single molecule multiplexed nanopore protein screening in human serum using aptamer modified DNA carriers. Nat Commun，2017，8（1）：1552.

[90] Tiwari P B，Astudillo L，Miksovska J，et al. Quantitative study of protein-protein interactions by quartz nanopipettes. Nanoscale，2014，6（17）：10255-10263.

[91] Kong J，Zhu J，Chen K，et al. Specific biosensing using DNA aptamers and nanopores. Advanced Functional Materials，2019，29（3）：1807555.

[92] Gao R，Lin Y，Ying Y L，et al. Dynamic self-assembly of homogenous microcyclic structures controlled by a silver-coated nanopore. Small，2017，13（25）：1700234.

[93] Gao R，Ying Y L，Li Y J，et al. A 30 nm nanopore electrode：facile fabrication and direct insights into the intrinsic feature of single nanoparticle collisions. Angew Chem Int Ed Engl，2018，57（4）：1011-1015.

[94] Ying Y L，Hu Y X，Gao R，et al. Asymmetric nanopore electrode-based amplification for electron transfer imaging in live cells. J Am Chem Soc，2018，140（16）：5385-5392.

第5章

基于微芯片构建的功能化微纳米材料在肿瘤标志物检测及肿瘤诊疗中的应用

生物功能化微尺度/纳米颗粒的功能取决于复合的材料组成和精细结构的相互协同作用，但是如何实现在微纳尺度空间上，同时且精确地实现多种材料组成和精细结构的可控制备，目前仍是功能化微尺度/纳米材料所面临的一个重要挑战。微流控芯片（microfluidics chip）基于微加工技术制备而成，可以在一个芯片上集成多个组件和功能单元，包括采样、合成、测试和数据采集等模块，既可以自动分析复杂的生物样本，也可以构建靶向药物治疗模型。相比于常规制备方法，它还具有成本低、可移植、微环境稳定、反应进程可控和高通量等显著优势。目前微流控芯片在癌症早期检测、药物和基因传递、微纳颗粒和药物载体合成、细胞分析、组织工程等多个领域均有应用。本章综述了基于微流控芯片构建功能化微纳米材料并应用于肿瘤标志物检测及肿瘤诊疗的研究新进展，重点介绍了两个方面的应用进展：①微流控技术在癌症液体活检应用中针对三种肿瘤标志物的捕获、检测和分析；②基于微流控芯片的功能化微纳米材料构建及其作为靶向药物载体在肿瘤诊疗中应用。其为相关领域的研究者在微纳功能化材料的结构扩展创新、液体活检技术临床化、肿瘤诊疗一体化及靶向药物制备技术规模化等方面提供研究参考和支持。

5.1 微流控技术

5.1.1 微流控技术概述

微流控（microfluidics）是一种在微米和亚微米空间尺度上操纵流体的技术，微流控芯片是在一块微米尺度的芯片平台上实现微流体操纵的微流控装置。由于微流控芯片能在小区域内实现大多数生物和化学实验室的基本功能，相当于一个缩小化的实验室，所以又被称为芯片实验室（lab on chip，LOC）。相比于传统的分析工具和方法，微流控具有显著的特征和优势：①微型化和集成化。不仅能够使分析仪器小型化，并且能实现单一芯片上的多功能分析。②芯片具有微尺度通道，不仅试剂消耗量少，成本低，更重要的是，物质交换快，反应效率高，响应快。③可实现高灵敏度和高分辨率的分析。鉴于微流控芯片的显著特征，并且已在科学研究和实际应用中发挥了重要的作用，因而越来越多的研究者投入到微流控的研究中，并将其广泛应用于生物、化学、医学、环境等多个领域。

目前用来制作微流控芯片的材料有硅、玻璃、石英和有机聚合物等。其中硅是最早用于制作微流控芯片的材料，其具有很强的化学惰性，不易与其他物质发生反应，且耐热性好，在高温下加工不易变形和变质。但是硅的价格偏高，而且易碎，增加了芯片的加工成本，并且硅的光学性能差，易导电，因此在实际使用中受到了诸多限制。相比之下，玻璃成本低且容易加工，光学性能出色，易于进行表面修饰，化学惰性强，是理想的芯片材料。鉴于石英的价格较为昂贵，一般有特殊检测需求时才会使用。有机聚合物加工成型方便，成本较为低廉，适合大批量制作，聚二甲基硅氧烷（PDMS）就是目前代表性的有机聚合物材料。作为最常用的芯片加工材料之一，PDMS 具有廉价耐用、易于加工、透光透气等优点，并且生物兼容性好，能够进行多种表面修饰，因此被广泛采用。

早期微流控芯片的制备方法主要是基于微纳加工工艺，大多采用了半导体加工领域中常见的光刻、刻蚀、化学腐蚀、去膜、金属溅射等技术[1, 2]，将微流控通道和微阀微泵等功能结构加工在硅片或者玻璃为衬底的材料上[3, 4]。随着微流控技术的发展，各种新材料以及新加工技术不断涌现，其中多种聚合物材料逐渐代替硅和玻璃成为微流控芯片的主要基底材料。目前微流控芯片最常采用的制备方法包括软刻蚀[5]、激光加工[6]、微纳米压印[7]、注塑翻模[8]和 3D 打印等技术。

随着微流控技术的不断发展，研究者们对芯片的性能提出了更高的要求，包括更高通量、更低消耗、更集成、更便携、更多样化等。为了使微流控芯片能够在生物化学和医学等领域大展拳脚，研究者们相继建立了各种各样的微流控芯片平台，并从分子水平、细胞水平到个体水平对生命活动进行了研究探索，尤其在核酸研究、蛋白质研究和细胞研究中斩获颇丰。值得一提的是，基于微流控的器官芯片研究也正逐步开展起来。在以往研究中，实验动物一直是肿瘤临床前研究的重要模型，但是动物模型价格昂贵，实验周期长，而且与人类存在种属差异性，极大地限制了肿瘤基础研究的发展和抗肿瘤药物的研发。随着材料学和微加工技术的不断发展，微流控技术在仿生模型上的应用越来越广泛，相比之下，基于微流控芯片的肿瘤仿生模型可以克服以往细胞种类单一、功能简单等缺陷，逐步发展成为多器官和多功能的系统模型。我们期待微流控器官芯片在将来能够逐渐替代实验动物，推动肿瘤研究的发展。

5.1.2　基于液滴的微流控技术

液滴微流控技术（droplet-based microfluidics）作为微流控技术的一个重要分支，主要是指在微流通道内，利用互不相溶的流体表面张力和剪切力高通量制备均匀的大小可精确控制的单分散液滴的技术。在传统的乳化过程中，需要向两种互不相溶的液体里加入适当的表面活性剂并振荡，才可形成乳液状，但这样形成的液滴大小不一，而且尺寸不可控，而利用液滴微流控技术可制备均匀且大小可控的单分散液滴。同时，液滴彼此独立，与微通道内壁不直接接触，避免了样品间的物质交换和交叉污染。每个液滴都可作为一个独立的微反应器，这有助于多个反应系统之间的传输、混合和分析。所以液滴微流控技术较好地解决了传统的连续微流控技术因液体层流而导致液体之间混合较困难、反应效率降低和容易交叉污染等问题[9]。

1. 液滴微流控技术的类型

在微流控芯片内形成液滴的关键在于如何施以足够大的作用力以扰动连续相与分散相之间存在的界面张力使之达到失稳。当在分散相某处施加的力大于其界面张力时，该处微量液体就会突破界面张力进入连续相中形成液滴。通常引入毛细管数 Ca 这一重要的动力学常数来描述此物理过程，$Ca = \mu U / \gamma$，其中 μ 表示连续相黏度，U 表示连续相流体速度，γ 表示两相之间的界面张力。在低毛细管数下，界面张力占据主要地位，液滴在传输过程中趋于形成球形来减少液滴的表面积。相反，在毛细管数较大时，黏度起主要作用，液滴在传输过程中容易变形，拉伸成不对称形状。另外，微流控通道内壁的亲疏水性和两相中的表面活性剂对生成水包油（O/W）或油包水（W/O）液滴，以及水/油/水（W/O/W）型、油/水/油（O/W/O）型液滴也有重要影响。目前，文献中通常采取以下三种方法来实现微流控液滴的生成，如图 5.1 所示[9]。

1）T 型通道法

T 型通道是最为常见的液滴生成通道构型。T 型液滴生成通道一般由持续相主通道和分散相分支通道两部分组成，如图 5.1（a）所示。连续相在直通道中流动，分散相从与之垂直的分支通道中流入，在连续相压力和剪切力的共同作用下，两相界面处的分散相被连续相"剪切"成分散的液滴。关于 T 型通道液滴的形成有诸多的研究工作，详细研究了影响液滴生成的多种因素[10, 11]。研究表明，如果两相的驱动压力接近，生成液滴的尺寸与两相流速比、两相流量等因素有关；如果两相驱动压力差别很大，两相流型为层流，则不能生成液滴。液滴的生成过程可采用"两步法"模型进行分析：液滴头部生长阶段和颈部受挤压断裂脱离阶段[12]。分散相头部很快进入两相接触区域，并在主管道中继续发展。随着液滴头部体积不断增大，部

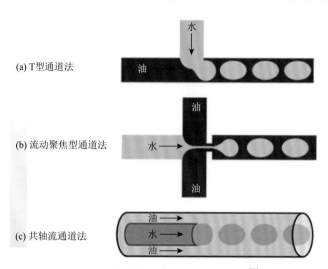

(a) T型通道法

(b) 流动聚焦型通道法

(c) 共轴流通道法

图 5.1　液滴的三种形成方式示意图[9]

分主通道被堵塞，增大了液滴头部与壁面之间的阻力，阻挡了连续相流体，连续相只能在液滴头部与通道壁之间的薄层向前流动，反过来又增加了液滴头部所受到的压力，同时压力会驱动分散相头部继续向下游发展，最终导致分散相被挤压断裂，形成液滴。T 型通道是微液滴技术的一种基本技术构型，由 Quake 等[13]首次提出。目前人们已经在单一的 T 型通道构型基础上，发展出双 T 型通道或多 T 型通道构型，甚至在 T 型通道上集成了微泵/微阀装置。例如，Zeng 等[14]在 T 型通道上整合气动泵微阀，通过控制微阀开/关的时间就能准确地控制液滴的尺寸（图 5.2）。这类技术的发展，有助于 T 型通道微液滴生成系统的微缩集成，也有助于液滴的按需生成。

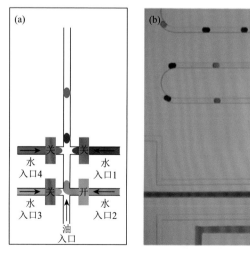

图 5.2　基于微阀的开关控制实现不同试剂液滴的顺序生成[14]

2）流动聚焦型通道法

流动聚焦型通道是把三条流路聚焦于一个微通道，外围流路中注入连续相，而分散相从两条连续相中央的通道引入，见图 5.1（b）。流动聚焦型通道法使连续相流体通过施加压力和黏滞力从交叉处两侧来"挤压"分散相流体的前端，并利用液体前端在下游处通道的"颈状"结构，使该分散相流体前端发生收缩变形而断裂，从而形成离散液滴[15]。

流动聚焦法的液滴产生过程可以分为 3 个阶段[16]：①分散相与连续相在交叉处形成界面并向"颈状"处及下游流动；②分散相在颈状位置处的特定几何结构的协调制约下和连续相压力作用下形成一个"收缩颈"；③不断增加的挤压力使收缩颈前端液体完全失稳断裂，从而形成单个液滴。显然，从几何结构上，这种从两侧起"挤压"作用的通道结构，相比于"T 型交叉"，十字聚焦设计中的连续相给分散相提供了对称的剪切力，相对来说体系会更加稳定和可控[10]。与 T 型通道相比，流动聚焦型通道提高了液滴形成尺寸的可控性，通过调控两相流速可在同一块芯片上形成从飞升至纳升范围的液滴，且可在短时间内高通量生成液滴。流动聚焦型通道法制备的液滴，其单分散性、大小、生成频率同样受到连续相毛细管数和分散相流速、液体的性质和装置的形状等因素控制，如图 5.3 所示。Yobas 等[11]发现液滴的大小会随着连续相流速的增加而减小，而液滴的生成频率会随之提高。另外，表面张力也是一个关键因素，Peng研究组[17]阐述了改变表面活性剂的浓度可以改变界面张力，进而能改变液滴的尺寸、生成速率和单分散性。

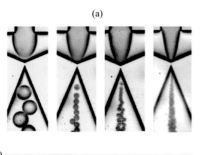

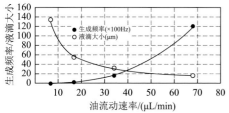

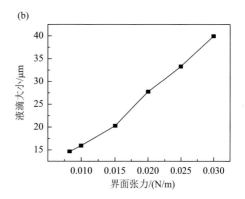

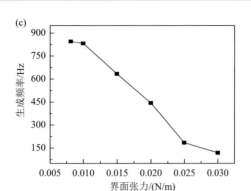

图 5.3　流动聚焦型芯片中影响液滴生成的相关参数

（a）液滴大小和生成频率与流速之间的关系[11]；（b）液滴大小与界面张力之间的关系[17]；
（c）生成频率和界面张力之间的关系[17]

3）共轴流通道法

共轴流通道法是在芯片通道中心轴线上内置一个拉制成尖嘴的石英毛细管，管内的分散相和管外的连续相平行流动，在内置毛细管的尖嘴出口区域生成液滴，如图 5.1（c）所示[18]。共轴流通道法的连续相不是从两侧挤压分散相，而是通过环绕分散相并挤压形成"收缩颈"[19]，使分散相液体前端"失稳"断裂，从而在毛细管尖嘴出口处生成液滴。在理论上，共轴流通道法生成液滴是由两相界面的开尔文-亥姆霍兹不稳定性（Kelvin-Helmholtz instability）造成的：当分散相和连续相在毛细管内外以不同的速度向前运动时，两相界面处会由开尔文-亥姆霍兹不稳定性产生一定的波动。在某一速度范围内，两相界面张力可以保持界面稳定；超出该速度范围，波长较小的波不稳定性增加，最后形成液滴[18]。基于微流控液滴技术生成的液滴，经过微通道输送，依次进入通道下游的储液池内，此时大量的液滴被油相包裹，但彼此仍保持独立分隔。

制备共轴流通道结构常用的方法为玻璃毛细管共轴嵌套结构，首先将两根圆形毛细玻璃管的一段进行拉锥，然后在同一根玻璃管的两端，分别将拉锥端插入。当两根圆管锥端靠近，该圆管的外径与方管的内径相等，这样形成共轴流结构。最后利用内相、中间相和外相的流体作用，可控形成双层乳液或单层乳液。并且能够通过调节各相的流速和锥形口径等参数来改变液滴的大小，该方法最早由哈佛大学 Weitz 课题组提出[20]。利用 PMMA、PDMS制备的微流控芯片是二维微通道，所以更倾向于制备单乳液，虽然也可以利用改进通道结构的方法制备双层乳液，但是需要对芯片不同部位的表面进行不同的改性处理，所以，相比之下利用玻璃毛细管的三维芯片制备双层乳液更加灵活方便。

2. 液滴微流控技术的应用

随着微流控芯片液滴操纵技术的发展和对液滴性质的深入研究,液滴在化学和生物学领域的应用也备受关注,有望成为化学和生物研究的新平台。首先,液滴被油相包裹的特点使其非常适用于研究密闭体系和界面处的反应。其次,液滴的体积小,通量高,是高通量筛选研究的理想平台。最后,液滴有着与细胞相近的尺寸,内部条件准确可控,可作为一种模型体系模拟细胞内部的化学环境,为细胞功能的研究提供新的研究思路[21]。鉴于此,液滴微流控技术在单细胞分析、材料制备及药物输运和释放等方面具有重要的应用。

1) 单细胞分析方面

液滴和细胞的尺寸相近,有利于进行单细胞操纵和分析,同时芯片通道在微尺度下具有传热、传质较快等特点,为细胞提供了有力的研究环境;操作灵活,使液滴迅速成为在微流控芯片上研究细胞的一种新工具。液滴体积只有纳升甚至皮升级,细胞和试剂的用量少,分析速度快,既可满足高通量细胞分析的需要,又可获取大量的生物学信息。Brouzes 等[22]报道了一种基于乳液态液滴系统的单细胞药物毒性筛选技术,如图 5.4(a)所示。Shim 等利用液滴包裹细菌,并对细菌的酶活性和基因表达进行了检测[23]。

2) 材料制备方面

由于表面张力作用,液滴会自然形成球形,利用液滴微流控芯片既可以制备简单的单分散球形液滴,还可以制备不规则形状和形态的单分散颗粒,以及更为复杂的核壳结构等。2005 年,Utada 等首次提出基于玻璃毛细管方法一步生成核壳结构的复合液滴[24, 25]。该课题组又在 2009 年开发出了类似流动聚焦 T 型结构的固定喷流聚焦法,成功制备了双层、三层、四层甚至五层的高阶多层乳液[26],如图 5.4(b)所示。2016 年,Wilhelm 课题组[27]报告了基于表面活性剂辅助的微流控芯片高通量制备单双脂的脂质体,直径范围为 25~190 μm。该方法的关键技术是通过外部流动相中表面活性剂的辅助,精确控制 W/O/W 乳液体系在脂质体形成过程中的界面能量的变化。合成的脂质体由单双层膜组成,可以用作仿生细胞研究,见图 5.4(c)。该课题组[28]进一步设计了多级微流控策略,基于双乳液体系的去湿现象实现分层组装均匀的囊泡小体,并基于该芯片制备了多种囊泡结构的脂质体,包括同心圆结构和多腔室结构,为构建人工细胞提供了一个行之有效的方法。

3) 药物输运和释放方面

传统的药物输运颗粒大小通常不一致,这样容易导致药物的降解速度的不可预知性,而采用液滴微流控技术可以生成非常均匀的微颗粒,同时还可以方便地调节药物颗粒的尺寸和药物封装的胶囊厚度,这对药物的输运和释放有极大的帮助[29-32]。

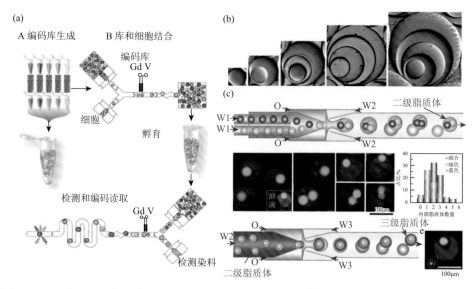

图 5.4　（a）基于乳液态液滴系统的单细胞药物毒性筛选技术[22]；（b）高阶多层乳液结构[26]；
（c）基于微流控技术制备的脂质体结构用于仿生细胞研究[27]

除了上述几个方面，液滴微流控技术在诊断成像、数字 PCR、蛋白质结晶、组织工程、分子进化、喷墨打印等诸多方面也都得到了广泛应用。

5.1.3　小结

微流控芯片在肿瘤标志物检测和肿瘤诊疗的研究和临床领域具有独特优势和良好的应用前景，正在成为下一代肿瘤诊疗领域的新平台和新技术。纵观国内外相关研究工作的进展和趋势，预计微流控芯片今后在肿瘤标志物检测和肿瘤诊疗领域将有以下几个方面的发展和突破：①发展基于微流控芯片的细胞学诊断技术，实现全血中病变细胞的高效分选和识别。②发展基于微流控芯片的核酸分子诊断技术，在微流控芯片上完成核酸提取、分离、扩增、测序和检测等功能。③发展集成化的微流控芯片全血分析技术，结合样品前处理、样品分离和后续检测技术，进行多组分生物标志物的同时分析，开发"一滴血"的肿瘤标志物诊断技术。④发展基于微流控芯片的功能化靶向微纳载药体系的制备，为实现肿瘤诊疗一体化提供新材料和新技术。

5.2　基于微芯片的功能化微纳米界面的构建及其在肿瘤标志物活检中的应用

液体活检（liquid biopsy）是指利用人体体液作为检测对象，以非侵入性方式获取肿瘤释放到体液中的肿瘤标志物信息。相比于传统的组织活检技术，液体活检的非侵入性取样方式可以极大地降低活检危害，具有依从性佳、标本易获取、特异性好等优势。更重要的是，该技术能够有效克服肿瘤异质性，解决精准医疗的痛点，因此，液体活检不仅是实体肿瘤的早期诊断的突破性技术，也是实现对肿瘤患者个体化精准医疗的重要手段，有望成为癌症早期诊断、实时监测、疗效评估的理想技术[33]。如图 5.5 所示，液体活检所采用的肿瘤标志物主要包括三类，分别为循环肿瘤细胞（circulating tumor cells，CTCs）、肿瘤细胞的胞外囊泡（extracellular vesicles，EVs）和循环肿瘤核酸（circulating tumor DNA，ctDNA）。其中，CTCs 是指从实体肿瘤病灶释放进入到外周血循环的肿瘤细胞。作为肿瘤转移或复发的"种子"，CTCs 携带有大量与肿瘤发生、发展、转移以及耐药相关的信息，所以适用于肿瘤治疗效果监测。EVs 是由细胞分泌的具有磷脂双分子层膜结构的囊泡状小体，主要包括外泌体（30～150 nm）和微囊泡（200～1000 nm）两种，天然存在于多种体液中。肿瘤 EVs 则是由肿瘤细胞分泌的胞外囊泡，所以其携带肿瘤细胞相关的内含物，包含多种蛋白质标志物、核酸（miRNA，cirRNA 和 DNA 片段）、脂质等成分，生物信息非常丰富，在疾病的诊断与治疗方面也具有广阔的应用前景。ctDNA 是指肿瘤细胞（包括凋亡的肿瘤细胞、循环肿瘤细胞或者肿瘤细胞分泌的外泌体）释放到血液循环系统中的 DNA 片段，这些 DNA 片段携带有肿瘤特异性的基因突变、插入、重排、缺失、甲基化及拷贝数变异等信息，

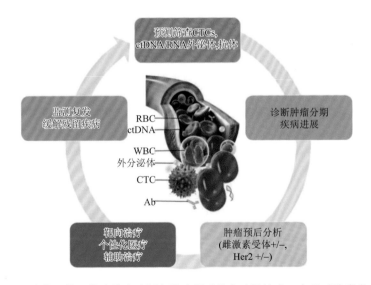

图 5.5　液体活检可作为肿瘤诊断和治疗预后的突破性技术，实现对肿瘤患者从
最初的筛查到个性化治疗的持续监测[33]

CTCs：循环肿瘤细胞；ctDNA/RNA：循环肿瘤脱氧核糖核酸/核糖核酸；Her2：人表皮生长因子受体-2；
RBC：红细胞；WBC：白细胞；Ab：抗体

能够反映肿瘤的基因突变信息。因此研究新型的针对 ctDNA、CTCs 和 EVs 的捕获和检测技术对液体活检科学研究和临床应用具有重要的意义。近年来，围绕液体活检开发出了各式各样的新技术，用于肿瘤早期阶段中痕量肿瘤标志物的检测，这些技术极大地提高了检测灵敏度和特异性。其中基于微芯片技术实现液体活检中痕量肿瘤标志物的检测是目前最高效的方法之一。本节以血液标本为重点来阐述基于微流控芯片的全血样本中两种肿瘤标志物（CTCs 和 EVs）检测分析的最新进展。

5.2.1　基于微芯片的循环肿瘤细胞检测

虽然 CTCs 分选对癌症临床治疗具有极大的指导价值，但目前从全血样本中对 CTCs 进行捕获和分析仍面临诸多挑战和困难[34]。这主要缘于 CTCs 的三个典型特点：一是 CTCs 在数量上的稀缺性。每毫升外周血中血细胞数量超过 10^9 个，而 CTCs 却只有几个到几百个[35]，这便要求检测方法必须高效且准确地从大量血细胞中检测出极少的循环肿瘤细胞。二是 CTCs 的抗原表达存在异质性。同一类型的癌细胞其抗原表达往往具有差异，甚至同一个患者中的癌细胞抗原表达也不完全相同[36]。三是其在尺寸上与白细胞的相似性，增加了外周血中 CTCs 分选难度。因此亟须发展具有高灵敏度和高特异性的新方法和新技术，以实现早期癌症患者血液中 CTCs 的分选、检测和诊断。目前最常采用的 CTCs 富集和分析技术，主要包括膜过滤法、免疫磁珠阳性/阴性富集法、RT-PCR、免疫荧光染色、微流控法等。其中基于微流控芯片的 CTCs 分离分析方法具有显著的优势，如所需样品量小，无需对血液样品进行前处理；流动的流体环境有利于去除非特异性吸附的其他细胞，从而可以极大地提高分离纯度[37]。

在微流控芯片上对全血中 CTCs 进行捕获分离，一般基于两种原理：一是基于亲和识别进行捕获。它是通过首先在芯片通道内部结构上修饰抗体或核酸适配体，特异性识别癌细胞表面的相关受体。当通入含 CTCs 的样本时，CTCs 与通道表面捕获试剂结合，实现特异性分离。二是基于物理性质进行分离。它是利用循环肿瘤细胞与其他正常血细胞在尺寸、密度、变形性及黏附性等方面的差异将 CTCs 从中捕获出来。此外，在微流控芯片上，还可以进一步通过设计特殊微纳结构，实现对细胞运动及细胞周围环境（如磁场或者电场）的有效控制。也可以通过采用特殊材料的功能化修饰联合多种捕获方式的协同作用，增强对 CTCs 的识别和捕获能力。概括起来，微流控系统一般采用以下七种技术中的一种或多种进行 CTCs 捕获或分离：①流式细胞术[38]；②流体力学和生物流变学方法[39]；③基于尺寸的物理筛选或过滤[40, 41]；④结合图案化微结构的基于亲和识别的捕获[42]；⑤基于亲和识别的免疫磁颗粒捕获[43]；⑥电场辅助捕获，如介电泳（DEP）[44, 45]；⑦声波辅助捕获[46, 47]。其中每种方法都各有自己的特点、优点和缺点。进一步地，研究者人员还将不同功能模块集成到了微流控芯片上，不仅能够实现 CTC 的高效捕获和分离，还能对分离后的 CTC 进行无损释放和回收，继而用于细胞分析和 DNA（或者 mRNA）测序等下游分析，甚至也可在单细胞水平实现这些分析。对 CTCs 进行下游分析一般采用两种策略：一是简单地将目标 CTCs 从芯片上转移至芯片外进行传统步骤的下游处理和分析，这也是目前最常采用的分析策略。另一种是直接在芯片上对被捕获的 CTCs 进行下游分析，这对于液体活检技术在临床上的推广应用至关重要。

1. 基于流体力学和亲和识别的捕获和检测

哈佛医学院 Stott 等研究者在基于微流控芯片的 CTCs 捕获检测方面做了一系列的出色工作[48-50]。首先，他们开发了一种高通量微流控混合芯片，命名为鱼脊型芯片（herringbone-chip，HB-Chip）[48]。如图 5.6（a）和（b）所示，首先在微通道内增加鱼脊型微结构，它可以在微通道内产生微涡流，从而将血细胞充分搅动混合，显著提高 CTCs 与捕获界面的相互作用次数，最终提高 CTCs 的捕获效率。研究者将该芯片用于前列腺癌患者血液的临床检测，结果表明，CTCs 检测效率高达 93%。进一步对被捕获的 CTCs 进行 RNA 分离和 RT-PCR 等下游分析，研究表明该芯片可以检测出肿瘤特异性染色体（TMPRSS2-ERG）易位。该研究组进一步利用金纳米颗粒（NPs）和化学配体交换反应在 NP-HB CTC 芯片上实现了全血样本中 CTCs 高效捕获和无损释放[50]，并基于 RNA 测序实现了特定乳腺癌的鉴定。如图 5.6（c）所示，抗体修饰的纳米颗粒通过化学组装连接到 HBCTC 芯片上，可以确保活性基底在处理很复杂的生物体液过程中保持稳定，并能无损释放 CTCs，可用于后续分析和功能测试。相比于平面结构上的抗体功能化界面，结合纳米颗粒介导新策略的微流控芯片，具有以下几个显著的优势：易于加工制备、可灵活采用多种配体交换官能团且容易接触三维表面结构，从而显著增强了 CTCs 捕获分离和释放回收的效率。

受启发于组织微环境中所观察到的纳米尺度上的相互作用，加州大学洛杉矶分校曾宪荣研究团队[51-56]率先提出了用于细胞亲和捕获的 NanoVelcro 微纳界面的独特概念，其中利用了 CTCs 捕获探针包被的具有纳米结构的微通道界面，可极大地提高 CTCs 捕获效率。NanoVelcro 细胞亲和捕获界面的工作机理与尼龙搭扣相似：当尼龙搭扣的两条布条被压在一起时，两布条上的毛状表面缠结在一起，会产生很强的结合力。如图 5.7（a）所示，通过不断的优化，曾教授等已成功开发了三代 NanoVelcro CTC 芯片，分别采用了三种功能化微纳界面，实现了不同的临床应用功能：①第一代 NanoVelcro CTC 芯片[51,52]，如图 5.7（b）所示，由硅纳米线基底（SiNS）和涡流混合微结构两部分组合而成。基于临床血液样本的研究表明，第一代 NanoVelcro CTC 芯片的灵敏度明显优于 FDA 批准通过的 CellSearch 芯片。②第二代 NanoVelcro CTC 芯片[53, 54]，如图 5.7（c）所示，是利用激光微切割技术制备的基于聚合物纳米基底的 NanoVelcro-LMD 芯片，可以用于单个CTC 的分离。单独分离的 CTC 通过下游单细胞基因分型分析来验证 CTC 在肿瘤液体活检的作用。③第三代 NanoVelcro CTC 芯片[55, 56]是采用了热敏聚合物修饰硅纳米线基底的热敏性芯片，如图 5.7（d）所示。可分别在 37℃和 4℃条件下实现 CTCs 的捕获和释放。由于 SiNS 上聚合物修饰层可以随着温度改变而发生构象改变，所以热敏性涂层可以有效地改变 CTCs 在 SiNS 上的接近程度，从而实现 CTCs 的快速纯化，而不影响细胞活性和分子完整性。基于 NanoVelcro CTC 芯片的液体活检技术将为研究人员更好地了解疾病发病机制和为医生实时监测疾病进展提供功能优异且成本可控的诊断平台。

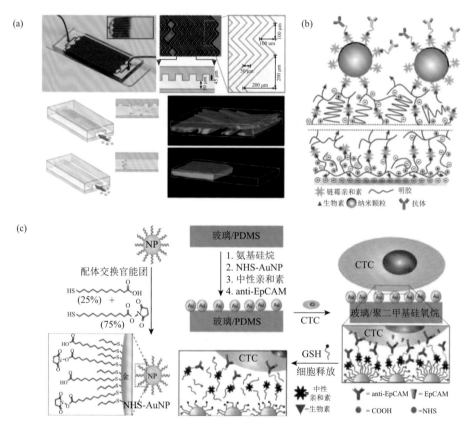

图 5.6 （a）基于鱼脊型结构的微流控混合芯片[48]及（b）其界面上的抗体修饰方案[49]；（c）基于纳米金颗粒介导的 CTCs 捕获和释放示意图[50]

PDMS：聚二甲基硅氧烷；NHS-AuNP：*N*-羟基琥珀酰亚胺-金纳米颗粒；anti-EpCAM：上皮细胞黏附分子抗体；
CTC：循环肿瘤细胞；EpCAM：上皮细胞黏附分子；COOH：羧酸基；NHS：*N*-羟基琥珀酰亚胺

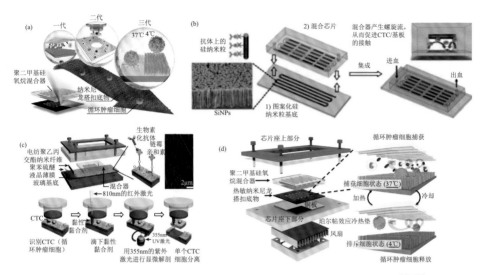

图 5.7　（a）三代 NanoVelcro CTC 芯片示意图；（b）第一代采用硅纳米线界面[51, 52]；（c）第二代采用聚合物纳米界面[53, 54]；（d）第三代采用热敏聚合物修饰的硅纳米线基底[55, 56]

　　显而易见，如果同时优化流体力学作用和增强亲和识别作用，可以极大地提高 CTCs 捕获效率。杨朝勇研究组[57]报道了一款新型的基于三角形微柱阵列界面的微流控芯片，实现了 CTCs 的高效且高纯度捕获。该芯片命名为 SDI 芯片（size dictated immunocapture chip），如图 5.8（a）所示，SDI 芯片由两组对称分布且由 anti-EpCAM 抗体修饰的微柱阵列构成，具有一个样品入口和两个缓冲液入口，利用计算流体力学对微柱阵列的几何形状和阵列分布进行优化，结果表明三角形微柱具有更高的相互作用概率和更低的剪切应力作用。为了可视化细胞与微柱之间的流动规律和相互作用，研究者进一步建立了模拟模型，并进行了聚苯乙烯微球实验，结果证实，直径 20 μm 的微球与微柱相互作用的概率大于 95%，而直径 10 μm 的微球与微柱相互作用的概率仅为 5.5%，差异显著。此结果表明，SDI-Chip 可在微米尺度上实现细胞尺寸选择性流体力学调控，即选择性地增强大粒径颗粒与微柱间的相互作用的概率。由于 CTCs 通常大于血细胞，所以基于这种尺寸选择性，同时借助免疫亲和性，可以高效实现对 CTCs 的高纯度捕获。此外，具有不同抗原表达水平的 CTCs 不仅可以被微柱高效捕获，而且可在微柱周围进行空间分析。基于该芯片，对血液样品的捕获效率高于 92%，纯度高达 82%。此外，利用该芯片对无转移性结直肠癌患者和健康志愿者血液分别进行检测，实验结果表明在 CRC 样本中检测到了 CTCs，而对照组中没有检测到 CTCs。因此，SDI 芯片可有效用于对 CRC 患者进行肿瘤诊断，从原来的解剖病理学向分子病理学的诊断方式转变。

　　在此基础上，杨朝勇课题组进一步设计了一款新型的仿生章鱼微流控芯片[58]，通过构建微柱结构和纳米修饰的功能化界面，实现流体力学分离与仿生多价识别的多尺度协同作用，完成了 CTCs 的高效捕获和灵敏检测。如图 5.8（b）所示，首先在微米尺度上，将微柱阵列按照确定性侧向位移方式排列，能够在微米尺度上基于细胞尺寸的不同而实现细胞调控。其次在纳米尺度上，每个微柱表面上都修饰了金纳米颗粒（AuNPs），其中每个金纳米颗粒上又携带了上百条核酸适配体。多条核酸适配体产生的多价效应能够有效提高 CTCs 的捕获效率。最后，加入富含巯基且生物相容性好的谷胱甘肽分子，通过配体交换反应破坏核酸适配体和 AuNPs 间的金硫键，从而完成了 CTC 无损释放。实验结果显示，CTCs 释放效率高达 80%，释放后的细胞活性高达 95.8%，可以实现细胞培养及基因突变检测等下游分析。

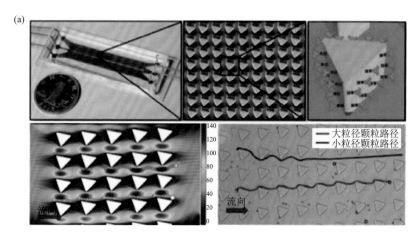

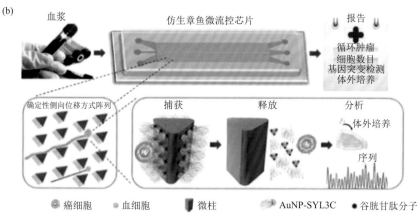

图 5.8 （a）基于侧向位移的微流控 CTCs 捕获芯片[57]；（b）基于多价识别的仿生章鱼微流控捕获和释放芯片[58]

目前微流控芯片为提高 CTCs 捕获性能且实现多种功能，通常需要进行复杂的微纳加工和表面处理，所以开发简单、低成本、易于操作的微流体平台来快速高效地捕获 CTCs 仍然是一个非常有吸引力的目标。黄卫华课题组[59, 60]开发了一种微流通道中的三维网状 PDMS 支架，通过产生内部涡流和增加空间结合位点的协同作用来显著提高 CTCs 捕获效率，如图 5.9（a）所示，该研究设计并制备了一种柔韧且透明的三维 PDMS 网状支架，并将其嵌入微通道内部，制备了一种可用于高效捕获单个和簇群 CTCs 的新型三维支架芯片（3D scaffold chip）。三维支架芯片可以简单地实现上述两种策略的结合，而无需复杂的微加工工艺和烦琐的操作流程。三维微纳界面既可以改变细胞迁移模式，也能够增强细胞与底物相互作用，从而显著提高了 CTCs（单细胞和细胞簇）的捕获效率[59]。此外，三维支架的柔韧性能够允许血液液流的高速流动，而 PDMS 芯片的透明性便于观察捕获的细胞，上述这些特征有助于从真实的临床血液样本中快速、高效、高通量地分离单个或簇状的 CTCs。研究者利用本系统对 14 例癌症患者血液样本进行检测，在每毫升血液中检测出了 1～118 个 CTCs，其中 5 例患者的血液中检测出了 1～14 个 CTC 簇/mL。然而，三维支架芯片仍面临一个突出的问题，就是被捕获的 CTCs 紧密附着在支架上，不能被回收用于下游分析。为了解决这个问题，黄卫华等研究者[60]又提出了一种热敏明胶水凝胶修饰的 3D 支架芯片（3D scaffold gelatin-microchip），用于捕获和释放 CTC 单细胞或 CTC 簇，如图 5.9（b）所示。

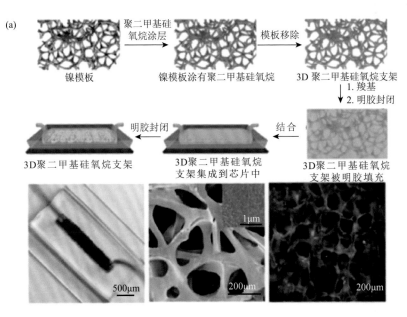

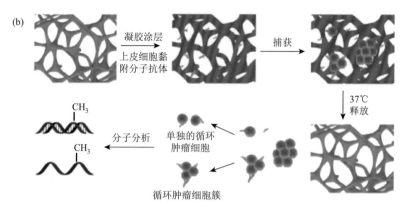

图 5.9 （a）基于三维 PDMS 网状支架的微流控芯片用于 CTCs 捕获[59]；（b）基于水凝胶包被的三维 PDMS 网状支架的微流控芯片，用于 CTCs 捕获和释放[60]

循环肿瘤细胞最常见的靶蛋白是 EpCAM（上皮细胞黏附分子）——一种 CTCs 上的上皮表面蛋白。有研究表明，由于 CTCs 在患者样本中的异质性，混合捕获抗体要比单一探针更有效。武汉大学中南医院汪付兵等[61]研究人员开发了一种新型的双抗体功能化的微流控芯片，同时采用针对 PSMA（前列腺特异性膜抗原）和 EpCAM 的两种抗体对前列腺癌患者血液中 CTCs 进行有效捕获，以获得 CTCs 在不同转移阶段的多个亚群（图 5.10）。相比于仅基于 EpCAM 的单抗捕获界面，双抗微流控芯片在体外实验中对前列腺癌细胞的捕获效率得到了显著提高。此外，双抗捕获系统能够在 83.3% 的前列腺癌患者身上成功鉴别出 CTCs，并且基于双抗捕获系统的 CTC 统计数目与患者临床病理分期（TNM）的阶段呈现相关性。相比之下，传统的诊断方法，如基于血清中前列腺特异性抗原（PSA）水平和格里森评分（Gleasson scores）分数，并不能和患者的 TNM 阶段呈现相关性。为了评估该系统的临床应用潜力，研究者进一步将捕获的 CTC 细胞进行回收并利用 qRT-PCR 定量前列腺癌发展和治疗相关的生物标志物。双抗功能化微流控芯片不仅克服仅检测患者上皮 CTCs 或间质 CTCs 捕获平台的局限性，而且从捕获 CTCs 中检测前列腺癌相关的 RNA 信号对早期前列腺癌转移提供警告，可能会为治疗决策的指导方面提供很大的帮助。

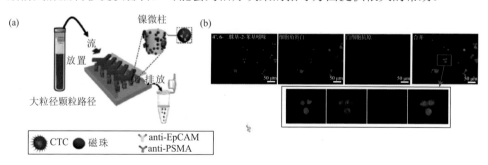

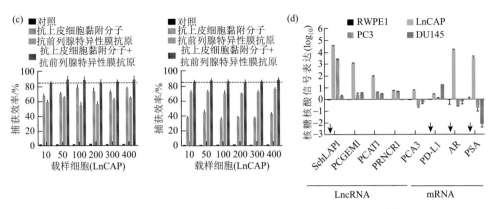

图 5.10　基于多价识别的仿生章鱼微流控捕获和释放芯片[61]

CTC：循环肿瘤细胞；anti-PSMA：抗前列腺特异性膜抗原；RWPE1：人前列腺上皮细胞；LnCAP：人前列腺癌细胞；PC3：人前列腺癌细胞；DU145：人前列腺癌细胞；PCA3：新型前列腺癌抗原；PD-L1：程序性死亡受体 1；PSA：前列腺特异性抗原

2. 基于外场分选作用的捕获和检测

基于物理性质的 CTCs 分选主要是利用循环肿瘤细胞与正常血细胞在尺寸、密度、变形性及黏附性等方面的差异将 CTCs 从其他血细胞中捕获出来。在微流控芯片中通过引入特殊微结构的设计，可以巧妙借助电场和磁场实现对细胞运动的有效控制。

基于介电电泳（dielectrophoresis，DEP）[62, 63]的微流控芯片要优于免疫亲和分离技术，因为它们利用介电特性而无需特异性抗体，且能够避免白细胞污染。这些介电特性取决于细胞的组成和形态，与单独的细胞尺寸大小和单一生物标志物（EpCAM）相比，介电特性是一种特异性更好的表型传感器。因此，与基于大小和抗体的方法相比，基于 DEP 的 CTCs 捕获分离不仅能显著地降低选择性偏差[64, 65]，而且还可以对捕获的细胞进行下游相关分析[66]。尽管基于 DEP 实现 CTCs 分离的研究已开展许多[68, 69]，然而它们仍然普遍面临一个突出的问题：分析通量低，仅为 0.01~1.0 mL/h，与过滤法和水动力色谱法的通量（10~100 mL/h）[64, 65, 67]相比明显偏低。因此，发展高通量 DEP 微芯片对于基于 CTC 液体活检的推广至关重要。Li 等[70]研究者在微通道内开发了无线双极性电极（wireless bipolar electrode，BPE）界面，利用介电电泳效应进行高通量选择性捕获单 CTCs。如图 5.11（a）所示，BPE 阵列芯片可以通过绝缘的微通道侧壁传递交流电场，从而能够同时捕获分支微通道中的 CTCs。此外通过对释放回收的 CTCs 进行细胞培养和药物效用等下游分析，确定了该方法不会影响细胞活性。该芯片的独特之处在于兼具高通量和高精度的单细胞捕获能力，这将有助于对肿瘤细胞异质性和相关临床结果的研究和理解。

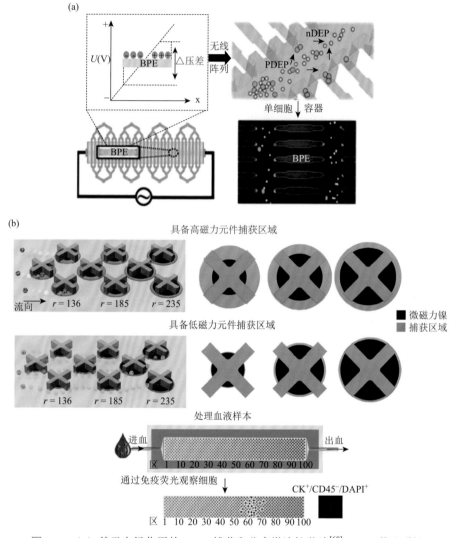

图 5.11 （a）基于电场作用的 CTCs 捕获和分离微流控芯片[68]；（b）基于磁场
作用的 CTCs 捕获和分离微流控芯片[72]

BPE：无线双极性电极；pDEP：正介电电泳；nDEP：负介电电泳

　　除了电场辅助策略，磁场也是一个很好的选择。根据 CTCs 的具体表型特征对其进行表征和分类，从而识别侵袭性和非侵袭性细胞的特性[71]，这一点对于基于 CTCs 的生物学和临床结果的解读至关重要。然而，目前基于微流控芯片的 CTCs 检测技术通常仅局限于捕获和计数 CTCs，并没有探讨 CTCs 的表型特征，因此迫切需要高灵敏度和高分辨率及新方法来表征 CTCs。鉴于此，多伦多大学 Poudineh 等研究人员[72]报道了一种利用纳米颗粒介导的细胞分选的新方法——磁排序细胞仪（magnetic ranking cytometry，MagRC）。如图 5.11（b）所示，该芯片的特殊结构能够有效控制沿通道方向磁场，从而在单细胞水平上完成对 CTCs 的高分辨率表型排序。研究表明，MagRC 具有极高的灵敏度，即使在未经处理的血液中存在低水平的 CTCs（每毫升 10 个细胞），也能够准确地对 CTCs 进行表型分析。此外，该策略还能够跟踪观测 CTCs 的动态特性，以此来表征肿瘤的生长和侵袭。进一步对模型鼠和癌症患者的血液样本进行研究，数据表明 MagRC 具有极高的分辨率，能够获得现有其他方法无法获得的独特新信息。

综上所述，目前微芯片主要采用两种策略来提高 CTCs 的捕获效率：①增加细胞与捕获界面的接触概率。一般是通过改变细胞在流体中的迁移模式来实现，即从层流迁移转变为混沌或涡旋迁移模式，如 Aghaamoo 等提出的鱼骨形芯片[39-41]；②增强细胞与捕获界面的亲和力。一般是通过在微通道内捕获界面上引入纳米结构来实现，如曾宪荣等提出的细胞亲和底物 NanoVelcro[51-56]。随着微芯片技术的不断发展以及诸多新兴材料的应用，将这两种策略结合起来用于全血样本处理和分析，发挥协同作用，可以大大提高 CTCs 捕获分析效率[57, 58]。

5.2.2　基于微芯片的胞外囊泡检测

胞外囊泡（EVs），包括外泌体（直径 30～150 nm）和微泡（直径 200～1000 nm），相比于液体活检中的其他两种肿瘤标志物，EVs 具有两个突出优势：高浓度和高稳定性。肿瘤胞外囊泡在外周血中浓度高达每毫升 1011 个，而且其脂质双分子层膜结构可以防止被酶类降解，因此在血液循环中具有更高的稳定性。此外，EVs 还能够覆盖肿瘤异质性，因此胞外囊泡在肿瘤液体活检中具有很大的诊断优势和应用潜力。目前用于 EVs 分离分析的传统方法包括差速离心法、超滤法、免疫亲和层析法、抗体标记的磁珠分选法、微孔过滤技术、ExoQuickTM 试剂盒等，但是传统的分离和纯化方法在实际应用中均存在诸多的缺点和限制，如耗时的纯化和浓缩、昂贵的抗体和大样品体积等，这阻碍了 EVs 用于癌症诊断的临床效用。除此之外，由于 EVs 体积小，存在环境复杂、提取过程中可能出现损耗及结构功能改变等特点，EVs 的分离纯化技术的不完善很大程度上限制了其临床应用[73]。因此，如何在高背景血清或血浆样本中稳定高效地分离提取足量且高纯度的 EVs，并保证其结构和功能的完整性是 EVs 肿瘤液体活检面临的重大挑战。近年来，随着对 EVs 的研究不断深入，越来越多的新型的 EVs 分离富集和分析技术不断涌现。本小节将着重对近年来最新的 EVs 检测分析的研究成果进行总结。

1. 胞外囊泡的检测和分析

国家纳米科学中心孙佳姝教授课题组[74]创新性开发了一种热泳适配体传感器（thermophoretic aptasensor，TAS）。如图 5.12（a）所示，该方法具体包括：首先利用荧光标记的核酸适体特异性识别 EVs 膜蛋白，形成质量较大的适体-EV 复合体；然后在热泳作用下，适体-EV 复合体可以快速汇聚至芯片中心区域，而游离的适体或 EVs 则会保持分散状态，不受热泳影响；然后，被荧光标记的适体-EV 复合体在富集时会产生放大的荧光信号，其荧光强度与 EVs 膜蛋白的表达水平呈正相关，所以基于荧光强度图即可获得 EVs 膜蛋白组学信息；最后，利用线性判别分析算法完成了对 6 种癌症的早期自动分型。基于本方法，研究者们进一步利用 7 种适配体，检测并绘制了 232 份血清样本（包括 Ⅰ～Ⅳ 期淋巴瘤、乳腺癌、肝癌、肺癌、卵巢癌和前列腺癌患者以及健康对照组）的 EV 表面蛋白表达谱，成功实现了在 1 μL 血清或血浆样本中同时完成 7 种 EV 膜蛋白的高灵敏、定量、快速、低成本检测。此外，TAS 方法所需时间不到 3 h，在一个血清样品中检测 7 种 EVs 蛋白标记物的成本约为 1 美元。该技术廉价、快速，并且需要少量的血清体积，有望为肿瘤液体活检领域带来重大突破，有望转化为癌症诊断的临床应用标准。

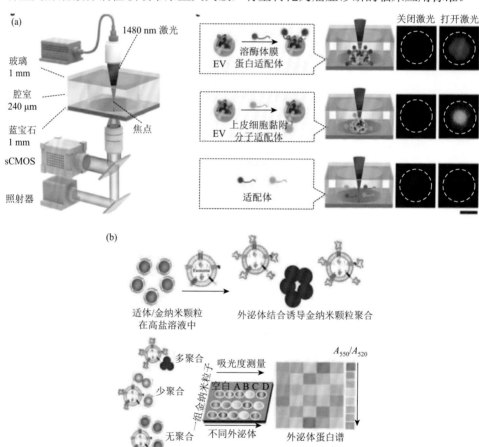

图 5.12 （a）基于热泳作用实现 EVs 富集和检测[74]；（b）基于核酸适配体和金纳米颗粒的外泌体可视化纳米传感器[75]

sCMOS：高性能测序相机

湖南大学谭蔚泓院士课题组[75]研发了一种基于核酸适配体和金纳米颗粒（AuNPs）的外泌体可视化纳米传感器，为外泌体表面蛋白分型提供了一种简单却准确的分析方法。如图 5.12（b）所示，具体设计是首先在金纳米颗粒上连接上一组能够靶向 EVs 膜蛋白的核酸适体。研究证明，适体与 AuNPs 结合后，在适体的包裹和保护下，AuNPs 在高盐溶液保持分散状态，而不会产生聚集。适配体与 AuNPs 之间的非特异性亲和力比较弱，而外泌体表面蛋白与适配体之间的特异性亲和力比较强。因此，当有外泌体存在时，会导致适体从 AuNPs 表面脱离并与 EVs 结合，失去适体保护的 AuNPs 在高浓度盐离子体系中迅速团聚，在数分钟内肉眼可观察到溶液颜色从红到蓝的变化。该项研究巧妙利用适体既可以特异性识别 EVs 膜蛋白，又可以保护 AuNPs 在高盐溶液中免于团聚的双重优点，实现了对癌细胞外泌体多种膜蛋白的可视化定量分析，为癌症早期诊断提供了新的工具。

2. 胞外囊泡的捕获和应用

胞外囊泡不仅可以作为肿瘤标志物用于液体活检，而且在载药治疗等方面也极具医学应用潜力，所以不仅需要能够检测 EVs 的技术和方法，也亟需能够有效捕获或分离 EVs 的新技术和新方法，既能够为在分子水平上进一步研究评估 EVs 所包含的物质提供纯化样本，又能为肿瘤药物靶向递送系统提供仿生纳米载体。

来自东南大学和美国宾夕法尼亚大学的研究人员[76]合作设计了一种新颖的脂质纳米探针（lipid nanoprobe，LNP）系统，可以快速且高效地从无血清细胞培养上清或血浆中分离胞外囊泡。如图 5.13（a）所示，本系统采用的具体分离方法如下：①制备生物素标记的聚乙二醇链且具有二酰基脂质末端，作为标记探针（labelling probe），NeutrAvidin（中性亲和素）包被的亚微米磁颗粒（MMPs）作为捕获探针（capture probe）。②首先将标记探针通过脂质末端固定到 EVs 膜上，然后将被标记的 EVs 通过捕获探针固定到磁颗粒上，最后可以通过施加磁场来实现胞外囊泡分离。③进一步加入脱硫生物素，具有较强亲和力的脱硫生物素会将具有较弱亲和力的生物素置换下来，从而实现了 EVs 的无损释放和回收。④最后对回收的 EVs 中 DNA、RNA 和蛋白质等进行下游分析。与最常采用的差速离心方法相比，LNP 将整个分离流程时间从数小时缩短到 15 min，并且无需使用庞大或昂贵的设备。

华中科技大学刘笔锋研究团队[77]设计了一种具有三维功能化微纳界面的微流控芯片，其中微柱阵列上有经化学沉积修饰的多壁碳纳米管，通过特定抗体识别和独特纳米结构界面的协同作用实现外泌体的高效捕获，尤其是可以高效纯化粒径小于 150 nm 的完整小泡。最后，被捕获的外泌体通过进一步的化学编辑，实现了肿瘤靶向药物递送功能。如图 5.13（b）所示，该方法的具体操作为：首先用生物素和抗生物素蛋白对供体细胞进行标记，两种配体的标记位置是供体细胞的磷脂膜。同时将肿瘤药物包封在细胞溶胶中。然后，当被标记的供体细胞分泌外泌体时，两种配体与肿瘤药物会被一起包裹在外泌体中。将收集的样本注入具有功能化微纳界面的微流控芯片，进行外泌体分离和纯化。最后，收集被分离的目标 EVs，将其用于体外和体内的受体细胞。此时，被双重配体编辑的外泌体作为靶向载药体系，对肿瘤细胞显示出显著的靶向能力和高效的受体介导的细胞摄取能力，化疗药物的抗癌作用得到了明显改善。因此，该平台既可以提供高效分离完整外泌体的芯片系统，又能够利用外 EVs 天然载体功能，以更高的递送功效和靶向能力将化疗药物递送到肿瘤细胞。

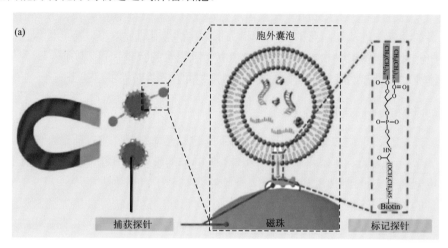

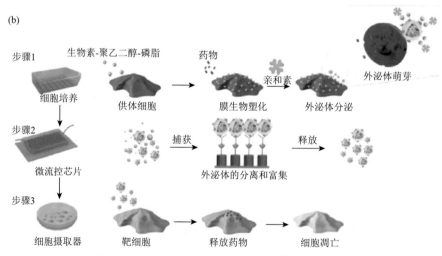

图 5.13　（a）新型脂质纳米探针系统用于外泌体分离[76]；（b）具有三维功能化微纳
界面的微流控芯片用于外泌体捕获和药物递送[77]

麻省理工学院、杜克大学等机构的研究者[78]利用超声微流控芯片中的细胞去除模块和外泌体分离模块实现了无标记和无接触式全血样本中外泌体的分离，分离效率高达 98.4%。该系统集成了两个顺序表面声波（SAW）微流控模块，分别用作细胞去除模块和 EVs 分离模块。每个模块均由一对叉指换能器（interdigital transducers，IDTs）产生的倾斜角 SAW（taSSAW）场所控制[79, 80]。如图 5.14（a）所示，首先利用细胞去除模块，从血液样本中去除细胞和血小板；然后再利用外泌体分离模块的高频声波，把剩余血液样本中的更小的外泌体与稍大的胞外囊膜分离开来。通过优化两个模块中 IDTs 的长度、驱动频率和驱动能力，研究者成功地从血液样本中高效分离出了高纯度的外泌体。研究结果表明，利用这种装置完成 100 μL 稀释血液样本的筛选工作用时不到 25 min，而且该技术基本上不会改变外泌体的生物或物理特征。与其他方法相比，声学微流控平台提供了一种简单、快速、高效、生物兼容性好的外泌体分离策略，有望改善从血液和其他体液中分离外泌体和其他胞外囊泡的效果，促进细胞外囊泡的临床使用。

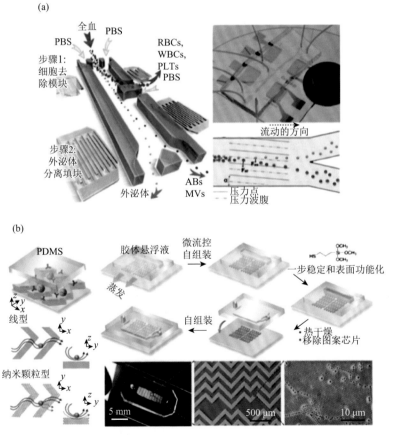

图 5.14　（a）超声微流控芯片用于外泌体分离[79, 80]；（b）基于 nano-HB 界面的微流控芯片[81]

PBS：磷酸盐缓冲液；RBCs：红细胞；WBCs：白细胞；PLTs：血小板；ABs：抗体；
MVs：细胞微泡；PDMS：聚二甲基硅氧烷

微流控芯片中微通道尺寸均在微米级范围，在颗粒分选应用中面临着几个局限性，包括边界条件的限制，微尺度质量转移和活性界面近场的结合限制。尽管研究者已开发出一些办法来改善微尺度通道中的质量传递，但当粒子靠近活性界面时，它们仍会被表面的液体薄层分隔开，额外增加了表面层流体阻力，降低了结合效率。针对这一难题，美国堪萨斯大学 Zhang 等研究者[81]开发了一种具有自组装 3D 鱼脊形纳米结构（nano-HB）界面的微流控芯片，能够有效克服表面层流体阻力，成功实现了对血液中 EVs 超灵敏检测，如图 5.14（b）所示。基于本设计可以在同一个微流控芯片上同时解决以下几个问题：①有效地促进微米尺度的生物样品的质量传输[82, 83]；②通过增加表面面积和探针密度，提高结合效率和结合速度；③允许流体从边界层通过 nano-HB 结构界面的孔隙排出，降低了表面层的流体阻力[84, 85]，增加了表面近层区域的颗粒数量，增强了表面近层对颗粒的结合作用力。研究者利用该芯片对来自 20 名卵巢癌患者的 2 μL 血浆样本和 10 名年龄匹配的对照样本进行实验，成功检测出了多种外泌体亚群。此外，该芯片创新性地采用了 3D 纳米图案方法构建纳米界面，无需任何纳米光刻设备，比同类设计更便宜，更容易制造，可为患者提供更广泛，成本更低的测试。

5.2.3　小结

目前外泌体研究如火如荼，新原理、新技术和新方法不断推陈出新。尽管已有很多方法和技术能够用于分离和纯化外泌体，但在实际使用中仍存在着诸多的限制，远远不能满足目前科研和临床领域的需求。所以，目前胞外囊泡研究领域最大的障碍仍是缺乏标准、可靠且高效的富集方法和技术。目前仍然非常迫切需要大量研究来开发便捷高效的新型外泌体分离方法以使其早日走向临床应用。

5.3　基于微芯片的功能化微纳米药物的构建及其在肿瘤诊疗中的应用

药物载体（drug carriers）是一种为改善药物递送和药效而提出的新型方法[86-88]。药物载体具有靶向性强、释药准确和改善药代动力学等显著特点。由于微流控芯片的几何形状和流速均易于调整，因此基于微流控平台制备的新型药物载体，既可以实现药物载体的高通量和低成本生产，又能够制备成分多样、结构复杂且单分散性高的药物载体，从而大幅改善药物的有效性、稳定性和可控性。因此，微流控芯片为新型药物载体的制备和筛选提供了强大的技术平台，尤其是具有可控释放功能的药物载体[89]。本节将概述基于液滴微流控芯片制备的新型功能化纳米药物载体，主要包括三大类：微胶囊、纳米乳液和纳米颗粒，并着重阐述了每种药物载体在芯片上的合成方法及其在药物控释和肿瘤诊疗中的应用。

5.3.1　微胶囊

　　微胶囊（microcapsules）是指直径在微米级范围的具有天然或者人工合成的高分子聚合物壳层的微型容器或囊壳[90, 91]。通过特定的方法和装置，可以将各种药物分子、蛋白质分子或化学试剂等包裹在高分子材料壳层内而形成单个独立微小的微胶囊，并可呈现出多种形状，如球形、粒型、杆状等。作为药物载体的微胶囊，其孔径一般为几微米，具有良好的生物相容性和生物降解性，并且具有靶向递送或可控释药的能力，所以微胶囊是一种非常有应用前景的药物载体[92]。

　　微胶囊传统的制备方法多种多样，主要采用两步法制备：首先制备载体，然后负载药物。但是这种模式导致了它们具有相同的弊端，即制备流程复杂、耗时长，并且封装效率低[93]。此外，传统方法需要机械外力进行搅拌或者震荡来形成分散乳液，会导致微胶囊结构差异大、单分散性差、药物包封不均匀等弊端，达不到临床治疗所需的药物缓慢释放的要求。药物载体的优势和其传统制备方法的不足使得急需开发新型的药物载体种类和制备策略。相比之下，基于液滴微流控技术的双乳液制备方法是一个行之有效的构建新型微胶囊药物载体的新策略。双乳液体系包含油/水/油（O/W/O）或水/油/水（W/O/W）结构，其中分散的液滴本身又可以包含一种或多种类型的更小的单分散液滴，从而构成了多重乳液体系。利用液滴微流控芯片可以精确控制微胶囊的尺寸分布，实现结构复杂且单分散性高的微胶囊药物载体的高通量制备。液滴微流控技术为新型微胶囊药物载体的制备提供了一个灵活和可靠的强大工具[94]，并展示了药物载体靶向递送和可控释放的巨大潜力[95, 96]。

　　剑桥大学 Zhang 等[97]开发了基于液滴微流控芯片和主客体化学的超分子微胶囊的合成方法，具有一步合成、高负载率的显著优势。本方法采用了葫芦脲[8]（CB[8]）作为主体分子，因为它能够与客体分子以极高的亲和力在水中形成稳定且动态的复合物。此外，较大的 CB 同系物还能够同时容纳两个客体分子，在水中形成 1∶1∶1 的三元复合物。例如 CB[8]作为主体分子，通过多重非共价反应，与缺电子的第一客体分子甲基紫罗碱（MV^{2+}）和富电子的第二客体分子萘酚（Np）衍生物形成三元复合物。如图 5.15（a）所示，微流控芯片的三个水相入口分别为 CB[8]、甲基紫罗碱-金纳米颗粒（MV^{2+}-AuNPs）和含有萘酚的共聚物（Np-containing copolymer），油相垂直于液相。通过控制流速，可一步形成动态且高度稳定的微胶囊结构，并可按需释放胶囊。如图 5.15（b）所示，将微胶囊进一步进行脱水处理，可以获得尺寸更小的中空型微胶囊颗粒。本工作通过修饰金纳米粒子和具有互补功能的水溶性共聚物，实现了金纳米粒子在 CB[8]聚合网络中的可控分散，深入研究了 CB[8]作为超分子"手铐"的功能，并且利用表面增强拉曼光谱探测微胶囊内部的化学环境和变化。本方法简单高效，微胶囊单分散性高，而且可以根据需要进行芯片拓展，如增加第四种液相通道，形成更复杂的多元复合体，可为基于超分子微胶囊的科学研究和临床诊疗应用提供一种全新的研究平台。

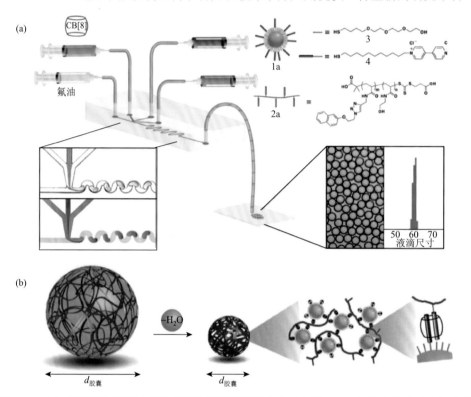

图 5.15 （a）基于液滴微流控芯片的超分子微胶囊的合成示意图；（b）初始合成的液滴经脱水过程形成直径更小的中空型微胶囊[97]

1a：AuNP 功能化与中性和含紫罗碱的配体 3 和 4 的混合物；2a：由 NP 功能化的共聚物

微胶囊的单分散性对于基于微胶囊的药物负载和可控释放过程具有至关重要的作用，极大地影响微胶囊的潜在应用。这是因为药物载体单分散性差将无法得到载体特性与药物释放的关系，药物利用率低，无法安全地在临床中用来治疗疾病。此外，具有环境响应性的微胶囊已被研究证明在诸多医学应用方面具有良好的应用前景[98, 99]，包括温度响应、葡萄糖响应、pH 值响应等。四川大学褚良银课题组开发了一种微流控双乳液方法[100]，成功合成了单分散微胶囊，用于在生理温度下实时响应葡萄糖水平（图 5.16）。制备的双响应型微胶囊在 37℃生理条件下，生理血糖水平在 0.4~4.5 g/L 范围内变化时，会出现可逆且反复的溶胀收缩响应。此外胰岛素实验结果成功证明双响应型微胶囊在药物控释方面的潜在应用，这种自我调节型药物递送模型为糖尿病和癌症的治疗提供了一种新思路。

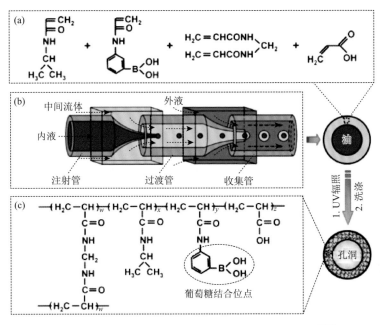

图 5.16　基于微流控芯片的双响应型微胶囊合成方法[100]

　　东南大学赵远锦课题组[101]提出了一种可实现协同运输和缓慢释放药物的新型微胶囊，其由明胶甲基丙烯酸接枝共聚物（GelMa）内核和聚乳酸羟基乙酸共聚物（PLGA）外壳组成。如图 5.17 所示，在微胶囊的制备过程中，使用液滴微流控技术，将溶有盐酸阿霉素（DOX）的 GelMa 水溶液和溶有喜树碱（CPT）的 PLGA 油溶液乳化成均匀的双乳液模板，进一步通过紫外固化模板内核，利用溶剂挥发固化模板壳层。该过程避免了乳液的破损及包裹液的流出，因此可显著提高药物的包裹效率。此外，通过调节微流控的流速，还可精确地调节微粒的尺寸和结构。由于所制备的微胶囊内核和外壳均为固化状态，所以其包裹的活性药物只能随着载体材料的降解而缓慢释放出来，有效避免了其他种类药物载体所面临的药物突释现象。

　　同样，采用液滴微流控技术也可制备具有控释功能的 pH 响应型微胶囊。其中微胶囊外壳具有生物相容性和 pH 响应性，可以在特定的 pH 值下溶解、降解，并以特定的速率释放微胶囊中负载的活性药物分子或化学物质。哈佛大学 David A. Weitz 课题组报道了一种制备单分散 pH 响应型微胶囊的微流控方法[102]。该研究采用毛细微流控芯片制备水包油包水（W/O/W）双乳状液滴。如图 5.18（a）所示，中间的油相是 pH 响应型聚合物的溶液，用于形成均匀的固体外壳。当微胶囊暴露于 pH 触发值时，外壳会以恒定的速率降解，最终释放微胶囊的全部内容物。研究者进一步利用具有不同 pH 响应值的聚合物，制备出了对酸性或碱性条件均有响应的单分散微胶囊。近年来，双 pH 响应型微胶囊被认为是双药物负载的理想载体。Yang 等[103]报道了利用液滴微流控技术，并结合静电液滴策略，制备具有双 pH 响应功能的单分散核壳结构的微胶囊，如图 5.18（b）所示。通过调节芯片系统的合成参数，制备的核-壳微胶囊大小可控，且在酸性和碱性环境下均有良好的响应性能。以壳聚糖为载体，单分散的氨苄西林和双氯芬酸为模型负载药物，实验结果表明该核壳结构微胶囊的药物释放效率优于单独的核或壳颗粒。在生物相容性试验中，细胞存活率约为 80%。结果表明，基于液滴微流控芯片合成的核壳微胶囊是一种潜在的双药物载体。

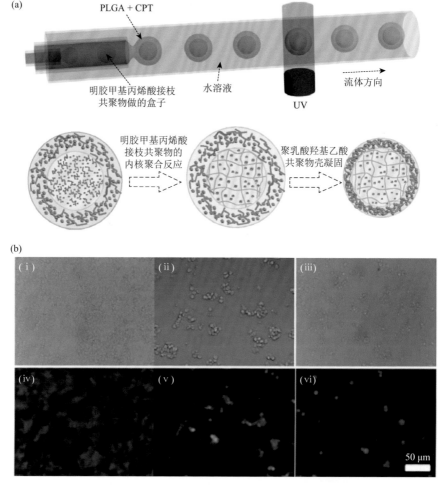

图 5.17　（a）毛细管液滴微流控芯片用制备 W/O/W 型双乳液模板和基于此模板制备 GelMa-PLGA 核壳型微胶囊；（b）基于 HCT116 cells 进行微胶囊药效评估；未载微粒处理的 HCT116 cells 的光学和荧光显微镜图像［（ⅰ），（ⅳ）］，仅载 CPT 微粒［（ⅱ），（ⅴ）］和 DOX-CPT-*co* 共载微粒［（ⅲ），（ⅵ）］分别作用 24 h[101]

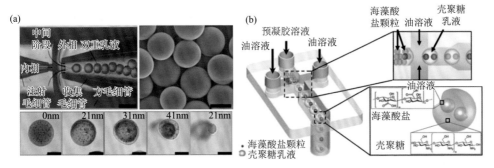

图 5.18　（a）基于液滴微流控芯片制备 W/O/W 型单分散 pH 响应型微胶囊[102]；
（b）基于液滴微流控芯片制备双 pH 响应型的单分散核壳型微胶囊[103]

进一步，褚良银课题组以 O/W/O 双乳液为交联模板，采用液滴微流控技术成功制备了壳聚糖微胶囊（CS）、磁敏壳聚糖微胶囊（CS-M）和磁敏热敏的多响应型壳聚糖微胶囊（CS-M-T）[104]。如图 5.19（a）所示，中间流体（MF）为含有磁敏纳米颗粒和温敏微球的壳聚糖水溶液，而内流体（IF）和外流体（OF）是含有交联剂戊二醛（GA）的油相。基于聚焦型液滴微流控芯片可获得 O/W/O 乳液 [图 5.19（b）]，并进一步作为模板用于制备多响应型微胶囊 [图 5.19（c, d）]。通过在微胶囊膜中嵌入磁性纳米颗粒，可以在外磁场作用下实现特异性靶向递送。由于交联的壳聚糖具有 pH 响应性质，所以当微环境 pH 值高于壳聚糖的 pK_a 值（约 6.2～7.0）时，如在正常组织中（身体生理 pH 值约为 7.4），微胶囊壳层会呈现出收缩状态，从而使得微胶囊内药物缓慢释放 [图 5.19（e）]。另外，当微环境 pH 值低于壳聚糖的 pK_a 值时，如某些慢性创伤处的 pH 值可低至 5.45，微胶囊壳层会呈现出膨胀疏松状态，从而使微胶囊内药物快速释放 [图 5.19（f）]。因此，该智能微胶囊可以根据病理部位的 pH 值差异来实现药物的自主释放。更重要的是，还可以进一步加入温度响应型亚微球作为微阀，通过局部加热或冷却调节局域环境温度，有效地调节药物的释放速率。这是因为微胶囊壳层中的亚微球会随温度变化而产生体积变化，进而产生壳层空隙的变化，最终获得微胶囊内药物的可控释放。如图 5.19（g）所示，当环境温度升高时，由于亚微球的收缩，空隙变小，药物释放速度加快；相反，当温度降低时，由于亚微球的膨胀，空隙变小，药物释放速率降低 [图 5.19（f）]。这种新型的基于微流控技术制备的多响应型微胶囊不仅可以在特定的病理部位实现靶向聚集，而且能够根据患者的个体差异有效调控释放，对实现更合理的给药治疗具有重要的临床意义。

5.3.2　纳米乳液

根据组成结构，纳米乳液（nanoemulsions）分为三种类型：水包油型、油包水型和双连续型。在所有的纳米乳液中，其界面都需要各种表面活性剂或共表面活性剂的辅助作用来保证结构纳米稳定[105]。与其他剂型相比，纳米乳液载药系统具有许多优点，如高表面积、独特的透明外观、流变性可调节、良好的可加工性和生物利用度高，以及药物能够快速高效渗透[105-108]。纳米乳液不仅可以作为药物递送载体，还能够增强药物的许多特性，包括稳定性、溶解度、生物相容性和生物利用率[109-112]。纳米乳液目前被广泛用作一种重要的纳米药物载体，用于开发药物配方，为肿瘤诊疗提供解决方案。目前纳米乳液的制备技术主要有超声法、高压阀均质化、微流控技术等。其中微流化技术的一般原理是利用高压液流（水相和油相）的相互作用，在亚微米范围内产生高剪切作用和精细乳液[109]。相比于其他纳米乳化方法，微流控技术能够在相同的条件下获得最小粒径和最高制备效率。本小节将重点介绍基于微流控芯片制备的纳米乳液作为药物载体，进行药物可控递送的最新进展。

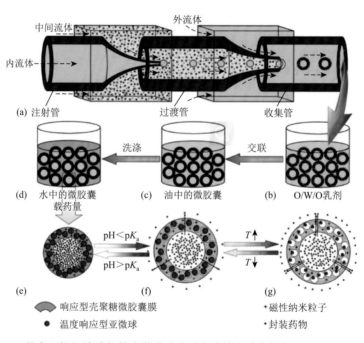

图 5.19　具有可控释放功能的多激发响应型壳聚糖微胶囊的制备过程（a～d）和
可控释放机制（e～g）示意图[104]

　　Zhigaltsev 等首次开发了 20～50 nm 范围内甘油三酯纳米乳液，用于稳定且高效地负载药物盐酸阿霉素[113]。如图 5.20 所示，微流控芯片是由一个宽 200 μm、高 79 μm 的混合渠道的软光刻技术制造的。使用注射泵将乙醇和缓冲液中的脂质分别注入，使用人字形结构快速混合两相液流。将盐酸阿霉素溶解于生理盐水中，加入到含硫酸铵的脂质纳米颗粒中，通过改变药物与脂质的物质的量比，测定荧光强度来确定负载效率。实验表明在 0.2 mol/mol 药脂的物质的量比例下，负载效率可高达 100%。该研究确立了微流体混合策略作为一种有效且通用的方法，可用于制备具有极性或非极性内核的、尺寸小于 100 nm 的新型脂质纳米颗粒。

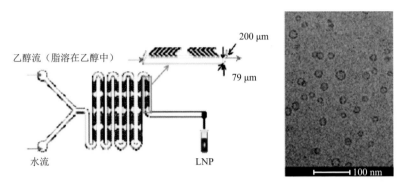

图 5.20　基于微流控芯片制备负载药物盐酸阿霉素的甘油三酯纳米乳液[113]

　　近年来，在医学和生化研究中，纳米乳液体系除了药物靶向和改善药效的功能外，还可以通过设计用于成像并引导肿瘤治疗。诊疗一体化纳米材料的开发是近年来药物递送纳米制剂开发领域的研究热点。诊疗一体化纳米材料同时结合了药物递送系统（脂质体、胶束、纳米乳液）和显像试剂，允许对病变器官和组织中的治疗性纳米材料进行体内监测。Gianella 等[114]开发了一种多模态纳米乳液结构，用于成像引导治疗，并在结肠癌小鼠模型中进行了疗效评估。如图 5.21 所示，该多模态药物载体以油-水纳米乳液为基础，携带用于 MRI 的氧化铁纳米晶体、用于 NIRF 成像的荧光染料 Cy7 和用于治疗的疏水性皮质激素泼尼松龙（PAV）。MRI 和 NIRF 成像显示，与各成分分别使用的纳米乳液、游离药物和生理盐水处理的对照样品相比，采用 PAV 纳米乳液治疗的实验小鼠均表现出明显的纳米颗粒聚集，且肿瘤生长数据显示出了纳米乳液对肿瘤的显著的抑制作用。这个以 PAV、氧化铁纳米晶体和 Cy7 为负载的复合纳米乳化系统代表了一种灵活的、多功能的，并可用于成像引导的肿瘤诊疗一体化平台。类似地，O'Hanlon 等报道了另外一种基于微流控芯片制备的诊疗一体化纳米药物乳液体系[115]。该体系采用微流控技术，以全氟聚醚（PFPE）为原料，以 PFPE-tyramide 为 MRI 示踪剂，制备了平均粒径为 180 nm、多分散指数（PDI）小于 0.2 的纳米乳液。碳氢油、表面活性剂、近红外（NIR）染料、水不溶性亲脂型药物均被包含在该乳液体系中。研究者基于该体系能够同时借助于 MRI、NIR 两种成像模式，非侵入性监测药物在生物体内的分布和药效。所以微流控技术作为一种多模态纳米乳液的合成方法，为肿瘤诊疗一体化提供了一个有效且通用的技术平台。

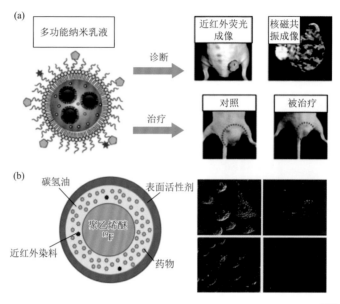

图 5.21 基于微流控芯片制备多模态纳米乳液并用于肿瘤诊疗[115]

5.3.3 纳米颗粒

治疗癌症的有效方案常常需要多种药物联合用药，包括小分子药物、蛋白药物和核酸药物等，通过协同作用抑制肿瘤细胞耐药性。功能化纳米颗粒（nanoparticles），作为一种新型的载药递送系统，不仅可以作为肿瘤药物的载体，增强药物包载能力和递送效率，而且可以借助纳米颗粒的独特性质来得到新的抗癌疗法，如光学、热学、磁学和电学等性质。因此，开发多功能纳米颗粒，多管齐下，用于癌症联合治疗是当前纳米技术领域的一个重大课题。应用于癌症联合疗法的纳米载药载体除了要具备稳定性和生物可降解性外，此类载体还必须与疏水性和亲水性药物兼容，并在治疗水平上缓释药物。因此，建立一个简单、高效且稳定的载药纳米颗粒制备方法，实现多种药物的复杂装配和可控释放是当前该领域的技术瓶颈。

目前通过整体混合和纳米沉淀等常规方法来制备具有特定尺寸和形态的单分散纳米颗粒，在很多方面都存在巨大的技术挑战，如缓慢、无效、可控性差等。与传统体式制备工艺相比，微流体技术通过微通道精细控制流体的流动和混合，从而极大地改善了纳米颗粒的均一性、多样性和结构性，提高抗癌药物的装载效率，并可以实现高通量制备。研究者基于微流控技术开发了多种新型纳米递送系统，包括脂质纳米颗粒、聚合物纳米颗粒和复合型纳米颗粒等。

1. 聚合物纳米颗粒

在诸多聚合物纳米颗粒的制备材料中，壳聚糖具有三种反应官能团和亲水性质，并且具备出色的生物性能，包括生物活性、生物相容性、生物降解性以及打开紧密连接的能力[116, 117]，因此，壳聚糖在纳米药物应用方面被认为是最有前途的生物聚合物之一。然而，壳聚糖的高度亲水特性，使之不适合包载疏水性药物，并且通过传统的本体混合法很难制备单分散良好的纳米颗粒。针对这一挑战，Majedi 等[118]研究者提出了一种利用 T 型微流控芯片合成单分散壳聚糖基纳米颗粒的方法，并用于疏水性药物的包载 [图 5.22（a）]。在微流控芯片中，首次基于pH 改变完成对壳聚糖的疏水修饰（hydrophobically-modified chitosan，HMCS）和自组装过程，最终制备了基于壳聚糖的疏水改性的单分散纳米颗粒。该聚合物纳米颗粒能够包裹疏水性抗肿瘤药物（如紫杉醇），并且能够改善药物可控释放进程。与常规方法合成的纳米粒进行比较，发现与传统整体混合方法合成的纳米粒相比，基于微流控芯片合成的聚合物纳米颗粒具有更小的尺寸分布和更高的抗肿瘤活性。

多基因和蛋白（如转录因子，TFs）均具有调节细胞信号通路的功能，所以作为治疗药物同时递送，发挥协同作用是一种新兴的肿瘤治疗策略。基于此，国家纳米科学中心王浩课题组与美国加州大学洛杉矶分校的曾宪荣课题组合作[119]，基于微流控技术实现多功能化超分子纳米颗粒（multifunctional supramolecular nanoparticles，MFSNPs）的新策略。如图 5.22（b）所示，该方法采用了两组微流控系统，分别是数字化液滴生成器（digital droplet generator，DDG）[120, 121]和细

(a)

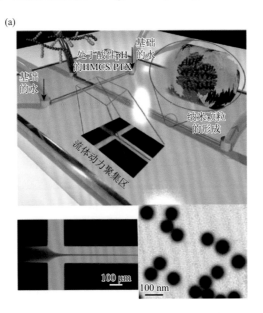

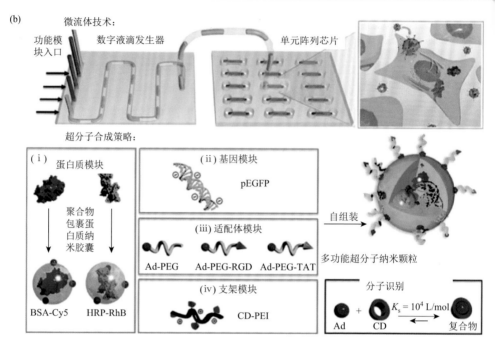

图 5.22 （a）基于 T 型微流控芯片合成单分散壳聚糖基纳米颗粒，并用于疏水性药物的包载[118]；（b）基于微流控技术实现多功能化超分子纳米颗粒[123]

胞培养阵列芯片[122, 123]。首先，在 DDG 微流控芯片上为了合成 MFSNPs，利用金刚烷和 β-环糊精之间的分子识别，通过改变四个功能模块之间的比例，在 DDG 生成了 DNA 和蛋白包裹的 MFSNPs 组合纳米颗粒。然后，将 DDG 芯片和细胞培养芯片连接起来。将合成的 MFSNPs 用于细胞培养，从而筛选最优的参数组合，获得最佳的传递性能。这样蛋白质和基因被 MFSNPs 靶向递送，在体外和体内实现协同治疗作用。新方法能够高通量合成并筛选纳米颗粒，可以为免疫治疗、干细胞重编程和其他的治疗应用开辟一条新途径。

虽然目前已有许多制备结构化的有机纳米复合材料的技术，但以可控的、通用的、可扩展的方式制备它们仍然具有挑战性。哈佛大学 Liu 等[124]研究者开发了一种新型的超快纳米沉淀微流控平台，用于高通量生产核/壳型复合纳米颗粒。如图 5.23 所示，该芯片由三个锥形玻璃毛细管（C1，C2 和 C3）连续嵌套组成，其中内液 1 为纳米复合材料的核和壳前体，注入到 C1 和 C2 之间；内液 2 为仅用于核前驱体的非溶剂，经由毛细管 C2 注入；外液是无溶剂的核和壳前驱体，注入到 C1 和 C3 之间。利用共轴几何关系，该芯片能够保证快速且稳定的混合液流性能[125, 126]。该设计能够实现超快（毫秒）时间间隔的顺序无沉淀过程，最终有效解决纳米沉淀过程中无稳定剂条件下的纳米复合材料内核不稳定问题。实验中具体采用了肠溶包衣琥珀酸羟丙酯（hypromellose acetate succinate）作为壳层聚合物，两种水溶性差的抗肿瘤药物紫杉醇和索拉非尼作为内核。通过快速纳米沉淀过程，得到了粒径均一的具有复合结构的聚合物纳米颗粒，且表现出较高的热稳定性。研究结果表明，本平台具有如下几个显著优势：①单芯片可实现约 700 g/天的高通量生产效率；②所生成的核/壳纳米复合材料具有极高的载药量和增强的药代动力学；③聚合物纳米颗粒可以实现药物的可控释放。

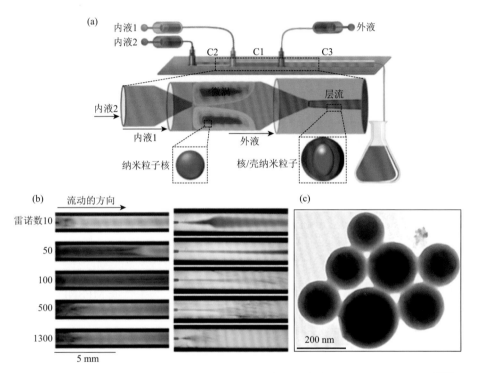

图 5.23　基于超快纳米沉淀和液滴微流控平台，高通量生产核/壳型复合纳米颗粒[124]

2. 脂质纳米颗粒

脂质纳米颗粒（lipid nanoparticles）具有囊泡结构，能够在活体内用作药物载体，增强肿瘤靶向性。目前制备脂质纳米颗粒一般都需要昂贵且专业的仪器，并且制备过程耗时耗力。尤其是需要高通量处理脂质纳米颗粒时，面临着高通量实验间的差异性、纳米尺寸多分散性和操作步骤烦琐等困难和挑战。相比之下，微流体技术具有流体操纵能力和快速混合特性，是研究具有纳米尺寸和精细结构的脂质纳米囊泡的有效工具[127]。

1）杂化脂质核壳纳米颗粒

国家纳米科学中心孙佳姝和蒋兴宇对基于微流控技术的纳米药物可控组装做了一系列工作，尤其是在杂化脂质核壳纳米粒（Hybrid lipid core-shell nanoparticles，

LNPs）制备领域。研究者首先开发了一种两级微流控芯片（two-stage microfluidic device），其中包括用于纳米颗粒合成的直线型微通道和用于液体混合的双螺旋微通道[128, 129]。基于该芯片研究者成功一步合成了 PLGA 作为内核，磷脂作为外壳的杂化纳米颗粒。研究者发现，通过调节脂质层与聚合物之间的水腔结构，可以调节纳米颗粒的硬度。其中较硬的纳米颗粒具有较高的细胞摄取能力与药物递送能力。此外，他们还发现在较高流速条件下，基于微流控芯片可以合成出尺寸更小、粒径分布更均匀的纳米颗粒[130]。通过优化微通道中 PLGA 和脂质的流速，可以调节所制备的纳米颗粒尺寸分布在 50～100 nm 范围。为了进一步合成具有更复杂和更精细结构的杂化纳米颗粒，孙佳姝和蒋兴宇研究团队进一步研发了一种三级微流控芯片[131]。利用这种三级芯片可以一步构建出具有空心结构的硬质纳米囊泡（rigid nano-vesicles，RNVs），合成步骤简单直接，无需使用乳化剂和稳定剂。该芯片可以高效地将多种亲水性药物高效包载在胶囊型纳米颗粒内，并且能够体内和体外靶向递送。如图 5.24 所示，RNV 包括一个中空的水相内核、一个硬质的聚乳酸-羟基乙酸外壳和最外层的脂质层，水动力学直径约为 140 nm，多分散指数小于 0.25。其中将亲水性试剂如钙黄绿素、Rhodamine B 和 siRNA 等包裹在 RNVs 水相内核中的成功率高达 90%，是传统体合成方法的 1.5 倍[132]。研究者进一步利用同时包裹 siMDR1 和 DOX 的 RNV（RNV[DOX/siMDR1]）在体外和活体内进行了系列对比实验，实验结果表明与游离的阿霉素（DOX）和 siMDR1 组合相比，RNV[DOX/siMDR1]对多药耐药肿瘤模型的抗肿瘤作用和循环稳定性显著增强。进一步经过血红蛋白和体重变化评估，该 RNV 纳米载药系统具备生物安全性。因此，RNVs 作为一种高效的亲水性诊疗一体化药物载体极具发展潜力。

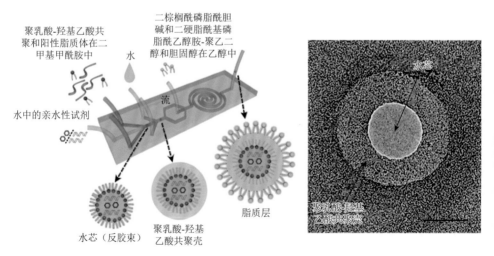

图 5.24　基于三级芯片一步构建具有空心结构的胶囊型硬质纳米囊泡[131]

2）仿生脂质纳米颗粒

仿生脂质纳米颗粒也称为仿生细胞膜包覆纳米颗粒（cell membrane-coated nanoparticles，CM-NPs），具有良好的生物化学性能，已被广泛应用于各种生物医学领域。尤其是仿生脂质纳米颗粒可以模拟红细胞、白细胞、血小板以及癌细胞等功能，并且具有出色的生物兼容特性和良好的靶向传递能力，是一种极具前景的肿瘤诊疗一体化靶向载药系统。传统方法合成仿生脂质纳米颗粒，往往需要多次挤压工序，这可能会导致蛋白质损失、膜结构破坏，以及制备通量难以提高。所以该领域亟须一种标准化的、批量一致的、尺度可调的、高通量的组装方法来进一步开发这些仿生载药系统。相比之下，微流控技术可以有效克服上述困难，为仿生脂质纳米颗粒的可控合成提供了一种可靠的工具，具有通用性和可重复性。

以往研究表明，电穿孔技术可以在细胞膜上产生多个瞬时孔道，有效促进纳米颗粒进入细胞内[133, 134]。武汉大学刘威教授课题组[135]利用微流控芯片上的电穿孔工艺成功制备红细胞膜包覆磁性纳米颗粒。如图 5.25（a）所示，研究者首先将 Fe_3O_4 磁性纳米颗粒（MNs，80 nm）和红血细胞膜囊泡（RBC-Vesicles，200 nm）分别通过两个入口注入微流控芯片，依次经过 Y 型合并微通道和进入 S 型混合微通道后，到达电穿孔区域。研究者探讨了脉冲电压、脉冲时间和微流体流速三个因素对 RBC-MNs 合成的影响。通过优化合成参数，可以重复制备 Fe_3O_4 内核为 80 nm（直径）、脂质外壳约为 9.4 nm 厚度的仿生脂质纳米颗粒。最后，从芯片出口收集所生成的 RBC-MNs，并注射到实验小鼠体内，以测试其活体性能。由于 MN 内核具有良好的磁性和光热性质，并且红细胞膜具有较长的血液循环特性，所以 RBC-MNs 可用于增强肿瘤磁共振成像（MRI）和光热疗法（PTT）。基于微流控电穿孔法制备的 RBC-MNs 具有完整的细胞膜壳层，其诊疗效果明显优于传统挤压法制备的 RBC-MNs。因此，微流体电穿孔技术和 CM-NPs 技术的结合为仿生脂质纳米颗粒的合成提供了一个新的视角，进而提高肿瘤诊断和治疗的效果。Molinaro 等[136]研究人员利用微流控芯片系统研究了膜蛋白在仿生纳米囊泡双层膜中的结合。图 5.25（b）描述了基于微流控技术巧妙地将膜蛋白嵌插入仿生纳米囊泡的双分子层内，获得纳米白细胞小体（NA-Leuko）。他们详细探究了基于微流体合成的 NA-Leuko 的物理、药物和生物学特性。结果表明 NA-Leuko 不仅保存期延长，而且保留有供体细胞的生物功能（即巨噬细胞的逃避响应和针对发炎血管系统的靶向识别能力）。该微流控平台作为一种通用的、稳定的且可扩展的制备工具，能够广泛用于脂质纳米颗粒的组装，并用于仿生纳米囊泡的制备。

外泌体作为一种细胞膜包覆的纳米级囊泡颗粒（直径为 50～150 nm），同样具备仿生脂质纳米颗粒的特性和功能。由于外泌体具有诊断和治疗价值，因此可以尝试基于微流体组装合成外泌体，作为治疗性纳米药物进行进一步的肿瘤靶向治疗研究。华中科技大学刘笔锋研究团队[77]开发了一种具有三维纳米结构的微流控芯片，能够将生物素和抗生物素蛋白两种配体修饰在外泌体上，同时外泌体内包裹了抗癌药物。进一步经过微流控芯片分离和纯化后，外泌体用作药物载体作用于体外和体内的肿瘤细胞。研究显示，外泌体表现出了显著的靶向功能和高效的细胞摄取能力。

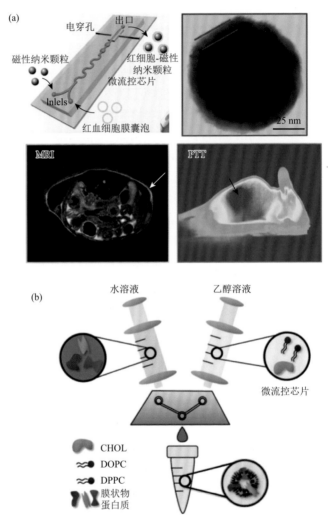

图 5.25 （a）基于微流控芯片和电穿孔工艺制备红细胞膜包覆的磁性纳米颗粒[135]；
（b）用于仿生囊泡制备的微流控平台[136]

CHOL：胆固醇；DOPC：二油酰基磷脂酰胆碱；DPPC：二棕榈酰磷脂酰胆碱

3）复合脂质纳米颗粒

北京科技大学海明潭、上海交通大学附属第六人民医院朱悦琦和哈佛大学Zhang 等研究者合作[137]，如图 5.26 所示，基于微流控技术开发了一种非常高效的纳米给药体系，并通过本纳米药物传递体系实现了分子靶向药物和化学药物的多药联用，在低剂量静脉注射的情况下，就可以抑制人类表皮因子受体 2 阳性乳腺肿瘤达到 90%。本系统可分为四个流程：①合成复合纳米颗粒（composite nanoparticles，cNPs）。采用长度约为 50 nm 的金纳米棒（AuNRs）和粒径约 150 nm 的带有羧基末端的多孔硅纳米颗粒（porous silicon nanoparticles，PSi NPs），通过化学反应相连接，形成粒径约 159 nm 的 cNPs。②cNPs 装载药物。首先将 cNPs 分散在无水乙醇中，然后在磁力搅拌条件下，将疏水性抗癌药物吸附在纳米颗粒上，并通过离心纯化。值得注意的是，无论 cNPs 装载的是亲水药物还是疏水药物，cNPs 能分散在水相中。③聚合物囊泡包裹 cNPs。利用聚焦型微流控芯片制备水/油/水（W/O/W）乳液，合成具有核壳结构的聚合物囊泡包裹 cNPs，其粒径为 50～150 µm。④构建纳米级复合聚合物囊泡。将微米级的聚合物囊泡，通过孔径 0.2 µm 的过滤膜，最终获得纳米级复合纳米颗粒。经过一系列评估测试实验发现，该纳米体系具有良好的生物相容性和稳定性。通过连续注射该纳米体系，小鼠的肿瘤抑制率超过了 90%，而且该纳米载药新体系制备方法简单有效，并能够有效降低癌细胞的耐药性及药物引起的副作用，具有临床转化的潜力。

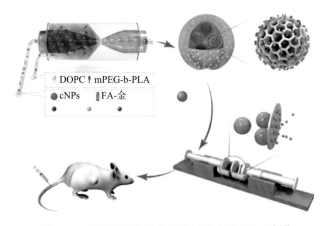

图 5.26　基于微流控芯片的高效纳米给药体系[137]

DOPC：二油酰基磷脂酰胆碱；mPEG-b-PLA：两亲嵌段共聚物；cNPs：合成复合纳米颗粒；

5.4　展望

　　微流体技术在精确操作和精细组装方面的多功能性为液体活检、纳米载药系统以及肿瘤诊疗的研究提供了强大的技术支持。一种设计合理的微流控系统可以实现诸多传统方法无法实现的功能，包括：①从复杂生物体液（血液、尿液或汗液等）中高效率捕获或分离出痕量的肿瘤标志物，包括 CTCs，EVs 和 ctDNA 等。

②为了在临床水平上促进液体活检的应用和分析，进一步将多功能模块（包括样品预处理、靶标分离纯化和内含物原位检测等）集成到同一个微流控芯片中，可以对肿瘤标志物进行高灵敏度的定量分析，推动液体活检的研究和应用，为癌症诊断提供一种非侵入性方法。③微流控芯片为可控合成功能化复合纳米颗粒提供强大的技术平台，包括聚合物纳米颗粒、脂质核壳纳米颗粒、仿生脂质纳米颗粒以及经配体编辑的外泌体等多种类型和多种功能的纳米载药系统，特别是为具有生物学特性的仿生脂质纳米颗粒提供了一种可重复、标准化和结构完整的制备工艺。基于微流控芯片可以实现纳米载药体系的多样化，包括纳米结构复杂化、载药种类多样化、靶向递送多重化和诊断治疗一体化。上述这些基于微流控芯片生产的纳米颗粒在癌症治疗中发挥着越来越重要的作用，值得研究者付出更多的努力来进一步优化和突破现有的方法和技术，进一步提高检测性能和制备通量，并开展更多的研究来评估纳米颗粒的有效性。

孙英男

参 考 文 献

[1] And M W T, Kenis P J A. Multilevel microfluidics via single-exposure photolithography. Journal of the American Chemical Society, 2005, 127 (21): 7674-7675.

[2] Hannes B, Vieillard J, Chakra E B, et al. The etching of glass patterned by microcontact printing with application to microfluidics and electrophoresis. Sensors and Actuators B: Chemical, 2008, 129 (1): 255-262.

[3] Tse L A, Hesketh P J, Rosen D W, et al. Stereolithography on silicon for microfluidics and microsensor packaging. Microsystem Technologies, 2003, 9 (5): 319-323.

[4] Saitoh T, Suzuki Y, Hiraide M. Preparation of poly (N-isopropylacrylamide)-modified glass surface for flow control in microfluidics. Analytical Sciences, 2002, 18 (2): 203-205.

[5] Carlborg C F, Haraldsson T, Öberg K, et al. Beyond PDMS: off-stoichiometry thiol-ene (OSTE) based soft lithography for rapid prototyping of microfluidic devices. Lab on a Chip, 2011, 11 (18): 3136-3147.

[6] Cai J, Jiang J, Gao F, et al. Rapid prototyping of cyclic olefin copolymer based microfluidic system with CO_2 laser ablation. Microsystem Technologies, 2017, 23 (10): 5063-5069.

[7] Wang X, Liedert C, Liedert R, et al. A disposable, roll-to-roll hot-embossed inertial microfluidic device for size-based sorting of microbeads and cells. Lab on a Chip, 2016, 16 (10): 1821-1830.

[8] Iwai K, Shih K C, Lin X, et al. Finger-powered microfluidic systems using multilayer soft lithography and injection molding processes. Lab on a Chip, 2014, 14 (19): 3790-3799.

[9] Solvas X C, DeMello A. Droplet microfluidics: recent developments and future applications. Chemical Communications, 2011, 47 (7): 1936-1942.

[10] Nie Z, Seo M S, Xu S, et al. Emulsification in a microfluidic flow-focusing device: effect of the viscosities of the liquids. Microfluidics and Nanofluidics, 2008, 5 (5): 585-594.

[11] Yobas L, Martens S, Ong W L, et al. High-performance flow-focusing geometry for spontaneous generation of monodispersed droplets. Lab on a Chip, 2006, 6 (8): 1073-1079.

[12] 付涛涛，马友光，朱春英. T 形微通道内气泡（液滴）生成机理的研究进展. 化工进展，2011（11）：30-36.

[13] Yanqing D，Riche C T，Gupta M，et al. Scale-up modeling for manufacturing nanoparticles using microfluidic T-junction. IISE Transactions，2018. 1443529.

[14] Zeng S，Li B，Su X，et al. Microvalve-actuated precise control of individual droplets in microfluidic devices. Lab on a Chip，2009，9（10）：1340-1343.

[15] 肖志良，张博. 基于液滴技术的微流控芯片实验室及其应用. 色谱，2011，29（10）：949-956.

[16] Garstecki P，Stone H A，Whitesides G M. Mechanism for flow-rate controlled breakup in confined geometries：a route to monodisperse emulsions. Physical Review Letters，2005，94（16）：164501.

[17] Peng L，Yang M，Guo S，et al. The effect of interfacial tension on droplet formation in flow-focusing microfluidic device. Biomedical Microdevices，2011，13（3）：559-564.

[18] 孟昊苏. 微流体聚焦法制备治疗型微气泡造影剂的研究. 上海：华东理工大学硕士学位论文，2013.

[19] Takeuchi S，Garstecki P，Weibel D B，et al. An axisymmetric flow-focusing microfluidic device. Advanced Materials，2005，17（8）：1067-1072.

[20] Utada A S，Lorenceau E L，Link D R，et al. Monodisperse double emulsions generated from a microcapillary device. Science，2005，308（5721）：537-541.

[21] 曾绍江. 基于微流控芯片的液滴操控技术研究. 北京：中国科学院研究生院博士学位论文，2011.

[22] Brouzes E，Medkova M，Savenelli N，et al. Droplet microfluidic technology for single-cell high-throughput screening. Proceedings of the National Academy of Sciences，2009，106（34）：14195-14200.

[23] Shim J，Olguin L F，Whyte G，et al. Simultaneous determination of gene expression and enzymatic activity in individual bacterial cells in microdroplet compartments. Journal of the American Chemical Society，2009，131（42）：15251-15256.

[24] Utada A S，Lorenceau E L，Link D R，et al. Monodisperse double emulsions generated from a microcapillary device. Science，2005，308（5721）：537-541.

[25] Lorenceau E，Utada A S，Link D R，et al. Generation of polymerosomes from double-emulsions. Langmuir，2005，21（20）：9183-9186.

[26] Abate A R，Weitz D A. High-order multiple emulsions formed in poly（dimethylsiloxane）microfluidics. Small，2009，5（18）：2030-2032.

[27] Deng N N，Yelleswarapu M，Huck W T S. Monodisperse uni-and multicompartment liposomes. Journal of the American Chemical Society，2016，138，7584-7591.

[28] Deng N N，Yelleswarapu M，Zheng L，et al. Microfluidic assembly of monodisperse vesosomes as artificial cell models. Journal of the American Chemical Society，2016，139（2）：587-590.

[29] Lawrence M J，Rees G D. Microemulsion-based media as novel drug delivery systems. Advanced Drug Delivery Reviews，2000，45（1）：89-121.

[30] Patravale V B，Date A A，Kulkarni R M. Nanosuspensions：a promising drug delivery strategy. Journal of Pharmacy and Pharmacology，2004，56（7）：827-840.

[31] Vladisavljević G T，Khalid N，Neves M A，et al. Industrial lab-on-a-chip：design，applications and scale-up for drug discovery and delivery. Advanced Drug Delivery Reviews，2013，65（11-12）：1626-1663.

[32] Zhao X，Liu Y，Yu Y，et al. Hierarchically porous composite microparticles from microfluidics for controllable drug delivery. Nanoscale. 2018，10（26）：12595-12604.

[33] Tadimety A，Syed A，Nie Y，et al. Liquid biopsy on chip：a paradigm shift towards the understanding of cancer metastasis. Integrative Biology，2017，9（1）：22-49.

[34] Alix-Panabières C，Pantel K. Challenges in circulating tumour cell research. Nature Reviews Cancer，2014，14（9）：623-631.

[35] Arya S K，Lim B，Rahman A R A. Enrichment，detection and clinical significance of circulating tumor cells. Lab on a Chip，2013，13（11）：1995-2027.

[36] Bishop J M. The molecular genetics of cancer. Science，1987，235（4786）：305-311.

[37] 陆宁宁，谢敏，程世博等. 血液中循环肿瘤细胞捕获与释放方法研究进展. 分析科学学报，2015，31（3）：416-426.

[38] Ohnaga T，Shimada Y，Takata K，et al. Capture of esophageal and breast cancer cells with polymeric microfluidic devices for CTC isolation. Molecular and Clinical Oncology，2016，4（4）：599-602.

[39] Aghaamoo M，Zhang Z，Chen X，et al. Deformability-based circulating tumor cell separation with conical-shaped microfilters：concept，optimization，and design criteria. Biomicrofluidics，2015，9（3）：034106.

[40] Zhang Z，Chen X，Xu J. Entry effects of droplet in a micro confinement：implications for deformation-based circulating tumor cell microfiltration. Biomicrofluidics，2015，9（2）：024108.

[41] Cote R J，Datar R H. Size-Based and Non-Affinity Based Microfluidic Devices for Circulating Tumor Cell Enrichment and Characterization. New York：Springer，2016.

[42] Son Y J，Kang J，Kim H S，et al. Electrospun nanofibrous sheets for selective cell capturing in continuous flow in microchannels. Biomacromolecules，2016，17（3）：1067-1074.

[43] Yildiz I. Applications of magnetic nanoparticles in biomedical separation and purification. Nanotechnol Rev，2016，5（3）：331-340.

[44] Chan J Y，Ahmad K A B，Md Ali M A，et al. Dielectrophoresis-based microfluidic platforms for cancer diagnostics. Biomicrofluidics，2018，12（1）：011503.

[45] Iliescu F S，Iliescu C. Circulating Tumor cells isolation using on-chip dielectrophoretic platforms. Annals of the Academy of Romanian Scientists Series on Science and Technology of Information，2016，9（2）：27-42.

[46] Karthick S，Pradeep P N，Kanchana P，et al. Acoustic impedance-based size-independent isolation of circulating tumor cells from blood using acoustophoresis. Lab on a Chip，2018，18（24）：3802-3813.

[47] Augustsson P，Magnusson C，Lilja H，et al. Acoustophoresis in tumor cell enrichment. Circulating tumor cells：isolation and analysis. London：Wiley，2016：227-238.

[48] Stott S L，Hsu C H，Tsukrov D I，et al. Isolation of circulating tumor cells using a microvortex-generating herringbone-chip. Proceedings of the National Academy of Sciences，2010，107（43）：18392-18397.

[49] Reátegui E，Aceto N，Lim E J，et al. Tunable nanostructured coating for the capture and selective release of viable circulating tumor cells. Advanced Materials，2015，27（9）：1593-1599.

[50] Park M H，Reátegui E，Li W，et al. Enhanced isolation and release of circulating tumor cells using nanoparticle binding and ligand exchange in a microfluidic chip. Journal of the American Chemical Society，2017，139（7）：2741-2749.

[51] Lin M，Chen J F，Lu Y T，et al. Nanostructure embedded microchips for detection，isolation，and characterization of circulating tumor cells. Accounts of Chemical Research，2014，47（10）：2941-2950.

[52] Wang S，Liu K，Liu J，et al. Highly efficient capture of circulating tumor cells by using nanostructured silicon substrates with integrated chaotic micromixers. Angewandte Chemie International Edition，2011，50（13）：3084-3088.

[53] Hou S，Zhao L，Shen Q，et al. Polymer nanofiber-embedded microchips for detection，isolation，and molecular analysis of single circulating melanoma cells. Angewandte Chemie International Edition，2013，52（12）：

3379-3383.

[54] Zhao L, Lu Y T, Li F, et al. High-purity prostate circulating tumor cell isolation by a polymer nanofiber-embedded microchip for whole exome sequencing. Advanced Materials，2013，25（21）：2897-2902.

[55] Shen Q，Xu L，Zhao L，et al. Specific capture and release of circulating tumor cells using aptamer-modified nanosubstrates. Advanced Materials，2013，25（16）：2368-2373.

[56] Ke Z，Lin M，Chen J F，et al. Programming thermoresponsiveness of NanoVelcro substrates enables effective purification of circulating tumor cells in lung cancer patients. ACS Nano，2014，9（1）：62-70.

[57] Ahmed M G，Abate M F，Song Y，et al. Isolation，Detection，and antigen-based profiling of circulating tumor cells using a size-dictated immunocapture Chip. Angewandte Chemie International Edition，2017，56（36）：10681-10685.

[58] Song Y，Shi Y，Huang M，et al. Bioinspired engineering of a multivalent aptamer-functionalized nanointerface to enhance the capture and release of circulating tumor cells. Angewandte Chemie，2019，131（8）：2258-2262.

[59] Cheng S B，Xie M，Xu J Q，et al. High-efficiency capture of individual and cluster of circulating tumor cells by a microchip embedded with three-dimensional poly（dimethylsiloxane）scaffold. Analytical Chemistry，2016，88（13）：6773-6780.

[60] Cheng S B，Xie M，Chen Y，et al. Three-dimensional scaffold chip with thermosensitive coating for capture and reversible release of individual and cluster of circulating tumor cells. Analytical Chemistry，2017，89（15）：7924-7932.

[61] Yin C，Wang Y，Ji J，et al. Molecular profiling of pooled circulating tumor cells from prostate cancer patients using a dual-antibody-functionalized microfluidic device. Analytical Chemistry，2018，90（6）：3744-3751.

[62] Gagnon Z R. Cellular dielectrophoresis：applications to the characterization，manipulation，separation and patterning of cells. Electrophoresis，2011，32（18）：2466-2487.

[63] Pethig R. Dielectrophoresis：Status of the theory，technology，and applications. Biomicrofluidics，2010，4（3）：039901.

[64] Alazzam A，Stiharu I，Bhat R，et al. Interdigitated comb-like electrodes for continuous separation of malignant cells from blood using dielectrophoresis. Electrophoresis，2011，32（11）：1327-1336.

[65] Henslee E A，Sano M B，Rojas A D，et al. Selective concentration of human cancer cells using contactless dielectrophoresis. Electrophoresis，2011，32（18）：2523-2529.

[66] Kim S H，Fujii T. Efficient analysis of a small number of cancer cells at the single-cell level using an electroactive double-well array. Lab on a Chip，2016，16（13）：2440-2449.

[67] Čemažar J，Douglas T A，Schmelz E M，et al. Enhanced contactless dielectrophoresis enrichment and isolation platform via cell-scale microstructures. Biomicrofluidics，2016，10（1）：014109.

[68] Cheng I F，Huang W L，Chen T Y，et al. Antibody-free isolation of rare cancer cells from blood based on 3D lateral dielectrophoresis. Lab on a Chip，2015，15（14）：2950-2959.

[69] Fabbri F，Carloni S，Zoli W，et al. Detection and recovery of circulating colon cancer cells using a dielectrophoresis-based device：KRAS mutation status in pure CTCs. Cancer Letters，2013，335（1）：225-231.

[70] Li M，Anand R K. High-throughput selective capture of single circulating tumor cells by dielectrophoresis at a wireless electrode array. Journal of the American Chemical Society，2017，139（26）：8950-8959.

[71] Mohamadi R M，Besant J D，Mepham A，et al. Nanoparticle-mediated binning and profiling of heterogeneous circulating tumor cell subpopulations. Angewandte Chemie International Edition，2015，54（1）：139-143.

[72] Poudineh M，Aldridge P M，Ahmed S，et al. Tracking the dynamics of circulating tumour cell phenotypes using

nanoparticle-mediated magnetic ranking. Nature Nanotechnology，2017，12（3）：274.

[73] Osada-Oka，M，Shiota，M，Izumi，Y，et al. Macrophage-derived exosomes induce inflammatory factors in endothelial cells under hypertensive conditions. Hypertens Res，2017，40（4）：353-360.

[74] Liu C，Zhao J，Tian F，et al. Low-cost thermophoretic profiling of extracellular-vesicle surface proteins for the early detection and classification of cancers. Nature Biomedical Engineering，2019，3（3）：183.

[75] Jiang Y，Shi M，Liu Y，et al. Aptamer/AuNP biosensor for colorimetric profiling of exosomal proteins. Angewandte Chemie International Edition，2017，56（39）：11916-11920.

[76] Wan Y，Cheng G，Liu X，et al. Rapid magnetic isolation of extracellular vesicles via lipid-based nanoprobes. Nature Biomedical Engineering，2017，1（4）：0058.

[77] Wang J，Li W，Zhang L，et al. Chemically edited exosomes with dual ligand purified by microfluidic device for active targeted drug delivery to tumor cells. ACS Applied Materials & Interfaces，2017，9（33）：27441-27452.

[78] Wu M，Ouyang Y，Wang Z，et al. Isolation of exosomes from whole blood by integrating acoustics and microfluidics. Proceedings of the National Academy of Sciences，2017，114（40）：10584-10589.

[79] Ding X，Peng Z，Lin S C S，et al. Cell separation using tilted-angle standing surface acoustic waves. Proceedings of the National Academy of Sciences，2014，111（36）：12992-12997.

[80] Li P，Mao Z，Peng Z，et al. Acoustic separation of circulating tumor cells. Proceedings of the National Academy of Sciences，2015，112（16）：4970-4975.

[81] Zhang P，Zhou X，He M，et al. Ultrasensitive detection of circulating exosomes with a 3D-nanopatterned microfluidic chip. Nature Biomedical Engineering，2019，3（6）：438.

[82] Reátegui E，Aceto N，Lim E J，et al. Tunable nanostructured coating for the capture and selective release of viable circulating tumor cells[J]. Adv Mater，2015，27（9）：1593-1599.

[83] Xue P，Wu Y，Guo J，et al. Highly efficient capture and harvest of circulating tumor cells on a microfluidic chip integrated with herringbone and micropost arrays[J]. Biomed Microdevices，2015，17：39-46.

[84] Chen G D，Fachin F，Fernandez-Suarez M，et al. Nanoporous elements in microfluidics for multiscale manipulation of bioparticles. Small，2011，7（8）：1061-1067.

[85] Chen G D，Fachin F，Colombini E，et al. Nanoporous micro-element arrays for particle interception in microfluidic cell separation. Lab on a Chip，2012，12（17）：3159-3167.

[86] Hassan S，Yoon J. Nano carriers based targeted drug delivery path planning using hybrid particle swarm optimizer and artificial magnetic fields. Jeju：12th International Conference on Control，Automation and Systems. IEEE，2012：1700-1705.

[87] Vyas A，Kumar Sonker A，Gidwani B. Carrier-based drug delivery system for treatment of acne. The Scientific World Journal，2014：276260.

[88] Üstündağ-Okur N，Gökçe E H，Bozbıyık D İ，et al. Novel nanostructured lipid carrier-based inserts for controlled ocular drug delivery：evaluation of corneal bioavailability and treatment efficacy in bacterial keratitis. Expert Opinion on Drug Delivery，2015，12（11）：1791-1807.

[89] Tsui J H，Lee W，Pun S H，et al. Microfluidics-assisted *in vitro* drug screening and carrier production. Advanced Drug Delivery Reviews，2013，65（11-12）：1575-1588.

[90] Green B K，Lowell S.Oil-containing microscopic capsules and method of making them. U.S. Patent 2800，457，1957-7-23.

[91] Green B K，Sandberg R W.Manifold record material and process for making it. U.S. Patent 2550469. 1951-4-24.

[92] Wei J，Ju X J，Zou X Y，et al. Multi-stimuli-responsive microcapsules for adjustable controlled-release. Advanced

Functional Materials，2014，24（22）：3312-3323.

[93]　Zhao C X. Multiphase flow microfluidics for the production of single or multiple emulsions for drug delivery. Advanced Drug Delivery Reviews，2013，65（11-12）：1420-1446.

[94]　Bawazer L A，McNally C S，Empson C J，et al. Combinatorial microfluidic droplet engineering for biomimetic material synthesis. Science Advances，2016，2（10）：e1600567.

[95]　Iqbal M，Zafar N，Fessi H，et al. Double emulsion solvent evaporation techniques used for drug encapsulation. International Journal of Pharmaceutics，2015，496（2）：173-190.

[96]　Ramazani F，Chen W，van Nostrum C F，et al. Strategies for encapsulation of small hydrophilic and amphiphilic drugs in PLGA microspheres：state-of-the-art and challenges. International Journal of Pharmaceutics，2016，499（1-2）：358-367.

[97]　Zhang J，Coulston R J，Jones S T，et al. One-step fabrication of supramolecular microcapsules from microfluidic droplets. Science，2012，335：690-694.

[98]　Xie X，Zhang W，Abbaspourrad A，et al. Microfluidic fabrication of colloidal nanomaterials-encapsulated microcapsules for biomolecular sensing. Nano Letters，2017，17（3）：2015-2020.

[99]　Li J，Yang L，Fan X，et al. Temperature and glucose dual-responsive carriers bearing poly（N-isopropylacrylamide）and phenylboronic acid for insulin-controlled release. International Journal of Polymeric Materials and Polymeric Biomaterials，2017，66（11）：577-587.

[100]　Zhang M J，Wang W，Xie R，et al. Microfluidic fabrication of monodisperse microcapsules for glucose-response at physiological temperature. Soft Matter，2013，9（16）：4150-4159.

[101]　Li Y，Yan D，Fu F，et al. Composite core-shell microparticles from microfluidics for synergistic drug delivery. Sci China Mater，2017，60（6）：543-553.

[102]　Abbaspourrad A，Datta S S，Weitz D A. Controlling release from pH-responsive microcapsules. Langmuir，2013，29（41）：12697-12702.

[103]　Yang C H，Wang C Y，Grumezescu A M，et al. Core-shell structure microcapsules with dual pH-responsive drug release function. Electrophoresis，2014，35（18）：2673-2680.

[104]　Wei J，Ju X，Zou X，et al. Multi-stimuli-responsive microcapsules for adjustable controlled-release. Adv Funct Mater，2014，24：3312-3323.

[105]　Patel R P，Joshi J R. An overview on nanoemulsion：a novel approach. International Journal of Pharmaceutical Sciences and Research，2012，3（12）：4640.

[106]　Ling T S，Stanslas J，Basri M，et al. Nanocmulsion-based parenteral drug delivery system of carbamazepine：preparation，characterization，stability evaluation and blood-brain pharmacokinetics. Current Drug Delivery，2015，12（6）：795-804.

[107]　Durukan O，Kahraman I，Parlevliet P，et al. Microfluidization，time-effective and solvent free processing of nanoparticle containing thermosetting matrix resin suspensions for producing composites with enhanced thermal properties. European Polymer Journal，2016，85：575-587.

[108]　Sun C，Dai L，Liu F，et al. Dynamic high pressure microfluidization treatment of zein in aqueous ethanol solution. Food Chemistry，2016，210：388-395.

[109]　Lu Y，Park K. Polymeric micelles and alternative nanonized delivery vehicles for poorly soluble drugs. International Journal of Pharmaceutics，2013，453（1）：198-214.

[110]　Shakeel F，Shafiq S，Haq N，et al. Nanoemulsions as potential vehicles for transdermal and dermal delivery of hydrophobic compounds：an overview. Expert Opinion on Drug Delivery，2012，9（8）：953-974.

[111] Choi C H, Weitz D A, Lee C S. One step formation of controllable complex emulsions: from functional particles to simultaneous encapsulation of hydrophilic and hydrophobic agents into desired position. Advanced Materials, 2013, 25 (18): 2536-2541.

[112] Zheng Y, Ouyang W Q, Wei Y P, et al. Effects of Carbopol®934 proportion on nanoemulsion gel for topical and transdermal drug delivery: a skin permeation study. International Journal of Nanomedicine, 2016, 11: 5971-5987.

[113] Zhigaltsev I V, Belliveau N, Hafez I, et al. Bottom-up design and synthesis of limit size lipid nanoparticle systems with aqueous and triglyceride cores using millisecond microfluidic mixing. Langmuir, 2012, 28 (7): 3633-3640.

[114] Gianella A, Jarzyna P A, Mani V, et al. Multifunctional nanoemulsion platform for imaging guided therapy evaluated in experimental cancer. ACS Nano, 2011, 5 (6): 4422-4433.

[115] O'Hanlon C E, Amede K G, Meredith R O, et al. NIR-labeled perfluoropolyether nanoemulsions for drug delivery and imaging. Journal of Fluorine Chemistry, 2012, 137: 27-33.

[116] Park J H, Saravanakumar G, Kim K, et al. Targeted delivery of low molecular drugs using chitosan and its derivatives. Advanced Drug Delivery Reviews, 2010, 62 (1): 28-41.

[117] Kumar M N V R, Muzzarelli R A A, Muzzarelli C, et al. Chitosan chemistry and pharmaceutical perspectives. Chemical Reviews, 2004, 104 (12): 6017-6084.

[118] Majedi F S, Hasani-Sadrabadi M M, Emami S H, et al. Microfluidic assisted self-assembly of chitosan based nanoparticles as drug delivery agents. Lab on a Chip, 2013, 13 (2): 204-207.

[119] Liu Y, Du J, Choi J, et al. A high-throughput platform for formulating and screening multifunctional nanoparticles capable of simultaneous delivery of genes and transcription factors. Angewandte Chemie International Edition, 2016, 55 (1): 169-173.

[120] Wang H, Liu K, Chen K J, et al. A rapid pathway toward a superb gene delivery system: programming structural and functional diversity into a supramolecular nanoparticle library. ACS Nano, 2010, 4 (10): 6235.

[121] Liu K, Chen Y C, Tseng H R, et al. Microfluidic device for robust generation of two-component liquid-in-air slugs with individually controlled composition. Microfluidics and Nanofluidics, 2010, 9 (4-5): 933-943.

[122] Sun J, Masterman-Smith M D, Graham N A, et al. A microfluidic platform for systems pathology: multiparameter single-cell signaling measurements of clinical brain tumor specimens. Cancer Research, 2010, 70(15): 6128-6138.

[123] Kamei K, Ohashi M, Gschweng E, et al. Microfluidic image cytometry for quantitative single-cell profiling of human pluripotent stem cells in chemically defined conditions. Lab on a Chip, 2010, 10 (9): 1113-1119.

[124] Liu D, Zhang H, Cito S, et al. Core/shell nanocomposites produced by superfast sequential microfluidic nanoprecipitation. Nano Letters, 2017, 17 (2): 606-614.

[125] Othman R, Vladisavljević G T, Bandulasena H C H, et al. Production of polymeric nanoparticles by micromixing in a co-flow microfluidic glass capillary device. Chemical Engineering Journal, 2015, 280: 316-329.

[126] Rhee M, Valencia P M, Rodriguez M I, et al. Synthesis of size-tunable polymeric nanoparticles enabled by 3D hydrodynamic flow focusing in single-layer microchannels. Advanced Materials, 2011, 23 (12): H79-H83.

[127] Liu C, Feng Q, Sun J. Lipid nanovesicles by microfluidics: manipulation, synthesis, and drug delivery. Advanced Materials, 2018: 1804788.

[128] Acharya S, Sahoo S K. PLGA nanoparticles containing various anticancer agents and tumour delivery by EPR effect. Adv Drug Delivery Rev, 2011, 63: 170-183.

[129] Sun J, Zhang L, Wang J, et al. Tunable rigidity of (polymeric core) - (lipid shell) nanoparticles for regulated cellular uptake. Advanced Materials, 2015, 27 (8): 1402-1407.

[130] Zhang L, Feng Q, Wang J, et al. Microfluidic synthesis of hybrid nanoparticles with controlled lipid layers:

understanding flexibility-regulated cell-nanoparticle interaction. ACS Nano，2015，9（10）：9912-9921.

[131]　Feng Q，Zhang L，Liu C，et al. Microfluidic based high throughput synthesis of lipid-polymer hybrid nanoparticles with tunable diameters. Biomicrofluidics，2015，9（5）：052604.

[132]　Zhang L，Feng Q，Wang J，et al. Microfluidic synthesis of rigid nanovesicles for hydrophilic reagents delivery. Angewandte Chemie International Edition，2015，54（13）：3952-3956.

[133]　Jen C P，Chen Y H，Fan C S，et al. A nonviral transfection approach in vitro：the design of a gold nanoparticle vector joint with microelectromechanical systems. Langmuir，2004，20（4）：1369-1374.

[134]　Shimizu K，Nakamura H，Watano S. MD simulation study of direct permeation of a nanoparticle across the cell membrane under an external electric field. Nanoscale，2016，8（23）：11897-11906.

[135]　Rao L，Cai B，Bu L L，et al. Microfluidic electroporation-facilitated synthesis of erythrocyte membrane-coated magnetic nanoparticles for enhanced imaging-guided cancer therapy. ACS Nano，2017，11（4）：3496-3505.

[136]　Molinaro R，Evangelopoulos M，Hoffman J R，et al. Design and development of biomimetic nanovesicles using a microfluidic approach. Advanced Materials，2018，30（15）：1702749.

[137]　Zhang H，Cui W，Qu X，et al. Photothermal-responsive nanosized hybrid polymersome as versatile therapeutics codelivery nanovehicle for effective tumor suppression. Proceedings of the National Academy of Sciences，2019，116（16）：7744-7749.

第6章

生物功能化纳米探针在多模态成像分析中的应用

从 1895 年德国物理学家伦琴拍摄第一张 X 照片开始，医学成像技术进入了快速发展时期。目前，临床常用的成像方式有直接数字化 X 射线摄影（DR）、计算机断层成像（CT）、超声成像（USI）、磁共振成像（MRI）、正电子发射型计算机断层成像（PET）、单光子发射计算机断层成像（SPECT）以及各种光学成像等。医用 X 射线机在一些体检中还有应用，但是其功能已经被其他成像设备替代。

各种医学影像设备和技术的涌现和迅猛发展，为临床诊断疾病和监测疗效创造了极大便利，同时也有力地推动了人类探索生命奥秘的进程。一种成像方式称为一种成像模态，多模态成像是对同一个研究对象进行多种方式的成像。近年来，随着多模态成像技术的发展，人们更加需要与多模态成像设备相配合的新型多模态造影剂。在多模态造影剂的研究领域，生物功能化纳米探针成为了最近十年来的研究热点，在多模态成像分析中扮演着重要的角色，同时在药物研究、疾病监测、临床诊断与治疗等方面具有广阔的应用前景。

6.1 活体成像方式简介

活体成像涉及物理电子学、计算机科学、材料学、生物医学、临床医学、制药工程、合成化学以及仪器制造等诸多学科的研究领域，本章对活体成像方式进行简要介绍，侧重成像的原理和设备的成像特点，便于理解各种常见的生物功能化纳米探针的设计原理、设计方法和应用场景。

6.1.1 PET 成像

正电子发射型计算机断层显像仪（positron emission computed tomography，PET）成像，是将正电子放射性核素标记的显像剂引入生物体内，对正电子湮灭产生的 γ 光子进行成像。核素衰变产生的正电子与生物组织中天然存在的负电子发生湮没反应，同时释放能量（511 keV）相等、飞行方向相反的一对高能 γ 光子。

同一个湮灭事例释放的一对 γ 光子被探测器捕获并确认，发送至计算机进行信息处理和图像重建，从而获得显像剂在生物体内的空间和数量分布。因其灵敏度高和不可避免的放射性风险，PET 成像造影剂的用量很少，浓度一般为 10^{-12} mol/L 数量级。

　　PET 成像设备正在朝着更高分辨率、更低探测器造价、更高图像质量以及更快处理速度方向发展。目前医院里临床使用的人体 PET 分辨率一般在 4 mm 左右，在人体 PET 成功应用的基础上，人们还研究发展了专门为动物显像的小动物 PET（也称为 microPET），其空间分辨率大大提高，目前最高的分辨率已经低于 0.7 mm。2017 年 5 月，名为 uEXPLORER 探索者的全人体正电子发射断层显像仪（TB-PET）在第 77 届中国国际医疗器械（春季）博览会上首次亮相，作为展会亮点被《新闻联播》报道。该 TB-PET 是美国探索者联盟与上海联影医疗科技有限公司的合作成果，为目前国际最先进的 PET 设备。为得到符合诊断标准的临床图像，传统 PET 设备需要 20～30 min 的扫描时间，而 uEXPLORER 探索者 1 min 以内即可完成。此外，通过延长该设备的扫描时间，还可实现在超低辐射剂量的条件下获取优质图像。2019 年 6 月，*Nature* 对 TB-PET 做了报道，认为新设备特别适合儿童成像，因为儿童通常会在扫描仪中乱动，影响传统设备测量数据；此外，该设备还能用来研究药物在体内的输送过程[1]。

　　在临床应用中，PET 成像最常用的造影剂为 ^{18}F 标记的氟代脱氧葡萄糖（^{18}F-FDG）。^{18}F-FDG 是葡萄糖类似物，可被大脑、肾脏、肿瘤、炎症区域等大量摄取，利用其进行 PET 成像，可得到机体对葡萄糖的摄取和磷酸化的分布情况。

6.1.2　SPECT

　　单光子发射计算机断层成像术（single-photon emission computed tomography，SPECT）是通过 γ 照相机对放射性核素直接释放的 γ 射线进行成像的一种成像方式。SPECT 成像同样需要标记了放射性核素的造影剂，然而与 PET 相比，SPECT 所用的探测器以及供标记的核素都是不同的，SPECT 的分辨率不如 PET 高，但是其设备造价低，运行成本也远低于 PET。

6.1.3　光学成像

　　光学活体成像是对活体内的光信号进行成像，已经成为现代医学、生命分析化学研究的重要工具。光学成像中的荧光成像技术具有灵敏度高、实时检测、无放射性、操作简单等特点，被广泛应用于环境、化学、生物、医学等学科之中[2-6]。然而，传统荧光（波长 400～900 nm）活体穿透能力较差，这大大限制了荧光技术在活体成像中的应用。近年来，人们对近红外二区（NIR-II，1000～1700 nm）荧光成像寄予厚望，因为活体组织对 NIR-II 荧光具有更低的吸收和散射效应以及具有可以忽略的自发荧光背景，所以在活体中 NIR-Ⅱ荧光比传统荧光具有更高的穿透深度及信噪比[7-19]，这将为荧光技术在活体成像分析中的应用提供更多潜能。

荧光活体成像必须借助用于发射荧光信号的荧光探针，在使用特定仪器设备的情况下，成像效果取决于使用的探针性能。目前，用于荧光活体成像的探针包括纳米粒子、聚合物、荧光蛋白、有机小分子染料等。荧光分子影像（fluorescence molecular imaging，FMI）作为一种光学成像，具有分辨率高、灵敏度高的特点，在临床上可用来确定肿瘤手术切除边界，提高患者的生存率[20]。然而，因为荧光的组织穿透力弱，在手术前，仍需借助其他肿瘤成像方法（如 PET、MRI 等）才能确定肿瘤的大体位置。

目前，FMI 可应用于术中肿瘤侦测和指导清除肿瘤（如肝癌）微小病灶，已经在国内大型医院初步应用。在配套使用的荧光探针方面，只有有机小分子染料荧光探针在活体成像的临床操作中得到了应用，FDA 批准的此类药物有吲哚菁绿（ICG）、亚甲蓝（MB），它们在体内可被快速清除[20]。因为小分子染料的结构易于修饰而生出各类荧光探针，可用于不同目标物的检测，随着 NIR-Ⅱ荧光活体成像设备的开发和商业化产品的普及，NIR-Ⅱ有机小分子在近几年来成为新的研究热点[14-19]。然而，目前存在的有机小分子荧光探针除荧光亮度（$\varepsilon \times \phi$）较低之外，还存在波长过于偏近于近红外一区（NIR-Ⅰ）的缺点，不利于活体的深层次成像，因此该类分子的性能尚需改善，一方面可通过提高分子的摩尔消光系数（ε）和荧光量子产率（ϕ）来提高有机小分子荧光的穿透深度；另一方面，延长荧光发射波长也是增大其组织穿透深度的有效途径[19]。在发光亮度、稳定性等方面，有机小分子染料远逊色于纳米银颗粒等纳米材料[7, 8, 10]。

6.1.4 磁共振成像

磁共振成像（magnetic resonance imaging，MRI）是临床中重要的影像学设备，在活体影像学的应用主要包括解剖结构成像及功能成像。MRI 在功能成像方面的应用主要包括基因表达与基因治疗成像、肿瘤血管生成研究、显微成像研究、活体细胞及分子水平评价功能性改变等方面。MRI 的优势在于它的高分辨率，同时可获得三维解剖结构及生理信息，但是作为一种依靠区分吸收差异给出信号的成像方式，MRI 的灵敏度较低（微摩尔级到毫摩尔级）。在 MRI 所需的磁场强度范围内，人体是安全的，所以 MRI 是一种非损伤性的成像方式，但是对于装有心脏起搏器等有金属植入的患者，切记不能进行 MRI 检查。

MRI 的成像对象是原子，如 ^1H 原子、^{19}F 原子等，对 ^1H 原子进行成像不需要外加造影剂，因为这种原子在生物体内无处不在，而对 ^{19}F 等原子进行成像，则需要借助造影剂[21-23]。

6.1.5　超声成像

超声成像（ultrasonic imaging，USI）可不借助外加探针实现对活体成像，也可使用超声微泡造影剂增强超声信号。超声分子影像具有成像速度快、设备操作简便、成本相对较低等优势，但是存在着分辨率低、功能成像差等问题。

6.1.6　光声成像

脉冲光照射到生物组织中的光声造影剂时能够产生超声信号，这种由脉冲光激发产生的超声信号被称为光声信号。贝尔在 1880 年发现了光声效应，光声成像（photoacoustic imaging，PAI）依靠的正是该技术以及近现代出现的强的光源和灵敏的探测器等技术，这是一种非入侵式、非放射性的新型成像方法，避开了光散射的影响，突破了荧光穿透深度的"软极限"，可实现更深层活体组织成像（一般可达 5 cm 甚至更大数值）。

作为成像信号，即便是目前在荧光活体成像中被广为赞誉的近红外荧光，穿透组织深度也有限（因组织不同而不同，一般很难超过 1.5 cm），所以即便近红外激发光因功率强而能穿透人体，信号光的穿透深度也无法满足深层组织成像。PAI 同时具备光学成像的高分辨率和超声检测的深层次成像功能，可实现解剖结构成像和功能成像。目前已有 PAI 商品化科研设备。

PAI 使用的光声造影剂可以是外源性也可以是内源性的，只要是在近红外具有强吸收，就可成为潜在的光声成像探针。

6.1.7　计算机断层成像

生物体中不同的组织或器官具有不同的密度和厚度，对 X 射线会产生不同程度的衰减作用。当用 X 射线照射生物体时，可以得到不同组织或器官的灰阶影像对比分布图，即组织或器官对 X 射线吸收的线积分图。（X 射线）计算机断层成像［（X-ray）computed tomography，CT］是通过机械结构旋转获得 X 射线通过生物体后的不同角度的线积分，再经计算机重建后得到生物体各组织或器官的 CT 值，最后经计算机处理后得到生物体各方向的解剖断层图像。CT 成像可为多模态融合影像提供解剖定位。在一些应用场景下，CT 成像也可能会用到造影剂，如广泛使用的含碘的造影剂，以作增强扫描。

6.2　多模态成像

当今的多种影像技术，如 PET、CT、FMI、MRI、SPECT 等，在疾病诊断、疗效监测或者药物研发中都已有一定的应用，但由于自身信号穿透深度、灵敏度、选择性、分辨率以及安全性等一方面或几方面的不足，在实验研究或者临床应用中就受到了极大的限制。多模态活体影像技术的出现和发展为解决这个问题提供了可能，通过在一台设备上用多种医学影像技术进行检测，不仅克服了单一医学影像技术的固有局限性，而且使不同医学影像技术的优势得到互补，更重要的是还大大拓宽了影像技术的研究范围与应用前景。

成像探针是成像用药物的关键有效成分，像其他用于临床治疗的药物一样，成像探针从实验室到临床同样需要经过毒性评价、药代动力学、临床一期、临床二期等多个阶段的检验。针对某一临床需求开发几个单模态造影剂的工作量、耗费与风险，往往比开发一个多模态造影剂要大得多，从这个方面来看，多功能、多模态的分子影像探针的研究也具有重要的意义。此外，与使用多个不同单模态探针相比，使用一个多模态造影剂还可不必考虑混合使用多种造影剂带来的潜在的安全风险和成像效果的干扰，如减少药物注射次数以及对患者的扫描时间，减少医疗花费，提高患者生活质量。

多模态成像的另外一个优势是可以简化图像处理过程和临床给药操作过程。例如，如果图像是在 PET、MRI 两台不同的仪器上获得，图像叠加时就必须进行回顾性图像配准，这将难免遇到一些困难：腹部成像，两次扫描间隔内存在呼吸的改变和其他的生理变化；治疗成像要求时间间隔较短，如果在多台独立的仪器进行，需要多次单独给药、更换到不同设备房间，从而给治疗操作带来不便。

更为重要的是，当前的分子影像探针还远远不能满足很多重大疾病的临床成像需求，新型靶向多功能多模态分子探针的研究仍方兴未艾。在探针研究中，并不是随意将不同的成像模态不加选择地组合在一起就能起到一加一大于二的效果（如 SPECT 和 PET 就不宜组合成像，否则 γ 射线会互相干扰），成像模态的组合方式应起到扬长避短的作用。随着分子生物学、化学合成、纳米材料与技术等学科和技术的发展，多模态成像用纳米探针在近年来的研究中取得了可喜的成果。根据分子影像模态的组合方式可以将常见的多模态成像采用的探针分为 PET/FMI、MRI/FMI、PET/MRI 等几个门类，这些分子影像又可结合一般不需要造影剂的CT、超声、MRI 等解剖结构成像，获得多模态成像结果。由于 PET 和 FMI 在纳米探针领域是较为常见的分子影像模态，以下将依据不同分子影像与这两种模态的组合方式来对常见的生物功能化纳米探针进行介绍。

6.2.1 融合 PET 的双模态分子影像纳米探针

PET 成像是一种借助于正电子放射性核素的临床分子影像，与 FMI、MRI、PAI 等分子影像模态能够取长补短，因而人们将正电子核素与这些模态的信号分子在同一平台上进行标记，研究了融合 PET 的多种双模态分子影像纳米探针。

1. PET/FMI 成像纳米探针

近红外荧光成像的分辨率高、灵敏度高，在临床上可用于肿瘤手术切除边界的确定，提高患者的生存率，然而，因为其穿透性弱（一般为毫米级，实际样品中很难超过 1 cm），在手术操作前仍需借助其他成像方法对患者的肿瘤大体位置进行导航。正因如此，肿瘤手术的整个影像导航过程可以分为两个阶段：①借助穿透能力满足临床需求的成像手段对肿瘤进行大体定位，规划手术方案；②在切除过程中，操作者观察近红外荧光分子影像，确定外科手术边界，进行组织切除。目前临床上采用的高端医疗分子影像装备 PET/CT 特别适用于规划肿瘤手术方案。PET 具有高组织穿透深度、高灵敏度、定量的特点，而 FMI 技术又可以弥补PET 自身的缺点，如空间分辨率低、术中应用困难等缺点。因此，研制一种能同时用于 PET 和 FMI 成像的双模态探针，可以结合这两种成像方式的优点并弥补各自不足，对肿瘤诊断和图像引导手术具有重要意义[24]。

2019 年，美国斯坦福大学分子影像中心 Cheng 教授等运用自下而上的策略，将由黑色素量子点、介孔二氧化硅纳米颗粒和脂质双分子层组成的仿生纳米材料、NIR-Ⅱ小分子染料 CH-4T 和 PET 放射性核素 ^{64}Cu 进行集成，构建了 PET/FMI 双模态纳米粒子探针。该纳米平台能方便地负载正电子放射性核素 ^{64}Cu^{2+}以及 NIR-Ⅱ小分子染料 CH-4T（图 6.1）[25]。实验证明，合成的纳米探针尺寸均一且大小可调节，能有效地负载封装核素和染料，并且结合 CH-4T 的纳米颗粒荧光强度增强 4.27 倍，产生更好的体内外 NIR-Ⅱ成像效果。该纳米粒子具有较高稳定性、良好分散性和生物相容性等优点，还能有效地在肿瘤内积累，应用于肿瘤成像，在 2～24 h 内产生清晰的对比造影效果。实验也进一步利用该纳米探针的荧光增强性能对肿瘤进行精确的成像和切除，结果证实该探针能灵敏地诊断肿瘤并且准确地指导肿瘤手术切除。

此外，PET/FMI 双模态同机融合成像可助力 PET 显像剂研发。新型 PET诊断成像剂是药物研发的前沿领域之一。由于 PET 显像剂含有的探针分子是具有放射性的，因此其研发过程必然涉及大量的核防护操作。而额外增加荧光标记有利于提高前期筛选效率：用"冷源"（无放射性的核素）替代"热源"（有放射性的核素），借助荧光而非核辐射信号，就可借助广泛应用的荧光仪器设备，采用成熟大通量的荧光分析方法实现多方面性能的表征，显著减少辐射防护操作。

2. PET/MRI 成像纳米探针

PET 和 MRI 融合的双模成像已经得到医学影像工作者的广泛认同。两种模态互相补充，所得图像既具有 MRI 高空间分辨率、高对比度的成像优势，又具有

PET 高灵敏度分子水平成像的特点。目前，PET/MRI 双模态成像商品化设备在医院已开始应用，PET/MRI 双模态成像造影剂在临床前研究中蓬勃发展。

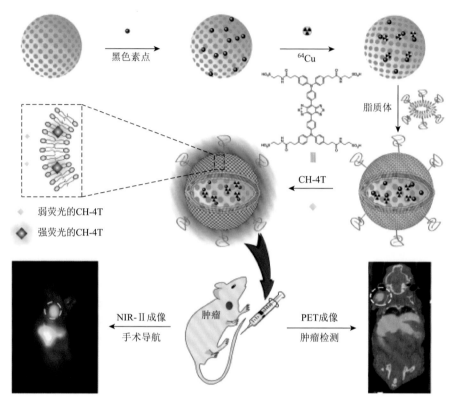

图 6.1 PET/FMI 双模态纳米探针的合成及应用示意图[25]

Mdot：黑色素量子点

2019 年，Wang 等报道了一种近红外光和肿瘤微环境触发的载药纳米胶囊，其尺寸大小可调，该纳米胶囊具有 PET/MRI 双模成像特点[26]。这些纳米胶囊由 Fe/FeO 核壳纳米晶体包裹 PLGA 聚合物基质组成，可进一步负载化疗药物和光热试剂（图 6.2）。该纳米胶囊不仅能在药物释放后收缩分解为小型的纳米药物，还能调节肿瘤微环境产生活性氧，增强对肿瘤的协同治疗作用，被称作治疗癌症的智能性药物递送系统（SDDSs）。体内 PET/MRI 成像实验表明，这些纳米胶囊可以有效靶向肿瘤部位，并产生显著的治疗效果，具有早期诊断肿瘤、增强药物递送性能和可生物降解的特点。

3. PET/PAI 成像纳米探针

浙江大学 Wei 教授等在介孔硅纳米材料内部装载广谱性抗癌药阿霉素，并利用具有一定光热效应的超小尺寸硫化铜纳米点对其进行包覆，合成了一种 PET/PAI 双模成像纳米探针，具有精准高效抗肿瘤的特点（图 6.3）[27]。

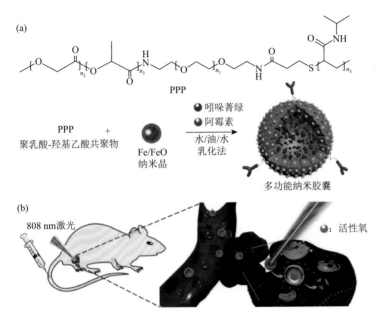

（a）

PPP

PPP + Fe/FeO 纳米晶 ——水/油/水乳化法——→ 多功能纳米胶囊
聚乳酸-羟基乙酸共聚物

● 吲哚菁绿
● 阿霉素

（b）

808 nm激光

● 活性氧

图 6.2　PET/MRI 双模态纳米探针的合成及应用示意图[26]

该探针的设计思路如下：采用多级复合纳米结构设计体系，以 PET/PAI 双模态影像作引导，建立一种制备纳米探针/药物的新方法。该纳米结构既可用于肿瘤诊断又能实现肿瘤治疗，可以同时利用两种医学影像方式实现肿瘤成像，即包括医院用于肿瘤检查的 PET 影像和光声成像这种新兴的肿瘤检测影像方式。这两种影像方式可以准确检测到药物如何到达肿瘤部位，监测药物在肿瘤组织的聚集过程，可以精准地确定最佳治疗时间。药物探针到达肿瘤组织后，经近红外光照射，高效释放抗肿瘤药物。在肿瘤部位进行激光照射产生高热杀死肿瘤细胞，达到化疗和热疗的双重治疗效果，提高肿瘤的治疗效果。纳米探针释放抗肿瘤药物后产生的残余物可以从体内快速排出，因此没有明显的药物毒副作用。

该体系具有良好的临床转化前景：一方面，与传统抗肿瘤药物相比，该系统在肿瘤组织具有较强的富集能力（大于 10 倍药物富集在肿瘤）；另一方面，该载药系统经近红外激光照射触发，在肿瘤组织释放出小分子抗癌药物，产生具有光热效应的超小尺寸纳米点，具有较强的肿瘤深层组织渗透能力，可均匀分散在肿瘤部位，实现较强光热治疗和化疗协同治疗效果；并且该载药系统可以在生物体内降解代谢，通过肾脏代谢排出体外，没有明显的毒副作用。

总之，该 PET/PAI 成像纳米探针系统具备多种分子影像模态的动态成像能力，并可在多模态影像的引导下优化治疗方案，最终达到高效、低毒的安全治疗肿瘤的目的。

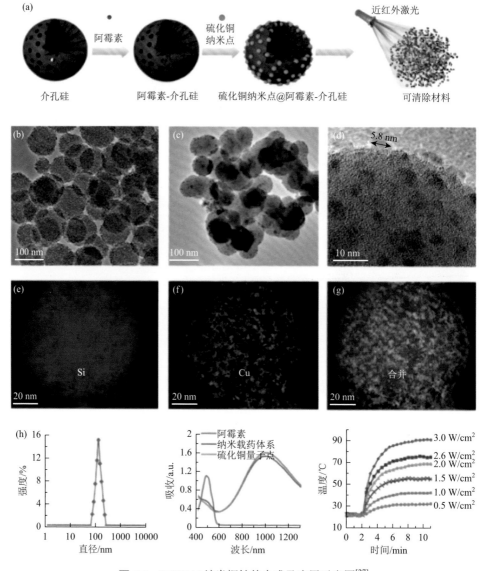

图 6.3　PET/PAI 纳米探针的合成及应用示意图[27]

6.2.2　融合 FMI 的多模态成像纳米探针

FMI 的灵敏度高，无放射性，是一种在科学研究中广泛应用的成像方式。在纳米探针中，FMI 的发光信号除了直接来自于标记的有机小分子外，还可来自于纳米粒子（如纳米银颗粒）或上转换纳米粒子（UCNPs）本身。以下对融合了 FMI 的多模态成像纳米探针进行介绍。

1. FMI/SPECT 成像纳米探针

美国得州大学安德森癌症中心 Melancon 等通过实验研究比较了核酸和抗体修饰的中空金纳米球（HAuNS）的靶向性和结合力，他们利用表皮生长因子受体（epidermal growth factor receptor，EGFR）靶向核酸适体与经巯基偶联到 HAuNS 上的 RNA 互补配对，制备了 FMI/SPECT 纳米探针（图 6.4）[28]。在表征了纳米探针的尺寸、表面电荷、吸收、每个颗粒上的适体数目（约 250）后，对其活体药代动力学、活体生物分布进行了研究。这项研究中使用了 ^{111}In 标记的 PEG-HAUNS 用作对照，开展了小动物（接种人舌鳞癌恶性肿瘤裸鼠）SPECT/CT 对 ^{111}In 标记的纳米探针的活体成像；体外细胞实验表明 EGFR 的特异性结合力强，活体实验表明探针可选择性结合 EGFR 受体。

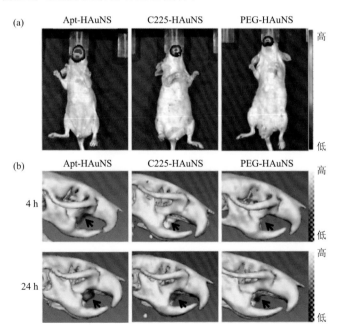

图 6.4　Apt-HAuNS 在肿瘤部位靶向性成像

（a）活体荧光成像；（b）活体 SPECT 和 CT 成像[28]

Apt-HAuNS：核酸适体-中空金纳米球；C225-HAuNS：C225 抗体-中空金纳米球；PEG-HAuNS：聚乙二醇中空金纳米球

2. FMI(UCL)/MRI 成像纳米探针

近年来，基于上转换发光（UCL）纳米颗粒的多模式成像成为分子影像技术研究的热点之一[29-38]。例如，Li 课题组[36]通过在 NaYF$_4$：Yb^{3+}/Tm^{3+}纳米颗粒表面包覆 Fe$_x$O$_y$ 壳层，制备了双模式成像的核壳式上转换纳米颗粒（UCNPs）。这种核壳式纳米颗粒在 980 nm 激光的激发下发射 800 nm 的近红外上转换荧光，并且表现出较好的顺磁效应（饱和磁化强度大约为 12 emu/g）、较高的信噪比、更深层的组织成像和较低的组织毒性，成功应用于裸鼠淋巴系统的 MRI 和荧光上转换发光双模式成像。Zhou 等制备的 Yb，Er 共掺杂 NaGdF$_4$ 纳米粒子可以作为双模态成像造影剂在小动物体内进行 UCL 和 MRI 成像[39]。

Gd^{3+}具有 7 个未成对的电子，能轻易与周围环境中的氢离子结合，表现出很高的顺磁弛豫，因此，含有 Gd^{3+}的上转换纳米材料如 NaGdF$_4$，KGdF$_4$，BaGdF$_5$，GdVO$_4$ 等被广泛应用于 MRI 中。香港理工大学 Hao 教授课题组采用简单的水热法合成了单分散的 NaLuF$_4$（Ln = Gd^{3+}，Yb^{3+}，Tm^{3+}）纳米晶体[40]。X 射线衍射仪（X-ray diffractometer，XRD）和透射扫描电镜（transmission electron microscope，TEM）分析表明，Gd^{3+}的掺杂可以灵活地改变 NaLuF$_4$ 纳米晶体的晶相、形状和尺寸，还能够引入磁性，实现体外和体内目标物的荧光和磁性多模式成像以及生物分离。此外，将 UCNPs 与磁性材料如氧化铁[41-44]、二氧化锰[45-46]合成复合材料，也会实现 MRI。二氧化锰（MnO$_2$）能够在肿瘤的微酸环境下降解，释放 Mn^{2+}，实现肿瘤微环境刺激响应的 MRI 成像。Lin 教授组[47]利用灵活的超声法在 UCNPs@mSiO$_2$ 表面生长了一层介孔 MnO$_2$ 壳，进一步修饰 PEG 聚合物，得到 UCSM-PEG 纳米材料，成功实现了肿瘤部位增强的荧光成像和 MRI。

3. FMI(UCL)/PET 成像纳米探针

将正电子放射性元素（如 ^{18}F，^{68}Ga）引入 UCNPs 可赋予其优异的 PET 成像能力。Long 课题组[48]利用多功能 UCNPs 实现了小鼠肿瘤的 PET 成像（图 6.5）。$\alpha_v\beta_3$ 整合素是一种异二聚体细胞表面受体，在多种癌细胞如黑色素瘤和乳腺癌中过表达。他们利用 1, 4, 7, 10-四氮杂环十二烷-1, 4, 7, 10-四乙酸（DOTA）与放射性 ^{68}Ga 结合，设计了肿瘤靶向分子和金属螯合物修饰的 UCNPs，实现了活体肿瘤小鼠的 FMI（UCL）和 PET 成像。

4. FMI(UCL)/PAI 成像纳米探针

在水相条件下，UCNPs 的上转换发光效率受溶剂弛豫影响而降低，影响其在生物成像中的应用。2014 年，Zhao 课题组[49]首次报道了 α-CD 修饰的 UCNPs（UC-α-CD）实现体内 FMI（UCL）/PAI 双模态成像。与 OA 修饰的 UCNPs 相比，UC-α-CD 在水溶液中具有良好的分散性，在 980 nm 激光激发下受溶剂诱导的非辐射弛豫影响，荧光猝灭、热导率和光声信号增强。细胞毒性研究结果表明，UC-α-CD 无明显的细胞毒性，适用于体内 PAI，并有望成为肿瘤诊断的有效造影剂。Cheng 课题组[50]利用含偶氮苯的聚合物增强 UCNPs 的光声强度，用于体内 FMI（UCL）和 PAI。在六角相 UCNPs 表面修饰偶氮苯类光异构化聚合物（PAA-Azo），产生比 UCL 强度高 6 倍的光声信号，且不会在 NIR-II 发射中衰减（图 6.6）。研究结果表明，FMI（UCL）/PAI 的结合可以有效地提高诊断效果和准确性。

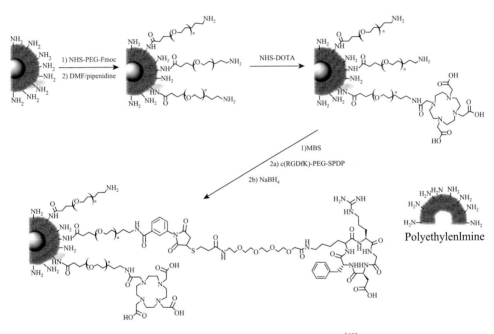

图 6.5　靶向多模上转换纳米颗粒的制备[48]

5. FMI（UCL）/CT 成像纳米探针

　　稀土元素具有高的原子序数，呈现出优异的 X 射线衰减能力，因此能够作为 CT 造影剂[51-53]。Li 教授组[54]设计了一种核壳纳米复合材料作为多模成像探针。该探针使用 $NaLuF_4$: Yb,Tm 作为核，Sm^{3+}掺杂的 $NaGdF_4$（Sm 的半衰期为 46.3 h）作为壳，具有增强的成像能力和优异的 X 射线成像性，可以实现荧光成像和 CT 成像（图 6.7）。

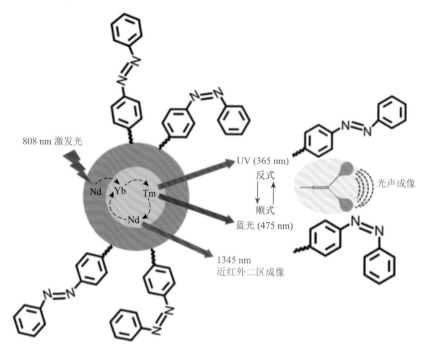

图 6.6 偶氮苯类光异构化聚合物（PAA-Azo）修饰的 UCNPs 实现 NIR-Ⅱ荧光成像和光声成像[50]

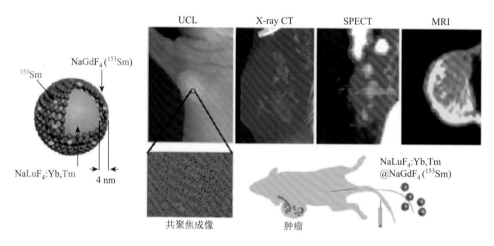

图 6.7 静脉注射 NaLuF$_4$: Yb，Tm@NaGdF$_4$ 后荷瘤裸鼠的肿瘤部位的四种模式成像[54]

Ren 课题组[55]提出了控制 UCNPs 的结晶相和尺寸的新策略。制备的核-壳 UCNPs 在 Tm^{3+} 和 Er^{3+} 掺杂后比核心 UCNPs 的荧光强度分别增强 4.9 和 17.4 倍，提供更深的组织 UCL 成像，体内深度为 8 mm。此外，由于 UCNPs 中掺杂的 Lu^{3+} 含量增加，其 CT 信号比核心 UCNPs 和商用碘佛醇的亮度高约 1.5～3.5 倍。因此，合成的核-壳 UCNPs 在体外和体内深层组织内 UCL/CT 双模态成像中具有很大的应用前景（图 6.8）。

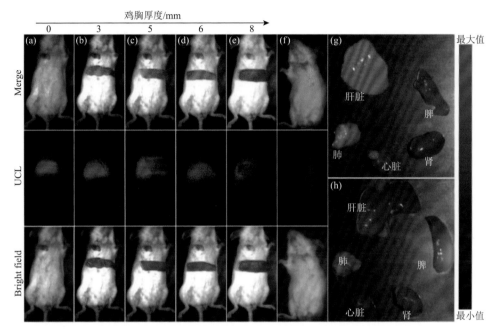

图 6.8　UCL 体内成像[55]

（a～e）将 Balb/c 小鼠静脉内注射 Lu/Y/Tm@Lu UCNCs（200 μL，10 mg/mL），2 h 后用不同厚度的鸡胸
（0 mm，3 mm，5 mm，6 mm，8 mm）覆盖小鼠进行 UCL 成像；（f）小鼠静脉内注射 Lu/Y/Tm UCNCs（200 μL，
10 mg/mL），2 h 后进行 UCL 成像；取出 Lu/Y/Tm@Lu（g）和 Lu/Y/Tm（h）组的小鼠主要器官并进行 UCL 成像；
所有 UCL 成像均在相同条件下使用 UCL 成像系统进行，980 nm 激光密度：约 0.4 W/cm²，光束尺寸：约 20 cm²，
发射带：750～850 nm，曝光时间：3s

6. FMI（UCL）/PET/MRI 成像纳米探针

2011 年，Li 课题组[37]合成了一种含 ^{18}F 和掺杂有 Gd^{3+} 的稀土上转换发光纳米颗粒 $NaYF_4$：$Gd^{3+}/Yb^{3+}/Er^{3+}$。通过掺杂 Yb^{3+} 和 Er^{3+} 来提高在可见光区的上转换荧光强度，通过掺杂 60% 的 Gd^{3+} 来提供 MRI 的顺磁弛豫，通过标记 ^{18}F 应用于 PET 成像。因此，该复合颗粒具有放射性、磁性和上转换特性，可用于活体 T_1 加权的 MRI、PET 和 UCL 的三模式成像。

7. FMI（UCL）/MRI/CT 成像纳米探针

Liu 教授组等[55]构建了一种基于 PEG 功能化的 Gd_2O_3：Yb，Er 纳米棒的多功能纳米探针，来实现活体内 FMI（UCL）、MRI 和 CT 三种模态成像，小动物实验

结果表明 PEG 化的 Gd_2O_3：Yb，Er 纳米棒能够作为高性能造影剂，提供疾病状态的诊断、治疗和预后信息。与此同时，核壳结构的 $Fe_3O_4@NaLuF_4$：Yb，Er（或 Tm）[56]和 $NaYF_4$：Yb，Er，$Tm@NaGd$ $F_4@TaOX$[57]纳米复合材料也可以作为 MRI、CT 和 FMI（UCL）生物探针进行三模态成像。

6.3 展望

多模态成像探针已经从实验室研究转向了临床前研究甚至是临床应用，与多模态成像系统的发展互相匹配，前景广阔。但在活体应用中纳米探针容易受到网状内皮系统、脾、肾、肝脏等器官的非特异性识别、捕获及清除。解决方案通常是优化纳米颗粒的理化特性，如粒径、表面电荷、水溶性、分散性等，使其具有延长的血液循环半衰期，提高其生物利用度。

多模态成像探针的设计需要多学科背景的机械工程师、生物学家、化学家以及临床医生的共同努力与协同创新，结合成像与治疗的"诊疗一体化"影像探针是未来纳米探针的一个重要的发展方向。

曲宗金　宋昕玥　姚翠霞

参 考 文 献

[1] Sara R. Whole-body PET scanner produces 3D images in seconds. Nature，2019，570：285-286.

[2] Zhu H，Fan J，Wang B，et al. Fluorescent，MRI，and colorimetric chemical sensors for the first-row d-block metal ions. Chemical Society Review，2015，44（13）：4337-4366.

[3] Yan Y，Zhao Q，Feng W，et al. Luminescent chemodosimeters for bioimaging. Chemical Review，2013，113（1）：192-270.

[4] Yuan L，Lin W，Zheng K，et al. Far-red to near infrared analyte-responsive fluorescent probes based on organic fluorophore platforms for fluorescence imaging. Chemical Society Review，2013，42（2）：622-661.

[5] Guo Z，Park S，Yoon J，et al. Recent progress in the development of near-infrared fluorescent probes for bioimaging applications.Chemical Society Review，2014，43（1）：16-29.

[6] Gong Y，Zhang X，Mao G，et al. A unique approach toward near-infrared fluorescent probes for bioimaging with remarkably enhanced contrast. Chemical Science，2016，7（3）：2275-2285.

[7] Zhang Y，Hong G，Zhang Y，et al. Ag2S Quantum dot：a bright and biocompatible fluorescent nanoprobe in the second near-infrared window. ACS Nano，2012，6（5）：3695-3702.

[8] ChenY，Montana D，Wei H，et al. Shortwave infrared in vivo imaging with gold nanoclusters. Nano Letters，2017，17（10）：6330-6334.

[9] Qi J，Sun C，Zebibula A，et al. Real-timeand high-resolution bioimaging with bright aggregation-induced emission dots in short-wave infrared region. Advanced Materials，2018，30（12）：e1706856.

[10] Naczynski D J，Tan M C，Zevon M，et al. Rare-earth-doped biological composites as in vivo shortwave infrared

reporters. Nature Communications，2013，4：2199.

[11]　Antaris A L，Chen H，Cheng K，et al. A small-molecule dye for NIR-II imaging. Nature Materials，2016，15（2）：235-242.

[12]　Welsher K，Liu Z，Sherlock S P，et al. A route to brightly fluorescent carbon nanotubes for near-infrared imaging in mice. Nature Nanotechnology，2009，4（11）：773-780.

[13]　Bruns，O T，Bischof T S，Harris D K，et al. Next-generation in vivo optical imaging with short-wave infrared quantum dots. Nature Biomedical Engineering，2017，1：56.

[14]　Lei Z，Li X，Luo X，et al. Bright，stable，and biocompatible organic fluorophores absorbing/emitting in the deep near-infrared spectral region. Angewandte Chemie International Edition，2017，56（11）：2979-2983.

[15]　Cosco E D，Caram J R，Bruns O T，et al. Flavylium polymethine fluorophores for near-and shortwave infrared imaging. Angewandte Chemie International Edition，2017，56（42）：13126-13129.

[16]　Li B，Lu L，Zhao M，et al. An Efficient 1064 nm NIR-II excitation fluorescent molecular dye for deep-tissue high-resolution dynamic bioimaging. Angewandte Chemie International Edition，2018，57（25）：7483-7487.

[17]　Wang S，Fan Y，Li D，et al. Anti-quenching NIR-II molecular fluorophores for in vivo high-contrast imaging and pH sensing. Nature Communications，2019，10（1）：1058.

[18]　Zhu S，Yung B，Chandra S，et al. Near-Infrared-II（NIR-II）Bioimaging via Off-Peak NIR-I fluorescence emission. Theranostics，2018，8（15）：4141-4151.

[19]　Wang S，Liu L，Fan Y，et al. In Vivo high-resolution ratiometric fluorescence imaging of inflammation using NIR-II nanoprobes with 1550 nm emission. Nano Letters，2019，19（4）：2418-2427.

[20]　Vahrmeijer A，Hutteman M，Vorst J，et al. Image-guided cancer surgery using near-infrared fluorescence. Nature Reviews Clinical Oncology，2013，10（9）：507-518.

[21]　Yuan Y，Sun H，Ge S，et al. Controlled intracellular self-assembly and disassembly of ^{19}F nanoparticles for MR imaging of caspase 3/7 in zebrafish. ACS Nano，2015，9（1）：761-768.

[22]　Akazawa K，Sugihara F，Minoshima M，et al. Sensing caspase-1 activity using activatable ^{19}F MRI nanoprobes with improved turn-on kinetics. Chemical Communications，2018，54：11785-11788.

[23]　Tirotta I，Dichiarante V，Pigliacelli C，et al. [19]F Magnetic resonance imaging（MRI）：from design of materials to clinical applications. Chemical Reviews，2015，115（2）：1106-1129.

[24]　Liu L，Yuan Y，Yang Y，et al. A fluorinated aza-BODIPY derivative for NIR fluorescence/PA/^{19}F MR tri-modality in vivo imaging. Chemical Communications，2019，55：5851-5854.

[25]　Zhang Q，Zhou H，Chen H，et al. Hierarchically nanostructured hybrid platform for tumor delineation and image-guided surgery via NIR-II fluorescence and PET bimodal imaging. Small，2019，15：1903382.

[26]　Wang Z，Sheng F，Wang B，et al. Near-infrared light and tumor microenvironment dual responsive size-switchable nanocapsules for multimodal tumor theranostics. Nature Communications，2019，10：4418.

[27]　Wei Q，Chen Y，Ma X，et al. High-effcient clearable nanoparticles for multi-modal imaging and image-guided cancer therapy. Advanced. Function Materials，2017，1704634.

[28]　Melancon M P，Zhou M，Zhang R，et al. Selective uptake and imaging of aptamer-and antibody-conjugated hollow nanospheres targeted to epidermal growth factor receptors overexpressed in head and neck cancer. ACS Nano，2014，8（5）：4530-4538.

[29]　Park Y Il，Kim J H，Lee K T，et al. Nonblinking and nonbleaching upconverting nanoparticles as an optical imaging nanoprobe and T1 magnetic resonance imaging contrast agent. Advanced Materials，2009，21（44）：4467-4471.

[30] Kumar R，Nyk M，Ohulchanskyy T Y，et al. Combined optical and MR bioimaging using rare earth ion doped NaYF₄ nanocrystals. Advanced Functional Materials，2009，19（6）：853-859.

[31] Hu H，Xiong L，Zhou J，et al. Multimodal-luminescence core-Shell nanocomposites for targeted imaging of tumor cells. Chemistry，2010，15（14）：3577-3584.

[32] Zhou J，Yao L，Li C，et al. A versatile fabrication of upconversion nanophosphors with functional-surface tunable ligands. Journal of Materials Chemistry，2010，20（37）：8078.

[33] Cheng L，Yang K，Li Y，et al. Facile preparation of multifunctional upconversion nanoprobes for multimodal imaging and dual-targeted photothermal therapy. Angewandte Chemie International Edition，2011，50（32）：7385-7390.

[34] Liu Q，Sun Y，Li C，et al. ¹⁸F-Labeled magnetic-upconversion nanophosphors via rare-earth cation-assisted ligand assembly. ACS Nano，2011，5（4）：3146-3157.

[35] Liu Q，Chen M，Sun Y，et al. Multifunctional rare-earth self-assembled nanosystem for tri-modal upconversion luminescence/fluorescence/positron emission tomography imaging. Biomaterials，2011，32（32）：8243-8253.

[36] Ao X，Gao Y，Zhou J，et al. Core-shell NaYF₄：Yb³⁺，Tm³⁺@FeₓOᵧ nanocrystals for dual-modality T2-enhanced magnetic resonance and NIR-to-NIR upconversion luminescent imaging of small-animal lymphatic node. Biomaterials，2011，32（29）：7200-7208.

[37] Zhou J，Yu M，Sun Y，et al. Fluorine-18-labeled Gd³⁺/Yb³⁺/Er³⁺ co-doped NaYF₄ nanophosphors for multimodality PET/MR/UCL imaging. Biomaterials，2011，32（4）：1148-1156.

[38] Xing H，Bu W，Zhang S，et al. Multifunctional nanoprobes for upconversion fluorescence，MR and CT trimodal imaging. Biomaterials，2012，33（4）：1079-1089.

[39] Zhou J，Sun Y，Du X，et al. Dual-modality in vivo imaging using rare-earth nanocrystals with near-infrared to near-infrared（NIR-to-NIR）upconversion luminescence and magnetic resonance properties. Biomaterials，2010，31（12）：3287-3295.

[40] Zeng S，Xiao J，Yang Q，et al. Bi-functional NaLuF₄：Gd³⁺/Yb³⁺/Tm³⁺ nanocrystals：structure controlled synthesis，near-infrared upconversion emission and tunable magnetic properties. Journal of Materials Chemistry，2012，22（19）：9870.

[41] Wu X，Yan P J，Ren Z H，Ferric hydroxide-modified upconversion nanoparticles for 808 nm NIR-triggered synergetic tumor therapy with hypoxia modulation. Acs Applied Materials & Interfaces，2019，11（1）：385-393.

[42] Li Y，Tang J，He L，et al. Core-shell upconversion nanoparticle@metal-organic framework nanoprobes for luminescent/magnetic dual-mode targeted imaging. Advanced Materials，2015，27（27）：4075-4080.

[43] Liu B，Li C，Ma P A，et al. Multifunctional NaYF₄：Yb，Er@mSiO₂@Fe₃O₄-PEG nanoparticles for UCL/MR bioimaging and magnetically targeted drug delivery. Nanoscale，2015，7（5）：1839-1848.

[44] Fan W，Bu W，Shen B，et al. Intelligent MnO₂ nanosheets anchored with upconversion nanoprobes for concurrent pH-/H₂O₂-responsive UCL imaging and Oxygen-elevated synergetic therapy. Advanced Materials，2015，27（28）：4155-4161.

[45] Xu J，Han W，Yang P，et al. Tumor microenvironment-responsive mesoporous MnO₂-Coated upconversion nanoplatform for self-enhanced tumor theranostics. Advanced Functional Materials，2018，28（36）：1803804.

[46] Gallo J，Alam I S，Jin J，et al. PET imaging with multimodal upconversion nanoparticles. Dalton Transactions，2014，43（14）：5535-5545.

[47] Maji S K，Sreejith S，Joseph J，et al. Imaging：upconversion nanoparticles as a contrast agent for photoacoustic imaging in live mice. Advanced Materials，2014，26（32）：5632-5632.

[48] He S，Song J，Liu J，et al. Enhancing photoacoustic intensity of upconversion nanoparticles by photoswitchable azobenzene-containing polymers for dual NIR-II and photoacoustic imaging in vivo. Advanced Optical Materials，2019，7：1900045.

[49] Lv R，Wang D，Xiao L，et al. Stable ICG-loaded upconversion nanoparticles：silica core/shell theranostic nanoplatform for dual-modal upconversion and photoacoustic imaging together with photothermal therapy. Scientific Reports，2017，7（1）：15753.

[50] Liu Y，Ai K，Liu J，et al. A high-performance ytterbium-based nanoparticulate contrast agent for *in vivo* X-ray computed tomography imaging. Angewandte Chemie International Edition，2012，51（6）：1437-1442.

[51] Tian G，Zheng X，Zhang X，et al. TPGS-stabilized $NaYbF_4$：Er upconversion nanoparticles for dual-modal fluorescent/CT imaging and anticancer drug delivery to overcome multi-drug resistance. Biomaterials，2015，40：107-116.

[52] Liu H，Lu W，Wang H，et al. Simultaneous synthesis and amine-functionalization of single-phase $BaYF_5$：Yb/Er nanoprobe for dual-modal *in vivo* upconversion fluorescence and long-lasting X-ray computed tomography imaging. Nanoscale，2013，5（13）：6023-6029.

[53] Sun Y，Zhu X，Peng J，et al. Core-shell lanthanide upconversion nanophosphors as four-modal probes for tumor angiogenesis imaging. ACS Nano，2013，7（12）：11290-11300.

[54] Kang N，Liu Y，Zhou Y，et al. Phase and size control of core-Shell upconversion nanocrystals light up deep dual luminescence imaging and CT In vivo. Advanced Healthcare Materials，2016，5（11）：1356-1363.

[55] Liu Z，Pu F，Huang S，et al. Long-circulating Gd_2O_3：Yb^{3+}，Er^{3+}up-conversion nanoprobes as high-performance contrast agents for multi-modality imaging. Biomaterials，2013，34（6）：1712-1721.

[56] Zhu X，Zhou J，Chen M，et al. Core-shell Fe_3O_4@$NaLuF_4$：Yb，Er/Tm nanostructure for MRI，CT and upconversion luminescence tri-modality imaging. Biomaterials，2012，33（18）：4618-4627.

[57] Xiao Q，Bu W，Ren Q，et al. Radiopaque fluorescence-transparent TaOx decorated upconversion nanophosphors for *in vivo* CT/MR/UCL trimodal imaging. Biomaterials，2012，33（30）：7530-7539.

第7章

生物功能化碳纳米材料在生物传感、生物成像及诊疗一体化中的应用

碳是自然界最丰富的元素之一，也是许多纳米材料的组成成分。碳纳米材料主要包括一维碳纳米管、二维石墨烯、零维碳点/石墨烯量子点等。此外，随着生物技术的快速发展，基于纳米/生物界面已开发出多种生物功能化纳米材料，使碳纳米材料的应用范围从材料科学领域扩展到生物技术和生物医药领域。碳纳米材料由于自身独特的结构特点，如较大的比表面积和 π-π 共轭结构、较多的活性位点以及官能团等，可作为基底与各种生物分子相互作用。生物功能化碳纳米材料的生物相容性、溶解性以及选择性等都有很大程度的改善[1]。常用的生物识别单元主要包括核酸和蛋白质。另外，其他的生物分子，如糖类、维生素甚至微生物、细胞等也都可作为生物识别单元。本章主要介绍核酸和蛋白质与碳纳米材料之间的相互作用[2]。

7.1 碳纳米材料与生物分子之间的作用

7.1.1 碳纳米材料分类

1. 碳纳米管

日本科学家 Iijima 在 1991 年首次发现了管状石墨纳米结构的碳分子，并称之为碳纳米管，如图 7.1 所示[3]。碳纳米管依据构造的差异，可分为单壁碳纳米管（SWCNTs）和多壁碳纳米管（MWCNTs）两种[4, 5]。单壁碳纳米管可以形象地看成单层石墨六边形网格平面沿手性矢量卷绕而成的无缝、中空微管，两端则通过碳原子的五边形封顶。多壁碳纳米管则通过范德华力将几个同轴的单壁碳纳米管卷曲而形成。碳纳米管因其特殊的结构如具有大长径比等，表现出优良的力学、超导、热学、电学和光学等特性，并且其生物相容性好、细胞毒性低，在生物检测、载体运输和基因治疗等领域得到广泛应用[6, 7]。

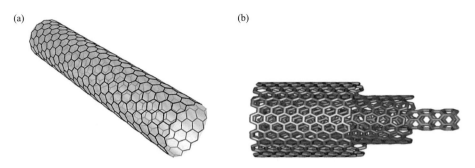

图 7.1　（a）单壁碳纳米管和（b）多壁碳纳米管结构的结构模型[9]

由于碳纳米管比表面积较大，管之间具有非常强的范德华相互作用，可使得数百根碳管团聚到一起。此外，未经修饰的碳纳米管表面功能基团较少，难以在水溶液中分散。因此可对碳纳米管表面进行修饰，从而提高碳纳米管的分散性、溶解性，扩展其应用范围[8]。

2. 石墨烯及其衍生物

2004 年，Novoselov 和 Geim 等利用胶带剥离石墨成功获得了单层的石墨烯。石墨烯是由碳原子紧密堆积而成的六角形、具有二维蜂窝状晶格结构的一种碳质新材料［图 7.2（a）］，并因此获得 2010 年度诺贝尔物理学奖[10, 11]。石墨烯是构筑零维富勒烯、一维碳纳米管、三维体相石墨等 sp^2 杂化碳的基本结构单元，具有优异的热学、力学以及电学性能。然而，作为一种零带隙的材料，石墨烯无法发射荧光，因而限制了其在光分析领域的应用[12, 13]。此外，石墨烯具有较大的横向尺寸，由于没有多余的功能基团，很难悬浮在溶剂中。所以在实际应用中，重点关注的是石墨烯衍生物。

为了能够获得石墨烯基荧光材料，可向其中引入缺陷，得到石墨烯化学衍生物氧化石墨烯（graphene oxide，GO），如图 7.2（b）所示[14]。GO 由于物理化学特性优异，合成方法简单温和，逐渐成为石墨烯的优良替代品[15]。GO 的表面主要有环氧基、羧基和羟基三种官能团，所以 GO 具有良好的亲水性和生物相容性。在制备过程中，含氧基团的引入和碳原子从骨架中的缺失导致 GO 表面产生缺陷，进而使得 GO 发射荧光[16]。通过调节尺寸、形状和 sp^2 杂化区域得到多色荧光GO[17]。还原氧化石墨烯（rGO）是对 GO 进行还原得到的产物，方法主要包括高温、热处理以及化学还原法等。经还原后，rGO 仍保持 GO 的导电性，但是改变了 GO 的其他性能，如降低含氧量、增加疏水性、引入空穴或缺陷、减少表面电荷。石墨烯的衍生物易于修饰，具备高的电子转移速率和电导率、较大比表面积及可对核酸等生物分子进行选择性吸附等特点，因此在生物分子检测、药物运输、活细胞成像和疾病治疗等方面发挥重要作用[18, 19]。

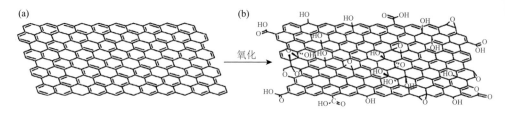

图 7.2　（a）石墨烯和（b）氧化石墨烯的结构模型[20]

3. 碳点/石墨烯量子点

碳点（CDs）是一种新兴的荧光碳纳米材料，其中的碳原子通过 sp^2 或 sp^3 杂化与周围碳原子、氧原子或其他杂原子结合，并且至少有一个维度的尺寸在 10 nm 以下[21]。随着碳点研究在广度上的拓展和深度上的深入，碳点至少应包括碳纳米点、碳量子点和石墨烯量子点。碳纳米点和碳量子点具有颗粒状的形貌，而石墨烯量子点具备石墨的片层结构［图 7.3（a）］。一般认为，碳纳米点和碳量子点具有稳定的碳核中心，在碳核中心的外围分布着各种各样的表面官能团。需要指出的是，碳纳米点中的碳原子以无定型结构形式存在，而碳量子点中的碳原子则形成一定的晶格结构。无定型结构的碳纳米点荧光性质受表面官能团的影响更大，而碳量子点的荧光性质则受到尺寸大小和量子限域效应的影响更多。例如，荧光发射波长和粒径之间呈现正相关的变化。石墨烯量子点（GQDs）是石墨烯纳米片的碎片，通常含有小于 10 层的单层石墨烯［图 7.3（b）］，边缘具有化学修饰的基团[22, 23]。GQDs 除了具有石墨烯的性质如典型的晶格结构、较大的比表面积和共轭结构以及优异的电学性能外，还由于量子限域效应以及边缘效应，具有光致发光的性能，并且通过光谱性能调控可延伸至近红外区域[24]。

碳点和 GQDs 与染料或半导体量子点相比具有较高的抗光漂白性能、良好的生物相容性和低毒性，同时还因其表面存在较多活性反应位点或者功能基团（如边缘上的羧基基团），能够与其他功能基团（如有机分子、无机分子、聚合物或生物分子）发生偶联[25]。此外，由于 GQDs 具备石墨烯的结构，具有较大的比表面积并且能够通过 π-π 相互作用连接其他功能基团，因此碳点和 GQDs 在生物传感、成像、药物释放以及光电器件等方面具有广泛的应用[26, 27]。

7.1.2　碳纳米材料与核酸之间的作用

核酸是携带遗传信息的载体。作为一种生物大分子，核酸性质稳定、易修饰，对很多目标物具有高选择性、强特异性和亲和力。例如，通过特定 DNA 碱基序列与其互补链的杂交可识别目标 DNA 序列[30]。而对于其他目标物，如小分子、蛋白质甚至细胞，可通过体外筛选或指数富集配体系统进化法选出功能核酸如适配体等，用于特异性识别这些目标物。适配体亲和力高、特异性强、稳定性好且

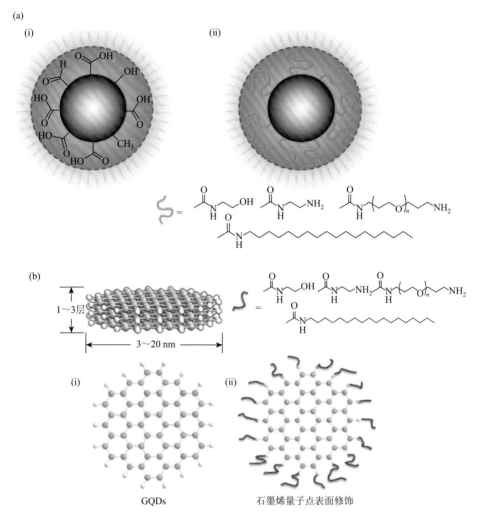

图 7.3　(a)碳点表面修饰含氧基团（i）和表面修饰钝化剂（ii）[28]；(b)石墨烯量子点的结构
模型（i）和表面修饰钝化剂（ii）[29]

GQDs：石墨烯量子点

易于修饰，可作为生物识别元件用于建立生物传感器，同时在生物成像和诊断治疗领域显示出重要的应用前景[31, 32]。另外一类重要的功能核酸为分子信标（molecularbeacon，MB），作为一种标记了荧光分子的寡核苷酸链，在空间结构上呈发夹型，其环部序列可与靶 DNA 序列互补[33]。一般在 MB 的 5′端标记荧光报告基团，在 3′端标记猝灭基团。当 MB 处于自由状态时，发夹结构两个末端靠近，荧光基团被猝灭；当靶序列存在时，MB 与靶序列结合，使得荧光基团与猝灭基团分离，因此可检测到荧光信号。与其他的生物分子如酶或抗原抗体相比，核酸具有更强的稳定性，不易失活；并且核酸合成方法日渐成熟，可在体外快速准确合成，成本低廉；此外，核酸因其独特的分子结构易于进行各种修饰，如与小分子、荧光基团、蛋白酶、金属纳米颗粒等偶联，得到多功能核酸复合物；另外，核酸如 miRNA 等还可以用于基因治疗等[34, 35]。越来越多的证据表明，许多重要的生物学过程都与 DNA 的构象转变和组装状态有关，尤其是一些非经典的 DNA 结构，如右手螺旋 A 型 DNA、左手螺旋 Z 型 DNA、G-四联体以及 i-motif 结构等，这些特殊的 DNA 结构都可作为人类疾病诊断和治疗的特殊靶点[36]。与此同时，它们也被广泛地应用于智能 DNA 纳米材料和纳米结构的构建。作为材料领域的后起之秀，碳纳米材料家族，包括一维碳纳米管、二维石墨烯、零维石墨烯或碳量子点（GQDs或 CQDs）可与核酸（DNA）相互作用，并能调控其构象转变。

1. 碳纳米管与核酸之间的相互作用

核酸分子中的碱基具有共轭的芳香环结构，碳纳米管也具有共轭结构，因此二者之间可发生 π-π 相互作用[37, 38]；另外，碳纳米管与核酸分子的大沟之间也可发生相互作用[39, 40]。一般来说，与碳纳米管发生相互作用后，核酸分子本身的生物属性不受影响，并且核酸分子能够提高碳纳米管在水中的分散性和稳定性[41, 42]。但是在有些情况下，碳纳米管可调控 DNA 的构象转换。人类端粒 DNA 由双链 DNA 序列（5-TTAGGG）：（5-CCCTAA）串联重复组成。这种富 G 序列（G-DNA）可形成 G-四联体；在酸性条件下，对应的互补序列［富含胞嘧啶（C）］与质子化胞嘧啶 C⁺通过氢键相互作用形成平行双链。这种两条双链反平行相互插入所形成的四链非共价复合物，称为 i-motif 结构，是一种特殊的抗癌靶点。羧基化碳纳米管可在生理条件下抑制 DNA 双链结合并且选择性引发 i-motif 结构形成[43]。这是因为羧基化碳纳米管可通过与 C·C⁺碱基对和 TAA 环结构相互作用，直接与 5′端的大沟结合，改变 C·C⁺碱基对的 pK_a，因此能够引起 i-motif 结构的形成并使其保持稳定（图7.4）。

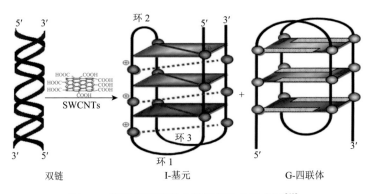

图 7.4　碳纳米管调控人端粒酶构象示意图[43]

SWCNTs：单壁碳纳米管

2. 石墨烯材料与核酸之间的相互作用

通常来说，核酸与石墨烯材料之间的作用主要发生在碱基与石墨烯之间。DNA 由 A-T，G-C 两种碱基对组成，并且 A-T 碱基对更容易与石墨烯发生相互作用[44]。单链 DNA 与石墨烯材料的结合力高于双链 DNA。虽然 DNA 是一种聚阴离子，与表面带有负电荷的石墨烯材料如 GO 之间发生静电排斥作用，但是单链 DNA 暴露的碱基可通过疏水作用和 π-π 堆积作用与石墨烯相结合，克服静电斥力。而在双链 DNA 中，碱基被保护在双螺旋结构内，外层带电荷的磷酸基对 GO 的结合力则较弱。为了使 DNA 从 GO 上脱附，可加入 cDNA、互补碱基序列或者表面活性剂等[45, 46]。双链 DNA 在较高离子强度或较低 pH 的溶液中也可吸附到石墨烯材料上。这是由于在离子强度较高的情况下，电解质可以屏蔽电荷；而较低的 pH 值则降低了 GO 的电荷质子化作用，削弱了静电排斥作用。此外，GO 也可结合到双链 DNA 的大沟处。DNA 链的长短也可影响其与石墨烯材料之间的相互作用，短链 DNA 与石墨烯的结合相对较紧密。

DNA 能够提高 GO 的分散性，同时 GO 也能防止 DNA 被酶解[47]，说明 GO 对 DNA 具有保护作用，在生物医药领域具有重要意义。在细胞内药物进行释放的过程中，GO 可充当"保护伞"，降低药物对 DNA 的破坏风险。GO 对 DNA 的保护机制有两种，一种是直接保护，DNA 与 GO 结合后形成大的复合物，增大了 DNA 与核酸酶（DNase）之间接触的空间位阻，使得核酸酶难以同 DNA 结合发生酶解反应。另外一种是间接保护，即利用 GO 抑制核酸酶的活性，从而保护 DNA 免受伤害。但在一些特殊的条件下，GO 对 DNA 还会有一定的破坏作用。与金属 Cu 共存的情况下，GO 可剪切破坏 DNA 结构，从而使得 DNA 链发生断裂（图 7.5）。

3. 碳点/石墨烯量子点与核酸之间的相互作用

碳点与单链和双链 DNA 之间的相互作用是不同的。单链 DNA 基本不会影响碳点的荧光光谱；而双链 DNA 与碳点作用后，会显著增强碳点的荧光。这是因为单链 DNA 通过 π-π 堆积与碳点发生相互作用，而双链 DNA 主要通过氢键与碳点发生作用[48]。碳点还能够选择性地调控 DNA 的构象，GC-DNA 和 AT-DNA 都是（B-DNA）。以 D-(+)-葡萄糖和精胺为原料，通过微波法制备了粒径约为 2.3 nm、带正电荷的碳点（SC-dots）。对于 GC-DNA，SC-dots 能够在生理条件引发（B-DNA）转换为（Z-DNA），如图 7.6（a）所示[49]。而对于 AT-DNA，加入 SC-dots 后其构象保持不变。这是因为带正电荷的 SC-dots 优先与大沟内的 G-C 碱基对结合，屏蔽 DNA 磷酸基团产生的静电排斥作用。因此静电作用是 SC-dots 引发 B-Z 构象转变的原因。对于较大的碳纳米颗粒，更容易与单链 DNA 结合，而不是双链，这与 DNA 和石墨烯材料或碳纳米管的相互作用类似[50]。

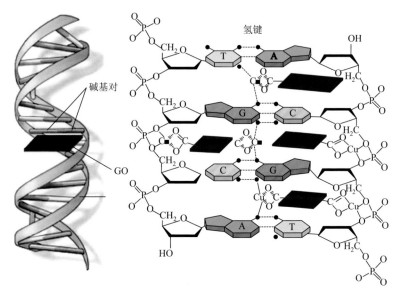

图 7.5 石墨烯与 DNA 之间的相互作用以及 GO/Cu^{2+}裂解 DNA 原理图[47]

GO：氧化石墨烯

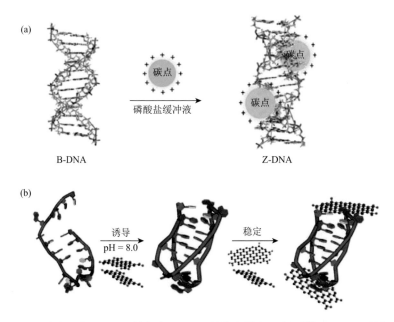

图 7.6 （a）碳点引发 B-DNA 转变为 Z-DNA 的构象转变示意图[49]；（b）石墨烯量子点

稳定和引发 i-motif 结构的机理[52]

B-DNA：右手螺旋脱氧核糖核酸；Z-DNA：左手螺旋脱氧核糖核酸

由于 GQDs 特殊的结构，GQDs 既可与单链 DNA 发生 π-π 堆积作用，还能够通过氢键作用插入双链 DNA 大沟处。并且由于尺寸效应，GQDs 与双链 DNA 的结合力大于石墨烯与双链 DNA 的结合力[51]。此外，GQDs 还可与多种类型的 DNA 发生相互作用。例如，羧基化 GQDs 不但可以在酸性条件下稳定 i-motif DNA 结构，还可以在碱性或中性条件下诱导 i-motif 结构的形成，如图 7.6（b）所示[52]。GQDs 通过 π-π 堆积作用与 i-motif 环部区域的碱基结合，导致 i-motif 与溶液接触面减小，从而提高了它在水溶液中的稳定性。利用同样的相互作用，在碱性或中性条件下，GQDs 使得随机无序单链结构和 i-motif 结构之间的平衡发生偏移，更多的随机无序单链结构转变为 i-motif 结构，从而诱导随机无序单链结构形成 i-motif 结构。GQDs 诱导 i-motif 结构的形成以及对 i-motif 结构的稳定作用使其在基因调控和抗癌治疗中具有潜在的应用前景。

7.1.3　碳纳米材料与蛋白质之间的作用

蛋白质是生物体的重要组成成分，所有的器官、组织和细胞的各个部分都含有蛋白质。氨基酸是蛋白质的基本组成单位，多个氨基酸按照不同的排列顺序组成多肽，多肽链再进一步进行空间折叠，通过一定的相互作用组成蛋白质。酶以及抗原抗体在本质上来说也是一种蛋白质。蛋白质具有十分重要的生理功能，如调节代谢、调控基因的表达、参与细胞的信息传递等，对生命活动具有重要意义。碳纳米材料与蛋白质之间的相互作用通常发生在碳纳米材料的功能基团与氨基酸之间，两者之间的相互作用在一定程度上会伴随着蛋白质构象的变化，同时蛋白质也能影响碳纳米材料的结构和性能。一般来说，蛋白质的存在可以使得碳纳米材料性质稳定，在相同的生理条件下具有较低的毒性[1]。

1. 碳纳米管与蛋白质之间的相互作用

碳纳米管主要与蛋白质的氨基酸残基（色氨酸、苯丙氨酸和酪氨酸）之间发生 π-π 堆积相互作用[53]。另外，碳纳米管还可与蛋白质之间发生疏水相互作用。不同蛋白质与碳纳米管之间的作用力不尽相同，例如，单壁碳纳米管（SWCNTs）可通过不同的相互作用与四种类型人血蛋白包括纤维蛋白原、免疫球蛋白、转铁蛋白和血清白蛋白结合[54]。显微镜（TEM 和 AFM）研究表明蛋白质在 SWCNT 表面形成有序的多层结构，并且结合上的蛋白的构象和活性发生变化。分子模拟研究进一步揭示了这一过程，发现蛋白质与 SWCNT 结合实际上是经历了一个构象逐步转变的过程。重要的是，在 SWCNT 表面结合人血蛋白能显著降低其在巨噬细胞和内皮细胞内的细胞毒性。

碳纳米管的结构和尺寸可影响碳纳米管与蛋白质之间的相互作用。例如，不同直径的多壁碳纳米管（MWCNTs）可调节其对蛋白质的吸附能力[55]。直径较小的 MWCNTs 具有更加紧密的形状和层次，能够吸附更多的蛋白质，避免碳纳米管直接与细胞接触，从而有效地保护细胞，降低细胞毒性[56]。除了直径，碳纳米管壁的数量也是影响与蛋白质相互作用的重要决定性因素。例如，Chen 等证明 MWCNTs 可被多层纤维蛋白原包覆，形成非常稳定的"硬蛋白冠"；而单壁碳纳米管（SWCNTs）表面只能吸附薄层蛋白，容易从水相中析出，说明吸附到 SWCNTs 的蛋白质易于形成不稳定的"软蛋白冠"（图 7.7）[57]。另外，蛋白质与碳纳米管的相互作用能提高碳纳米管的稳定性。例如牛血清白蛋白（BSA）修饰后的碳纳米管不易发生聚集，稳定性增强。并且与 SWCNTs 相比，MWCNTs 对白蛋白（BSA）具有较高的亲和力[58]。

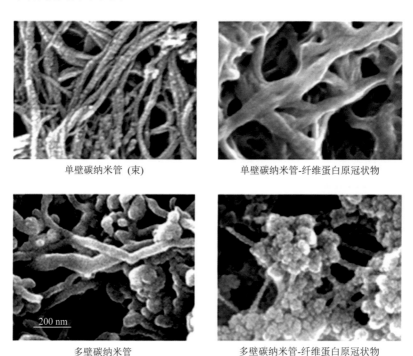

单壁碳纳米管 (束)   单壁碳纳米管-纤维蛋白原冠状物

多壁碳纳米管   多壁碳纳米管-纤维蛋白原冠状物

图 7.7 单壁碳纳米管和多壁碳纳米管与多层纤维蛋白原之间的相互作用的扫描电镜图片[57]

2. 石墨烯材料与蛋白质之间的相互作用

石墨烯材料一般不会破坏蛋白质本身的性质，并且在一定程度上还能改善蛋白质本身的性能。例如，氧化石墨烯由于表面含有多种类型的官能团，很容易与酶的氨基残键结合形成酰胺共价键。经过氧化石墨烯修饰的酶在热稳定性上有明显提升，并且这些酶可以在更大的 pH 范围内保持活性[59]；反之生物分子功能化也会改善碳纳米材料的物理化学性质。例如，石墨烯本身无亲水基团，因此其水溶性较差，而通过修饰多聚 L-赖氨酸，石墨烯的水分散性大大提高，同时具有较高的生物相容性和较低的细胞毒性[60]。

　　但是，在有些情况下，石墨烯可以在分子水平上诱导蛋白质的构象变化。最近的一项研究阐明了石墨烯纳米片与人免疫病毒-1 整合酶之间的相互作用过程[61]。在接触之初，石墨烯纳米片在蛋白质二聚体上旋转，而纳米片的边缘仍然保留在二聚体界面附近的区域。该旋转是优先受到蛋白质与纳米片之间的范德华力驱动的。由于石墨烯纳米片与二聚体界面上的非极性残基之间的疏水相互作用，单体蛋白质可绕其筒轴旋转；随后，纳米片增大与蛋白质的接触面积，并达到最大值。与此同时，其他单体的非极性残基按照相同的接触方式与石墨烯纳米片接触。最后，石墨烯纳米片完全插入导致二聚体的分离（图 7.8）。

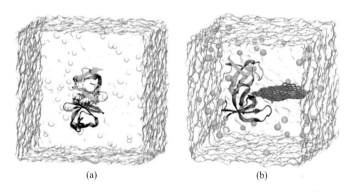

(a)　　　　　(b)

图 7.8　石墨烯与蛋白质二聚体之间的相互作用示意图[61]

3. 碳点/石墨烯量子点与蛋白质之间的相互作用

　　碳点对蛋白质的构象也具有一定的影响。以人胰岛素（5.8 kDa）为模型，研究碳点对其在溶液中纤维性颤动的影响。胰岛素纤维性颤动将会对生产、储存和运输带来一定问题。微量的碳点（0.2 μg/mL）即可有效抑制胰岛素纤维性颤动。并且在较高的温度（65℃）下，高浓度的碳点（40 μg/mL）能有效抑制 0.2 mg/mL 胰岛素纤维性颤动[62]。但是相同浓度的胰岛素单独存在时，在 65℃下 3.5 h 内即变性，说明碳点对蛋白质有一定的保护作用（图 7.9）。

　　石墨烯量子点由于具有石墨烯的结构，因此其与蛋白质之间的相互作用类似于石墨烯材料与蛋白质之间的相互作用。石墨烯量子点可与蛋白质的芳香残基之间发生 π-π 堆积作用和静电作用。同时石墨烯量子点表面的含氧官能团还可与蛋白质中的氮发生氢键作用。并且石墨烯量子点由于尺寸较小，不但能在蛋白质的外部发生一系列相互作用，还能够进入蛋白质内部结构中，与其内部的活性部位发生一系列相互作用，如疏水作用。

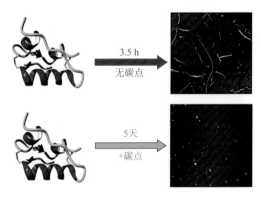

图 7.9　胰岛素放置 3.5 h 和与碳点共孵育 5 天后的原子力显微镜图像[62]

7.1.4　碳纳米材料与其他生物分子之间的作用

除了核酸和蛋白质外，碳纳米材料也可与其他的生物分子如糖类、脂类、维生素等发生不同的相互作用。这些分子如糖类或维生素（如叶酸）等含有较多的活性官能团如氨基、羟基、羧基基团等，可与碳纳米材料之间发生共价相互作用。另外，一些含有芳香基团的化合物也可与碳纳米材料之间发生非共价相互作用，如静电作用、π-π 堆积作用、疏水作用、氢键作用等。

7.2 ▶ 生物功能化碳纳米材料的制备与性质

碳纳米材料虽然具有良好的电学、光学和催化性能，然而纳米尺度的碳材料在生物相容性和生物识别上仍存在缺陷，限制了它们在分析检测、诊疗一体化中的应用[63]。碳纳米材料表面具有较多的活性位点和官能团，并且在尺寸上与生物分子如核酸比较接近，因此易于进行生物功能化[64]。非共价结合是一种常见的功能化方法，包括静电吸附、π-π 堆积作用及范德华力，虽然非共价结合不会破坏碳纳米材料的固有结构、机械和电子特性，并且能够保持生物分子的活性，但是这种作用力较弱；共价结合是另一典型的方法，包括直接化学作用、交联剂辅助连接以及"点击化学"方法等，将生物分子连接到碳纳米材料表面。虽然共价结合的作用力较强，并且也不会破坏生物分子的活性，但是共价作用对碳纳米材料的结构和性能可能会产生影响[63]。结合了碳纳米材料的独特结构和生物分子的生物活性，生物功能化碳纳米材料可产生协同效应，在生物传感、生物成像以及诊疗一体化中具有潜在的应用。

7.2.1　生物功能化碳纳米材料的制备

1. 共价功能化法

生物分子可通过共价键连接在碳纳米管的表面或末端的修饰基团上，这种结合方式比非共价吸附更稳定。但是经共价结合的生物分子从碳纳米管上释放会非常困难。通过化学处理如 HNO_3 氧化，可使碳纳米管表面带有羟基、羧基和羰基等基团，更容易与生物分子进行共价结合[65]。例如，首先通过酸处理碳纳米管在其末端的活性部位引入羧基基团（—COOH），在 1-乙基-(3-二甲基氨丙基)碳二亚胺盐酸盐（EDC）和 N-羟基琥珀酰亚胺（NHS）的活化作用下，与末端修饰氨基（—NH_2）的 DNA 形成酰胺共价键，将 DNA 共价修饰在碳纳米管表面上[66]。Moghaddam 等采用叠氮化物光化学方法在 MWCNTs 上直接合成 DNA，实现侧壁与顶端的功能化[67]。修饰后的 DNA 仍然保持本身的生物活性，能够与其他生物分子发生相互作用。

　　由于 GO 表面和边缘存在较多的羧基基团，因此可通过共价偶联反应修饰生物分子[68]。例如，首先将 DNA 进行氨基化处理，得到表面具有氨基基团的 DNA 分子。借助于 EDC/sulfo-NHS 活化连接作用，GO 的羧基与 DNA 的氨基之间发生酰胺化反应，从而在 GO 表面共价连接 DNA 探针。在 DNA 上预先修饰生物素，同时在石墨烯材料表面修饰链霉亲和素，基于生物素和链霉亲和素之间的特异性结合，实现在石墨烯材料表面的 DNA 功能化修饰。共价修饰的结合力较强，避免生物分子的自脱附，同时增加了石墨烯的稳定性。但共价结合修饰的过程较为烦琐费时，后处理复杂，有时需要使用特殊且昂贵的偶联剂或交联剂，因此在一定程度上限制了共价功能化的发展。

　　碳点/石墨烯量子点的表面也具有较多的功能基团，如羧基、羟基和环氧基等，因此，生物分子也可通过共价法修饰在碳点/石墨烯量子点表面。例如，利用 EDC/NHS，通过形成酰胺键使表面带有氨基基团的 DNA 连接到碳点表面[69]。类似地，基于酰胺化反应，利用 EDC/NHS 可在石墨烯量子点表面修饰赭曲霉毒素 A（OTA）适配体或与其互补的 cDNA[70, 71]。

　　蛋白质具有较多的氨基酸残基，因此含有较多的氨基和羧基基团，这些功能基团也可与碳纳米材料形成共价键，使得蛋白质结合到碳纳米材料表面。例如，石墨烯量子点表面具有大量的羧基基团，通过 EDC/NHS 的活化作用，将表面带有氨基基团的 BSA 连接到石墨烯量子点表面[72]。对于其他类型的生物分子，如氨基酸、糖类、维生素等，表面也都含有氨基和羧基等基团，因此可通过形成酰胺键或者酯键等与碳纳米材料结合。尽管共价功能化方法得到的生物功能化碳纳米材料显示出较强的电化学性能，但是共价方法导致 π 电子结构破坏而降低导电性能是一个不可避免的问题。

2. 非共价功能化法

　　非共价生物功能化碳纳米材料的驱动力主要包括 π-π 相互作用、范德华力、静电作用、疏水作用和氢键作用等。对于碳纳米管，通过非共价作用修饰核酸的方法主要包括以下几种：①核酸分子通过 π-π 堆积和疏水作用缠绕于碳纳米管表面 [图 7.10（a）]；②核酸分子通过静电相互作用吸附于带有正电荷的碳纳米管表面 [图 7.10（b）]；③核酸分子嵌入碳纳米管内腔 [图 7.10（c）]。由于 DNA 分子的碱基中含有较多的芳香环，可通过共轭作用直接与碳纳米管结合[73]。另外，在碳纳米管与 DNA 大沟之间也存在较弱的相互作用，因此理论上单链（ssDNA）和双链 DNA（dsDNA）都可以吸附到 SWNTs 上。例如，ssDNA 中的核苷酸碱基和 SWNT 的侧壁之间可发生 π-π 堆积相互作用，因此 ssDNA 可以螺旋状缠绕在 SWNT 表面。这个相互作用很强，甚至核酸酶消化也不能引起纳米管的絮凝，可在室温下保存数月[74, 75]。相同情况下 dsDNA 与 SWNTs 的相互作用则较弱。碳纳米管内腔是具有纳米尺度的中空一维空间，因此端口打开的碳纳米管能提供直径为 1～2 nm 的内部空穴，在非共价键结合作用下被 DNA 填充，形成胶囊状的囊状物。

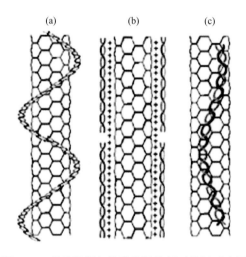

图 7.10 碳纳米管与核酸分子的相互作用示意图

（a）核酸分子通过 π-π 堆积和疏水作用缠绕于碳纳米管上；（b）核酸分子通过静电相互作用吸附于带有正电荷的碳纳米管表面；（c）核酸分子嵌入碳纳米管内腔[73]

核酸的碱基与石墨烯材料之间可发生疏水作用和 π-π 堆积作用。Lu 等发现一种寡核苷酸分子信标（MB）可吸附在 GO 表面，而在其互补 DNA 存在下，从 GO 表面释放，如图 7.11 所示。这充分说明，GO 对单链 DNA 的吸附能力强于双链 DNA[76]。此外 GO 可保护 DNA 免受酶切的作用，反过来 DNA 能够辅助分散 GO 纳米片。这是因为空间位阻效应能阻止核酸酶对吸附在 GO 表面的 DNA 进行有效的攻击。类似地，核酸适配体也能吸附到 GO 的表面。例如，标记了荧光染料的 ATP 适配体能够吸附到 GO 表面，导致其荧光猝灭；而当体系中加入 ATP

后，适配体与 ATP 形成双链结构，从 GO 表面释放，荧光恢复[77]。同时，GO 也能够保护适配体免受酶的攻击。非共价作用虽然操作简单，但是由于作用力通常较弱，核酸分子容易发生自脱附现象。石墨烯材料与核酸之间的一种特殊的作用方式是插入到双链 DNA 的碱基对中[47, 78]。纳米尺寸的氧化石墨烯具有平面芳香环结构，有利于其与 DNA 的插层结合，并且其含氧基团与 DNA 碱基对间形成的氢键作用可增强双链 DNA 与氧化石墨烯间的亲和力。

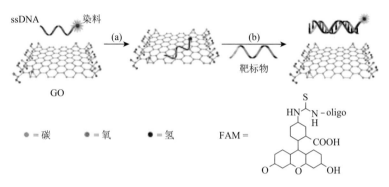

图 7.11　氧化石墨烯与核酸之间相互作用示意图[76]

ssDNA：单链脱氧核糖核酸；GO：氧化石墨烯；FAM：荧光素类染料

　　由于碳点/GQDs 的结构与石墨烯材料的结构基本相似，因此核酸也可通过 π-π 堆积作用修饰在碳点/GQDs 的表面。GQDs 的尺寸较小，因此也可通过堆积作用插入到双链 DNA 的碱基对中，形成类似金属配合物的结构，如图 7.12 所示[79]。GQDs 表面的含氧基团也能促进 GQDs 与 DNA 碱基对间形成氢键作用，可增强双链 DNA 与 GQDs 间的亲和力。

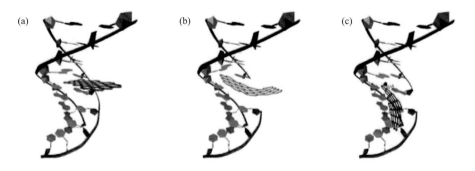

图 7.12　石墨烯量子点与不同核酸序列之间的相互作用示意图

（a）GQDs-WM-DNA（碱基完全互补的 DNA）；（b）GQDs-AB-DNA（碱基不完全互补的 DNA）；
（c）GQDs-AM-DNA（氨基修饰的 DNA）[79]

蛋白质的非极性氨基酸残基被埋于分子内部,不与水接触,因此形成疏水的核心;具有极性侧链基团的氨基酸残基几乎全部在分子的表面。因此,蛋白质一般都是亲水性的。碳纳米材料由于其自身独特的结构特点,如较大的比表面积和π-π 共轭结构等,也可与蛋白质发生静电作用、π-π 堆积作用、氢键作用以及疏水作用等。例如,肝素是一种蛋白质,它由疏水性纤维素骨架和致密的带负电的羧酸盐和磺酸盐的亲水网络组成。肝素骨架与 rGO 表面的疏水基团能发生强烈的疏水作用;另外,复合材料带电表面间的斥力使其在水性生物介质中的分散稳定[80]。利用疏水作用,在 rGO 表面还可固定辣根过氧化物酶[81]。GO 表面具有较多的含氧官能团,而蛋白质表面也带有不同的电荷,并具有含氮基团,因此二者之间容易发生强烈的静电作用和氢键作用。例如辣根过氧化物酶或溶菌酶可通过静电作用和氢键作用固定在 GO 的表面[59]。除此之外,一些含有芳香残基的蛋白质还能够通过 π-π 堆积作用与碳纳米材料结合。此外,其他类型的生物分子如糖类、脂类、维生素等也可根据自身的结构特点通过静电作用、π-π 堆积作用以及疏水作用与碳纳米材料结合。

7.2.2　生物功能化碳纳米材料的性质

1. 生物识别性

生物分子如核酸性质稳定,并且具有完善和严密的分子识别功能,对于靶向DNA/RNA、金属离子、蛋白质以及小分子等具有高度的选择性,因此可作为靶向识别单元[35]。另外抗原抗体、生物素亲和素等可特异性结合,也可作为生物识别单元。此外,一些生物分子如多肽、糖类和维生素等可识别特定肿瘤细胞表面过度表达的受体。例如,叶酸可识别大部分哺乳动物癌细胞表面过量表达的叶酸受体[82];透明质酸是许多癌细胞如胰腺癌细胞和肺癌细胞表面 CD44 受体的靶向识别基团[83];RGD 肽对恶性肿瘤细胞表面过度表达整合蛋白 $\alpha_v\beta_3$ 具有较强的特异性识别作用。碳纳米材料可提供有力的纳米平台,一方面能够促进信号转导,放大检测信号;另一方面,碳纳米材料还能提高生物分子的识别能力。这是因为碳纳米材料具有较大的比表面积,可负载较多的生物分子。并且碳纳米材料通过与生物分子之间发生相互作用,参与分子识别过程,提高生物分子与靶分子结合的选择性,从而实现高灵敏度、高选择性检测复杂样品中的待测物质。

2. 电化学活性

碳纳米材料具有较大的比表面积、良好的导电性和催化活性,因此在电化学领域具有广泛的应用[84]。例如,DNA 功能化的 MWNTs 可作为修饰电极材料。经DNA 功能化的 MWNTs 修饰 CPE 电极的伏安信号强度明显高于仅仅用 MWNTs

修饰的 CPE 电极或无修饰 CPE 电极的信号。并且 DNA 链与互补 DNA（cDNA）链的杂交或与错配 DNA 的杂交前后的信号都能被检测到，说明 DNA 功能化后的 MWNTs 作为修饰电极材料具有极强的分子识别功能、高灵敏度、快速响应等优点，是一种极好的电化学检测电极材料[9]。由于石墨烯材料具有更大的比表面积和高导电性，对电活性物质及 DNA 分子具有更高的负载量，因此可通过在 DNA 功能化石墨烯材料电极表面发生氧化还原反应产生相应的电流信号来检测目标分子[85]。

3. 光学性能

通过向石墨烯中引入含氧官能团得到的产物 GO 具有可调节的光致发光性能。这是因为带有含氧基团的 sp^3 碳原子作为一种缺陷嵌入到 sp^2 碳原子的晶格中，打开了石墨烯的带隙。随着氧化程度的改变，GO 被赋予优良的水溶性和优异的光学性能[16]。因此生物功能化的石墨烯材料具有一定的光学性能，基于此可设计光学传感器和成像探针。另外，石墨烯材料还是一种良好的荧光猝灭剂[45]。例如，在单链 DNA 上修饰染料分子，染料标记的单链 DNA 通过 π-π 相互作用与石墨烯材料结合后，标记染料的 DNA 与石墨烯材料之间距离缩短，触发了荧光共振能量转移，其中修饰染料的核酸作为供体，而石墨烯材料则作为受体，导致染料的荧光发生猝灭。目标 DNA 分子将会与探针分子杂交形成双链 DNA，削弱与石墨烯材料之间的作用力，并阻碍了荧光共振能量转移过程，最终导致荧光信号恢复。基于此建立灵敏的光学传感体系[76]。

碳点/石墨烯量子点由于量子限域效应和边缘效应，具有较强的荧光发射，成为一种有吸引力的光学材料。生物功能化能够调控碳点/石墨烯量子点的荧光性能。例如，在石墨烯量子点表面分别修饰赭曲霉毒素（OTA）适配体 DNA 以及与其互补的短链探针 DNA 后，荧光光谱与未修饰核酸的石墨烯量子点基本相同；当这两种核酸功能化的石墨烯量子点混合后 DNA 发生杂交反应，使得石墨烯量子点近距离接触发生聚集，产生激子能量转移和非辐射共振能量转移，导致石墨烯量子点荧光猝灭。当体系中存在 OTA 时，OTA 则优先与适配体 DNA 杂交形成双链结构，同时释放与 OTA 适配体互补的短链探针，使得聚集态的石墨烯量子点重新分散，荧光恢复，如图 7.13 所示[70]。在碳点表面修饰单链 DNA 和双链 DNA，由于作用力不同，荧光产生不同的变化。结构刚性的双链 DNA 分子将碳点限制在沟槽内，将来自单个碳点粒子的绿色荧光增强；而柔性的单链 DNA 则作为碳点的集中剂，有效地将碳点拉近，引发碳点颗粒形成聚集体，发出红移荧光[86]。以上研究说明核酸功能化可调控碳点/石墨烯量子点的光学性质，进而应用于传感领域。

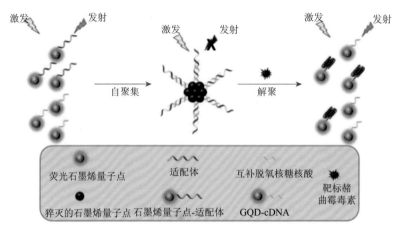

图 7.13　核酸适配体修饰的石墨烯量子点用于检测赭曲霉毒素的示意图[70]

GQD-cDNA：石墨烯量子点-互补脱氧核糖核酸

4. 生物相容性

　　碳纳米材料本身就具有较低的体内和体外毒性，经过生物功能化后可进一步降低其毒性，提高其生物相容性和跨膜转运的能力。另外，碳纳米材料与生物分子之间发生相互作用后，可保护生物分子，使之在细胞甚至活体内保持稳定。例如，碳纳米材料与核酸分子之间特殊的相互作用能保护核酸在体内不发生酶解作用[87]。生物功能化的碳纳米材料可作为药物或基因的载体，不仅具有比表面积大、光学性质独特、生物相容性好、毒性低等特点，还由于碳纳米材料在体内的循环时间比小分子长，药物可随着碳纳米材料在体内保留更长时间，避免因尺寸过小而被快速代谢。在外界条件的刺激下，纳米材料在肿瘤部位可实现可控释放和有效治疗[88]。

5. 光活性

　　碳纳米材料由于特殊的结构导致了它们具有光热转换或光敏的性质。碳纳米管具有超高的光热转换效率，能够吸收 700～1100 nm 的近红外光并且通过自身的 SPR 效应转化为热，使肿瘤由于局部过热而引起死亡[89, 90]。石墨烯材料由于具有特殊的结构以及吸收近红外光的能力，导致其具有一定的光活性。在近红外光照射下，石墨烯能将近红外光的能量转化为热能，使肿瘤细胞由于局部过热而死亡[91]。

　　石墨烯量子点在激光照射下能够产生活性氧，是一种良好的光敏剂[92]。例如以聚噻吩衍生物（PT2）作为碳源，通过水热法制备的石墨烯量子点除了具有良好的水溶性、生物相容性、较强的光稳定性、pH 稳定性外，还在紫外区和近红外区具有较宽的吸收和发射，在光照下可产生单线态氧（$^1O_2$），因此可用作细胞成像和光动力治疗剂[93]。实验结果表明，GQDs 在光照条件下产生的 $^1O_2$ 可导致细胞坏死，而无光照情况下，即使在很大浓度 GQDs 情况下对细胞基本不产生影响。因此，该方法所得 GQDs 可同时作为荧光探针和光动力治疗剂对癌细胞进行定位和治疗。

7.3　生物传感

　　核酸等生物分子特异性识别能力以及碳纳米材料独特的结构、优良的电学和光学性质使得生物功能化的碳纳米材料能与待测物质之间发生相互作用产生电化学信号或光学信号的变化，基于此设计出电化学生物传感器和光学生物传感器，用于核酸、蛋白质、酶活性、小分子甚至细胞的检测[94]。

　　电化学法是通过核酸等生物分子将靶物质捕捉到电极界面，从而形成一种障碍而阻碍电子转移，通过检测这一电信号的变化来间接检测靶物质的含量。基于核酸的电化学生物传感器具有便携、成本低、灵敏度高、选择性好、稳定性强等优点[95]。碳纳米材料用于电化学生物传感中主要起到三个作用。一是作为电极修饰材料，因为其既能加快界面电子传递速率，又能作为连接生物分子与电极的导线；二是作为信号物质，因为碳纳米材料具有氧化还原能力、生物催化特性等；三是作为信号物质的载体，碳纳米材料具有较大的比表面积以及共轭结构，可以修饰大量电活性物质，使得传感信号得到放大。因此，生物功能化碳纳米材料对于提高电化学生物检测的灵敏度、选择性和稳定性具有重大意义。

　　荧光检测法是基于生物功能化碳纳米材料与靶物质相互作用后产生的荧光信号的变化来对靶物质进行检测。例如，标记了荧光基团的核酸分子容易与碳纳米材料之间发生荧光共振能量转移（FRET）[45, 76]。标记了荧光分子探针的 DNA 为供体，碳纳米材料如碳纳米管、石墨烯一般可作为荧光共振能量转移中的电子受体，是一种良好的荧光猝灭剂。在核酸与碳纳米材料自组装的过程中，标记荧光基团的 DNA 荧光被猝灭，基于此，建立了 FRET 平台用于多种目标物的测定。基于生物功能化碳纳米材料设计的荧光传感器具有较高的检测灵敏度和特异性识别能力，并且检测过程简单快速，因而研究和应用非常广泛。

7.3.1　核酸检测

　　核酸包括 DNA 和 RNA，是疾病特别是癌症的早期诊断标志物，对其准确测定十分重要。基于核酸功能化的碳纳米材料，设计电化学和荧光传感器用于核酸的检测。碳纳米管具有鸟嘌呤氧化的电化学性能，将与 miRNA-24 互补的 DNA 序列通过共价结合固定在 MWCNTs 修饰的玻碳电极表面，在不同浓度 miRNA-24 存在下，MWCNTs 表面的 DNA 可与 miRNA-24 杂交，在电极表面形成 DNA/RNA 复合物，使得鸟嘌呤氧化信号发生改变，如图 7.14 所示。基于此建立了灵敏检测 miRNA-24 的方法，检出限为 1 pmol/L[96]。利用发夹结构和石墨烯构建一个基于交流阻抗法的电化学传感器。发夹探针通过 π-π 堆积作用吸附在石墨饰表面，阻碍了 $[Fe(CN)_6]^{3-/4-}$ 在电极表面的电子转移过程，因而阻抗值很大。互补 DNA 存在时，可与探针杂交形成双链结构，碱基间形成氢键，并被磷酸骨架遮蔽，导致探针从石墨烯表面释放，因而阻抗减小。利用这一原理，可以区分互补 DNA、错配 DNA 和非互补 DNA[97]。在石墨烯电极表面修饰多肽核酸（PNA），当 PNA 与 DNA 杂交时，记录不同的脉冲伏安信号[98]。石墨烯的存在增加了电极的比表面积，加速电子转移，缩短电化学响应时间。中性的 PNA 分子可消除 PNA 与 DNA 杂交链之间的静电排斥作用，因此与 DNA 的结合力较强，选择性好。这种 DNA 传感器的线性范围是 0.1 μmol/L～1 pmol/L，检出限为 0.5 pmol/L。

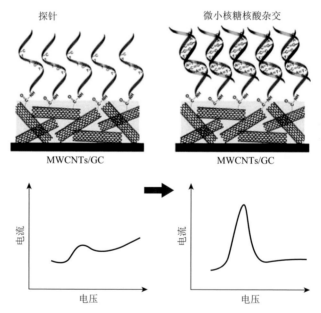

图 7.14　基于碳纳米管的电化学生物传感器检测 miRNA-24 的机理[96]

MWCNTs/GC：多壁碳纳米管/玻碳电极

　　荧光传感器是另外一种有效的核酸检测工具。末端标记羧基荧光素（FAM）的 ssDNA（FAM-ssDNA）极其容易吸附到 GO 表面，FAM 的荧光被 GO 猝灭；而目标 DNA 与 FAM-ssDNA 发生互补杂交后，将 FAM-ssDNA 从 GO 上竞争下来，

FAM 的荧光得以恢复[76]。但非互补 DNA 则无法与 FAM-ssDNA 杂交形成 DNA 双链，荧光仍旧不能恢复。基于此构建一种具有高灵敏度和高选择性的检测特定 DNA 的荧光传感器。该课题组还开发了一种新型的只需标记荧光基团的分子信标（MB）[99]。相对于传统的分子信标，由于只需标记荧光团，合成步骤大为简化。并且 GO 的猝灭效率较高，因此传感器背景更小，灵敏度更高。而采用多种荧光基团标记的分子信标，还可同时检测多种目标分子如 DNA、RNA、蛋白质、金属离子等[100, 101]。由于 GO 可以同时猝灭不同颜色的荧光基团，通过标记不同的荧光基团，可在同一溶液中同时检测多种 DNA 序列。基于此，发展了多色 GO 探针用于检测三种肿瘤抑制基因（*p16*，*p21* 和 *p53*）[45]。首先在三种单链 DNA 上标记不同的荧光探针，随后与 GO 连续自组装，探针与 GO 之间发生了 FRET，使得探针的荧光全部猝灭。得到的 GO/multi-DNA 复合物与某一互补的肿瘤抑制基因序列杂交后，由于形成的双链 DNA（dsDNA）与 GO 猝灭平台的相互作用减弱，因此所得到的 GO/multi-DNA 传感器在与配对基因序列杂交后显示出选择性增强的荧光。本研究为肿瘤相关 DNA 的多路传感奠定了基础。

核酸功能化的碳点/石墨烯量子点本身具有较强的荧光发射，可作为电子供体；碳纳米管、石墨烯等材料可作为电子受体，二者之间发生荧光共振能量转移，基于此设计出一系列荧光传感器用于生物分子检测。Qian 等利用 GQDs 与碳纳米管之间的 FRET 作用来检测 DNA，如图 7.15 所示[102]。首先，将单链 DNA 分子（ssDNA）修饰到还原型 GQDs（rGQDs）表面得到 ssDNA-rGQDs。将 ssDNA-rGQDs 与碳纳米管混合，由于静电作用和 π-π 堆积效应，ssDNA-rGQDs 与碳纳米管之间发生 FRET 过程，因此 ssDNA-rGQDs 荧光被猝灭。目标 DNA 分子（tDNA）加入可与 ssDNA-rGQDs 中的单链 DNA 形成双链，得到 dsDNA-rGQDs 并从碳纳米管体系中释放出来，因此荧光逐渐恢复。基于以上过程，在 1.5～133.0 nmol/L 的线性范围内可灵敏、选择性检测 tDNA。Qian 等还利用相同的荧光开-关-开过程同时检测多个 DNA 分子[103]。制备出双色荧光 GQDs（包含蓝光探针 P1 和绿光探针 P2）并在其表面修饰单链 DNA，能够识别两种靶向 DNA（T1 和 T2）。这种多色探针用于检测 T1 和 T2 的检出限分别为 4.2 nmol/L 和 3.6 nmol/L。GQDs 和芘修饰的分子信标探针（py-MBs）之间的 FRET 过程可用于检测 microRNA（miRNA）[104]。引入的芘可触发 GQDs 与荧光染料之间发生有效的 FRET。引入 miRNA 后，环状结构的 py-MBs 和 miRNA 之间的杂化使得发夹结构打开，形成刚性的双链结构。该过程抑制了 GQDs 与荧光染料之间的 FRET 过程，从而降低荧光染料的荧光。因此，miR-155 在 0.1～200 mmol/L 之间与相对荧光强度呈线性关系，检出限为 100 pmol/L。

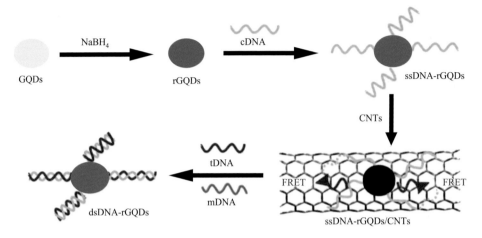

图 7.15　基于 ssDNA-rGQDs 和碳纳米管之间的荧光共振能量转移（FRET）
过程检测 DNA 示意图[102]

GQDs：石墨烯量子点；NaBH$_4$：硼氢化钠；rGQDs：还原型石墨烯量子点；cDNA：互补脱氧核糖核酸；ssDNA-rGQDs：
单链脱氧核糖核酸-还原型石墨烯量子点；CNTs：碳纳米管；FRET：荧光共振能量转移；tDNA：靶标脱氧核糖核
酸；mDNA：微小脱氧核糖核酸；ssDNA-rGQDs/CNTs：单链脱氧核糖核酸-还原型石墨烯量子点/碳纳米管；
dsDNA-rGQDs：双链脱氧核糖核酸-还原型石墨烯量子点

7.3.2　蛋白质检测

蛋白质具有一定的生理活性，在生命活动中起到重要作用。不同核酸适配体
功能化的碳纳米材料能够识别不同蛋白质，扩展检测范围。在 SWCNT 表面共价
结合凝血酶核酸适配体，构建一种固相接触式的电势检测传感器可用于凝血酶的
测定。凝血酶适配体和凝血酶之间的结合力导致电势信号在 15 s 内发生改变，线
性范围是 0.1～1 μmol/L，检出限为 80 nmol/L[105]。为了提高检测凝血酶的传感性
能，在 MWCNTs 表面首先结合捕获 DNA（Cpt-DNA），再通过 DNA 杂交结合上
包含二茂铁的凝血酶适配体（Fe-Tgt-aptamer）。MWCNTs 具有较高的比表面积，
不仅能作为 Cpt-DNA 的载体，提高负载量，还能放大电信号。当凝血酶存在时，
包含二茂铁的凝血酶适配体（Fe-Tgt-aptamer）与凝血酶杂交，进而从 Cpt-DNA
表面解离，使得峰电流强度显著降低，基于此建立一种伏安电化学检测凝血酶的
方法，线性范围是 1.0 pmol/L～0.5 nmol/L，检出限为 0.5 pmol/L[106]。除了电化学
传感器，还可设计荧光传感器用于蛋白质的定量检测。例如，将凝血酶适配体自
组装到碳纳米管或石墨烯的表面，基于 FRET 过程，实现凝血酶的荧光检测[107, 108]。
石墨烯与氨基化 GQDs（afGQDs）之间的 FRET 过程可用于检测心脏标志物抗原
肌钙蛋白 I（cTnI）[109]。首先，将 cTnI 抗体修饰在 afGQDs 表面（anti-cTnI-GQDs）。
随后将 anti-cTnI-GQDs 与石墨烯混合，由于 π-π 堆积作用 anti-cTnI-GQDs 吸附在
石墨烯表面，导致其荧光发生猝灭。当向以上体系中加入 cTnI 后，由于

anti-cTnI-GQDs 与 cTnI 具有更强的作用力，anti-cTnI-GQDs 从石墨烯表面释放，荧光逐渐恢复。

7.3.3　酶活性检测

酶是一种特殊的蛋白质，能够高效、选择性地催化生物化学反应，在生命活动中起到重要作用。一些酶如端粒酶、DNA 甲基转移酶等可作为疾病的标志物。因此，发展酶活性检测在临床研究中具有重要作用。基于碳纳米管信号转导和放大作用，设计电化学传感器可用于检测甲基转移酶活性。在该方法中，首先在电极表面自组装包含识别甲基转移酶序列和核酸内切酶序列的双链 DNA。当体系内存在甲基转移酶和核酸内切酶时，该双链 DNA 发生甲基化，并且双链被切割形成单链 DNA。将 SWCNT 与保留在电极上的 ssDNA 片段进行可控组装，介导电极和电活性物质之间的有效电子转移，进而产生可测量的电流信号，这种信号与甲基转移酶的浓度有关，基于此建立电化学检测甲基转移酶的方法，线性检测范围为 $0.1 \sim 1.0$ U/mL，检出限为 0.04 U/mL[110]。基于 DNA 功能化的石墨烯量子点荧光性能也可用于检测酶活性。氨基修饰的 ds-DNA 内包含甲基转移酶 M.SssI 和核酸内切酶 HpaⅡ 的识别位点。将 ds-DNA 与石墨烯量子点结合后，石墨烯量子点的荧光强度降低约 45%。当体系内存在甲基转移酶，ds-DNA 中的 CCGG 序列被甲基化，避免序列被核酸内切酶 HpaⅡ 切割，因此石墨烯量子点荧光强度保持不变。而当体系中甲基转移酶 M.SssI 较少时，核酸内切酶 HpaⅡ 可使得 ds-DNA 解链，引发石墨烯量子点荧光增强。该方法可用于检测甲基转移酶 M.SssI，检出限为 0.7 U/mL[111]。

7.3.4　小分子检测

小分子是生命体的基本组成并参与各项生理过程，因此对其准确测定十分重要。基于生物功能化碳纳米材料 FRET 的过程还可用于检测金属离子。Qian 等提出了一种基于适配体修饰的 GQDs（aptamer-GQDs）荧光增强检测 Pb^{2+} 的方法[112]。首先，aptamer-GQDs 通过静电和 π-π 作用与 GO 接触猝灭 aptamer-GQDs 的荧光。当向体系中加入 Pb^{2+} 后，由于 Pb^{2+} 与适配体之间更强的作用释放了 GQDs，因此荧光逐渐恢复。该方法的检出限低至 0.6 nmol/L，并具有很强的选择性。通过修饰不同类型的金属离子适配体，可实现多种金属离子的定量检测。基于 DNA 杂交链反应（HCRs），通过信号放大技术，可显著提高检测灵敏度。GO 用于捕获单链 DNA 分子，同时作为有效的荧光猝灭剂来降低背景信号[113]。两个发夹探针和辅助探针修饰在 GO 表面，其中之一的发夹探针的荧光被猝灭。当体系内存在 Hg^{2+} 时，在辅助 DNA 的作用下，通过形成 T-Hg^{2+}-T 结构，引发两个发夹探针之间发生杂交链反应。杂交链反应的产物即双链 DNA 从 GO 表面释放，使得荧光恢复。基于此建立一种检测 Hg^{2+} 的方法，检出限为 0.3 nmol/L。

7.3.5 细胞检测

癌细胞的早期检测对于临床上癌症的治疗至关重要。然而，高灵敏度和选择性地检测癌细胞是诊疗领域面临的巨大挑战。最近，基于石墨烯/适配体的生物传感器吸引了广泛关注。例如，Feng 等报道一种基于石墨烯复合物的无标记检测肿瘤细胞的方法。首先制备芘四羧酸（PTCA）包覆的还原氧化石墨烯修饰玻碳电极，修饰电极表面连接 AS411 适体，该适体传感器能特异性识别肿瘤细胞（MCF-7细胞）表面过表达的核仁素，但不会和正常细胞结合。利用交流阻抗技术，可区分癌细胞和正常细胞，并用于 MCF-7 细胞的检测，检出限为 38 cell/mL[114]。此外，利用 DNA 杂交技术，该电化学 DNA 传感器还可以实现再生，因而可重复用于肿瘤细胞检测。Cao 等设计将微流控芯片与 GO/FAM-Sgc8 整合，基于 FRET 过程用于检测肿瘤细胞[115]。肿瘤细胞能够使 GO 猝灭的荧光恢复，通过测定荧光恢复可原位检测人急性淋巴白血病细胞（CCRF-CEM），检出限为 25 cell/mL。

7.4 生物成像

通过成像分析可获得细胞或生物体内特定区域的特征、状态，甚至特定分子的表达、分布等信息。在已知的几种成像模式中，荧光成像因检测仪器发展成熟、灵敏度高、对比度高、分辨率高、成像直观、成像速度快和无损探测等优点被广泛应用[116]。因此，探索并开发出稳定有效的荧光成像探针成为最重要的研究课题。尽管传统的有机荧光染料和半导体量子点已成功应用于细胞成像，但其潜在的毒性和光漂白阻碍其在生物成像领域的应用。此外，无靶向基团修饰的探针不具备特异性识别的能力，因此只能用于简单的细胞成像，无法实现细胞内特定物质的成像分析。碳纳米材料如氧化石墨烯、碳点和石墨烯量子点由于具有良好的光学性能和低细胞毒性、良好的生物相容性、细胞膜穿透性以及可被细胞摄取等优点已成为传统成像探针的替代品[117, 118]。经过生物功能化，碳纳米材料可广泛用于细胞内以及活体检测和成像。

7.4.1 细胞成像

碳纳米材料与标记荧光基团的核酸探针之间发生 FRET，猝灭核酸探针的荧光；待测底物的存在会导致探针解吸附从而恢复荧光[75, 77]。为了避免核酸探针与细胞内部的蛋白质等物质发生非特异性作用导致探针荧光恢复不完全，将核酸适体探针结合到氧化石墨烯表面，可减少非特异性吸附，提高成像信噪比[119]。碳材料除了猝灭核酸探针的荧光外，还使其免受体内酶的降解。例如，分子信标与碳纳米管复合后在细胞环境中稳定性明显高于单独的分子信标[75]。另外，GO 纳米片对核酸也具有保护的能力[120]。因此核酸功能化碳纳米材料可稳定存在于细胞内。

　　Wang 等将标记荧光基团的 DNA 核酸适配体探针吸附到 GO 纳米片上（aptamer-FAM/GO-nS），GO 既能猝灭探针的荧光，还能负载核酸适体探针进入细胞内部。核酸适体与细胞内的待测物质结合后，从氧化石墨烯表面解吸附，荧光恢复实现检测。基于该 aptamer-FAM/GO-nS 探针，实现了对 JB6Cl41-5a 鼠上皮细胞中的 ATP 的成像检测（图 7.16）[77]。随后，他们通过结合不同类型的适配体，实现了对细胞内 ATP 和 GTP 的同时检测[121]。Chen 等以负载细胞色素 C 的核酸适体 GO 为探针，在细胞内对细胞色素 C 从线粒体的分泌进行了成像，对于了解细胞凋亡有重要意义[122]。

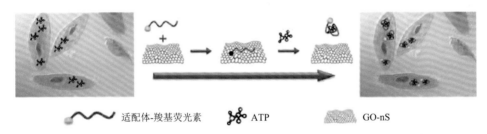

适配体-羧基荧光素　　ATP　　GO-nS

图 7.16　基于适配体/GO-nS 纳米复合物原位分子成像的原理图[77]

ATP：腺苷三磷酸；GO-nS：氧化石墨烯纳米片

　　将 DNA 放大技术与碳纳米材料结合，可显著提高成像效果。Li 等将四条可以两两进行无酶链杂交扩增反应的分子信标负载在 GO 上，实现了体内两种 miRNA 同时扩增和原位成像检测。H1 和 H3 两个分子信标可以分别识别 miR-21 和 let-7a 两种 miRNA。当与底物结合后，H1 和 H3 发卡结构被打开，未配对的部分恰好可以与 H2 和 H4 的部分序列配对，从而使 H2 和 H4 发卡结构打开，H2 和 H4 打开后未结合的部分又可以与 H1 和 H3 结合，从而形成了一个不断打开的循环过程，达到一个底物打开多个分子信标的目的，实现了信号放大，如图 7.17（a）所示。基于此，实现了活细胞内 miR-21 和 let-7a 两种 miRNA 的同时成像［图 7.17（b）][123]。

　　以上荧光成像主要是通过在核酸分子上修饰荧光基团，与 GO 发生 FRET 从而监测荧光变化。碳点/石墨烯量子点本身具有发射荧光的性质，因此生物功能化的碳点能直接用于细胞成像。Lee 等用键生蛋白特异性 TTA1 适配体制备碳纳米点，得到的荧光探针可以选择性标记键生蛋白过度表达的 HeLa 细胞和 C6 细胞，对键生蛋白不表达的 CHO 细胞的标记能力则很弱[124]。将 AS1411 适配体修饰到 GQDs 表面，在 488 nm 激光照射下，AS1411-GQDs 发射较强的荧光，对 A549

细胞具有较强的识别能力，实现了肿瘤细胞的靶向成像[125]。叶酸功能化的 GQDs（GQDs-FA）可选择性识别癌细胞同时进行药物输送[126]。这是因为受体介导的细胞内吞作用促进细胞摄取 GQDs-FA，因此可用于区分正常细胞和癌细胞。Li 等基于 IR780 与 GQDs-FA 之间强烈的 π-π 堆积作用得到水溶性良好的 IR780/GQDs-FA 复合物[82]。与单独的 IR780 相比，该复合物具有较强的光稳定性和光热性能。将 IR780/GQDs-FA 与 HeLa 细胞共同孵育，在细胞质中可观察到明显的近红外荧光。但是 IR780 处理过的细胞则基本无荧光，说明 GQDs-FA 与 IR780 结合促进了细胞对复合物的摄取。

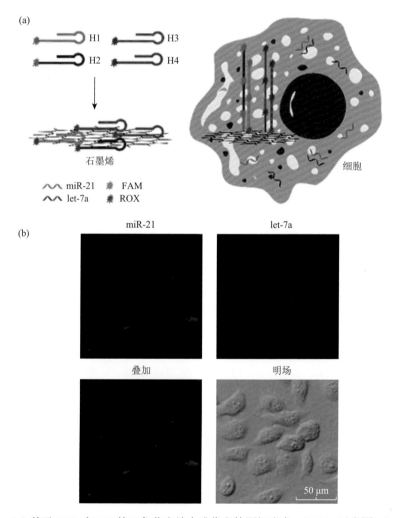

图 7.17 （a）基于 HCR 和 GO 的双色荧光放大成像和检测细胞内 miRNAs 示意图；（b）MCF-7 细胞内 miR-21 和 let-7a 双色荧光成像图片[123]

H1～H4：发夹结构 1～4；FAM：羧基荧光素；miR-21 和 let-7a：微小核糖核酸型号；ROX：参比染料

7.4.2　活体成像

活体成像能够深入观察活体内部情况，成为临床诊断的研究工具。光学影像具有一系列独特的性质如成本低、灵敏度高、生物体安全性好且操作简便，逐渐成为在分子水平上研究肿瘤细胞变化规律的理想手段。但是目前荧光活体成像面临一些问题，如背景荧光干扰、荧光猝灭、光漂白和穿透深度浅等[127]。碳纳米材料由于本身具有优异的光学性质和较低的细胞毒性以及较强的细胞穿透能力，已成功应用于活体成像。例如，Nurunnabi 等从碳纤维剥离得到羧基化 GQDs，发射绿色荧光，成功用于小鼠的活体成像[128]。但是 GQDs 的颗粒较小，很容易通过代谢作用在短时间内排出体外，因此无法实现长时间成像监测。将发射红光的 GQDs-Eu 配合物[(GQD/DBM)$_3$EuPhen/GQD]通过尾静脉注射进入荷瘤小鼠体内，在 2 h 内能在肿瘤处观察到荧光信号[129]，说明 GQDs-Eu 配合物是通过实体瘤的高通透性和滞留（EPR）效应在肿瘤处累积。同时 GQDs-Eu 配合物的近红外荧光发射能够降低背景荧光的干扰。

核酸功能化的碳纳米材料能够通过主动靶向作用进入体内，识别和结合特定肿瘤细胞并增加材料在肿瘤部位的累积。通过 π-π 堆积作用和临近引发能量转移，荧光标记适配体/单壁碳纳米管（F-apt/SWNT）的荧光被猝灭，当接触细胞表面的受体后，激活了 F-apt/SWNT 的荧光，实现肿瘤细胞的体外体内同时检测［图 7.18（a）］[130]。以 Sgc8c 适配体为例，对 CCRF-CEM 癌细胞进行了体外分析和体内成像。结果表明，自组装的 Cy5-Sgc8c/SWNT 具有较强的生物稳定性，在不同介质中分散性好，在血清中具有持续 2 h 的超低荧光背景。流式细胞术测定结果显示，在靶细胞特异性激活下，Cy5-Sgc8c/SWNT 的荧光显著增强。在含有 10 万个非靶细胞的混合样品中，检测到 12 个 CCRF-CEM 细胞，显示出更高的灵敏度。图 7.18（b）是移植了不同肿瘤裸鼠的时间相关体内荧光成像图，结果表明，在注射 Cy5-Sgc8c/SWNT 后，体内无肿瘤的小鼠和移植 Ramos 肿瘤的小鼠在 90 min 之内荧光无法被激活，说明 Cy5-Sgc8c/SWNT 在活体组织中存在较低的背景信号。而向移植了 CCRF-CEM 肿瘤的小鼠注射 Cy5-Sgc8c/SWNT 仅 30 min 就能观察到激活的荧光。为了进一步验证激活荧光是由 Cy5-Sgc8c 特异性结合肿瘤细胞所引发的，进行了对照实验。将 Cy5-Control/SWNT 注射到 CCRF-CEM 肿瘤中，如图 7.18（b）中（iv）所示，由于 Cy5 与 SWNTs 相互作用较弱，此时监测到的非特异性荧光比其他两个对照组相比有所提高，但是亮度仍然低于注射进入 CCRF-CEM 荷瘤小鼠中的 Cy5-Sgc8c/SWNT 的信号。这表明 Cy5-Sgc8c/SWNT 荧光信号首先被最大程度猝灭，降低了背景信号；随后 Cy5-Sgc8c/SWNT 能被肿瘤有效激活，增加体内成像的对比度。使用 TD05 适配体检测 Ramos 细胞，验证了该策略的通用性。以上研究表明，F-apt/SWNT 组合作为一种简单、稳定、敏感、特异、多功能的可激活平台，在体外肿瘤细胞检测和体内肿瘤成像方面具有巨大的潜力。

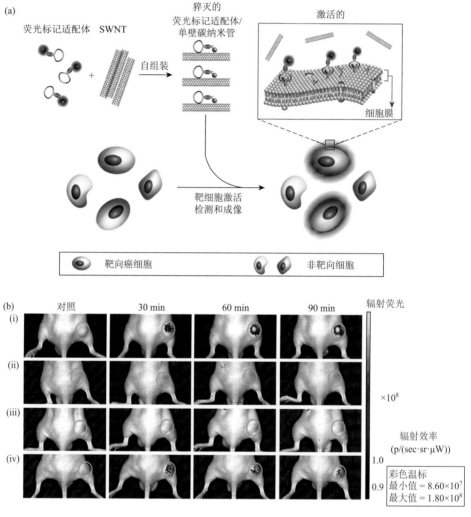

图 7.18 （a）基于荧光标记适配体/单壁碳纳米管（F-apt/SWNT）可激活荧光探针用于癌细胞的靶向成像示意图；（b）不同探针注入移植不同肿瘤小鼠体内后的延时荧光成像图：（i）向荷瘤（CCRF-CEM）小鼠体内注射 Cy5-Sgc8c/SWNT；（ii）向正常小鼠体内注射 Cy5-Sgc8c/SWNT；（iii）向荷瘤小鼠（Ramos）体内注射 Cy5-Sgc8c/SWNT；（iv）向荷瘤（CCRF-CEM）小鼠体内注射 Cy5-Control/SWNT[130]

近红外（NIR）双光子激发（TPE）作为激发光源具有较低的背景荧光、自吸收、光损伤以及光漂白等特性，同时具有较高的空间分辨和更深层次的穿透深度

（>500 μm）。通过将 TPE 技术与碳纳米材料如 GO 结合，设计了一种适配体-双光子染料（TP dyes）/GO 荧光纳米复合物用于生物体液、活细胞和斑马鱼的分子探测和成像[131]。GO 对近端 TP 染料的猝灭能力和单链 DNA 对 GO 的亲和力高于适配体-靶分子复合物。利用该传感策略，成功地实现了 ATP 的体内外检测。研究结果显示 GO/适配体-TP dye 系统不仅能作为具有高灵敏度和高选择性的 ATP 定量检测传感器，并且也可将其有效地传递到复杂的生物环境中如活细胞或组织中，其荧光信号的增强可用于特异性和高对比度的目标生物分子体内成像。

7.5　诊疗一体化

在传统的癌症治疗策略中，诊断和治疗往往是孤立的，这就导致对癌症的治疗和监测难以实现精准的控制。随着精准化医疗的发展，将诊断和治疗功能结合起来成为新的研究趋势。纳米诊疗一体化，也就是利用纳米材料为平台，将具有诊断和治疗癌症功能的物质整合到同一个诊疗试剂中。诊疗试剂须包含治疗药物（如 miRNA、siRNA、蛋白质治疗剂或化疗药物）、药物载体、靶向配体与信号发射体（具有独特的放射性、光学或磁性质），并以共价或非共价的方式连接在递送平台上[132]。这些整合多种纳米材料于一体的诊疗试剂能够实现诊断与治疗功能的集成化，并可针对器官、组织或患者进行特异性定制，提高治疗效果并降低毒副作用。

7.5.1　癌症治疗方法

目前临床用于癌症治疗的手段主要包括手术、化学治疗和放射治疗。其中手术治疗是祛除实体瘤的最有效方式，但难以彻底清除体内癌细胞；放疗和化疗则存在严重的毒副作用，可能引发多药耐药并对免疫系统造成长期损伤[133, 134]。为了降低治疗过程中产生的副作用以及其他风险，提高治疗效果，实现精准的个性化治疗，研究人员开发了多种新的治疗方法，如光热治疗、光动力治疗等。

1. 化学疗法

化疗是利用化学药物如阿霉素、喜树碱、顺铂、5-氟尿嘧啶等对肿瘤的杀伤作用来抑制肿瘤的生长[135]。但是由于化疗药物不具有肿瘤靶向能力，不可避免会对正常的细胞组织产生伤害，并且在体内循环的时间也短。长期服用还会使肿瘤产生耐药性，降低药效。碳纳米材料具有较大的比表面积，可作为药物的载体，不仅可以显著改善药物的溶解度以及稳定性，并且结合了生物分子的碳纳米材料还具有靶向输送药物的功效，能调控药物释放行为，提高药物治疗效果。例如，Dai 课题组首次提出用聚乙二醇负载疏水性化疗药物 SN38 分子[136]。PEI 修饰的碳点能够通过静电作用负载透明质酸结合的阿霉素（DOX）进入细胞内部，通过透明质酸与 CD44 受体结合，释放 DOX，达到治疗的目的[137]。GQDs 也可作为一种荧光载体用于负载 DOX，在酸性条件下负载的 DOX 得以释放[138]。

2. 光热治疗

光热治疗（PTT）即通过外部光源诱导产生的过高热施加于恶性病变组织，使异常细胞变性坏死，达到治疗目的。该方法通常利用具有近红外吸收并可将外源光能量转化为热能的材料，由内而外地加热病变组织，实现肿瘤的靶向性、微创性和均一性高温热疗。以疏水的花青染料为原料制备的碳点在 600～900 nm 范围内具有近红外发射，容易被肿瘤细胞摄取并且具有较高的光热转换效率（$\eta = 38.7\%$），因此，该碳点可作为一种优异的光热治疗试剂用于体内体外癌症的成像与治疗[139]。

与光热治疗相比，光动力疗法（PDT）发展更为成熟，并已应用于临床治疗中。在光动力治疗过程中，首先使光敏剂到达病灶，随后施加特定波长的光照射病变组织，以激发光敏剂诱导产生细胞毒性的活性氧物种（reactive oxygen species，ROS），如单线态氧（$^1O_2$）、羟基自由基等，导致细胞受损乃至死亡[140, 141]。氮掺杂石墨烯量子点可作为一种光敏剂，在 670 nm 激光照射下能够产生活性氧用于光动力治疗[92]。

3. 基因疗法

基因疗法是一种新型的疾病治疗手段，可用于治疗基因紊乱引起的各种疾病，包括囊性纤维化、帕金森病和癌症等。但基因治疗面临的主要挑战是缺乏高效、安全的基因载体。碳纳米材料由于具有较大的比表面积，可负载多种类型的基因，同时碳纳米材料具有较低的细胞毒性和良好的生物相容性，并且能保护基因在传递过程中免受核酸酶的降解，因此成为一种优良的基因载体[142]。利用聚乳酸（PLA）和聚乙二醇修饰的 GQDs 复合物，开发了一种特殊的基因靶向递送治疗剂。PEG 和 PLA 通过非共价作用修饰在 GQDs 表面，提高复合物的稳定性，同时在较宽 pH 范围内保持稳定的荧光，可用于细胞成像。miRNA-21 结合到 GQDs 复合物的表面，表现出强烈的抑制肿瘤生长的特性，引发癌细胞凋亡[143]。

4. 协同治疗

除了单一的治疗外，几种治疗手段结合后的协同作用能显著提高治疗效果。以 PEI-GO 为纳米载体，连续递送阿霉素（DOX）和 Bcl-2 靶向 siRNA 到 HeLa 细胞[144]。首先在 PEI-GO 上负载靶向 Bcl-2 的 siRNA，与 HeLa 细胞孵育 5 h，然后再换新的培养基继续孵育 43 h。细胞再用负载了 DOX 的 PEI-GO 处理 24 h。细胞毒性结果表明，与 PEI-GO/非靶向 siRNA 相比，负载了 Bcl-2 靶向 siRNA 的 PEI-GO 复合物能够显著增加 PEI-GO/DOX 的细胞毒性，证明了 DOX 和 siRNA 的协同抗癌作用。

利用肿瘤的微环境，设计刺激响应的治疗试剂，更有效地实现癌症治疗。例如，制备一种 pH 敏感聚合物功能化的 GQDs，在酸性条件下发生聚集，而在中性条件下则稳定存在[145]。同时由于 GQDs 具有较大的比表面积，可负载抗癌药物 DOX，将该 GQDs 复合物/DOX 注入小鼠体内到达肿瘤部位。由于肿瘤部位的微环境呈酸性，因此复合物发生聚集，形成约 150 nm 的聚集体，并在肿瘤部位得到较多的累积。经近红外光照射后，GQDs 由于具有光热效应使得附近温度升高，破坏肿瘤的环状结构，导致复合物发生解聚，释放出 5 nm 的 DOX/GQDs，较小尺寸的 DOX/GQDs 能够促使其进入更深层次的肿瘤中。因此，通过光热和化学疗法，这种分层次靶向和渗透药物输送能够穿透整个肿瘤，有效抑制肿瘤生长。

7.5.2　碳基纳米诊疗试剂的构建

与独立的治疗方法和成像模式相比，纳米诊疗一体化平台的优点在于将检测成像和治疗整合到同一个体系，从而可以同时实现对肿瘤的诊断与治疗，并对治疗效果进行监测[146]。由于生物功能化碳纳米材料在生物传感、生物成像和癌症治疗领域均得到广泛应用，因此，以生物功能化碳纳米材料为基础可构建新型的纳米诊疗试剂，在癌症诊疗中展现出广阔的应用前景。

将适配体 AS1411 结合在 GQDs 表面，发展了一种新型的主动靶向诊疗试剂[125]。在两种不同激光照射下，该试剂表现出对肿瘤细胞选择性成像和协同抗癌的能力。AS1411 是富含鸟嘌呤的具有 26 个碱基的短链 DNA，可与癌细胞内过度表达的核仁素特异性结合。该适配体还可抑制肿瘤细胞的增殖并引发细胞死亡。但是对正常细胞则基本无影响。虽然已有将 AS1411 与纳米结构结合的报道，但是大部分的纳米材料尺寸大于 AS1411，因此大多数都没有考虑过 AS1411 的抗肿瘤能力。将 AS1411 结合到 GQDs 表面，在 488 nm 激光照射下，AS1411-GQDs 发射荧光，并且具有肿瘤细胞特异性识别的能力；此外，在 808 nm 激光照射下，AS1411-GQDs 产生光热效应，同时由于 AS1411 可抑制肿瘤细胞增殖并引起细胞死亡，因此该复合物具有增强的抗肿瘤能力。该双组分试剂在癌症诊断治疗方面具有潜在的应用效果。

以适配体修饰的 PEG-GQDs 负载卟啉衍生物（GQD-PEG-P）为多功能诊疗剂，用于检测细胞内癌症相关 miRNA 以及荧光介导光热光动力治疗，如图 7.19 所示[147]。GQD-PEG-P 具有良好的荧光性能，并表现出良好的生理稳定性、良好的生物相容性和较低的细胞毒性。适配体 AS1411 由于对癌细胞（A549 细胞）的靶向能力，可用于区分癌细胞和正常细胞。此外，GQD-PEG-P 具有较大比表面积，可负载分子信标（MB）探针进入细胞内部，此时 MB 的荧光被猝灭。MB 与细内 miRNA-155 杂交形成双链后，从 GQD-PEG-P 表面脱落，因此 MB 的绿色荧光恢复，可用于测定 miRNA-155 含量。而在正常细胞内部由于 miRNA-155 低表达，因此无法观察到绿色荧光。GQD-PEG-P 具有很强的光敏性。在 980 nm 激光照射下，GQD-PEG-P 的光热转换效率为 28.58%，高于常见的光热试剂如 $Cu_{2-x}Se$（22%）和 Cu_9S_5（25.7%）。在 635 nm 激光照射下，GQD-PEG-P 产生单线态氧的量子效率高达 1.08。由于光热/光动力的协同作用，GQD-PEG-P 对癌细胞的治疗效果显著。同时由于适配体的靶向作用，GQD-PEG-P 对正常细胞基本无影响，因此具有选择性治疗癌症的能力。将 GQD-PEG-P 用于体内肿瘤的治疗，肿瘤细胞基本全部死亡，说明基于 GQD-PEG-P 的诊疗平台在生物医药领域具有广阔的应用前景。

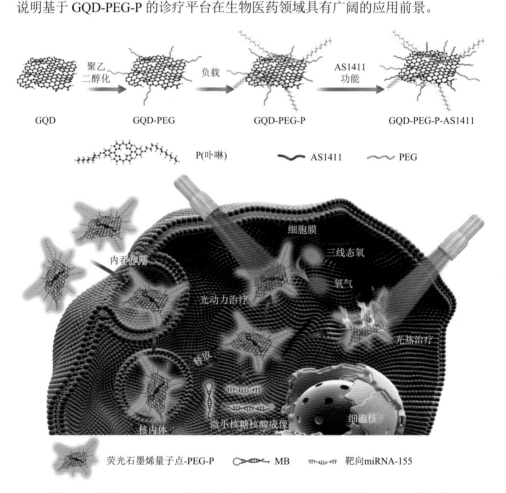

图 7.19 基于 GQD-PEG-P 构建诊疗一体化平台用于检测细胞内 miRNA 和光热光动力协同治疗的示意图[147]

GQD-PEG：石墨烯量子点-聚乙二醇；GQD-PEG-P：石墨烯量子点-聚乙二醇-卟啉衍生物；PTT：光热治疗；AS1411：适配体类型；MB：分子信标；GQD-PEG-P-AS1411：适配体修饰的石墨烯量子点-聚乙二醇-卟啉衍生物；PEG：聚乙二醇

7.6　展望

生物功能化碳纳米材料综合了生物分子和碳纳米材料的性质，基于其电学和光学性能，已成功用于生物传感、生物成像和诊疗一体化研究。但碳纳米材料本身的荧光强度较弱，影响体内成像效果。针对这一问题，对碳纳米材料进行光谱性能调控，如通过调节尺寸、杂原子掺杂或修饰一些光谱性能较好的纳米材料如金属纳米簇、稀土纳米颗粒等，扩展碳纳米材料的发光范围。另外，除了研究生物功能化碳纳米材料在荧光成像中的应用，拓展其在拉曼成像、光声成像以及磁共振成像领域中的应用，对于诊疗一体化平台的构建具有重要意义。总之，生物功能化碳纳米材料作为一种新型的诊疗剂，将会在生物医学领域有着更广泛的应用价值和发展前景。

海　欣

参 考 文 献

[1]　Cui X，Xu S，Wang X，et al. The nano-bio interaction and biomedical applications of carbon nanomaterials. Carbon，2018，138：436-450.

[2]　Wang Y，Li Z，Wang J，et al. Graphene and graphene oxide：biofunctionalization and applications in biotechnology. Trends In Biotechnology，2011，29（5）：205-212.

[3]　Iijima S. Helical microtubules of graphitic carbon. Nature，1991，354：56-58.

[4]　Lu F，Gu L，Meziani M J，et al. Advances in bioapplications of carbon nanotubes. Advanced Materials，2009，21（2）：139-152.

[5]　De Volder M F，Tawfick S H，Baughman R H，et al. Carbon nanotubes：present and future commercial applications. Science，2013，339（6119）：535-539.

[6]　Zhu N，Gao H，Xu Q，et al. Sensitive impedimetric DNA biosensor with poly（amidoamine）dendrimer covalently attached onto carbon nanotube electronic transducers as the tether for surface confinement of probe DNA. Biosensors and Bioelectronics，2010，25（6）：1498-1503.

[7]　Yan W，Pang D W，Wang S F，et al. Carbon nanomaterials-DNA bioconjugates and their applications. Fullerenes，nanotubes，and carbon nanostructures，2005，13（S1）：309-318.

[8]　Dwyer C，Guthold M，Falvo M，et al. DNA-functionalized single-walled carbon nanotubes. Nanotechnology，2002，13（5）：601.

[9]　Lawal A T. Synthesis and utilization of carbon nanotubes for fabrication of electrochemical biosensors. Materials Research Bulletin，2016，73：308-350.

[10]　Novoselov K S，Geim A K，Morozov S V，et al. Electric field effect in atomically thin carbon films. Science，2004，306（5696）：666-669.

[11]　Brody H. Graphene. Nature，2012，483：S29.

[12]　Li L S，Yan X. Colloidal graphene quantum dots. J Phys Chem Lett，2010，1（17）：2572-2576.

[13] Li L L, Ji J, Fei R, et al. A facile microwave avenue to electrochemiluminescent two-color graphene quantum dots. Advanced Functional Materials, 2012, 22 (14): 2971-2979.

[14] Eda G, Lin Y Y, Mattevi C, et al. Blue photoluminescence from chemically derived graphene oxide. Advanced Materials, 2010, 22 (4): 505-509.

[15] Dreyer D R, Park S J, Bielawski C W, et al. The chemistry of graphene oxide. Chemical Society Reviews, 2010, 39 (1): 228-240.

[16] Loh K P, Bao Q L, Eda G, et al. Graphene oxide as a chemically tunable platform for optical applications. Nature Chemistry, 2010, 2 (12): 1015-1024.

[17] Zhu S J, Tang S J, Zhang J H, et al. Control the size and surface chemistry of graphene for the rising fluorescent materials. Chemical Communications, 2012, 48 (38): 4527-4539.

[18] Pal S K. Versatile photoluminescence from graphene and its derivatives. Carbon, 2015, 88: 86-112.

[19] Lin J, Chen X, Huang P. Graphene-based nanomaterials for bioimaging. Advanced Drug Delivery Reviews, 2016, 105: 242-254.

[20] Georgakilas V, Tiwari J N, Kemp K C, et al. Noncovalent functionalization of graphene and graphene oxide for energy materials, biosensing, catalytic, and biomedical applications. Chemical Reviews, 2016, 116(9): 5464-5519.

[21] Zhu S, Song Y, Zhao X, et al. The photoluminescence mechanism in carbon dots (graphene quantum dots, carbon nanodots, and polymer dots): current state and future perspective. Nano Research, 2015, 8 (2): 355-381.

[22] Pan D Y, Guo L, Zhang J C, et al. Cutting sp^2 clusters in graphene sheets into colloidal graphene quantum dots with strong green fluorescence. Journal of Materials Chemistry, 2012, 22 (8): 3314-3318.

[23] Pan D Y, Zhang J C, Li Z, et al. Hydrothermal route for cutting graphene sheets into blue-luminescent graphene quantum dots. Advanced Materials, 2010, 22 (6): 734-738.

[24] Gan Z, Xu H, Hao Y. Mechanism for excitation-dependent photoluminescence from graphene quantum dots and other graphene oxide derivates: consensus, debates and challenges. Nanoscale, 2016, 8 (15): 7794-7807.

[25] Li L L, Wu G H, Yang G H, et al. Focusing on luminescent graphene quantum dots: current status and future perspectives. Nanoscale, 2013, 5 (10): 4015-4039.

[26] Du Y, Guo S J. Chemically doped fluorescent carbon and graphene quantum dots for bioimaging, sensor, catalytic and photoelectronic applications. Nanoscale, 2016, 8 (5): 2532-2543.

[27] Zheng X T, Ananthanarayanan A, Luo K Q, et al. Glowing graphene quantum dots and carbon dots: properties, syntheses, and biological applications. Small, 2015, 11 (14): 1620-1636.

[28] Baker S N, Baker G A. Luminescent carbon nanodots: emergent nanolights. Angewandte Chemie International Edition, 2010, 49 (38): 6726-6744.

[29] Shen J H, Zhu Y H, Yang X L, et al. Graphene quantum dots: emergent nanolights for bioimaging, sensors, catalysis and photovoltaic devices. Chemical Communications, 2012, 48 (31): 3686-3699.

[30] Davidson J N. The biochemistry of the nucleic acids. Amsterdam: Elsevier, 2012.

[31] Liu J, Cao Z, Lu Y. Functional nucleic acid sensors. Chemical Reviews, 2009, 109 (5): 1948-1998.

[32] Shangguan D, Li Y, Tang Z, et al. Aptamers evolved from live cells as effective molecular probes for cancer study. Proceedings of the National Academy of Sciences, 2006, 103 (32): 11838-11843.

[33] Tan W, Wang K, Drake T J. Molecular beacons. Current Opinion in Chemical Biology, 2004, 8 (5): 547-553.

[34] Famulok M, Mayer G N. Aptamer modules as sensors and detectors. Accounts of Chemical Research, 2011, 44 (12): 1349-1358.

[35] Tang L, Wang Y, Li J. The graphene/nucleic acid nanobiointerface. Chemical Society Reviews, 2015, 44 (19):

6954-6980.

[36] Sun H，Ren J，Qu X. Carbon nanomaterials and DNA：from molecular recognition to applications. Accounts of Chemical Research，2016，49（3）：461-470.

[37] Zheng M，Jagota A，Semke E D，et al. DNA-assisted dispersion and separation of carbon nanotubes. Nature Materials，2003，2（5）：338.

[38] Yang R，Jin J，Chen Y，et al. Carbon nanotube-quenched fluorescent oligonucleotides：probes that fluoresce upon hybridization. Journal of the American Chemical Society，2008，130（26）：8351-8358.

[39] Zhao X，Johnson J K. Simulation of adsorption of DNA on carbon nanotubes. Journal of the American Chemical Society，2007，129（34）：10438-10445.

[40] Zheng M. Manipulating carbon nanotubes with nucleic acids. Proceedings of the AIP Conference Proceedings，F，2004.

[41] Nakashima N，Okuzono S，Murakami H，et al. DNA dissolves single-walled carbon nanotubes in water. Chemistry Letters，2003，32（5）：456-457.

[42] Umemura K. Hybrids of nucleic acids and carbon nanotubes for nanobiotechnology. Nanomaterials，2015，5（1）：321-350.

[43] Li X，Peng Y，Ren J，et al. Carboxyl-modified single-walled carbon nanotubes selectively induce human telomeric i-motif formation. Proceedings of the National Academy of Sciences，2006，103（52）：19658-19663.

[44] Zhao X. Self-assembly of DNA segments on graphene and carbon nanotube arrays in aqueous solution：a molecular simulation study. Journal of Physical Chemistry C，2011，115（14）：6181-6189.

[45] He S，Song B，Li D，et al. A graphene nanoprobe for rapid，sensitive，and multicolor fluorescent DNA analysis. Advanced Functional Materials，2010，20（3）：453-459.

[46] Tang Z，Wu H，Cort J R，et al. Constraint of DNA on functionalized graphene improves its biostability and specificity. Small，2010，6（11）：1205-1209.

[47] Ren H，Wang C，Zhang J，et al. DNA cleavage system of nanosized graphene oxide sheets and copper ions. ACS Nano，2010，4（12）：7169-7174.

[48] Milosavljevic V，Nguyen H V，Michalek P，et al. Synthesis of carbon quantum dots for DNA labeling and its electrochemical，fluorescent and electrophoretic characterization. Chemical Papers，2015，69（1）：192-201.

[49] Feng L，Zhao A，Ren J，et al. Lighting up left-handed Z-DNA：photoluminescent carbon dots induce DNA B to Z transition and perform DNA logic operations. Nucleic Acids Research，2013，41（16）：7987-7996.

[50] Ouyang X，Liu J，Li J，et al. A carbon nanoparticle-based low-background biosensing platform for sensitive and label-free fluorescent assay of DNA methylation. Chemical Communications，2012，48（1）：88-90.

[51] Zhou X，Zhang Y，Wang C，et al. Photo-Fenton reaction of graphene oxide：a new strategy to prepare graphene quantum dots for DNA cleavage. ACS Nano，2012，6（8）：6592-6599.

[52] Chen X，Zhou X，Han T，et al. Stabilization and induction of oligonucleotide i-motif structure via graphene quantum dots. ACS Nano，2012，7（1）：531-537.

[53] Nepal D，Geckeler K E. pH-sensitive dispersion and debundling of single-walled carbon nanotubes：lysozyme as a tool. Small，2006，2（3）：406-412.

[54] Ge C，Du J，Zhao L，et al. Binding of blood proteins to carbon nanotubes reduces cytotoxicity. Proceedings of the National Academy of Sciences，2011，108（41）：16968-16973.

[55] Gu Z，Yang Z，Chong Y，et al. Surface curvature relation to protein adsorption for carbon-based nanomaterials. Scientific Reports，2015，5：10886.

[56] Zhao X，Lu D，Hao F，et al. Exploring the diameter and surface dependent conformational changes in carbon nanotube-protein corona and the related cytotoxicity. Journal of Hazardous materials，2015，292：98-107.

[57] Chen R，Radic S，Choudhary P，et al. Formation and cell translocation of carbon nanotube-fibrinogen protein corona. Applied Physics Letters，2012，101（13）：133702.

[58] Liu W T，Bien M Y，Chuang K J，et al. Physicochemical and biological characterization of single-walled and double-walled carbon nanotubes in biological media. Journal of Hazardous materials，2014，280：216-225.

[59] Zhang J，Zhang F，Yang H，et al. Graphene oxide as a matrix for enzyme immobilization. Langmuir，2010，26（9）：6083-6085.

[60] Shan C，Yang H，Han D，et al. Water-soluble graphene covalently functionalized by biocompatible poly-L-lysine. Langmuir，2009，25（20）：12030-12033.

[61] Luan B，Huynh T，Zhao L，et al. Potential toxicity of graphene to cell functions via disrupting protein-protein interactions. ACS Nano，2015，9（1）：663-669.

[62] Li S，Wang L，Chusuei C C，et al. Nontoxic carbon dots potently inhibit human insulin fibrillation. Chemistry of Materials，2015，27（5）：1764-1771.

[63] 陆畅. DNA 和二维纳米材料的界面作用行为及其在荧光生物传感中的应用. 杭州：浙江大学博士学位论文，2017.

[64] Yang Y，Yang X，Yang Y，et al. Aptamer-functionalized carbon nanomaterials electrochemical sensors for detecting cancer relevant biomolecules. Carbon，2018，129：380-395.

[65] Daniel S，Rao T P，Rao K S，et al. A review of DNA functionalized/grafted carbon nanotubes and their characterization. Sensors and Actuators B：Chemical，2007，122（2）：672-682.

[66] Taft B J，Lazareck A D，Withey G D，et al. Site-specific assembly of DNA and appended cargo on arrayed carbon nanotubes. Journal of the American Chemical Society，2004，126（40）：12750-12751.

[67] Moghaddam M J，Taylor S，Gao M，et al. Highly efficient binding of DNA on the sidewalls and tips of carbon nanotubes using photochemistry. Nano Letters，2004，4（1）：89-93.

[68] Qu K，Ren J，Qu X. pH-responsive，DNA-directed reversible assembly of graphene oxide. Molecular Biosystems，2011，7（9）：2681-2687.

[69] Gui R，Jin H，Wang Z，et al. Room-temperature phosphorescence logic gates developed from nucleic acid functionalized carbon dots and graphene oxide. Nanoscale，2015，7（18）：8289-8293.

[70] Wang S，Zhang Y，Pang G，et al. Tuning the aggregation/disaggregation behavior of graphene quantum dots by structure-switching aptamer for high-sensitivity fluorescent ochratoxin A sensor. Analytical Chemistry，2017，89（3）：1704-1709.

[71] Qian Z，Shan X，Chai L，et al. A universal fluorescence sensing strategy based on biocompatible graphene quantum dots and graphene oxide for the detection of DNA. Nanoscale，2014，6（11）：5671-5674.

[72] Ye Q，Guo L，Wu D，et al. Covalent functionalization of bovine serum albumin with graphene quantum dots for stereospecific molecular recognition. Analytical Chemistry，2019，91（18）：11864-11871.

[73] 张卫奇，许海燕. 碳纳米管作为核酸类物质转运载体的研究进展. 生物物理学报，2010，8：662-672.

[74] Cathcart H，Nicolosi V，Hughes J M，et al. Ordered DNA wrapping switches on luminescence in single-walled nanotube dispersions. Journal of the American Chemical Society，2008，130（38）：12734-12744.

[75] Wu Y，Phillips J A，Liu H，et al. Carbon nanotubes protect DNA strands during cellular delivery. ACS Nano，2008，2（10）：2023-2028.

[76] Lu C H，Yang H H，Zhu C L，et al. A graphene platform for sensing biomolecules. Angewandte Chemie

International Edition，2009，48（26）：4785-4787.

[77]　Wang Y，Li Z，Hu D，et al. Aptamer/graphene oxide nanocomplex for in situ molecular probing in living cells. Journal of the American Chemical Society，2010，132（27）：9274-9276.

[78]　Patil A J，Vickery J L，Scott T B，et al. Aqueous stabilization and self-assembly of graphene sheets into layered bio-nanocomposites using DNA. Advanced Materials，2009，21（31）：3159-3164.

[79]　Lu L，Guo L，Wang X，et al. Complexation and intercalation modes：a novel interaction of DNA and graphene quantum dots. RSC Advances，2016，6（39）：33072-33075.

[80]　Lee D Y，Khatun Z，Lee J H，et al. Blood compatible graphene/heparin conjugate through noncovalent chemistry. Biomacromolecules，2011，12（2）：336-341.

[81]　Zhang Y，Zhang J，Huang X，et al. Assembly of graphene oxide-enzyme conjugates through hydrophobic interaction. Small，2012，8（1）：154-159.

[82]　Li S H，Zhou S X，Li Y C，et al. Exceptionally high payload of the IR780 iodide on folic acid-functionalized graphene quantum dots for targeted photothermal therapy. ACS Applied Materials & Interfaces，2017，9（27）：22332-22341.

[83]　Abdullah Al N，Lee J E，In I，et al. Target delivery and cell imaging using hyaluronic acid-functionalized graphene quantum dots. Molecular Pharmaceutics，2013，10（10）：3736-3744.

[84]　Tiwari J N，Vij V，Kemp K C，et al. Engineered carbon-nanomaterial-based electrochemical sensors for biomolecules. ACS Nano，2015，10（1）：46-80.

[85]　李晶，杨晓英. 新型碳纳米材料——石墨烯及其衍生物在生物传感器中的应用. 化学进展，2013，（2）：380-396.

[86]　Han G，Zhao J，Zhang R，et al. Membrane-penetrating carbon quantum dots for imaging nucleic acid structures in live organisms. Angewandte Chemie International Edition，2019，58（21）：7087-7091.

[87]　Wang H，Yang R，Yang L，et al. Nucleic acid conjugated nanomaterials for enhanced molecular recognition. ACS Nano，2009，3（9）：2451-2460.

[88]　Lim E K，Kim T，Paik S，et al. Nanomaterials for theranostics：recent advances and future challenges. Chemical Reviews，2014，115（1）：327-394.

[89]　Neves L F，Krais J J，Van Rite B D，et al. Targeting single-walled carbon nanotubes for the treatment of breast cancer using photothermal therapy. Nanotechnology，2013，24（37）：375104.

[90]　Kosuge H，Sherlock S P，Kitagawa T，et al. Near infrared imaging and photothermal ablation of vascular inflammation using single-walled carbon nanotubes. Journal of the American Heart Association，2012，1（6）：e002568.

[91]　Akhavan O，Ghaderi E. Graphene nanomesh promises extremely efficient in vivo photothermal therapy. Small，2013，9（21）：3593-3601.

[92]　Kuo W S，Chen H H，Chen S Y，et al. Graphene quantum dots with nitrogen-doped content dependence for highly efficient dual-modality photodynamic antimicrobial therapy and bioimaging. Biomaterials，2017，120：185-194.

[93]　Ge J C，Lan M H，Zhou B J，et al. A graphene quantum dot photodynamic therapy agent with high singlet oxygen generation. Nature Communications，2014，5：4596.

[94]　Du Y，Dong S. Nucleic acid biosensors：recent advances and perspectives. Analytical Chemistry，2016，89（1）：189-215.

[95]　Paleček E，Bartošík M. Electrochemistry of nucleic acids. Chemical Reviews，2012，112（6）：3427-3481.

[96]　Li F，Peng J，Wang J，et al. Carbon nanotube-based label-free electrochemical biosensor for sensitive detection of

miRNA-24. Biosensors and Bioelectronics，2014，54：158-164.

[97] Bonanni A，Pumera M. Graphene platform for hairpin-DNA-based impedimetric genosensing. ACS Nano，2011，5（3）：2356-2361.

[98] Du D，Guo S，Tang L，et al. Graphene-modified electrode for DNA detection via PNA-DNA hybridization. Sensors and Actuators B：Chemical，2013，186：563-570.

[99] Lu C H，Li J，Liu J J，et al. Increasing the sensitivity and single-base mismatch selectivity of the molecular beacon using graphene oxide as the "nanoquencher". Chemistry-A European Journal，2010，16（16）：4889-4894.

[100] Zhang M，Yin B-C，Tan W，et al. A versatile graphene-based fluorescence "on/off" switch for multiplex detection of various targets. Biosensors and Bioelectronics，2011，26（7）：3260-3265.

[101] Cui L，Chen Z，Zhu Z，et al. Stabilization of ssRNA on graphene oxide surface：an effective way to design highly robust RNA probes. Analytical Chemistry，2013，85（4）：2269-2275.

[102] Qian Z S，Shan X Y，Chai L J，et al. DNA nanosensor based on biocompatible graphene quantum dots and carbon nanotubes. Biosensors and Bioelectronics，2014，60：64-70.

[103] Qian Z S，Shan X Y，Chai L J，et al. Simultaneous detection of multiple DNA targets by integrating dual-color graphene quantum dot nanoprobes and carbon nanotubes. Chemistry-A European Journal，2014，20（49）：16065-16069.

[104] Zhang H，Wang Y S，Zhao D W，et al. Universal fluorescence biosensor platform based on graphene quantum dots and pyrene-functionalized molecular beacons for detection of microRNAs. ACS Applied Materials & Interfaces，2015，7（30）：16152-16156.

[105] Düzgün A，Maroto A，Mairal T，et al. Solid-contact potentiometric aptasensor based on aptamer functionalized carbon nanotubes for the direct determination of proteins. Analyst，2010，135（5）：1037-1041.

[106] Liu X，Li Y，Zheng J，et al. Carbon nanotube-enhanced electrochemical aptasensor for the detection of thrombin. Talanta，2010，81（4-5）：1619-1624.

[107] Yang R，Tang Z，Yan J，et al. Noncovalent assembly of carbon nanotubes and single-stranded DNA：an effective sensing platform for probing biomolecular interactions. Analytical Chemistry，2008，80（19）：7408-7413.

[108] Chang H，Tang L，Wang Y，et al. Graphene fluorescence resonance energy transfer aptasensor for the thrombin detection. Analytical Chemistry，2010，82（6）：2341-2346.

[109] Bhatnagar D，Kumar V，Kumar A，et al. Graphene quantum dots FRET based sensor for early detection of heart attack in human. Biosensors and Bioelectronics，2016，79：495-499.

[110] Wang Y，He X，Wang K，et al. A label-free electrochemical assay for methyltransferase activity detection based on the controllable assembly of single wall carbon nanotubes. Biosensors and Bioelectronics，2013，41：238-243.

[111] Kermani H A，Hosseini M，Dadmehr M，et al. DNA methyltransferase activity detection based on graphene quantum dots using fluorescence and fluorescence anisotropy. Sensors and Actuators B：Chemical，2017，241：217-223.

[112] Qian Z S，Shan X Y，Chai L J，et al. A fluorescent nanosensor based on graphene quantum dots-aptamer probe and graphene oxide platform for detection of lead（II）ion. Biosensors and Bioelectronics，2015，68：225-231.

[113] Huang J，Gao X，Jia J，et al. Graphene oxide-based amplified fluorescent biosensor for Hg^{2+} detection through hybridization chain reactions. Analytical Chemistry，2014，86（6）：3209-3215.

[114] Feng L，Chen Y，Ren J，et al. A graphene functionalized electrochemical aptasensor for selective label-free detection of cancer cells. Biomaterials，2011，32（11）：2930-2937.

[115] Cao L，Cheng L，Zhang Z，et al. Visual and high-throughput detection of cancer cells using a graphene oxide-based

FRET aptasensing microfluidic chip. Lab on a Chip，2012，12（22）：4864-4869.

[116] Zhu X，Liu Y，Li P，et al. Applications of graphene and its derivatives in intracellular biosensing and bioimaging. Analyst，2016，141（15）：4541-4553.

[117] Wang X Y，Lei R，Huang H D，et al. The permeability and transport mechanism of graphene quantum dots（GQDs）across the biological barrier. Nanoscale，2015，7（5）：2034-2041.

[118] Chong Y，Ma Y F，Shen H，et al. The in vitro and in vivo toxicity of graphene quantum dots. Biomaterials，2014，35（19）：5041-5048.

[119] Piao Y，Liu F，Seo T S. A novel molecular beacon bearing a graphite nanoparticle as a nanoquencher for in situ mRNA detection in cancer cells. ACS Applied Materials & Interfaces，2012，4（12）：6785-6789.

[120] Lu C H，Zhu C L，Li J，et al. Using graphene to protect DNA from cleavage during cellular delivery. Chemical Communications，2010，46（18）：3116-3118.

[121] Wang Y，Li Z，Weber T J，et al. In situ live cell sensing of multiple nucleotides exploiting DNA/RNA aptamers and graphene oxide nanosheets. Analytical Chemistry，2013，85（14）：6775-6782.

[122] Chen T T，Tian X，Liu C L，et al. Fluorescence activation imaging of cytochrome c released from mitochondria using aptameric nanosensor. Journal of the American Chemical Society，2015，137（2）：982-989.

[123] Li L，Feng J，Liu H，et al. Two-color imaging of microRNA with enzyme-free signal amplification via hybridization chain reactions in living cells. Chemical Science，2016，7（3）：1940-1945.

[124] Lee C H，Rajendran R，Jeong M S，et al. Bioimaging of targeting cancers using aptamer-conjugated carbon nanodots. Chemical Communications，2013，49（58）：6543-6545.

[125] Wang X，Sun X，He H，et al. A two-component active targeting theranostic agent based on graphene quantum dots. Journal of Materials Chemistry B，2015，3（17）：3583-3590.

[126] Wang X J，Sun X，Lao J，et al. Multifunctional graphene quantum dots for simultaneous targeted cellular imaging and drug delivery. Colloids and Surfaces B，2014，122：638-644.

[127] Smith B R，Gambhir S S. Nanomaterials for in vivo imaging. Chemical Reviews，2017，117（3）：901-986.

[128] Nurunnabi M，Khatun Z，Huh K M，et al. In vivo biodistribution and toxicology of carboxylated graphene quantum dots. ACS Nano，2013，7（8）：6858-6867.

[129] Liu Y，Zhou S，Fan L，et al. Synthesis of red fluorescent graphene quantum dot-europium complex composites as a viable bioimaging platform. Microchimica Acta，2016，183（9）：2605-2613.

[130] Yan L A，Shi H，He X，et al. A versatile activatable fluorescence probing platform for cancer cells in vitro and in vivo based on self-assembled aptamer/carbon nanotube ensembles. Analytical Chemistry，2014，86（18）：9271-9277.

[131] Yi M，Yang S，Peng Z，et al. Two-photon graphene oxide/aptamer nanosensing conjugate for in vitro or in vivo molecular probing. Analytical Chemistry，2014，86（7）：3548-3554.

[132] Lammers T，Aime S，Hennink W E，et al. Theranostic nanomedicine. Accounts of Chemical Research，2011，44（10）：1029-1038.

[133] Huang X，El-Sayed I H，Qian W，et al. Cancer cell imaging and photothermal therapy in the near-infrared region by using gold nanorods. Journal of the American Chemical Society，2006，128（6）：2115-2120.

[134] Wang X Y，Fang Z，Lin X. Copper sulfide nanotubes：facile，large-scale synthesis，and application in photodegradation. Journal of Nanoparticle Research，2009，11（3）：731-736.

[135] Dong H，Dong C，Ren T，et al. Surface-engineered graphene-based nanomaterials for drug delivery. Journal of biomedical nanotechnology，2014，10（9）：2086-2106.

[136] Liu Z，Robinson J T，Sun X，et al. PEGylated nanographene oxide for delivery of water-insoluble cancer drugs. Journal of the American Chemical Society，2008，130（33）：10876-10877.

[137] Gao N，Yang W，Nie H，et al. Turn-on theranostic fluorescent nanoprobe by electrostatic self-assembly of carbon dots with doxorubicin for targeted cancer cell imaging，*in vivo* hyaluronidase analysis，and targeted drug delivery. Biosensors and Bioelectronics，2017，96：300-307.

[138] Qiu J，Zhang R，Li J，et al. Fluorescent graphene quantum dots as traceable，pH-sensitive drug delivery systems. International Journal of Nanomedicine，2015，10：6709-6724.

[139] Zheng M，Li Y，Liu S，et al. One-pot to synthesize multifunctional carbon dots for near infrared fluorescence imaging and photothermal cancer therapy. ACS Applied Materials & Interfaces，2016，8（36）：23533-23541.

[140] Cheng L，Wang C，Feng L，et al. Functional nanomaterials for phototherapies of cancer. Chemical Reviews，2014，114（21）：10869-10939.

[141] Lucky S S，Soo K C，Zhang Y. Nanoparticles in photodynamic therapy. Chemical Reviews，2015，115（4）：1990-2042.

[142] Madni A，Noreen S，Maqbool I，et al. Graphene-based nanocomposites：synthesis and their theranostic applications. Journal of Drug Targeting，2018，26（10）：858-883.

[143] Dong H，Dai W，Ju H，et al. Multifunctional poly（L-lactide）-polyethylene glycol-grafted graphene quantum dots for intracellular microRNA imaging and combined specific-gene-targeting agents delivery for improved therapeutics. ACS Applied Materials & Interfaces，2015，7（20）：11015-11023.

[144] Zhang L，Lu Z，Zhao Q，et al. Enhanced chemotherapy efficacy by sequential delivery of siRNA and anticancer drugs using PEI-grafted graphene oxide. Small，2011，7（4）：460-464.

[145] Su Y L，Yu T W，Chiang W H，et al. Hierarchically targeted and penetrated delivery of drugs to tumors by size-changeable graphene quantum dot nanoaircrafts for photolytic therapy. Advanced Functional Materials，2017，27（23）：1700056.

[146] Sabherwal P，Mutreja R，Suri C R. Biofunctionalized carbon nanocomposites：new-generation diagnostic tools. TRAC Trends in Analytical Chemistry，2016，82：12-21.

[147] Cao Y，Dong H，Yang Z，et al. Aptamer-conjugated graphene quantum dots/porphyrin derivative theranostic agent for intracellular cancer-related microRNA detection and fluorescence-guided photothermal/photodynamic synergetic therapy. ACS Applied Materials & Interfaces，2016，9（1）：159-166.

第8章

纳米药物载体在肿瘤诊疗一体化中的应用

纳米药物载体（nanoscale drug carriers）是利用天然或者合成的材料，通过化学键合、物理吸附或包裹等与药物分子构成纳米级微观范畴的药物载体输送系统。纳米药物载体能够在目标部位蓄积或者释放药物，以此提高药物治疗的靶向性、安全性和有效性，在提高药效的同时降低药物的毒副作用，减少药物对机体组织的伤害。肿瘤诊疗一体化的核心技术主要在于将诊断剂与治疗剂整合到同一纳米材料体系中，构建纳米药物载体诊疗剂，实现将肿瘤的诊断、监测与治疗有机的结合。

纳米药物载体材料的选择一般遵循以下四个原则：①所选的纳米材料需具有较高的载药率和药物可控缓释特性；②药物载体构建所用的纳米材料的生物毒性低，不会对机体产生免疫反应；③纳米药物载体需具有较好的胶体稳定性和生理稳定性；④纳米药物载体的制备方法应该简单可得、容易规模化生产，且成本低。目前在肿瘤诊疗一体化平台中应用的纳米载体材料主要有以下几类：脂质体纳米药物载体；介孔硅纳米药物载体；DNA 纳米药物载体；金属有机框架载体。

8.1 脂质体纳米药物载体

8.1.1 概述

1. 脂质体

脂质体（liposome）是一种直径大约为 $0.01 \sim 10~\mu m$ 的球状结构，由磷脂双分子层构成。当两性分子（磷脂和鞘脂）分散于水相时，分子的疏水尾部基团倾向于聚集在一起，从而避开水相，而亲水头部基团则暴露在水相中，形成"亲水头-疏水尾"结构的双分子层封闭囊泡[1]，如图 8.1 所示。由此，脂质体形成的内部水相空间可以溶解亲水的化学药物或者大分子的酶等，而外部的疏水层则模拟细胞膜的双分子磷脂结构，根据相似相容的特性，从而使整个脂质体结构可以很容易地跨过细胞膜屏障进入细胞内部[2]。由于磷脂双分子层是天然存在的，因此脂质体具有很好的生物相容性，能减小细胞毒性和免疫原性。与此同时，将装载的试剂或者药物转运至细胞内，避免其被代谢掉或者被免疫系统攻击。脂质体在细胞内被降解，无细胞毒性、无机体免疫原性，因此脂质体常被用于转基因研究[3, 4]、药物载体研究[5, 6]。脂质体纳米药物作为一类新型的靶向肿瘤制剂，在临床上应用较早，发展也最为成熟。目前，美国食品药品监督管理局（FDA）批准上市的脂质体纳米药物有两性霉素 B、阿霉素脂质体，进入临床试验阶段的脂质体纳米药物有丁胺卡钠霉素[6, 7]。

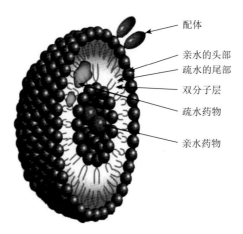

图 8.1　脂质体结构示意图[1]

2. 脂质体纳米药物载体的构建

　　通常来说，脂质体类纳米药物有四种类型：传统的脂质体类、空间稳定的脂质体类、靶向配体的脂质体类，以及上述三种脂质体类的综合体[8]，如图 8.2 所示。作为第一代脂质体类纳米药物，传统的脂质体纳米药物载体自 1980 年就开始应用于临床抗癌药物（阿霉素和两性霉素）的体内递送，并且提高了抗癌药物的疗效[9, 10]。相对于直接药物静脉注射，传统的脂质体类纳米药物载体的应用虽然降低了药物对机体的毒性，然而其极易从血管中被清除的特性也限制了它的疗效[11, 12]。尤其是在肝脏和脾脏中，网状内皮系统（RES）的巨噬细胞起到了主要的清除作用[13]。为了提高脂质体的稳定性以及延长其在血液循环中的滞留时间，将高分子聚合物聚乙二醇（PEG）修饰在脂质体的表面，从而构建了相对于第一代脂质体结构更稳定的 PEG 修饰的脂质体载体。PEG 的修饰在脂质体表面会产生空间位阻，避免了脂质体纳米药物被 RES 快速识别并清除，由此延长了脂质体纳米药物在血液循环中的滞留时间，并且降低了其毒副作用[14-16]。PEG 修饰作用所产生的空间稳定性，同时也影响了脂质体纳米药物的药代动力学，提高了其半衰期[17, 18]。靶向配体的脂质体类纳米药物载体是根据不同的肿瘤细胞类型，选择特异性的靶点，从而达到靶向识别肿瘤的目的。

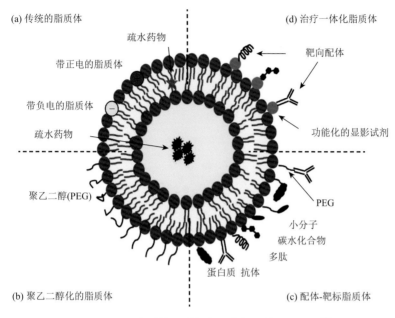

图 8.2　不同类型的脂质体类纳米载体构建示意图[8]

3. 脂质体纳米药物载体的诊疗一体化

由于其结构的特异性，脂质体在临床上的应用研究一直备受关注。构建多功能化脂质体纳米药物载体，使脂质体能够最大化地服务于药物的体内递送，是近年来临床研究的热点。脂质体结构上具有足够的空间，使它可以同时负载诊断和治疗药物，这种特性使它成为诊疗一体化平台最佳的纳米药物选择。亲水性的治疗药物可以装载在脂质体中空的内腔，而疏水的治疗药物可以嵌插在疏水的双分子层中，如图 8.3 所示[19]。通过腔内包裹、磷脂双分子层内嵌插，或者连接/吸附在脂质体表面，达到装载诊断和治疗药物的目的，从而也可以将具有单一治疗效果的两种或多种药物组合到一个载体上，实现脂质体纳米药物载体的诊疗一体化。

8.1.2　脂质体纳米药物载体的应用研究

1. 脂质体纳米药物载体的细胞膜共性研究

纳米材料与生物膜的相互作用，影响着纳米材料在临床医用的各个环节，是目前生物医学领域亟待解决的关键问题。脂质体作为一种由磷脂双分子层结构组成的纳米微囊，其构成在一定程度上模拟了细胞膜的功能，因此通过研究纳米材料与脂质体间的相互作用，可以模拟纳米材料的细胞内吞等过程，可为纳米材料在药物递送、生物传感、癌症的早期诊疗一体化研究等方面提供重要的理论及实验依据。

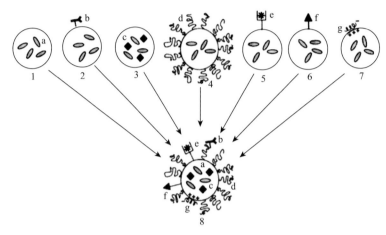

图 **8.3** 脂质体纳米药物的"功能化"模式[19]

a：小分子药物；b：靶向配体；c：纳米晶体；d：聚乙二醇化；e：整合放射性核素；f：细胞穿膜肽；g：小干扰 RNA
1：负载小分子药物的脂质体纳米药物；2：配体修饰的 1；3：负载小分子药物和纳米颗粒的脂质体纳米药物；
4：聚乙二醇化的脂质体纳米药物；5：螯合放射性同位素的脂质体纳米药物；6：修饰细胞穿膜肽的脂质体纳米药物；7：负载 SiRNA 的脂质体纳米药物

二氧化钛等金属氧化物在生物医学领域具有非常广泛的应用前景，刘珏文教授课题组相继研究了十余种不同的金属氧化物与脂质体间的相互作用，通过冷冻电镜、荧光光谱等实验手段，实现了脂质体在二氧化钛等金属氧化物纳米颗粒表面的包裹和吸附[20]。磷脂酰胆碱（phosphatidylcholine，PC）是细胞膜的重要成分，胆碱磷酸（choline phosphate，CP）是自然界中并不存在的脂质体类分子，通过实验研究发现，CP 和 PC 这两种不同的脂质体分子，与氧化铁之间的相互作用机理并不相同。CP 脂质体可以包裹在氧化铁表面，而 PC 脂质体则只能吸附在氧化铁表面，如图 8.4 所示。由于氧化铁等磁性纳米材料的广泛应用性，如果能系统地研究这种磁性核壳纳米颗粒与脂质体的相互作用，将有助于人们深入理解脂质体与其他纳米材料相互作用的生物物理特性，进一步揭示脂质体包裹的纳米材料的跨膜机制和其在细胞内的命运。

2. 脂质体纳米药物载体的靶向性研究

在精准医疗时代，如何将药物主动靶向地递送到不同类型的肿瘤细胞和肿瘤组织，同时又要避免传统的化学非特异性共价偶联对靶向配体的生物活性的损害，是目前面临的重要挑战。

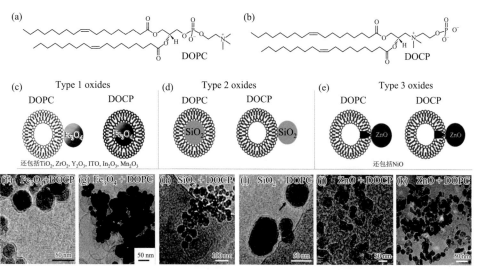

图 8.4　DOPC 和 DOCP 脂质体与氧化铁纳米颗粒作用的两种方式[20]

DOPC：二油酰磷脂胆碱；DOCP：二油酰胆碱磷脂

人表皮生长因子受体-2（*HER2*）是迄今乳腺癌中研究较为全面的基因之一。*HER2* 基因的过量表达与肿瘤的发生发展息息相关，是肿瘤靶向治疗药物选择的一个重要靶点。表皮生长因子受体（EGFR）是人体内细胞表面的一种蛋白质，可与表皮生长因子（EGF）结合，参与细胞正常生长和分裂。然而，当 *EGFR* 基因发生突变，*EFGR* 基因就会过量表达 EGFR 蛋白并组装到细胞膜表面，导致细胞膜表面 EFGR 过多，这意味着 EFGR 可以与大量的受体结合，从而促进了细胞异常生长和分裂，最终导致肿瘤诞生。刘刚教授课题组受到机体内的外泌体可作为天然的胞内输送载体的启示，成功研发出了一种表面可以展示多种靶向蛋白配体的类脂质体纳米囊泡[21, 22]。通过在类脂质体纳米囊泡上同时展示抗 HER2 受体的亲和体和抗 EGFR 的表皮生长因子作为靶向蛋白，实现了分别靶向两种不同亚型的乳腺癌小鼠模型 MDA-MB-468 和 BT474[23]，如图 8.5 所示。同时，该脂质体类纳米囊泡显示出了比临床使用的脂质体化的阿霉素具有更好的肿瘤特异性靶向聚集效果和肿瘤治疗结果。该脂质体纳米药物通过改善其稳定性、生物相容性以及药物疗效，可作为蛋白质药物递送的工具，从而建立了一种新型的肿瘤诊疗一体化的纳米药物投递平台，开辟了药物肿瘤靶向递送的新方向。

为了增强肿瘤治疗效果，两种或多种治疗手段联合使用也是研究人员关注的热点。姜黄素（curcumin，Cur）是一种癌症治疗过程中常用的植物素提取物，是从姜黄根提取的一种联苯化合物，具有较强的抗肿瘤能力，被誉为"神奇的分子"[24, 25]。CA4P（康普瑞汀磷酸二钠/考布他丁 A-4 磷酸二钠盐），提取自一种矮柳树，是一种新发现的抗肿瘤化合物。甘草次酸（GA）可以特异性识别肝癌 HCC 细胞表面高度表达的受体 C[26]。因此 GA 修饰的脂质体可以特异性靶向肝癌 HCC

细胞，亲水性的 CA4P 包裹在脂质体内腔，而疏水的 Cur 则嵌插在脂质体磷脂双分子层中，组成 Cur-CA4P/GA LP 脂质体纳米药物，如图 8.6 所示[27]。实验结果显示，GA 修饰的 Cur-CA4P/GA LP 纳米药物促进了其细胞摄取能力和肿瘤部位的积累率。与此同时，相对于 Cur 或者 CA4P 单药物治疗，Cur-CA4P/GA LP 纳米药物表现出更高的肿瘤细胞致死率。

图 8.5　生物功能化的类脂质体纳米囊泡（BLN）的制备[23]

（a）靶向蛋白配体的基因在体外合成并且转染到细胞内，用于体内表达细胞膜表面的修饰过的靶向配体；（b）细胞内表达的蛋白质受体通过信号肽调节的蛋白质转运通路，进一步转移到高尔基体；（c）转运囊泡从高尔基体携载着蛋白质受体到达细胞膜，并与细胞膜结合，从而使靶向的蛋白质到达细胞表面；（d）脱氧胆酸钠被细胞质膜包裹；（e）超声促进药物的封装；（f）BLN 对肿瘤表面过表达的 EGFR 具有良好的亲和力

Triton X-100：聚乙二醇辛基苯基醚；BLNs：类脂质体纳米载体

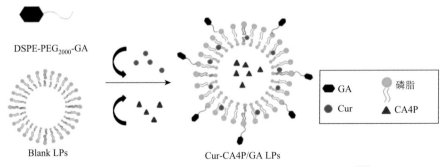

图 8.6　Cur-CA4P/GA LP 脂质体纳米药物的制备示意图[27]

GA：甘草次酸；Cur：姜黄素；CA4P：康普瑞丁；DSPE：二硬脂酰磷脂酰乙醇胺

利用匀质法制备精氨酸-甘氨酸-天冬氨酸（RGD）修饰的脂质体纳米药物 RGD-NLC，并且负载抗肿瘤药物儿茶素（EGCG），可以克服 EGCG 的治疗局限，有限提高其抗肿瘤疗效[28]。组装后的脂质体纳米药物 EGCG-NLC-RGD 尺寸大小为 85 nm，位于 EGCG-NLC-RGD 结构表面的 RGD 可以特异性识别并吸附位于肿瘤细胞表面的 $\alpha_v\beta_3$ 整合素，以此来达到靶向肿瘤细胞的目的。相对于 EGCG，细胞毒性和细胞凋亡实验都显示 EGCG-NLC-RGD 对于癌细胞具有显著的促凋亡能力，而且 EGCG-NLC-RGD 可以更高效地中止肿瘤细胞细胞周期，如图 8.7 所示。

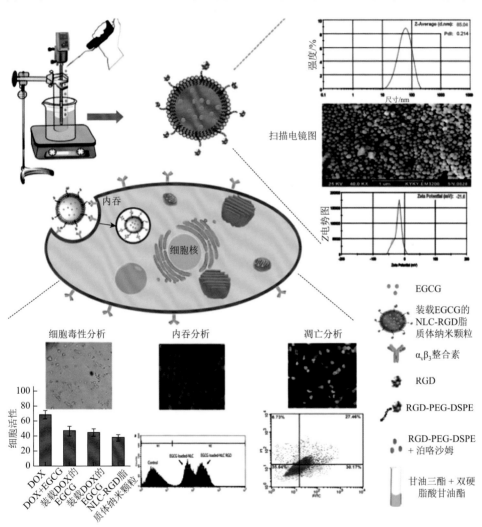

图 8.7　EGCG-NLC-RGD 脂质体纳米药物显著提高了 EGCG 的抗肿瘤效果[28]

EGCG：儿茶素；NLC：脂质体纳米载体；RGD：精氨酸-甘氨酸-天冬氨酸；
PEG：聚乙二醇；DSPE：二硬脂酰磷脂酰乙醇胺

实现脂质体纳米药物靶向性的方式还有多种。通过将单克隆抗体修饰到脂质体的表面,可以制备出免疫脂质体,免疫脂质体可特异性结合肿瘤细胞表面的相应抗原,从而达到靶向肿瘤药物递送的目的;环境敏感型脂质体纳米药物,如温度敏感型脂质体纳米药物、磁性敏感型脂质体纳米药物、pH 敏感型脂质体纳米药物等,是将环境敏感型材料应用于脂质体纳米药物的合成,通过局部温度的改变、外加磁场,或者根据肿瘤组织特定的 pH 值,使得脂质体纳米药物中装载的抗肿瘤药物在特定肿瘤组织缓控释放。纳米药物靶向性的提高能够减少药物对正常组织的损伤,降低了药物副作用的同时提高了药物的安全性。

3. 脂质体纳米药物载体的成像示踪研究

脂质体纳米药物载体在临床药物递送和缓控释放方面得到了广泛应用,与此同时,由于很多成像的功能基团也可以通过简单的手段修饰到脂质体表面,因此脂质体纳米药物载体在体内成像方面的研究也较为成熟。对于光学成像,疏水的荧光染料可以嵌插在磷脂双分子层中。例如,荧光染料 DY-676-C18 就被应用在鼠类的水肿模型的体内成像[29]。量子点也常被修饰在脂质体的亲水部位作为荧光基团[30]。当脂质体的亲水部位与螯合剂连接并且和放射性同位素共同孵育,可得到放射性同位素标记的脂质体纳米载体,从而用来作为体内正电子发射型计算机断层显像(PET)和单光子发射计算机断层成像术(SPECT)成像的手段[31, 32]。虽然小分子荧光染料已经被广泛应用于脂质体纳米药物载体的荧光标记,但由于其聚集诱导猝灭性质的局限,当其在负载浓度较高或者聚集于脂质双分子层中时,因为分子间会形成 π-π 堆积,其光化学作用的效率也会急剧下降,因此无法实现稳定和有效的示踪作用[33-35],聚集诱导发光(AIE)分子的发现应运而生。AIE分子在分散状态下基本不发光,但在聚集态时其光化学效应显著增强,因此在高浓度或者负载纳米载体的情况下反而具备更好的稳定性和荧光强度[36]。

4. 脂质体纳米药物载体的生物相容性研究

生物相容性是指机体组织(生命有机体)对进入其中的非活性材料产生反应的一种性能,是指非活性材料与机体之间的相容性。纳米药物载体进入机体组织后,会对特定的生物组织环境产生作用;反过来,机体组织对进入的纳米药物载体也会产生作用。这两者的相互作用一直持续,直到达到平衡或者纳米药物载体被机体组织排出。

纳米药物载体的生物相容性主要取决于纳米材料本身的性质,包括纳米药物载体的形状、大小和表面粗糙程度,以及纳米药物载体在构建过程中是否有残留的有毒物质,或者纳米药物载体在体内的降解产物是否有毒性等。生物相容性差的纳米药物载体与机体组织短期接触会对细胞及全身产生毒性、刺激性、致畸性和局部炎症，而长期接触则可能具有致突变、致畸和致癌作用。因此，当纳米药物载体被应用于肿瘤诊疗一体化研究时，其生物相容性是必须要考虑和评价的重要指标。

纳米药物载体由于其本身的物理和化学性质，在某些动物试验中，由于第一免疫系统的作用，对实验动物会产生严重的毒副作用[37]。在这些实验中，纳米药物载体被免疫系统识别为外来颗粒，导致多层的免疫反应发生。与此同时，纳米载体也可与循环血清蛋白结合，被细胞的单核吞噬细胞系统清除[38]。普遍认为，纳米药物载体修饰 PEG 后可以无免疫原性。然而，很多研究结果证明 PEG 修饰的纳米药物载体也会产生免疫反应。这种免疫反应之一就是机体可以快速清除再次进入的 PEG 修饰的纳米药物载体，即加速血液清除（ABC）现象[39]，如图 8.8 所示。ABC 的产生会降低纳米药物载体的安全性和有效性。

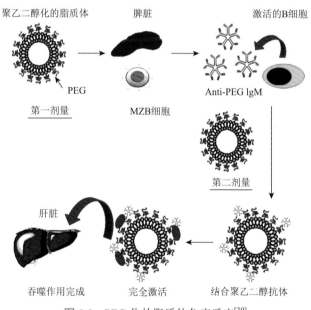

图 8.8　PEG 化的脂质体免疫反应[39]

PEG：聚乙二醇；anti-PEG lgM：聚乙二醇抗体

脂质体本身没有毒性，可作为纳米药物载体包裹药物实现抗癌药物的靶向递送。但是考虑到 ABC 效应，在实际的临床应用中，两次或者多次使用脂质体纳米药物载体时，PEG 化的脂质体纳米药物载体的免疫反应也需要考虑。

5. 脂质体纳米药物载体在光动力治疗方面的应用

光动力治疗（PDT）是用光激发光敏药物治疗肿瘤的一种新方法，起源于二十世纪七十年代末。PDT 是一种有氧分子参与的伴随生物效应的光敏化反应，其基本原理是由特定波长的激光照射使组织吸收的光敏剂受到激发，通过能量传递产生自由基和单态活性氧，从而对肿瘤细胞产生细胞毒性，导致肿瘤细胞受损乃至死亡。光动力治疗相比较传统手术、放疗、化疗等治疗方法，具有微创精准、毒性低微、可反复治疗等优势[40, 41]。

　　由于光动力治疗过程会消耗氧气，因此经过光动力治疗后的肿瘤组织会出现缺氧的特性，这为生物还原性药物发挥疗效提供了有利的条件。AQ4N（Banoxantrone dihydrochloride），作为拓扑异构酶Ⅱ（topoisomerase Ⅱ）抑制剂，是一种亲水的生物还原性抗肿瘤前药，在缺氧条件下可被激活。用 ^{64}Cu 标记光敏剂 hCe6，得到 ^{64}Cu-hCe6，修饰到脂质体上，再负载 AQ4N，既可以实现 PET 成像，又可以在 660 nm 的 LED 光源下实现光动力治疗[42]，如图 8.9 所示。

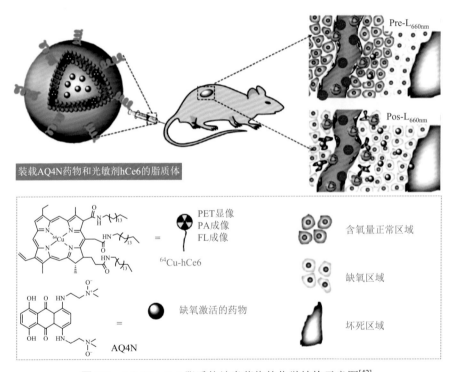

图 8.9　AQ4N-hCe6 脂质体纳米药物的化学结构示意图[42]

PET：正电子发射型计算机断层；PA：正位；FL：荧光；AQ4N：拓扑异构酶抑制剂

　　有些 AIE 分子具备优良的光敏作用，能够取代同样受限于聚集诱导猝灭问题的卟啉类传统光敏剂，实现更加高效的光动力治疗。Cai 等就将 AIE 分子同脂质体相结合，自主合成出具备 AIE 荧光和光敏特性的脂质体分子并制备出脂质体纳米药物载体，成功实现了脂质体纳米药物载体主导的小鼠体内 AIE 荧光示踪和光动力肿瘤治疗[43]。这种基于 AIE 分子的脂质体纳米药物载体在影像引导的药物递送、药物释放以及光动力抗肿瘤治疗方面具有广阔的应用前景，同时也为研究出更多新型多功能一体的脂质体纳米药物载体提供了新的研究思路。

将油酸甘油酯和橄榄油以 95∶5 的比例混合制备类脂质体纳米材料（NLCs），包裹 CUR 后，形成 CUR-NLC 脂质体纳米药物（PE3）。研究发现，PE3 可以使 CUR 的细胞渗透能力显著增强，从而增强了其细胞毒性[44]。PE3 对于乳腺癌细胞 MCF-7 的光动力治疗效果也显著优于仅仅使用 CUR，如图 8.10 所示。

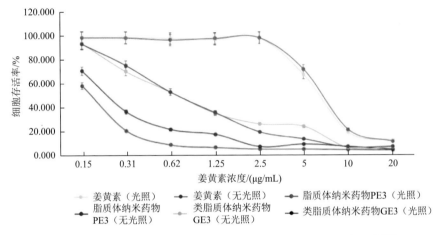

图 8.10　光动力治疗结果显示 PE3 显著降低了 MCF-7 细胞存活率[44]

PE3：油酸甘油酯脂质体纳米载体；GE3：类脂质体纳米载体

6. 脂质体纳米药物载体在基因疗法和免疫疗法上的应用

基因治疗是通过向人体病变细胞或组织中导入正常基因或有治疗作用的基因，以纠正基因的缺陷或者发挥治疗作用。可通过以下几种策略实现癌症的基因治疗：减少癌变基因表达、导入抑癌基因、增强肿瘤对放疗和化疗的敏感性，以及增强宿主的抗肿瘤免疫力等。抑癌基因突变是癌症发病的重要因素，因此把功能正常的抗癌基因输送到肿瘤细胞中，利用抗癌基因杀死癌细胞可以实现治疗癌症的目的。目前开发出的抑癌基因包括 *p53* 基因、*NF1* 基因、*APC* 基因等。向生物细胞内引入外源的抗癌基因需要借助相应的载体。病毒载体的基因转运能力强，但是存在很多安全隐患。脂质体是最早研究的非病毒载体，目前已经商品化。

除阿霉素等传统的化疗药物外，脂质体纳米药物载体还可以转运核酸和多肽等生物大分子，应用于基因治疗和免疫治疗。例如，阳离子的脂质体可以通过静电作用与带负电的核酸结合，将特异的小干扰 RNA（siRNA）转运到肿瘤细胞中，以此沉默与肿瘤相关的基因，使其丧失耐药性、侵袭性甚至阻断肿瘤细胞代谢使肿瘤细胞死亡。siRNA 由于其可以沉默与疾病相关的基因的功能，被认为是潜在的临床治疗药物，但是由于缺乏安全有效的纳米药物载体，siRNA 的应用备受局限。二油酰基磷脂酰乙醇胺-聚乙烯亚胺（DOPE-PEI）被证明可以有效地在胞内递送 siRNA，但是对于 PC-3 细胞具有较高的细胞毒性[45]。当在 DOPE-PEI 表面进一步修饰 DOPE-PEG2K 时，可以降低其细胞毒性，并且提高了细胞对 siRNA 的摄入量，从而提高了 siRNA 的基因沉默能力。

阳离子脂质体也可通过静电作用与肿瘤识别抗原多肽结合，将抗原转运到树突状细胞，激活机体自身免疫。特异性免疫细胞增殖、免疫因子释放，靶向性杀伤癌细胞。靶向免疫治疗、基因治疗方案的实现将会进一步提高肿瘤治疗的高效率和安全性。这些新型纳米脂质体药物在稳定性、循环时间、缓控释放、靶向性方面都优于传统药物，在癌症治疗效率和安全性方面都具有广阔的前景。

8.1.3 商业化的脂质体纳米药物载体

截至目前，FDA 已批准上市的纳米药物已达数十种。在已上市的纳米药物中，脂质体纳米药物占据了半壁江山。经典的脂质体纳米药物有两性霉 B 脂质体、柔红霉素脂质体、多柔比星脂质体、紫杉醇脂质体等。目前已上市的纳米药物中，近一半纳米药物应用于治疗肿瘤。在已批准的适应证中，常见的肿瘤包括：乳腺癌、卵巢癌、骨髓瘤、肝细胞癌、白血病、非霍奇金淋巴瘤、非小细胞肺癌、胰腺癌。

1995 年，盐酸多柔比星脂质体注射剂（Doxil）被 FDA 批准作为第一个 PEG 化长循环脂质体药物，主要适应证为晚期卵巢癌、多发性骨髓瘤以及 HIV 并发的卡波西肉瘤。Doxil 是由美国塞奎斯制药研制，Doxil 的制备是使用硫酸铵梯度法实现阿霉素的主动载药。药物分子在内水相中与硫酸根离子结合形成晶状硫酸盐沉淀，使得阿霉素包封率高且稳定，不易发生药物泄漏。除了肿瘤癌症治疗之外，脂质体纳米药物也被用于其他疾病的治疗，例如，维替泊芬（Verteporfin）是唯一一种被 FDA 批准，作为继发于年龄相关性黄斑变性的眼部用药[46]。

8.1.4 小结

近年来，以脂质体纳米药物载体为代表的纳米药物载体在肿瘤诊疗一体化研究中的应用得到了各个领域的重视。通过对纳米材料的精巧构建和表面修饰，诊断和治疗这两个临床上分离的过程，被集成在一个纳米平台上，构成了"诊疗一体化纳米平台"。它能够实时、精确诊断病情并同步进行治疗，而且在治疗过程中能够监控疗效并随时调整给药方案，有利于达到最佳治疗效果，并减少毒副作用，已经成为精准医疗的一项新的重要策略[47]。

脂质体纳米药物载体的研发和临床转化是挑战与机遇并存的。为了促进脂质体纳米药物的临床转化，研究人员应深入探究脂质体纳米载体的构建与作用机制。增加脂质体纳米载体的系统稳定性、改善其组织分布，克服脂质体纳米载体在生命体内的生物屏障以及免疫原性，提高脂质体纳米载体的肿瘤组织靶向能力，这些都是亟须解决的关键问题。

8.2　介孔硅纳米药物载体

介孔材料是一种孔尺寸介于 2～50 nm 之间的纳米材料，因其特殊的理化性质而被广泛地研究和应用[48]。介孔材料包括多种不同种类的物质，其中包括二氧化硅[49]、碳复合材料[50]、金属氧化物[51]、金属氢氧化物[52]、金属盐[53]、杂化材料[54]及其他有机结构物质[55]等。介孔材料具有可调节的孔体积、大孔容、高比表面积、易修饰的表面以及稳定的化学性质等特点。根据它们的化学性质，介孔纳米材料可以具备荧光、磁性或导电性等性质。因此，介孔材料在生物传感、细胞成像、药物和基因传递、生物分子分离等生物医学应用领域引起了广泛的关注，是极具应用前景的一类纳米材料。

8.2.1　介孔硅纳米材料

介孔二氧化硅纳米材料兼具介孔材料和纳米材料的双重特性，是具有规则孔结构的无机二氧化硅纳米材料。1992 年，美孚公司利用烷基季铵盐的表面活性剂作为一种结构导向剂，硅酸盐作为硅源，合成并报道了 M41S 系列有序介孔材料[56]。在后续的研究中，介孔硅纳米粒子（MSNs）由于具有可调节的粒径和介孔直径、良好的生物相容性、丰富的表面化学等性质，在纳米医学领域，尤其是抗肿瘤药物的研发中得到广泛的应用[57, 58]。目前，最常使用的合成方法是溶胶凝胶法，以十六烷基三甲基溴化铵（CTAB）为模板，在催化剂的作用下正硅酸乙酯水解得到 MSNs[59]。介孔二氧化硅材料本身不具备活性，但是由于其孔道内表面有很多硅羟基，可进行烷基化修饰，使内表面结合一些官能团，大量的有机基团如巯基、氨基、苯基和乙烯基等被嵌入到介孔材料中，这些有机基团含有或可以通过修饰引入催化活性中心[60]。通过表面的化学修饰，可以提高 MSNs 的分散性质与加工性能，同时由于其优良的孔道空间或纳米笼状结构，用化学修饰手段将有机小分子药物、无机量子点、磁性纳米粒子、金属烷基化合物等引入孔道中，大大提高了药物负载量[61, 62]。Vallet-Regi 等[63]在 2001 年首次报道了使用 MSNs 作为载体负载消炎镇痛药布洛芬，研究 MSNs 对其缓释效果的影响，实验结果表明 MSNs 具有较高的载药量，并且达到在体内持续缓释布洛芬的目的。此后，MSNs 在生物医学领域，特别是在针对癌症的诊断和治疗的研究中受到了广泛的关注。

8.2.2　介孔硅纳米材料在肿瘤诊断方面的应用

随着影像学的发展，分子影像学在肿瘤的诊断中提供了准确可靠的信息，广泛运用于前期研究和临床试验中。如图 8.11 所示，最常见的成像技术有磁共振成像（MRI）、超声成像（UI）、正电子发射断层成像（PET）、电子计算机 X 射线断层扫描（CT）、单光子发射计算机断层成像（SPECT）、光声成像（PA）等。各种成像技术在疾病的诊断中发挥重要的作用。纳米材料作为分子影像探针在纳米生物医学研究领域有着重要的应用。其中 MSNs 凭借其独特的理化性质广泛应用于生物医学领域，其作为一种新型的诊疗试剂受到越来越多的关注[64-66]。MSNs 应用于癌症的诊断和治疗，主要有以下几方面优势：①MSNs 的装载量大；②MSNs 可以修饰多种目标配体，靶向识别细胞表面特异性表达的受体，实现诊疗分子的靶向运输；③MSNs 可以装载多种类型的药物分子，执行多元化的功能；④MSNs 表面可以修饰不同的聚合物，如聚乙二醇等，增强纳米复合物的生物相容性。

磁共振成像
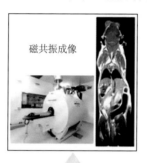

超声成像
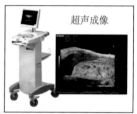

正电子发射断层成像
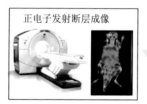

单光子发射计算机体层脑显像
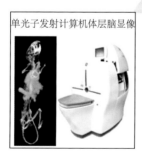

光声成像
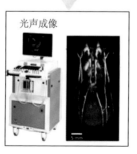

光学成像
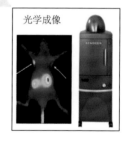

图 8.11　各种分子成像模式[67]

1. 介孔硅纳米材料在光学成像方面的应用

由于生物医学研究和临床治疗上的需要，光学成像技术得到快速发展。光学成像的最大特点是具有较高的灵敏度，而且不涉及放射性物质，安全性高，操作简单，结果直观。近年来，以 MSNs 为载体的光学成像系统在肿瘤的诊断方面发展迅速。一些近红外染料，如吲哚菁绿，通常掺杂到 MSNs 或是共价连接到 MSNs 上，赋予 MSNs 体内或体外荧光成像功能。2016 年，Yang 等[68]建立皮下肝癌肿瘤模型，向小鼠体内尾静脉注射自由的吲哚菁绿和装载了吲哚菁绿的 MSNs 复合纳米体系，使用近红外光学系统可观察到，注射 10 min 后，自由的吲哚菁绿分布到小鼠的全身，在注射 24 h 后吲哚菁绿基本代谢完全，体内检测不到荧光信号。相反，注射装载吲哚菁绿的 MSNs 复合纳米体系组，吲哚菁绿的信号随时间的延长而增强，注射 72 h 仍然有强烈的荧光。2012 年，Kai 等[69]合成了小于 10 nm 的 Cy5.5 标记的 MSNs 纳米复合物，具有良好的荧光成像潜质。Ruocan 等[70]组装了一种端粒酶响应的 MSN 载体，用于原位检测细胞内的端粒酶活性。如图 8.12 所示，首先在 MSN 的孔道内连接荧光猝灭剂 BHQ，当荧光素装载在孔道内时，其荧光被 BHQ 猝灭。封口用的 DNA 链（O1）经特殊设计，当端粒酶和脱氧核苷酸三磷酸（dNTPs）存在时，O1 链延长，由直链状态变为发卡结构，继而离开 MSN，孔道内的荧光素释放，荧光恢复，从而实现了对细胞内端粒酶活性的原位检测，有效区分正常细胞与肿瘤细胞。

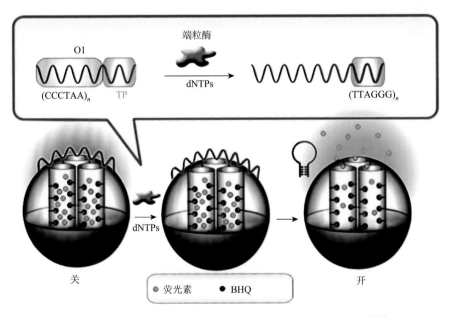

图 8.12　Fluorescein@MSN-BHQ 原位检测端粒酶活性示意图[70]

dNTPs：脱氧核苷酸三磷酸；BHQ：荧光猝灭剂

无机荧光纳米半导体粒子（量子点，QDs）作为新一代荧光探针具有很多优势，如具有宽的吸收峰和窄的发射峰，荧光量子产率高，表面易修饰等，已应用在纳米生物医学领域[71]。将量子点整合到 MSNs 上大大降低了量子点的毒性，同时保留了和量子点相同的荧光成像性质[72]。2014 年，Li 等[73]使用介孔硅包裹量子点，并在其表面修饰穿透肽，赋予复合纳米粒子核靶向功能，该复合纳米系统具有良好的生物相容性，并且具有实时细胞成像功能。

上转换纳米探针（UCNPs）是一类具有长波段激发、短波段发射特性的发光材料，具有灵敏度高、荧光寿命长、化学稳定性高、活体组织穿透深度深等优点。改善上转换纳米探针表面亲水性的有效方法是用介孔硅包裹，既可以提高纳米粒子生物相容性，又可以进一步在纳米粒子表面修饰其他官能团（如羧基、氨基、巯基等），为后续嫁接生物小分子或者与其他功能纳米颗粒耦合提供条件。2015 年，Lv 等[74]使用介孔硅包裹上转换纳米探针（YSAP），在 980 nm 近红外光照射下，在体内和体外复合纳米体系展现出良好的上转换荧光成像功能（图 8.13）。

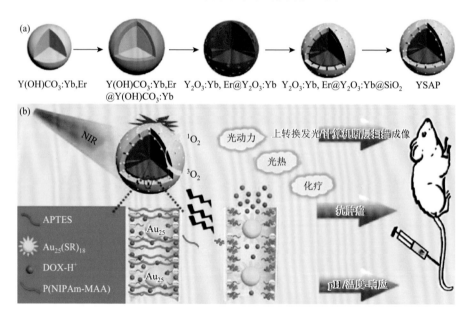

图 8.13　YSAP 的构成示意图及成像引导多模态肿瘤治疗[74]

APTES：3-氨丙基三乙氧基硅烷；DOX-H$^+$：阿霉素；P（NIPAm-MAA）：
N-异丙基丙烯酰胺-甲基丙烯酸；NIR：近红外

2. 介孔硅纳米材料在磁共振成像方面的应用

临床对肿瘤组织进行诊断时，为避免不同组织的弛豫时间相互重叠，需要借助造影剂增加信号对比度，提高图像分辨率。在造影剂的表面覆盖一薄层硅壳可以提高造影剂的分散性，表面还可以进行靶向配体的修饰，实现病变位置的靶向诊断和治疗。2018 年，Wang 等[75]以 Fe_3O_4 为磁性造影剂，制备了棒状磁性介孔硅纳米粒子（R-M-MSN）和球状磁性介孔硅纳米粒子（S-M-MSN），见图 8.14，两种粒子在小鼠肝部均具有横向弛豫（T_2）加权成像效果，而随着时间的延长，棒状粒子处理组核磁共振成像信号密度降低得要比球状粒子多。2016 年，Chen 等[76]合成了表面覆盖 Gd 和透明质酸的纳米复合物，复合纳米体系具有良好的生物相容性，并且表现出极强的纵向弛豫（T_1）磁共振成像效果。

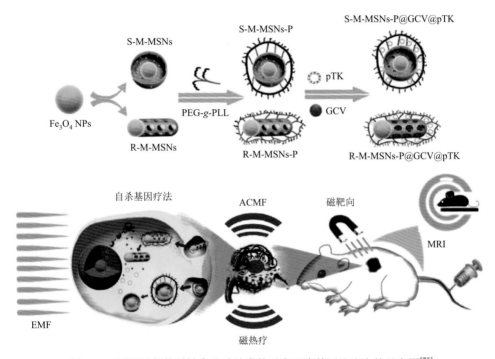

图 8.14　不同形状的磁性介孔硅纳米粒子在肝癌基因治疗中的示意图[75]

pTK：质粒 DNA 和胸苷激酶；GCV：更昔洛韦；EMF：外磁场；ACMF：交流磁场；MRI：磁共振成像；Fe_3O_4 NPs：四氧化三铁纳米粒子；S-M-MSNs：球状磁性介孔硅纳米粒子；R-M-MSNs：棒状磁性介孔硅纳米粒子

3. 介孔硅纳米材料在超声成像方面的应用

超声成像同样需要造影剂来提高超声图像的分辨率。超声造影剂大多是微泡内包裹气体，其基本原理是通过改变声衰减、声速及增强散射等，改变声波与组织间的相互作用，从而使所在部位的回声信号增强。为构建稳定性强、效果好的纳米级超声造影剂（图 8.15），Yildirim 等[77]制备疏水性介孔硅纳米粒子后，采用两亲性聚合物包裹疏水性介孔硅纳米粒子，构建平均粒径约 100 nm 的造影剂（P-hMSN），并发现在高强度聚焦超声（HIFU）作用下，P-hMSN 内气体产生空化效应，可增强超声散射，从而实现超声造影。Jin 等[78]采用软模板法合成介孔硅纳米粒子，再以全氟十七烷三甲基氧硅烷对纳米粒子进行修饰，构建疏水性纳米粒子，并发现该纳米粒子可在 MI = 0.6、频率 7.5 MHz 超声波激发下产生气泡，增强超声散射，实现超声造影；且当 MI = 1.0 时，超声造影时间可至少 30 min。

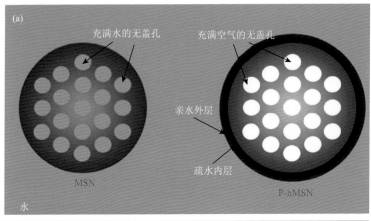

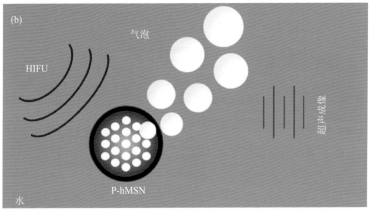

图 8.15 （a）MSN 和 P-hMSN 的结构示意图；（b）HIFU 暴露下超声信号产生的示意图[77]

HIFU：高强度聚焦超声；P-hMSN：普朗尼克-疏水介孔二氧化硅纳米粒子

　　干细胞移植作为再生医学的一种治疗手段，具有广阔的应用前景。但能否将干细胞准确移植到病变部位，是影响干细胞治疗效果的主要因素之一。实时超声影像可作为引导干细胞治疗的备选方式。Chen 等[79]通过软模板法合成了凹形结构的介孔硅纳米粒子，可提供更有效的背散射界面，增强超声信号，实现干细胞超声示踪。干细胞移植区发生缺血及炎性反应，可导致干细胞死亡，影响治疗效果。为提高干细胞的生存率，Kempen 等[80]制备载 Gd 和胰岛素样生长因子的介孔硅纳米粒子，发现摄取这种纳米粒子的干细胞可用于超声、核磁共振成像引导下干细胞定向移植，并且载胰岛素样生长因子介孔硅纳米粒子可显著提高干细胞存活率。

8.2.3　介孔硅纳米材料在肿瘤治疗方面的应用

基于 MSNs 以下几点特有的性质，MSNs 被广泛用作各种治疗和成像分子的载体[81]（图 8.16）：①可调节的介孔直径和粒径大小，有利于负载各种药物及控制释放。②大的介孔容量，可以用于装载不同功能的分子，增加载药量。③良好的生物相容性和可降解性，是 MSNs 作为诊疗载体的保证。将治疗或成像分子装载到 MSNs 上，其细胞毒性显著降低，从而增强了生物相容性。④丰富的表面化学，可以在 MSNs 的表面修饰靶向配体或功能性分子，实现药物的靶向运输或智能释放。目前，以 MSNs 为载体的主要治疗方式有化疗[82,83]、基因治疗[75,84]、光热治疗[85,86]、光动力治疗[87,88]、免疫治疗[89]以及联合协同治疗[90,91]。基于 MSNs 的以上治疗还仅限于临床前的实验研究，主要集中在体外细胞水平及体内小鼠肿瘤模型的研究中，本节将对基于 MSNs 的各种治疗方式进行详细介绍。

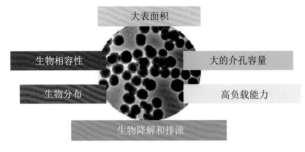

图 8.16　MSNs 的主要特征[92]

1. 介孔硅纳米材料在肿瘤化疗中的应用

化疗是临床治疗癌症最有效的手段之一，利用化学治疗药物杀死癌细胞来实现治疗癌症的目的。化疗是一种全身治疗方式，一般采用口服、静脉或休腔给药等途径给药，药物随着血液循环遍布全身绝大部分组织和器官，主要治疗一些有全身扩散倾向的肿瘤及已经转移的中晚期肿瘤。由于缺失靶向特性，化疗药物在杀死癌细胞的同时也会误伤正常的细胞，如某些化疗药物会引起心血管系统功能紊乱，甚至导致心力衰竭。反复进行化疗会产生多药耐药性，影响治疗效果。因此，通过有效的技术手段将化疗药物整合到纳米粒子上，纳米粒子可以通过血液流向肿瘤部位，将药物直接递送到肿瘤组织，减少副作用，提高治疗效果。由于 MSNs 具有良好生物相容性、大的比表面积、丰富的表面化学等，可对其进行适当的改造和修饰，实现药物的定点或可控释放，以减少化疗药物的副作用[93,94]。MSNs 的载药方式主要有以下几种：①采用静电吸附方式或疏水作用力将化疗药物整合到 MSNs 的孔道里及表面上，这种方式是 MSNs 最常用的载药方式[95]。由于硅烷水解，在生理条件下，MSNs 表面带有大量的羟基，所以表现出高的负电位，因此水溶性正电位的药物可以直接通过与 MSNs 溶液简单混合直接加载到 MSNs 的孔道中和表面上。另外，MSNs 表面容易修饰具有不同功能的官能团，如巯基、氨基、羧基等，可以增加 MSNs 和不同电位的药物之间的静电吸附作用[96]。一些疏水的药物主要依靠 MSNs 和药物之间的疏水作用力加载到 MSNs 上，疏水药物溶解在有机溶剂中与 MSNs 溶液混合，再通过真空干燥的方法将有机溶剂挥发。但这种载药方式容易引起药物过早泄漏，降低药效。为避免这一现象，通常在 MSNs 表面修饰一些高分子聚合物作为 "看门人"[97]。②将化疗药物通过共价键连接到介孔硅的表面。基于 MSNs 表面易于改性等特点，一些化疗药可以采用化学键连接的方式加载到 MSNs 的表面。例如，一种常见的化疗药阿霉素（DOX）表面含有丰富的氨基，可以在交联剂作用下与 MSN-SH 发生反应。但是有些药物与 MSNs 之间的化学反应极其复杂，而且载药量并不高，所以这种载药方式并不是首选的载药方式[98]。③在 MSNs 合成的过程中将药物掺杂到其骨架中。一些分子量较小的染料分子可以通过掺杂的方式整合到介孔硅的骨架里，如甲基蓝常作为模式药物掺杂到介孔硅的骨架中[99]。

近几十年来，涌现出大量关于以 MSNs 作为化疗载体的报道。2014 年，Pan 等[100]使用能够靶向细胞核的反式激活蛋白修饰 MSNs，形成具有靶向功能的纳米复合物，并将 DOX 装载到纳米复合物里，活体实验结果表明，与自由的 DOX 相比，复合纳米体系具有更高的抗肿瘤作用。2015 年，Meng 等[101]使用表面修饰有脂质体层的 MSNs 共同运输化疗药物紫杉醇和吉西他滨，该复合纳米体系具有较高的载药量，其中吉西他滨的载药量可以达到 40%，研究人员分别使用人类胰腺癌细胞的小鼠皮下肿瘤模型和原位肿瘤模型评价共载药系统的治疗效果。结果表明，在两种肿瘤模型中共载药体系的治疗效果明显好于单独治疗或自由药物的治疗效果，能够协同抑制胰腺癌的生长。

2. 介孔硅纳米材料在肿瘤基因治疗上的应用

纳米基因载体由于具有较高的基因负载量、良好的生物相容性、能够避免核苷酸被体内各种酶降解等优点，是目前纳米医学研究的热点。其中基于 MSNs 的基因载体被广泛研究，并在临床前的研究中取得了一些初步进展。目前基于 MSNs 的基因转运载体大多都是在其表面修饰具有高转染效率的聚乙烯亚胺（PEI）。2014 年，Chen 等[102]使用磁性介孔硅纳米复合物运输血管内皮生长因子的小干扰 RNA（VEGF siRNA）。在该复合体系中，siRNA 被装载到磁性介孔硅纳米复合物的孔道中，复合物的外层修饰聚乙烯亚胺-聚乙二醇（PEI-PEG）复合物，用以提高 siRNA 的转染效率，增强复合物的生物相容性，减少血红蛋白的非特异性吸附，延长体内的循环时间。并且在复合纳米体系的最外层进一步修饰促细胞融合多肽，以增强细胞内吞，提高溶酶体逃逸功能。体外 RNA 干扰实验表明，复合纳米体系的转染效率明显高于商业转染试剂 Lipofectamine™2000。在对人肺癌皮下移植小鼠肿瘤模型的治疗过程中发现，与对照组相比，接受复合纳米体系治疗组的小鼠肿瘤生长明显被抑制，并且小鼠的体重没有明显的变化，对肿瘤组织中的 VEGF 水平进行分析发现，复合纳米体系处理组 VEGF 的表达水平降低了 70%。对小鼠原位肿瘤模型的治疗中，也发现复合纳米体系具有非常好的治疗功效，表明该介孔硅复合纳米体系是一个安全高效的基因转运载体。Prabhakar 等[103]使用表面修饰有可降解的超支化 PEI 的介孔硅纳米体系运输 siRNA，该体系 siRNA 的加载效率可达到 120 mg/g，并且能够缓慢释放 siRNA，维持 siRNA 的稳定性，在体外表现出较强的基因沉默效率。由此可见介孔硅在癌症基因治疗中表现出很大的应用潜力。

3. 介孔硅纳米材料在肿瘤联合化疗和基因治疗中的应用

肿瘤细胞长期接触某一化疗药物会对该种化疗药物产生耐药性，而且对其他结构和功能不同的多种化疗药物也产生交叉耐药性，这种现象被称作多药耐药（MDR），它是癌症患者化疗失败的主要原因。多药耐药的发生通常会出现多药耐药基因（*MRP-1*、*MDR-1*、*BCRP*）的高表达，特别是 *MDR-1* 基因编码的 P-糖蛋白被认为是诱导癌细胞发生耐药性的重要分子，P-糖蛋白主要作为一个药物泵将化疗药物从细胞体内排出从而导致多药耐药[104]。研究人员发现使用递送化疗药物的同时使用 P-糖蛋白 siRNA 阻断相应蛋白表达可提高肿瘤细胞对化疗药物的敏感性[105]。MSNs 被广泛用于化疗药物与基因药物共输送的载体。在以 MSNs 为载体的联合治疗的研究中，MDR-1 siRNA 与 DOX 是研究最广泛的模式药物。2010 年，Meng 等[106]使用 MSNs 复合物向一种耐药细胞系中同时递送化疗药物 DOX 和 P-糖蛋白 siRNA。在该纳米复合体系中，MSNs 表面修饰有磷酸根基团，确保粒子带有足够的负电位，以便提高 DOX 的加载效率，采用静电吸附的方式在粒子表面吸附一层阳离子聚合物 PEI，用以提高 siRNA 的转染效率。实验结果表明复合纳米体系能够明显降低 *MDR-1* 基因的表达，提高耐药细胞系对 DOX 的敏感性，增强 DOX 的内吞。体外毒性结果分析表明，复合纳米体系组的 IC_{50}（药物半致死浓度）是单独药物组的 IC_{50} 的近 1/2.5。

4. 介孔硅纳米材料在肿瘤光热治疗方面的应用

光热治疗（PTT）法是利用近红外光（NIR）作为能量源对肿瘤进行治疗，将具有较高光热转换效率的材料，选择性聚集在肿瘤组织附近，并在外部近红外光的照射下，将光能转化为热能来杀死癌细胞的一种治疗方法。近年来，基于纳米材料的光热治疗成为癌症治疗的新手段，光热治疗理论上实现了对所有实体肿瘤的有效治疗，包括放化疗失败和产生耐药性肿瘤的有效治疗，同时不会产生放化疗伴随的副作用而影响患者的生存质量。另外，纳米光热材料还可以通过表面修饰等方法起到成像作用，实现肿瘤的诊断和治疗一体化，或与化疗、基因治疗、免疫治疗等联合应用，实现肿瘤的协同治疗。

介孔硅纳米粒子因其较高的生物相容性以及丰富的表面化学常被用作涂层材料包裹在无机光热材料的表面，以提高无机光热材料的稳定性，同时还可以携带其他治疗分子，实现联合治疗。2015 年 Chen 等[107]合成了硫化铜（CuS）为核、介孔硅为壳的核壳纳米粒子，并在该纳米粒子表面修饰 TRC105 抗体（TRC105 是一种嵌合 IgG1 CD105 单克隆抗体，可抑制血管生成），赋予纳米粒子光热治疗和血管靶向的功能。在 980 nm 激光照射下，使用该纳米粒子对小鼠乳腺癌移植瘤进行治疗，治疗后小鼠肿瘤得到消融，并且 2 个月没有再生长。2018 年 Xu 等[108]合成了包裹金纳米棒（GNRs）的介孔硅复合物（bGNR@MSN），bGNR@MSN 呈细菌状，具有超高的载药率，DOX 的载药率可达到40.9%，在波长 808 nm、能量密度 0.25 W/cm^{2}的激光照射下，0.5 mg/mL 的 bGNR@MSN 的温度明显升高，在对皮下移植肿瘤模型的治疗中，表现出明显的联合化疗和光热治疗作用，能够显著抑制肿瘤的生长。

近年来基于 MSNs 的有机光热制剂也得到了迅猛发展，最近研究人员使用 MSNs 运输近红外染料，如吲哚菁绿、IR820 等，增加了它们的稳定性，延长了在体内的循环时间，取得了较好的光热治疗效果[109, 110]。2018 年，Sun 等[111]在 MSNs 表面修饰脂质体，并装载 DOX 和吲哚菁绿，在 808 nm 激光照射下，激活吲哚菁绿产生单线态氧，同时伴随明显的温度升高，对小鼠乳腺癌细胞起到明显的杀伤作用。研究结果证明，MSNs 在运输有机光热材料方面有明显的优势，能够显著提高有机光热材料的光稳定性，提高治疗效果。

5. 介孔硅纳米材料在肿瘤光动力治疗方面的应用

肿瘤的光动力治疗（PDT）是利用特定波长的光激发光敏剂，传递能量给氧气进而产生活性氧（ROS），从而杀死癌细胞，达到治疗肿瘤的效果。对特定波长的光，光敏剂和氧气是 PDT 的重要组成部分。其中光敏剂作为催化剂传递光源能量进而产生具有活性效应的单线态氧（$^1O_2$），是 PDT 成功的关键。目前的光敏剂大多适用于紫外或可见光激发，穿透能力较低，仅适用于表皮组织的治疗，同时一些组织的有色体（血红蛋白等）能强烈吸收可见光，大大干扰了光敏剂对光能的转化效率。近年来，MSNs 由于独特的性质被广泛用作 PDT 载体。2015 年，Viveroescoto 等[112]使用 MSNs 装载化疗药物顺铂和光敏剂酞菁，对人宫颈癌（HeLa）细胞进行协同化疗和光动力治疗，在体外细胞学实验中取得了较好的治疗效果。2016 年，Zhang 等[113]使用表面修饰 β-环糊精-聚乙烯亚胺和金刚烷-聚乙二醇的介孔硅纳米复合物向人肺癌耐药细胞 A549R 中共同输送光敏剂二氢卟吩和化疗药物顺铂，在 660 nm 激光照射下，这种纳米复合物可高效地将普通氧气转化成单线态氧,对癌细胞具有显著的杀伤作用。总的来说,MSNs 具有高的介孔容量和丰富的表面化学基团,有利于装载各种光敏剂,而且其生物相容性好、毒性低。这些优势使其在光动力治疗方面具有很高的应用价值。

8.2.4 介孔硅纳米材料在诊疗一体化上的应用

通过对纳米材料合理的设计,可将目前临床上诊断和治疗两个分离的过程/功能整合到同一个纳米载体上,即构成了诊疗一体化平台[114]。诊疗一体化平台能实时精准地诊断病情,并进行同步治疗,而且在治疗的过程中能实现实时追踪治疗效果,及时调整治疗方案,减少副作用。由于 MSNs 独特的理化性质,基于 MSNs 诊疗一体化平台的研究是当今纳米生物医学研究的热点。如图 8.17 所示,MSNs 可以携带化疗药物、基因药物、光敏剂分子等不同的治疗分子,又可整合荧光成像、核磁共振成像、超声成像、光声成像、PET 成像等探针或造影剂,结合其自身性质可将其应用于成像指导下的化疗、基因治疗、光热治疗、光动力治疗、免疫治疗或多种方式联合治疗。Yu 等[116]合成了金属锰掺杂的 MSNs,其体系中的 Mn—O 键可被肿瘤微酸环境降解,有利于装载的化疗药物 DOX 在肿瘤部位实现智能释放,掺杂的锰离子可作为良好的核磁共振成像造影剂,实现对肿瘤的诊疗一体化功能。Wei 等[117]合成了直径约 100 nm 的 MSNs,并将化疗药物 DOX

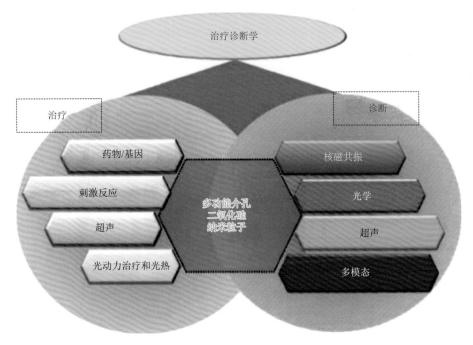

图 8.17 MSNs 在诊疗一体化中的应用[67]

装载到 MSNs 的介孔里，同时利用超小尺寸的 CuS 纳米粒子进行包裹，形成多级、多功能的复合纳米运输体系。复合纳米体系进入体内后。在近红外激光照射下，复合物纳米体系表面的超小 CuS 利用光热反应产生高温使 MSNs 结构破裂，释放出小分子抗癌药物，结合产生的高温发挥光热/化疗协同治疗肿瘤的作用。同时该体系可实现 PET 成像和光声成像，提供高灵敏度以及高分辨率肿瘤多模态协同精准成像。通过 PET 成像精准定位纳米体系在体内的动态分布及定量肿瘤摄取情况；通过光声成像对肿瘤进行深层次定位及获得肿瘤内部结构的信息。最后复合纳米体系变成超小尺寸的 CuS 及 MSNs 碎片，能够高效通过肾脏代谢出体外，从而大大减少了其在体内长期积累所带来的毒性。因此，该 MSNs 复合纳米体系不仅可以作为 PET/光声造影剂和热疗/化疗药物，实现多模态影像引导的热疗/化疗协同治疗，而且可以从体内快速代谢掉，减少毒副作用，该项工作为肿瘤的精准诊疗提供了有力保证。

Li 等[118]开发了一种金内核的碳-二氧化硅纳米胶囊，实现肿瘤的诊疗一体化。在金内核铃铛型的二氧化硅表面包一层多孔碳纳米材料，可将近红外光能转换为热能，具有高效的光热转换效果。此外，由于金的存在，该纳米胶囊可同时实现光声和 CT 引导的多模态成像，如图 8.18 所示，当注射 Au@CSN 纳米粒子

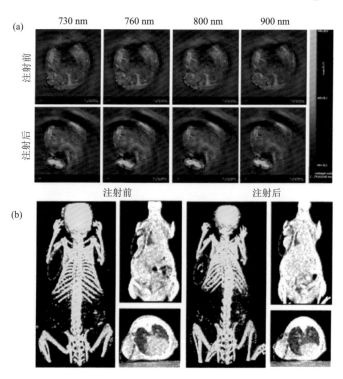

图 8.18　（a）在不同波长的近红外光下注射 Au@CSN 之前和之后的光声成像；（b）Au@CSN 注射前后的 CT 成像图[118]

后，小鼠肿瘤部位通过光声成像和 CT 成像更加清晰，同时近红外光刺激凝胶内 DOX 的释放，以实现热疗和化疗协同治疗。

Yang 等[119]制备了表面修饰罗丹明异硫氰酸酯的中空介孔硅球，在内部置入 DOX，并在硅球外围包裹靶向基团叶酸。将荧光成像引入中空介孔硅纳米载药体系，实现在输送药物的同时可以荧光成像监测载体的位置和药物释放情况，如图 8.19 所示，当 HMS@FTD 通过尾静脉注入小鼠体内后，通过荧光成像可明显看到材料在体内的位置。此纳米平台不仅可用于荧光成像，还可以精确靶向肿瘤位置，并可以进行肿瘤的化学治疗，实现诊疗一体化。

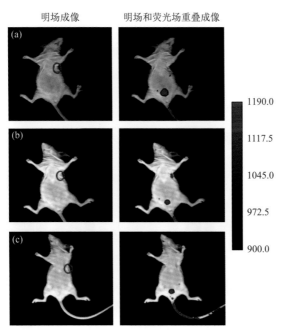

图 8.19　（a）小鼠注射荧光 HMS NPs 的荧光成像；（b）注射 HMS@FTD 纳米载体的荧光成像；（c）注射被阻断靶向 FA 剂的 HMS@FTD 纳米载体的荧光成像[119]

Su 等[120]通过用介孔二氧化硅包覆普鲁士蓝（PB）纳米颗粒，然后用聚乙二醇（PEG）改性，制备了高度分散的核-壳结构 PB@mSiO$_2$-PEG。PB@mSiO$_2$-PEG 纳米粒子具有良好的生物相容性、优异的光热转化能力、体内磁共振和光声成像能力。将 DOX 装入 PB@mSiO$_2$-PEG 纳米颗粒后，构建的 PB@mSiO$_2$-PEG/DOX 纳米平台在 48 h 内显示出出色的 pH 响应药物释放特性。在近红外激光照射下，PB@mSiO$_2$-PEG/DOX 纳米平台显示出比单独的光热疗法或化学疗法增强的对乳腺癌的协同光热和化学治疗功效。

Deng 等[121]以介孔二氧化硅纳米粒子作为载体，将碳菁类染料偶联到其表面，再包载阿霉素后制备了兼具近红外荧光成像、光热治疗作用和化疗作用的多功能纳米粒，其粒径为（44.3±1.6）nm，电位为（12.7±4.8）mV，多分散系数为0.158。该纳米粒具有较好的化学稳定性和光稳定性，并且具有良好的缓释效果。在细胞试验中显示出良好的癌细胞杀伤能力，且易于进入肿瘤细胞。小动物成像结果显示其具有较好的肿瘤靶向性和滞留效应，为抑瘤试验奠定了基础。

　　Su 等[122]成功地构建了多功能肿瘤靶向和氧化还原刺激响应药物传递系统（mUCNPs@DOX/CuS/HA），用于上转化发光/核磁共振成像/光声层析成像（UCL/MRI/PAT）三模态成像介导的化疗和光热治疗。在该系统中，核壳结构的 mUCNPs 作为药物载体，具有高强度上转换荧光，通过二硫键在表面接枝 CuS 和 HA。研究结果表明 mUCNPs@DOX/CuS/HA 具有高靶向能力，可以在肿瘤组织中累积，在肿瘤细胞质中的高浓度 GSH 作用下响应释放药物 DOX。在引入 NIR 照射后，体外和体内治疗效果显著增加，证实化疗与热疗的协同作用显著增强了抗肿瘤功效（图 8.20）。此外，UCL/MRI/PAT 成像在肿瘤治疗中起着至关重要的作用[123]，可提供检测肿瘤的详细信息，进行治疗过程中的肿瘤监测和治疗后的药效评估。

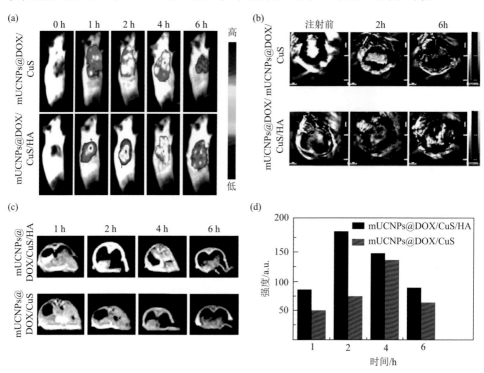

图8.20　（a）荷瘤小鼠注射 mUCNPs@DOX/CuS 和 mUCNPs@DOX/CuS/HA 0 h, 1 h, 2 h, 4 h, 6 h 后体内 UCL 图像；（b）荷瘤小鼠注射 mUCNPs@DOX/CuS 和 mUCNPs@DOX/CuS/HA 前及注射2 h 和 6 h 后体内 PAT 图像；（c）荷瘤小鼠注射 mUCNPs@DOX/CuS 和 mUCNPs@DOX/CuS/HA 1 h, 2 h, 4 h, 6 h 后体内 MRI 图像和信号强度（d）[122]

mUCNPs：介孔上转换纳米粒子；DOX：阿霉素；CuS：硫化铜；HA：透明质酸

　　Faheem 等[124]设计构建了一种以氧化锌（ZnO）量子点为阀门的介孔二氧化硅药物载体。如图 8.21 所示，首先合成表面羧基化、孔道内氨基化的 MSNs，然后 DOX 通过孔道的氨基负载在 MSNs 内，而氨基化的 ZnO 量子点（NH₂-ZnO 量子点）与表面羧基化的 MSNs 形成酰胺键，封在 MSNs 的孔道口处形成阀门，最终得到 ZnO@MSNs-DOX。当 ZnO@MSNs-DOX 进入肿瘤的酸性环境时，ZnO 量子点迅速溶解，孔道内的 DOX 释放，从而达到治疗的效果。这种 pH 响应的纳米药物载体不但可以进行成像，还大大降低了 DOX 对正常组织造成的副作用。

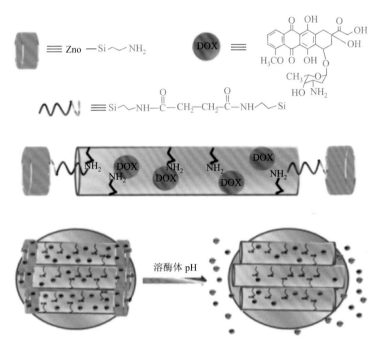

图 8.21　ZnO@MSNs-DOX 的合成过程及作用原理示意图[124]

DOX：阿霉素；ZnO：氧化锌

　　Shao 等[125]设计了一种对角银-介孔二氧化硅纳米载体，如图 8.22 所示，在银纳米表面包裹 CTAB，封装在负载了 DOX 的 MSN 中，当其进入肿瘤细胞的酸性环境中时，缝隙中的 CTAB 分解，使 Ag 离开 MSN，DOX 释放。这种 pH 响应的 Ag-MSNs 有很强的拉曼信号，可以对肿瘤细胞进行检测并治疗肿瘤。

　　Zhang 等[126]设计合成了一种多功能的介孔二氧化硅纳米载体，用于靶向输送抗癌药物 DOX 进入肿瘤细胞。如图 8.23 所示，β-环糊精通过 S—S 键连接在 MSNs 上，然后由 β-环糊精与 Ad 的"主体-客体"反应，将 RGD（Arg-Gly-Asp）与基质金属蛋白酶 MMP 的剪切底物 PLGVR（Pro-Leu-Gly-Val-Arg）连接在 β-环糊精上，最后为了保护靶向配体，阻止其进入正常细胞，在其外围包裹一层聚天冬氨酸(PASP),最终得到MEMSN。由于肿瘤组织液中MMP的含量格外高,当MEMSN到达组织部位时,MMP就可以将其底物PLGVR剪切开,聚天冬氨酸也会随之脱离,露出具有靶向基团 RGD 的纳米颗粒,这样就会更容易进入肿瘤细胞中。在细胞内 S—S 键被谷胱甘肽打开,最终 MSNs 的孔被打开,DOX 在肿瘤细胞中释放。这种设计大大提高了药物的利用率,降低其毒副作用。

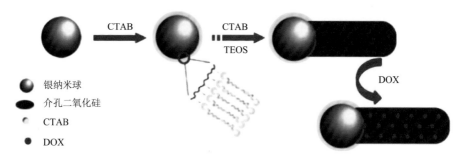

图 8.22　DOX 负载的 Ag-MSNs 的合成步骤示意图[125]

CTAB:十六烷基三甲基溴化铵;DOX:阿霉素;TEOS:正硅酸乙酯

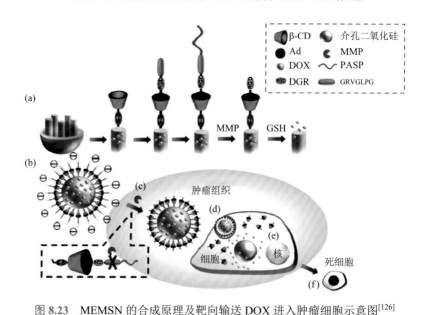

图 8.23　MEMSN 的合成原理及靶向输送 DOX 进入肿瘤细胞示意图[126]

β-CD:β-环糊精;Ad:腺嘌呤;DOX:阿霉素;DGR:精氨酸-甘氨酸-天冬氨酸;MMP:基质金属蛋白酶;PASP:聚天冬氨酸;GSH:谷胱甘肽;GRVGLPG:甘氨酸-精氨酸-缬氨酸-甘氨酸-亮氨酸-脯氨酸-甘氨酸

施剑林等以二氧化硅纳米材料作为药物载体做了大量的研究工作,研究人员在该纳米材料合成过程中引入 Au 和 Fe$_3$O$_4$ 等纳米材料合成复合纳米材料,实现纳米材料在光热成像以及核磁共振成像等肿瘤诊疗的应用[95, 127-131]。同时，还可以通过化学修饰手段控制介孔二氧化硅纳米孔道的开放或闭合，从而使纳米体系能够很好地实现药物的控制和缓慢释放。例如 Vivero-Escoto 等[132]设计合成了一种新型的光刺激-响应性控制释放体系，他们利用一种表面接有光敏物质的 Au 纳米粒子连接到负载了药物的 MSNs 表面，在波长为 365 nm 的光照下，光敏感物质会从 Au 表面脱离，接着 Au 粒子也会从 MSN 表面慢慢脱离，于是药物分子被慢慢释放出来。因此，介孔二氧化硅纳米材料作为药物递送系统在生物医药领域具有很大的应用前景（图 8.24）。

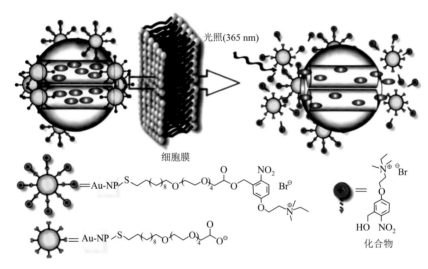

图 8.24　光触发二氧化硅纳米体系在细胞内的药物释放[132]

Hartono 等[62]以包裹了多西紫杉醇的中空介孔结构的夹心二氧化硅为内核，外面包裹一层金纳米笼，制备得到复合纳米材料 AuNSs。这种新型的复合纳米材料的中空结构对药物具有很高的包载效率，并且药物的化疗与 AuNCs 的光热治疗协同作用可以提高肿瘤的治愈效果。研究人员把中空结构中的药物连接荧光分子——罗丹明 B，实现了材料在肿瘤细胞内的成像定位，并用于介导肿瘤治疗。

Chen 等[133]通过后修饰的方法将锰的氧化物用介孔二氧化硅包裹修饰，随后向介孔中填充抗肿瘤药物 DOX。将构建的载药纳米体系对乳腺癌移植瘤小鼠尾静脉注射后发现，肿瘤组织的药物浓度要显著高于同等条件下游离的阿霉素的浓度，并且表面修饰的介孔二氧化硅对肿瘤部位核磁共振成像的纵向弛豫加权有显著的增强效果。

Zhang 等[134]将光敏剂分子花青 540 填充到上转换纳米颗粒内核与二氧化硅外壳之间，在 974 nm 近红外光的激发下，上转换纳米内核发出的 635 nm 波长的光可以用于成像，同时发出的 537 nm 波长的光可以用于激发复合纳米颗粒内部的花青 540 光敏剂分子，产生单线态氧，对肿瘤进行杀伤治疗。实验结果表明在体外的细胞试验中，成像效果良好，且有一定程度的光动力学治疗效果。

Shi 等[135]首先合成磁性纳米球，然后在纳米球的表面包裹了一层聚苯乙烯高分子，随后将经 PEG 修饰并氨基化的量子点通过 EDC/NHS 共价结合到聚苯乙烯分子层表面，构建了 QD-MNSs 复合纳米材料。经小鼠尾静脉注射后，通过荧光成像可以清楚地观测到肿瘤部位的量子点荧光信号，在确定 QD-MNSs 到达病灶处后施加外在的交变磁场，检测到的肿瘤部位温度在 30 min 内迅速上升至 52℃，对肿瘤组织起到了极大的杀伤效果，通过分别对磁纳米球和量子点表面的功能化修饰以及二者的共价结合，制备的 QD-MNSs 多功能复合纳米材料具有很高的肿瘤成像及治疗价值（图 8.25）。

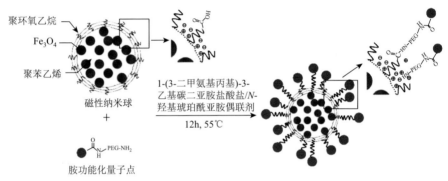

图 8.25　QD-MSNs 的合成示意图[135]

8.2.5　小结

虽然基于介孔硅材料的诊疗试剂在癌症的早期检测、诊断和治疗方面都表现出一定优势，但是大多数研究仅限于临床前研究，而且还存在许多尚未解决的问题。例如，诊疗试剂在体内应用时，体内分布及生物安全性需要全面细致的评价；将诊断试剂导入目标细胞、组织或器官中时，靶向效率还比较低；进行体内诊断应用时，效率和灵敏度不够高。仍需要科研人员大量的努力和付出，推动介孔硅材料在癌症诊断和治疗方面的应用。

8.3　DNA 纳米药物载体

随着纳米技术令人瞩目的发展，将诊断和精准治疗相结合的多功能纳米技术的出现为肿瘤的早期诊断和治疗带来了新的机遇。近年来，研究者们受到自然组装原理的启发，创造了人工高阶结构，为生物医学应用开辟了新的视角。其中，脱氧核糖核酸（DNA）分子作为一种生物大分子，因具有许多优良的物理与化学性质，在纳米科学领域，逐渐成为一个极具发展潜力的载体材料[136-138]。因此，DNA 分子不再作为遗传信息的载体，而是通过预先进行的特定设计，作为自组装纳米结构的基元，利用其精确的识别能力实现可控组装，形成多种结构和功能各异的 DNA 纳米材料[139-141]。DNA 纳米材料具有结构精确可控、易于化学修饰、生物可降解等特点，被认为是一种很有潜力的抗肿瘤药物载体，在逆转肿瘤耐药性、药物和成像试剂高效运输等方面有着非常广阔的应用前景[142, 143]。

8.3.1　DNA 自组装纳米技术简介

在自然界的各种生命体中，DNA 作为所有生物遗传的物质基础，其自组装过程是自然界中最普遍的现象之一，即两条互补的单链 DNA 分子基于沃森-克里克（Watson-Crick）碱基互补配对原则自发杂交形成双链 DNA 结构[144]。整个杂交过程由氢键、范德华力、静电力和疏水相互作用等非共价相互作用驱动。

1982 年，Seeman 首次提出可以利用 DNA 分支的互补黏性末端将其构建形成二维阵列[145]。这一思想的提出，为 DNA 纳米技术领域的研究奠定了理论基础，同时基于 DNA 的自组装过程，各种功能和形态各不相同的 DNA 纳米结构相继被成功制备并得到广泛的研究[146-150]。例如，Chen 和 Seeman[151]等利用 DNA 单链合成了一个正六面体结构［图 8.26（a）］；Shih 等[152]制备了一个同时具有十二个

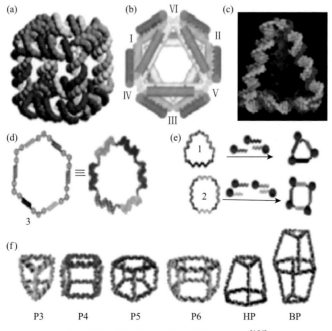

图 8.26　各种典型的 DNA 纳米结构[156]

HP：异棱镜结构；BP：双棱镜结构；Ⅰ～Ⅵ：六个柔性接头；1～3：三角形、正方形和多边形 DNA 模板；P3～P6：三棱柱、四棱柱、五棱柱、六棱柱 DNA 纳米结构

连接支柱和六个柔性接头的截角八面体结构［图 8.26（b）］；Goodman 等[153]合成了一个具有刚性的手性 DNA 四面体结构［图 8.26（c）］。研究者们结合有机骨架易于固定的优点，对 DNA 自组装纳米技术进行了更深入的研究。Aldaye 和 Sleiman 成功合成了具有正六边形的刚性骨架结构[154, 155]，并与修饰有金纳米颗粒的 DNA 单链形成定性连接［图 8.26（d, e）］。随后，他们又通过进一步改造合成了三棱柱、五棱柱以及巴基球、DNA 笼等[156, 157]多种不同的空间立体结构［图 8.26（f）］。

2006 年，有关 DNA 折纸术的提出，翻开了 DNA 自组装结构崭新的一页。Rothemund 等使用 200 多条短的 DNA 单链对一条长的病毒基因组 DNA 单链进行固定，组装出各种不同的二维结构，并命名为脚手架 DNA 折纸（scaffold DNA origami）技术[158]。该方法通过设计一系列过量的短 DNA 单链（即订书钉链，staple strand），将其和一条长 DNA 单链（即脚手架链，scaffold chain）混合，通过脚手架链与可编程的订书钉链在特定位置互补，共同折叠出所设计的二维结构。研究者们利用多条订书钉链，将长度为 7429 个碱基的 DNA 长链来回折叠，得到了笑脸、三角星、五角星等多种 DNA 纳米结构（图 8.27）。同时，Pound 等利用聚合酶链式反应（PCR）技术，筛选具有不同长度的 DNA 链进行折纸过程，并折出了 B、Y、U 字母样式的细线分叉图形[159]。随后 Shih 课题组在二维 DNA 折纸技术基础上发展出三维 DNA 纳米结构的自组装方法，先后构建出紧密堆积的以及可弯曲的自组装三维 DNA 结构[160-162]。例如，Yan 等利用 DNA 折纸技术，通过折叠和剪切 DNA 分子构建出更为复杂的三维弯曲拓扑结构，如莫比乌斯环、DNA 纳米空心球（直径为 42 nm）以及高度为 70 nm 的 DNA 花瓶结构等[163, 164]。同时应用 DNA 折纸术，可以大量获得包括管状、立方体、球形、锥形等各种各样的 DNA 拓扑结构，尺度可以从几十至几百纳米不等，这使得利用 DNA 纳米结构作为载体在技术上成为可能。

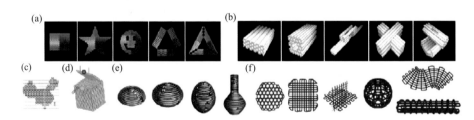

图 8.27　基于 DNA 折纸术构建的 DNA 纳米结构[163]

8.3.2　DNA 纳米药物载体的种类及其在肿瘤诊疗一体化中的应用

纳米药物载体通常以纳米粒、纳米胶束、纳米水凝胶和高聚物等作为药物或基因的载体，将治疗型药物包裹其中或吸附在其表面，同时在表面键合靶向性分子，如核酸适体、靶向肽、叶酸等通过与细胞表面相互作用进入靶向细胞。目前纳米载体用来包载的基因主要包括：脱氧核糖核酸、核糖核酸、小干扰 RNA 以及小分子核糖核酸等[165-168]。包载的常见化疗药物主要有：阿霉素、紫杉醇、长春新碱、顺铂和氟尿嘧啶等[169-173]。

1. DNA 纳米载体用于小分子类抗肿瘤药物的运输

小分子化疗药物通常具有精确的组成和结构，成药性好。但是大部分小分子化疗药物的疏水性较强，因而难以直接进行给药。其中，阿霉素（DOX）作为一种蒽环类抗生素，被广泛应用于乳腺癌、卵巢癌等恶性肿瘤的一线化疗治疗中，其作用机制是插入到 DNA 的碱基对中，阻断 DNA 的合成[174, 175]。例如，Tan 等[176]制备了一种具有多功能靶向给药的 DNA 纳米降凝剂（NFS）用于白血病和乳腺癌细胞模型中多药耐药性的研究（图 8.28）。其中，DNA 纳米降凝剂是通过滚动循环复制产生的 DNA 的液态结晶而自组装的，在此过程中 DNA 纳米降凝剂与适体结合，用于特定的癌细胞识别，荧光标记细胞用于生物成像，阿霉素结合 DNA 用于药物传递。DNA 纳米降凝剂的粒径可调（直径可调到 200 nm），密集的药物结合单元和多孔结构使 NFSDNA 纳米降凝剂具有较高的载药量（71.4%，质量分数）。含阿霉素的 DNA 纳米降凝剂（NF-DOX）在生理 pH 条件下是相对稳定的，但在酸性或碱性条件下将会进行药物释放。在这一过程中，DNA 纳米降凝剂将阿霉素导入

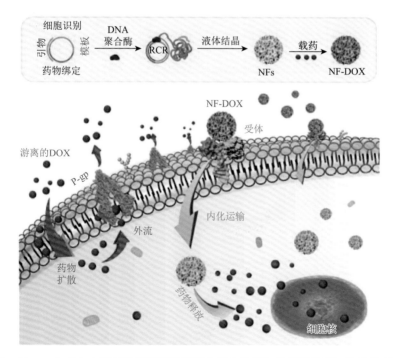

图 8.28　NFS 在白血病和乳腺癌细胞模型中靶向给药和多药耐药癌细胞的研究[176]

靶标化疗敏感细胞和多药耐药性癌细胞中，防止药物外流，增强多药耐药性癌细胞内的药物滞留。由于 NF-DOX 对靶细胞和多药耐药性癌细胞均有很强的细胞毒性作用，而对非靶标细胞则没有诱导作用，因而可以规避多药耐药性，减少副作用。

2016 年 Li 等开发设计了一种自组装多价 DNA 纳米结构，用以药物的靶向递送[177]。由图 8.29 可以看出，该 DNA 结构形似蜈蚣，由"躯干"和"腿"组成。首先，通过杂交链式反应（HCR）制备 DNA 支架，也就是一个短的触发 DNA 启动生物素修饰的发夹单体 H1 和 H2 的自主交叉开放。该 DNA 支架作为纳米蜈蚣的躯干，含有多种生物素，能够将多个生物素化的适配体通过链霉亲和素连接到上述躯干上，形成 DNA 纳米蜈蚣。该纳米蜈蚣的躯干可以定制设计，以嵌入化疗药物（如阿霉素）和荧光染料，而这些"腿"有望选择性地与靶细胞结合，获得较高的结合亲和力，增强细胞内化，同时又不会因多价效应而丧失选择性。该自组装多价 DNA 纳米蜈蚣药物在肿瘤细胞选择性识别、生物成像和靶向抗癌药物传递等方面有着广阔的应用前景。

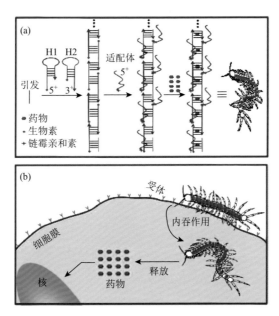

图 8.29　基于 DNA 纳米蜈蚣结构在抗肿瘤药物运输系统研究[177]

Guo 等[178]通过在磁珠表面利用滚环复制产生长链 DNA，并进一步自组装形成 DNA 纳米球，然后结合叶酸修饰和二硫键连接实现药物的靶向运输、可控释放以及谷胱甘肽（GSH）检测（图 8.30）。首先，引物与模板序列结合后通过 T4 连接酶将模板连接为环形，经滚环扩增后自杂交形成 DNA 纳米球。生物素标记的引物 2 与模板序列结合后经 T4 连接酶将模板连接为环形，然后结合到链霉亲和素修饰的磁珠表面，经滚环扩增后在磁珠表面形成 DNA 纳米球。在末端脱氧核苷酸转移酶（TdT）作用下 RCA 产物 3′端生成 poly（A），然后与叶酸修饰的 poly（T）结合，负载 DOX，实现靶向药物运输。带有 poly（A）的引物 1 与模板序列结合后经 T4 连接酶将模板连接为环形，经滚环扩增后自杂交形成 DNA 纳米球，通过 poly（T）-S-S-生物素将 DNA 纳米球修饰到链霉亲和素修饰的磁珠上，负载阿霉素，GSH 打开二硫键使 DNA 纳米球从磁珠上释放，经磁分离后荧光检测 GSH，并可实现细胞内 GSH 调控的药物释放。

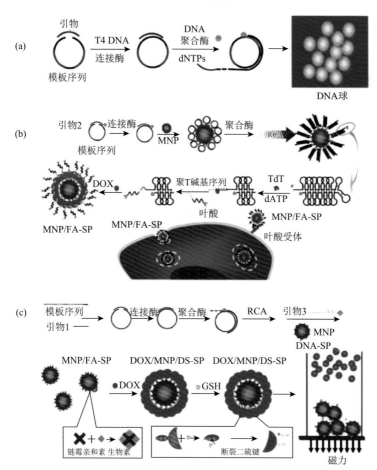

图 8.30　基于 DNA 纳米球用于细胞内 GSH 调控的药物释放研究[178]

MNP：磁性纳米颗粒；RCA：滚环扩增技术；DOX：阿霉素；DNA-SP：DNA 球

Zhang 等[179]设计了功能化纳米花载药探针，通过端粒延长引发细胞内复制放大反应，形成以氧化硅纳米花为核心的生物聚集体，实现了肿瘤细胞内端粒酶的原位检测、单细胞内信号分子的聚集以及靶向释放抗癌药物（图 8.31）。首先，在纳米金上修饰 DNA3，与端粒酶引物 DNA1、滚环扩增引物 DNA2 杂交，并负载阿霉素；进入细胞后，端粒酶延伸 DNA1，取代下来 DNA2，并释放阿霉素；DNA2 与滚环扩增模板 DNA5 结合、扩增；滚环扩增产物与氧化硅纳米花（FSNFs）上的 DNA6 杂交组装形成核壳生物聚集体，并打开 DNA6 的发夹结构，产生荧光。在该体系中，端粒酶检测限可达 1.6×10^{-11} mol/L。

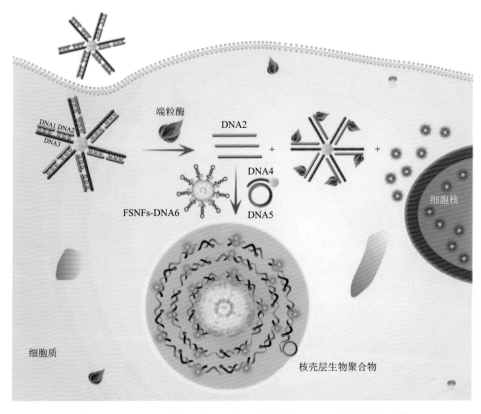

图 8.31 DNA/二氧化硅核壳结构纳米花用于 DOX 的有效运输[179]

FSNFs：功能化的硅基纳米花

在肿瘤治疗中能够实现药物传输/释放的实时监测是十分必要的。Jiang 等开发了一种可监测的线粒体特异性 DNA 火车结构（MitoDNAtrs），用于图像引导下的药物输送和协助肿瘤治疗[180]。在该系统中，以线粒体为靶标的 Cy5.5 染料作为"火车头"，以可检测的方式引导 DNA "车身"在癌细胞中选择性地积累。同时 Cy5.5 染料能够产生活性氧，使其成为一种很有前途的癌症热疗法辅助化疗放大器。研究结果表明，Cy5.5 染料自身可以选择性地进入癌细胞，最终定位于线粒体，然后引导 DNA 通过细胞膜进入靶细胞（图 8.32）。

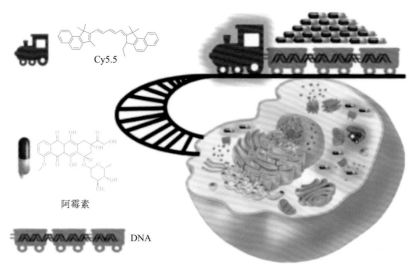

Cy5.5

阿霉素

DNA

图 8.32　线粒体靶向 DNA "纳米火车" 用于可视化药物输送示意图[180]

紫杉醇（PTX）是一种从裸子植物红豆杉的树皮分离提纯的天然次生代谢产物。美国化学家瓦尼和沃尔于 1963 年首次分离得到紫杉醇的粗提物。后经临床验证，其具有良好的抗肿瘤作用，能够促进微管聚合，扰乱细胞功能，特别是正常细胞分裂，导致细胞凋亡[181]。紫杉醇对肺癌、卵巢癌、乳腺癌等癌症有显著疗效。尽管 PTX 具有临床疗效，但多药耐药性限制了其在临床方面的应用。2013 年 Xie 等[182]制备了四面体 DNA 纳米结构（TDNs），随后负载紫杉醇（PTX/TDNs）。通过细胞计数试剂盒分析测定 PTX/TDNS 和 PTX 单独对非小细胞肺癌（NSCLC）细胞（A549）和 PTX 耐药细胞系（A549/T）的细胞毒性。研究结果表明，PTX/TDNs 对两种细胞系均有较强的致死性，同时克服了抗药性。在该体系中，四面体 DNA 纳米结构可以由四个单链 DNA CssDNA 分子自行组装并在不使用任何转染试剂的情况下内化到细胞质中。此外，他们通过对 PTX/TDNs 克服耐药性的机制进一步研究发现 TDNs 是 P-糖蛋白的抑制剂，同时 PTX/TDNs 通过凋亡来杀死癌细胞（图 8.33）。

Zhang 等[183]以喜树碱作为模型药物分子，基于 DNA 分子的精确组装特性，构建了一种精确可控的核酸药物递送体系，用于肿瘤的治疗（图 8.34）。首先，研究者通过溴化碳酸乙酯修饰喜树碱（CPT）与硫代磷酸酯（PS）修饰的 DNA 骨架直接反应，形成具有响应性二硫键的化疗药物 DNAs。然后通过调整 DNA 链上 PS 修饰的数目和位置，可以调节 DNA 药物共轭物（DDCs）的亲水性，以保持其水溶性和分子识别能力。同时基于药物分子与 DNA 骨架之间二硫键的引入，使得该产物具有刺激反应特性，并能增强体内外抗肿瘤效果。实验结果表明，喜树碱修饰后的四面体核酸纳米药物可以在谷胱甘肽作用下快速释放药物分子。同时，良好的细胞摄取效果使其表现出更高效的癌细胞杀伤性能。小鼠肿瘤模型实验证

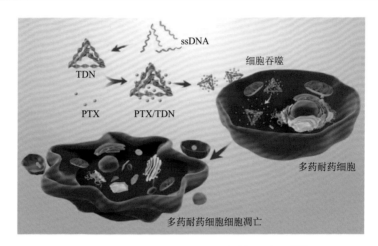

图 8.33　载药四面体 DNA 纳米结构示意图[182]

PTX：紫杉醇；ssDNA：单链 DNA；TDN：DNA 四面体纳米结构

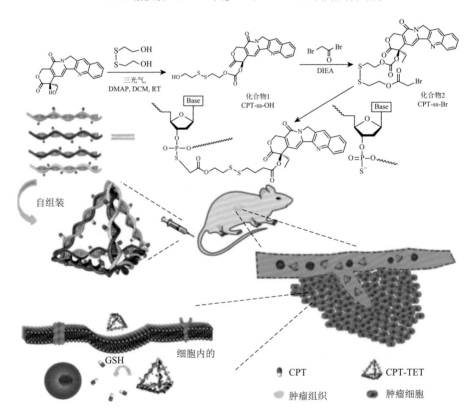

图 8.34　喜树碱分子在核酸骨架上的接枝用于肿瘤治疗[183]

CPT：溴化碳酸乙酯修饰喜树碱；TET：DNA 四面体；GSH：谷胱甘肽

明，该核酸纳米药物可以提高药物的体内循环时间并实现在肿瘤部位的富集，进而产生了比单药和喜树碱修饰 DNA 单链更好的抑制肿瘤效果（图 8.35），这为纳米药物递送体系的构建提供了新的思路和方法。

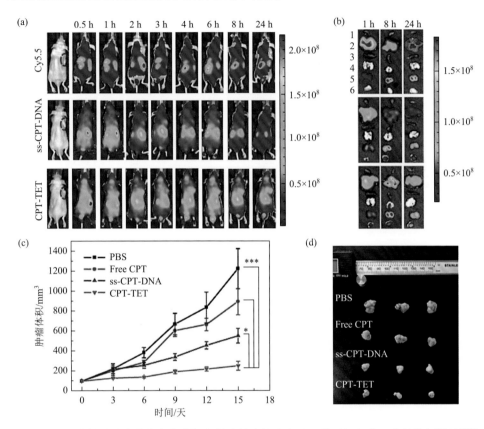

图 8.35　精确核酸纳米药物在荷瘤裸鼠体内的生物分布以及其对裸鼠皮下瘤的抑制效果[183]

在癌症的治疗中，顺铂及相关铂类药物已被广泛应用于临床治疗，并作为一线化疗药物治疗多种癌症[184, 185]。铂类药物的抗肿瘤活性主要来源于其与 DNA 碱基对的共价和非共价（如插层）相互作用。然而，这类相互作用是没有细胞选择性的，因而在利用铂类药物进行化疗期间，患者会出现严重的副作用，包括肾毒性、耳毒性和神经毒性等。因此，一直以来发展新的铂药给药系统用以提高治疗疗效并降低毒副作用受到研究者的广泛研究。在这些新的方法中，纳米给药系统，如脂质体、聚合物和无机纳米粒子，可以装载和运输用于癌症治疗的药物。然而，未经修饰的纳米载体的异质性和潜在的副作用限制了它们在临床治疗中的广泛应用。DNA 纳米结构，如 DNA 多面体，因具有良好的生物相容性和较高的载药能力，已被用于有效增加肿瘤区域的治疗药物浓度。最近，Wu 等[186]提出了一种简便的方法将纳米抗体精准组装在所合成的 DNA 四面体结构上（图 8.36）。该纳米抗体不仅可以结合表皮生长因子受体（一种与肿瘤形成相关的常见生物标志物），还可以通过非共价作用装载具有芳香环结构的铂药[56MESS，一种水溶性铂（Ⅱ）基 DNA 插层剂]。该复合物既可实现肿瘤区较高的药物积累，又可阻断表皮生长因子受体在细胞内的信号转导，并具有较高的表皮生长因子受体表达。此外，研究结果表明，所合成的复合物（Nb-TET-56 MESS），能够通过细胞的表皮生长因子受体进入靶细胞，在细胞中溶酶体的作用下分解释放 56MESS，作用于细胞核中的 DNA，抑制细胞增殖，从而抑制肿瘤生长。

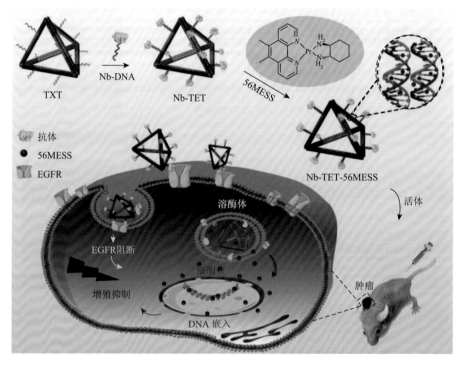

图 8.36　负载铂药的自组装 DNA 四面体结构用于抗肿瘤研究示意图[186]

TET：DNA 四面体；Nb：纳米抗体；EGFR：表皮生长因子受体；56MESS：铂（Ⅱ）基 DNA 插层剂

2. DNA 纳米载体用于核酸类抗肿瘤药物的运输

microRNA（miRNA）是一类长度约为 22 个核苷酸的非编码小分子 RNA。它们可以通过与靶标 mRNA 互补配对抑制其翻译或诱导降解，从而在转录水平上对基因表达进行调控。许多疾病与 miRNA 的表达紊乱有关，因此 miRNA 被视为治疗疾病的一种新型靶标分子。近年来，研究者们通过体内和体外的研究发现，调控癌细胞内的 miRNA 水平可有效抑制癌细胞的增殖和迁移，靶向 miRNA 的治疗策略具有十分重要的研究价值和意义。根据其生物学作用，癌症相关的 miRNA 通常分为两类，即肿瘤抑制 miRNAs 和肿瘤基因 miRNAs。因此，针对 miRNAs 的治疗干预遵循两种策略：一种是将合成 miRNA 模拟物或类似物（肿瘤抑制物）递送至低于其正常对应物的细胞或组织，从而使 miRNA 水平降低。另一种策略是提供病毒或非病毒的 miRNA 抑制剂。自组装 DNA 核酸纳米材料作为一种新兴的生物兼容性纳米材料，具有可编程设计、无毒、无免疫原性、可同时携带多种功能分子等特点，在生物、医学等领域的应用受到越来越多的关注和重视。例如，Liu 等设计了一种具有 miRNA 捕获功能的 DNA 纳米管，用于捕获癌细胞内过表达的致癌 miRNA，从而实现肿瘤生长的抑制[187]。该研究设计了三种捕获单元构型的 DNA 纳米管，即悬垂（NTR）、双螺旋（NTR-D）和发卡（NTR-H）结构，以 miR-155 和 miR-21 两种致癌 miRNA 为研究目标，探索了 DNA 结构设计对捕获效率和抗肿瘤性能的影响（图 8.37）。研究结果表明，DNA 纳米管能够有效保护捕获单元，降低过表达致癌 miRNA 的表达水平，促进肿瘤细胞死亡；单链构型捕获单元效果最佳，发卡结构次之，双链捕获单元最差，揭示了 DNA 纳米药物的结构依赖性。

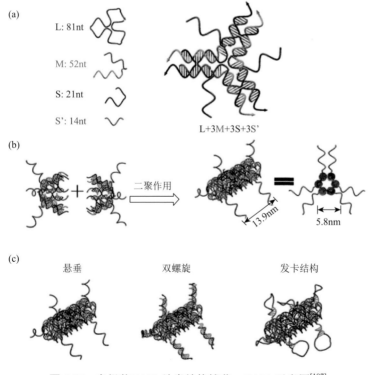

图 **8.37**　自组装 DNA 纳米结构捕获 miRNA 示意图[187]

RNA 干扰（RNAi）技术作为一种新型的治疗方法对治疗包括癌症在内的各种基因引起的疾病具有巨大的潜力。然而 RNAi 技术的临床转化仍然面临着巨大的挑战，其中小干扰 RNA（siRNA）的有效递送是临床应用的关键。小干扰 RNA 能够特异性抑制靶标基因的表达，可用作新型抗肿瘤治疗药物。然而，由于其较小的尺寸以及在血液中较差的稳定性，siRNAs 对于肿瘤的靶向以及基因沉默的效率受到严重的限制。为解决上述问题，Lee 等[188]利用 DNA 四面体笼结构装载 siRNA，并在 DNA 四面体上修饰了肿瘤细胞靶向配体（多肽和叶酸）。这种多功能 DNA 笼结构能够在细胞水平和动物水平完成肿瘤靶向的 siRNA 转运和肿瘤区域特定基因的沉默（图 8.38）。

图 8.38　利用 DNA 四面体笼结构装载 siRNA 并在细胞和活体水平进行转运[188]

基因治疗是过去十多年全球范围内的研究热点，主要用于治疗遗传性疾病、病毒感染和肿瘤等。其难点主要在于高效输送核酸至特定组织或细胞。Liu 等[189]设计了一种简便、通用的方法来构建一个包含线性肿瘤治疗基因（*p53*）与化疗药物(阿霉素)的基于 DNA 纳米结构的共传递系统联合治疗多药耐药肿瘤(MCF-7R)。在该体系中，具有生物相容性的三角形 DNA 折纸结构能够对化疗药物 DOX 分子进行高效装载，然后组装有帽的线性抑癌基因 *p53*（图 8.39）。这种结构类似于风筝，能够实现多个功能基团的协同释放。研究结果表明，该多功能化 DNA 纳米结构对多药耐药肿瘤 MCF-7R 在体内和体外均具有较好的抗癌活性，可实现多种抗药肿瘤的联合治疗。这种结构新颖的载药体系可实现有效的基因传递，并在体外和体内实验中均取得了有效的肿瘤抑制效果。

3. DNA 纳米载体用于蛋白质类抗肿瘤药物的运输

尽管蛋白质类药物具有特异性高、毒性低等优点，但大部分蛋白质类药物在体内的循环半衰期较短，副作用较大。Douglas 等设计了一个六角形 DNA 篮状结构（35 nm×35 nm×45 nm）用于装载蛋白质或金属纳米粒子等"货物"，并通过核酸适配体可控制其结构开合，形成一个利用特定指令控制的"纳米机器人"；当 DNA 纳米机器人干预表面具有不同抗原的人免疫细胞时，细胞表面受体即为不同的"输入指令"而被核酸适配体识别，控制结构的开合，进而实现可控转运内部装载"货物"的功能（图 8.40）。该结构展示了 DNA 材料作为新一代的药物载体的巨大潜力[190]。

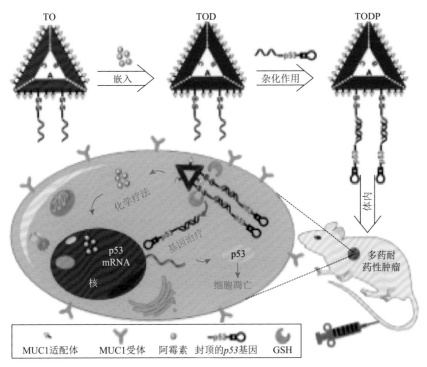

图 8.39　基于 DNA 纳米结构载药体系结合基因疗法和化学疗法在抗药肿瘤治疗中的应用[189]

8.3.3　小结

综上所述，DNA 自组装已被证明是一种高度通用的工具，作为一种新型的靶向药物载体材料，其可将抗肿瘤药物选择性地靶向病变部位，并可以有效降低其对正常组织的毒副作用，提高药物的生物利用度，是一种新型的药物控释体系。基于 DNA 的纳米技术在细胞内和体内应用方面取得的显著进步，具有革新合成生物学领域的巨大潜力。其有望为开发新一代抗肿瘤药物运输系统、最终攻克肿瘤这一科学难题提供新思路、新途径和新手段，具有非常重大的实际意义。

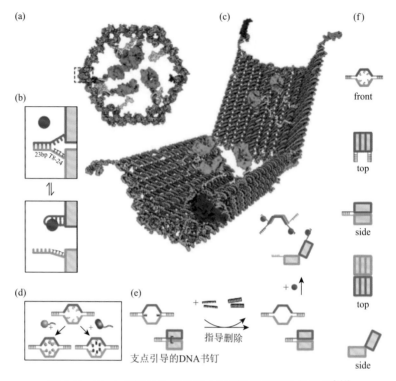

图 8.40 DNA 折纸结构用于蛋白质类抗肿瘤药物的装载[190]

8.4 金属有机框架载体

金属有机框架是一类由金属离子与有机配体通过配位作用自组装而成的多孔材料，具有比表面积大、孔隙率高和结构多样化等独特优势，广泛应用于气体吸附与分离、磁性、发光、催化、生物传感、药物负载、细胞成像等领域。相比于其他药物载体，金属有机框架与药物的结合方式丰富，可以满足不同药物的负载需求，也可引入功能分子优化性能。最近，有越来越多的研究报道了多功能化金属有机框架应用于药物递送和光敏剂负载，使其在肿瘤治疗方面表现出了广阔的应用前景。

8.4.1 金属有机框架概述

金属有机框架（metal-organic framework，MOF）也称配位聚合物，是一类将金属簇或金属离子与有机配体通过配位作用自组装形成的微孔网络结构[191]。MOF 这一概念最早是 Yaghi 在 1999 年提出，其研究趋势从对结构多样化的调控逐渐发展为开发以功能为导向的新型多功能材料。这主要源于 MOF 兼具无机和有机化合物的特点，并可以通过选择不同的有机配体和金属离子构筑结构可调控、性质可预测的体系。这种无机-有机杂化材料不仅具有多样化结构、可调节的孔径尺寸、可修饰的表面、大的比表面积和高的孔隙率等特点，而且可将药物、光敏剂等目标分子作为客体包裹在孔隙中并于特定条件下释放，可满足生物医学领域的应用需求[192-202]。

8.4.2　金属有机框架材料在肿瘤治疗中的应用

1. 金属有机框架材料在化疗中的应用

近年来，MOF 材料在纳米医学领域的发展备受瞩目。同时，随着材料科学的发展和医疗应用需求的不断提高，发展多功能的、高载药量的、可控释药的纳米药物体系已经成为纳米医药材料的重要发展目标之一。近十年来，MOF 材料在药物负载及释放方面备受关注和青睐。这是因为 MOF 材料具有不同形状和大小的孔，并且其结构中易形成金属离子空配位点或有机配体路易斯酸或碱位点，使其可以控制负载药物与生物载药系统的相互作用及释放。虽然相比于其他类型的药物载体，MOF 在载药领域的研究起步较晚，但已取得了可观的研究进展[203-207]。

2006 年，Horcajada 等报道了 MIL-100 和 MIL-101 对布洛芬的有效负载和缓释研究，其负载量是相同条件下介孔二氧化硅（MCM-41）的 4 倍，该工作开启了 MOF 在药物载体领域的应用研究[208]。由于 MIL-100 的中心金属是具有毒性的 Cr^{3+}，因此，研究者开始探索用低毒性离子构筑 MOF 并用于药物负载。2008 年，Patricia 等研究了 MIL-53（Fe）对布洛芬的药物缓释性能，其药物释放时间是 MCM-41 的 10 倍，提高了患者对药物的适应性，增强了药物治疗效果[209]。随后，Horcajada 等研究了 MIL-100（Fe）对抗肿瘤药物阿霉素（DOX）的负载及释放效果，负载率为 9%（质量分数），两周能够完全释放。此外，MIL-100（Fe）还被用于负载高亲水性核苷类似物：抗病毒药物西多福韦（CDV）和三磷酸叠氮嘧啶（AZT-TP）[210]。Taylor-Pashow 等利用纳米 MIL-101（Fe）装载荧光剂和顺铂前药（ESCP），并用二氧化硅将该载药系统包裹。MIL-101（Fe）装载 ESCP 比单纯的 ESCP 细胞毒性低，并且能够实时监控抗癌药物的释放及治疗过程[211]。由于 Zn^{2+} 的低毒性及生物相容性，基于 Zn^{2+} 的 MOF 不断被报道用于药物负载。Sun 等将 Zn-MOF 用于抗肿瘤药物 5-氟尿嘧啶的负载与释放，在 PBS 缓冲液中通过渗透缓慢释放一周[212]。Rojas 等合成了一系列基于 Zn^{2+} 的 MOF 用于抗肿瘤药物的负载[213]。Oh 等合成了四种基于 Zn^{2+} 和腺嘌呤的 MOF，用于盐酸依替福林的负载。尽管开始释放速率较快，但是可以持续释放 49～80 天[214]。Cao 等合成了水稳定的 Zn-MOF，能够有效负载 5-氟尿嘧啶，负载率为 53.3%（质量分数），在 PBS 缓冲液中缓慢释放三天[215]。尽管上述基于 MOF 的药物载体仅限于模拟生理条件及体外实验，但是为 MOF 在药物医学领域的应用奠定了基础。

随着 MOF 在药物负载领域的研究报道，药物负载方法也被研究和关注。基于 MOF 的药物负载通常有两种方法：一种是将 MOF 浸泡在药物的溶液中，另一种是药物作为反应物，通过一锅法直接合成包裹药物的 MOF。Morsali 等首次在常温下合成了负载药物布洛芬的 MOF 材料，对布洛芬的负载率为 15%（质量分数），能够缓慢释放 3 天[216]。与大多数化疗药物不同，生物制剂如小分子干扰 RNA（siRNA）由于其亲水性和高分子量，不易以游离形式被细胞摄取。因此，siRNA 进入细胞需要载体。Lin 等首次报道了 MOF（UiO）负载顺铂和 siRNA，来增强卵巢癌的治疗效果。细胞成像显示在 siRNA/UiO-cis 孵育的细胞中能够观察到绿色荧光，而在对照组中没有看到荧光，这说明 siRNA/UiO-cis 能够诱导细胞凋亡[217]。Bag 等报道了一种连续流微反应器技术，用于制备尺寸较小的纳米级 UiO-66。其中，氨基修饰的 UiO-66-2 对 5-氟尿嘧啶的负载率为 27%（质量分数），这项工作为纳米尺寸 MOF 合成提供了一种简便的策略[218]。

随着 MOF 材料在药物负载及释放领域的应用研究，药物有效封装与控制释放逐渐被人们关注。这是因为，一方面药物封装能够减少正常细胞的副作用；另一方面，控制药物释放能够提高患者对药物的适应性，从而增强药物治疗效果。如图 8.41 所示，目前，基于 MOF 负载药物的刺激响应释放通常分为单一刺激和多刺激[219]。常见的刺激因素主要有：pH、磁场、离子、温度、光照、压力、DNA 构象、湿度、氧化还原等[220-229]。其中，pH 响应型 MOF 载药系统因肿瘤微环境的弱酸性以及配位键对外界 pH 的敏感性而被广泛研究。上述 MOF 药物载体的药物释放为 pH 响应型药物释放。

Gao 等报道了基于 Fe^{2+} 的 MOF，用于原位负载药物 DOX。如图 8.42 所示，在酸性条件下，由于配位键对 pH 的敏感性，药物能够快速释放出来。因此，他们在 MOF 外层包裹了一层二氧化硅，从而控制了 MOF 的快速降解，有效控制了药物释放。此外，他们将叶酸偶联到纳米 MOF 表面，实现了 MOF 对肿瘤的靶向治疗[230]。

Ren 等研究了聚丙烯酸（PAA）修饰 ZIF-8 对 DOX 的负载及可控释放[231]。PAA@ZIF-8 对 DOX 的负载量为 1.9 g/g，该高负载量源于负电性的 PAA 与正电性 DOX 的静电作用以及 Zn^{2+} 与 DOX 的配位作用。激光共聚焦荧光成像显示 DOX 在 pH = 5.5 比 7.4 释放要快。这种依赖于 pH 的药物纳米载体通过内吞作用被 MCF-7 细胞吸收，对活细胞几乎无毒，具有潜在的生物应用价值。Wu 等利用 ZIF-8 负载药物 DOX 后，在其表面包裹一层含铁的聚合物，通过刻蚀 ZIF-8，得到了负载 DOX 的纳米胶囊，该药物胶囊在肿瘤弱酸性环境下能够释放 DOX。Lei 等构

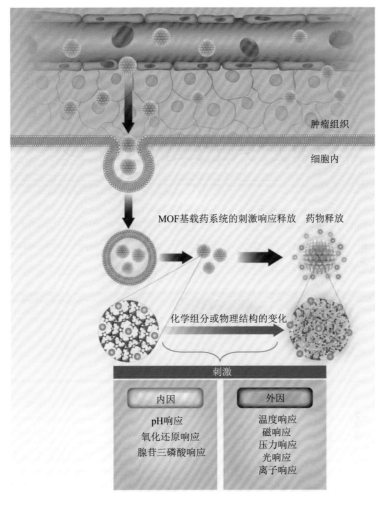

图 8.41　基于 MOF 载药系统的刺激响应释放示意图[219]

建了 $Fe_3O_4@C@ZIF-8$ 的复合材料，该材料能够有效负载和释放 DOX[232]。由于碳量子点和 Fe_3O_4 的存在，该复合材料实现了发光和磁性双模式成像[233]。Lago等构筑了一系列 Zn-MOF 用于布洛芬的有效负载及 pH 可控释放[234]。Shi 等报道了 UiO-66 对阿仑磷酸钠（AL）的负载及释放。由于存在 Zr—O—P 键，负载量为 1.06 g/g，1 h 内，在 pH = 5.5/7.4 的释放率为 59%和 42.7%，这可能是由于 AL的质子化。但是随着时间增加，在 pH = 7.4 条件下释放更多，这可能是因为 UiO-66在弱碱性条件下不稳定，MOF 结构的坍塌导致药物快速释放。体外细胞毒性实验表明，AL-UiO-66 比游离 AL 具有更高的抗癌效果。pH 刺激的 AL-UiO-66 提高了抗肿瘤的效率，使 UiO-66 成为一种很有前途的 AL 载体[235]。Niidome 等将 Gd-MOF

进行机械研磨，由于比表面积增加，从而增加了对 DOX 的负载量。5 天内，在 pH = 5.5/7.4 条件下的释放率分别为 44% 和 22%，并且小鼠活体内和细胞实验均证实了机械研磨的 Gd-MOF 具有良好的生物相容性并能够用于 DOX 可控释放，且对其他主要器官功能无副作用[236]。Zhuang 等采用一锅煮法将喜树碱包裹在 ZIF-8 中，利用 ZIF-8 在酸性条件下的不稳定性，喜树碱被缓慢释放出来[237]。类似地，Zheng 等采用一锅法将 DOX、罗丹明 B、甲基橙和亚甲基蓝等包裹在 ZIF-8 中，在酸性条件下实现了对这些有机小分子的可控释放[238]。Zou 等通过合成中空 ZIF-8 提高了 DOX 的负载量，在酸性条件下实现了药物释放[239]。Yang 等合成了阳离子型 MOF-ZJU-101，将其用于阴离子型药物双氯芬酸钠的负载及释放。在酸性条件下双氯芬酸钠释放量要高于中性条件下，这是因为酸性条件更利于离子的交换[119]。同时，该课题组将 PCN-221 首次应用在口服药甲氨蝶呤的负载，负载量为 0.4 g/g。在胃酸 pH = 2 条件下释放率为 40%，MTX-PCN-221 有望成为一种口服药物载体。

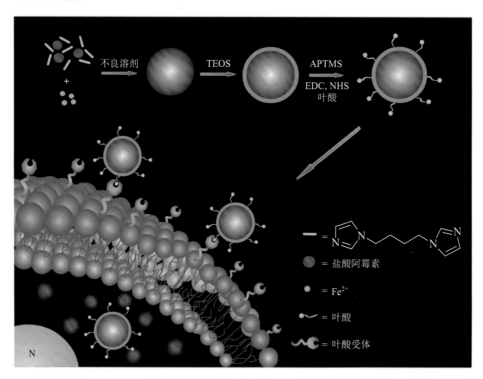

图 8.42　二氧化硅修饰 Fe（bbi）MOF 原位负载药物 DOX 及 pH 诱导的药物释放[230]

TEOS：四乙氧基硅烷；APTMS：三甲氧基硅烷；EDC：碳化二亚胺盐酸盐；NHS：羟基丁二酰亚胺

磁响应系统由于其在磁分离、磁靶向、磁共振成像（MRI）、磁热疗等方面的潜在优势而被广泛研究和应用。其中，磁导向的肿瘤药物释放能够将药物集中于肿瘤部位以提高治疗效果。Ke 等制备了核壳结构的 Fe_3O_4@HKUST 纳米粒子，该纳米粒子能够有效负载抗肿瘤药物尼美舒利（NIM）。该纳米粒子通过磁导向作用将药物靶向输送到肿瘤部位，实现了磁响应的药物靶向治疗[240]。Zi 等制备了 Fe_3O_4 包裹 MOF 的 Fe_3O_4-NH_2@MIL101-NH_2 核壳结构，实现了 pH 诱导的药物释放及磁靶向治疗[241]。Wu 等制备了具有磁性的 γ-Fe_2O_3@MIL-53（Al）材料，该材料能够有效负载布洛芬并能实现磁导向的药物释放，完全释放为 7 天[242]。Ray Chowdhuri 等报道了 Fe_3O_4@IRMOF-3，在其表面修饰壳聚糖，实现了磁共振成像、pH 诱导药物释放以及荧光成像[243]。如图 8.43 所示，Wang 等报道了磁场介导载有二氢青蒿素（DHA）的 Fe_3O_4@C@MIL-100（Fe）复合材料，当 Fe（Ⅲ）到达肿瘤组织的酸性环境时，被还原为 Fe（Ⅱ），然后与释放的 DHA 反应生成活性氧，

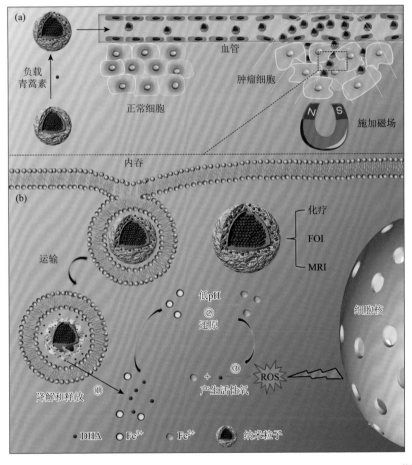

图 8.43　基于磁响应纳米 Fe_3O_4@C@MIL-100（Fe）用于肿瘤的靶向治疗示意图[244]

FOI：荧光成像；MRI：磁共振成像；DHA：青蒿素

诱导癌细胞死亡[244]。此外，Fe_3O_4@C 的磁芯具有磁导向和 MRI 的特性，进一步被用于荧光成像和磁共振成像。体外和小动物体内实验研究发现，双模态成像引导下的 pH 响应型化疗提高了肿瘤的诊断和治疗效果。除了纳米 Fe_3O_4 不断用于磁分离和成像，基于 Gd^{3+} 和 Mn^{2+} 的 MOF 也被报道和研究[245, 246]。

离子交换能够诱导 MOF 的结构和性能改变。因此，离子响应型 MOF 载药系统将为药物可控释放开辟另一条途径。进行离子交换的首要条件是 MOF 框架是离子型的。Rosi 等构筑了阴离子型的 Zn-MOF，该 MOF 能够负载阳离子型盐酸普鲁卡因胺。基于离子交换原理，在 PBS = 7.4 缓冲液中，其可以有效控制释放药物。Hu 等通过氧化 MOF-74 中的二价铁离子，将中性的 MOF-74-Fe（II）氧化成了离子型 MOF-74-Fe（III），并能将布洛芬阴离子负载。在 PBS 缓冲液中，可以实现基于离子交换的药物可控释放[247]。

聚（N-异丙基丙烯酰胺）（PNIPAM）是一种具有较低临界溶液温度的热敏药物纳米载体。当温度降低到它的临界点（$T_c = 32℃$）时，PNIPAM 会变成亲水性材料并能够在水中分解。但是，这样会引起 PNIPAM 的聚集。基于此，Nagata 等构筑了 UiO-66-PNIPAM，并用于间苯二酚、咖啡因和普鲁卡因胺的有效负载。在 25℃时，PNIPA 分解，负载物释放，但是在 40℃，负载物几乎没有释放。因此，该复合纳米材料可用于温度控制的药物释放[248]。2017 年，Lin 等报道了 ZJU-64 和 ZJU-64-CH$_3$ 用于 MTX 的负载和释放。两种载药系统在 37℃能很好地释放药物，但是在 60℃几乎不释放。该项研究预示着 ZJU-64 和 ZJU-64-CH$_3$ 有望用于温度可控的药物释放[249]。为了避免药物在到达病理组织前过早释放，压力也被用来控制药物释放。Ke 等报道了 Zr-MOF 用于双氯芬酸钠的高效负载，在压力控制下，双氯芬酸钠能够释放 2～8 天[250]。

为了进一步提高药物的封装和可控释放，除了上述单因素刺激控制药物释放，采用多因素刺激诱导药物释放不断被研究。如图 8.44 所示，Tan 等通过后修饰方法将芳烃的超分子开关连接到 MOF 表面[251]，并分别对罗丹明 6G 和 DOX 进行了负载，通过竞争结合和 pH 对芳烃进行开关调控，实现了药物靶向传输和控释。该工作首次将药物分子开关引入到 MOF 表面，构筑了基于 MOF 的刺激响应诱导的纳米靶向药物载体。基于此，该课题组构筑了轮烷修饰的核壳纳米 MOF，实现了多孔壳功能、磁功能、超分子阀门响应功能的有机结合。此外，该项研究实现了快速磁分离和磁共振成像，并且能够在病变部位靶向释药。

Zhao 等利用一锅法合成了 MIL-101 并进行了后修饰，负载药物 DOX 后，MIL-101-N$_3$（Fe）能够将具有靶向作用的 β-环糊精对其进行药物封装。由于存在双硫键，实现了氧化还原和 pH 双重响应的药物封装及可控释放[252]。Tan 等利用含有二硫键的羧酸配体构筑基于 Mn^{2+} 的 MOF，并进行药物负载。在谷胱甘肽存在下，二硫键断裂，药物释放，实现了氧化还原控制的药物释放[253]。Epley 等也利用谷胱甘肽和 pH 双重诱导实现了药物可控释放[254]。Chen 等构筑了 β-环糊精修饰的 UiO-68-azoMOF 并用于药物负载,由于存在偶氮键,实现了光控的药物释放,该研究为可控给药提供了新的研究策略[255]。

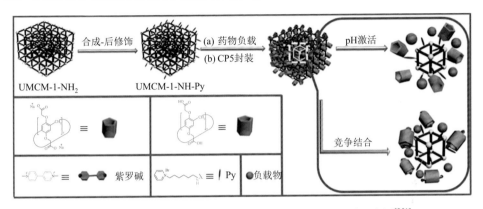

图 8.44　柱芳烃封装 MOF 药物载药系统及 pH 可控释放示意图[251]

Chen 等构筑了氨基功能化的 Zr-MOF,并将 ATP 的适体修饰其表面对药物进行封装。遇到 ATP 时,阀门打开,药物释放,实现了肿瘤标志物刺激的靶向药物释放,并用于小鼠乳腺癌的靶向治疗。同时,他们构筑了 Mg^{2+}、Pb^{2+} 响应的药物封装及可控释放[256, 257]。此外,Ray Chowdhuri 等将 MOF 与上转换纳米粒子结合并修饰靶向分子叶酸,实现了近红外光激发的细胞成像及 pH 响应的肿瘤靶向治疗[258]。Zhu 等将聚吡咯和 MOF 结合,构筑了 PPy@MIL-100 复合材料,实现了近红外激发、pH 诱导的药物释放。该材料对活体小鼠肿瘤表现出了明显的抑制作用[259]。

近年来,MOF 作为药物载体的报道和研究越来越多,刺激响应的药物载体用于控制药物释放表现出了巨大的癌症治疗潜力,并得到了越来越多的关注。但是,在临床应用前仍有许多挑战值得探究和关注。一方面,单一响应刺激因素都有局限性,例如,pH 响应的药物释放灵敏性较低,磁诱导的药物释放需要大量的药品。因此,多因素刺激响应药物释放值得开发和深入研究。另一方面,MOF 的尺寸、稳定性、毒性及代谢机理需要深入研究。基于 MOF 的药物载体报道很多,但是将 MOF 应用到小动物活体是相对较少的。其中,纳米尺寸、稳定性好、毒性低的 MOF 是临床医学应用的首要条件。这将影响 MOF 的载药量、可控释放及在临床中的应用。

2. 金属有机框架材料在光动力治疗中的应用

光动力治疗由特定波长的光、光敏剂和氧气三部分组成。在治疗过程中,光敏剂吸收能量后,与氧气作用,产生活性氧(ROS),从而能够杀死肿瘤细胞。理想的肿瘤光动力治疗杀伤效果取决于光敏剂的性质（量子产率和剂量）、光照（时间及间隔）以及肿瘤部位氧气浓度。卟啉及其衍生物一直作为良好的光敏剂被广泛研究。其中，第一代光敏剂为卟啉。早在 1980 年，卟啉已经被应用于临床膀胱癌、肺癌的光动力治疗。但是，卟啉吸收波长较短（630 nm），对组织穿透性差，并且不易进入肿瘤细胞。因此，人们通过不断研究发现了第二代光敏剂（卟吩、酞菁及卟啉衍生物）。这类光敏剂表现为近红外吸收，增加了组织穿透性。但是，这类光敏剂的水溶性和分散性较差。并且在临床应用中要求使用有机水凝胶，这将产生一些不可预测的副反应。随着纳米科技的发展，第三代光敏剂的改进策略在 2000 年被报道，主要为纳米颗粒负载光敏剂及生物分子（蛋白质、肽链、抗体等）共轭光敏剂，这有效解决了水溶性差、肿瘤部位难以聚集的问题，也避免了有机水凝胶的使用。但是，该策略也存在一定的缺陷，如光敏剂由于聚集而发生自猝灭现象；光敏剂被包裹在纳米粒子内部而无法到达肿瘤部位；由于平衡肿瘤内纳米粒子积累和纳米粒子释放光敏剂的需要，基于纳米粒子的光敏剂的光照射时间很难优化，这都将降低光动力效果[260]。

相比于前三代光敏剂，MOF 由于其结构的可设计和调控性，以卟啉类化合物作为有机配体来构筑具有光动力效应的 MOF 是最理想的光敏剂材料。这是因为，一方面用卟啉类化合物构筑 MOF 增加了光敏剂含量，并且卟啉类有机化合物在 MOF 中的有序排列，避免了自猝灭作用；另一方面光照产生的活性氧能够通过 MOF 的孔道排出。近五年，国内外利用卟啉类有机配体开展了纳米 MOF 的设计合成及在肿瘤光动力治疗领域的研究。

2014 年，Lu 等报道了一种基于卟啉二酸和 Hf^{4+} 构筑的纳米尺寸的 MOF DBP-UiO 材料[261]。如图 8.45 所示，DBP-UiO 材料在光照下能够产生单线态氧（$^1O_2$），表现出了很好的 PDT 治疗效果。同时，该材料成功用于小鼠活体头颈癌的治疗，这一标志性研究成果开启了 MOF 在光动力治疗领域的应用。

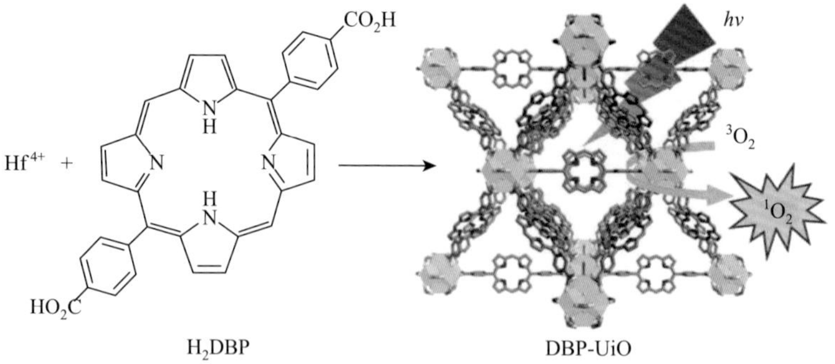

图 8.45　DBP-UiO 光照下产生 $^1O_2$[261]

随后，Lin 等又设计了一种基于二氢卟吩的 DBC-UiO 纳米材料。相比于之前报道的 DBP-UiO，DBC-UiO 具有更好的光学性质，产生 ROS 的能力要强于 DBP-UiO。并且在小鼠活体实验中，也展现出更强的产生 ROS 的能力和光动力治疗效果[262]。Zhao 等利用 5, 10, 15, 20-四（4-羧基苯基）卟啉（TCPP）和 Gd^{3+} 合成了 Gd-TCPP 的纳米片。该纳米片表现出良好的光动力效应，并且中心离子 Gd^{3+} 能够进行磁共振成像。该体系实现了 MOF 用于肿瘤的光动力治疗及磁共振成像[263]。

　　随着人们对 MOF 的光动力学研究，研究者不仅追求构筑新颖的结构，更重要的是如何激活及增强 MOF 的光动力效应。提高光动力效应有两个关键因素，一是增加氧气含量，二是提高光敏剂的吸光性能。Wang 等采用配体交换方法制备了含碘有机化合物与 UiO-66 的纳米光敏剂材料 UiO-I-BDP。由于碘能够增强单线态氧的产生，UiO-I-BDP 能够使得 B16F10 细胞快速凋亡。同时，UiO-I-BDP 能够进行 CT 成像[264]。Kan 等在 UiO-66-TPP-SH 表面进行了光敏剂的负载，该纳米材料表现出了对宫颈癌的光动力治疗[265]。Zheng 等在 UiO 外层自组装成了 UiO@POP，其表现出了良好的肝癌和宫颈癌的光动力治疗[266]。

　　Zeng 等选用共轭性强的卟啉衍生物构筑了新型锆基材料。其红外吸收相比于 PCN-224 红移了 50 nm，单线态氧的产生能力要强于 PCN-224，实现了对小鼠乳腺癌光动力治疗[267]。除此之外，Griffin 等利用经典的 MOF-ZIF-8 负载光敏剂 ZnPc，在 pH = 5 条件下，ZIF-8 分解释放 ZnPc，在激光照射下可以诱导细胞凋亡[268]。Hu 等报道了 F^{127}-光敏剂@MIL-100 纳米粒子在光动力治疗方面的研究。由于芬顿效应，二价铁可以与细胞内过氧化氢反应产生活性氧。同时，肿瘤组织的弱酸性环境使得纳米 MOF 分解，释放光敏剂。在光照条件下，表现出了良好的光动力治疗乳腺癌效果[269]。Li 等制备了核壳结构光敏剂-ZIF@Mem，并将过氧化氢酶负载其表面，用于解决肿瘤乏氧问题。该复合材料产生的活性氧明显高于不含过氧化氢酶的光敏剂 ZIF@Mem，应用于小鼠宫颈癌的光动力治疗[270]。除了使用过氧化氢酶增强细胞内氧气含量，Zhang 等通过原位方法制备了 Pt@MOF，如图 8.46 所示。Pt 能够催化 H_2O_2 产生氧气，从而增加了光动力治疗效应[271]。Gao 等利用 UiO 包裹光敏剂并在表面修饰红细胞膜，通过原位释放氧气，增强了光动力治疗[272]。Zhang 等通过还原谷胱甘肽、半胱氨酸等还原性物质间接增加了细胞内氧气含量，从而增强了光动力效应，并成功用于小鼠肝癌的治疗[273]。ATP 在细胞复制、分裂过程中发挥着重要作用。研究表明消耗 ATP 能够抑制细胞的分裂增殖。基于此，Li 等制备了包含铜离子和光敏剂的 ZPCN 纳米材料。该材料中的铜离子能够跟 ATP 结合形成配合物，ATP 的消耗使得细胞增殖受阻。光照条件下，该材料表现出了良好的光动力治疗效果[274]。葡萄糖是另外一种能量物质，Xu 等制备了葡萄糖氧化酶和过氧化氢酶复合 PCN-222 的纳米材料。过氧化氢酶能够催化 H_2O_2 从而提高氧气含量，葡萄糖氧化酶能够促进细胞内葡萄糖的分解，切断了癌细胞的能量供应，进一步促进了细胞凋亡[275]。

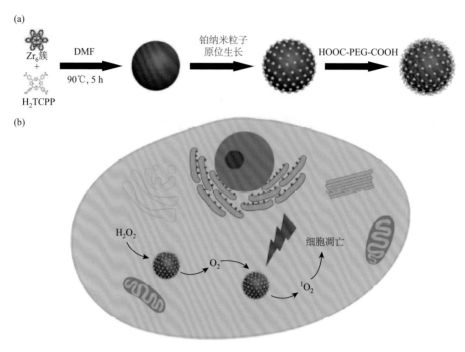

图 8.46　Pt@MOF 催化过氧化氢增强光动力治疗的示意图[271]

HOOC-PEG-COOH：羧基修饰 PEG

　　此外，将 MOF 与其他材料结合，通过能量共振转移，能够降低光动力治疗的激发波长，从而增加组织的穿透力。Zhang 等利用联吡啶二羧酸构筑了 Zn-MOF，并通过后修饰与 $Ru(bpy)_3^{2+}$ 连接。在 800 nm 激发下，Zn-MOF&Ru(bpy)₃ 表现出了强的光动力效应[276]。Jia 等构筑了稀土 Eu-MOF，通过后修饰法在其表面连接光敏剂。在 808 nm 激发下，配体吸收光敏化 Eu^{3+} 在 615 nm 处发光，该能量激发光敏剂，从而用于光动力治疗[277]。Li 等将上转换纳米粒子与 MOF 结合，利用稀土离子的能量转移，实现了在 980 nm 激发下的光动力治疗[278]。基于类似的原理，Cha，Tang 和 Yan 等也实现了上转换复合 MOF 用于肿瘤光动力治疗的研究[279-281]。Ma 等将卟啉类光敏剂嵌入到 MOF 中，利用 Cu^{2+} 和 H_2S 的结合，构建了 H_2S 分子特异性激活的 MOF 光动力材料，实现了肿瘤细胞内活性氧的可控释放[282]。

　　尽管光动力治疗的光照具有一定的区域限制性，但是不能特异性靶向肿瘤细胞。为解决肿瘤靶向性问题，国内外很多课题组对 MOF 修饰靶向基团，如叶酸、适体、蛋白等。Liu 等利用发夹 DNA 修饰 MOF，遇到靶标肿瘤细胞时，发夹结构打开，荧光素发光进行细胞成像，并能够靶向光动力治疗[283]。

　　如图 8.47 所示，Park 等设计了尺寸可以调控的 PCN-224，并在其表面修饰靶向基团叶酸，用于肿瘤的靶向光动力治疗。该课题组通过调控溶剂比例，合成了一系列不同尺寸的 PCN-224，并研究了不同尺寸的 PCN-224 被细胞摄取的情况和光动力疗效。研究发现，90 nm 的 PCN-224 具有更好的光动力治疗效果。该工作为合成尺寸可控的 MOF 纳米粒子应用于化学、医学等各个领域提供了新的思路[284]。

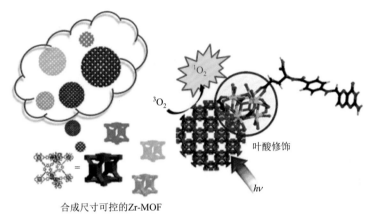

图 8.47　尺寸可控的 PCN-224 用于光动力学治疗[284]

3. 金属有机框架在化疗/光动力协同治疗中的应用

当化疗和光动力治疗相结合时，光动力治疗诱导光化学内化（PCI）可显著增强化疗效果。这是因为光动力治疗产生的 ROS 可以氧化细胞膜，增加细胞膜通透性和促进细胞对纳米粒子的吸收。另外，光动力治疗通过破坏内质体和溶酶体，促进纳米粒子的内体逃逸，能够避免光敏剂和化疗药物被溶酶体分解[285]。

Guan 等合成了一种多功能的 CPC@MOF，在其表面修饰叶酸和光敏剂，并进行了抗癌药物喜树碱的负载和封装。比起单一的治疗方式，该材料实现了化疗和光动力治疗协同治疗，增强了治疗效果，对癌症的治疗具有重要的实际意义[286]。Liu 等构筑了 PCN-222 并进行了药物 DOX 负载，实现了光动力疗法和化疗的双重协同治疗，并应用于小鼠肝癌的有效治疗[287]。Chen 等利用经典的 ZIF-8 负载了半导体材料 $g-C_3N_4$ 及 DOX，在肿瘤环境微酸性条件下实现了化疗和光动力的协同治疗[288]。He 等构筑了核壳结构的 MOF，同时负载抗癌药物奥沙利铂和光敏剂，实现了化疗和光动力治疗的双重治疗方式，并能通过激活免疫系统消除转移的肿瘤[289]。Zhang 等以 TCPP、苯甲酸和生物相容性 Zr^{4+} 为原料，搅拌法制备了纳米级 PCN-224，如图 8.48 所示。该纳米材料能够有效负载药物 DOX，并能够与 A549 肺癌细胞的适配体（DNA）通过配位键进行后修饰连接。由于适配体是 PCN-224 表面的靶向配体，在接触 A549 细胞时，DNA 功能化的 PCN-224 能够识别 A549 细胞。同时，TCPP 在光照作用下能够产生氧自由基，最终实现了化疗和光动力结合并能靶向肿瘤治疗的研究[228]。

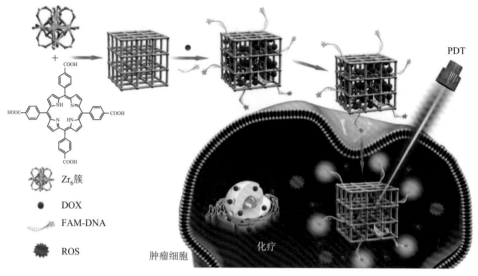

图 8.48　DNA 功能化 PCN-224 用于肿瘤细胞的靶向示踪及化疗、光动力治疗[228]

DOX：阿霉素；FAM-DNA：荧光素 FAM 修饰 DNA；ROS：活性氧；PDT：光动力治疗

4. 金属有机框架在化疗/光热协同治疗中的应用

肿瘤光热治疗（PTT）是通过光照产生热量，改变肿瘤细胞所处环境的温度，使肿瘤细胞凋亡，从而达到治疗肿瘤的目的。与化疗方法相比，PDT 和 PTT 都具有一定的靶向性，PDT 和 PTT 均可减少对正常组织的损伤。并且随着对治疗肿瘤研究的深入，有研究发现将传统抗肿瘤疗法与 PDT、PTT 联合具有协同作用，并已经从实验研究进入临床应用阶段。

Li 等合成了 AuNR@ZIF-8 的核壳结构，如图 8.49 所示，并进行了抗肿瘤药物 DOX 的负载，该复合材料实现了肿瘤的光热和化疗协同治疗，并成功用于小鼠乳腺癌的治疗[290]。

Zheng 等合成了同时具备 PDT 和 PTT 效应的 TCPC-UiO。TCPC-UiO 在荷瘤小鼠体内表现出很强的抗癌活性，其抑瘤率为 90%以上[291]。Zhang 等报道了 Fe_3O_4@C@PMOF 的复合，也实现了肿瘤的光热治疗和光动力治疗的协同治疗效果，并且进行了荧光和磁共振成像[292]。

5. 金属有机框架材料在化疗/放疗协同治疗中的应用

放疗是临床上应用最广的一类治疗恶性肿瘤的方法。肿瘤放射治疗利用放射线如放射性同位素产生的 α、β、γ 射线和各类 X 射线。Liu 等选用能够吸收 X 射线的 Hf^{4+}，构筑了 Hf-MOF 并对其进行药物负载，实现了化疗和放疗协同治疗肿瘤的研究[293]。

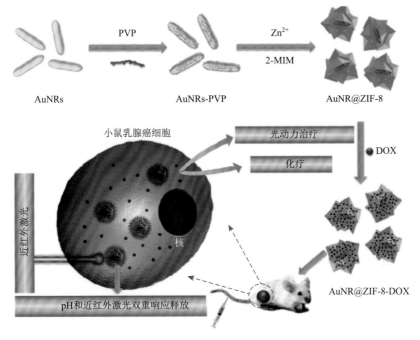

图 8.49 AuNR@ZIF-8 核壳结构负载 DOX 用于肿瘤的 PTT 及化疗协同治疗示意图[290]

AuNRs：金纳米棒；PVP：聚乙烯吡咯烷酮；2-MIM：2-甲基咪唑；DOX：阿霉素

6. 金属有机框架材料在放疗/光动力协同治疗中的应用

Yang 等通过阳离子交换法在 Mn-IR825 框架中掺入 Hf^{4+}，制备出具有核壳和共掺杂结构的 Mn/Hf-IR825。研究发现，该掺杂材料可以同时作为光热剂和放射增敏剂用于癌症的光动力和放疗治疗[294]。Liu 等利用 Hf^{4+} 和卟啉羧酸类配体（TCPP）构筑了金属有机框架材料 Hf-TCPP-NMOFs。其中 TCPP 可以作为光敏剂进行光动力学治疗，Hf^{4+} 可以作为放疗敏化剂增强放疗效果。该材料表面包覆聚乙二醇（PEG），能够在小鼠体内快速清除，又可以联合光动力和放疗进行治疗，从而增强了抗癌疗效[295]。该课题组又进一步将光敏剂负载到二维金属有机单层上，实现了 X 射线诱导的光动力治疗。

7. 金属有机框架材料在免疫疗法/光动力协同治疗中的应用

为了克服肿瘤组织缺氧进而提高 PDT 效应，Lan 等报道了一种基于 Fe^{2+} 的 MOF（Fe-TBP），用于治疗非炎症性肿瘤，如图 8.50 所示。Fe-TBP 是由卟啉配体和铁氧簇合成的。Fe^{2+} 能够催化细胞内过氧化氢分解产生氧气，因此能够提高光动力效应。同时，Fe-TBP 增强的光动力效应能够诱导细胞毒素 T 细胞的肿瘤浸润，

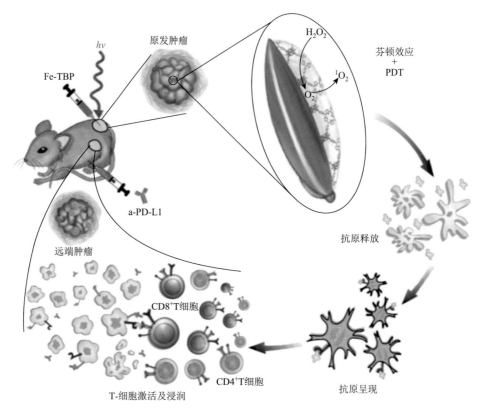

图 8.50　Fe-TBP 克服缺氧的 PDT 癌症免疫治疗方法的原理示意图[296]

a-PD-L1：程序性死亡配体 1

使得肿瘤退化率达到了 90%[296]。此外，利用二氢卟吩构筑 MOF，并且负载免疫检查点抑制剂可用于肿瘤的光动力和免疫协同治疗。二氢卟吩在光照下具有好的光动力效应，负载的免疫检查点抑制剂能够改变免疫抑制的肿瘤环境。因此，在光动力和抑制剂的协同作用下，该 MOF 能够原位杀死肿瘤细胞，并能够防止肿瘤转移[297]。

8. 金属有机框架材料在化疗/光动力/光热协同治疗中的应用

除了单一及双重治疗方式外，2017 年，Zeng 等通过修饰硫辛酸的金棒与 MOF结合，形成了核壳结构 AuNR@MOF，如图 8.51 所示。在 808 nm 激发下，该纳米 MOF 表现出了良好的光热治疗效果，10 min 后，温度升到了 73.4℃。同时，在 660 nm 激光器照射下，该纳米 MOF 表现出了良好的光动力效应。此外，该核壳结构的纳米 MOF 能够负载抗肿瘤药物 DOX。基于此，该项研究实现了肿瘤的化疗、光热治疗和光动力治疗的三重协同治疗，提高了治疗效果[298]。

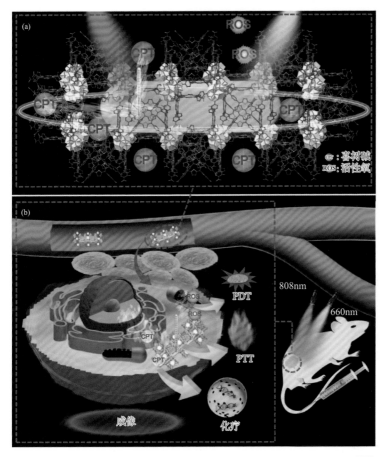

图 8.51　AuNR@MOF@CPT 用于化疗/PDT/PTT 协同治疗的示意图[298]

PDT：光动力治疗；PTT：光热治疗

8.4.3　小结

　　尽管 MOF 作为载体在肿瘤治疗领域的报道越来越多，然而，在其应用于临床前，仍然有许多挑战。其一，研制出无毒、低毒、生物相容性好的纳米 MOF，延长血液循环，确保分解产物能够通过机体的代谢系统进行处理。因此，未来的工作可能集中在通过选择内源性构建块或用生物活性物质功能化 MOF 来减少副作用的无毒纳米 MOF 载体的制备上。其二，基于 MOF 的纳米载体的稳定性和降解机理需要在体内外进行系统的研究。深入的体内研究对于优化 MOF 在临床应用前的性能至关重要。目前，仅仅研究纳米载体的治疗效果及其对正常器官的影响是不够的，需要进一步研究纳米载体在体内的代谢机制和代谢途径。重要的是，后续对机体的长期监测也是必不可少的。其三，目前影像学和治疗应用的研究还远未应用于临床，需要对吸收-分布-代谢-排泄机制有一个全面的了解。其四，未来的努力应该集中在基于多模态 MOF 的诊疗平台的制造，结合不同的机制，以达到在抗癌或其他疾病方面的卓越疗效。

8.5 展望

综上所述，介孔硅、脂质体、DNA 自组装载体和金属有机框架材料等纳米药物载体在癌症的早期检测、诊断和诊疗一体化中都表现出一定优势。利用纳米材料特性进行合理设计和优化，改善抗肿瘤药物水溶性，提高药物稳定性，实现药物缓慢控制释放、肿瘤靶向定位、多靶点治疗等。在肿瘤诊疗一体化方面，能够实时、精确诊断病情并同步进行治疗，而且在治疗过程中能够监控疗效并随时调整给药方案，利于达到最佳治疗效果，并减少毒副作用等。

但是目前的大多数研究仅限于临床前研究，而且还存在许多尚未解决的问题，如纳米药物载体在体内应用时，体内代谢机制及生物安全性需要全面细致的评价；如何克服体内的生物屏障以及免疫原性；体内诊断的效率和灵敏度尚需要提高等。纳米药物载体的研发和临床转化是挑战与机遇并存的，需要集合众多领域的研究人员，特别是化学、材料和医学领域的跨学科合作，推动纳米药物载体在癌症诊疗一体化方面的应用，为人类攻克癌症提供新的契机。

杨　雷　时鹏飞　姜　玲　蒋艳夏蕾　郑向江

参 考 文 献

[1] Christoforidis J B，Chang S，Jiang A，et al. Intravitreal devices for the treatment of vitreous inflammation. Mediators of Inflammation，2012，2012：126463.

[2] Ghate D，Edelhauser H F. Ocular drug delivery. Expert Opinion on Drug Delivery，2006，3（2）：275-287.

[3] Nabel G J，Nabel E G，Yang Z Y，et al. Direct gene transfer with DNA-liposome complexes in melanoma：expression，biologic activity，and lack of toxicity in humans. Proceedings of the National Academy of Sciences of the United States of America 1993，90（23）：11307-11311.

[4] Felgner P L，Ringold G M. Cationic liposome-mediated transfection. Nature，1989，337（6205）：387-388.

[5] Papahadjopoulos D，Allen T M，Gabizon A，et al. Sterically stabilized liposomes：improvements in pharmacokinetics and antitumor therapeutic efficacy. Proceedings of the National Academy of Sciences of the United States of America，1991，88（24）：11460-11464.

[6] Lian T，Ho R J. Trends and developments in liposome drug delivery systems. Journal of Pharmaceutical Sciences，2001，90（6）：667-680.

[7] Bobo D，Robinson K J，Islam J，et al. Nanoparticle-based medicines：a review of FDA-approved materials and clinical trials to date. Pharmaceutical Research，2016，33（10）：2373-2387.

[8] Sercombe L，Veerati T，Moheimani F，et al. Advances and challenges of liposome assisted drug delivery. Frontiers in Pharmacology，2015，6：286-286.

[9] Gabizon A，Dagan A，Goren D，et al. Liposomes as in vivo carriers of adriamycin: reduced cardiac uptake and preserved antitumor activity in mice. Cancer Research，1982，42（11）: 4734-4739.

[10] Koning G A，Storm G. Targeted drug delivery systems for the intracellular delivery of macromolecular drugs. Drug Discovery Today，2003，8（11）: 482-483.

[11] Gabizon A，Catane R，Uziely B，et al. Prolonged circulation time and enhanced accumulation in malignant exudates of doxorubicin encapsulated in polyethylene-glycol coated liposomes. Cancer Res，1994，54（4）: 987-992.

[12] Gabizon A，Chisin R，Amselem S，et al. Pharmacokinetic and imaging studies in patients receiving a formulation of liposome-associated adriamycin. Br J Cancer，1991，64（6）: 1125-1132.

[13] Hua S，Wu S Y. The use of lipid-based nanocarriers for targeted pain therapies. Front Pharmacol，2013，4: 143.

[14] Torchilin V P，Klibanov A L，Huang L，et al. Targeted accumulation of polyethylene glycol-coated immunoliposomes in infarcted rabbit myocardium. Faseb Journal，1992，6（9）: 2716-2719.

[15] Northfelt D W，Martin F J，Working P，et al. Doxorubicin encapsulated in liposomes containing surface-bound polyethylene glycol: pharmacokinetics，tumor localization，and safety in patients with AIDS-related Kaposi's sarcoma. Journal of Clinical Pharmacology，1996，36（1）: 55-63.

[16] Ishida T，Kirchmeier M J，Moase E H，et al. Targeted delivery and triggered release of liposomal doxorubicin enhances cytotoxicity against human B lymphoma cells. Biochimica et Biophysica Acta，2001，1515（2）: 144-158.

[17] Allen T M. Long-circulating（sterically stabilized）liposomes for targeted drug delivery. Trends in Pharmacological Sciences，1994，15（7）: 215-220.

[18] Moghimi S M，Szebeni J. Stealth liposomes and long circulating nanoparticles: critical issues in pharmacokinetics，opsonization and protein-binding properties. Progress in Lipid Research，2003，42（6）: 463-478.

[19] Charron D M，Chen J，Zheng G. Theranostic lipid nanoparticles for cancer medicine. Cancer Treatment and Research，2015，166: 103-127.

[20] Wang F，Zhang X，Liu Y，et al. Profiling metal oxides with lipids: magnetic liposomal nanoparticles displaying DNA and proteins. Angewandte Chemie International Edition，2016，55（39）: 12063-12067.

[21] Zhang P，Chen Y，Zeng Y，et al. Virus-mimetic nanovesicles as a versatile antigen-delivery system. Proceedings of the National Academy of Sciences of the United States of America，2015，112（45）: E6129-E6138.

[22] Zhang P，Liu G，Chen X. Nanobiotechnology: cell membrane-based delivery systems. Nano Today，2017，13: 7-9.

[23] Zhang P，Zhang L，Qin Z，et al. Genetically engineered liposome-like nanovesicles as active targeted transport platform. Advanced Materials，2018，30（7）: 1705350.

[24] Ellerkamp V，Bortel N，Schmid E，et al. Photodynamic therapy potentiates the effects of curcumin on pediatric epithelial liver tumor cells. Anticancer Research，2016，36（7）: 3363-3372.

[25] Mehanny M，Hathout R M，Geneidi A S，et al. Exploring the use of nanocarrier systems to deliver the magical molecule: curcumin and its derivatives. Journal of Controlled Release，2016，225: 1-30.

[26] Sun Y，Dai C，Yin M，et al. Hepatocellular carcinoma-targeted effect of configurations and groups of glycyrrhetinic acid by evaluation of its derivative-modified liposomes. International Journal of Nanomedicine，2018，13: 1621-1632.

[27] Jiang H，Li Z P，Tian G X，et al. Liver-targeted liposomes for codelivery of curcumin and combretastatin A4 phosphate: preparation，characterization，and antitumor effects. International Journal of Nanomedicine，2019，14: 1789-1804.

[28] Hajipour H，Hamishehkar H，Nazari Soltan Ahmad S，et al. Improved anticancer effects of epigallocatechin gallate using RGD-containing nanostructured lipid carriers. Artif Cells Nanomed Biotechnol，2018，46（sup1）: 283-292.

[29]　Deissler V，Ruger R，Frank W，et al. Fluorescent liposomes as contrast agents for *in vivo* optical imaging of edemas in mice. Small，2008，4（8）：1240-1246.

[30]　Mukthavaram R，Wrasidlo W，Hall D，et al. Assembly and targeting of liposomal nanoparticles encapsulating quantum dots. Bioconjugate Chemistry，2011，22（8）：1638-1644.

[31]　Petersen A L，Henriksen J R，Binderup T，et al. *In vivo* evaluation of PEGylated（6）（4）Cu-liposomes with theranostic and radiotherapeutic potential using micro PET/CT. European Journal of Nuclear Medicine and Molecular Imaging，2016，43（5）：941-952.

[32]　Lee H，Gaddy D，Ventura M，et al. Companion diagnostic（64）Cu-liposome positron emission tomography enables characterization of drug delivery to tumors and predicts response to cancer nanomedicines. Theranostics，2018，8（9）：2300-2312.

[33]　Lovell J F，Jin C S，Huynh E，et al. Porphysome nanovesicles generated by porphyrin bilayers for use as multimodal biophotonic contrast agents. Nature Materials，2011，10（4）：324-332.

[34]　Lovell J F，Jin C S，Huynh E，et al. Enzymatic regioselection for the synthesis and biodegradation of porphysome nanovesicles. Angewandte Chemie International Edition，2012，51（10）：2429-2433.

[35]　Jin C S，Cui L，Wang F，et al. Targeting-triggered porphysome nanostructure disruption for activatable photodynamic therapy. Advanced Healthcare Materials，2014，3（8）：1240-1249.

[36]　Hong Y，Lam J W，Tang B Z. Aggregation-induced emission. Chemical Society Reviews，2011，40（11）：5361-5388.

[37]　Zolnik B S，Gonzalez-Fernandez A，Sadrieh N，et al. Nanoparticles and the immune system. Endocrinology，2010，151（2）：458-465.

[38]　Moghimi S M，Simberg D. Complement activation turnover on surfaces of nanoparticles. Nano Today，2017，15：8-10.

[39]　Mohamed M，Abu Lila A S，Shimizu T，et al. PEGylated liposomes：immunological responses. Science and Technology of Advanced Materials，2019，20（1）：710-724.

[40]　Dolmans D E，Fukumura D，Jain R K. Photodynamic therapy for cancer. Nature Reviews Cancer，2003，3（5）：380-387.

[41]　Chen H，Tian J，He W，et al. H_2O_2-activatable and O_2-evolving nanoparticles for highly efficient and selective photodynamic therapy against hypoxic tumor cells. Journal of the American Chemical Society，2015，137（4）：1539-1547.

[42]　Feng L，Cheng L，Dong Z，et al. Theranostic liposomes with hypoxia-activated prodrug to effectively destruct hypoxic tumors post-photodynamic therapy. ACS Nano，2017，11（1）：927-937.

[43]　Cai X，Mao D，Wang C，et al. Multifunctional liposome：a bright AIEgen-lipid conjugate with strong photosensitization. Angewandte Chemie International Edition，2018，57（50）：16396-16400.

[44]　Kamel A E，Fadel M，Louis D. Curcumin-loaded nanostructured lipid carriers prepared using Peceol and olive oil in photodynamic therapy：development and application in breast cancer cell line. International Journal of Nanomedicine，2019，14：5073-5085.

[45]　Hussein W M，Cheong Y S，Liu C，et al. Peptide-based targeted polymeric nanoparticles for siRNA delivery. Nanotechnology，2019，30（41）：415604.

[46]　Barza M，Baum J，Tremblay C，et al. Ocular toxicity of intravitreally injected liposomal amphotericin B in rhesus monkeys. American Journal of Ophthalmology，1985，100（2）：259-263.

[47]　Chen G，Roy I，Yang C，et al. Nanochemistry and nanomedicine for nanoparticle-based diagnostics and therapy. Chemical Reviews，2016，116（5）：2826-2885.

[48]　Gao J，Bing X. Applications of nanomaterials inside cells. Nano Today，2009，4（1）：37-51.

[49]　Meynen V，Cool P，Vansant E F. Verified syntheses of mesoporous materials. Microporous & Mesoporous Materials，2009，125（3）：170-223.

[50]　Ryoo R，Joo S H，Kruk M，et al. Ordered mesoporous carbons. Advanced Materials，2014，13（9）：677-681.

[51]　Wu Q，Fan Z，Yang J，et al. Synthesis of ordered mesoporous alumina with large pore sizes and hierarchical structure. Microporous & Mesoporous Materials，2011，143（2）：406-412.

[52]　Yuan C Z，Zhang X G，Gao B. Synthesis and electrochemical capacitance of porous Co（OH）$_2$. Chinese Journal of Applied Chemistry，2006，101（1）：148-152.

[53]　Wen H，Yan S，Wang Y，et al. Biomimetic synthesis of mesoporous zinc phosphate nanoparticles. Journal of Alloys & Compounds，2009，477（1）：657-660.

[54]　Jing L，Yong W，Wei L，et al. Magnetic spherical cores partly coated with periodic mesoporous organosilica single crystals. Nanoscale，2012，4（5）：1647-1651.

[55]　Coté A P，Benin A I，Ockwig N W，et al. Porous，crystalline，covalent organic frameworks. Science，2005，310（5751）：1166-1170.

[56]　Beck J S，Vartuli J C，Schmitt K D，et al. A new family of macro-porous molecular sieves prepared with liquid crystal template. J Am Chem Soc，1992，114（27）：10834-10843.

[57]　Mai W X，Meng H. Mesoporous silica nanoparticles：a multifunctional nano therapeutic system. Integrative Biology Quantitative Biosciences from Nano to Macro，2012，5（1）：19-28.

[58]　Xu W，Min W，Julia Xiaojun Z. Recent development of silica nanoparticles as delivery vectors for cancer imaging and therapy. Nanomedicine Nanotechnology Biology & Medicine，2014，10（2）：297-312.

[59]　Gonçalves M C. Sol-gel silica nanoparticles in medicine：a natural choice. design，synthesis and products. Molecules，2018，23（8）：2021.

[60]　Yu C，Qingshuo M，Meiying W，et al. Hollow mesoporous organosilica nanoparticles：a generic intelligent framework-hybridization approach for biomedicine. Journal of the American Chemical Society，2014，136（46）：16326.

[61]　Huiyu L，Dong C，Linlin L，et al. Multifunctional gold nanoshells on silica nanorattles：a platform for the combination of photothermal therapy and chemotherapy with low systemic toxicity. Angewandte Chemie，2011，50（4）：891-895.

[62]　Hartono S B，Gu W，Kleitz F，et al. Poly-l-lysine functionalized large pore cubic mesostructured silica nanoparticles as biocompatible carriers for gene delivery. ACS Nano，2012，6（3）：2104-2117.

[63]　Vallet-Regi M，Rámila A，Real R P D，et al. A new property of MCM-41：drug delivery system. Chemistry of Materials，2001，13（2）：308-311.

[64]　Wang D，Lin H，Zhang G，et al. Effective pH-activated theranostic platform for synchronous magnetic resonance imaging diagnosis and chemotherapy. ACS Applied Materials & Interfaces，2018，10（37）：31114-31123.

[65]　Li E，Yang Y，Hao G Y，et al. Multifunctional magnetic mesoporous silica nanoagents for *in vivo* enzyme-responsive drug delivery and MR imaging. Nanotheranostics，2018，2（3）：233-242.

[66]　Yuan P，Mao X，Chong K C，et al. Simultaneous imaging of endogenous survivin mRNA and on-demand drug release in live cells by using a mesoporous silica nanoquencher. Small，2017，13（27）：1700569.

[67]　Singh R K，Patel K D，Leong K W，et al. Progress in nanotheranostics based on mesoporous silica nanomaterial platforms. ACS Applied Materials & Interfaces，2017，9（12）：10309-10337.

[68]　Yang H，Xu M，Li S，et al. Chitosan hybrid nanoparticles as a theranostic platform for targeted doxorubicin/VEGF

shRNA co-delivery and dual-modality fluorescence imaging. RSC Advances，2016，6（35）：29685-29696.

[69] Kai M，Hiroaki S，Ulrich W. Ultrasmall sub-10 nm near-infrared fluorescent mesoporous silica nanoparticles. Journal of the American Chemical Society，2012，134（32）：13180-13183.

[70] Ruocan Q，Lin D，Huangxian J. Switchable fluorescent imaging of intracellular telomerase activity using telomerase-responsive mesoporous silica nanoparticle. Journal of the American Chemical Society，2013，135（36）：13282-13285.

[71] Xiao Z，Fan Z，Zhao Y，et al. Self-assembled dual fluorescence nanoparticles for CD44-targeted delivery of anti-miR-27a in liver cancer theranostics. Theranostics，2018，8（14）：3808-3823.

[72] Weldon B A，Griffith W C，Workman T，et al. In vitro to in vivo benchmark dose comparisons to inform risk assessment of quantum dot nanomaterials. Wiley Interdisciplinary Reviews Nanomedicine & Nanobiotechnology，2018，10（4）：e1507.

[73] Li J，Liu F，Shao Q，et al. Enzyme-responsive cell-penetrating peptide conjugated mesoporous silica quantum dot nanocarriers for controlled release of nucleus-targeted drug molecules and real-time intracellular fluorescence imaging of tumor cells. Advanced Healthcare Materials，2015，3（8）：1230-1239.

[74] Lv R，Yang P，He F，et al. An imaging-guided platform for synergistic photodynamic/photothermal/chemo-therapy with pH/temperature-responsive drug release. Biomaterials，2015，63：115-127.

[75] Wang Z，Chang Z，Lu M，et al. Shape-controlled magnetic mesoporous silica nanoparticles for magnetically-mediated suicide gene therapy of hepatocellular carcinoma. Biomaterials，2017，154：147-157.

[76] Chen L，Zhou X，Nie W，et al. Multifunctional redox-responsive mesoporous silica nanoparticles for efficient targeting drug delivery and magnetic resonance imaging. ACS Applied Materials & Interfaces，2016，8（49）：acsami.6b11802.

[77] Yildirim A，Chattaraj R，Blum N T，et al. Stable encapsulation of air in mesoporous silica nanoparticles：fluorocarbon-free nanoscale ultrasound contrast agents. Advanced Healthcare Materials，2016，5（11）：1290-1298.

[78] Jin Q，Lin C Y，Kang S T，et al. Superhydrophobic silica nanoparticles as ultrasound contrast agents. Ultrasonics Sonochemistry，2017，36：262-269.

[79] Chen F，Ma M，Wang J，et al. Exosome-like silica nanoparticles：a novel ultrasound contrast agent for stem cell imaging. Nanoscale，2017，9（1）：402-411.

[80] Kempen P J，Sarah G，Parker K A，et al. Theranostic mesoporous silica nanoparticles biodegrade after pro-survival drug delivery and ultrasound/magnetic resonance imaging of stem cells. Theranostics，2015，5（6）：631-642.

[81] Manzano M，Vallet-Regí M. Mesoporous silica nanoparticles in nanomedicine applications. Journal of Materials Science Materials in Medicine，2018，29（5）：65.

[82] Alvarez-Berrios M P，Vivero-Escoto J L. In vitro evaluation of folic acid-conjugated redox-responsive mesoporous silica nanoparticles for the delivery of cisplatin. International Journal of Nanomedicine，2016，11：6251-6265.

[83] Lejiao J，Zhenyu L，Jingyi S，et al. Multifunctional mesoporous silica nanoparticles mediated co-delivery of paclitaxel and tetrandrine for overcoming multidrug resistance. International Journal of Pharmaceutics，2015，489（1-2）：318-330.

[84] Wang F，Zhang L，Bai X，et al. Stimuli-responsive nano-carrier for Co-delivery of MiR-31 and doxorubicin to suppress high MtEF4 cancer. ACS Applied Materials & Interfaces，2018，10（26）：22767-22775.

[85] Li X，Xing L，Hu Y，et al. An RGD-modified hollow silica@Au core/shell nanoplatform for tumor combination therapy. Acta Biomaterialia，2017，62：273-283.

[86] Zhao L，Ge X，Yan G，et al. Double-mesoporous core-shell nanosystems based on platinum nanoparticles

functionalized with lanthanide complexes for in vivo magnetic resonance imaging and photothermal therapy. Nanoscale，2017，9（41）：16012-16023

[87] Wang Y，Yang G，Wang Y，et al. Multiple imaging and excellent anticancer efficiency of an upconverting nanocarrier mediated by single near infrared light. Nanoscale，2017，9（14）：4759.

[88] Zhan J，Ma Z，Wang D，et al. Magnetic and pH dual-responsive mesoporous silica nanocomposites for effective and low-toxic photodynamic therapy. International Journal of Nanomedicine，2017，12：2733-2748.

[89] Lu Y，Yang Y，Gu Z，et al. Glutathione-depletion mesoporous organosilica nanoparticles as a self-adjuvant and Co-delivery platform for enhanced cancer immunotherapy. Biomaterials，2018，175：82-92.

[90] Dkp N，Wong R，Fong W P，et al. Encapsulating pH-responsive doxorubicin-phthalocyanine conjugates in mesoporous silica nanoparticles for combined photodynamic therapy and controlled chemotherapy. Chemistry-A European Journal，2017，23（65）：16505-16515.

[91] Yin P T，Pongkulapa T，Cho H Y，et al. Overcoming chemoresistance in cancer via combined microRNA therapeutics with anti-cancer drugs using multifunctional magnetic core-shell nanoparticles. ACS Applied Materials & Interfaces，2018，10（32）：26954-26963.

[92] Martínez Carmona M，Colilla M，Vallet-Regí M. Smart mesoporous nanomaterials for antitumor therapy. Nanomaterials，2015，5：1906-1937.

[93] Deodhar G V，Adams M L，Trewyn B G. Controlled release and intracellular protein delivery from mesoporous silica nanoparticles. Biotechnology Journal，2017，12（1）：1600408.

[94] Vivero-Escoto J L，Slowing I I，Trewyn B G，et al. Mesoporous silica nanoparticles for intracellular controlled drug delivery. Small，2010，6（18）：1952-1967.

[95] He Q J，Shi J L. MSN anti-cancer nanomedicines：chemotherapy enhancement，overcoming of drug resistance，and metastasis inhibition. Advanced Materials，2014，26（3）：391-411.

[96] Li Z X，Barnes J C，Aleksandr B，et al. Mesoporous silica nanoparticles in biomedical applications. Chemical Society Reviews，2012，41（7）：2590-2605.

[97] Liu J，X L，Y Y，et al. Supramolecular modular approach toward conveniently constructing and multifunctioning a pH/redox dual-responsive drug delivery nanoplatform for improved cancer chemotherapy. ACS Applied Materials & Interfaces，2018，10（31）：26473-26484.

[98] Llinàs M C，Martínez-Edo G，Cascante A，et al. Preparation of a mesoporous silica-based nano-vehicle for dual DOX/CPT pH-triggered delivery. Drug Delivery，2018，25（1）：1137-1146.

[99] Zhang S L，Chu Z Q，Yin C，et al. Controllable drug release and simultaneously carrier decomposition of SiO_2-drug composite nanoparticles. Journal of the American Chemical Society，2013，135（15）：5709-5716.

[100] Pan L M，Liu J N，He Q J，et al. MSN-mediated sequential vascular-to-cell nuclear-targeted drug delivery for efficient tumor regression. Advanced Materials，2014，26（39）：6742-6748.

[101] Meng H，Wang M Y，Liu H Y，et al. Use of a lipid-coated mesoporous silica nanoparticle platform for synergistic gemcitabine and paclitaxel delivery to human pancreatic cancer in mice. ACS Nano，2015，9（4）：3540-3557.

[102] Chen Y J，Gu H C，Zhang D S Z，et al. Highly effective inhibition of lung cancer growth and metastasis by systemic delivery of siRNA via multimodal mesoporous silica-based nanocarrier. Biomaterials，2014，35（38）：10058-10069.

[103] Prabhakar N，Zhang J，Desai D，et al. Stimuli-responsive hybrid nanocarriers developed by controllable integration of hyperbranched PEI with mesoporous silica nanoparticles for sustained intracellular siRNA delivery. International Journal of Nanomedicine，2016，11：6591-6608.

[104] Stavrovskaya A A，Rybalkina E Y. Recent advances in the studies of molecular mechanisms regulating multidrug resistance in cancer cells. Biochemistry，2018，83（7）：779-786.

[105] Xiong X B，Afsaneh L. Traceable multifunctional micellar nanocarriers for cancer-targeted co-delivery of MDR-1 siRNA and doxorubicin. ACS Nano，2011，5（6）：5202-5213.

[106] Meng H，Liong M，Xia T，et al. Engineered design of mesoporous silica nanoparticles to deliver doxorubicin and P-glycoprotein siRNA to overcome drug resistance in a cancer cell line. ACS Nano，2010，4（8）：4539.

[107] Chen F，Hong H，Goel S，et al. *In vivo* tumor vasculature targeting of CuS@MSN based theranostic nanomedicine. ACS Nano，2015，9（4）：3926-3934.

[108] Xu C，Chen F，Valdovinos H F，et al. Bacteria-like mesoporous silica-coated gold nanorods for positron emission tomography and photoacoustic imaging-guided chemo-photothermal combined therapy. Biomaterials，2018，165：56-65.

[109] Lei Q，Qiu W X，Hu J J，et al. Multifunctional mesoporous silica nanoparticles with thermal-responsive gatekeeper for NIR light-triggered chemo/photothermal-therapy. Small，2016，12（31）：4286-4298.

[110] Zeng C，Shang W，Wang K，et al. Intraoperative identification of liver cancer microfoci using a targeted near-infrared fluorescent probe for imaging-guided surgery. Sci Rep，2016，6：21959.

[111] Sun Q，You Q，Wang J，et al. Theranostic nanoplatform：triple-modal imaging-guided synergistic cancer therapy based on liposome-conjugated mesoporous silica nanoparticles. Acs Appl Mater Interfaces，2018，10（2）：1963-1975.

[112] Viveroescoto J，Elnagheeb M. Mesoporous silica nanoparticles loaded with cisplatin and phthalocyanine for combination chemotherapy and photodynamic therapy *in vitro*. Nanomaterials，2015，5（4）：2302-2316.

[113] Zhang W，Shen J，Su H，et al. Co-delivery of cisplatin prodrug and chlorin e6 by mesoporous silica nanoparticles for chemo-photodynamic combination therapy to combat drug resistance. Acs Appl Mater Interfaces，2016，8（21）：13332-13340.

[114] Ma Y，Huang J，Song S，et al. Cancer-targeted nanotheranostics：recent advances and perspectives. Small，2016，12（36）：4936-4954.

[115] Wen J，Yang K，Liu F，et al. Diverse gatekeepers for mesoporous silica nanoparticle based drug delivery systems. Chemical Society Reviews，2017，46：6024-6045.

[116] Yu L，Chen Y，Wu M，et al. "Manganese extraction" strategy enables tumor-sensitive biodegradability and theranostics of nanoparticles. Journal of the American Chemical Society，2016，138（31）：9881.

[117] Wei Q，Yao C，Ma X，et al. High-efficient clearable nanoparticles for multi-modal imaging and image-guided cancer therapy. Advanced Functional Materials，2018，28：1704634.

[118] Li L，Chen C，Liu H，et al. Multifunctional carbon-silica nanocapsules with gold core for synergistic photothermal and chemo-cancer therapy under the guidance of bimodal imaging. Advanced Functional Materials，2016，26（24）：4252-4261.

[119] Yang S，Chen D，Li N，et al. Hollow mesoporous silica nanocarriers with multifunctional capping agents for in vivo cancer imaging and therapy. Small，2016，12（3）：360-370.

[120] Su Y Y，Teng Z，Yao H，et al. A multifunctional PB@mSiO$_2$-PEG/DOX nanoplatform for combined photothermal-chemotherapy of tumor. ACS Applied Materials & Interfaces，2016，8（27）：17038-17046.

[121] Deng Y，Huang L，Yang H，et al. Cyanine-anchored silica nanochannels for light-driven synergistic thermo-chemotherapy. Small，2016，13（6）：1602747.

[122] Su X，Zhao F，Wang Y，et al. CuS as a gatekeeper of mesoporous upconversion nanoparticles-based drug

controlled release system for tumor-targeted multimodal imaging and synergetic chemo-thermotherapy. Nanomedicine: Nanotechnology, Biology and Medicine, 2017, 13 (5): 1761-1772.

[123] Malloy K E, Li J, Choudhury G R, et al. Magnetic resonance imaging-guided delivery of neural stem cells into the basal ganglia of nonhuman primates reveals a pulsatile mode of cell dispersion. STEM CELLS Translational Medicine, 2017, 6 (3): 877-885.

[124] Faheem M, Guo M Y, Qi W X, et al. pH-triggered controlled drug release from mesoporous silica nanoparticles via intracelluar dissolution of ZnO nanolids. Journal of the American Chemical Society, 2011, 133 (23): 8778-8781.

[125] Shao D, Zhang X, Liu W, et al. Janus silver-mesoporous silica nanocarriers for SERS traceable and pH-sensitive drug delivery in cancer therapy. ACS Applied Materials & Interfaces, 2016, 8 (7): 4303.

[126] Zhang J, Yuan Z F, Wang Y, et al. Multifunctional envelope-type mesoporous silica nanoparticles for tumor-triggered targeting drug delivery. Journal of the American Chemical Society, 2013, 135 (13): 5068-5073.

[127] Chen Y, Chen H R, Shi J L. Construction of homogenous/heterogeneous hollow mesoporous silica nanostructures by silica-etching chemistry: principles, synthesis, and applications. Acc Chem Res, 2014, 47 (1): 125-137.

[128] Wu M Y, Meng Q S, Chen Y, et al. Large-pore ultrasmall mesoporous organosilica nanoparticles: micelle/precursor co-templating assembly and nuclear-targeted gene delivery. Advanced Materials, 2015, 27 (2): 215-222.

[129] Liu J N, Liu Y, Bu W B, et al. Ultrasensitive nanosensors based on upconversion nanoparticles for selective hypoxia imaging in vivo upon near-infrared excitation. Journal of the American Chemical Society, 2014, 136 (27): 9701.

[130] Chen Y, Chen H R, Shi J L. *In vivo* bio-safety evaluations and diagnostic/therapeutic applications of chemically designed mesoporous silica nanoparticles. Advanced Materials, 2013, 25 (23): 3144-3176.

[131] Chen Y, Chen H R, Sun Y, et al. Multifunctional mesoporous composite nanocapsules for highly efficient MRI-guided high-intensity focused ultrasound cancer surgery. Angew Chem Int Ed Engl, 2015, 123 (52): 12713-12717.

[132] Vivero-Escoto J L, Slowing I I, Chian-Wen W, et al. Photoinduced intracellular controlled release drug delivery in human cells by gold-capped mesoporous silica nanosphere. Journal of the American Chemical Society, 2009, 131 (10): 3462-3463.

[133] Chen Y, Yin Q, Ji X, et al. Manganese oxide-based multifunctionalized mesoporous silica nanoparticles for pH-responsive MRI, ultrasonography and circumvention of MDR in cancer cells. Biomaterials, 2012, 33 (29): 7126-7137.

[134] Zhang P, Steelant W, Kumar M, et al. Versatile photosensitizers for photodynamic therapy at infrared excitation. Journal of the American Chemical Society, 2007, 129 (15): 4526-4527.

[135] Shi D, Cho H S, Chen Y, et al. Fluorescent polystyrene-Fe_3O_4 composite nanospheres for *in vivo* imaging and hyperthermia. Advanced Materials, 2009, 21 (21): 2170-2173.

[136] Liu J, Wei T, Zhao J, et al. Multifunctional aptamer-based nanoparticles for targeted drug delivery to circumvent cancer resistance. Biomaterials, 2016, 91: 44-56.

[137] Zhu G, Chen X. Aptamer-based targeted therapy. Advanced Drug Delivery Reviews, 2018, 134: 65-78.

[138] Mathur D, Medintz I L. The growing development of DNA nanostructures for potential healthcare-related applications. Advanced Healthcare Materials, 2019, 8 (9): 1801546.

[139] Yang Y, Zhu W, Feng L, et al. G-quadruplex-based nanoscale coordination polymers to modulate tumor hypoxia

and achieve nuclear-targeted drug delivery for enhanced photodynamic therapy. Nano Letters，2018，18（11）：6867-6875.

[140] Bi S，Yue S，Song W，et al. A target-initiated DNA network caged on magnetic particles for amplified chemiluminescence resonance energy transfer imaging of microRNA and targeted drug delivery. Chemical Communications，2016，52（87）：12841-12844.

[141] Chen Q，Li C，Yang X，et al. Self-assembled DNA nanowires as quantitative dual-drug nanocarriers for antitumor chemophotodynamic combination therapy. Journal of Materials Chemistry B，2017，5（36）：7529-7537.

[142] Li N，Xiang M H，Liu J W，et al. DNA polymer nanoparticles programmed via supersandwich hybridization for imaging and therapy of cancer cells. Analytical Chemistry，2018，90（21）：12951-12958.

[143] Zhuang X，Ma X，Xue X，et al. A photosensitizer-loaded DNA origami nanosystem for photodynamic therapy. ACS Nano，2016，10（3）：3486-3495.

[144] Watson J D，Crick F H C. Molecular structure of nucleic acids. American Journal of Psychiatry，2003，160（4）：623-624.

[145] Seeman N C. Nucleic acid junctions and lattices. Journal of Theoretical Biology，1982，99（2）：237-247.

[146] Qu Y，Yang J，Zhan P，et al. Self-assembled DNA dendrimer nanoparticle for efficient delivery of immunostimulatory CpG motifs. ACS Applied Materials & Interfaces，2017，9（24）：20324-20329.

[147] Pei H，Zuo X，Zhu D，et al. Functional DNA nanostructures for theranostic applications. Accounts of Chemical Research，2014，47（2）：550-559.

[148] Ge Z，Gu H，Li Q，et al. Concept and development of framework nucleic acids. Journal of the American Chemical Society，2018，140：17808-17819.

[149] Chen K，Fu T，Sun W，et al. DNA-supramolecule conjugates in theranostics. Theranostics，2019，9（11）：3262-3279.

[150] Lei Y，Tang J，Shi H，et al. Nature-inspired smart DNA nanodoctor for activatable in vivo cancer imaging and *in situ* drug release based on recognition-triggered assembly of split aptamer. Analytical Chemistry，2016，88（23）：11699-11706.

[151] Chen J，Seeman N C. Synthesis from DNA of a molecule with the connectivity of a cube. Nature，1991，350（6319）：631-633.

[152] Shih W M，Quispe J D，Joyce G F. A 1.7-kilobase single-stranded DNA that folds into a nanoscale octahedron. Nature，2004，427（6975）：618-621.

[153] Goodman R P，Heilemann M，Doose S，et al. Reconfigurable，braced，three-dimensional DNA nanostructures. Nature Nanotechnology，2008，3（2）：93-96.

[154] Aldaye F A，Sleiman H F. Sequential self-assembly of a DNA hexagon as a template for the organization of gold nanoparticles. Angewandte Chemie International Edition，2006，45（14）：2204-2209.

[155] Aldaye F A，Sleiman H F. Dynamic DNA templates for discrete gold nanoparticle assemblies：control of geometry，modularity，write/erase and structural switching. Journal of the American Chemical Society，2007，129（14）：4130-4131.

[156] Aldaye F A，Sleiman H F. Modular access to structurally switchable 3D discrete DNA assemblies. Journal of the American Chemical Society，2007，129（44）：13376-13377.

[157] He Y，Ye T，Su M，et al. Hierarchical self-assembly of DNA into symmetric supramolecular polyhedra. Nature，2008，452（7184）：198-201.

[158] Rothemund P W K. Folding DNA to create nanoscale shapes and patterns. Nature，2006，440（7082）：297-302.

[159] Pound E，Ashton J R，Becerril H C A，et al. Polymerase chain reaction based scaffold preparation for the production of thin，branched DNA origami nanostructures of arbitrary sizes. Nano Letters，2009，9（12）: 4302-4305.

[160] Douglas S M，Dietz H，Liedl T，et al. Self-assembly of DNA into nanoscale three-dimensional shapes. Nature，2009，459（7245）: 414-418.

[161] Dietz H，Douglas S M，Shih W M. Folding DNA into twisted and curved nanoscale shapes. Science，2009，325（5941）: 725-730.

[162] Liedl T，Högberg B，Tytell J，et al. Self-assembly of three-dimensional prestressed tensegrity structures from DNA. Nature Nanotechnology，2010，5（7）: 520-524.

[163] Han D，Pal S，Nangreave J，et al. DNA origami with complex curvatures in three-dimensional space. Science，2011，332（6027）: 342-346.

[164] Han D，Pal S，Liu Y，et al. Folding and cutting DNA into reconfigurable topological nanostructures. Nature Nanotechnology，2010，5（10）: 712-717.

[165] Cao Y，Dong H，Yang Z，et al. Aptamer-conjugated graphene quantum dots/porphyrin derivative theranostic agent for intracellular cancer-related microRNA detection and fluorescence-guided photothermal/photodynamic synergetic therapy. ACS Applied Materials & Interfaces，2017，9（1）: 159-166.

[166] Du Y，Jiang Q，Beziere N，et al. DNA-nanostructure-gold-nanorod hybrids for enhanced in vivo optoacoustic imaging and photothermal therapy. Advanced Materials，2016，28: 10000-10007.

[167] Huang F，Liao W C，Sohn Y S，et al. Light and pH-responsive DNA microcapsules for controlled release of loads. Journal of the American Chemical Society，2016，138: 8936-8945.

[168] Liu J，Song L，Liu S，et al. A tailored DNA nanoplatform for synergistic RNAi-/chemotherapy of multidrug-resistant tumors. Angewandte Chemie International Edition，2018，130（47）: 15712-15716.

[169] Zhang Z M，Gao P C，Wang Z F，et al. DNA-caged gold nanoparticles for controlled release of doxorubicin triggered by a DNA enzyme and pH. Chemical Communications，2015，51（65）: 12996-12999.

[170] Zhu G，Zheng J，Song E，et al. Self-assembled，aptamer-tethered DNA nanotrains for targeted transport of molecular drugs in cancer theranostics. Proceedings of the National Academy of Sciences of the United States of America，2013，110（20）: 7998-8003.

[171] Liu J，Zhai F，Zhou H，et al. Nanogold flower-inspired nanoarchitectonics enables enhanced light-to-heat conversion ability for rapid and targeted chemo-photothermal therapy of a tumor. Advanced Healthcare Materials，2019，8: 1801300-1801310.

[172] Taghdisi S M，Danesh N M，Ramezani M，et al. A novel AS1411 aptamer-based three-way junction pocket DNA nanostructure loaded with doxorubicin for targeting cancer cells *in vitro* and *in vivo*. Molecular Pharmaceutics，2018，15: 1972-1978.

[173] Ma W，Shao X，Zhao D，et al. Self-assembled tetrahedral DNA nanostructures promote neural stem cell proliferation and neuronal differentiation. ACS Applied Materials & Interfaces，2018，10: 7892-7900.

[174] Guo Y，Li S，Wang Y，et al. Diagnosis-therapy integrative systems based on magnetic RNA nanoflowers for Co-drug delivery and targeted therapy. Analytical Chemistry，2017，89（4）: 2267-2274.

[175] Yang Y，Liu J，Sun X，et al. Near-infrared light-activated cancer cell targeting and drug delivery with aptamer-modified nanostructures. Nano Research，2016，9: 139-148.

[176] Mei L，Zhu G，Qiu L，et al. Self-assembled multifunctional DNA nanoflowers for the circumvention of multidrug resistance in targeted anticancer drug delivery. Nano Research，2015，8（11）: 3447-3460.

[177] Li W，Yang X，He L，et al. Self-assembled "DNA nanocentipede" as multivalent drug carrier for targeted delivery. ACS Applied Materials & Interfaces，2016，8：25733-25740.

[178] Guo Y，Wang Y，Li S，et al. DNA-spheres decorated with magnetic nanocomposites based on terminal transfer reactions for versatile target detection and cellular targeted drug delivery. Chemical Communications，2017，53（35）：4826-4829.

[179] Zhang Z，Jiao Y，Zhu M，et al. Nuclear-shell biopolymers initiated by telomere elongation for individual cancer cell imaging and drug delivery. Analytical Chemistry，2017，89（7）：4320-4327.

[180] Jiang T，Zhou L，Liu H，et al. Monitorable mitochondria-targeting DNAtrain for image-guided synergistic cancer therapy. Analytical Chemistry，2019，91（11）：6996-7000.

[181] Mastropaolo D，Camerman A，Luo Y，et al. Crystal and molecular structure of paclitaxel（taxol）. Proceedings of the National Academy of Sciences，1995，92（15）：6920-6924.

[182] Xie X，Shao X，Ma W，et al. Overcoming drug-resistant lung cancer by paclitaxel loaded tetrahedral DNA nanostructures. Nanoscale，2018，10（12）：5457-5465.

[183] Zhang J，Guo Y，Ding F，et al. A camptothecin-grafted DNA tetrahedron as a precise nanomedicine to inhibit tumor growth. Angewandte Chemie International Edition，2019，58（39）：13794-13798.

[184] Ling X，Tu J，Wang J，et al. Glutathione-responsive prodrug nanoparticles for effective drug delivery and cancer therapy. ACS Nano，2019，13（1）：357-370.

[185] Kelland L. The resurgence of platinum-based cancer chemotherapy. Nature Reviews Cancer，2007，7（8）：573-584.

[186] Wu T，Liu J，Liu M，et al. A nanobody-conjugated DNA nanoplatform for targeted platinum-drug delivery. Angewandte Chemie International Edition，2019，131（40）：14362-14366.

[187] Liu Q，Wang D，Yuan M，et al. Capturing intracellular oncogenic microRNAs with self-assembled DNA nanostructures for microRNA-based cancer therapy. Chemical Science，2018，9（38）：7562-7568.

[188] Lee H，Lytton-Jean A K R，Chen Y，et al. Molecularly self-assembled nucleic acid nanoparticles for targeted *in vivo* siRNA delivery. Nature Nanotechnology，2012，7（6）：389-393.

[189] Liu J，Song L，Liu S，et al. A DNA-based nanocarrier for efficient gene delivery and combined cancer therapy. Nano Letters，2018，18（6）：3328-3334.

[190] Douglas S M，Bachelet I，Church G M. A logic-gated nanorobot for targeted transport of molecular payloads. Science，2012，335（1）：831-834.

[191] 时鹏飞. 联吡啶二羧酸桥联 d-f 异金属构筑的微孔功能材料. 天津：南开大学博士学位论文，2014.

[192] Li H，Eddaoudi M，O'keeffe M，et al. Design and synthesis of an exceptionally stable and highly porous metal-organic framework. Nature，1999，402（6759）：276.

[193] Feng D W，Liu T F，Su J，et al. Stable metal-organic frameworks containing single-molecule traps for enzyme encapsulation. Nature Communications，2015，6：5979.

[194] Li P，Moon S Y，Guelta M A，et al. Encapsulation of a nerve agent detoxifying enzyme by a mesoporous zirconium metal-organic framework engenders thermal and long-term stability. Journal of the American Chemical Society，2016，138（26）：8052-8055.

[195] Cai G R，Zhang W，Jiao L，et al. Template-directed growth of well-aligned MOF arrays and derived self-supporting electrodes for water splitting. Chemistry，2017，2（6）：791-802.

[196] Lustig W，Mukherjee S，Rudd N，et al. Metal-organic frameworks：functional luminescent and photonic materials for sensing applications. Chemical Society Reviews，2017，46（11）：3242-3285.

[197] Kahn J S，Freage L，Enkin N，et al. Stimuli-responsive DNA-functionalized metal-organic frameworks（MOFs）.

Advanced Materials，2017，29（6）：1602782.

[198] Shi P F，Cao C S，Wang C M，et al. Several [Gd-M] heterometal-organic frameworks with [Gdn] as nodes：tunable structures and magnetocaloric effect. Inorganic Chemistry，2017，56（15）：9169-9176.

[199] Shi P F，Hu H C，Zhang Z Y，et al. Heterometal-organic frameworks as highly sensitive and highly selective luminescent probes to detect I(-)ions in aqueous solutions. Chemical Communications，2015，51（19）：3985-3988.

[200] Shi P F，Xiong G，Bin Z，et al. Anion-induced changes of structure interpenetration and magnetic properties in 3D Dy-Cu metal-organic frameworks. Chemical Communications，2013，49（23）：2338-2340.

[201] Shi P F，Zhang Y C，Yu Z P，et al. Label-free electrochemical detection of ATP based on amino-functionalized metal-organic framework. Scientific Reports，2017，7（1）：6500.

[202] Shi P F，Zheng Y Z，Zhao X Q，et al. 3D MOFs containing trigonal bipyramidal Ln_5? clusters as nodes：large magnetocaloric effect and slow magnetic relaxation behavior. Chemistry-A European Journal，2012，18（47）：15086-15091.

[203] Adhikari C，Chakraborty A. Smart approach for *in situ* one-step encapsulation and controlled delivery of a chemotherapeutic drug using metal-organic framework-drug composites in aqueous media. Chemphyschem，2016，17（7）：1070-1077.

[204] Lin W X，Hu Q，Jiang K，et al. A porphyrin-based metal-organic framework as a pH-responsive drug carrier. Journal of Solid State Chemistry，2016，237：307-312.

[205] Lázaro I A，Haddad S，Sacca S，et al. Selective surface PEGylation of UiO-66 nanoparticles for enhanced stability，cell uptake，and pH-responsive drug delivery. Chemistry，2017，2（4）：561-578.

[206] Duan F，Feng X C，Yang X J，et al. A simple and powerful co-delivery system based on pH-responsive metal-organic frameworks for enhanced cancer immunotherapy. Biomaterials，2017，122：23-33.

[207] Zhou J，Tian G，Zeng L，et al. Nanoscaled metal-organic frameworks for biosensing，imaging，and cancer therapy. Advanced Healthcare Materials，2018，7（10）：e1800022.

[208] Horcajada P，Serre C，Vallet-Reg M A，et al. Metal-organic frameworks as efficient materials for drug delivery. Angewandte Chemie International Edition，2010，45（36）：5974-5978.

[209] Patricia H，Christian S，Guillaume M，et al. Flexible porous metal-organic frameworks for a controlled drug delivery. Journal of the American Chemical Society，2008，130（21）：6774-6780.

[210] Horcajada P，Chalati T，Serre C，et al. Porous metal-organic-framework nanoscale carriers as a potential platform for drug delivery and imaging. Nature Materials，2010，9（2）：172-178.

[211] Taylor-Pashow K M L，Rocca J D，Xie Z G，et al. Postsynthetic modifications of iron-carboxylate nanoscale metal-Organic frameworks for imaging and drug delivery. Journal of the American Chemical Society，2009，131（40）：14261-14263.

[212] Sun C，Qin C，Wang C，et al. Chiral nanoporous metal-organic frameworks with high porosity as materials for drug delivery. Advanced Materials，2011，23（47）：5629-5632.

[213] Rojas S，Carmona F J，Maldonado C R，et al. Nanoscaled zinc pyrazolate metal-organic frameworks as drug-delivery systems. Inorganic Chemistry，2016，55（5）：2650-2663.

[214] Oh H，Li T，An J. Drug release properties of a series of adenine-based metal-organic frameworks. Chemistry，2015，21（47）：17010-17015.

[215] Bag P P，Wang D，Chen Z，et al. Outstanding drug loading capacity by water stable microporous MOF：a potential drug carrier. Chemical Communications，2016，52（18）：3669-3672.

[216] Motakef-Kazemi N，Shojaosadati S A，Morsali A. *In situ* synthesis of a drug-loaded MOF at room temperature.

Microporous & Mesoporous Materials，2014，186：73-79.

[217] He C，Lu K，Liu D，et al. Nanoscale metal-organic frameworks for the co-delivery of cisplatin and pooled siRNAs to enhance therapeutic efficacy in drug-resistant ovarian cancer cells. Journal of the American Chemical Society，2014，136（14）：5181-5184.

[218] Tai S J，Zhang W Q，Zhang J S，et al. Facile preparation of UiO-66 nanoparticles with tunable sizes in a continuous flow microreactor and its application in drug delivery. Microporous & Mesoporous Materials，2016，220（15）：148-154.

[219] Cai W，Wang J，Chu C，et al. Metal-organic framework-based stimuli-responsive systems for drug delivery. Advanced Science，2019，6（1）：1801526.

[220] Tan L L，Song N，Zhang X A，et al. Ca^{2+}，pH and thermo triple-responsive mechanized Zr-based MOFs for on-command drug release in bone diseases. Journal of Materials Chemistry B，2015，4（1）：135-140.

[221] Wu M X，Yang Y W. Metal-organic framework（MOF）-based drug/cargo delivery and cancer therapy. Advanced Materials，2017，29（23）：1606134.

[222] Chen P，Huang Y F，Xu G Y，et al. Functionalized Eu(III)-based nanoscale metal-organic framework for enhanced targeted anticancer therapy. Journal of Porphyrins and Phthalocyanines，2019，23（6）：619-627.

[223] Dong K，Zhang Y，Zhang L，et al. Facile preparation of metal-organic frameworks-based hydrophobic anticancer drug delivery nanoplatform for targeted and enhanced cancer treatment. Talanta，2019，194（1）：703-708.

[224] Tan L L，Li H W，Zhou Y，et al. Zn^{2+}-triggered drug release from biocompatible zirconium MOFs equipped with supramolecular gates. Small，2015，11（31）：3807-3813.

[225] Nazari M，Rubio-Martinez M，Tobias G，et al. Metal-organic-framework-coated optical fibers as light-triggered drug delivery vehicles. Advanced Functional Materials，2016，26（19）：3244-3249.

[226] Liu J，Qian C，Zhu W W，et al. Nanoscale-coordination-polymer-shelled manganese dioxide composite nanoparticles：a multistage redox/pH/H_2O_2-responsive cancer theranostic nanoplatform. Advanced Functional Materials，2017，27（10）：1605926.

[227] Sun L，Li Y，Shi H. A ketone functionalized Gd(III)-MOF with low cytotoxicity for anti-cancer drug delivery and inhibiting human liver cancer cells. Journal of Cluster Science，2019，30（1）：251-258.

[228] Zhang Y，Wang Q，Chen G，et al. DNA-functionalized metal-organic framework：cell imaging，targeting drug delivery and photodynamic therapy. Inorganic Chemistry，2019，58（10）：6593-6596.

[229] Xue Z，Meng S，Zhu M，et al. An integrated targeting drug delivery system based on the hybridization of graphdiyne and MOFs for visualized cancer therapy. Nanoscale，2019，11（24）：11709-11718.

[230] Gao P F，Zheng L L，Liang L J，et al. A new type of pH-responsive coordination polymer sphere as a vehicle for targeted anticancer drug delivery and sustained release. Journal of Materials Chemistry B，2013，1（25）：3202-3208.

[231] Ren H，Zhang L Y，An J，et al. Polyacrylic acid@zeolitic imidazolate framework-8 nanoparticles with ultrahigh drug loading capability for pH-sensitive drug release. Chemical Communications，2013，50（8）：1000-1002.

[232] Lei T，Shi J，Wang X，et al. Coordination polymer nanocapsules prepared using metal-organic framework templates for pH-responsive drug delivery. Nanotechnology，2017，28（27）：275601.

[233] He M，Zhou J，Chen J，et al. Fe_3O_4@carbon@zeolitic imidazolate framework-8 nanoparticles as multifunctional pH-responsive drug delivery vehicles for tumor therapy *in vivo*. Journal of Materials Chemistry B，2015，3（46）：9033-9042.

[234] Lago A B，Pino-Cuevas A，Carballo R，et al. A new metal-organic polymeric system capable of stimuli-responsive

controlled release of the drug ibuprofen. Dalton Transactions，2016，45（4）：1614-1621.

[235] Zhu X Y，Gu J L，Wang Y，et al. Inherent anchorages in UiO-66 nanoparticles for efficient capture of alendronate and its mediated release. Chemical Communications，2014，50（63）：8779-8782.

[236] Niidome T，Yamagata M，Okamoto Y，et al. PEG-modified gold nanorods with a stealth character for *in vivo* applications. Journal of Controlled Release，2006，114（3）：343-347.

[237] Zhuang J，Kuo C H，Chou L Y，et al. Optimized metal-organic-framework nanospheres for drug delivery：evaluation of small-molecule encapsulation. ACs Nano，2014，8（3）：2812-2819.

[238] Zheng H，Zhang Y，Liu L，et al. One-pot synthesis of metal-organic frameworks with encapsulated target molecules and their applications for controlled drug delivery. Journal of the American Chemical Society，2015，138（3）：962-968.

[239] Zou Z，Li S，He D，et al. A versatile stimulus-responsive metal-organic framework for size/morphology tunable hollow mesoporous silica and pH-triggered drug delivery. Journal of Materials Chemistry B，2017，5（11）：2126-2132.

[240] Ke F，Yuan Y P，Qiu L G，et al. Facile fabrication of magnetic metal-organic framework nanocomposites for potential targeted drug delivery. Journal of Materials Chemistry，2011，21（11）：3843-3848.

[241] Li S，Bi K，Xiao L，et al. Facile Preparation of magnetic metal organic frameworks core-shell nanoparticles for stimuli-responsive drug carrier. Nanotechnology，2017，28（49）：495601.

[242] Wu Y N，Zhou M M，Li S，et al. Magnetic metal-organic frameworks：γ-Fe_2O_3 @MOFs via confined in situ pyrolysis method for drug delivery. Small，2014，10（14）：2927-2936.

[243] Ray Chowdhuri A，Singh T，Ghosh S K，et al. Carbon dots embedded magnetic nanoparticles @ chitosan @metal organic framework as a nanoprobes for pH sensitive targeted anticancer drug delivery. Acs Applied Materials & Interfaces，2016，8（26）：16573-16583.

[244] Wang D D，Zhou J J，Chen R H，et al. Magnetically guided delivery of DHA and Fe ions for enhanced cancer therapy based on pH-responsive degradation of DHA-loaded Fe_3O_4@C@MIL-100（Fe）nanoparticles. Biomaterials，2016，107：88-101.

[245] Wang G D，Chen H M. Gd and Eu co-doped nanoscale metal-organic framework as a T1-T2 dual-modal contrast agent for magnetic resonance imaging. Tomography，2016，2（3）：179-187.

[246] Tan M Q，Ye Z，Jeong E K，et al. Synthesis and evaluation of nanoglobular macrocyclic Mn（II）chelate conjugates as non-gadolinium（III）MRI contrast agents. Bioconjugate Chemistry，2011，22（5）：931-937.

[247] Hu Q，Yu J C，Liu M，et al. A low cytotoxic cationic metal-organic framework carrier for controllable drug release. Journal of Medicinal Chemistry，2014，57（13）：5679-5685.

[248] Nagata S，Kokado K，Sada K. Metal-organic framework tethering PNIPAM for on-off controlled release in solution. Chemical Communications，2018，51（41）：8614-8617.

[249] Lin W，Hu Q，Jiang K，et al. A porous Zn-based metal-organic framework for pH and temperature dual-responsive controlled drug release. Microporous & Mesoporous Materials，2017，249（1）：55-60.

[250] Ke J，Ling Z，Quan H，et al. Pressure-controlled drug release in a Zr-cluster-based MOF. Journal of Materials Chemistry B，2016，4（39）：6398-6401.

[251] Tan L L，Li H W，Qiu Y C，et al. Stimuli-responsive metal-organic frameworks gated by pillar[5]arene supramolecular switches. Chemical Science，2015，6（3）：1640-1644.

[252] Wang X G，Dong Z Y，Cheng H，et al. A multifunctional metal-organic framework based tumor targeting drug delivery system for cancer therapy. Nanoscale，2015，7（38）：16061-16070.

[253] Zhao J Y，Yang Y，Han X，et al. Redox-sensitive nanoscale coordination polymers for drug delivery and cancer theranostics. Acs Applied Materials & Interfaces，2017，9（28）：23555-23563.

[254] Tan S Y，Ang C Y，Mahmood A，et al. Doxorubicin-loaded metal-organic gels for pH and glutathione dual-responsive release. Chemnanomat，2016，2（6）：504-508.

[255] Epley C C，Roth K L，Lin S，et al. Cargo delivery on demand from photodegradable MOF nano-cages. Dalton Transactions，2016，46（15）：4917-4922.

[256] Chen W H，Xu Y，Liao W C, et al. ATP-responsive aptamer-based metal-organic framework nanoparticles （NMOFs）for the controlled release of loads and drugs. Advanced Functional Materials，2017，27（37）：1702102.

[257] Chen W H，Yu X，Cecconello A，et al. Stimuli-responsive nucleic acid-functionalized metal-organic framework nanoparticles using pH-and metal-ion-dependent DNAzymes as locks. Chemical Science，2017，8（8）：5769-5780.

[258] Ray Chowdhuri A，Laha D，Pal S，et al. One-pot synthesis of folic acid encapsulated upconversion nanoscale metal organic frameworks for targeting，imaging and pH responsive drug release. Dalton Transactions，2016，45（45）：18120-18132.

[259] Zhu Y D，Fan H S，Chen S P，et al. PPy@MIL-100 nanoparticles as a pH-and NIR irradiation-responsive drug carrier for simultaneous photothermal therapy and chemotherapy of cancer cells. Acs Applied Materials & Interfaces，2016，8（50）：34209-34217.

[260] Lan G X，Ni K Y，Lin W B. Nanoscale metal-organic frameworks for phototherapy of cancer. Coordination Chemistry Reviews，2019，379（15）：65-81.

[261] Lu K，He C，Lin W. Nanoscale metal-organic framework for highly effective photodynamic therapy of resistant head and neck cancer. Journal of the American Chemical Society，2014，136（48）：16712-16715.

[262] Lu K D，He C B，Lin W B. A chlorin-based nanoscale metal-organic framework for photodynamic therapy of colon cancers. Journal of the American Chemical Society，2015，137（24）：7600-7603.

[263] Zhao Y W，Kuang Y，Liu M，et al. Synthesis of metal-organic framework nanosheets with high relaxation rate and singlet oxygen yield. Chemistry of Materials，2018，30（21）：7511-7520.

[264] Wang W Q，Wang L，Li Z，et al. BODIPY-containing nanoscale metal organic framework for photodynamic therapy. Chemical Communications，2016，52（31）：5402-5405.

[265] Kan J L，Jiang Y，Xue A Q，et al. Surface decorated porphyrinic nanoscale metal-organic framework for photodynamic therapy. Inorganic Chemistry，2018，57（9）：5420-5428.

[266] Zheng X，Lei W，Pei Q，et al. Metal-organic frameworks@ porous organic polymers nanocomposite for photodynamic therapy. Chemistry of Materials，2017，29（25）：2374-2381.

[267] Zeng J Y，Zou M Z，Zhang M K，et al. π-extended benzoporphyrin-based metal-organic framework for inhibition of tumor metastasis. ACS Nano，2018，12（5）：4630-4640.

[268] Griffin M B，Iisa K，Wang H，et al. Driving towards cost-competitive biofuels through catalytic fast pyrolysis by rethinking catalyst selection and reactor configuration. Energy & Environmental Science，2018，11（10）：2904-2918

[269] Hu F，Mao D，Kenry，et al. Metal-organic framework as a simple and general inert nanocarrier for photosensitizers to implement activatable photodynamic therapy. Advanced Functional Materials，2018，28（19）：1707519.

[270] Li S Y，Cheng H，Qiu W X. Cancer cell membrane-coated biomimetic platform for tumor targeted photodynamic therapy and hypoxia-amplified bioreductive therapy. Biomaterials，2017，142：149-161.

[271] Zhang Y，Wang F M，Liu C Q，et al. Nanozymes decorated metal-organic frameworks for enhanced photodynamic therapy. ACS Nano，2018，12（1）：651-661.

[272] Gao S T，Zheng P L，Li Z H，et al. Biomimetic O_2-evolving metal-organic framework nanoplatform for highly efficient photodynamic therapy against hypoxic tumor. Biomaterials，2018，178：83-94.

[273] Zhang W，Lu J，Gao X，et al. Enhanced photodynamic therapy by reduced intracellular glutathione levels employing nano-MOF with Cu（II）as active center. Angewandte Chemie International Edition，2018，130（18）：4891-4896.

[274] Li G，Zhou J H，Lin Z，et al. A smart copper-phthalocyanine framework nanoparticle for enhance hypoxic photodynamic therapy by weakening cell through ATP depletion. Journal of Materials Chemistry B，2018，6（14）：2078-2088.

[275] Xu L，Gao Y，Kuang H，et al. Titelbild：microRNA-directed intracellular self-assembly of chiral nanorod dimers Angewandte Chemie International Edition，2018，130（33）：10537-10537.

[276] Zhang W，Li B，Ma H，et al. Combining ruthenium（II）complexes with metal-organic frameworks to realize effective two-photon absorption for singlet oxygen generation. Acs Applied Materials & Interfaces，2016，8（33）：21465-21471.

[277] Jia J，Zhang Y，Zheng M，et al. Functionalized Eu（III）-based nanoscale metal-organic framework to achieve near-IR-triggered and-targeted two-photon absorption photodynamic therapy. Inorganic Chemistry，2018，57（23）：300-310.

[278] Li Y F，Di Z H，Gao J H，et al. Heterodimers made of upconversion nanoparticles and metal-organic frameworks. Journal of the American Chemical Society，2017，139（39）：13804-13810.

[279] Cai H J，Shen T T，Zhang J，et al. A core-shell metal-organic-framework（MOF）-based smart nanocomposite for efficient NIR/H_2O_2-responsive photodynamic therapy against hypoxic tumor cells. Journal of Materials Chemistry B，2017，5（13）：2390-2394.

[280] Li Y，Tang J，He L，et al. Core-shell upconversion nanoparticle@metal-organic framework nanoprobes for luminescent/magnetic dual-mode targeted imaging. Advanced Materials，2015，27（27）：4075-4080.

[281] Yang D，Xu J T，Yang G，et al. Metal-organic frameworks join hands to create an anti-cancer nanoplatform based on 808 nm light driving up-conversion nanoparticles. Chemical Engineering Journal，2018，344（15）：363-374.

[282] Ma Y，Li X Y，Li A J，et al. H_2S-activable MOF nanoparticle photosensitizer for effective photodynamic therapy against cancer with controllable singlet-oxygen release. Angewandte Chemie International Edition，2017，56（44）：13752-13756.

[283] Liu Y，Jia H W，Lian X，et al. ZrMOF nanoparticles as quencher to conjugate DNA aptamer for target-induced bioimaging and photodynamic therapy. Chemical Science，2018，9（38）：7505-7509.

[284] Park J，Jiang Q，Feng D W，et al. Size-controlled synthesis of porphyrinic metal-organic framework and functionalization for targeted photodynamic therapy. Journal of the American Chemical Society，2016，138（10）：3518-3525.

[285] Liu J T，Zhang L，Lei J P，et al. Multifunctional metal-organic framework nanoprobe for cathepsin B-activated cancer cell imaging and chemo-photodynamic therapy. ACS Applied Materials & Interfaces，2017，9（3）：2150-2158.

[286] Guan Q，Li Y，Li W，et al. Photodynamic therapy based on nanoscale metal-organic frameworks：from material design to cancer nanotherapeutics. Chemistry-An Asian Journal，2018，13（21）：3122-3149.

[287] Liu W，Wang Y M，Li Y H，et al. Fluorescent imaging-guided chemotherapy-and-photodynamic dual therapy with nanoscale porphyrin metal-organic framework. Small，2017，13（17）：1603459.

[288] Chen R，Zhang J，Wang Y，et al. Graphitic carbon nitride nnanosheet@metal-organic framework core-shell

nanoparticles for photo-chemo combination therapy. Nanoscale，2015，7（41）：17299-17305.

[289] He C B，Duan X P，Guo N N，et al. Core-shell nanoscale coordination polymers combine chemotherapy and photodynamic therapy to potentiate checkpoint blockade cancer immunotherapy. Nature Communications，2016，7：12499.

[290] Li Y T，Jin J，Wang D W，et al. Coordination-responsive drug release inside gold nanorod@metal-organic framework core-shell nanostructures for near-infrared-induced synergistic chemo-photothermal therapy. Nano Research，2018，11（6）：3294-3305.

[291] Zheng X，Wang L，Liu M，et al. Nanoscale mixed-component metal-organic frameworks with photosensitizers spatial arrangement-dependent photochemistry for multi-modal imaging-guided photothermal therapy. Chemistry of Materials，2018，30（19）：6867-6876.

[292] Zhang H，Li Y H，Chen Y，et al. Fluorescence and magnetic resonance dual-modality imaging-guided photothermal and photodynamic dual-therapy with magnetic porphyrin-metal organic framework nanocomposites. Scientific Reports，2017，7：44153.

[293] Liu J J，Wang H R，Yi X，et al. pH-sensitive dissociable nanoscale coordination polymers with drug loading for synergistically enhanced chemoradiotherapy. Advanced Functional Materials，2017，27（44）：1703832.

[294] Yang Y，Chao Y，Liu J J，et al. Core-shell and co-doped nanoscale metal-organic particles（NMOPs）obtained via post-synthesis cation exchange for multimodal imaging and synergistic thermo-radiotherapy. Npg Asia Materials，2017，9（1）：e344.

[295] Liu J，Yang Y，Zhu W，et al. Nanoscale metal-organic frameworks for combined photodynamic & radiation therapy in cancer treatment. Biomaterials，2016，97：1-9.

[296] Lan G X，Ni K Y，Xu Z W，et al. A nanoscale metal-organic framework overcomes hypoxia for photodynamic therapy primed cancer immunotherapy. Journal of the American Chemical Society，2018，140（17）：5670-5673.

[297] He C B，Duan X P，Guo N N，et al. Chlorin-based nanoscale metal-organic framework systemically rejects colorectal cancers via synergistic photodynamictherapy and checkpoint blockade immunotherapy. Journal of the American Chemical Society，2016，138（38）：12502-12510.

[298] Zeng J Y，Zhang M K，Peng M Y，et al. Porphyrinic metal-organic frameworks coated gold nanorods as a versatile nanoplatform for combined photodynamic/photothermal/chemotherapy of tumor. Advanced Functional Materials，2017，28（8）：1705451.

第9章

光热纳米材料在肿瘤诊疗一体化中的应用

光热治疗作为一种非侵入性的治疗技术，在肿瘤治疗领域引起了广泛关注。具有吸收近红外辐射和高效的光热转换能力的纳米材料，在癌症诊断和治疗中起着至关重要的作用。本章总结了贵金属、碳基、共轭聚合物等新型光热纳米材料在肿瘤诊疗一体化中的应用，为肿瘤光热治疗方法的发展奠定了基础。

9.1 ▶ 概述

纳米材料的发展为癌症光热治疗带来了新的希望。设计具有特定光学、物理化学、生物学特性的纳米材料，可弥补癌症光热治疗的缺陷并增强其优势[1]。科研人员正在努力开发精确、快速的诊断策略和有效的治疗方法来对抗癌症。目前治疗癌症的方法主要包括手术切除、化疗和放疗，这些方法都有一定的局限性。手术会使临近的健康组织受到损伤，另外两种方法可以有效杀死肿瘤细胞，但均有一定的副作用，治疗效果不理想[2-4]。因此，发展更精准、更有效的癌症治疗策略，解决传统治疗方法的不足，减少癌症治疗的副作用，成为纳米材料在癌症诊疗中的研究热点。新兴的癌症治疗策略包括免疫治疗[5, 6]、基因治疗[7, 8]、光动力治疗[9]、光热治疗[10, 11]等，这些方法可改善癌症治疗效果。近年来，光热治疗逐渐成为众多研究者关注的焦点[12]。由于特定波长的光可直接输送到肿瘤组织中而不引起全身性效应，因此光热治疗有希望替代传统治疗方式，成为癌症治疗的新方法。而且在光热治疗中，引入成像技术或者通过成像引导光热治疗，使光热作用集中在病灶区域，可以进一步提高癌症治疗效果。通过成像技术可以确定肿瘤位置、大小和形状，提高光热治疗的有效范围，从而实现最佳的治疗结果[13]。

据报道，在42℃以上可以有效杀死肿瘤细胞[14]。在光热治疗过程中，肿瘤部位的温度变化是由光热材料将光能转化为热能引起的。此外，因为肿瘤细胞的耐热性比正常细胞低，升高温度可以杀死肿瘤细胞，避免对正常细胞产生明显的副作用。具体来说，通过修饰光热材料可以靶向聚集在肿瘤部位，使用近红外光

（NIR）有选择性地照射，光热材料产生过高热并升高肿瘤细胞内部温度，杀死肿瘤细胞，抑制肿瘤生长[15-17]。NIR 具有良好的组织穿透能力，在时间和空间上具有高分辨率的可调性，并可以进行精确的控制，在肿瘤光热治疗中应用广泛[18-20]。此外，通过选择光热纳米材料，其以最小的侵入性靶向难以治疗的肿瘤，并且可以应用于多种类型癌症的治疗[21]。

　　肿瘤光热治疗效果高度依赖于材料的光热转换效率。在光热治疗中，当基态的光热材料受到光源照射并跃迁至 S1 态，一部分会以辐射的形式跃迁回到基态，另一部分则以热的形式将能量传递给周围环境回到基态（图 9.1）[22]。光热治疗中的所有激光传输模式旨在均匀地提高肿瘤组织中温度，同时防止对周围健康组织的损害。然而，由于肿瘤的有效消融需要破坏每个肿瘤细胞，光热治疗通常需要肿瘤中心达到更高的温度（≥50℃），并且形成温度梯度以使肿瘤边缘达到治疗温度[23-25]。

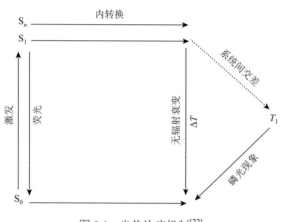

图 9.1　光热治疗机制[22]

S_0：基态；S_1：激发态；T：温度

　　纳米材料是一种尺寸在 1～100 nm 之间的材料，在工业传感器和医疗设备等领域具有广泛的应用[26]。这些纳米材料因其化学结构、合成方法和表面修饰等不同，具有各种独特的性质。纳米材料的光学吸收光谱和生物相容性在光热医学应用中特别重要，许多纳米材料在近红外激光范围内表现出强吸收，因此可以作为有效的光热纳米材料。光热纳米材料具有合适的近红外光带隙，能够对近红外光刺激做出响应[27]。理想的光热纳米材料在近红外区有较强的吸收能力，并能有效地将吸收的近红外光能转化为热能。此外，光热纳米材料还应该是低毒或者无毒的，表现出良好的生物相容性。对于某些纳米结构，改变其合成方法可以将吸收峰微调至非常窄的波长范围，这提高了光热效应的特异性并增强了光热治疗效果[1]。现在可以设计纳米材料使其具有特定的光学、物理化学、生物学和药学特性，增强癌症光热治疗的优势，此外纳米材料在肿瘤影像诊断与肿瘤治疗方式中也有较多的应用（图 9.2）[28]。光热治疗的主要挑战之一是热量不可避免地从目标组织中渗出并损坏周围组织。为了抑制这种情况，光热纳米材料用于增强靶组织温度，需要较少的光能来达到治疗温度，最终导致较少的热量从目标肿瘤中逸出并减少对周围健康组织的损伤。目前有许多纳米材料用于光热治疗，除此之外纳米材料还可以通过其具有的独特优势，可以为设计有效的联合疗法提供平台。

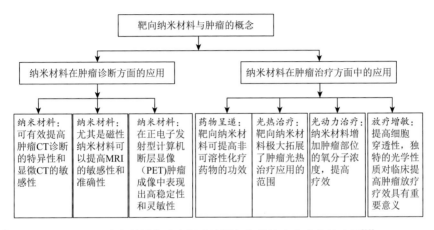

图 9.2　纳米材料在肿瘤影响诊断与各种治疗方式中的应用[28]

　　基于光热治疗的特点，光热纳米材料的选择尤为重要，临床应用中需要考虑各种因素。到目前研究者们已经开发了很多具有高光热转换效率的纳米材料用于肿瘤光热治疗，主要包括贵金属纳米材料[29, 30]、碳基纳米材料[31]、金属和非金属化合物纳米材料[32]以及有机染料等[33]。优异的光热纳米材料还应该具备生物成像的功能，这样可以保证从癌症的诊断到治疗过程不需要耗费太多时间，达到诊断治疗一体化的目的。

　　光热纳米材料可以吸收光能并转化为热能，以提高周围环境的温度。理想情况下，光热纳米材料只会升高局部温度，以减少对不存在光热纳米材料区域或超出激光照射范围的健康组织的损害。为了实现这一目标，光热纳米材料的吸收波长一般调整为 750～1350 nm 之间的近红外光谱窗口。光热纳米材料可分为无机纳米材料和有机纳米材料（图 9.3）[13]。无机纳米材料是较早进入研究者视野的一种可应用于肿瘤光热治疗的纳米材料，主要包括贵金属纳米材料（金、银、铂、钯）、碳纳米材料（碳纳米管、碳纳米点和石墨烯）、纳米半导体（硅纳米粒子、磁性纳米粒子、硫化铜纳米粒子）等类型。无机光热纳米材料具有局域表面共振的光学现象。在吸收近红外光后，光热材料中的电子产生明显的等离子体共振效应。因此，可以产生明显的热效应来加热周围的介质，使温度迅速升高，达到治疗肿瘤的效果[34]。这些无机光热纳米材料近红外光吸收能力强、光热转换效率高、制备及改性容易，并且可以同时应用于荧光成像、光声成像或核磁共振成像等。同时，无机光热纳米材料也有着一些局限性，如生物相容性不够理想、难以生物降解等。因此，提高无机光热纳米材料的生物相容性，促进其在人体内的代谢，降低其对人体的长期毒性，无疑成为无机纳米材料应用于肿瘤光热治疗相关研究的一大关键点。有机光热纳米材料主要包括共轭聚合物（聚多巴胺、聚吡咯）、树枝状大分子（树枝状聚合物）、天然载体（白蛋白）等。有机纳米材料也具有较高的光热转换效率。有机分子包含 π-π 共轭系统，这种结构决定了有机材料可以吸收 600～800 nm 范围的光能。此外，有机光热纳米材料还具有较好的生物降解和代谢效率，在生物安全性方面表现出了明显的优势。虽然目前有关有机染料的光热纳米材料在肿瘤光热治疗中也存在各种各样的问题，但因其生物安全性的优势仍在肿瘤光热治疗中具有广泛应用前景。由于各类材料都有瑕疵，因此并没有得出关于哪种类型的光热纳米材料最适合光热治疗的结论。科学家们仍在为进一步改善光热性能和克服不同类型材料的缺点做出巨大努力。

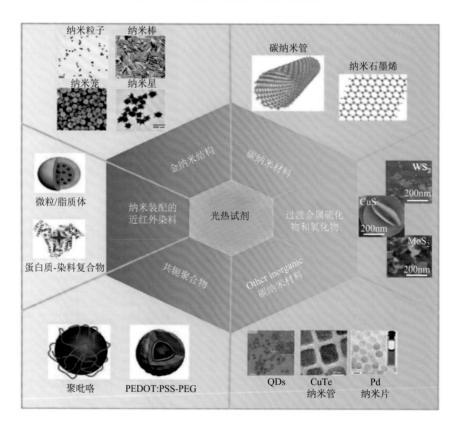

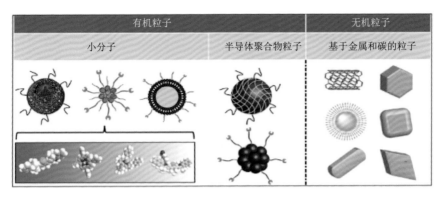

图 9.3 光热纳米材料分类[13]

PEDOT：PSS-PEG：（3, 4-乙烯二氧噻吩单体）聚合物：聚苯乙烯磺酸盐-聚乙二醇

9.2 贵金属纳米材料

用于光热治疗的贵金属纳米材料包括金、银、铂和钯等。这些贵金属纳米材料局域表面等离子体共振效应（LSPR）较强，有较强的近红外光的吸收能力，可以将吸收的光能转化为热能，具有较高光热转换效率，被广泛应用于肿瘤光热治疗中。然而，这些贵金属纳米材料成本较高、光热稳定性较差，且有一定的毒性，阻碍其进一步临床应用。

9.2.1 金纳米材料

金纳米材料是生物惰性材料，不易被氧化，且生物相容性高，具有局域表面等离子体共振效应，对光有强烈的吸收或散射能力，能够用于肿瘤光热治疗[35, 36]。通过控制纳米粒子的形状、大小、配体、粒子间距离、介电性能和周围介质，可以调控金纳米材料的光学性能。金纳米材料的形状和大小会改变 LSPR 峰和光热效率，影响肿瘤吸收和光热光谱分析效率[37-40]。金纳米材料具有许多适用于肿瘤光热治疗的优点，例如：①可以作用于局部肿瘤区域，同时使非特异性分布降到最低；②通过近红外激光，创造深入穿透生物组织的能力；③可以调节尺寸，以创建多方面的癌症光热治疗和药物输送系统。为实现肿瘤光热治疗，研究者们合成了各种具有金核的纳米结构，包括金纳米微球、金纳米棒、金纳米壳、金纳米星等（图 9.4）。

金纳米粒子是最早要研究的金纳米材料的构型之一。因易于制备、体积小、合成简单和容易修饰等优点，金纳米粒子在光热治疗中具有较高的吸引力。El-Sayed 等首次将金纳米粒子用于光热治疗[41]。Ahmad 等[35]制备了直径 50 nm 的金纳米粒子，其具有较高的光热转换效率，实现 Hela 细胞的光热消融。最近，一

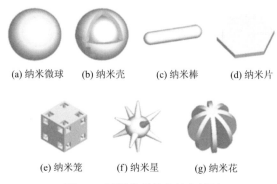

(a) 纳米微球   (b) 纳米壳   (c) 纳米棒   (d) 纳米片

(e) 纳米笼   (f) 纳米星   (g) 纳米花

图 9.4　不同类型的金纳米材料

些研究人员通过超分子化学克服金纳米粒子在体内使用的局限。尺寸较小的金纳米粒子因其具有较长的血液滞留时间和较短的生物半衰期，更适用于癌症的光热治疗。Jiang 等[42]报道了尺寸可变的金纳米材料具有不同的光热转换效率。以硼氢化钠、柠檬酸和对苯二酚为还原剂，采用化学还原法制备了 5～50 nm 的金纳米粒子。结果表明，随着金纳米粒子直径由（50.0±2.34）nm 减小到（4.98±0.59）nm，光热转换效率由 65.0%±1.2%提高到 80.3%±0.8%。Cheng 等[43]在金纳米粒子表面修饰了重氮嗪基团，在 405 nm 光照射下，金纳米粒子共价交联，将其光学吸收光谱转移到近红外区域，达到光热治疗效果（图 9.5）。

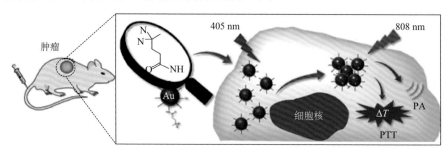

图 9.5　金纳米材料在光热治疗中的应用

PTT：光热治疗；PA：光声

金纳米棒具有较强的近红外光吸收能力，这使得它们适用于肿瘤光热治疗。Yu 等[44]于 1997 年首次合成了金纳米棒，Jain 等[45]于 2006 年报道了首次将纳米棒用于近红外光谱光热治疗。由于存在纵向和横向等离子体，金纳米棒的独特形状使自身具有强烈的光热性质。在 Liu 等[46]的研究中，为了靶向人胃癌细胞，将金纳米棒加载到诱导多能干细胞（AuNR-iPS）上。该研究已证实 AuNR-iPS 能够定位于人胃癌肿瘤并且在近红外激光照射后诱导细胞凋亡。Qu 等[47]还研究了利用抗表皮生长因子受体单克隆抗体修饰的金纳米棒进行光热治疗。体内实验证明，经修饰的金纳米棒在激光照射下成功杀死 HepG-2 细胞，具有临床应用的潜力。Cheng 等[48]研制出了涂有电纺纤维膜的金纳米棒，用于肿瘤的光热治疗（图 9.6）。电纺膜是一种生物可降解的手术修复材料，广泛用作载体。在研究中，修饰的金纳米棒与肿瘤细胞共同孵育，导致金纳米棒从电纺膜释放并被肿瘤细胞吸收，在近红外光照射下产生光热效应，导致肿瘤细胞凋亡。该方法在肿瘤治疗部位具有电纺纤维膜传递的明显优势，使得包膜金纳米棒成为一种很有前途的肿瘤光热治疗材料。Byeon 等[49]成功开发了多齿状 PEG 功能化金纳米棒，用于体内肿瘤细胞的光热治疗。通过将金纳米棒与 TiO_2 纳米颗粒结合，制备无机光热治疗纳米复合物，减少了对有机光敏剂的需求。这些纳米颗粒团簇能够吸收 500～1000 nm 光谱范围内的可见光和近红外光，并通过光动力产生活性氧诱导 HeLa 细胞凋亡。

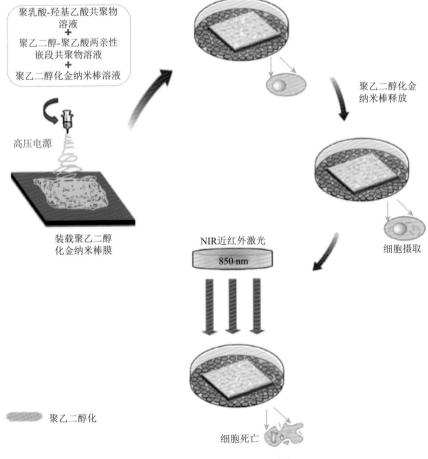

图 9.6　金纳米棒用于光热治疗[48]

　　金纳米星是具有尖状结构的星形金纳米材料，有较小的核心尺寸和多条细长的分支，在近红外区域具有较高的可调节吸收截面，散射效应相对较低，光热转换性能突出，被广泛应用于肿瘤光热治疗。由于金纳米星在近红外区域有显著的吸收截面，可以使摄入的近红外光更容易穿透，更好地发挥光热效应[50]。例如，Yuan 等[51]利用金纳米星在小鼠体内演示了肿瘤成像和光热消融，取得令人满意的光热治疗效果。Wang 等[52]研究发现金纳米星能够进入人乳腺癌细胞的细胞质及细胞核，导致细胞凋亡，并在体内实验中证实经金纳米星治疗后肿瘤体积明显减小（图 9.7）。Nie 等[53]合成了金纳米星，并用它进行高灵敏血管造影和光热治疗。体内外实验均表明，金纳米星优异的光热效应在肿瘤的光热治疗中具有广阔的应用前景。

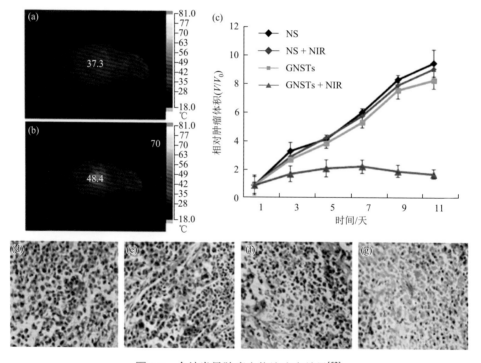

图 9.7　金纳米星肿瘤光热治疗中效果[52]

NS：生理盐水；NS + NIR：生理盐水 + 近红外光谱；GNSTs：金纳米星；GNSTS + NIR：金纳米星 + 近红外光谱

　　金纳米壳是由介电硅胶和金外壳组成，将介电硅胶包裹在一个薄的、中空的金外壳内，通过改变壳层厚度和核心直径，可以使金纳米壳层吸收近红外光，从而适用于光热治疗和光声成像。目前已有多种经过表面修饰的金纳米壳应用于肿瘤光热治疗。为了促进金纳米壳在肿瘤部位的自然积累，Coughlin 等[54]报道了一种基于纳米壳层的肿瘤诊疗平台，用于成像引导光热治疗，成为第一个将生物成像标志物纳米壳层与癌症治疗应用程序结合的实例。Monem 等利用简单的合成方法[55]合成了介孔二氧化硅负载 DOX 的金纳米壳层，通过靶向作用在肿瘤部位聚集，并在近红外光照射下进行光热治疗。这种热能不仅能诱导肿瘤细胞损伤，还能引发药物释放，具有较好的协同治疗效果。Chen 等[56]用氧化铁纳米颗粒/吲哚菁染料掺杂二氧化硅核制备了金纳米壳。这些金纳米壳层表现出高效的光热转换效率，并为荧光成像和磁共振成像提供了依据，体外实验证实了激光照射后肿瘤细胞能够高度特异性死亡。

随着不断发展新的合成方法，研究人员已经开发了更多具有光热效应的金纳米材料。Zhang 等[57]利用细胞外囊泡合成爆米花状的金纳米结构（图 9.8）。这些小泡一方面能够包裹 DOX，另一方面还能作为金纳米颗粒外壳的成核位点，可以同时进行光热治疗和化疗。这项技术为绿色合成金纳米材料提供了一种新的方式，同时提高了细胞内化，使肿瘤抑制率高达 98.6%。金纳米花是 Li 等在 2015 年开发的一种独特的金纳米材料[58]。该技术利用了金纳米星优于金纳米粒子和金纳米壳层的光热转换效率，同时提供了一个中空的核心结构，通过装载化疗药物提高治疗效率。金纳米笼可以控释储存在结构中的抗癌药物。这些纳米笼在激光协同照射后，可同时作为高效的药物载体和光热治疗材料。Rengan 等[59]证明了金纳米笼的光热效率，并成功地用载药纳米笼杀死了高致瘤性癌细胞。

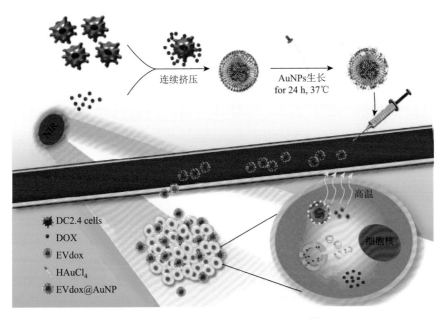

图 9.8　金纳米花用于肿瘤协同治疗[57]

DC2.4 cells：小鼠骨髓来源树突状细胞；DOX：阿霉素；EVdox：细胞外囊泡封装的阿霉素；HAuCl$_4$：氯金酸；
EVdox@AuNP：细胞外囊泡封装的阿霉素包覆金纳米粒子

9.2.2　银、铂、钯纳米粒子

　　除了金纳米光热材料外，其他贵金属，如银、钯、铂，也被用作光热纳米材料。其中与金纳米材料相比，银纳米粒子具有优异的物理、电学和抗菌性能，并且合成过程简单，成本低。银纳米材料因其氧化性而具有较差的生物相容性和较高的细胞毒性。此外，银纳米粒子的尺寸和形态直接影响其等离子体共振特性。迄今关于银纳米粒子单独作为光热材料应用的报道很少。一些研究人员利用牛血清白蛋白（BSA）修饰银纳米粒子制备银光热纳米材料。Cui 等[60]利用 BSA 生物矿化法制备了银纳米点，发现银与 BSA 的比例决定光热治疗效果（图 9.9）。Potara 等[61]制备了壳聚糖包裹的银纳米粒子，成功应用于肿瘤的光热治疗，取得了比金纳米棒更强的光热治疗效果。近年来，一些对于金-银复合材料光热性能的研究正在进行。Chen 等[62]利用柠檬酸钠热还原法研究了金-银双金属复合纳米粒子的光热转换效率，实验表明金-银双金属复合纳米粒子的光热效率明显高于金-银混合纳米粒子。Shi 等[63]采用金-银-金的包覆方式制备了能同时作为光热材料和荧光成像的纳米粒子，实现荧光成像引导的肿瘤光热治疗。

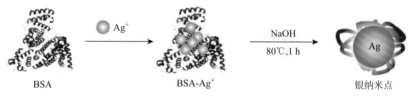

图 9.9　银纳米点合成示意图[60]

BSA：牛血清白蛋白

　　基于钯和铂的光热纳米材料也具有较好的光热稳定性和催化性能。由于金纳米材料熔点较低，在近红外照射下会熔化成球形的金纳米粒子。相比之下，铂或钯光热纳米材料由于熔点较高，在激光照射下能较好地维持其结构。研究人员一直试图通过提高近红外吸收来进一步提高铂或钯光热纳米材料的性能。Huang 等[64]合成了厚度为 1.8 nm，近红外吸收峰可调节的独立铂纳米片，这些铂纳米片不仅具有显著的光热效应，而且在近红外激光照射很长一段时间后，仍然能保持其形状、吸收峰和强度不变。并且在较小的尺寸下，这些光热纳米材料也能吸收近红外光。小于 5 nm 的纳米粒子能够从肾脏中代谢清除，因此这种材料具有更高的临床应用价值。与金光热纳米材料不同，铂纳米片即使在 5 nm 以下也能在近红外范围内保持强吸收。Tang 等[65]开发了平均直径为 4.4 nm 的小型铂纳米片，不仅具有良好的光热性能，而且具有较长的循环时间、良好的肿瘤吸收能力和肾脏清除性能。直到 Anaёue 等报道了超薄六边形钯纳米薄片的合成，才发现钯纳米结构是有效的光热材料，并且在近红外区域显示出清晰、可调节的吸收峰[66]。该钯纳米片在 808 nm 激光照射 5 min 后对肝癌细胞的杀死率高达 100%，同时具有较好的生物相容性。Zhou 等[67]开发了一种树突状分子介导的湿化学合成方法来制备尺寸超小的钯粒子。其中平均直径为 1.5 nm 的钯纳米粒子在 TEM 图像中表现出最佳的光热性能。结合肿瘤靶向配体，这些超微小的钯纳米在注射 24 h 显示出高的肿瘤堆积，在光热治疗后肿瘤体积明显减小。铂或钯光热纳米材料除了具有良好的光热性能外，还具有一定的催化性能，与光热治疗相结合，可以提高整体治疗效果（图 9.10）[68]。

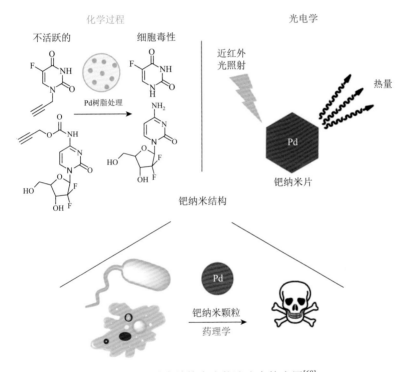

图 9.10　钯纳米结构在光热治疗中的应用[68]

　　总体而言，贵金属光热纳米材料由于其优异的光热和光学性能，在光热治疗领域具有巨大的发展潜力。然而，以贵金属为基础的光热纳米材料面临着高成本和不可降解问题，这是目前临床应用必须克服的问题。

9.3　碳纳米材料

　　碳纳米材料是一类低维碳质材料，自 1985 年富勒烯亮相以来，引起了人们极大的研究兴趣，随后开发了许多具有独特形状的碳纳米结构，如石墨烯、碳纳米管（CNTs）、碳纳米角（CNHs）和碳量子点（CQDs）。在各种光热纳米材料中，碳纳米材料由于在近红外可见光区具有较强的吸收能力，对光诱导的能量和激光强度要求相对较低，受到了广泛关注（图9.11）[69]。合适的碳纳米材料尺寸和较大的比表面积在新一代抗癌体系的开发中也具有广阔的应用前景。

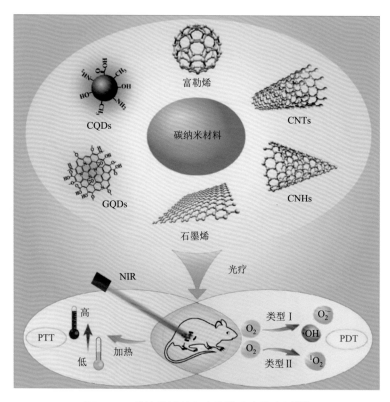

图9.11　碳纳米材料在光热治疗中的应用[69]

CQDs：碳质量子点；GQDs：石墨烯量子点；CNHs：碳纳米角；CNTs：碳纳米管；PTT：光热治疗；
NIR：近红外光谱

9.3.1　碳纳米管

碳纳米管包括单壁碳纳米管（SWCNTs）和多壁碳纳米管（MWCNTs），二者均有着较强的光吸收能力，并在近红外区域有较高的光热转换效率，可以实现对肿瘤细胞的局域光热消融，因此碳纳米管是一种较为理想的肿瘤光热治疗材料。在碳纳米管表面连接合适的官能团可以负载药物，提高生物相容性等，实现多种治疗方法协同作用，提高癌症治疗效果。此外，研究显示碳纳米管没有明显的细胞毒性。SWCNTs是第一种用于光热治疗的碳纳米材料。为了将SWCNTs递送到肿瘤细胞内，主要采用肿瘤内注射和静脉注射的手段，在存在原位和转移性肿瘤模型的情况下，静脉注射提供了一种更实用的体内给药方法。Kam 等[70]在 2005 年首次报道了 SWCNTs 用于肿瘤光热治疗，此后，越来越多的科研人员着眼于这方面的研究。Zhou 等[71]演示了 SWCNTs 在光热治疗中的应用，该研究利用 SWCNTs 偶联叶酸靶向肿瘤细胞，在 980 nm 激光照射下，促使肿瘤细胞消融。Antaris 等[72]通过修饰手性 SWCNTs，制备出一种具有生物相容性的 SWCNTs，这种手性碳纳米管在注射剂量低 10 倍的情况下，仍然能表现出比普通 SWCNTs 更强的荧光效应和光热治疗效果（图 9.12）。

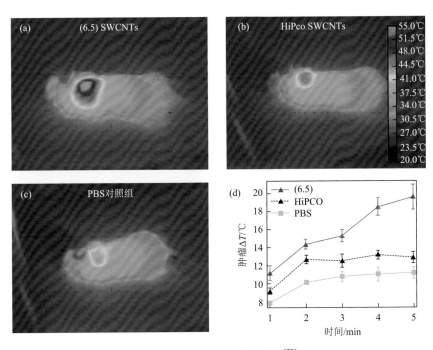

图 9.12　SWCBTs 光热效率[72]

SWCNTs：单壁碳纳米管

MWCNTs 具有圆筒状嵌套结构，在近红外区有强吸收，粒子表面平均电子含量相比 SWCNTs 更高，因此有更好的近红外光吸收能力和光热转换效率，是癌症光热治疗中非常有潜力的纳米材料，可用于局部光热治疗。Maestro 等[73]发现利用波长 808 nm，980 nm 和 1090 nm 的激发光照射直径为 10 nm、长度为 1.5 μm 的 MWCNTs，光热转换效率都在 50%。因此，MWCNTs 可用于肿瘤光热治疗。Ghosh 等[74]发现用 DNA 修饰的 MWCNTs 能更有效地将近红外光转换为热能，安全有效地用于体内肿瘤的热消融。DNA 包覆的 MWCNTs 产生的热与光强度和照射时间呈线性关系，因此可以准确控制温度，有选择性地杀死肿瘤细胞而避免损伤正常细胞。

9.3.2 石墨烯

除了碳纳米管外，石墨烯因其在近红外区的强吸收而被成功应用于肿瘤光热治疗（图 9.13）[75]。石墨烯是一种单原子厚的石墨，其中碳原子与其他相邻碳原子共价连接成六边形填充的 2D 网络。其原子厚度和表面限制及共轭电子赋予材料一些引人注目的电子和光学性能，使其既具有优异的机械性能和柔韧性，又具有高表面积。由于独特的结构和电子特性，石墨烯显示出等离子体特性，可以通过等离子体光热效应将来自激光的能量转换成热量。目前氧化石墨烯和还原氧化石墨烯都已应用于肿瘤光热治疗中。

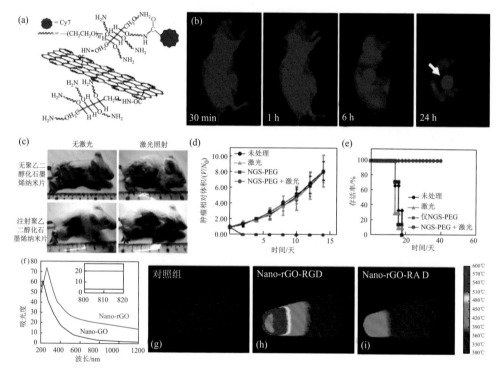

图 9.13　石墨烯在光热治疗中的应用[75]

NGS-PEG：聚乙二醇化石墨烯纳米片

Yang 等[75]首先研究了聚乙二醇氧化石墨烯纳米片的体内行为及其在光热治疗中的应用。氧化石墨烯纳米薄片在肿瘤中的聚集性优于其他报道中的碳纳米管，这可能与其二维结构特性有关。在体内给药后，氧化石墨烯纳米片无明显毒性，并在光热治疗后促使肿瘤完全消融。与氧化石墨烯相比，还原后的氧化石墨烯在可见光区和近红外区均有明显的吸收。Robinson 等[76]通过一水合肼还原聚乙二醇化石墨烯氧化物,制备了直径为 20 nm 的水溶性单层还原氧化石墨烯纳米片。还原后的氧化石墨烯保持了其水溶性,在 808 nm 波长处的光吸收增强了 6 倍。这种增强作用是由于还原态电子的 p 共轭比氧化态电子的 p 共轭得到了改善。由于氧化石墨烯纳米薄片具有较大的表面积,因此能够通过非共价相互作用,高效负载化疗药物,从而提高治疗效果。Wang 等[77]结合氧化石墨烯和介孔二氧化硅实现光热-化学协同治疗。在该研究中,先用介孔二氧化硅包覆氧化石墨烯形成夹层结构,然后包覆 PEG 以增强水溶性,再连接 IL31 肽以实现神经胶质瘤细胞的靶向性,最后装载化疗药物 DOX 制成复合纳米粒子,该复合纳米粒子通过氧化石墨烯的光热效应来促进 DOX 药物的释放,实现光热-化学协同治疗。

9.3.3 类石墨烯纳米材料

由于石墨烯在光热治疗中的快速发展,许多石墨烯类似物被开发,以进一步提高光热治疗的效能。这些材料具有与石墨烯相似的化学结构,即具有优异的光学和电子性能,以及较大的比表面积,可与石墨烯媲美,甚至优于石墨烯。特别是制备后可直接分散在水中的特点,使其适用于生物医学领域。在这些材料中,二维过渡金属硫化物(TMDs)、过渡金属氧化物(TMOs)、MXenes 和黑磷因其优异的光热性能和生物相容性而受到广泛的关注[78-80]。TMDs 或 TMOs 由过渡金属构成,如钼(Mo)、钨(W)、钛(Ti)和硫(S)、硒(Se)、碲(Te)或氧(O)等。这些材料由于具有与厚度相关的量子尺寸效应和可调谐的晶体结构,在近红外区域表现出较强的光学吸收和良好的光热性能,在光热治疗等相关应用中表现良好[81]。

近年来,新型石墨烯类似物 MXenes 被用作光热纳米材料。MXenes 的一般公式为 $M_{n+1}X_n$,其中 M 和 X 分别代表过渡金属元素(如 Ti、Ta、Mo、Nb、V、Zr 等)和碳(C)或氮(N)。与还原氧化石墨烯相比,由于它具有更高的电子导电性,因此 MXenes 具有更高的光吸收能力。许多研究表明,MXenes 可以光热诱导消融肿瘤,如 Nb_2C、Ti_3C_2 和 Ta_4C_3。

黑磷作为光热纳米材料,以其独特的结构和性能、良好的生物相容性和生物降解性,受到越来越多的关注[82-84]。它的每一层都是曲折方向的双层结构,其中一个磷原子与三个相邻的磷原子在两个不同的平面上连接。它具有可调谐的带隙和吸收范围、良好的光热性能、可降解为无毒中间体(如磷酸盐和膦酸盐)、与水和氧反应等优点。Qiu 等[83]开发了一种基于黑色磷的水凝胶,通过控制外部激光刺激来实现药物的可控释放。全黑磷给药水凝胶不但无毒,在体内完全降解,甚至黑磷的降解速率也可以调节。Shao 等[85]采用乳液法制备了可生物降解的装载黑磷量子点的聚乳酸-羟基乙酸共聚物(PLGA)纳米微球(图 9.14)。疏水的 PLGA 不仅可以将黑磷量子点与氧和水隔离,提高光热稳定性,还可以控制黑磷量子点的降解速率。体内外实验表明，该纳米微球具有较低的生物毒性和良好的生物相容性，在近红外激光照射下具有良好的光热治疗效果。

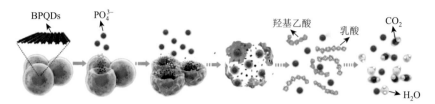

图 9.14　生理环境中装载黑磷量子点的 PLGA 纳米微球降解过程[85]

BPQDs：黑磷量子点

9.4　过渡金属纳米材料

虽然贵金属纳米材料因其对近红外光的吸收而备受关注，但具有表面等离子体共振效应的过渡金属材料，因其价格低廉、光热转换效率高、生物相容性好等优点更加受到人们的关注[86, 87]。

9.4.1　磁性纳米粒子

磁性氧化铁纳米颗粒表现出一定的近红外吸收能力，并能够将近红外辐射转化为热能以用于光热治疗。与传统的光热治疗剂（金纳米材料、碳基纳米材料、半导体纳米粒子、上转换纳米粒子、近红外有机染料和聚合物）相比，磁性纳米粒子由于其低毒性、高热稳定性和易降解性，作为光热材料在临床应用中具有巨大的潜力（图 9.15）[88]。

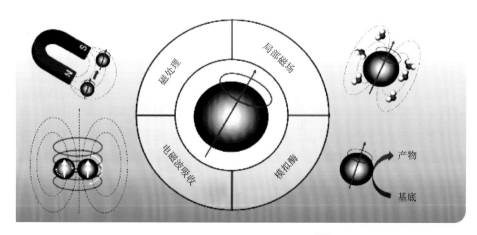

图 9.15　磁性纳米粒子基本原理[88]

　　越来越多的研究用于解决纳米材料在光热治疗中光热转换效率较差这一主要问题（图 9.16）[88]。Fe_3O_4 纳米粒子具有良好的靶向性和光热性能，聚集后的 Fe_3O_4 光热性能较高[89]。Liao 等[90]报道配体诱导的表面效应可以促进 Fe_3O_4 纳米粒子更大的跃迁和更强的近红外吸收。Guo 等[91]合成了一系列单分散粒径为 60～310 nm 的 Fe_3O_4 纳米粒子，并对其生物行为和应用进行了系统研究。尺寸为 310 nm 的 Fe_3O_4 纳米粒子在肿瘤中由于光热效应产生的温度最高 [（55.3±2.4）℃]，表现出最高的肿瘤消融效应，能更有效地抑制肿瘤的生长。Chu 等[92]研究了三种具有不同形状（球形、六角形和平衡形状）的氧化铁纳米粒子，这些纳米颗粒之间的光热效应没有明显的差异。结果表明，Fe_3O_4 纳米粒子既可作为磁性材料，又可作为光热材料。当交变磁场和近红外激光照射同时作用时，氧化铁纳米管的加热效果比单纯的磁热疗高 2～5 倍，产生高达 5000 W/g 的加热功率。对于实体瘤的治疗，单模磁疗或光热治疗可抑制肿瘤生长，而双模治疗则可使肿瘤完全消退。Jung 等[93]报道了一种通过选择性靶向热敏感亚细胞器来增强磁性纳米颗粒细胞毒性的新方法。将光热纳米颗粒选择性地传递到亚细胞器中，实现更高的光热治疗效果，且副作用最小。本研究为光热疗法的发展开辟了新的方向。目前利用磁性纳米材料提高辐射换热效率的成果已经取得了很大的成功，但开发基于磁性纳米颗粒的新方法进一步优化热转换效率仍势在必行。大多数磁性纳米粒子光热治疗的研究使用高强度的激光照射，这可能超过皮肤组织的安全限值（0.33 W/cm^2），因此 Espinosa 等[94]报道了一种 Fe_3O_4 纳米粒子，可以使用较低的激光强度（0.3 W/cm^2）获得较高的光热治疗效果，该方法显示使用低剂量就会对肿瘤产生良好的消融效果。

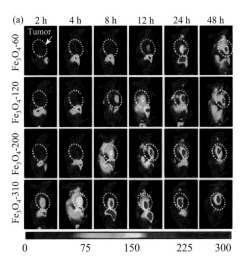
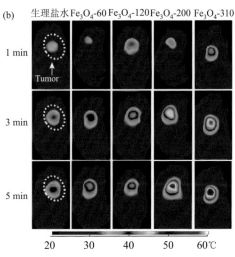

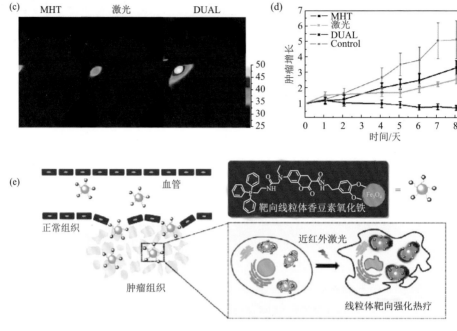

图 9.16　磁性纳米粒子在肿瘤光热治疗中的应用[88]

MHT：磁热疗；DUAL：磁热疗和激光治疗

9.4.2　铜基半导体

　　铜族化合物具有较强的近红外吸收特性，光热转换效率高，经常被用作光热治疗材料。其中，硫化铜制备过程简单、生物毒性低，有利于光热治疗的临床应用。Li 等[95]制备了 CuS 纳米颗粒，通过 808 nm 激光照射，体外实验中可在短时间内升高温度，将肿瘤细胞几乎完全杀死。此外，王兆洁等[96]通过水热法合成了 CuS 花状结构，该材料在 980 nm 激光照射下具有较强的光热转换能力，短时间内肿瘤细胞可以被有效消融。该团队进一步合成了一系列光热纳米材料，包括 Cu_9S_5 纳米片[97]、CuS 量子点[98]（图 9.17），在 980 nm 激光照射下，具有较高的光热转换效率，能快速消融肿瘤细胞，光热治疗效果更好。Hou 等[99]使用转铁蛋白修饰的中空介孔纳米铜颗粒，这种材料不仅具有较强的近红外吸收和光热转换效率，而且可以作为光声成像的强对比剂，指导化疗和光热治疗。Hessel 等[100]采用胶体热注射法制备了直径约为 16 nm 的配体稳定的硒化铜纳米晶体，并在其表面涂覆了两亲性聚合物。纳米晶体在水中容易分散，并在 980 nm 处表现出强近红外光吸收。当用 800 nm 激光照射，硒化铜纳米晶体产生显著的光热效应，光热转换率为 22%，可与金纳米棒和金纳米壳相媲美。

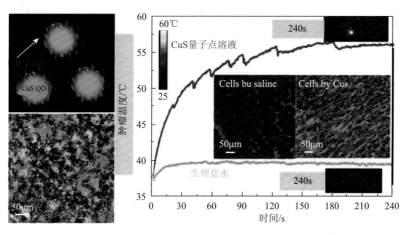

图 9.17　CuS 量子点光热转换性能和光热治疗效果[98]

CuS QD：硫化铜量子点

9.4.3　钨基半导体

在先前的研究中，科研人员仅发现铜基纳米材料具有较强的光热转换性能，并没有发现氧化物半导体也具有较强的近红外吸收和光热转换性能。最近，等离子氧化钨纳米粒子也已经被用于光热治疗。众所周知，钨的 X 射线吸收系数（在 100 keV 为 4.438 cm^2/kg）比碘（在 100 keV 为 1.94 cm^2/kg）高。因此，可以合理地假设氧化钨纳米粒子可以同时用于肿瘤 CT 成像和光热治疗。Chen 等[101]通过水热法开发了一种 $W_{18}O_{49}$ 纳米线来作为光热治疗材料（图 9.18）。采用这种处理方法制备的纳米线在水中分散性好，能够增强近红外光的吸收。注射纳米线后，在安全、低强度（0.72 W/cm^2）的近红外光照射 2 min 后，体内的肿瘤温度迅速升至（50.0±0.5）℃，可在 10 min 内产生有效的肿瘤细胞消融。此外，该团队发现当纳米线的长度达到 800～1000 nm 时，近红外吸收和光热性能更强[102]。因此，这些 $W_{18}O_{49}$ 纳米线可作为一种有效的光热材料用于肿瘤的光热治疗。Macharia 等[103]制备了 WS_2 纳米线，也具有良好的光热转换性能。WS_2 纳米线体积小、光

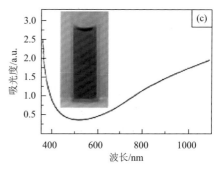

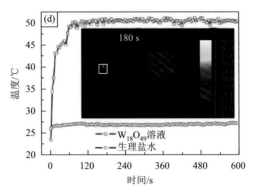

图 9.18　$W_{18}O_{49}$ 纳米线（a，b）TEM 成像；（c）激光吸收光谱；（d）注射生理盐水
和 $W_{18}O_{49}$ 纳米线的小鼠肿瘤区域的温度图[101]

热性能好，作为一种新型的光热纳米材料具有很大的优越性。具有独特缺陷结构的钨基半导体纳米材料的光热性能研究刚刚起步，很多性质如光热转换效率、稳定性、生物相容性等都有待深入研究。

9.5　共轭聚合物

自 20 世纪 70 年代起，共轭聚合物的合成极大地改变了人类对传统聚合物的认识。它在掺杂后具有很好的导电率，所以在太阳能电池领域被广泛研究和使用。直到 2011～2012 年，共轭聚合物在生物医学上的应用，特别是在癌症治疗方面才受到重视。一些研究小组报告了各种近红外吸收的共轭聚合物在癌症光热治疗中的应用（图 9.19）。近年来，人们发现共轭聚合物可以吸收光能并转变为热能。作为一种光热转换材料，共轭聚合物受到越来越多的关注。与无机纳米光热转换功能材料和碳纳米光热转换功能材料相比，共轭聚合物光热转换材料的优势在于它们更容易制备和加工，而且可以在很宽的范围内调节光的吸收。与近红外染料相比，共轭聚合物即使经过长时间的激光照射，仍然表现出较强的光稳定性。由于其独特的结构，许多共轭聚合物可作为多功能药物载体，在癌症联合治疗中具有潜在的应用前景。然而，尽管许多体内和体外实验表明，具有合适表面涂层的共轭聚合物纳米颗粒并没有明显的毒性，但这些聚合物的生物降解和代谢行为仍然是未知问题，需要在未来的研究中去解决。

9.5.1　聚多巴胺

聚多巴胺（PDA）因其制备简单、生物相容性良好以及载药方法独特，在药物传递和成像领域以及化疗与其他治疗或诊断方法的结合（光热疗法、光声成像、磁共振成像等）方面受到了极大的关注（图 9.20）[104]。聚多巴胺（PDA）

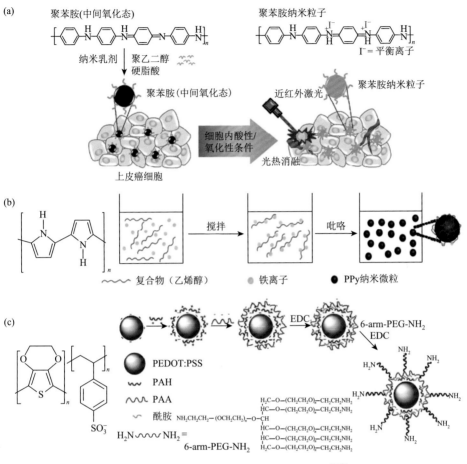

图 9.19　用于肿瘤光热治疗的共轭聚合物[107]

（a）聚苯胺纳米颗粒有机光热剂的制备及其在近红外激光热消融上皮癌细胞中的应用；（b）聚醋酸乙烯酯包覆的
纳米粒子用于体内光热治疗；（c）聚乙二醇化 PEDOT 的制备方案：PSS 纳米粒子用于光热治疗

PPy：聚吡咯；PEDOT：PSS：（3, 4-乙烯二氧噻吩单体）聚合物：聚苯乙烯磺酸盐；

PAH：多环芳烃；PAA：聚丙烯酸

是 Haeshin 等于 2007 年首次开发的一种仿生高分子材料，因其独特的物理化学性质而引起广泛关注[105, 106]。高化学反应活性以及良好的生物相容性使其成为生物医学领域的一种有前景的材料。根据 Liu 等的报道，PDA 胶体纳米颗粒的光热转换效率高达 40%，远远高于之前报道的光热剂[108]。此外，体内实验表明 PDA 在大鼠体内具有良好的生物降解性和可忽略的毒性[109]。这些优于传统的金属和碳基光热材料的优点，使 PDA 成为一种有望用于癌症治疗的光热治疗试剂。PDA 近红外光照射产生的辐射也可作为体内光声成像的基础。此外，存在于 PDA 中的儿茶酚和氨基官能团与金属离子（如 Gd^{3+}、Mn^{2+}、Fe^{3+}）螯合，可以使其具有磁共振成像的能力。因此，PDA 的高光热转换效率和多用途的化学反应性为我们提供了一个研发基于 PDA 的抗癌纳米材料的机会，以此将化疗和光热治疗结合在一个系统中。

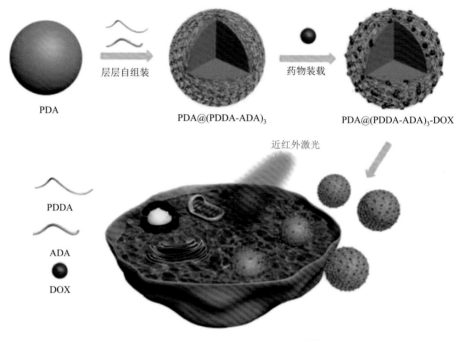

图 9.20　聚多巴胺光热治疗过程[104]

PDA：聚多巴胺；PDDA：聚二烯丙基二甲基氯化铵；ADA：海藻酸醛；DOX：阿霉素

　　该研究表明 PDA 对多种哺乳动物细胞的活性和增殖能力没有产生干扰，也没有明显的细胞毒性。更重要的是，PDA 可以在体内完全降解，相对于其他共轭聚合物具有更高的生物安全性。此外，PDA 的光吸收性能与黑色素相似，其在紫外光到可见光的范围内有宽波段的吸收，并且光吸收一直延伸至近红外区域。此外，研究人员对 PDA 的尺寸、组成和表面性质进行了精细的调控，使其具备更丰富的功能。

9.5.2　聚吡咯

　　聚吡咯纳米粒子作为光热纳米材料，因其具有较强的近红外光热效应和良好的生物相容性在肿瘤光热治疗领域得到了广泛的研究。然而，聚吡咯纳米材料的光热应用仍处于初级阶段。开发基于聚吡咯的多功能纳米材料用于体内肿瘤治疗是未来肿瘤治疗的发展趋势和目标之一。与传统的小型有机分子载体或无机纳米颗粒相比，聚合物能较长时间保持所含物质的稳定性和完整性，并具有良好的生物相容性，对其他器官或组织的副作用最小。

随着生物医学科学和高分子合成技术的飞速发展，以及对聚吡咯理化性质更加细致的了解，以聚吡咯为基础的化疗、基因治疗协同效应一体化治疗平台和光热治疗，可以实现有效和强有力的"精确"癌症治疗，并且所使用的剂量小、副作用小，使得该策略受到广泛关注[110-112]。同时，光热效应通常可以通过光热成像和光声成像来直观表征，这意味着基于聚吡咯的治疗平台具有实现治疗可视化的潜力[113]。但目前聚吡咯的光热治疗仅处于基础和初步阶段。近年来，基于聚吡咯的新型多功能纳米肿瘤体内治疗材料的设计和制备得到了广泛的应用。随着肿瘤治疗方法的组合和可视化成为肿瘤治疗的必然趋势，负载药物以及与各种造影剂的结合已成为聚吡咯纳米平台多功能化研究的主要课题。2012 年，Yang 等[114]开发了新型光热剂聚吡咯纳米粒子。聚吡咯纳米粒子注入肿瘤后，在近红外激光照射下产生强加热，可在体内有效破坏肿瘤细胞，此外还具有在不同生物介质中稳定性好、毒性小等优点。Chen 等[115]使用 FeCl$_3$ 和 PVP 合成了尺寸均匀的聚吡咯纳米粒子，并在体内肿瘤光热治疗中取得令人满意的效果（图 9.21）。随后，几个不同的小组也分别报道了聚吡咯纳米粒子在光热癌治疗中的应用[116-118]。

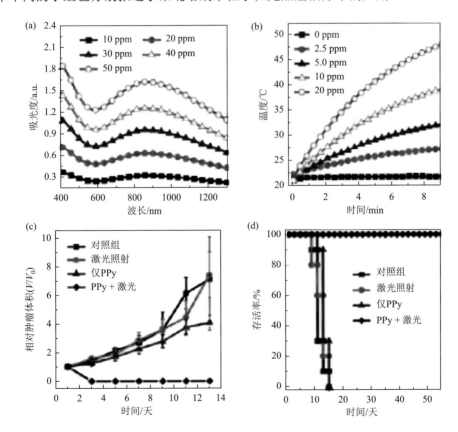

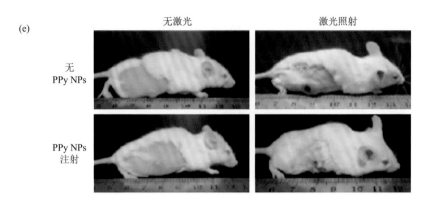

图 9.21 　（a）不同浓度聚吡咯纳米粒子紫外-可见光吸收图；（b）水的光热升温曲线；（c）、（d）
和（e）注射聚吡咯纳米粒子小鼠的光热治疗[115]

PPy：聚吡咯

　　目前的研究结果显示，新兴的基于聚吡咯的纳米材料作为未来癌症综合治疗的替代方案，具有较为乐观的前景。基于聚吡咯纳米材料的光热治疗，应该付出更多的努力来深入研究并发展更有效和经济的合成方法，同时也应研究身体的血液循环和细胞内分子机制对聚吡咯纳米材料的光热光谱分析的影响，为实现远程监控和光热协同治疗癌症提供依据。

9.6　复合光热材料

　　基于蛋白结构的光热材料不仅生物相容性高，而且表面有可用于功能性修饰的活性基团，因此蛋白质常被作为药物载体[119]。最近，研究人员发现近红外激光染料与蛋白质之间存在相互作用，因此开始研究以蛋白质负载近红外激光染料作为光热材料的可行性。利用近红外激光染料与蛋白质之间的非共价相互作用可容易地制备近红外激光染料-蛋白质复合物。一些研究小组也报道了基于蛋白结构的光热材料，特别是用于成像引导光热治疗[120-122]。Gao 等[123]报道了方酸菁（SQ）染料可以通过疏水作用和氢键与牛血清白蛋白（BSA）的疏水结构结合，所得到的 BSA-SQ 复合物显示出较强的荧光发射波长，并被用于成像引导的光热治疗体内癌症。在最近的一项研究中，Huang 等[124]报道了一种基于近红外激光染料负载铁蛋白纳米材料，其具有很强的近红外吸收能力，并可以被用于光声/荧光多模态成像引导光热治疗。

　　对于荧光成像光热剂而言，荧光成像所需要的高荧光量子产率（QY）会降低光热转换效率，因为更多的吸收光会被转化为发射光而不是热。Chen 等[125]发现了一种可成像光热材料，将近红外染料 IR825 与人血清白蛋白（HSA）（人类最丰富的蛋白质)络合,得到的 HSA-IR825 纳米复合物在 600 nm 激发下表现出强荧光,可用于体内成像,同时在 810～825 nm 处具有较高的光热肿瘤消融吸收峰(图9.22)。使用这种蛋白质为基础的材料,荧光成像和光热治疗都可以在不同波长的通道上进行,从而避免对两者性能的相互影响。该制剂中 IR825 在肾脏中的快速代谢和 HSA 的良好生物相容性可以避免该材料在体内的长期毒性。虽然非共价键可以让染料和蛋白质结合在一起,但最大的问题是作用力弱,难以避免在血液循环中染料与蛋白质分离的问题。Rong 等[126]通过 CySCOOH 与 HSA 的共价结合,制备了 HSA@CySCOOH 纳米结构,可以高效地进行近红外荧光、光声多模态成像和光热治疗。该蛋白光热纳米结构材料具有良好的水溶性、低细胞毒性、可生物降解性和良好的生物相容性,为其在肿瘤光热治疗的临床应用提供便利。

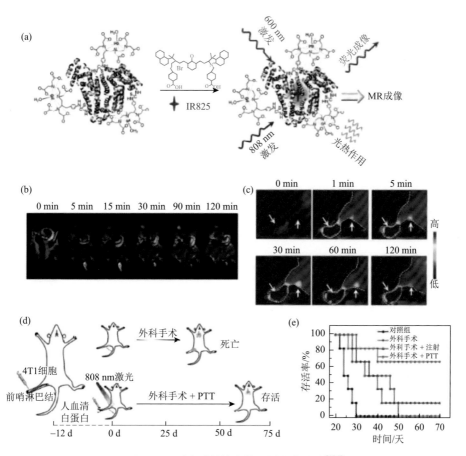

图 9.22　蛋白质结构成像引导光热治疗[125]

(a)HAS-Gd-IR825 纳米颗粒形成示意图;(b)小鼠注射 HSA-Gd-IR825 入瘤后的 T1-MR 图像;(c)将 HSA-Gd-IR825 注射入肿瘤后的小鼠体内荧光图像;(d)动物实验设计方案;(e)小鼠不同处理后的结果

PTT:光热治疗

虽然蛋白质输送药物是一个古老的课题，但作为光热材料的蛋白质-染料复合物的开发却是一个新的课题。与合成载体相比，作为天然载体的蛋白质对临床应用的安全性关注较少。蛋白质和一些近红外染料之间独特的相互作用，需要更深入的了解，使这种复合物在成像引导光热治疗中具有更广泛的应用。可以预测其他治疗分子能够很容易地整合到以蛋白质为基础的光热治疗材料中，用于癌症的联合治疗。

之前介绍的各种无机和有机光热纳米材料都各有优点，被广泛用于光热治疗和生物成像。然而，一些不可忽略的缺点也必须重视，如生物相容性差、生物毒性较高等。并且在进行临床测试前，这些材料的药效性、药物代谢动力学和毒性问题值得深入研究。因此，越来越多的科研团队开始致力于有机-无机复合纳米材料的研究。通过合理设计有机-无机复合纳米结构，不仅可以保留和改善纳米材料的独特性质，如有效提高无机纳米材料的生物相容性，增强部分有机纳米材料在近红外区域的吸收以及改善有机纳米材料的光稳定性，拓展多重成像模式，更重要的是，还可以通过两者的相互作用赋予复合纳米材料新的物理、化学性质和生物功能。

在这类纳米复合材料中，氧化铁纳米颗粒（IONPs）是最受欢迎的无机成分，因为它们能够在 T_2 加权磁共振成像中提供巨大的对比度，而且多个离子制剂已经被 FDA 批准用于临床。Ma 等[128]将 ICG 和 DSPE-PEG 修饰在超磁性的 IONPs 表面，实现荧光/核磁双模式成像下的光热治疗，通过光热成像剂的实时跟踪决定激光治疗的最佳时机。Tan 等[129]合成了粒径均一的空心氧化锆（ZrO_2）纳米球作为纳米载体。该复合纳米材料不仅可以同时实现体内的肿瘤光热治疗和化疗，还可以通过 CT 成像实时监测体内纳米材料的分布（图 9.23）。

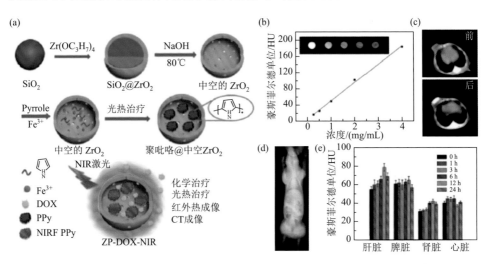

图 9.23　（a）ZPs 的合成示意图；（b～e）ZPs 在体内和体外的 CT 成像图[129]

PPy：聚吡咯；Pyrrole：吡咯

2016 年，Li 等[130]合成了 PDA 包覆 Bi_2Se_3 双层纳米片的多功能复合材料，复合后，减弱了材料的细胞毒性并且进一步改善了光热性能（图 9.24）。此外，由于复合材料的核是 Bi_2Se_3，其还可以用于 CT 成像。另外使用人血清白蛋白作为稳定剂可以保护药物免于快速降解。实验结果表明，复合材料具有 CT 成像和光热治疗的效果。Niu 等利用 ICG 与 Fe_3O_4 纳米粒子结合进行肿瘤光热治疗。

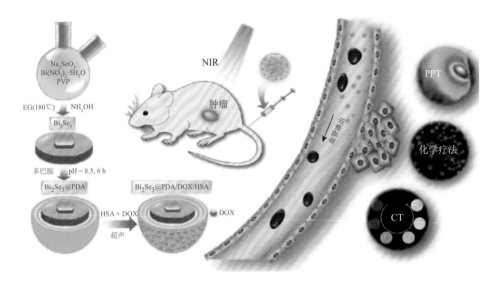

图 9.24 Bi_2Se_3@PDA 复合纳米材料的合成示意图[130]

EG：乙二醇；dopamine：多巴胺；HSA：人血清白蛋白；DOX：阿霉素

有机和无机组分的结合能够在成像和治疗中制备具有多种功能的纳米复合材料，在癌症治疗中应用广泛。然而，在未来的临床应用中，更多的功能通常伴随着更为复杂的纳米结构，精心设计的治疗诊断学材料，其每个功能都能够增强或促进其他功能，这对未来的研究具有很强的指导意义。

9.7 光热治疗与成像

纳米医学的最新进展促进了多功能诊断治疗纳米平台的发展，该平台将肿瘤示踪和治疗整合在一个单一的纳米系统中。利用其显著改善的物理、化学和生物特性，多功能纳米平台可以实现多模态成像以及不同形式的治疗。近年来，在治疗过程中引入影像学策略，即治疗诊断学，被认为是一种很有前途的提高治疗效率的方法。为了保证光热治疗的安全性和有效性，采用图像引导光热治疗为肿瘤治疗提供了更有效的应用。到目前各种成像方式，如计算机断层扫描（CT）、磁共振（MR）成像、荧光成像、正电子发射断层扫描（PET），已被用于肿瘤光热治疗的成像指导。在光热肿瘤治疗中，成像能够提供关于肿瘤位置、大小和形状等有价值的信息，从而在激光照射期间使肿瘤得到充分的光覆盖。通过成像对光热剂进行实时跟踪，也是确定激光治疗最佳时机的一种有效的方法。一种安全有效的光热治疗材料应该在不同的阶段发挥作用，在治疗前识别肿瘤的位置和大小，在治疗中标记光热剂的分布，并通过适当的成像技术显示治疗后的疗效。因此，构建集成像、诊断和治疗功能于一体的新型诊疗剂引起了人们广泛的研究兴趣，因为它可以通过监测注射药剂的状态和对治疗的瞬时反应来提供治疗反馈[131, 132]。

荧光成像是最常见的引导肿瘤光热治疗的方式，Yan 等[133]合成负载 ICG 的纳米胶束，可以同时进行荧光成像和光热治疗。Zhou 等制备一种金纳米簇，用于荧光成像和乳腺癌光热治疗。Deng 等[134]采用热解和配体置换方法制备了 Ag_2S 纳米晶，具有较强的光热治疗效果，与荧光成像相结合，能实现光热治疗的可视化和精准化。尽管荧光成像具有较高灵敏度，但其空间分辨率低，穿透性差，只适合对活体表层组织成像，无法进行深部组织的生物成像。

在众多的分子成像技术中，计算机断层扫描（CT）成像可以提供比其他深层组织穿透成像方式相比更好的空间和密度分辨率。目前纳米级 CT 造影剂受到了广泛的关注，包括 Au、Bi_2S_3、FePt、TaOx、$NaLuF_4$/$NaYbF_4$ 等[135]。到目前很少有使用单一组分试剂同时进行 CT 成像和光热治疗的研究。因此，开发一个集 CT 成像和光热治疗于一体的多功能诊断治疗纳米医学平台是非常重要的。一种理想的具有 CT 成像和光热治疗双功能纳米材料至少应具备以下特征：①X 射线衰减能力高；②近红外区域吸收性广；③体内循环时间长，肿瘤组织有效积累；④生物相容性良好；⑤纳米颗粒本身既可作为成像剂，也可作为光热治疗材料，合成简单。

前文中已经介绍了等离子氧化钨纳米颗粒用于光热治疗[28]。根据合理的假设，氧化钨纳米粒子可以同时进行肿瘤 CT 成像和光热治疗。Zhou 等[135]首次制备了聚乙二醇修饰的氧化钨纳米棒，在体内同时用于肿瘤 CT 成像和光热治疗。另外，金纳米粒子也可以用作肿瘤 CT 成像和光热治疗的纳米平台。Liu 等[136]证明基于金纳米粒子的探针可用于肿瘤的多模态成像和光热治疗。Chen 等[137]修饰了金纳米粒子，用于靶向肿瘤 CT 成像和光热治疗。Li 等[138]报道了多巴胺包覆的金纳米星，可用于肿瘤的 CT 成像并能增强光热治疗效果（图 9.25）。

光声成像是一种混合成像技术，它将超声和光学成像的价值与高空间分辨率和灵敏度、非侵入性和实时成像优势、深度穿透、高对比度和全身成像特性相结合。光声成像是一种将光学和声学优势互补的医学成像技术，近年来，将光声成像和肿瘤治疗结合的纳米材料成为新的研究热点。由于光热治疗效果和光声信号强度主要由光热转换效率决定，所以光声造影剂和光热治疗材料可以是同一种。其中，光声成像可以识别肿瘤位置，指导光热治疗。光声成像逐渐成为基于光声效应的早期诊断、精确给药和各种疾病的深部组织监测的重要工具。光声效应是由造影剂产生的，其中脉冲激光产生的光能被生物组织吸收并转化为热能。由于瞬态热弹性膨胀，这种效应产生了超声波，而热弹性膨胀可以被换能器检测到，从而形成超声波图像。光声成像弥补了光学成像在非深穿透和非全身成像方面的不足。除了先进的光声成像仪器，优越的造影剂也可以提高成像性能。

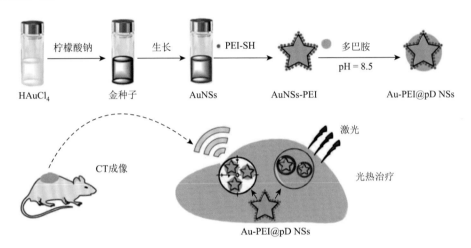

图 9.25　聚多巴胺包覆的金纳米星用于肿瘤 CT 成像和光热治疗[138]

PEI-SH：硫醇化聚乙烯亚胺

过去十年的研究表明，在光声成像引导下制备光热治疗生物医学试剂用于癌症诊断和治疗具有良好的可行性。Chen 等制备了直径为 5～80 nm 的钯纳米片，实现光声成像和光热治疗一体化研究。Zha 等通过在黑磷上覆盖单宁酸-Mn^{2+}，使其具有良好的光声成像能力和高光热治疗效果，在成像引导光热治疗中显示出较大的潜力。一些优良的硫化物纳米材料，已经被证实具有优异的光热治疗效果和光声成像性能[139]。Qian 等[140]合成了一种 2D 的 TiS_2 纳米片。过渡金属双卤化合物在近红外区表现出较强的光吸收能力，使其在光热治疗中有较高的肿瘤消融率，并在光声成像中有突出表现。Huang 等[141]报道了一种基于可生物降解的等离子体金纳米囊泡同时实现光声成像和光热治疗的新型诊断治疗平台。该平台包含密集的金纳米粒子，并在相邻的金纳米粒子之间诱导了强的等离子体耦合效应。等离子体耦合引起的强近红外吸收和诊断治疗平台的高光热转换效率使光声成像和光热治疗能够同时进行（图 9.26）。

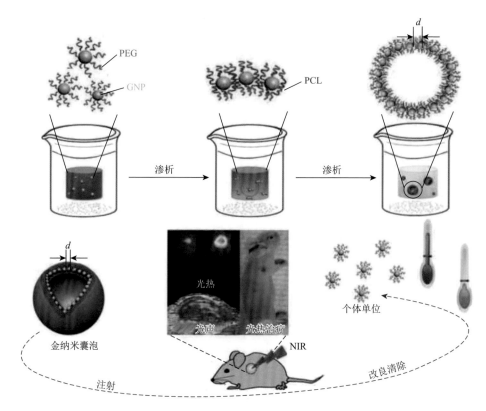

图 9.26　自组装纳米材料用于光声成像和光热治疗[141]

PEG：聚乙二醇；GNP：金纳米粒子；PCL：聚己内酯

　　PET 是目前唯一能够追踪生物分子代谢的成像技术，通过在生命代谢的基本物质如葡萄糖、蛋白质、核酸和脂肪酸上标记短寿命的放射性核素来检测各种受体和神经递质活性。传统的成像技术只能显示疾病引起的解剖结构的变化，而 PET 可以显示受试者生理功能的变化。因此，PET 非常适用于在生物组织的组织形态学处于初始状态、尚未被恶性疾病破坏的早期阶段的疾病诊断。这些特点促进了 PET 在癌症、冠心病、脑病等疾病中的广泛应用。研究人员通常利用这些优势来弥补传统成像技术的不足。一些基于 PET 的诊断治疗平台，如 PET 成像引导光热治疗，也被开发用于诊疗一体化。例如，Zhou 等[142]制备了一种多功能超细硫化铜纳米点，它能有效吸收近红外光进行光热消融治疗，稳定地吸收 ^{64}Cu 放射性同位素进行无创 PET 成像。经过有效的成像引导光热治疗后，这些非特异性纳米点可以从体内迅速清除（图 9.27）。到目前铜纳米颗粒是 PET 成像引导光热治疗并创造热渗纳米平台的唯一有效材料。

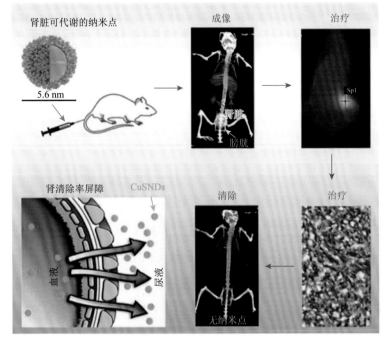

图 9.27　PET 成像引导光热治疗[142]

　　PET 的优良特性比常规成像技术具有更高的灵敏度和更早的诊断时间，在生物医学中提供了新的途径。然而，铜纳米粒子的可用性小、放射性同位素寿命短、成本高、操作复杂等限制了该平台的进一步发展和推广。在许多研究人员的不懈努力下，成像引导光热治疗取得了一些重大成就，但在实际应用中，由于可见光或近红外光的组织穿透能力有限，光热治疗仍不能较好地消融肿瘤，阻碍了体内更深位置的肿瘤治疗。解决这一局限性提高光热治疗的效率具有重要意义。为了解决这一问题，人们已经开展了一些开拓性的工作，如探索通过 X 射线激活光敏剂，通过能量转移来治疗深部肿瘤。这些工作为进一步研究成像引导光热治疗纳米平台用于深部组织肿瘤消融提供了有意义的启示。在不久的将来，将多模态成像引导光热治疗技术应用于深部组织的肿瘤消融治疗将是提高光热治疗效果的重要研究方向之一。

9.8　展望

　　许多研究人员已证明纳米材料可有效增强癌症的光热治疗效果。纳米材料的出现使光热治疗从消融局部肿瘤扩展到能够治疗局部肿瘤和晚期转移性癌症。本章总结了不同类型的光热纳米材料在肿瘤光热治疗中的应用。目前光热纳米材料临床应用仍有许多问题需要解决：首先是生物安全性问题，尽管文献中报道的大部分纳米材料都不会引起急性细胞毒性，但是这些材料是否可生物降解，能否安全地代谢出体外，是否会引起潜在的毒副作用，在进入临床应用阶段之前，这些都是必须解决的问题；其次是多种治疗手段的整合有待进一步研究，有关癌症的临床研究表明，由于患者个体的差异性、肿瘤边界的不确定性、肿瘤易转移等原因，单一的治疗手段难以取得理想的效果，需要将光热治疗、光动力治疗、药物持续可控释放、放疗等治疗技术整合，以进一步提高癌症治疗效果。如何利用纳米材料在设计上的灵活性，在纳米材料上同时引入抗癌药物、光敏剂或者其他的分子将是后续研究的重点。虽然光热治疗全面走向临床还需要大量的时间和研究人员的不断努力，但是我们相信光热纳米材料介导的光热治疗是一个新兴的、有前途的研究方向，是多功能纳米颗粒广泛应用于生物医学的一个分支。随着光热纳米材料研究的不断深入，肿瘤光热治疗在未来更具临床意义。

姜　耀

参 考 文 献

[1]　Doughty A，Hoover A，Layton E，et al. Nanomaterial applications in photothermal therapy for cancer. Materials，2019，12（5）：779.

[2]　Fann J R，Thomas-Rich A M，Katon W J，et al. Major depression after breast cancer: a review of epidemiology and treatment. General Hospital Psychiatry，2008，30（2）：112-126.

[3]　Day E S，Morton J G，West J L. Nanoparticles for thermal cancer therapy. Journal of Biomechanical Engineering，2009，131（7）：074001.

[4]　Li A，Wang Y，Chen T，et al. NIR-laser switched ICG/DOX loaded thermo-responsive polymeric capsule for chemo-photothermal targeted therapy. European Polymer Journal，2017，92：51-60.

[5]　June C H，O'Connor R S，Kawalekar O U，et al. CAR T cell immunotherapy for human cancer. Science，2018，359（6382）：1361-1365.

[6]　Ribas A，Wolchok J D. Cancer immunotherapy using checkpoint blockade. Science，2018，359（6382）：1350-1355.

[7]　Teo P Y，Cheng W，Hedrick J L，et al. Co-delivery of drugs and plasmid DNA for cancer therapy. Advanced Drug Delivery Reviews，2016，98：41-63.

[8]　Shen J，Zhang W，Qi R，et al. Engineering functional inorganic-organic hybrid systems: advances in siRNA therapeutics. Chemical Society Reviews，2018，47（6）：1969-1995.

[9]　Fan W，Huang P，Chen X. Overcoming the Achilles' heel of photodynamic therapy. Chemical Society Reviews，2016，45（23）：6488-6519.

[10]　Ban Q，Bai T，Duan X et al. Noninvasive photothermal cancer therapy nanoplatforms via integrating nanomaterials and functional polymers. Biomater Sci，2017，5（2）：190-210.

[11]　Zou L，Hong W，He B，et al. Current approaches of photothermal therapy in treating cancer metastasis with nanotherapeutics. Theranostics，2016，6（6）：762-772.

[12]　Hussein E A，Zagho M M，Nasrallah G K et al. Recent advances in functional nanostructures as cancer

photothermal therapy. International Journal of Nanomedicine，2018，（13）：2897-2906.

[13]　Liu Y，Bhattarai P，Dai Z et al. Photothermal therapy and photoacoustic imaging via nanotheranostics in fighting cancer. Chem Soc Rev，2019，48（7）：2053-2108.

[14]　Xia B，Wang B，Shi J，et al. Photothermal and biodegradable polyaniline/porous silicon hybrid nanocomposites as drug carriers for combined chemo-photothermal therapy of cancer. Acta Biomaterialia，2017，51：197-208.

[15]　Beik J，Abed Z，Ghoreishi F S，et al. Nanotechnology in hyperthermia cancer therapy：from fundamental principles to advanced applications. Journal of Controlled Release，2016，235：205-221.

[16]　Abadeer N S，Murphy C J. Recent progress in cancer thermal therapy using gold nanoparticles. Journal of Physical Chemistry C，2016，120（9）：4691-4716.

[17]　Huang X，El-Sayed M A. Plasmonic photo-thermal therapy（PPTT）. Alexandria Journal of Medicine，2011，47（1）：1-9.

[18]　Liu T M，Conde J o，Lipiński T，et al. Smart NIR linear and nonlinear optical nanomaterials for cancer theranostics：Prospects in photomedicine. Progress in Materials Science，2017，88：89-135.

[19]　Tomatsu I，Peng K，Kros A. Photoresponsive hydrogels for biomedical applications. Advanced Drug Delivery Reviews，2011，63（14-15）：1257-1266.

[20]　Gai S，Yang G，Yang P，et al. Recent advances in functional nanomaterials for light-triggered cancer therapy. Nanotoday，2018，19：146-187.

[21]　Zee J V D. Heating the patient：a promising approach？. Annals of Oncology，2002，13（8）：1173-1184.

[22]　Huang X，Jain P K，El-Sayed I H，et al. Plasmonic photothermal therapy（PPTT）using gold nanoparticles. Lasers in Medical Science，2008，23（3）：217-228.

[23]　Hsiao C W，Chuang E Y，Chen H L，et al. Photothermal tumor ablation in mice with repeated therapy sessions using NIR-absorbing micellar hydrogels formed in situ. Biomaterials，2015，56：26-35.

[24]　Chen Q，Xu L，Liang C，et al. Photothermal therapy with immune-adjuvant nanoparticles together with checkpoint blockade for effective cancer immunotherapy. Nature Communications，2016，7：13193.

[25]　Zhang C，Bu W，Ni D，et al. A polyoxometalate cluster paradigm with self-adaptive electronic structure for acidity/reducibility-specific photothermal conversion. Journal of the American Chemical Society，2016，138（26）：8156-8164.

[26]　Planque M R R，De Sara A，Tiina R et al. Electrophysiological characterization of membrane disruption by nanoparticles. ACS Nano，2011，（5）：3599-3606.

[27]　Zhang S，Li J，Wei J et al. Perylenediimide chromophore as an efficient photothermal agent for cancer therapy. 科学通报：英文版，2018，2：101-107.

[28]　Ono A，Cao S，Togashi H，et al. Specific interactions between silver（I）ions and cytosine-cytosine pairs in DNA duplexes. Chemical Communications，2008，39：4825-4827.

[29]　Pham T T，Nguyen T T，Pathak S，et al. Tissue adhesive FK506-loaded polymeric nanoparticles for multi-layered nano-shielding of pancreatic islets to enhance xenograft survival in a diabetic mouse model. Biomaterials，2017，154：182-196.

[30]　Dreaden E C，Alkilany A M，Huang X，et al. The golden age：gold nanoparticles for biomedicine. Chem Soc Rev，2012，41（7）：2740-2779.

[31]　Hong G，Diao S，Antaris A L et al. Carbon nanomaterials for biological imaging and nanomedicinal therapy. Chem Rev，2015，115（19）：10816-10906.

[32]　Li X，Shan J，Zhang W，et al. Recent advances in synthesis and biomedical applications of two-dimensional

transition metal dichalcogenide nanosheets. Small，2017，13（5）.

[33] 夏兵. 光热型纳米材料在癌症治疗中的应用. 化工新型材料，2018，46（12）：242-246.

[34] Sarfraz J，Borzenkov M，Niemelä E，et al. Photo-thermal and cytotoxic properties of inkjet-printed copper sulfide films on biocompatible latex coated substrates. Applied Surface Science，2018，435：1087-1095.

[35] Ahmad R，Fu J，He N et al. Advanced gold nanomaterials for photothermal therapy of cancer. J Nanosci Nanotechnol，2016，16（1）：67-80.

[36] Bao C，Beziere N，Del P P，et al. Gold nanoprisms as optoacoustic signal nanoamplifiers for *in vivo* bioimaging of gastrointestinal cancers. Small，2013，9（1）：68-74.

[37] Deng H D，Li G C，Dai Q F，et al. Size dependent competition between second harmonic generation and two-photon luminescence observed in gold nanoparticles. Nanotechnology，2013，24（7）：075201.

[38] Liu H，Liu T，Li L，et al. Size dependent cellular uptake，in vivo fate and light-heat conversion efficiency of gold nanoshells on silica nanorattles. Nanoscale，2012，4（11）：3523-3529.

[39] Liu J，Duggan J N，Morgan J et al. Seed-mediated growth and manipulation of Au nanorods via size-controlled synthesis of Au seeds. Journal of Nanoparticle Research，2012，14（12）：1-12.

[40] Mu Q，Su G，Li L，et al. Size-dependent cell uptake of protein-coated graphene oxide nanosheets. Acs Applied Materials & Interfaces，2012，4（4）：2259-2266.

[41] Xiaohua H，El-Sayed I H，Wei Q et al. Cancer cell imaging and photothermal therapy in the near-infrared region by using gold nanorods. Journal of the American Chemical Society，2006，128（6）：2115-2120.

[42] Jiang K，Smith D A，Pinchuk A. Size-dependent photothermal conversion efficiencies of plasmonically heated gold nanoparticles. The Journal of Physical Chemistry C，2013，117（51）：27073-27080.

[43] Cheng X，Sun R，Yin L，et al. Light-triggered assembly of gold nanoparticles for photothermal therapy and photoacoustic imaging of tumors *in vivo*. Advanced Materials，2017，29（6）：1604894.

[44] Yu Y Y，Chang S S，Lee C L，et al. Gold nanorods-electrochemical synthesis and optical-properties. J Phys Chem B，1997，101（34）：6661-6664.

[45] Jain P K，Lee K S，El-Sayed I H et al. Calculated absorption and scattering properties of gold nanoparticles of different size，shape，and composition：applications in biological imaging and biomedicine. Journal of Physical Chemistry B，2006，110（14）：7238-7248.

[46] Liu Y，Yang M，Zhang J，et al. Human induced pluripotent stem cells for tumor targeted delivery of gold nanorods and enhanced photothermal therapy. ACS Nano，2016，10（2）：2375-2385.

[47] Qu D，He J，Liu C，et al. Triterpene-loaded microemulsion using Coix lacryma-jobi seed extract as oil phase for enhanced antitumor efficacy：preparation and in vivo evaluation. International Journal of Nanomedicine，2014，9（1）：109-119.

[48] Cheng M，Wang H，Zhang Z，et al. Gold nanorod-embedded electrospun fibrous membrane as a photothermal therapy platform. Acs Applied Materials & Interfaces，2014，6（3）：1569-1575.

[49] Byeon J H，Kim Y W. Au-TiO（2）nanoscale heterodimers synthesis from an ambient spark discharge for efficient photocatalytic and photothermal activity. Acs Applied Materials & Interfaces，2014，6（2）：763-767.

[50] Kim Y H，Jeon J，Hong S H，et al. Tumor targeting and imaging using cyclic RGD-PEGylated gold nanoparticle probes with directly conjugated iodine-125. Small，2011，7（14）：2052-2060.

[51] Yuan H，Khoury C G，Wilson C M，et al. *In vivo* particle tracking and photothermal ablation using plasmon-resonant gold nanostars. Nanomedicine Nanotechnology Biology & Medicine，2012，8（8）：1355-1363.

[52] Wang L，Meng D，Hao Y，et al. Gold nanostars mediated combined photothermal and photodynamic therapy and

X-ray imaging for cancer theranostic applications. Journal of Biomaterials Applications，2015，30（5）：547-557.

[53]　Nie L，Chen M，Sun X，et al. Palladium nanosheets as highly stable and effective contrast agents for *in vivo* photoacoustic molecular imaging. Nanoscale，2014，6（3）：1271-1276.

[54]　Coughlin A J，Ananta J S，Nanfu D，et al. Gadolinium-conjugated gold nanoshells for multimodal diagnostic imaging and photothermal cancer therapy. Small，2014，10（3）：556-565.

[55]　Monem A S，Elbialy N，Mohamed N. Mesoporous silica coated gold nanorods loaded doxorubicin for combined chemo-photothermal therapy. Int J Pharm，2014，470（1-2）：1-7.

[56]　Chen W，Ayalaorozco C，Biswal N C，et al. Targeting of pancreatic cancer with magneto-fluorescent theranostic gold nanoshells. Nanomedicine，2014，9（8）：1209-1222.

[57]　Zhang D，Qin X，Wu T，et al. Extracellular vesicles based self-grown gold nanopopcorn for combinatorial chemo-photothermal therapy. Biomaterials，2019，197：220-228.

[58]　Li S N，Zhang L Y，Wang T T，et al. The facile synthesis of hollow Au nanoflowers for synergistic chemo-photothermal cancer therapy. Chemical Communications，2015，51（76）：14338-14341.

[59]　Rengan A K，Kundu G，Banerjee R，et al. Gold nanocages as effective photothermal transducers in killing highly tumorigenic cancer cells. Particle & Particle Systems Characterization，2014，31（3）：398-405.

[60]　Cui Y，Yang J，Zhou Q，et al. Renal clearable Ag nanodots for *in vivo* computer tomography imaging and photothermal therapy. ACS Applied Materials & Interfaces，9（7）：5900-5906.

[61]　Potara M，Boca S，Licarete E，et al. Chitosan-coated triangular silver nanoparticles as a novel class of biocompatible，highly sensitive plasmonic platforms for intracellular SERS sensing and imaging. Nanoscale，5（13）：6013-6022.

[62]　Chen M，He Y，Zhu J. Preparation of Au-Ag bimetallic nanoparticles for enhanced solar photothermal conversion. International Journal of Heat and Mass Transfer，2017，114：1098-1104.

[63]　Shi H，Ye X，He X，et al. Au@Ag/Au nanoparticles assembled with activatable aptamer probes as smart "nano-doctors" for image-guided cancer thermotherapy. Nanoscale，2014，6（15）：8754-8761.

[64]　Huang X，Tang S，Mu X，et al. Freestanding palladium nanosheets with plasmonic and catalytic properties. Nature Nanotechnology，2011，6（1）：28-32.

[65]　Tang S，Chen M，Zheng N. Sub-10-nm Pd nanosheets with renal clearance for efficient near-infrared photothermal cancer therapy. Small，2014，10（15）：3139-3144.

[66]　Anaëlle D，Patrick C. Palladium：a future key player in the nanomedical field？. Chemical Science，2015，6（4）：2153-2157.

[67]　Zhou Z，Wang Y，Yan Y，et al. Dendrimer-templated ultrasmall and multifunctional photothermal agents for efficient tumor ablation. ACS Nano，2016，10（4）：4863-4872.

[68]　Dumas A，Couvreur P. Palladium：a future key player in the nanomedical field？. Chemical Science，2015，6（4）：2153-2157.

[69]　Jiang B P，Zhou B，Lin Z，et al. Recent advances in carbon nanomaterials for cancer phototherapy. Chemistry-A European Journal，2019，25（16）：3993-4004.

[70]　Kam N W S，O'Connell M，Wisdom J A，et al. Carbon nanotubes as multifunctional biological transporters and near-infrared agents for selective cancer cell destruction. Proc Natl Acad Sci USA，2005，102（33）：11600-11605.

[71]　Zhou F，Xing D，Ou Z，et al. Cancer photothermal therapy in the near-infrared region by using single-walled carbon nanotubes. Journal of Biomedical Optics，14（2）：021009.

[72]　Antaris A L，Robinson J T，Yaghi O K，et al. Ultra-low doses of chirality sorted（6，5）Carbon nanotubes for

simultaneous tumor imaging and photothermal therapy. ACS Nano，2013，7（4）：3644.

[73] Maestro L M，Haro-González P，Rosal B D，et al. Heating efficiency of multi-walled carbon nanotubes in the first and second biological windows. Nanoscale，2013，5（17）：7882-7889.

[74] Ghosh S，Dutta S，Gomes E，et al. Increased heating efficiency and selective thermal ablation of malignant tissue with DNA-encased multiwalled carbon nanotubes. ACS Nano，2009，3（9）：2667-2673.

[75] Yang K，Zhang S，Zhang G，et al. Graphene in mice：ultrahigh *in vivo* tumor uptake and efficient photothermal therapy. Nano Letters，10（9）：3318-3323.

[76] Robinson J T，Tabakman S M，Liang Y，et al. Ultrasmall reduced graphene oxide with high near-infrared absorbance for photothermal therapy. Journal of the American Chemical Society，2011，133（17）：6825-6831.

[77] Wang Y，Wang K Y，Zhao J F，et al. Multifunctional mesoporous silica-coated graphene nanosheet used for chemo-photothermal synergistic targeted therapy of glioma. Journal of the American Chemical Society，2013，135（12）：4799-4804.

[78] Lin H，Wang Y，Gao S，et al. Theranostic 2D tantalum carbide（MXene）. Advanced Materials，2017，30（4）：1703284.

[79] Manthiram K，Alivisatos A P. Tunable localized surface plasmon resonances in tungsten oxide nanocrystals. Journal of the American Chemical Society，2012，134：3995-3998.

[80] Pan J，Zhu X，Chen X，et al. Gd^{3+}-Doped $MoSe_2$ nanosheets used as a theranostic agent for bimodal imaging and highly efficient photothermal cancer therapy. Biomater Sci，2018，6（2）：372-387.

[81] Tan C，Cao X，Wu X J，et al. Recent advances in ultrathin two-dimensional nanomaterials. Chemical Reviews，2017，117（9）：6225-6331.

[82] Chen W，Ouyang J，Yi X，et al. Black phosphorus nanosheets as a neuroprotective nanomedicine for neurodegenerative disorder therapy. Advanced Materials，2018，30（3）：1703458.

[83] Qiu M，Wang D，Liang W，et al. Novel concept of the smart NIR-light-controlled drug release of black phosphorus nanostructure for cancer therapy. Proceedings of the National Academy of Sciences of the United States of America，2018，115（3）：501-506.

[84] Choi J R，Yong K W，Choi J Y，et al. Black phosphorus and its biomedical applications. Theranostics，2018，8（4）：1005-1026.

[85] Shao J，Xie H，Hao H，et al. Biodegradable black phosphorus-based nanospheres for *in vivo* photothermal cancer therapy. Nature Communications，2016，30（7）：12967.

[86] Wu H，Yang R，Song B，et al. Biocompatible inorganic fullerene-like molybdenum disulfide nanoparticles produced by pulsed laser ablation in water. ACS Nano，5（2）：1276-1281.

[87] Liu T，Wang C，Liu Z. In drug delivery with PEGylated MoS_2 nano-sheets for combined photothermal and chemotherapy of cancer，中国化学会第29届学术年会摘要集——第35分会：纳米生物医学中的化学问题，2014.

[88] Zhang H，Liu X L，Zhang Y F，et al. Magnetic nanoparticles based cancer therapy：current status and applications. Sci China Life Sci，2018，61（4）：400-414.

[89] Saeed M，Iqbal M Z，Ren W，et al. Controllable synthesis of Fe_3O_4 nanoflowers：enhanced imaging guided cancer therapy and comparison of photothermal efficiency with black-TiO_2. Journal of Materials Chemistry，B，2018，6：3800-3810.

[90] Liao M Y，Lai P S，Yu H P，et al. Innovative ligand-assisted synthesis of NIR-activated iron oxide for cancer theranostics. Chemical Communications，2012，48（43）：5319-5321.

[91] Guo X，Zhe W，Wei L，et al. Appropriate size of magnetic nanoparticles for various bioapplications in cancer

diagnostics and therapy. Acs Applied Materials & Interfaces，2016，8（5）：3092-3106.

[92]　Chu M，Shao Y，Peng J，et al. Near-infrared laser light mediated cancer therapy by photothermal effect of Fe_3O_4 magnetic nanoparticles. Biomaterials，2013，34（16）：4078-4088.

[93]　Jung H S，Han J，Lee J H，et al. Enhanced NIR radiation-triggered hyperthermia by mitochondrial targeting. Journal of the American Chemical Society，2015，137（8）：3017-3023.

[94]　Espinosa A，Di Corato R，Kolosnjaj-Tabi J，et al. The duality of iron oxide nanoparticles in cancer therapy：amplification of heating efficiency by magnetic hyperthermia and photothermal bimodal treatment. ACS Nano，2016，10（2）：2436-2446.

[95]　Li Y，Lu W，Huang Q，et al. Copper sulfide nanoparticles for photothermal ablation of tumor cells. Nanomedicine，2010，5（8）：1161-1171.

[96]　王兆洁，余诺，孟周琪，等. 半导体光热转换纳米材料的研究进展. 中国材料进展，2017，36（12）：921-928.

[97]　Tian Q，Jiang F，Zou R，et al. Hydrophilic Cu_9S_5 nanocrystals：a photothermal agent with a 25.7% heat conversion efficiency for photothermal ablation of cancer cells *in vivo*. ACS Nano，2011，5（12）：9761-9771.

[98]　Zhong R，Peng C，Chen L，et al. Egg white-mediated green synthesis of CuS quantum dots as a biocompatible and efficient 980 nm laser-driven photothermal agent. Rsc Advances，2016，6（46）：40480-40488.

[99]　Hou L，Shan X，Hao L，et al. Copper sulfide nanoparticle-based localized drug delivery system as an effective cancer synergistic treatment and theranostic platform. Acta Biomaterialia，2017，54：307-320.

[100]　Hessel C M，Pattani V P，Rasch M，et al. Copper selenide nanocrystals for photothermal therapy. Nano Letters，11（6）：2560-2566.

[101]　Chen Z，Qian W，Wang H，et al. Ultrathin PEGylated $W_{18}O_{49}$ nanowires as a new 980 nm-laser-driven photothermal agent for efficient ablation of cancer cells *in vivo*. Advanced Materials，2013，25（14）：3095-3100.

[102]　Xu W，Tian Q，Chen Z，et al. Optimization of photothermal performance of hydrophilic $W_{18}O_{49}$ nanowires for the ablation of cancer cells *in vivo*. Journal of Materials Chemistry B，2014，2.

[103]　Macharia D K，Yu N，Zhong R，et al. Synthesis of WS_2 nanowires as efficient 808 nm-laser-driven photothermal nanoagents. Journal of Nanoscience & Nanotechnology，2016，16（6）：5865-5868.

[104]　Ma H，Li S，Zhang H，et al. Fabrication of polydopamine-based layer-by-layer nanocomposites for combined pH-sensitive chemotherapy and photothermal therapy. Colloids and Surfaces A：Physicochemical and Engineering Aspects，2018.

[105]　Haeshin L，Dellatore S M，Miller W M，et al. Mussel-inspired surface chemistry for multifunctional coatings. Science，2007，318（5849）：426-430.

[106]　Liu Y，Ai K，Lu L. Polydopamine and its derivative materials：synthesis and promising applications in energy，environmental，and biomedical fields. Chemical Reviews，2014，114（9）：5057-5115.

[107]　Song X，Qian C，Zhuang L. Recent advances in the development of organic photothermal nano-agents. Nano Research，2015，8（2）：340-354.

[108]　Liu Y，Liu J，He Y，et al. Dopamine-melanin colloidal nanospheres：an efficient near-infrared photothermal therapeutic agent for in vivo cancer therapy. Advanced Materials，2013，25（9）：1353-1359.

[109]　Cheng W，Liang C，Xu L，et al. TPGS-functionalized polydopamine-modified mesoporous silica as drug nanocarriers for enhanced lung cancer chemotherapy against multidrug resistance. Small，2017，13（29）：1700623.

[110]　Meng Y，Wang S，Li C，et al. Photothermal combined gene therapy achieved by polyethyleneimine-grafted oxidized mesoporous carbon nanospheres. Biomaterials，2016，100：134-142.

[111]　An X，Zhu A，Luo H，et al. Rational design of multi-stimuli-responsive nanoparticles for precise cancer therapy.

ACS Nano，2016，10（6）：5947-5958.

[112] Wang S，Huang P，Nie L，et al. Single continuous wave laser induced photodynamic/plasmonic photothermal therapy using photosensitizer-functionalized gold nanostars. Advanced Materials，2013，25（22）：3055-3061.

[113] Zha Z，Deng Z，Li Y，et al. Biocompatible polypyrrole nanoparticles as a novel organic photoacoustic contrast agent for deep tissue imaging. Nanoscale，2013，5（10）：4462-4467.

[114] Yang K，Xu H，Cheng L，et al. *In vitro* and *in vivo* near-infrared photothermal therapy of cancer using polypyrrole organic nanoparticles. Advanced Materials，2013，25（7）：5586-5592.

[115] Chen M，Fang X，Tang S，et al. Polypyrrole nanoparticles for high-performance in vivo near-infrared photothermal cancer therapy. Chemical Communications，48（71）：8934-8936.

[116] Zha Z，Yue X，Ren Q，et al. Uniform polypyrrole nanoparticles with high photothermal conversion efficiency for photothermal ablation of cancer cells. Advanced Materials，2013，25（5）：777-782.

[117] Chen M，Fang X，Tang S，et al. Polypyrrole nanoparticles for high-performance *in vivo* near-infrared photothermal cancer therapy. Chemical Communications，2012，48（71）：8934-8936.

[118] Zha Z，Wang J，Qu E，et al. Polypyrrole hollow microspheres as echogenic photothermal agent for ultrasound imaging guided tumor ablation. Scientific Reports，2013，3（8）：2360.

[119] Jie Y，David J，Yaseen M A，et al. Self-assembly synthesis，tumor cell targeting，and photothermal capabilities of antibody-coated indocyanine green nanocapsules. Journal of the American Chemical Society，2010，132（6）：1929-1938.

[120] Chen Q，Wang C，Cheng L，et al. Protein modified upconversion nanoparticles for imaging-guided combined photothermal and photodynamic therapy. Biomaterials，2014，35（9）：2915-2923.

[121] Wu L，Fang S，Shi S，et al. Hybrid polypeptide micelles loading indocyanine green for tumor imaging and photothermal effect study. Biomacromolecules，2013，14（9）：3027-3033.

[122] Sheng Z H，Song L，Zheng J X，et al. Protein-assisted fabrication of nano-reduced graphene oxide for combined *in vivo* photoacoustic imaging and photothermal therapy. Biomaterials，2013，34（21）：5236-5243.

[123] Gao F P，Lin Y X，Li L L，et al. Supramolecular adducts of squaraine and protein for noninvasive tumor imaging and photothermal therapy *in vivo*. Biomaterials，2014，35（3）：1004-1014.

[124] Huang P，Rong P，Jin A，et al. Dye-loaded ferritin nanocages for multimodal imaging and photothermal therapy. Advanced Materials，2015，26（37）：6401-6408.

[125] Chen Q，Wang C，Zhan Z X，et al. Near-infrared dye bound albumin with separated imaging and therapy wavelength channels for imaging-guided photothermal therapy. Biomaterials，2014，35（28）：8206-8214.

[126] Rong P，Huang P，Liu Z，et al. Protein-based photothermal theranostics for imaging-guided cancer therapy. Nanoscale，2015，7（39）：16330-16336.

[127] Chen Q，Liang C，Wang X，et al. An albumin-based theranostic nano-agent for dual-modal imaging guided photothermal therapy to inhibit lymphatic metastasis of cancer post surgery. Biomaterials，2014，35（34）：9355-9362.

[128] Ma Y，Tong S，Bao G，et al. Indocyanine green loaded SPIO nanoparticles with phospholipid-PEG coating for dual-modal imaging and photothermal therapy. Biomaterials，2013，34（31）：7706-7714.

[129] Tan L，Liu T，Fu C，et al. Hollow ZrO_2/PPy nanoplatform for improved drug delivery and real-time CT monitoring in synergistic photothermal-chemo cancer therapy. Journal of Materials Chemistry B，2016，4（5）：859-866.

[130] Li Z，Hu Y，KA H，et al. Multifunctional bismuth selenide nanocomposites for antitumor thermo-chemotherapy and imaging. ACS Nano，2016，10（1）：984.

[131] Padmanabhan P，Kumar A，Kumar S，et al. Nanoparticles in practice for molecular-imaging applications：an overview. Acta Biomaterialia，2016，41：1-16.

[132] Zhou F，Wang H，Chang J. Progress in the field of constructing near-infrared light-responsive drug delivery platforms. Journal of Nanoscience & Nanotechnology，2016，16（3）：2111.

[133] Yan L，Qiu L. Indocyanine green targeted micelles with improved stability for near-infrared image-guided photothermal tumor therapy. Nanomedicine，10（3）：361-373.

[134] Deng L，LI Y，Gong L，et al. Preparation of Ag$_2$S nanocrystals for NIR photothermal therapy application. Journal of Inorganic Materials，2018，33（8）：825-831.

[135] Zhou Z，Kong B，Yu C，et al. Tungsten oxide nanorods：an efficient nanoplatform for tumor CT imaging and photothermal therapy. Scientific Reports，2014，4（1）：3653.

[136] Liu Y，Ashton J R，Moding E J，et al. A plasmonic gold nanostar theranostic probe for *in vivo* tumor imaging and photothermal therapy. Theranostics，2015，5（9）：946-960.

[137] Chen H，Zhang X，Dai S，et al. Multifunctional gold nanostar conjugates for tumor imaging and combined photothermal and chemo-therapy. Theranostics，2013，3（9）：633-649.

[138] Li D，Zhang Y，Wen S，et al. Construction of polydopamine-coated gold nanostars for CT imaging and enhanced photothermal therapy of tumors：an innovative theranostic strategy. Journal of Materials Chemistry B，2016，4：4216.

[139] Zha Z，Zhang S，Deng Z，et al. Enzyme-responsive copper sulphide nanoparticles for combined photoacoustic imaging，tumor-selective chemotherapy and photothermal therapy. Chemical Communications，2013，49（33）：3455-3457.

[140] Qian X X，Liu S S，Cheng T，et al. Two-dimensional TiS$_2$ nanosheets for *in vivo* photoacoustic imaging and photothermal cancer therapy. Nanoscale，2015，7：380-6387.

[141] Huang P，Lin J，Li W，et al. Biodegradable gold nanovesicles with an ultrastrong plasmonic coupling effect for photoacoustic imaging and photothermal therapy. Angewandte Chemie International Edition，52（52）：13958-13964.

[142] Zhou M，Li J，Liang S，et al. CuS nanodots with ultrahigh efficient renal clearance for positron emission tomography imaging and image-guided photothermal therapy. ACS Nano，2015，9（7）：7085-7096.

第10章

siRNA 纳米递送体系在肿瘤基因治疗中的应用

干扰性小核糖核酸（small interfering RNA，siRNA）具有选择性靶向并下调疾病基因的特性，广泛应用于各类疾病的治疗，尤其在恶性肿瘤的治疗中意义重大。如何将 siRNA 高效地输送到靶点是 siRNA 调控基因治疗疾病面临的严峻挑战。本章阐述了 siRNA 的发现、发展及发挥基因沉默作用的机理，总结了 siRNA 纳米载体在肿瘤治疗中的应用，重点综述了基于刺激响应材料设计的 siRNA 纳米递送系统用于癌症治疗的策略。最后，分析了 siRNA 纳米递送体系面临的问题，并对 siRNA 纳米递送体系在临床领域中的应用进行了展望。

10.1　概述

癌症的发生发展过程与某些基因密切相关，因此探索并编辑这些基因成为寻求治疗癌症的重要策略。基因治疗（gene therapy）是将外源正常基因导入靶细胞，以纠正或补偿由基因缺陷和异常所引起疾病的治疗方法。基因治疗通过封闭抑制或者激活特定基因达到治疗目的，可以从根源上修正引起疾病的异常基因，使治疗手段从传统的手术、放疗以及化疗发展到分子水平。基因治疗已用于治疗多种疾病，尤其在遗传病、恶性肿瘤以及心血管疾病等方面取得了可喜的治疗效果。其中，运用 RNA 干扰（RNA interference，RNAi）技术研发的制剂受到医药专业研究人员的高度重视，在基因治疗中具有巨大的研究潜力。

20 世纪 90 年代，在矮牵牛花中观察到基因沉默现象。植物科学家 Jorgensen 等[1]的研究表明，通过在矮牵牛花中引入外源基因的酶可产生变色现象（图 10.1）。Fire 等[2]第一次报道了在秀丽新小杆线虫中双链 RNA 可以触发互补信使 RNA 序列的基因沉默，并提出了"RNA 干扰"（RNAi）一词。在 RNAi 技术中，siRNA 起到了核心作用。Elbashir 等[3]报道了在体外哺乳动物细胞中引入外源 siRNA 诱导序列，实现特异性敲除基因。Mccaffrey 等[4]首次在小鼠中观察到 siRNA 对丙型肝炎病毒特定序列基因沉默的效果。2004 年，研究者开发了第一种基于 siRNA 的治疗药物，该药物用于治疗湿性老年性黄斑变性疾病，并进入临床 I 期试验[5]。2006 年，Fire 和 Mello 被授予诺贝尔生理医学奖，以表彰他们对 RNAi 的重要发现。Davis 等[6]首次制备了负载 siRNA 的纳米颗粒，并通过尾静脉注射将 siRNA 靶向递送至小鼠体内。

图 10.1   RNAi 沉默矮牵牛花中的色素沉着基因[7]

10.1.1 RNA 干扰机理

RNA 干扰（RNAi）现象广泛存在于包括动物在内的真核生物中，是由长双链 RNA（dsRNA）介导转录后的基因沉默机制（图 10.2）。细胞质中的核酸内切酶 Dicer 可以将 dsRNA 切割为小片段的 RNA（21～23 个核苷酸长），即 siRNA。siRNA 与相应的酶结合形成 RNA 诱导的沉默复合体（RNA-induced silencing complex，RISC）。RISC 包含 Argonaute 蛋白质，它能够切割和去除 siRNA 双链

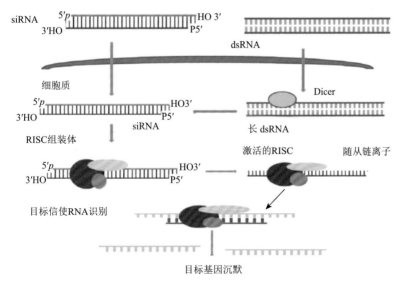

图 10.2   RNAi 技术的作用机理

中的随从链，剩余 siRNA 中的反义链与 Argonaute 蛋白质结合，反义链通过碱基互补配对原则与靶标 RNA 特异性识别[8, 9]。Argonaute-2 降解与反义链互补的信使 RNA（messenger RNA，mRNA）[10]，在 siRNA 反义链的 5'端的 10～11 碱基之间发生核苷酸裂解[11-14]，从而导致基因沉默和 mRNA 降解。

10.1.2　siRNA 纳米载体在肿瘤治疗中面临的挑战

作为基因沉默的一种工具，siRNA 在疾病治疗方面具有广阔的应用前景。但是 siRNA 在体内不能有效并可控地释放等原因，限制了其在临床上的应用[15]。利用静脉注射向体内输送 siRNA 的给药方法要穿越一系列障碍才能到达细胞内靶点。注射后，siRNA 复合体进入人体循环系统，必须避免肾脏的过滤和吞噬细胞的摄取，以及血清蛋白相互作用引发的聚集，此外还要防止内源性核酸酶对 siRNA 的降解[16]。在 siRNA 的应用中发现，首先面临的生物屏障是血浆和组织中核酸酶的降解问题。血浆中主要的核酸酶是 3′→5′核酸外切酶，它会导致核苷酸间键的裂解。据报道，未经过修饰的 siRNA 在血清中的半衰期是从几分钟到 1 h 不等[17]。此外，一些动物研究表明，肾脏在 siRNA 清除中起着关键作用，生物分布研究结果显示，siRNA 在肾脏中被摄取累积的量最多。除了核酸酶降解和肾脏清除，siRNA 在体内递送遇到的另一个主要障碍是网状内皮系统（reticuloendothelial system，RES）的摄取。RES 由吞噬细胞组成，包括循环单核细胞和组织巨噬细胞，它的生理功能是清除外来病原体、细胞碎片和凋亡的细胞[18]。在肝脏和脾脏中含有大量的巨噬细胞，这两个器官具有血流量高、毛细血管丰富的特点。因此，给药后这些器官内 siRNA 的浓度会累积升高[19]。此外，游离 siRNA 是一种阴离子型亲水性的双链小 RNA，不易被细胞摄取。而且 siRNA 的亲水性和负电荷使它们不能轻易跨越细胞膜，因此 siRNA 需要借助载体携带才能进入细胞[20]。

在有关 siRNA 治疗癌症的研究中，除了克服上述障碍，还要面临潜在的"脱靶"效应。与靶基因有很强同源性的基因很有可能会被无意敲除，因此会产生副作用，从而产生不可预测的负面后果和严重的毒性效应[21, 22]。此外，免疫刺激是 siRNA 治疗癌症面临的另一挑战。免疫刺激是指天然免疫系统识别并清除双链 siRNA，外源引入过多的 siRNA 会导致先天免疫反应。先天免疫系统会通过双链 RNA 传感器，在 TLR7（Toll 样受体 7）、TLR8 和 TLR9 识别 siRNA 后，激活 NF-kB 和干扰素调节因子，产生蛋白激酶 R、炎性细胞因子及干扰素[23-25]。为了克服上述障碍，实现体内 siRNA 的靶向递送，开发安全有效的递送系统至关重要。

siRNA 和 siRNA 载体是实现基因沉默的两大因素，其中载体的安全性和有效性是实现基因沉默治疗疾病的关键。在体内输送的研究中，siRNA 的载体系统主要分为两大类：病毒载体系统和非病毒载体系统。病毒载体系统有腺病毒、慢病毒、逆转录病毒等；非病毒载体的种类有很多，大致可分为阳离子脂质体、阳离子细胞穿膜肽、阳离子聚合物（聚乙烯亚胺、水凝胶、壳聚糖等）、树枝状大分子（树枝状环糊精、碳硅烷树枝状大分子等）、无机纳米材料（磷酸钙、碳酸钙、石墨烯、碳纳米管、纳米金等）、共轭发光聚合物纳米颗粒等[26-29]。阳离子脂质体是最早研究的非病毒载体，具有高效的转染效率，但对细胞的毒性较大；阳离子细胞穿膜肽是由氨基酸组成的多肽，可携带药物穿透细胞膜，进入细胞质；阳离子聚合物包含范围广，涉及物质多，是非病毒载体中种类最多的一类载体；树枝状大分子具有多分枝，便于化学改性和功能化，应用范围广泛；由于无机纳米材料具有高负载率、良好的生物相容性和生物可降解性等优点，近些年将其作为 siRNA 的递送载体；共轭发光聚合物纳米颗粒具有发光亮度高、光稳定性和生物相容性好等特点，在生物医学领域应用广泛，在 siRNA 递送体系中可同时作为载体和荧光示踪剂。siRNA 非病毒载体是当前的研究热点之一，生物体内 siRNA 需要通过层层关卡才能发挥基因沉默作用，目前已经开发了多种递送载体用于负载 siRNA，并向全身递送至实体瘤，这些载体能够保护 siRNA 免受核酸酶降解，避免肾脏的快速过滤以及吞噬细胞的摄取，并进一步从血液渗透到肿瘤组织。负载 siRNA 的纳米载体一旦到达肿瘤组织，需要经历进入肿瘤细胞、从内涵体逃逸至细胞质、释放 siRNA 以形成 RISC 的复杂过程。这对 siRNA 递送载体提出很高的要求，即向体内注射负载 siRNA 的递送系统后，必须确保 siRNA 在血液循环中避免核酸酶降解，且不被网状内皮系统清除，以保证 siRNA 的活性。因此用于递送 siRNA 的载体系统应具有以下特征：①在血液循环中保持稳定；②具有靶向识别能力；③具有内涵体逃逸功能；④选择性地从稳定结构中向细胞质释放 siRNA。因此，本章针对目前体内递送 siRNA 存在的各种生理屏障，主要阐述癌症治疗中开发 siRNA 纳米递送系统的最新进展。

10.2　提高纳米载体的稳定性

增加 siRNA 在血液循环中的稳定性，延长 siRNA 在体内的滞留时间是 siRNA 在体内发挥基因沉默作用的前提。纳米递送载体内部通过静电作用、疏水作用和氢键维持稳定。因此合理设计组成纳米载体构建单元的化学结构将有助于提高载体的稳定性[30, 31]。

10.2.1　基于静电作用构建纳米载体

阳离子聚合物可与带负电的 siRNA 通过静电作用形成纳米颗粒，阳离子聚合物材料包括树枝状和线性聚乙烯亚胺（polyethyleneimine，PEI）、聚赖氨酸（poly-L-lysine，PLL）、基于环糊精的多聚阳离子材料等，这些材料均可通过静电作用与 siRNA 自组装形成纳米颗粒，以保护 siRNA 免受核酸酶降解。通过增强递送载体与 siRNA 的静电作用可提高递送载体的稳定性。例如，提高 PEI 中仲胺和叔胺基团的质子化能够增强其表面电荷浓度，PEI 与 siRNA 的结合越紧密，递送系统越难解离。除提高 PEI 表面正电荷浓度外，也可用 PLL-聚乙二醇（PEG）共聚物延长 siRNA 在体内的循环时间。相比于低分子量的 PLLs（分子量 7000），高分子量的 PLL（分子量 28000）能增加 siRNA 在血液中的循环时间。在这种共聚物的设计里，将亲水性的长链 PEG 引入阳离子聚合物 PEI 中，提高 PEI/siRNA 复合物的稳定性，同时降低 PEI 的毒性[32]。

最近，Edwardson 等[33]设计了一种向体内输送 siRNA 的介孔蛋白笼，在该蛋白笼管腔内引入精氨酸突变体，形成了内腔带正电荷的胶囊。该胶囊在体外通过静电作用吸引带负电的寡核苷酸，将多孔蛋白笼转变为核酸的递送载体。实验结果表明，装载 siRNA 的蛋白笼被哺乳动物细胞摄取后，在细胞质中有效释放 siRNA，有明显的基因沉默效果。这种设计也可以在替代支架方面展开应用，从而加快人工蛋白笼向药物递送方向的发展。当前已开展利用非病毒蛋白容器向生物体递送核酸的工作，通过引入最小的突变体产生相关的功能，精确计算药物的负载剂量，将静电作用封装目标物的策略转化为有效的寡核苷酸载体。虽然该载体系统尚需优化，但其易于化学修饰，有助于进一步解决易受核酸酶降解、靶向性差、潜在免疫原性等问题。

目前常用过量的阳离子载体与 siRNA 通过静电作用形成稳定的正电性复合物。尽管正电性复合物有利于细胞摄取，在细胞水平具较好的转染效果，但在活体应用时，正电性复合物刺激负电性的细胞膜，扰动细胞生长的微环境，具有严重的血液毒性，因此在活体应用受到限制。目前常采用聚乙二醇（polyethylene glycol，PEG）、聚阴离子等屏蔽其表面的正电荷，可显著降低复合物正电性引起的毒性。但是有研究表明，负电性的聚阴离子易与复合物中的阳离子载体结合，从而将负载的 siRNA 从二元复合物中置换出来，大大降低结合率。此外，这种依赖静电作用形成的包覆层稳定性较差，在血液中易被负电性组分（如血浆蛋白等）竞争脱落。

10.2.2 基于"协同组装"策略构建纳米载体

为进一步提高 siRNA 载体在生物体内的稳定性，Sun 等[34]提出基于物理静电作用和点击化学的协同组装策略。该工作通过静电驱动的物理组装和点击化学反应介导的化学组装相结合，建立了一种"协同组装"递送 siRNA 的新方法，与仅基于物理组装的传统递送方法相比，该方法表现出更高的安全性和负载效率。然而，该方法是基于脂质复合物构建的，虽然对 siRNA 仍具有较高的负载能力，但仍具有富阳离子性质。因此，通过点击化学在阳离子载体表面直接化学修饰聚阴离子透明质酸（hyaluronic acid，HA），生成复合物，此复合物隐藏了载体的正电荷，且不影响与 siRNA 的结合率，降低了复合物的毒性，增强了其在血液中的稳定性。此外，掺入的聚阴离子使载体具有更好的生物学特性，如延长循环时间、靶向识别肿瘤组织的能力等。实验结果表明，与物理吸附组装得到的复合物相比，使用"协同组装"获得的脂质-聚合物混合纳米颗粒（RSC-HA）在体内血液循环中具有更高的稳定性和肿瘤靶向效率。纳米颗粒经内吞作用进入细胞后，关闭RSC-HA 对 siRNA 的保护作用，在细胞内信号诱导的作用下释放 siRNA，增强了基因沉默能力。这种物理和化学相结合的协同组装为开发安全、稳定和功能化的siRNA 递送系统提供了有效的策略。

10.3　提高纳米载体的靶向性

目前在非病毒载体系统中开发高效的 siRNA 递送体系已经取得了显著进展。然而，这些方法必须使用大量的 siRNA 以提高基因沉默的效率。此外，细胞特异性靶向可以防止脱靶效应，从而减少治疗剂的副作用。将 siRNA 靶向递送至特定细胞或组织的常用方法是与配体结合，利用配体与特定蛋白的特异识别性质靶向识别特定细胞或者肿瘤组织，常用的配体有抗体、核酸适体、多肽等。

10.3.1　多肽修饰的纳米载体

将 siRNA 共价修饰到多肽上是提高 siRNA 递送的重要方法之一。因为细胞膜带有负电性，具有阳离子性质的细胞穿膜肽（cell-penetrating peptides，CPP）能够增强与细胞的结合，并携带物质穿透细胞膜进入细胞内部。在各种哺乳动物细胞系中，共轭修饰细胞穿膜肽的 siRNA 对靶受体蛋白表现出了较好的基因沉默效果。但是，带负电荷的 siRNA 与细胞穿膜肽共轭结合后会中和正电荷并降低穿膜的效率[35]。另外，CPP-siRNA 缀合物具有正电性，可能会造成细胞膜的扰动，具有一定的细胞毒性[36]。

Dong 等[37]采用两亲性树状分子弹道方法向活体内输送 siRNA 纳米载体，该两亲性树状分子含有携带 RGDK 弹头的双靶向肽，可将 siRNA 靶向传递到肿瘤组织并被肿瘤细胞摄取。在该体系中，靶向肽通过其弹头与肿瘤细胞上的整合素和神经素-1 受体特异性识别，从而靶向进入肿瘤组织。带有正电荷的两亲性树状大分子与 siRNA 静电组装后，得到的 siRNA/树状大分子复合物带正电荷，与带负电荷的靶向肽通过静电作用形成稳定的纳米粒子。该结构既能保护 siRNA 不被核酸酶降解，又能保持靶向肽 RGDK 对肿瘤组织的靶向性。因为制备的纳米颗粒整体表现正电性，所以具备 siRNA 从内涵体中逃逸的能力。与非靶向或共价树状大分子系统相比，靶向树状大分子载体系统具有更强的 siRNA 递送能力、更高的基因沉默效果和更好的抗癌活性。因此，具有双靶向肽的递送系统作为一种非病毒载体在靶向递送领域表现出良好的应用前景。

10.3.2 抗体修饰的纳米载体

在靶向递送药物领域，利用抗体-抗原的特异性识别是最常用的方法之一。Song 等[38]开发了一种鱼精蛋白-抗体融合蛋白体系，用于生物体内靶向递送 siRNA。他们将鱼精蛋白（一种结合核酸的蛋白质）与针对人类免疫缺陷病毒 I型（HIV-I）包膜蛋白的 Fab 融合，并将 siRNA 与融合蛋白混合制备复合体。实验中，采用制备的融合蛋白/siRNA 复合体处理感染的原代 T 细胞。结果表明，该靶向复合体有效抑制了感染的原代 T 细胞中的病毒复制。Kumar 等构建了能特异性识别 T 细胞的 siRNA 递送体系，并应用于临床前动物模型的研究[39]。在该研究中，CD7 特异性单链抗体与寡-9-精氨酸肽（scFvCD7-R9）共价连接，利用 CD7分子特异性识别 T 细胞表面蛋白分子，用于特异性识别人源化小鼠中的 T 细胞递送 siRNA。实验结果表明，该复合体成功将 siRNA 递送至 T 细胞并抑制 HIV 感染小鼠的 HIV 复制。

10.3.3 核酸适体修饰的纳米载体

核酸适体是经体外筛选技术即指数富集配体系统进化（systematic evolution of ligands by exponential enrichment，SELEX）技术筛选出的能特异结合蛋白质或其他小分子物质的寡聚核苷酸片段。它是一系列单链核酸分子，与特异靶分子相结合，特异性同抗体一样，对可结合的配体有严格的识别能力和高度的亲和力，因此在靶向递送 siRNA 的研究中应用广泛。适体具有与蛋白受体结合选择性高、免疫原性低、易于化学修饰、易存储等优点[40]。McNamara 等[41]开发了一种适体与siRNA 嵌合的 RNA 干扰体系，用于靶向递送 siRNA。嵌合体的适体部分特异性结合前列腺特异性膜抗原（prostate specific membrane antigen，PSMA），而 siRNA部分则抑制生存基因的表达。结果表明，嵌合 RNA 只与 PSMA 表达的细胞结合，从而导致 siRNA 靶蛋白的缺失和细胞死亡。此外，在前列腺癌的异种移植模型中，采用嵌合 RNA 处理，可特异性抑制肿瘤生长并介导肿瘤消退。Abdelmawla 等[42]开发了一种基于 RNA 纳米粒子的 siRNA 载体。该工作中，pRNA（packaging RNA）是一条 117 个碱基组成的 RNA 分子，六个 pRNA 单体之间互相联结组成六合体环状结构，称作纳米马达（nano-motor），可以用来研究 phi29 噬菌体 DNA 的体外包装[43]。经化学修饰和叶酸受体靶向包装，将该 RNA 纳米粒子用于 siRNA 的靶向递送，在体内显示出极高的稳定性，血液中半衰期为 5～10 h，在癌组织中的保留时间超过 8 h，并且在异种移植肿瘤模型中也具有靶向递送 siRNA 和基因沉默的功效[42-45]。

细胞核是细胞的控制中心，它可以通过调节基因的表达来维持遗传的完整性和控制细胞活动[46-50]。考虑到细胞核是最重要的细胞器和遗传信息的目的地，将治疗药物输送到细胞核可以极大地提高基因治疗的效率。核定位信号肽已被用作核定位的有效靶向片段[51-56]，它能够将纳米载体递送到细胞核中。因此，核定位信号肽可以将 siRNA 递送系统导入细胞核，使其在细胞核内发挥基因沉默作用。最近也有关于靶向肿瘤细胞细胞核递送 siRNA 的纳米载体的报道。Li 等[57]开发了一种新型、高效的纳米递送策略，他们构建了用于癌细胞内靶向细胞核递送 siRNA 的纳米载体（图 10.3）。纳米载体是在金纳米粒子（AuNPs）表面通过金-硫醇键结合 siRNA 形成致密外壳。核酸和 AuNPs 结合后在水溶液中具有较好的分散性、较低的免疫原性和良好的生物相容性[58]。在 AuNPs 表面进一步修饰核定位信号肽，实现靶向细胞核。当纳米载体在受体介导的内吞作用下进入细胞时，核定位信号肽与核孔蛋白结合，并将纳米载体转入细胞核。因为细胞遗传信息和转录机制发生在细胞核里[46]，所以可以在细胞核实现基因沉默。细胞核内表达的胸腺嘧啶激酶 1（TK1）启动子与细胞分裂密切相关，被认为是肿瘤生长的重要标志[59, 60]。一旦将由纳米载体负载的 siRNA 导入细胞核后，siRNA 能够靶向 TK1 启动子，该启动子可以启动 RNA 定向的 DNA 甲基化，该甲基化由体细胞分裂产生，并诱导同源启动子的长期转录沉默。

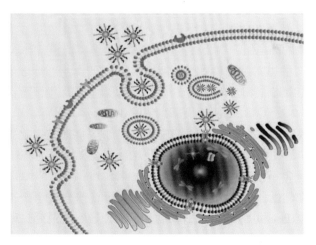

图 10.3　基于金纳米簇表面金硫键构建靶向细胞核纳米载体递送 siRNA 的示意图[57]

10.4　基于内源性刺激因素诱导释放 siRNA 的纳米载体设计策略

与健康状态相比，在患疾病的器官、组织和细胞等层面上，其微环境的各项生理参数水平存在显著差异，因此一些生理变化可作为诊断疾病的判断依据，并成为癌症治疗中控制药物释放的内源性刺激因素。

10.4.1 氧化还原环境触发纳米载体释放 siRNA

活性氧（reactive oxygen species，ROS）是所有需氧生物产生的一类高活性的化学物质，主要包括过氧化氢（H_2O_2）、单线态氧（$^1O_2$）、羟基自由基（·OH）和超氧自由基（·O^{2-}），它们在不同的细胞信号通路中起重要作用。正常细胞维持 ROS 平衡，因为过量产生 ROS 会引起氧化应激反应，进而会导致细胞损伤和器官功能下降[61]。氧化和还原物种之间的氧化还原平衡通过酶的调节实现，如超氧化物歧化酶（superoxide dismutase，SOD）和谷胱甘肽过氧化物酶（glutathione peroxidase，GSH-Px）等。大量研究表明，侵袭性代谢和活性氧清除剂的失调会导致肿瘤细胞中活性氧的大量积累，引起谷胱甘肽（GSH）上调以适应氧化应激反应[62]。ROS 会促进肿瘤细胞增殖，破坏氧化还原平衡的试剂消耗活性氧将会影响肿瘤细胞增殖，然而，正常细胞由于基础活性氧含量低且抗氧化能力强而不容易受试剂的影响[63]。

肿瘤细胞的 ROS 水平约 100 μmol/L，比正常细胞高 10～100 倍，因此，可通过 ROS 裂解硫醇缩酮和芳基硼酸键或氧化硫醇和二茂铁单元来控制药物释放[64-66]。Wilson 等[67]在聚合物骨架中引入对 ROS 敏感的硫代酮键，并利用聚合物自组装将 siRNA 封装起来，口服递送到肠道组织。硫代酮键在酸、碱和蛋白酶存在时稳定（不降解），但在发炎的肠道组织中会被高浓度 ROS 裂解，诱导 siRNA 释放。类似地，Liu 等[68]报道了一种 ROS 响应型荧光双亲性树状大分子，可在癌细胞中传递 siRNA。肿瘤细胞内源性 ROS 裂解了树状分子中对 ROS 敏感的硫缩醛键，促进了 siRNA/载体的特异性和高效分离，实现了有效的 siRNA 传递和基因沉默。

为了维持氧化还原平衡，肿瘤细胞内产生了大量的抗氧化剂，如谷胱甘肽（GSH），以中和活性氧引起的氧化应激反应。肿瘤细胞内 GSH 的浓度为 2～10 mmol/L，是正常细胞内浓度的 4 倍，但在细胞外肿瘤微环境的 GSH 水平急剧下降至 2～20 μmol/L。利用 GSH 浓度梯度差异可设计 GSH 响应型释放药物的纳米载体[69-72]（图 10.4 和图 10.5）。二硫键遇到还原性物质或通过硫醇-二硫化物与含硫醇分子的交换会裂解成硫醇。在细胞外低浓度 GSH 的环境中，二硫键稳定，而在肿瘤细胞内二硫键将裂解成硫醇。为确保穿过内皮细胞（60～80 nm）和细胞间隙（约 10 nm）向深层组织穿透，通过 siRNA 与携带多个胍离子（Gu^+）单元的水溶性二巯基单体氧化聚合，合成了尺寸均匀（7 nm）的纳米囊片[71]（图 10.4）。在高浓度 GSH 介导的二硫键劈裂后，包装在纳米囊内部的 siRNA 被释放出来。最近，该课题组报道了一种转铁蛋白修饰的纳米囊用来递送 siRNA，它可以在转铁蛋白的作用下将 siRNA 递送到深度接近 70 μm 的组织中[73]。通过利用先前已经开发的含有多个胍离子单元的水溶性分子胶，在富含氧负离子的条件下，利用多价盐桥发生的较强相互作用，可以牢固地黏附蛋白质、核酸、磷脂膜，甚至黏土纳米片。研究发现一条 siRNA 链可以氧化聚合一个附加 Gu^+ 的大分子单体，该单体具有四个带硫醇（SH）末端的 Gu^+ 单元，所得 siRNA 纳米囊水动力直径（Dh）小于 10 nm。在还原条件下，可裂解纳米囊结构中的二硫键。因此，在富含 GSH 的细胞质中，包含 siRNA 的纳米囊结构被破坏，释放 siRNA，引起基因沉默。除二硫键外，二硒键也可以被 GSH 裂解，但由于硫作为电子受体的活性远大于硒，所以二硒键还原动力学较慢。He 等[74]设计了一个分层三元体系，将 siRNA 与二硒化物和二硫化物聚合在一起。该纳米载体对肿瘤部位和细胞内的双重还原梯度呈逐步响应，发挥了有效的 siRNA 释放和基因沉默作用。此外，GSH 还可将二茂铁阳离子还原为二茂铁，将其由亲水性转变为疏水性，导致负载 siRNA 囊泡破裂，实现快速释放 siRNA 和有效的基因沉默[75]。此外，基于氧化还原反应设计的纳米载体降解时会消耗大量氧化还原物质，破坏细胞内氧化还原平衡，这在肿瘤治疗中有希望与其他策略结合[76]。

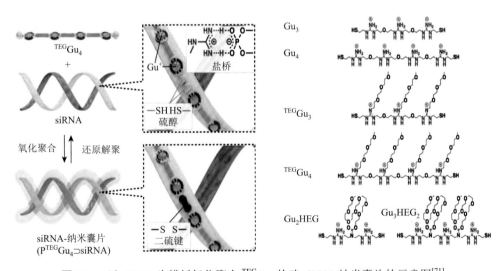

图 10.4　以 siRNA 为模板氧化聚合 $^{TEG}Gu_4$ 构建 siRNA 纳米囊片的示意图[71]

Gu_3: 含 3 个胍离子的二硫醇单体；Gu_4: 含 4 个胍离子的二硫醇单体；$^{TEG}Gu_3$: Gu_3 单体的胍离子带甘三醇侧链；$^{TEG}Gu_4$: Gu_4 单体的胍离子带甘三醇侧链；Gu_2HEG: Gu_2 单体的两个胍离子中间带七聚乙二醇侧链；Gu_3HEG_2: Gu_3 单体的两个胍离子中间带七聚乙二醇侧链；$P^{TEG}Gu_4{\supset}siRNA$: 包裹 siRNA 的聚合物

　　虽然对于纳米颗粒在药物输送方面开展的研究颇多，但是，目前还缺乏能够加载一系列药物并同时递送 siRNA 的理想纳米结构，期望这类纳米载体可避免与阳离子相关的细胞毒性问题。Zheng 等[77]报道了一种基于 siRNA 的囊泡（siRNAsome）结构，它由对热和细胞内还原剂敏感的疏水性中层、亲水性 siRNA

外壳和空水内腔组成。其中掺入的 siRNA 壳不仅可以稳定纳米颗粒，而且实现了药物和 siRNA 的共同递送。siRNAsome 作为多功能的纳米结构可负载具有不同化学特性的药物，如治疗性蛋白质以及在没有转染剂的情况下共同递送 siRNA。而且固有的热/还原性反应能够触发控制药物装载和释放。实验结果表明，siRNAsome 负载亲水性药物盐酸阿霉素和抗 P-糖蛋白 siRNA 时，对多药耐药癌细胞和肿瘤模型具有协同治疗作用。

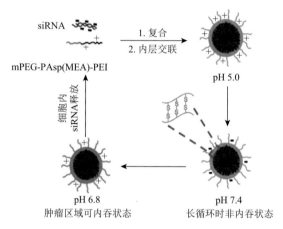

图 10.5　电荷可逆的长循环多聚体 siRNA 纳米载体的构建及其在细胞内响应性释放的原理[70]

mPEG-PAsp(MEA)-PEI：甲氧基聚乙二醇-（2-巯基乙胺接枝聚天冬胺酸）-聚乙二胺嵌段聚合物

10.4.2　酸性 pH 触发纳米载体释放 siRNA

肿瘤组织代谢较快，积累了大量乳酸，形成酸性微环境，导致其周围 pH 梯度与正常组织区域的 pH 梯度不同[78]。在 RISC 机器中，基于 siRNA 的纳米载体在发挥基因沉默前将经历剧烈的 pH 变化过程：它们必须从血管（pH 7.4）渗出，扩散到肿瘤中心（pH 7.2～6.0），然后进入内涵体（pH 5.0～6.5）和溶酶体（pH 4.0），最后进入细胞质中（pH 7.4）。许多灵敏的 pH 响应型制剂已经开发出来，pH 值下降可以质子化可电离的聚合物（如多元酸、阳离子脂质和聚合物、聚氨基酸等），以改变它们的溶解性或静电相互作用，或降解酸可裂解键（如肼、缩酮、酯），进一步破坏纳米载体结构释放药物，实现基因沉默[79-81]。在纳米载体进入酸性内涵体后，pK_a 范围为 5～7 的多胺衍生聚合物可被迅速质子化，并通过质子海绵效应引起内涵体肿胀和破裂，实现内涵体逃逸。该类纳米载体不需要额外的内溶促进剂便可实现内涵体逃逸，因此受到关注，但是在正常组织中却产生严重的副作用。

脂质纳米粒子是目前最常用的 siRNA 递送平台[82]。阳离子脂质制剂表面的正电荷可吸附 siRNA 并促进细胞摄取和内涵体逃逸。Wittrup 小组[83]构建了一种递送 siRNA 的方法，可以通过荧光成像观察细胞摄取脂质纳米载体后释放 siRNA

的过程。结果表明，在细胞摄取纳米载体后 5～15 min 内，成熟内涵体可以短时间迅速释放游离 siRNA，在释放后的几个小时内发生有效的基因沉默，这为设计和优化 siRNA 递送策略提供了方法。为满足体内 siRNA 递送的需求，可将更多的智能基团引入阳离子脂质剂中。例如，可引入叔胺，因为在生理条件下，叔胺的 pK_a 值可调，它可以在酸性缓冲液中电离，并且从疏水态快速转变为亲水态[84]。利用超灵敏的叔胺，Hong 等[85]将聚丙烯酸壳交联到含有二胺键的脂状内核上。叔胺端和酸解二胺的双重 pH 响应行为促进了内涵体逃逸和 siRNA 释放。以聚阳离子为基础的超敏感 pH 响应型纳米胶束能促进细胞内涵体的早期逃逸，并能有效地提高体外转染效率[86]（图 10.6）。但是，在正常细胞和肿瘤细胞内的 pH 值分布是相同的，这意味着酸性内涵体很难实现特异性的 siRNA 释放。

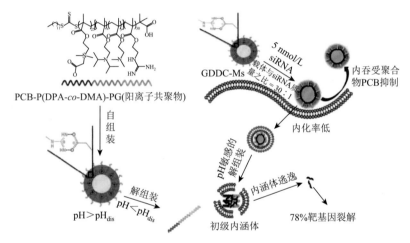

图 10.6　构建小鼠活体肿瘤细胞内递送并高效释放 siRNA 的 pH 敏感纳米胶束示意图[86]

GDDC-Ms：聚阳离子纳米胶束

　　体内网状内皮系统（RES）可以迅速清除阳离子纳米颗粒，这增大了递送药物的难度。用聚乙二醇冠状物修饰纳米载体可以通过增强通透性和滞留（enhanced permeability and retention，EPR）效应减少非特异性吸附并增强在肿瘤部位的被动积累，但这同时降低了肿瘤细胞的靶向摄取效率[87]。最近，在响应型纳米载体的设计中，引入聚乙二醇官能团，有助于避免纳米载体在网状内皮系统中被快速清除。在肿瘤微环境中，随着靶向配体的暴露或表面电荷的逆转，纳米载体表面被激活。利用血液循环与肿瘤细胞外基质之间的 pH 梯度差异，也可有效激活纳米载体，实现穿透和靶向肿瘤组织。Sun 等[88]将 2,3-二甲基马来酰胺酸（DMMA）分子引入胶束传递系统中，该分子对 pH 敏感，可在肿瘤微环境中降解（图 10.7）。聚乙二醇冠状物在酸性肿瘤微环境中裂解脱落，暴露细胞穿膜肽，促进细胞摄取和内涵体逃逸，表现出较高的基因沉默效率。以腺病毒相关病毒（adenovirus associated virus，AAV）为核，在其表面涂覆酸降解的聚合物壳层，制备病毒-聚合物嵌合纳米载体，实现 BCR-ABL 基因调节[58]。纳米载体在内涵体中酸解后，依次释放 siRNA 和病毒，避免了产生 AAV 血清，促进了 BIM 的表达和 MCL-1 的沉默，并协同抑制 BCR-ABL 阳性 K562 和 FL5.12/p190 细胞的增殖。除了聚合物外，可降解的无机纳米粒子也是备受关注的 siRNA 载体。一种基于层状双氢氧化物（layered double hydroxide，LDH）的无机纳米载体在酸性环境中易被降解，具有良好的生物相容性、较高递送效率和基因沉默等优点[89]。

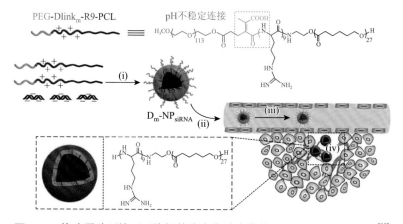

图 10.7　构建弱酸环境下可降解的聚合物纳米载体递送 siRNA 的示意图[88]

（i）PEG-Dlink$_m$-R9-PCL 自组装形成纳米颗粒，并将 siRNA 封装在内部，以提高 siRNA 递送过程中的稳定性；（ii）将纳米载体经静脉注射进入小鼠血管；（iii）在纳米载体随血液循环在血管中的递送过程中，外层 PEG 层延长纳米载体在体内的循环；（iv）酸敏 Dlink$_m$ 不稳定，陆续降解后暴露纳米载体表面的正电荷，大大提高肿瘤细胞摄取纳米载体的能力
PEG-Dlink$_m$-R9-PCL：含酸敏键桥连细胞穿膜肽的共聚物；D$_m$-NP$_{siRNA}$：siRNA 与含酸敏键桥连细胞穿膜肽共聚物自组装的纳米颗粒

　　至今报道的递送 siRNA 的纳米载体中，大多数是基于网格蛋白介导的内吞作用进入细胞，这些纳米载体难免会陷入内涵体或溶酶体，内涵体或溶酶体的酸性环境及多种酶将损坏大多数 siRNA，大大降低了基因沉默效率。为解决这一问题，最近，Qiu 等[90]提出了一种经过内涵体-高尔基体-内质网路线实现 siRNA 基因沉默的方法。目前已有一些研究利用血小板（blood platelet，PLT）、红细胞（red blood cell，RBC）、白细胞（white blood cell，WBC）、癌细胞、巨噬细胞和间充质干细胞等天然细胞膜包裹载药纳米颗粒，开发仿生药物纳米递送系统[91-100]。利用细胞膜表面抗原的特性，这些膜包覆的仿生纳米颗粒主要针对靶向药物在原发肿瘤或其他疾病中的应用。内质网膜作为细胞内最大的内膜系统，作为仿生给药系统的改性剂尚未得到充分的认识和应用。内质网膜中的多种驻留蛋白可通过 COP I 或 COP II 囊泡诱导高尔基体与内质网的定向转运[101-105]。与内涵体-溶酶体路径相比，

这种内涵体-高尔基体-内质网路径将有利于通过 COP I 介导的逆行运输路线将 siRNA 载体通过高尔基体转运到内质网，避免 siRNA 在溶酶体的降解。该设计方案提出了一种利用内质网膜杂化修饰负载 siRNA 阳离子囊泡（EhCv/siRNA NPs）的方法，从癌细胞中分离出内源性内质网膜，用于修饰纳米载体，可促进细胞摄取，并通过 COP I 囊泡转运 siRNA 至内质网，避免溶酶体内降解 siRNA，增强基因沉默效率（图 10.8）。

图 10.8　利用内质网膜表面修饰阳离子载体递送 siRNA 的纳米复合物的组装和递送示意图[90]

10.4.3　酶触发纳米载体释放 siRNA

肿瘤的发生、发展、转移通常与细胞高度表达某些酶密切相关。内源性酶包括两类：一类是分泌到肿瘤细胞外基质中的酶［如基质金属蛋白酶（matrix metalloproteinases，MMP_S）、弗林蛋白酶、碱性磷酸酶、透明质酸酶］，它们经常作为触发器改变纳米载体表面的状态，在纳米载体研究中广泛应用于靶向识别；另一类是肿瘤细胞内过度表达的酶（如酯酶、组织蛋白酶、激酶），它们可切割特定的化学键或肽类底物，裂解纳米载体释放负载的药物[106]。

MMPs 在肿瘤组织中总是过度表达，因此在设计酶激活纳米载体的因素中受到关注[107, 108]。MMP-2 和 MMP-9 是 MMP 家族的两个成员，它们可以特异性识别和降解 Pro-Leu-Gly（PLG）-Leu-Ala-Gly 的多肽序列。利用 PLG 将 PEG 和 PDHA（聚[（1，4-丁二醇）-二丙烯酸酯-β-5-羟基戊基-胺]）连接，形成 PEG-p-PDHA，与 PEI-POHA 共聚物共同制备了 MMP/pH 双敏感的纳米载体，用于紫杉醇和 siRNA 在乳腺肿瘤细胞中的共传递[109]（图 10.9）。在富含 MMP-2 的肿瘤微环境中，PLG 肽裂解，PEG 层被剥离，带正电荷的聚乙烯亚胺（PEI）增强了对肿瘤的穿透和细胞摄取，在细胞内同时释放药物和 siRNA，协同抑制肿瘤生长和转移。

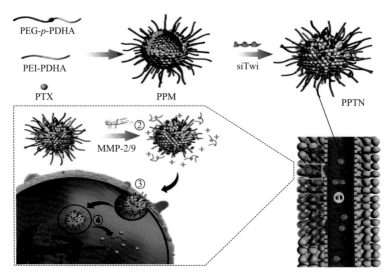

图 10.9 构建肿瘤微环境中基质金属蛋白酶敏感纳米载体实现 siRNA 和化疗药物 PTX 共递送的示意图[109]

①PEG 冠层促进 PPTN 在血液中的长循环；②在肿瘤部位 MMP-2/9 劈裂 PLG 多肽剥离 PEG 冠层，暴露带正电荷的 PEI 壳层；③带正电的 PEI 壳层促进肿瘤细胞摄取载药纳米颗粒；④细胞内溶酶体的酸性环境降解纳米颗粒快速释放 siRNA 和 PTX

PEI-PDHA：PEI 与 PDHA 共聚物；PTX：化疗药物紫杉醇；PPM：载药聚合物胶束；siTwi：Twist 靶干扰 RNA；PPTN：复合 siRNA 的载药聚合物胶束

在调节纳米载体状态释放药物的研究中，肿瘤细胞内过度表达的酶也是被广泛利用的触发因素。例如，Meade 等[110]用磷酸三酯中和的磷酸骨架合成了短干扰核糖核酸中性物，具有良好的血清稳定性，并能高效地传递至细胞。进入细胞后，细胞内的硫酯酶有效地切割载体的中和基团和细胞穿透肽，释放 siRNA，结果显示，在低摩尔浓度范围内就产生表观 EC_{50} 值。Qiu 等[111]报道了一种酯酶应答基因载体，该载体含有 N-丙酸-4-乙酰氧基苄酯取代基的季胺类药物，可用于有效的癌症治疗。酯基经历了快速的酯酶催化水解，随后引发电荷从阳离子到两性离子的逆转，并释放负载药物。为了更好地了解分子结构对药物递送效果的影响，Whitehead 等[112]制备了 1400 种酯酶降解脂类化合物，并对其转染效率和结构功能活性等方面进行了评价。确定了四种结构和 pK_a 标准，在无需事先进行任何生物学测试的条件下，可以可靠地预测纳米载体在体内介导基因沉默的能力，基因沉默效率高达 95%。与其他刺激因素不同的是，这些酶可以特异性地切割其底物，控制靶向病变组织和诱导药物释放。

10.4.4　肿瘤细胞代谢物触发纳米载体释放 siRNA

肿瘤的快速增殖和恶性转移会导致氧、葡萄糖、ATP 和核酸等代谢物失调，因此可以利用这些差异触发纳米载体释放药物。缺氧是肿瘤发展过程中的一个普遍特征，血管结构的改变和由此引起的血流紊乱导致了快速生长的肿瘤氧分压梯度和急性缺氧（<1.4%氧），造成了生存压力，利于肿瘤的发生、转移以及对化疗和放疗的抗药性相关基因的上调。在低氧微环境中，硝基芳香族化合物、醌类化合物和偶氮苯衍生物会发生还原介导的裂解[113]。Torchilin 的研究小组在末端带有聚乙二醇的阳离子共聚物中引入了一种低氧敏感的偶氮苯，用于低氧还原诱导 siRNA 的释放和基因沉默，这是一种有效的肿瘤环境激活的靶向和治疗方式[114]。

生物体内能量传递的分子单位 ATP，是细胞代谢和信号传导必需的生物分子，它主要分布在细胞质内（浓度约为 $1 \sim 10$ mmol/L），在细胞外浓度非常低（<5 μmol/L）。在 ATP 触发药物释放系统的设计中，这种显著的浓度梯度一直备受关注[115, 116]。苯硼酸（PBA）可与核糖环上的 1, 2-顺式二醇形成可逆共价酯，用于捕获 RNA。Naito 等[117]将苯硼酸用作捕捉剂与一种阳离子聚合物结合，通过静电相互作用可以有效地吸引 siRNA，然后通过 PBA-二醇识别它们并将它们牢牢锁定。其一旦暴露在细胞质中，过量的 ATP 二元醇就会与 PBA 基序竞争性结合，释放 siRNA，实现基因沉默。

肿瘤细胞内还有一种广泛应用的触发因素是基因靶标，包括 DNA 片段、mRNA、miRNA。尤其是 miRNA 在基因调控网络中起着重要的作用，在癌症的发生、发展、转移过程中，肿瘤与正常组织相比呈现出不同的 miRNA 表达模式，成为诊断和治疗肿瘤的重要生物标志物。在一些研究工作中，开发设计了基于 miRNA 应答型纳米载体用于控制药物释放和癌症检测[118-120]。如图 10.10 所示，构建了一种 Y 形 DNA 纳米颗粒，以肿瘤过表达的 miR-21 和 ATP 为触发器，有效释放药物和 siRNA，达到了有效抑制肿瘤的目的，同时最小程度损伤正常组织。

内源性刺激可选择性地激活靶点，在肿瘤部位触发载体释放药物。然而，肿瘤具有遗传和表型异质性的特征，导致了肿瘤微环境呈动态变化[121]。细胞外基质、代谢物、趋化因子、生长因子以及周围细胞（如成纤维细胞、免疫细胞、上皮细胞等）可能因患者而异，甚至在同一个人的肿瘤发展和治疗过程中也会发生动态变化[122]。这些不确定因素使得药物剂量和释放动力学难以预测，所以需要更高效、更智能的制剂来满足临床应用的需要。

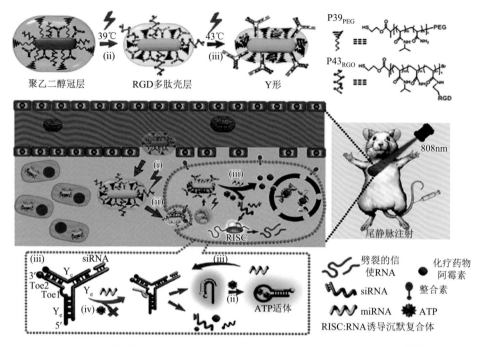

图 10.10 构建由 miRNA 触发和 ATP 驱动的智能纳米载体的示意图[120]

（i）miRNA 识别纳米载体上的 Y 形 DNA 并通过碱基配对释放 siRNA；（ii）适配体特异性识别 ATP；（iii）释放
miRNA 引发识别 Y 形 DNA 的下一个循环

DOX：阿霉素

10.5 基于外部刺激因素诱导释放 siRNA 的纳米载体设计策略

　　光、温度、磁场、超声、电场等外部刺激可在较高时空分辨率下介导主动靶向和控制药物释放，在提高疗效、最小化脱靶效应等方面具有巨大潜力。因此，在药物递送体系引入一些外部刺激触发策略，将有助于把 siRNA 推向临床疾病治疗。

10.5.1 光照触发纳米载体释放 siRNA

　　波长范围为 300～900 nm 的光在调节体内外释放药物的研究中是最常用的外部刺激手段，这一波段的光具有高度可控性和非侵入性。纳米载体吸收不同波长的光后可以通过光异构化、光裂解、光敏化或光热效应等引起纳米载体物理或化学性质的变化。

　　紫外光（UV）和可见光（Vis）有足够的能量引发光化学反应。例如，在介孔二氧化硅纳米载体上共轭的偶氮苯衍生物在紫外光和可见光交替照射下，会发生反式和顺式可逆光异构化，呈现出光调节的靶向激活和药物释放性质[123]。紫外光和可见光还能不可逆转地切割邻硝基苯甲基和香豆素-4-甲基等光敏基团，改变亲水性-疏水性平衡和聚合物的稳定性，释放固定在纳米载体上的药物分子或去除笼状基团[124]。例如，Lee 等[125]利用 3-（4, 5-二甲氧基-2-硝基苯）-2-丁酯（DMNPB）笼状基团保护环状 RGD 肽，设计了光控细胞黏附界面。利用无创面的、时间可调节的紫外光（350～365 nm）照射技术，将植入的生物材料上的细胞黏附界面激活，裂解笼状基团，释放活性环状 RGD 肽，实现调节体内细胞黏附、炎症、纤维包裹和血管化。早期的研究中，在磷酸酯末端引入 DMNPE[1-(4, 5-二甲氧基-2-硝基苯基)乙基]、NPE[1-(2-硝基苯基)乙基]、NPP[2-(2-硝基苯基)丙基]和环十二烷基-3-（4, 5-二甲氧基-2-硝基苯）-2-丁酯等不同的光敏基团，可阻断 siRNA 与 RISC 的结合，在紫外光照射下可使笼状基团脱落，激活基因沉默[126]。然而，紫外线和可见光不仅会造成严重的组织损伤，而且由于组织色素团（如血红蛋白、肌红蛋白和黑色素）的强吸附作用，使得光线在软组织中的穿透深度较浅（＜10 mm），导致不能实现体内光触发药物的高效释放。

波长为 650～900 nm 的近红外（near infrared，NIR）光穿透组织深度约为厘米尺度，具有散射较弱和对组织伤害最小的优异性质，这使得 NIR 响应纳米递送系统具有良好的临床应用前景[127]。但是 NIR 光能量太低，难以引发光化学反应。上转换纳米颗粒能够将吸收的近红外光通过镧系离子独特的梯形能级结构转化为紫外光或可见光[128, 129]。如图 10.11 所示，Li 等[130]用 DMNPE 将 siRNA 封装在介孔二氧化硅包被的上转换纳米颗粒中，实现对细胞分化的远程控制和实时监测。近红外光照射可以切割 DMNPE 基团，释放 siRNA，激活基因沉默，诱导干细胞分化。同时，分化的干细胞内表达基质金属肽酶 13（MMP13），MMP13 可以将纳米颗粒表面的 MMP13 敏感的多肽连接切断，导致具有聚集诱导发光（aggregation-induced emission，AIE）性质的有机染料单元脱离纳米颗粒，发生聚集发出荧光，实现实时监测干细胞分化。Liu 等[131, 132]制备了疏水性内核中掺入光敏剂的聚合物胶束，通过温和的光照（在光密度为 200 mW/cm^2 的绿光下照射 5 min）操纵细胞在体内外的靶向性。利用基于三重态湮没的上转换和荧光共振能量转移（fluorescence resonance energy transfer，FRET）技术，将绿光能量有效地转移并切割共价键，释放 RGD 肽，特异性结合肿瘤细胞。

光敏剂可以吸收光产生 ROS 杀死癌细胞，这种方法被称为光动力疗法（photodynamic therapy，PDT）[133]。最近的研究表明，如果含光敏剂的纳米粒子被近红外光短时间照射，光敏剂会激活周围的分子氧（$^3O_2$）产生 ROS，引起脂质过氧化，导致细胞膜通透性增加、光化学内化和内涵体逃逸。Wang 等[134]的研究小组构建了一种基于光敏剂卟啉的多功能聚合物纳米平台，该平台具有循序渐进的多级刺激响应功能，结合化疗和 PDT 两种疗法，有效增强治疗效果。短时间光照射促进光化学内化和内涵体逃逸，而长时间光照射则产生大量的 ROS，将会裂解 ROS 敏感的化学键并释放药物，同时诱导 ROS 和药物介导的细胞死亡。

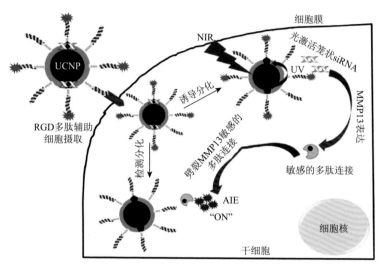

图 10.11　集多肽-UCNP-AIE-siRNA 于一体制备的光控上转换纳米载体用于检测 hMSCs 分化的机制[130]

近红外光还可以被不同的金纳米结构、碳纳米材料和有机纳米粒子等吸收产生热量，利用光热疗法导致癌细胞的热消融并进一步诱导细胞凋亡[133]。热敏聚合物聚 N-异丙基丙烯酰胺（PNIPAM）在最低临界共溶温度（lower critical solution temperature，LCST）下，经历亲水-疏水的可逆相变。通过加入不同比例的其他单体，在 32～50℃之间可以精细地控制 PNIPAM-共聚物的亲水-疏水的可逆相变，这为调节纳米载体的表面组成提供了一种很有前景的方法，实现可控选择性进入细胞[135]。有报道将两个热敏聚合物（分别在 39℃和 43℃发生可逆相变）结合到金纳米棒上，可实现 PEG 和 RGD 之间的表面状态的可逆切换，这种结构能够使纳米载体被目标细胞摄取，肿瘤组织接受辐照后由纳米载体携带的 siRNA 和阿霉素（DOX）暴露并释放出来，有效增加细胞死亡数量，大大减小对正常组织的损伤[120]。如图 10.12 所示，Huang 等[136]用金—硫（Au—S）键将 siRNA 结合在空心金纳米壳（HGN）上，构建等离子体纳米载体，并利用 siRNA 末端的 RPARPAR 肽（RP）来靶向肿瘤细胞。在 800 nm 的近红外光飞秒脉冲作用下，金纳米壳层将光转化为热，硫醇键受热裂解，siRNA 脱离载体。同时，迅速形成气泡，冲破内涵体的束缚释放 siRNA，对细胞结构和功能的破坏较小。

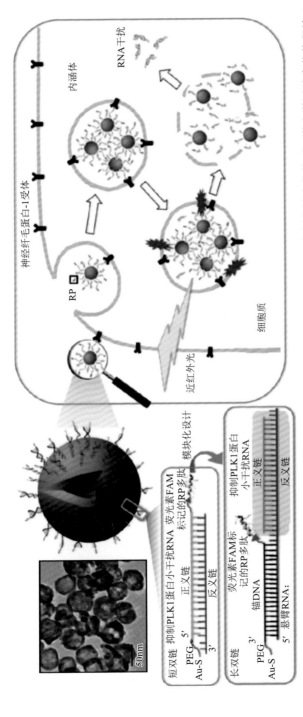

图 10.12　构建靶向肽修饰的空心金纳米壳（HGN）递送 siRNA 的示意图，以及 PPC-1 细胞内摄取纳米载体后，激光激活纳米载体释放 siRNA 的原理[136]

10.5.2 磁场或超声触发纳米载体释放 siRNA

与光相比，磁场具有优异的组织穿透性，在磁共振成像（magnetic resonance imaging，MRI）中应用广泛，MRI 是目前重要的医学成像技术之一。2007 年，Medarova 等[137]首次报道了双功能探针在体内 siRNA 递送中的应用，同时用高分辨率 MRI 和近红外荧光（near infrared fluorescence，NIRF）成像监测肿瘤的发展情况。Wang 等[138]以氧化铁为核组装 siRNA，开发了一种 MRI 成像剂，并用于肿瘤治疗和监测。同时磁性纳米颗粒的磁性操作对于药物的递送是有用的，它可以通过远程磁操纵的方式被引导到所需的细胞或组织[139]。Mykhaylyk 等[140]设计了一种磁性纳米颗粒，并通过磁力辅助转染将核酸递送至靶细胞。与非磁性基因载体相比，该方法利用梯度磁场将磁性纳米载体沉积到细胞表面，转染效率提高了1000 倍。近年来，磁操纵在肿瘤治疗中出现了许多新的治疗策略，在 siRNA 治疗中也显示出潜在的应用前景。交变磁场（alternating magnetic field，AMF）通过偶极子旋转和物理旋转弛豫，使磁矩旋转并通过耗散热能恢复平衡，实现了热控药物释放导致肿瘤消融[141]。Schuerle 等[142]将不同的蛋白酶底物封装在热敏脂质体中，设计了一种蛋白酶活性纳米传感器。在 515 kHz 和 15 kA/m 的交变磁场中，该传感器在疾病部位远程激活，鉴定两种模型小鼠体内底物裂解的不同剖面。如图 10.13 中所示，Cho 等[143]开发了一种磁串联系统，可以在单细胞水平上克服癌症的耐多药性。磁性串联凋亡触发因子（m-TAT）由磁性纳米颗粒结合死亡受体 4（DR4）抗体和抗癌药物阿霉素（DOX）组成。在外部磁场诱导下，单个磁性纳米颗粒通过识别细胞外受体（如 DR4）而在肿瘤细胞膜上附着聚集，激活外部死亡信号受体介导的细胞摄取。由于 GSH 的切割，摄取的纳米载体释放抗癌药物

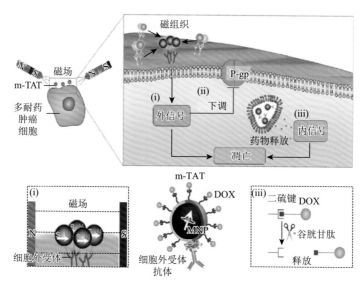

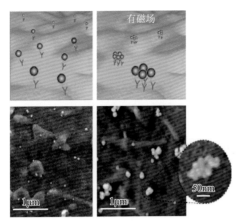

图 10.13　构建磁串联凋亡触发因子（m-TAT）的设计及其在磁场诱导下激活肿瘤细胞摄取并由
GSH 诱导释放 DR4 抗体和 DOX 的作用原理[143]

DOX，引发肿瘤细胞凋亡，为癌症治疗提供了一个新的平台概念。

　　超声是一种无创技术，具有穿透性强、对健康组织危害小的特点，可在疾病部位实现空间控制释放药物。通过改变调谐频率、曝光时间和周期，可以方便地调节穿透深度。超声波可以通过不同的机制触发药物释放。例如，肿瘤组织和纳米载体可以吸收一小部分超声波的能量并转化为热能，从而导致热触发释放。除此之外，超声波会引起声空化的机械变化，其中气泡的成核、生长和破裂会破坏纳米载体稳定实现药物释放。Song 等[144]制备了全氟化碳的纳米液滴作为氧穿梭器，通过超声触发氧输送来调节肿瘤缺氧的微环境。为了最大限度地减少高强度聚焦超声的副作用并防止肿瘤复发，Shi 的研究小组构建了一种有机-无机纳米复合物，用于共同输送全氟辛基溴化物（PFOB）和抗癌药物喜树碱（camptothecine，CPT）[145]。PFOB 能够促进高强度聚焦超声的消融作用，同时增强高强度聚焦超声介导的药物释放，协同抑制肿瘤生长。如图 10.14 中所示，Lee 等[146]用 siRNA

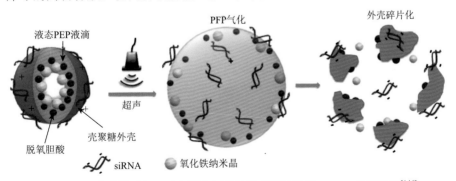

图 10.14　壳聚糖脱氧胆酸包覆全氟戊烷纳米液滴递送 siRNA 的示意图[146]
PFP：全氟戊烷

替代化疗药物用于磁性引导递送和超声控制释放。将 siRNA 静电结合到壳聚糖脱氧胆酸纳米粒上，促进细胞的摄取和凋亡。目前，许多学者还研究了控制释放药物的其他外部刺激，包括微波、切连科夫辐射、电场等。虽然这些技术很少被用于 siRNA 的传递，但是这些开创性的设计积累了丰富的化学、材料和生物学经验，将有助于促进 siRNA 治疗学在未来的临床应用。

10.6 展望

随着化学、材料科学和生物技术的发展，过去十年，在体内药物递送方面，已经设计了数千种生物响应型纳米载体。特别是近几年来，基于纳米载体的递送策略明显促进了 siRNA 在癌症治疗中的研究：①能有效保护载药系统给药后 siRNA 的稳定性，又能将载体靶向递送至肿瘤细胞中发挥作用；②siRNA 的生物分布和药代动力学受纳米载体中刺激响应单元的高度控制；③基于 siRNA 基因沉默的方法与其他治疗方法的联合应用在治疗复杂肿瘤中被广泛研究。然而，尽管科技发达，研究热情高涨，但是这些技术却很少成功地转化为临床癌症诊疗的方法。将来应该聚焦这些问题，提出解决方案。

首先，设计开发的现有结构精巧的纳米载体只能用来解决 siRNA 递送过程中的一两个问题，这很难适应生物体内复杂的微环境。被动靶向和主动靶向由于存在大量的非特异性保留或细胞摄取不良的问题，不能单独满足复杂生物系统的需求。为了进一步提高治疗精度和效果，在纳米载体设计过程中，应当推荐对多种触发因素（内源性和外源性）做出响应的一体化激活策略，实现在这种协同刺激反应系统中触发一个因素就能引发启动肿瘤识别和药物释放，利用肿瘤异质性实现特定的靶向，并利用变化顺序引发刺激响应系统外层的行为，激活目标后触发相应因素作用于药物释放的核心。例如，现已开发的一种用于体内递送 siRNA 的智能纳米载体：iRGD 编码的 PEG 壳层能够延长血液循环，促进被动积累和主动靶向肿瘤，然后用细胞表面蛋白酶裂解 iRGD 肽，暴露 CRGDR 序列，CRGDR 序列与神经鞘素-1 结合，促进肿瘤穿透，经细胞摄取后，三元胺段在溶酶体内快速质子化引起溶酶体肿胀，从而快速逃逸并释放 siRNA，实现有效的基因沉默。相比之下，为了精确定位病变，评估药物动力学和监测治疗反应，显影剂是临床使用纳米载体设计中一个非常重要的组成部分。通过引入量子点、共轭发光聚合物纳米颗粒、金纳米颗粒、碳纳米管、上转换纳米颗粒、磁性纳米颗粒等，不仅可以拥有不同的成像方式（如光学成像、正电子发射断层扫描、核磁共振、光声成像等），也可以附加强大的功能，用于联合治疗（如光动力或光照疗法）。然而，从商业化的角度来看，这些精致的设计往往被认为是"过度设计"，他们更倾向于结构简单、易于规模化、临床安全性高和有效性强的简单设计，因此需要在功能和设计之间进行权衡。事实上，临床治疗中只批准了少数非靶向纳米药物（如 Abraxane1 和 Doxil1），并且在治疗和诊断方面取得了有限的进步。面对商业药物和迷人的概念验证之间的两难境地，应该引入新的想法。最近，Huang 的团队利用抗糖尿病药物二甲双胍合成了一种用于 siRNA 包装的胍化聚合物。这项工作启发我们在研究多功能纳米载体方面应积极探索 FDA 批准材料（如可降解 PLGA 聚合物和荧光 ICG 染料）的新应用，这更容易解决安全性和转译问题。

其次，设计的大多数生物响应型纳米载体都是在体外或动物模型中测试，实验室和医院之间的巨大差距阻碍了临床转化。在将精细的纳米载体用于人体试验之前，应该注意以下两点：其一，人体和动物模型之间的生物因素水平可能不同，而且患者之间也存在差异；其二，在疾病发展的不同阶段，局部生物刺激具有高度差异和动态变化。这些差异为个性化治疗提供了潜在的机会，也为临床实践带来了巨大的挑战。在未来，需要筛选更特异的内源性刺激，如酶和基因靶点，以实现特异性靶向和可控药物释放。同时，结合可人为控制的外部刺激，将大大提高肿瘤靶向和药物控释的精度，以适应复杂的临床应用。

根据近十年先后报道的纳米载体统计发现，能够积累在肿瘤部位的纳米颗粒只占注射剂量的 0.7%。如此低的递送效率让我们不得不重新思考筛选纳米载体的基本原则。大多数体内递送药物的纳米载体的研究是建立在利用实体瘤高通透性和滞留（enhanced permeability and retention，EPR）效应在肿瘤组织上被动积累的理论基础上。但如果是错的呢？目前的结果表明，大多数纳米载体被单核吞噬细胞系统（mononuclear phagocyte system，MPS）隔离，EPR 效应在小鼠体内并不是一个有效的传递途径，更不用说在人体内了。与此同时，目标配体似乎不喜欢预期的主动传递，因为它或者被蛋白质冠层掩盖，或者被体液中的各种酶破坏。如果纳米载体不能在实体肿瘤中积累并到达目标肿瘤细胞，那么我们的工作将毫无意义。因此，今后迫切需要探索新的修饰策略来提高 EPR 的作用或寻找有利于肿瘤组织积累的新机制。

李　琼

参 考 文 献

[1]　Jorgensen R A，Cluster P D，English J，et al. Chalcone synthase cosuppression phenotypes in petunia flowers：comparison of sense vs. antisense constructs and single-copy vs. complex T-DNA sequences. Plant Molecular Biology，1996，31（5）：957-973.

[2]　Fire A，Xu S，Montgomery M K，et al. Potent and specific genetic interference by double-stranded RNA in Caenorhabditis elegans. Nature，1998，391（6669）：806-811.

[3]　Elbashir S M，Harborth J，Lendeckel W，et al. Duplexes of 21-nucleotide RNAs mediate RNA interference in cultured mammalian cells. Nature，2001，411（6836）：494-498.

[4] Mccaffrey A P, Meuse L, Pham T T, et al. Gene expression: RNA interference in adult mice. Nature, 2002, 418 (418): 38-39.

[5] Whelan J. First clinical data on RNAi. Drug Discovery Today, 2005, 10 (15): 1014-1015.

[6] Davis M E, Zuckerman J E, Choi C H, et al. Evidence of RNAi in humans from systemically administered siRNA via targeted nanoparticles. Nature, 2010, 464 (7291): 1067-1070.

[7] Ghosh P, Han G, De M, et al. Gold nanoparticles in delivery applications. Advanced Drug Delivery Reviews, 2008, 60 (11): 1307-1315.

[8] Matranga C, Tomari Y, Shin C, et al. Passenger-strand cleavage facilitates assembly of siRNA into AgO_2-containing RNAi enzyme complexes. Cell, 2005, 123 (4): 607-620.

[9] Tolia N H, Joshua-Tor L. Slicer and the argonautes. Nature Chemical Biology, 2007, 3 (1): 36-43.

[10] Ameres S L, Martinez J, Schroeder R. Molecular basis for target RNA recognition and cleavage by human RISC. Cell, 2007, 130 (1): 101-112.

[11] Rand T A, Petersen S, Du F, et al. Argonaute2 cleaves the anti-guide strand of siRNA during RISC activation. Cell, 2005, 123 (4): 621-629.

[12] Dykxhoorn D M, Lieberman J. Knocking down disease with siRNAs. Cell, 2006, 126 (2): 231-235.

[13] Novina C D, Sharp P A. The RNAi revolution. Nature, 2004, 430 (6996): 161-164.

[14] Lingel A, Sattler M. Novel modes of protein-RNA recognition in the RNAi pathway. Current Opinion in Structural Biology, 2005, 15 (1): 107-115.

[15] Pecot C V, Calin G A, Coleman R L, et al. RNA interference in the clinic: challenges and future directions. Nature Reviews Cancer, 2011, 11 (1): 59-67.

[16] Alexis F, Pridgen E, Molnar L K, et al. Factors affecting the clearance and biodistribution of polymeric nanoparticles. Molecular Pharmaceutics, 2008, 5 (4): 505-515.

[17] Layzer J M, Mccaffrey A P, Tanner A K, et al. *In vivo* activity of nuclease-resistant siRNAs. RNA, 2004, 10 (5): 766-771.

[18] Mosser D M, Edwards J P. Exploring the full spectrum of macrophage activation. Nature Reviews Immunology, 2008, 8 (12): 958-969.

[19] Jackson A L, Bartz S R, Janell S, et al. Expression profiling reveals off-target gene regulation by RNAi. Nature Biotechnology, 2003, 21 (6): 635-637.

[20] Whitehead K A, Langer R, Anderson D G. Knocking down barriers: advances in siRNA delivery. Nature Reviews Drug Discovery, 2009, 8 (2): 129-138.

[21] Jackson A L, Burchard J, Schelter J, et al. Widespread siRNA "off-target" transcript silencing mediated by seed region sequence complementarity. RNA, 2006, 12 (7): 1179-1187.

[22] Hornung V, Guenthner-Biller M, Bourquin C, et al. Sequence-specific potent induction of IFN-alpha by short interfering RNA in plasmacytoid dendritic cells through TLR7. Nature Medicine, 2005, 11 (3): 263-270.

[23] Marques J T, Williams B R. Activation of the mammalian immune system by siRNAs. Nature Biotechnology, 2005, 23 (11): 1399-1405.

[24] Kariko K, Bhuyan P, Capodici J, et al. Small interfering RNAs mediate sequence-independent gene suppression and induce immune activation by signaling through toll-like receptor 3. Journal of Immunology, 2004, 172 (11): 6545-6549.

[25] Harborth J, Elbashir S M, Vandenburgh K, et al. Sequence, chemical, and structural variation of small interfering RNAs and short hairpin RNAs and the effect on mammalian gene silencing. Antisense and Nucleic Acid Drug

Development，2003，13（2）：83-105.

[26] Moon J H，Mendez E，Kim Y，et al. Conjugated polymer nanoparticles for small interfering RNA delivery. Chemical Communications（Cambridge，England），2011，47（29）：8370-8372.

[27] Wang F，Chen H B，Liu Z H，et al. Conjugated polymer dots for biocompatible siRNA delivery. New Journal of Chemistry，2019，43（36）：14443-14449.

[28] Chen H，Fang X，Jin Y，et al. Semiconducting polymer nanocavities：porogenic synthesis，tunable host-guest interactions，and enhanced drug/siRNA delivery. Small，2018，14（21）：e1800239.

[29] Liu Y，Gunda V，Zhu X，et al. Theranostic near-infrared fluorescent nanoplatform for imaging and systemic siRNA delivery to metastatic anaplastic thyroid cancer. Proceedings of the National Academy of Sciences of the United States of America，2016，113（28）：7750-7755.

[30] Schaffert D，Troiber C，Salcher E E，et al. Solid-phase synthesis of sequence-defined T-，i-，and U-shape polymers for pDNA and siRNA delivery. Angewandte Chemie（International ed. in English），2018，50（38）：8986-8989.

[31] Dong Y，Love K T，Dorkin J R，et al. Lipopeptide nanoparticles for potent and selective siRNA delivery in rodents and nonhuman primates. Proceedings of the National Academy of Science，2014，111（11）：3955-3960.

[32] 刘颖，赵俐. siRNA 用于癌症治疗的递送载体设计策略. 医药导报，2018，319（5）：581-586.

[33] Edwardson T G W，Mori T，Hilvert D. Rational engineering of a designed protein cage for siRNA delivery. Journal of the American Chemical Society，2018，140（33）：10439-10442.

[34] Sun Q，Kang Z，Xue L，et al. A Collaborative assembly strategy for tumor-targeted siRNA delivery. Journal of the American Chemical Society，2015，137（18）：6000-6010.

[35] Meade B R，Dowdy S F. Exogenous siRNA delivery using peptide transduction domains/cell penetrating peptides. Advanced Drug Delivery Reviews，2007，59（2）：134-140.

[36] Moschos S A，Jones S W，Perry M M，et al. Lung delivery studies using siRNA conjugated to TAT（48-60）and penetratin reveal peptide induced reduction in gene expression and induction of innate immunity. Bioconjugate Chemistry，2007，18（5）：1450-1459.

[37] Dong Y，Yu T，Ding L，et al. A dual targeting dendrimer-mediated siRNA delivery system for effective gene silencing in cancer therapy. Journal of the American Chemical Society，2018，140（47）：16264-16274.

[38] Song E，Zhu P，Lee S K，et al. Antibody mediated *in vivo* delivery of small interfering RNAs via cell-surface receptors. Nature Biotechnology，2005，23（6）：709-717.

[39] Kumar P，Ban H S，Kim S S，et al. T cell-specific siRNA delivery suppresses HIV-1 infection in humanized mice. Cell，2008，134（4）：577-586.

[40] Wang Y，Li Z，Han Y，et al. Nanoparticle-based delivery system for application of siRNA *in vivo*. Current Drug Metabolis，2010，11（2）：182-196.

[41] McNamara J O，Andrechek E R，Wang Y，et al. Cell type-specific delivery of siRNAs with aptamer-siRNA chimeras. Nature Biotechnology，2006，24（8）：1005-1015.

[42] Abdelmawla S，Guo S，Zhang L，et al. Pharmacological characterization of chemically synthesized monomeric phi29 pRNA nanoparticles for systemic delivery. Molecular Therapy，2011，19（7）：1312-1322.

[43] Guo P，Coban O，Snead N M，et al. Engineering RNA for targeted siRNA delivery and medical application. Advanced Drug Delivery Reviews，2010，62（6）：650-666.

[44] Shu D，Shu Y，Haque F，et al. Thermodynamically stable RNA three-way junction for constructing multifunctional nanoparticles for delivery of therapeutics. Nature Nanotechnology，2011，6（10）：658-667.

[45] Haque F，Shu D，Shu Y，et al. Ultrastable synergistic tetravalent RNA nanoparticles for targeting to cancers. Nano

Today，2012，7（4）：245-257.

[46] Tkachenko A G，Huan X，Donna C，et al. Multifunctional gold nanoparticle-peptide complexes for nuclear targeting. Journal of the American Chemical Society，2003，125（16）：4700-4701.

[47] Yu Z，Pan W，Li N，et al. A nuclear targeted dual-photosensitizer for drug-resistant cancer therapy with NIR activated multiple ROS. Chemical Science，2016，7（7）：4237-4244.

[48] Pan L，He Q，Liu J，et al. Nuclear-targeted drug delivery of TAT peptide-conjugated monodisperse mesoporous silica nanoparticles. Journal of the American Chemical Society，2012，134（13）：5722-5725.

[49] Huo S D，Jin S B，Ma X W，et al. Ultrasmall gold nanoparticles as carriers for nucleus-based gene therapy due to size-dependent nuclear entry. ACS Nano，2014，8（6）：5852-5862.

[50] Liu J N，Bu W，Pan L M，et al. Simultaneous nuclear imaging and intranuclear drug delivery by nuclear-targeted multifunctional upconversion nanoprobes. Biomaterials，2012，33（29）：7282-7290.

[51] Huefner A，Kuan W L，Barker R A，et al. Intracellular SERS nanoprobes for distinction of different neuronal cell types. Nano Letters，2013，13（6）：2463-2470.

[52] Adam S A，Gerace L. Cytosolic proteins that specifically bind nuclear location signals are receptors for nuclear import. Cell，2016，66（5）：837-847.

[53] Brandén L J，Mohamed A J，Smith C I. A peptide nucleic acid-nuclear localization signal fusion that mediates nuclear transport of DNA. Nature Biotechnology，1999，17（8）：784-787.

[54] Chen F Q，Gerion D. Fluorescent CdSe/ZnS nanocrystal–peptide conjugates for long-term，nontoxic imaging and nuclear targeting in living cells. Nano Letters，2004，4（10）：1827-1832.

[55] Yang J，Zhang Q，Chang H，et al. Surface-engineered dendrimers in gene delivery. Chemical Reviews，2015，115（11）：5274-5300.

[56] Simeoni F，Morris M C，Heitz F，et al. Insight into the mechanism of the peptide-based gene delivery system MPG：implications for delivery of siRNA into mammalian cells. Nucleic Acids Research，2003，31（11）：2717-2724.

[57] Li N，Yang H，Yu Z，et al. Nuclear-targeted siRNA delivery for long-term gene silencing. Chemical Science（Royal Society of Chemistry：2010），2017，8（4）：2816-2822.

[58] Rosi N L，Giljohann D A，Thaxton C S，et al. Oligonucleotide-modified gold nanoparticles for intracellular gene regulation. Science，2006，312（5776）：1027-1030.

[59] Birringer M S，Perozzo R，Kut E，et al. High-level expression and purification of human thymidine kinase 1：quaternary structure，stability，and kinetics. Protein Expression and Purification，2006，47（2）：506-515.

[60] Chen Y L，Eriksson S，Chang Z F. Regulation and functional contribution of thymidine kinase 1 in repair of DNA damage. Journal of Biological Chemistry，2010，285（35）：27327-27335.

[61] Fang J，Seki T，Maeda H. Therapeutic strategies by modulating oxygen stress in cancer and inflammation. Advanced Drug Delivery Reviews，2009，61（4）：290-302.

[62] Diehn M，Cho R W，Lobo N A，et al. Association of reactive oxygen species levels and radioresistance in cancer stem cells. Nature，2009，458（7239）：780-783.

[63] Noh J，Kwon B，Han E，et al. Amplification of oxidative stress by a dual stimuli-responsive hybrid drug enhances cancer cell death. Nature Communications，2015，6：6907.

[64] Hsiao-Lan P，Wei-Lun C，Barnali M，et al. Nanoparticles with dual responses to oxidative stress and reduced ph for drug release and anti-inflammatory applications. ACS Nano，2014，8（2）：1213-1221.

[65] Tapeinos C，Pandit A. Physical，chemical，and biological structures based on ROS-sensitive moieties that are able

to respond to oxidative microenvironments. Advanced Materials，2016，28（27）：5553-5585.

[66] Xu X, Saw P E, Tao W, et al. ROS-Responsive Polyprodrug nanoparticles for triggered drug delivery and effective cancer therapy. Advanced Materials，2017，29（33）：1700141.

[67] Wilson D S, Dalmasso G，Wang L，et al. Orally delivered thioketal nanoparticles loaded with TNF-alpha-siRNA target inflammation and inhibit gene expression in the intestines. Nature Materials，2010，9（11）：923-928.

[68] Liu X X，Wang Y，Chen C，et al. A fluorinated bola-amphiphilic dendrimer for on-demand delivery of siRNA，via specific response to reactive oxygen species. Advanced Functional Materials，2016，26（47）：8594-8603.

[69] Estrela J M，Ortega A，Obrador E. Glutathione in cancer biology and therapy. Critical Reviews in Clinical Laboratory Sciences，2006，43（2）：143-181.

[70] Li J，Yu X，Wang Y，et al. A reduction and pH dual-sensitive polymeric vector for long-circulating and tumor-targeted siRNA delivery. Nature Materials，2014，26（48）：8217-8224.

[71] Hashim P K，Okuro K，Sasaki S，et al. Reductively cleavable nanocaplets for siRNA delivery by template-assisted oxidative polymerization. Journal of the American Chemical Society，2015，137（50）：15608-15611.

[72] Zeng H，Little H C，Tiambeng T N，et al. Multifunctional dendronized peptide polymer platform for safe and effective siRNA delivery. Journal of the American Chemical Society，2013，135（13）：4962-4965.

[73] Kohata A，Hashim P K，Okuro K，et al. Transferrin-appended nanocaplet for transcellular siRNA delivery into deep tissues. Journal of the American Chemical Society，2019，141（7）：2862-2866.

[74] He Y Y，Nie Y，Cheng G，et al. Viral mimicking ternary polyplexes：a reduction-controlled hierarchical unpacking vector for gene delivery. Advanced Materials，2014，26（10）：1534-1540.

[75] Chang Y，Yang K，Wei P，et al. Cationic vesicles based on amphiphilic pillar[5]arene capped with ferrocenium：a redox-responsive system for drug/siRNA co-delivery. Angewandte Chemie（International ed. in English），2014，53（48）：13126-13130.

[76] Raj L，Ide T，Gurkar A U，et al. Selective killing of cancer cells by a small molecule targeting the stress response to ROS. Nature，2011，475（7355）：231-234.

[77] Zheng M，Jiang T，Yang W，et al. The siRNAsome：a cation-free and versatile nanostructure for siRNA and drug co-delivery. Angewandte Chemie（International ed. in English），2019，58（15）：4938-4942.

[78] Estrella V，Chen T，Lloyd M，et al. Acidity generated by the tumor microenvironment drives local invasion. Cancer Research，2013，73（5）：1524-1535.

[79] Truong N P，Gu W，Prasadam I，et al. An influenza virus-inspired polymer system for the timed release of siRNA. Nature Communications，2013，4：1902.

[80] Nelson C E，Kim A J，Adolph E J，et al. Tunable delivery of siRNA from a biodegradable scaffold to promote angiogenesis *in vivo*. Advanced Materials，2014，26（4）：607-614.

[81] Hong C A，Cho S K，Edson J A，et al. Viral/nonviral chimeric nanoparticles to synergistically suppress leukemia proliferation via simultaneous gene transduction and silencing. ACS Nano，2016，10（9）：8705-8714.

[82] Halder J，Kamat A A，Landen Jr C N，et al. Focal adhesion kinase targeting using in vivo short interfering RNA delivery in neutral liposomes for ovarian carcinoma therapy. Clinical Cancer Research，2006，12（16）：4916-4924.

[83] Wittrup A，Ai A，Liu X，et al. Visualizing lipid-formulated siRNA release from endosomes and target gene knockdown. Nature Biotechnology，2015，33（8）：870-876.

[84] Zhou K，Wang Y，Huang X，et al. Tunable，ultrasensitive pH-responsive nanoparticles targeting specific endocytic organelles in living cells. Angewandte Chemie（International ed. in English），2011，50（27）：6109-6114.

[85] Hong B J，Chipre A J，Nguyen S T. Acid-degradable polymer-caged lipoplex（PCL）platform for siRNA delivery：

facile cellular triggered release of siRNA. Journal of the American Chemical Society，2013，135（47）：17655-17658.

[86] Zhou J H，Wu Y D，Wang C R，et al. pH-sensitive nanomicelles for high-efficiency siRNA delivery *in vitro* and *in vivo*：an insight into the design of polycations with robust cytosolic release. Nano Letters，2016，16（11）：6916-6923.

[87] Iyer A K，Khaled G，Fang J，et al. Exploiting the enhanced permeability and retention effect for tumor targeting. Drug Discovery Today，2006，11（17-18）：812-818.

[88] Sun C Y，Shen S，Xu C F，et al. Tumor acidity-sensitive polymeric vector for active targeted sirna delivery. Journal of the American Chemical Society，2015，137（48）：15217-15224.

[89] Park D H，Cho J，Kwon O J，et al. Biodegradable inorganic nanovector：passive versus active tumor targeting in siRNA transportation. Angewandte Chemie（International ed. in English），2016，55（14）：4582-4586.

[90] Qiu C，Han H H，Sun J，et al. Regulating intracellular fate of siRNA byendoplasmic reticulum membrane -decoratedhybrid nanoplexes. Nature communication. 2019，2702（10）：doi：10.1038/s41467-019-10562-w.

[91] Fontana F，Albertini S，Correia A，et al. Bioengineered porous silicon nanoparticles@macrophages cell membrane as composite platforms for rheumatoid arthritis. Advanced Functional Materials，2018，28（22）：1801355.

[92] Sun H P，Su J H，Meng Q S，et al. Cancer cell membrane-coated gold nanocages with hyperthermia-triggered drug release and homotypic target inhibit growth and metastasis of breast cancer. Advanced Functional Materials，2017，27（3）：1604300.

[93] Wu Z G，Li T L，Gao W，et al. Cell-membrane-coated synthetic nanomotors for effective biodetoxification. Advanced Functional Materials，2015，25（25）：3881-3887.

[94] Li J，Angsantikul P，Liu W，et al. Biomimetic platelet-camouflaged nanorobots for binding and isolation of biological threats. Nature Materials，2018，30（2）：1704800.

[95] Rao L，Bu L L，Cai B，et al. Cancer cell membrane-coated upconversion nanoprobes for highly specific tumor imaging. Advanced Materials 2016，28（18）：3460-3466.

[96] Sun H，Su J，Meng Q，et al. Cancer-cell-biomimetic nanoparticles for targeted therapy of homotypic tumors. Advanced Materials，2016，28（43）：9581-9588.

[97] Zhang Y，Cai K，Li C，et al. Macrophage-membrane-coated nanoparticles for tumor-targeted chemotherapy. Nano Letters，2018，18（3）：1908-1915.

[98] Meng Q F，Rao L，Zan M，et al. Macrophage membrane-coated iron oxide nanoparticles for enhanced photothermal tumor therapy. Nanotechnology，2018，29（13）：134004.

[99] Gao C，Lin Z，Jurado-Sanchez B，et al. Stem cell membrane-coated nanogels for highly efficient in vivo tumor targeted drug delivery. Small，2016，12（30）：4056-4062.

[100] Hao T，Luo Z Y，Liu L L，et al. Cancer cell membrance-biomimetic oxygen nanocarrier for breaking hypoxia-induced chemoresistance. Advanced Functional Materials，2017，27（38）：1703197.

[101] Saenz J，Sun W，Chang J，et al. Golgicide A reveals essential roles for GBF1 in Golgi assembly and function. Nature Chemical Biology，2009，5（3）：157-165.

[102] Puri S，Linstedt A D. Capacity of the golgi apparatus for biogenesis from the endoplasmic reticulum. Molecular Biology of the Cell，2003，14（12）：5011-5018.

[103] Wang G，Norton A S，Pokharel D，et al. KDEL peptide gold nanoconstructs：promising nanoplatforms for drug delivery. Nanomed-Nanotechnol，2013，9（3）：366-374.

[104] Kim A J，Boylan N J，Suk J S，et al. Non-degradative intracellular trafficking of highly compacted polymeric DNA

nanoparticles. Journal of Controlled Release，2012，158（1）：102-107.

[105] Li H，Luo T，Sheng R，et al. Endoplasmic reticulum localization of poly(omega-aminohexyl methacrylamide)s conjugated with（L-）-arginines in plasmid DNA delivery. Biomaterials，2013，34（32）：7923-7938.

[106] Zhou J，Du X，Xu B. Regulating the rate of molecular self-assembly for targeting cancer cells. Angewandte Chemie（International ed. in English），2016，55（19）：5770-5775.

[107] Peng Z H，Kopecek J. Enhancing accumulation and penetration of HPMA copolymer-doxorubicin conjugates in 2D and 3D prostate cancer cells via iRGD conjugation with an MMP-2 cleavable spacer. Journal of the American Chemical Society，2015，137（21）：6726-6729.

[108] Li H，Yu S S，Miteva M，et al. Matrix metalloproteinase responsive，proximity-activated polymeric nanoparticles for siRNA delivery. Advanced Functional Materials，2013，23（24）：3040-3052.

[109] Tang S，Meng Q S，Sun H P，et al. Tumor-microenvironment-adaptive nanoparticles codeliver paclitaxel and siRNA to inhibit growth and lung metastasis of breast cancer. Advanced Functional Materials，2016，26（33）：6033-6046.

[110] Meade B R，Gogoi K，Hamil A S，et al. Efficient delivery of RNAi prodrugs containing reversible charge-neutralizing phosphotriester backbone modifications. Nature Biotechnology，2014，32（12）：1256-1261.

[111] Qiu N，Liu X，Zhong Y，et al. Esterase-activated charge-reversal polymer for fibroblast-exempt cancer gene therapy. Advanced Materials 2016，28（48）：10613-10622.

[112] Whitehead K A，Dorkin J R，Vegas A J，et al. Degradable lipid nanoparticles with predictable *in vivo* siRNA delivery activity. Nature Communications，2014，5：4277.

[113] Kazuki K，Kenjiro H，Daihi O，et al. Hypoxia-sensitive fluorescent probes for *in vivo* real-time fluorescence imaging of acute ischemia. Journal of the American Chemical Society，2010，132（45）：15846.

[114] Perche F，Biswas S，Wang T，et al. Hypoxia-targeted siRNA delivery. Angewandte Chemie（International ed. in English），2014，53（13）：3362-3366.

[115] Mo R，Jiang T，Disanto R，et al. ATP-triggered anticancer drug delivery. Nature Communications，2014，5：3364.

[116] Mo R，Jiang T，Gu Z. Enhanced anticancer efficacy by ATP-mediated liposomal drug delivery. Angewandte Chemie（International ed. in English），2014，53（23）：5815-5820.

[117] Naito M，Ishii T，Matsumoto A，et al. A phenylboronate-functionalized polyion complex micelle for ATP-triggered release of siRNA. Angewandte Chemie（International ed. in English），2012，51（43）：10751-10755.

[118] Zhang P，Cheng F，Zhou R，et al. DNA-hybrid-gated multifunctional mesoporous silica nanocarriers for dual-targeted and microRNA-responsive controlled drug delivery. Angewandte Chemie（International ed. in English），2014，53（9）：2371-2375.

[119] Zhang P，He Z，Wang C，et al. In situ amplification of intracellular microRNA with MNAzyme nanodevices for multiplexed imaging，logic operation，and controlled drug release. ACS Nano，2015，9（1）：789-798.

[120] Zhang P，Wang C，Zhao J，et al. Near Infrared-guided smart nanocarriers for microrna-controlled release of doxorubicin/siRNA with intracellular ATP as fuel. ACS Nano，2016，10（3）：3637-3647.

[121] Mcgranahan N，Swanton C. Clonal heterogeneity and tumor evolution：past，present，and the future. Cell，2017，168（4）：613-628.

[122] Junttila M R，De Sauvage F J. Influence of tumour micro-environment heterogeneity on therapeutic response. Nature，2013，501（7467）：346-354.

[123] Wu S H，Mou C Y，Lin H P. Synthesis of mesoporous silica nanoparticles. Chemical Society Reviews，2013，

42（9）：3862-3875.

[124] Rwei A Y，Wang W，Kohane D S. Photoresponsive nanoparticles for drug delivery. Nano Today，2015，10（4）：451-467.

[125] Lee T T, Garcia J R, Paez J I, et al. Light-triggered in vivo activation of adhesive peptides regulates cell adhesion，inflammation and vascularization of biomaterials. Nature Materials，2015，14（3）：352-360.

[126] Yang Y，Liu F，Liu X，et al. NIR light controlled photorelease of siRNA and its targeted intracellular delivery based on upconversion nanoparticles. Nanoscale，2013，5（1）：231-238.

[127] Li J，Liu J，Chen C. Remote control and modulation of cellular events by plasmonic gold nanoparticles：implications and opportunities for biomedical applications. ACS Nano，2017，11（3）：2403-2409.

[128] You M，Lin M，Gong Y，et al. Household fluorescent lateral flow strip platform for sensitive and quantitative prognosis of heart failure using dual-color upconversion nanoparticles. ACS Nano，2017，11（6）：6261-6270.

[129] Zhou B，Shi B，Jin D，et al. Controlling upconversion nanocrystals for emerging applications. Nature Nanotechnology，2015，10（11）：924-936.

[130] Li J，Leung C W T，Wong D S H，et al. Photocontrolled siRNA delivery and biomarker-triggered luminogens of aggregation-induced emission by up-conversion $NaYF_4$：Yb（3+）Tm（3+）@SiO_2 nanoparticles for inducing and monitoring stem-cell differentiation. ACS Applied Materials & Interfaces，2019，11（25）：22074-22084.

[131] Liu Q，Wang W，Zhan C，et al. Enhanced precision of nanoparticle phototargeting in vivo at a safe irradiance. Nano Letters，2016，16（7）：4516-4520.

[132] Wang W，Liu Q，Zhan C，et al. Efficient triplet-triplet annihilation-based upconversion for nanoparticle phototargeting. Nano Letters，2015，15（10）：6332-6338.

[133] Cheng L，Wang C，Feng L，et al. Functional nanomaterials for phototherapies of cancer. Chemical Reviews，2014，114（21）：10869-10939.

[134] Wang Y，Wei G，Zhang X，et al. A Step-by-step multiple stimuli-responsive nanoplatform for enhancing combined chemo-photodynamic therapy. Advanced Materials，2017，29（12）：1605357.

[135] Barhoumi A，Wang W，Zurakowski D，et al. Photothermally targeted thermosensitive polymer-masked nanoparticles. Nano Letters，2014，14（7）：3697-3701.

[136] Huang X，Pallaoro A，Braun G B，et al. Modular plasmonic nanocarriers for efficient and targeted delivery of cancer-therapeutic siRNA. Nano Letters，2014，14（4）：2046-2051.

[137] Medarova Z，Pham W，Farrar C，et al. In vivo imaging of siRNA delivery and silencing in tumors. Nature Medicine，2007，13（3）：372-377.

[138] Wang K，Kievit F M，Sham J G，et al. Iron-oxide-based nanovector for tumor targeted siRNA delivery in an orthotopic hepatocellular carcinoma xenograft mouse model. Small，2016，12（4）：477-487.

[139] Lee N，Yoo D，Ling D，et al. Iron oxide based nanoparticles for multimodal imaging and magnetoresponsive therapy. Chemical Reviews，2015，115（19）：10637-10689.

[140] Mykhaylyk O，Antequera Y S，Vlaskou D，et al. Generation of magnetic nonviral gene transfer agents and magnetofection in vitro. Nature Protocols，2007，2（10）：2391-2411.

[141] Wang Y F，Kohane D S. External triggering and triggered targeting strategies for drug delivery. Nature Reviews Materials，2017，2（6）：17020.

[142] Schuerle S，Dudani J S，Christiansen M G，et al. Magnetically actuated protease sensors for in vivo tumor profiling. Nano Letters，2016，16（10）：6303-6310.

[143] Cho M H，Kim S，Lee J H，et al. Magnetic tandem apoptosis for overcoming multidrug-resistant cancer. Nano

Letters，2016，16（12）：7455-7460.

[144] Song X，Feng L，Liang C，et al. Ultrasound triggered tumor oxygenation with oxygen-shuttle nanoperfluorocarbon to overcome hypoxia-associated resistance in cancer therapies. Nano Letters，2016，16（10）：6145-6153.

[145] Ma M，Xu H，Chen H，et al. A drug-perfluorocarbon nanoemulsion with an ultrathin silica coating for the synergistic effect of chemotherapy and ablation by high-intensity focused ultrasound. Advanced Materials，2014，26（43）：7378-7385.

[146] Lee J Y，Crake C，Teo B，et al. Ultrasound-enhanced siRNA delivery using magnetic nanoparticle-loaded chitosan-deoxycholic acid nanodroplets. Advanced Healthcare Materials，2017，6（8）：1601246.

关键词索引

A

癌胚抗原（CEA） 16

B

半导体纳米材料 33
胞外囊泡检测 281
表面等离子体共振 112
表面增强拉曼散射 94
玻璃毛细管 254

C

场效应晶体管（FET） 18

D

单壁碳纳米管（SWCNT） 8, 12
胆碱氧化酶（CHO） 11
蛋白质及多肽分析 238
氮化硅 246
电化学还原氧化石墨烯（ERG） 14
电致化学发光 33
动力学过程 112
多壁碳纳米管（MWCNT） 12
多模态成像 310

E

二维材料 249
二氧化铈（CeO_2） 9

F

复合纳米材料 94

G

干扰性小核糖核酸（small interfering RNA，
　siRNA） 482
高分子纳米材料 33
功能化微纳米材料 263
固体纳米孔 246
光电流 19
光动力治疗 197, 375
光热纳米材料 443
光热治疗 207, 443
光热转换能力 443
光学成像 380
光学纳米孔成像 245
光致电化学 19
贵金属纳米材料 33, 94
过渡金属二卤化物（TMDs） 15

H

还原型烟酰胺腺口嘌呤二核苷酸（NADH） 14
还原氧化石墨烯（rGO） 7
核酸分析 235
化学发光 49
化学发光共振能量转移 53
化学药物治疗 188

J

基因治疗（gene therapy） 210, 377, 482
介孔硅纳米粒子 379
金纳米粒子（Au NPs） 15
金属离子检测 243
金属有机框架（MOF） 410
金属有机框架材料 33

聚（3，4-亚乙基二氧噻吩）（PEDOT）　11
聚苯胺（PANI）　17
聚合物薄膜　253

K

控制药物释放　412

L

辣根过氧化物酶（HRP）　15
流体力学　273
鲁米诺　49
氯化血红素（hemin）　2
氯霉素（CAP）　17

M

酶活性检测　241
免疫治疗　377

N

纳米材料　112
纳米颗粒　294
纳米孔技术　233
纳米乳液　291
铌微电极（CNT-Nb）　13

P

葡萄糖氧化酶（GOD）　8，16

Q

前列腺特异性抗原（PSA）　8
亲和识别　273
亲和性　112

S

上转换纳米颗粒　163
生物沉淀反应　26
生物成像　328
生物传感　33，328
生物传感器　95
生物发光　49

生物发光共振能量转移　50
生物分子　328
生物分子的相互作用　112
生物分子识别　112
生物功能化　328
生物纳米孔　234
生物纳米孔分析技术的应用与发展　235
生物相容性　374
石墨烯　94
石墨烯量子点（GQDs）　13
石英晶体微天平　133
示差脉冲伏安（DPV）　16
噬菌体 phi29 DNA 包装马达　235
双壁碳纳米管（DWCNT）　12

T

碳纳米材料　328
碳纳米管（CNT）　12
特异　112
铁氰化钾氧化还原对（$[Fe(CN)_6]^{3-/4-}$）　3

W

外场分选作用　279
微胶囊　287
微流控　263
微纳米药物　286
微芯片　263

X

细胞成像　180
相互作用　328
协同治疗　422
信号放大检测　112
血浆 *S*-亚硝基硫醇衍生物（RSNOS）　6
血小板衍生生长因子 BB（PDGF-BB）　16
循环肿瘤细胞检测　272

Y

亚甲基蓝（MB）　2
盐酸莫西沙星（MOXI）　7

阳极光电流　20

氧化镉（CdO）　9

氧化钴（Co$_3$O$_4$）　9

氧化铝　251

氧化锰（MnO$_2$）　9

氧化镍（NiO）　9

氧化石墨烯（GO）　4

氧化钛（TiO$_2$）　9

氧化铁（Fe$_2$O$_3$）　9

氧化铜（CuO）　9

氧化锡（SnO$_2$）　9

氧化锌（ZnO）　9

液滴的微流控　265

乙酰胆碱酯酶（AChE）　11

阴极光电流　20

荧光素　50

荧光素类似物　50

荧光素酶　49

荧光素酶突变体　50

有机小分子检测　245

Z

诊疗一体化　328, 389

脂质体纳米药物　368

肿瘤标志物活检　270

肿瘤光热治疗　443

肿瘤诊疗一体化　398, 443

肿瘤治疗　385

其他

aerolysin 纳米孔　234

DNA 纳米材料　397

DNA 纳米技术　397

DNA 纳米药物载体　396

DNA 纳米载体　408

FMI　312

MOF 载药系统　413

MspA 纳米孔　235

MXene　17

n 型半导体　21

p 型半导体　21

PAI　313

PET　310

RNA 干扰（RNA interference，RNAi）　482

SPECT　311

α-HL 纳米孔　234

α$_v$β$_3$ 整合素　373